中国不同类型天然气藏开发规律与技术政策

贾爱林　主编

科　学　出　版　社

北　京

内 容 简 介

"十一五"以来，我国天然气探明储量和产量呈现出快速发展的态势，天然气作为一种高效清洁能源，在我国能源结构中占据越来越重要的地位。目前中国石油天然气开发形成了长庆、四川、塔里木和青海四大气区的发展格局，低渗–致密砂岩气藏、碳酸盐岩气藏、异常高压气藏、高含硫气藏、火山岩气藏和疏松砂岩气藏六类气藏的探明储量和气层气产量占比均超过90%，是我国天然气开发的主体。本书分为九章，包括中国天然气工业开发概况、中国四大气区开发现状、天然气开发主要研究内容、低渗–致密砂岩气藏开发规律与技术政策、碳酸盐岩气藏开发规律与技术政策、异常高压气藏开发规律与技术政策、高含硫气藏开发规律与技术政策、火山岩气藏开发规律与技术政策，以及多层疏松砂岩气藏开发规律与技术政策，论述我国主要气藏类型的开发规律与技术政策。

本书可供从事天然气勘探开发的科研人员及高等石油院校相关专业师生参考。

图书在版编目（CIP）数据

中国不同类型天然气藏开发规律与技术政策／贾爱林主编 . —北京：科学出版社，2017.10

　ISBN 978-7-03-054865-8

　Ⅰ.①中…　Ⅱ.①贾…　Ⅲ.①采气–技术政策–研究–中国　Ⅳ.①TE37

中国版本图书馆 CIP 数据核字（2017）第 254989 号

责任编辑：王　运　李　静／责任校对：张小霞
责任印制：肖　兴／封面设计：铭轩堂

斜 学 出 版 社 出版

北京东黄城根北街 16 号
邮政编码：100717
http://www.sciencep.com

中国科学院印刷厂 印刷
科学出版社发行　各地新华书店经销

*

2017 年 10 月第　一　版　开本：787×1092　1/16
2017 年 10 月第一次印刷　印张：29　1/2
字数：700 000

定价：298.00 元
（如有印装质量问题，我社负责调换）

本书编委会

主　编：贾爱林

编　委：何东博　位云生　郭建林　江同文　马力宁

　　　　李保柱　徐正顺　卢　涛　万玉金　闫海军

前　　言

近年来，我国天然气工业发展迅速，天然气储量和产量都实现了快速增长。截至 2016 年年底，中国石油天然气集团公司（以下简称"中石油"）累计探明天然气地质储量达到 $9 \times 10^{12} \mathrm{m}^3$，天然气产量接近 $1000 \times 10^8 \mathrm{m}^3$。天然气储量和产量增长的 80% 以上都来源于低渗-致密砂岩气藏、碳酸盐岩气藏、异常高压气藏、高含硫气藏、火山岩气藏和疏松砂岩气藏这六类复杂气藏。

"十一五"以来，根据我国新开发气藏类型与特点，中国石油天然气集团科技管理部及时部署了天然气开发技术攻关的相关项目。发现一类、攻关一类、形成一类配套技术的思路，不仅使我国近十年发现的特殊类型气藏都得到了成功开发，而且形成了以低渗-致密气藏低成本开发技术、高压-凝析气藏安全高效开发技术、疏松砂岩防砂治水与提高采收率技术、火山岩气藏有效开发技术等为代表的开发技术体系，极大地补充与完善了我国天然气开发技术系列，促进了我国天然气业务的快速发展，使我国迈入天然气生产大国的行列，为国民经济的持续发展与能源结构的改善作出了贡献。

本书在分别介绍六类不同类型复杂气藏概况的基础上，详细分析不同类型气藏的地质特征和开发特征，通过对不同类型气藏开发主体技术、开发模式、开发规律、关键开发指标的全面研究，系统集成这六类复杂天然气藏开发的关键技术与配套政策，进而为我国已发现气田的开发提供指导，以提高我国整体天然气开发水平，降低开发风险；同时为天然气工业的长期快速稳定发展进行技术储备。我国天然气藏类型丰富、复杂，开发难度大。本书所述六类气藏也必将有新的补充与完善。

本书是在中国石油天然气集团科技管理部的项目支持下完成的，也是对公司"十一五""十二五"天然气开发攻关项目的总结，同时还得到了国家"十二五"天然气开发攻关项目的支持，在此表示感谢。同时感谢中石油勘探与生产公司、长庆油田公司、西南油气田公司、塔里木油田公司、青海油田等单位在项目与本书编写过程中给予的支持与帮助。在本书的编写过程中，气田开发所的冀光、窦波、程立华、孙贺东、刘晓华、钟世敏、唐海发等提供了大量的基础数据与资料，博士研究生罗超做了大量的基础研究与调研工作，罗娜在文字与校稿上付出了辛勤的劳动，在此一并表示感谢。

本书涉及内容广泛，书中定有不妥之处，请同行与读者不吝赐教。

目　　录

第一章　中国天然气工业开发概况

第一节　中国天然气开发简史

中国是世界上最早发现和利用天然气的国家之一。说起她的沧桑，既有先期和早期的荣耀，又有近代的落后，更有当代的奋起。中国天然气的发展史，是一部"U"字形的艰苦奋斗史。

一、古、近代天然气开采简史

中国天然气开采有着悠久的历史，很多古、近代的典籍对天然气的开采和利用进行了描述。

（一）天然气的先期发现

中国人早在 3000 多年前，就发现并开始利用石油和天然气。在遥远的古代中国发现油气苗的情形，曾被载入多种史书。西周时期（公元前 11 世纪～前 8 世纪）《易经》中记载"泽中有火"，指的就是天然气在水面燃烧的现象。公元前 200 多年的《山海经》记述："……令丘之山。无草木，多火。"这些说的都是天然气逸散到地面之后，发生燃烧的现象。《汉书》《蜀都赋》等书、文记载着陕西和四川地区相继发现天然气。地处陕西神木西南的鸿门，挖掘水井时获得天然气并发生燃烧，被称为火井，是最早有记载的一口天然气井。这些火井就是中国对天然气的发现。在历朝历代的史书、地方志、奏章和私家著述中，关于天然气的记载表明，其在地理分布上遍及当今行政区域 20 多个省（市、区）。

（二）天然气的先期利用

天然气在不断被发现并日益增多的情况下，逐渐进入社会生产和人民生活之中。开采和使用天然气的历史可以追溯到公元前 3 世纪，据《四川盐政史》记载，早在战国时期的秦国，在四川等地就开始用天然气煮盐。东晋《华阳国志·蜀志》中写道："临邛县，郡西南二百里。本有邛民。有火井，夜时光映山昭。民欲其火……井有二水，取井火煮之……，一斛水得五斗盐"，所描述的就是西南邛崃地区采气煮盐的生产画面。《晋书·志》记载：范阳国（今河北定兴一带）地燃，可以爨（烧火做饭）。至宋朝庆历年间，《蜀中广记》记载："蜀始开筒井，用圆刃凿如碗大，深者数十丈。"公元 1637 年明朝宋应星撰《天工开物》，较详细记载了钻井采气、取气煮盐的作业流程。

（三）天然气的先期开采技术

在漫长的发现和开发天然气的历史进程中，中国人民依靠自己的勤劳和智慧，创造了许多划时代的先进技术。诞生于宋代（公元 960～1279 年）的顿钻钻井技术，就是石油工业发展史上的一大创举。据《丹渊集》记载，四川南部的井研县人民，自北宋庆历年间（1041～1048 年）以来，就在自流井气田用人力顿钻钻凿卓筒井。井眼中放置用竹子做的套管，吸取卤水煮盐。11 世纪 50 年代至 70 年代，井研县用顿钻钻凿卓筒井已相当普及，富豪人家有一二十口井，次一点的也有七八口井，一家需雇佣工匠二三十人至四五十人。著名的英国科学家李约瑟在他所著《中国科学技术史》一书中说，这种凿井技术大约在 12 世纪前就已经传到西方各国。

明代（1368～1620 年）中叶以后，由于浅层的卤水开始枯竭，浅层天然气不足以煮盐，迫使人们向深部钻井。到明代万历年间（1573～1620 年），埋藏在深部的天然气田才被发现。在这一过程中，顿钻钻井技术取得重大进步。主要表现为：钻井过程趋于程序化；选用固井新材料，以增强套管柱的力量，有效地保护井壁；处理井下事故能力提高，创造了新的打捞工具及淘井工具。到了清代道光年间（1821～1850 年），顿钻钻井技术逐步完善，在凿井工匠中开始划分山匠、锥工、辊工等工种；钻井过程中进行录井深度超过千米，产气量大增，时有钻遇高压气层。1840 年钻成的磨子井，井深 1200m，发生强烈井喷，燃烧的火光远达 30km 以外可见，投产后日产天然气约 $5 \times 10^4 m^3$，是当时世界上最深的井。这时自流井气田的天然气年产量达 $1 \times 10^8 m^3$ 以上。而这一时期，欧美等国家钻井工艺才刚刚起步。

随着钻井技术的进步和自流井气田的开发，明清时期人们对天然气的地质认识也有一定的发展，如用"相山""看龙脉"的办法选择定井位；"草拾土嗅之"的办法找矿。19 世纪中叶，已开始建立气田的地层系统，并进行地层分类对比工作。

由此可以看出，我国古、近代的天然气开发过程中我国劳动人民发挥了聪明才智，形成了一套系统的行之有效的天然气的勘探开发方法，这不仅在当时是一项令人惊叹的工程，今天看来，仍然闪烁着智慧的光芒。

1878 年，清政府在我国台湾省苗栗地区，设立了近代第一个石油工业官办管理机构，并于 1904 年发现了天然气田。1936 年国民政府建立了四川石油勘探处，次年 10 月钻巴 1 井，单井日产 $1.415 \times 10^4 m^3/d$；随后又钻了隆 2 井等 5 口井，共探明天然气储量 $3.85 \times 10^8 m^3$。全国投入开发的气田主要分布在四川、台湾等地，至 1949 年累计产气 $11.7 \times 10^8 m^3$。

二、现代天然气开发简史

1949 年 10 月 1 日新中国成立，开始了中国现代天然气工业发展的新时期。尽管当时中国大陆已在四川发现了自流井、石油沟和圣灯山气田，在台湾省有锦水、竹东、牛山和六重溪气田，但这 7 个都是小气田，产量很少，1949 年全国天然气产量仅为 $1117 \times 10^4 m^3$，当年全国只有 8 台钻机，全国用油十分紧缺，天然气勘探开发几乎空白（戴金星等，2010）。新中国成立 60 多年以来，中国天然气勘探开发从一穷二白走向快速发展的道路；探明天然气地质储量从微不足道到跻身于世界前列；天然气年产量从微乎其微跃升为世界第六，为中国低碳经济作出了重大贡献。新中国的成立，标志着中国现代天然气工业进入了发展新时期。

根据不同时期经济发展的需求及地位，我国天然气工业发展可以划分为起步、稳步发展及快速发展 3 个阶段。

（一）天然气工业起步阶段（1949~1987 年）

（1）1949~1960 年为天然气开采恢复和小规模生产阶段。新中国成立初期，百废待兴，天然气工业技术力量薄弱，基础设施单一，该阶段主要是油气普查。1949 年以前我国没有进行过系统的天然气勘探，但新中国成立后，随着勘探工作的系统展开，仅在 1950~1960 年，四川盆地就发现了 10 个气田。1949 年，中国天然气探明地质储量仅为 $3.85 \times 10^8 m^3$，天然气产量仅 $0.11 \times 10^8 m^3$。至 1960 年，全国探明气田 12 个，探明天然气地质储量 $311 \times 10^8 m^3$（图 1-1、图 1-2）。

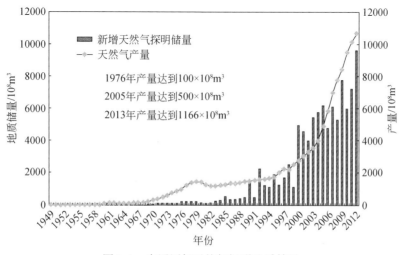

图 1-1　中国历年天然气探明地质储量

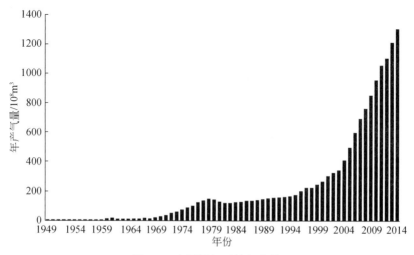

图 1-2　中国历年天然气产量

（2）1960～1987年，天然气勘探开发工作集中展开于川南、川东及川西南地区，整体解剖二叠系、三叠系和石炭系碳酸盐岩裂缝圈闭气藏。1961年天然气产量仍然较低，为 $14.7 \times 10^8 m^3$，1963年威远气田在震旦系灯影组获得工业气流，初步探明天然气地质储量 $400 \times 10^8 m^3$；1968年全国天然气产量为 $14.4 \times 10^8 m^3$，以气层气为主。1979年天然气产量为 $145.15 \times 10^8 m^3$（图1-2），成为中国天然气产量的一个高峰（戴金星等，2010）。1987年在四川建成全长297.8km的输气干线，是国内最长管径为120mm的输气管道。

这些气田的开发经验，以及第一条天然气管网的铺设为天然气稳步发展阶段的到来初步奠定了基础。

（二）天然气工业稳步发展阶段（1987～1997年）

长期以来，除四川外，天然气处于从属于石油的地位，勘探投资少，严重影响了天然气工业的发展。1987年，一方面，国家提出了"油气并举"的勘探开发方针，改变了天然气以往从属于石油的地位，并制定了"以气养气"政策，促进了天然气工业的新发展。另一方面，1987年国家还实行了天然气商品产量包干政策，"以气养气"，包干的气量由国家定价，超产的气量由市场议价，从而增加企业收入，调动了生产积极性。"七五"（1985～1990年）期间，与"六五"期间情况相比，探明天然气储量增长了1.2倍，净增天然气产量 $28 \times 10^8 m^3$。"八五"期间探明的天然气储量是40年前探明储量的总和。在政策的促进下，1988年我国迎来了天然气勘探开发的春天，除四川盆地外，逐步形成了环渤海地区、塔里木盆地、柴达木盆地、鄂尔多斯盆地、吐哈盆地、松辽盆地、中原地区、辽东湾海域、东海海域、南海莺歌海–琼东南盆地等重点找气地区。

1988年11月在塔里木盆地塔北隆起发现了吉拉克凝析气藏；1989年2月7日在鄂尔多斯盆地中央古隆起东北斜坡陕参1井发现了下古生界奥陶系靖边大气田；1989年11月继涩北一号、二号气田和驼峰山气田、台吉乃尔含气构造后，在柴达木盆地台南6井发现了台南气田；1989年天东1号井发现了五百梯石炭系地层–构造复合圈闭大气田；南海莺歌海–琼东南盆地于20世纪90年代又相继发现了东方1–1气田、乐东22–1气田和乐东15–1气田；1992年四川铁山构造钻的铁山11井在下三叠统飞仙关组获高产工业气流（$111.5 \times 10^4 m^3/d$），在1995～2000年相继在四川川东北发现了渡口河、铁山坡、罗家寨飞仙关鲕粒整装气田。1994年11月16日，崖城—香港海底输气管线建成，全长787km，直径711mm，管道埋深109m，设计输气能力 $29 \times 10^8 m^3/a$，建设成本11.3亿美元。1996年5月崖城—三亚海底输气管线建成，全长91km，直径355mm，设计输气能力 $5 \times 10^8 m^3/a$。

总体而言，该阶段我国气层气和油田溶解气产量都有较大幅度增长，除四川盆地外，长庆、新疆、中原等油气区的气层气投入开发，1995年全国天然气产量达 $174 \times 10^8 m^3$，天然气产量平均增长 $9.4 \times 10^8 m^3$（袁士义，2005）。该阶段我国天然气的开发起步于石油工业部"油气并举"的勘探开发方针和国家"以气养气"的国家政策，勘探开发范围从四川盆地走向了全国大部分陆地和部分海域沉积盆地，初步建成了区域性天然气输气管线，为我国天然气的快速发展阶段的到来奠定了坚实的基础。

（三）天然气工业快速发展阶段（1997 年至今）

该阶段以陕京管线建成为起点，天然气管网建设开始由油气区向外延伸，这是天然气工业发展的又一个重大转折。气田开发在很大程度上受控于市场，我国天然气产地大都远离经济发达地区，长输管线建设的成功标志着我国天然气工业加速发展的开始，全国、油气区和气田通过管网相连，形成一个庞大的供气系统，可以实现同一大油气区内成组气田和天然气区间的优化开发。该阶段跨省的长输管线启动或者建成、液化天然气工程启动、非常规天然气开始研究和勘探，我国开始频繁与国外政府和公司谈判天然气问题，天然气西北、西南、东北、海上四大进口通道初步形成，国内天然气累积探明储量和年产气量屡创新高，标志着我国天然气进入大发展阶段。

"十一五"期间我国年均探明天然气地质储量 $5258 \times 10^8 \mathrm{m}^3$，年均探明天然气地质储量"十一五"是"九五"的 6.2 倍，天然气产量也快速上升，到 2004 年我国天然气产量达 $409.8 \times 10^8 \mathrm{m}^3$，同比"九五"期间增长 146%。近年来我国天然气地质储量逐年增长，如 2003～2008 年近 6 年年平均天然气探明储量为 $5105 \times 10^8 \mathrm{m}^3$，相当于 1949～1988 年 40 年全国累计探明天然气储量。2014 年，在天然气勘探方面，我国天然气新增探明地质储量超过 $5000 \times 10^8 \mathrm{m}^3$。同时国内天然气产量稳步增长，2014 年国产常规气量为 $1250 \times 10^8 \mathrm{m}^3$，较 2013 年增长 $78 \times 10^8 \mathrm{m}^3$，同比增长 6.1%。截至 2014 年，该阶段天然气平均增长率 11.1%。2014 年我国天然气生产仍以长庆气区、川渝气区、塔里木气区及海洋气区四大气区为主。天然气管网等基础设施建设继续保持强劲的增长势头，年新增管道长度超过 5000km。由此可以看出，无论在储量还是产量方面，我国天然气呈现快速发展趋势。同时页岩气、煤层气等非常规气的快速发展也是这一阶段我国天然气发展的特征。

该阶段，我国天然气生产快速发展，天然气工业体系逐步完善。从天然气工业发展看，2014 年我国在世界天然气探明可采储量的排名从 2000 年的第 19 位升至 13 位，天然气产量的排名从 2000 年的 16 位升至第 6 位，达到 $1308 \times 10^8 \mathrm{m}^3$（含常规气、非常规气），天然气消费量的排名居世界第 3 位，达到 $1816 \times 10^8 \mathrm{m}^3$。随着天然气成藏理论认识和勘探开发技术的进步和发展，预计相当长时期内我国天然气工业仍将继续保持快速发展的态势。据 IEA 2012 年的预测，我国天然气开发前景广阔，2025 年我国天然气产量将突破 $2000 \times 10^8 \mathrm{m}^3$，达到 $2170 \times 10^8 \mathrm{m}^3$；2035 年将突破 $3000 \times 10^8 \mathrm{m}^3$，达到 $3180 \times 10^8 \mathrm{m}^3$（贾承造等，2014）。

第二节　中国天然气工业发展的基础

有专家指出，2005～2030 年是中国天然气消费市场的发展期，年均增长量与美国天然气快速增长期（1945～1970 年）相当，而年均增长速度甚至快于美国那一时期。一方面，中国天然气工业的快速发展离不开数量众多的陆上和海上沉积盆地，离不开丰富的常规天然气和非常规天然气资源，这些天然气资源是我国天然气工业发展的基石。另一方面，国家经济的更高质量增长、国内天然气管网里程的持续增加和天然气市场的逐渐扩大也为我国天然气工业的持续发展提供了好的外部环境。

一、天然气地质基础

沉积盆地是天然气资源得以生成和赖以保存的基础，是大地构造演化的产物。对我国天然气聚集影响较大的大地构造演化阶段包括加里东期、海西-印支期及燕山-喜马拉雅期。这几期大地构造运动造就、保存至现今仍有一定规模的沉积盆地共有 373 个，总面积 $670 \times 10^4 km^2$（戴金星等，1997）（其中陆上盆地 354 个，面积 $480 \times 10^4 km^2$，海域盆地 19 个，面积 $190 \times 10^4 km^2$），其中面积最大的是塔里木盆地，达 $56 \times 10^4 km^2$，面积为 $10 \times 10^4 km^2$ 以上的盆地共有 10 个，为中国奠定了形成丰富天然气资源的良好地质基础。

（一）中国主要含气盆地类型及特征

中国大陆板块经历了五次大的历史演化阶段，形成了多期多类含气盆地。其中，克拉通盆地、前陆盆地、山间和山前拗陷盆地和陆内裂谷盆地是重要的含气盆地类型。

1. 克拉通盆地

克拉通盆地位于陆壳或刚性岩石圈之上，与中新生代巨型缝合线无关。克拉通盆地包括形成于克拉通周边环境的克拉通边缘和克拉通内部的克拉通拗陷盆地。晋宁运动之后，中国大陆形成了扬子台地、华北台地和塔里木台地。古生代三大盆地均表现出克拉通盆地相对稳定的特性，即台地内部构造变形微弱，沉积稳定，周缘具有一定的活动性，周缘沉积厚度大于内部沉积厚度。

2. 前陆盆地

沿用 Dickinson（1974）和 Beaumont（1981）的定义方法，在褶皱冲断层带与被冲断层逆掩的克拉通之间发育的大型沉积盆地称为前陆盆地。前陆盆地是挤压型构造背景下的主要含油气盆地。前陆盆地是世界上油气最丰富和大气田分布最多的一种盆地类型，也是世界上最早进行勘探发现油气田的盆地类型，世界上大油气田中有 46% 是在前陆盆地内。中国中西部中新生代的前陆盆地主要有四川盆地、鄂尔多斯盆地和塔里木盆地。

3. 山间和山前拗陷盆地

中国西部特提斯-喜马拉雅构造域沉积盆地除前陆盆地之外，还存在山间和山前拗陷盆地，如准噶尔盆地、吐哈盆地、柴达木盆地。以沉积各种类型的碎屑岩体为主，时有火山碎屑沉积。

4. 陆内裂谷盆地

在拉张背景下的东部新生代断陷盆地，沿断裂带有多期基性火山岩喷发，在沉积上的突发特征是沉积幅度大，堆积速度快，在强烈的拉张深陷期，常表现出持续的非补偿深水环境，形成厚层暗色泥岩，有些断陷盆地多期断块活动的结果发育多套暗色泥岩，生油岩体积大。盆地的不断沉降有利于有机质向烃类转化，其油气潜力较大。沉积体系的分布主要受控于构造活动、古地形及古气候。一般来说，对某一个断陷湖是以湖相沉积为中心，在陡坡发育扇三角洲、重力流沉积，在缓坡带往往发育河流-三角洲沉积，深湖盆往往发育深水浊积相。

（二）中国主要含气盆地储集岩体基本特征

天然气聚集在具有一定孔隙空间的岩石中，储集岩的孔隙度和渗透率是决定天然气储量和产量的重要因素。理论上讲，任何岩石都有一定的孔隙性和渗透性，都可以储集天然气，但要成为有工业价值的天然气聚集，岩石必须要达到一定的孔隙度和渗透性，这类岩石才能称为储集岩。能作为储层的岩石类型有很多，在我国三大类岩石中（沉积岩、火山岩和变质岩）均发现了天然气藏。其中沉积岩中的砂岩和碳酸盐岩是我国天然气储层的主要岩性，分别占我国天然气储量的44.1%和54.8%。

1. 砂岩储集体

中国砂岩储集体广泛分布于各个层位中，从中、新元古界到第四系都有。其中主要分布在东部中新生代裂谷盆地及西部中新生代前陆盆地中。砂岩储集体的基本特征表现为：①沉积相变多，非均质性强，砂体侧向延伸短；②砂岩的结构成熟度和成分成熟度较低；③储层物性普遍较差；④次生孔隙是砂岩储层的主要储集空间。

2. 碳酸盐岩储集体

中国的两大主要气区鄂尔多斯盆地和四川盆地的天然气的主要产层都是碳酸盐岩。碳酸盐岩储集体主要分布在克拉通盆地，我国南方的扬子台地发育时代从震旦纪到中三叠世，北方碳酸盐岩分布在中、新元古界至奥陶系。由于碳酸盐岩在纵向上发育时代广、层位多，形成了多个工业产层，如四川盆地已发现17个产层。碳酸盐岩按其成因可以分为三大类：①与不整合面有关的储层，与不整合面有关的储层不仅厚度大、物性好，更重要的是大面积连片分布，形成区域性储层；②受沉积控制的储层，这类储层主要是礁、滩、白云岩体等；③受构造作用控制的裂缝型储层，这类储层多发育于质地较纯的灰岩中，裂缝型储层发育的规模小、储量低，但是其产能可以很高。

二、天然气资源

我国天然气资源包括常规资源和非常规资源（主要是页岩气、煤层气、天然气水合物等）。据估计，非常规的储量要远超常规气资源量，但是由于目前还未全面掌握其勘探开发技术，只有页岩气和煤层气初步实现了工业化开发。本书只阐述常规天然气的开发规律和技术。

据第三次石油资源评价结果，中国天然气资源量为$24.3 \times 10^{12} \sim 49.3 \times 10^{12} m^3$，平均为$35 \times 10^{12} m^3$。中国可采天然气资源量为$15.4 \times 10^{12} \sim 31.0 \times 10^{12} m^3$，平均为$22 \times 10^{12} m^3$（表1-1）。截至2008年年底，中国已探明各类气田415个，探明天然气地质储量$6.34 \times 10^{12} m^3$，可采储量$3.37 \times 10^{12} m^3$（不含油田溶解气），资源探明率为11.34%，尚有待探明资源近$50 \times 10^{12} m^3$，勘探潜力很大（表1-2）。其中，探明地质储量大于$300 \times 10^8 m^3$的大中型气田有43个，储量共$49667 \times 10^8 m^3$，占中国天然气探明地质储量的78.4%，主要分布在鄂尔多斯盆地、塔里木

盆地、四川盆地、准噶尔盆地、松辽盆地、柴达木盆地、东海盆地和莺歌海–琼东南盆地。

表 1-1　第三次资源普查天然气地质及可采资源量评价结果表

评价范围	地质资源量/$10^{12}m^3$				可采资源量/$10^{12}m^3$			
	95%	50%	5%	期望值	95%	50%	5%	期望值
115 个盆地	24.06	34.16	48.28	35.03	15.28	21.55	30.43	22.03
陆域	20.13	26.94	36.54	26.93	12.68	16.82	22.80	17.08
海域	3.93	7.22	11.74	8.1	2.6	4.73	7.63	4.95

表 1-2　中国主要盆地天然气资源情况

盆地	面积/$10^4 km^2$	远景资源量/$10^{12}m^3$	地质资源量/$10^{12}m^3$	剩余资源量/$10^{12}m^3$	探明地质储量/$10^{12}m^3$	资源探明率/%
塔里木	56.0	11.34	8.86	10.38	0.96	8.47
鄂尔多斯	25.0	10.7	4.67	8.69	2.01	18.79
四川	20.0	7.19	5.37	5.49	1.7	23.64
东海	24.13	5.1	3.64	5.03	0.07	1.37
柴达木	10.4	2.63	1.6	2.34	0.29	11.03
莺歌海–琼东南	14.0	4.17	2.4	3.91	0.26	6.24
渤海湾	22.2	2.16	1.09	1.84	0.32	14.81
松辽	26.0	1.8	1.4	1.41	0.39	21.67
准噶尔	13.4	1.18	0.65	0.97	0.21	17.80
其他	—	9.62	5.35	9.5	0.12	1.25
合计	—	55.89	35.03	49.55	6.34	11.34

目前，中国天然气储采比相对较高，这说明我国天然气产量高速增长具有良好的储量基础。从美国、俄罗斯等天然气大国开发历史经验来看，我国天然气开发已经步入黄金通道，至少还有 20 年的高速发展期（李建中等，2012）。

三、天然气产量

2014 年，中国天然气产量为 $1301.57\times10^8 m^3$，比 2013 年增长 7.7%。"十二五"累计生产天然气 $6013\times10^8 m^3$，相比 2010 年，年均增加天然气产量为 $1101\times10^8 m^3$。鄂尔多斯盆地、塔里木盆地和四川盆地仍是中国天然气主产区。近几年中国天然气发展建设速度很快，预计 10 年后产量达到 $1500\times10^8 \sim 2000\times10^8 m^3$。到 2020 年，中国将初步建成中国天然气输配管网的骨架，形成较为完善的天然气工业体系。

从我国天然气的开采历史来看，我国天然气产量变化呈现出明显的分期性。1996 年产量超过 $200\times10^8 m^3$，到 2003 年达 $350\times10^8 m^3$，年增长率为 7.23%～12.73%，平均年增长率为 8.71%。2004 年产量超过 $400\times10^8 m^3$，2008 年产量超过 $800\times10^8 m^3$，此期间以高年增长率（15.97%~18.96%，平均达到18.07%）为特点。2008年后天然气产量持续增长并在2011年越过 $1000 \times 10^8 m^3$ 大关，但年增长率则大减，平均年增长率为7.37%，甚至比1995~2003年的均值都要低1.34%。2005年后天然气产量年增长率曲线已经呈现出总体走低的趋势。2010~2012年的平均年增长率为6.07%，2013年天然气产量为 $1175 \times 10^8 m^3$ ，与之对应的年增长率为7.77%。基于上述分析，以8%的年增长率预测2020年天然气产量为 $1970 \times 10^8 m^3$ 。但需要提醒的是，我国天然气产量在不断向物性变差的储层开拓时已逐步扩大到需要以水平井和压裂才能获得经济效益的高难领域，因此我国的天然气开发面临着机遇与挑战并存的发展局面（张抗，2014）。

四、天然气消费

中美两国是世界上经济发展大国，国内生产总值美国第一，中国第二。但在天然气对外依存度的问题上，中美两国形成强烈的反差。美国天然气对外依存度一般保持在10%左右，近年来，由于页岩气的成功开发，对外依存度急剧下降。中国从2006年开始进口天然气，仅用了5年时间，天然气对外依存度飙升到21%。同时中国天然气在一次能源消费结构中的比例2015年仅为5.9%，比国际平均水平低18个百分点。据国家能源局副局长张玉清透露，2020年天然气消费在一次能源中的占比目标定在10%，也就是还需要提高4.2%左右，这十分不容易，因为前15年才提高了3.6个百分点。

中国陆上天然气主要集中在塔里木、柴达木、四川和鄂尔多斯盆地，而消费主要集中在华北、长三角及东南沿海。随着西气东输、西气东输二线、陕京一线、陕京二线、中亚管线、川气东送等工程的稳步实施推进，有力地缓解了天然气资源禀赋不均，资源远离消费市场的瓶颈问题。另外，由于受气候影响，中国各地天然气季节性需求极不平衡，冬季最高形成13：1的峰谷差，用气量的高月均日与低月均日供气比为7：1。这就要求产业上中下游统筹规划、协调发展，要有足够的调峰和应急能力。

目前，在国际石油价格下降的带动下，天然气价格也在下降。在多种原因的推动下，今年的天然气消费增速明显放缓，且相对过剩。未来天然气的快速发展，还需要大力推进体制改革，有序推进探矿权和采矿权一级市场和二级市场建设，同时实现天然气基础资料公益化。

第二章　中国四大气区开发现状

经过半个多世纪的艰辛勘探，我国已发现气田 240 个，探明天然气地质储量 $8.3 \times 10^{12} m^3$，剩余天然气可采储量 $3.86 \times 10^{12} m^3$。2012 年全国生产天然气 $1072 \times 10^8 m^3$，产量世界排名第 7。从我国天然气工业发展看，虽然我国天然气利用拥有相当悠久的历史，但天然气工业则是随着石油工业的发展而发展起来的，起步相对较晚。自"八五"以来，随着我国天然气基础地质研究不断取得突破性认识，天然气工业开始进入快速发展阶段，特别是近 10 年来，我国天然气工业处于高速发展时期且发展速度越来越快。从年增储量规模看，"九五"期间年均探明天然气地质储量 $861 \times 10^8 m^3$，"十五"期间年均探明天然气地质储量增加到 4305 $\times 10^8 m^3$，"十一五"期间年均探明天然气地质储量 $5358 \times 10^8 m^3$，年均探明天然气地质储量"十一五"是"九五"的 6.2 倍（贾承造等，2014）。随着国民经济的快速发展，中国天然气储量持续增长、产量快速上升、管线建设蓬勃发展、市场需求旺盛、国际地位越来越重要，呈跨越式发展。未来 20 年中国的天然气发展前景广阔，预计 2030 年天然气产量潜力为 $3000 \times 10^8 \sim 5000 \times 10^8 m^3$，消费量潜力约 $6000 \times 10^8 m^3$，天然气占我国一次能源消费比例将达 15% 左右（陆家亮和赵素平，2013）。

从天然气产量变化看，近 10 年也是我国天然气产量的快速增长期，天然气产量年均增长 11.6%；在世界天然气产量排位也不断攀升，2000 年年产天然气 $272 \times 10^8 m^3$，居世界第 9 位；2012 年年产天然气 $1072 \times 10^8 m^3$，居世界第 7 位。其中中国石油天然气集团公司（简称中石油）天然气产量占到全国产量的 70% 以上，是我国天然气生产的主体。从中国石油来看，目前陆上已初步形成鄂尔多斯、青海、四川、塔里木四大气区。2014 年长庆、塔里木、西南、青海四大气区储量占中石油总储量的 89.3%，产量占总产量的 86%。

第一节　长庆气区

近 30 年来，中国石油长庆油田分公司，在鄂尔多斯盆地的油气勘探中，实施区域展开、重点突破、油气并举、与时俱进的工作方针，取得了长足的进展和重大的成果。仅天然气的勘探方面，先后发现了靖边气田、榆林气田、米脂气田、乌审旗气田和苏里格气田等气田。截至 2013 年，中石油在鄂尔多斯盆地发现探明储量 $2.49 \times 10^{12} m^3$，年产气 $338 \times 10^8 m^3$，无论是储量还是产量，长庆气区已经跃升为中石油乃至我国第一大天然气产区。"一条条气龙翻山越岭，给千家万户送去温暖"，正是长庆气区作为我国陆上最大的天然气生产基地和枢纽中心冬季高峰期稳定供气的真实写照。长庆气区以 $1.1 \times 10^8 m^3$ 日产气量强力助推长庆油田分公司冲刺 $5000 \times 10^4 t$，全面建成"西部大庆"，成为公司持续发展的重要增长点。

一、开 发 现 状

随着下古生界碳酸盐岩、苏里格及盆地东部 3 个万亿立方米大气区内靖边、榆林、苏里格、子洲、神木五大气田的规模开发，长庆油田目前已成立 8 个采气单位，负责长庆大气区的开发管理。

（一）产能建设稳步推进

作为气田快速上产、稳产核心发动机的产能建设，2013 年在面对建产区块分散、地质条件复杂多变、矿权形势日益严峻等诸多不利因素下，紧密围绕"有质量、有效益、可持续"的发展战略，坚持"水平井、丛式井开发并重、上下古复合区立体开发"的开发思路，做好四个"结合"，精心组织，因地制宜，优化部署，强化攻关，全年完钻井 1453 口，建产能 $108.3 \times 10^8 \mathrm{m}^3/\mathrm{a}$，创历史最高水平（冉新权和李安琪，2013）。

（二）水平井规模推广，开发水平再上新台阶

2013 年充分发挥三维地震刻画储层空间展布的优势，采用"平台型、台阶型、大斜度"差异化设计，推广"多支多向"和"多支三维"等丛式水平井部署，加大快速钻井及多层、多段压裂改造等工艺技术攻关，效果良好。全气区完钻井 348 口，自营区完钻水平井 245 口，较 2012 年增加了 33.2%，21 口井无阻流量超过百万立方米；水平井整体开发区基本建成，日产气量突破 $2000 \times 10^4 \mathrm{m}^3$，在冬季保障天然气即时供给中发挥威力。

（三）下古生界气藏整体研究，评价建产获得新突破

深化靖边气田外围下古生界储层综合研究，落实白云岩机理和储层分布，筛选下古生界潜力区，加大上、下古生界立体开发力度，在苏里格气田和神木气田取得突破。下古生界兼顾开发井 346 口，气层、含气层钻遇率达到 90% 以上，完试求产有 7 口无阻流量超百万立方米，下古生界有利含气面积进一步扩大，为气田上产、稳产夯实了基础。

（四）"集群化布井、工厂化作业"创新气田开发模式

以"集约化用地、快速作业、绿色环保开发"为主攻方向，2013 年在苏里格气田和神木气田开辟水平井整体开发区、大井组丛式井建产区开展工厂化作业试验，各专业通力配合，效果明显。单井场辖井数 9 口及以上，其中的 G07-8 井场辖管 7 口水平井、7 口定向井，为气区最大的丛式井场。"工厂化"试验区井位部署一次成网，实现多钻机联合作业、供电、用水共享，钻井、压裂"流水线"作业，钻井液和压裂液重处理后循环利用，建井周期大幅度缩短，工作实效大大提高。

（五）工程技术不断进步，助推气田向高效开发目标迈进

集成应用大井组整体井身剖面优化及防碰绕障技术、高效 PDC 钻头复合钻井、强抑制防塌钻井液等配套技术，攻关形成了大偏移距三维水平井钻井技术，国内首次实现偏移距 516m、水平段长 2000m 的大偏移距三维水平井钻井，钻井周期与常规水平井相当。自主研

发形成了直井有限级和无限级套管滑套分压工具系列和 4 1/2″基管裸眼水力喷射体积压裂工艺，实现了该项技术推广应用。体积压裂形成了"低黏液体造缝、高黏液体携砂、多尺度支撑剂"组合的大排量注入混合压裂工艺，大幅提高储层改造体积，完试 23 口井，平均改造 9.8 段，平均无阻流量 $57.5 \times 10^4 \text{m}^3/\text{d}$。

（六）地面建设优化简化，建设水平明显提升

创建了"一体化"建设模式，集气站施工周期缩短 15 天，减少征地面积 30%，实现设备的小型化、撬装化、一体化和智能化，开拓气田建设新方向。针对水平井整体开发区大井组整体部署特点，优化管网串接、扩大集气半径、减少站场数量，形成配套的水平整体开发地面建设新模式。井组增压一体化集成装置，进一步降低井口运行压力、延长采气时间，为提高采收率做好技术储备。

二、储量现状及地质特点

鄂尔多斯盆地天然气资源具有储层类型多、分布面积广、资源潜力雄厚、储量规模大等特点。据全国第三次油气资源评价，盆地天然气资源量达 $10.95 \times 10^{12} \text{m}^3$（其中上古生界资源量 $8.59 \times 10^{12} \text{m}^3$，下古生界资源量 $2.36 \times 10^{12} \text{m}^3$），占全国天然气资源量的 28.2%，叠合含气面积 $15 \times 10^4 \text{km}^2$。上古生界主要为大型砂岩岩性气藏，分布广泛，主要产层为石炭–二叠系石盒子组和山西组砂岩，系一套海陆交互沉积岩体系，储层既有碎屑岩，又有碳酸盐岩，埋深 2800 ~ 3320m，孔隙度 4%~ 10%，渗透率 0.1 ~ 3mD（$1\text{mD} = 10^{-3} \mu\text{m}^2$），气源岩主要为石炭–二叠系煤系烃源岩，系近海平原相煤系层，煤层厚度大于 20m 的范围达 $10 \times 10^4 \text{km}^2$，是勘探煤层气的有利层系，已探明上古生界气田 8 个。下古生界主要为碳酸盐岩气藏，多分布于盆地中部，产层为奥陶系顶部风化壳孔洞型碳酸盐岩，系一套台地型的碳酸盐岩沉积的、经历古岩溶作用后，以白云岩为主的含气层系，埋深 3100 ~ 3700m，主力气层马五$_1$厚度 20 ~ 25m，物性变化大，平均孔隙度 6.4%，渗透率 0.39mD，气源岩为石炭–二叠系烃源岩和下古生界碳酸盐岩，具有混合气的特征，已探明下古生界气田 1 个。

三、长庆气区的地位

随着世界级整装的靖边大气田、苏里格大气田和榆林气田的规模开发，长庆气区已发展为中国最大的天然气生产和外供的大气区之一，成为中国天然气供输管网的枢纽中心，为国家"西气东输"重点工程提供了先锋气，使供气范围从 18 个大中城市扩大到 8 省（市、区）的 40 多个城市，所供天然气相当于减少标煤用量 $9240 \times 10^4 \text{t}$，减少二氧化硫、氮氧化合物及粉尘等有害物质排放 $492 \times 10^4 \text{t}$，减少二氧化碳排放近 $2.8 \times 10^8 \text{t}$，为应对气候变化、净化城市空气质量、优化中国能源结构、促进低碳经济发展、改善生态环境作出了实实在在的贡献。特别是长庆气进京，揭开了北京市大规模使用清洁能源的序幕，使首都彻底结束了近半个世纪使用人工煤气的历史，对北京申奥成功和实施"蓝天工程"作出了历史性贡献。

四、长庆气区的开发经验

长庆气区天然气从零起步，经过十多年大规模建设开发，天然气南下西安、上海，东进太原、石家庄、京津地区，北上呼和浩特，西输银川，实现了向北京等 40 多个城市供气的目标，成为我国陆上三大主力气源地之一。支撑着长庆发挥我国陆上天然气供输枢纽作用的，是探明储量几万亿立方米的大气区，年产 $300\times10^8 m^3$ 的大气田。

（一）靠能力突破低渗透

鄂尔多斯盆地属于我国第二大沉积盆地，蕴藏着丰富的石油天然气资源，被誉为"半盆油、满盆气"。天然气深埋在 3000～5000m 地下的上、下古生界，储层非均质性强，以隐蔽性岩性气藏为主，勘探难度大。与盆地油藏一样，这里的气藏呈现出世界罕见的低渗、低压特征，分布范围广、气层丰度低，有效开发非常困难（卢涛等，2015）。

在地下条件如此复杂的鄂尔多斯盆地从事天然气勘探开发的长庆油田，就是依靠技术进步不断提高自身寻找天然气、解放低渗透的科技能力，在盆地 10 多万平方千米的沙漠、草原奋战了数十载春秋，从 20 世纪 90 年代初陕参 1 井发现百万立方米高产工业气流开始，揭开了长庆大规模天然气勘探会战的序幕，从而一举拿下了当时全国储量最大的靖边整装大气田，为国家决策上马陕京天然气管道工程形成了充足气源。然而，作为长庆目前单井产量最高的气田，靖边气田不是每一口井都能形成陕参 1 井那样强大的气流，开发井平均单井产量不到 $3\times10^4 m^3$；长庆所开发的气田，最明显的特征就是低渗透，迫使长庆人从一开始就走上了一条艰难险阻之路，除了攻克低渗透，别无选择。

21 世纪，长庆油田在位于毛乌素沙漠北部发现了世界级特大型气田——苏里格气田。然而，苏里格气田单井产量远远达不到经济开发的临界线，被称为"四低"（低渗、低压、低丰度、低产）气田，为了攻克制约这个气田有效开发的技术瓶颈，300 多名科技人员，瞄准降低单井综合成本和提高单井产量两大目标，在毛乌素沙漠里坚守了整整 5 个春秋。探井试采、二氧化碳压裂、水平井试验、井下节流、中低压集输等关键开发技术的集成创新，缩短了经济开发的距离。

为了加快苏里格气田的开发，2006 年，长庆油田与中石油所属 5 家未上市企业，拉开了合作开发苏里格气田的序幕。与此同时，长庆油田公司开辟苏 14 区开发试验区，为整个气田开发提供集成创新的系列成熟技术，当年就实现一、二类井达到 80% 以上，单井成本从 1200 万元降到 800 万元以内的两大目标，使苏里格气田实现了规模有效开发（马新华等，2012）。

苏里格气田的成功开发，将为同类地质特性的乌审旗气田，提供可供实践的成熟技术，给长庆储量巨大的低渗、特低渗气田的规模开发带来希望。

（二）靠规模创造新优势

长庆气区已累计在鄂尔多斯盆地探明天然气储量 $2.8\times10^{12} m^3$，勘探程度仅 25.6%，展示了这个盆地天然气发展的巨大潜力。长庆大气区地处我国东部与西部的交界地带，一边是丰富的天然气资源，另一边是经济发达区域，长庆气区西接资源、东接市场的特殊地理区位优势，在天然气储量增长和气田规模建设发展中凸显出来。

长庆气田的区位优势能否有效地发挥并转化为经济优势，更好地保障国家能源安全，强有力地服务于国家经济建设又好又快发展，关键取决于长庆气区天然气资源规模和生产规模。多年来，长庆油田始终把油气勘探放在首位，集中人、财、物在盆地 10 多万平方千米的土地上转战南北，甩开勘探，扩大规模，使长庆气区天然气储量增长规模连续 6 年居全国第一。长庆油田先后拿下了探明储量 $5335 \times 10^8 \mathrm{m}^3$ 的苏里格气田，发现并探明了储量规模超 $1800 \times 10^8 \mathrm{m}^3$ 的榆林气田，随着乌审旗气田、子洲气田、米脂气田的发现和扩大，目前长庆油田累计找到 9 个大规模储量的气田，其中探明储量千亿立方米以上的世界级大气田就达 5 个。苏里格气田在勘探开发中进一步迅速扩大，目前已形成了万亿立方米的超大储量规模。

（三）靠实力建设大气田

长庆气区天然气开发从 1997 年的 $1.7 \times 10^8 \mathrm{m}^3$ 开始，在近 20 年的快速发展中年产量增长了 224 倍。而这一切，都是从低渗透气田艰难开发中一步一步实现的。

长庆把建设大气田作为崇高目标来追求和实践，是基于长庆拥有多个储量规模巨大的气田。在成功开发了探明储量 $3400 \times 10^8 \mathrm{m}^3$ 的靖边气田后，就马不停蹄挺进榆林气田，3 年建成了年产 $20 \times 10^8 \mathrm{m}^3$ 的生产能力。2006 年与壳牌公司合作开发的长北气田也建成 $30 \times 10^8 \mathrm{m}^3$ 的生产能力，并投入商业生产，实现了向北京供气。

具备建设大气田资源基础的长庆油田，随着陕京二线的投用和长庆众多气田投入规模开发，已确定了天然气开发的中长远发展战略，通过"十一五"期间的大规模建设，使苏里格气田的年产能达到 $100 \times 10^8 \mathrm{m}^3$，把长庆气区天然气的年产水平提升到 $200 \times 10^8 \mathrm{m}^3$。在未来的中石油乃至整个中国的天然气生产气区中，长庆气区必将占据越来越重要的地位。

第二节　塔里木气区

2015 年，新疆四大油田累计年生产天然气 $306 \times 10^8 \mathrm{m}^3$，成为继陕西地区之后国内第二个年产天然气量超过 $300 \times 10^8 \mathrm{m}^3$ 的省（市、区）。中石油塔里木油田、克拉玛依油田和吐哈油田三大油田贡献率逾 90%，其中塔里木气区年产气 $236 \times 10^8 \mathrm{m}^3$，占整个新疆总产气量的 77%，是我国陆上第二大气区。

一、开发现状

塔里木地面环境十分恶劣，地下条件十分复杂，被称为世界油气勘探难度最大的地区之一。从 20 世纪 50 ~ 60 年代到 1989 年开始的塔里木石油大会战，塔里木石油人历经"六上五下"征战昆仑、南天山，出入"死亡之海"，终于揭开了塔里木油气发展史上的新篇章，催生了举世瞩目的西气东输工程。天然气年产量从 2004 年 $3.51 \times 10^8 \mathrm{m}^3$ 增至 2015 年 $235.51 \times 10^8 \mathrm{m}^3$，建成中国第二大天然气产区。近 5 年来，中国每生产 $6 \mathrm{m}^3$ 天然气，就有 $1 \mathrm{m}^3$ 天然气出自塔里木。2014 年，气区采气井总数 530 口，开井 346 口，井口产气量 $5859 \times 10^4 \mathrm{m}^3 / \mathrm{d}$，单井产量 $16.9 \times 10^4 \mathrm{m}^3 / \mathrm{d}$，综合水气比 $0.37 \mathrm{m}^3 / 10^4 \mathrm{m}^3$。

1. 储量替换率较高、储采比保持相对稳定

近 5 年平均动用储采比大于 14，探明储采比大于 33，储采平衡系数平均 3.9，形成良好的资源接替序列，气区整体处于稳产、上产期。

2. 近年气区产能负荷因子较高，生产组织压力较大

气区天然气产能负荷因子长期高于 1.0，生产组织压力较大。

3. 已开发气田整体处于相对稳产期，主力气田采气速度偏高

持续开展英买力、牙哈气田的开发调整，加大迪那 2、克拉 2 气田的生产调控，已开发气田整体保持高产稳产，但主力气田（克拉 2、迪那 2）采气速度仍高于方案设计。

4. 气田地层压力保持程度总体较高，主力气藏压降速度偏快

对于循环注气、强水驱气藏压力保持程度高于 80%；克拉、迪那 2 等主力气藏压降速度明显高于方案设计。克拉 2 气田见水井关井，英买力、牙哈气田水气比呈上升趋势。

二、储量现状及地质特征

（一）基本概况

塔里木盆地位于新疆南部，东西长约 1400km，南北宽约 520km，呈不规则椭圆形，面积 $56 \times 10^4 km^2$，是中国最大的内陆盆地。盆地降水极少，干燥风多，日照时间长，年温差和日温差都很大，是典型的大陆性干旱气候。

塔里木盆地是一个由中生代克拉通盆地和中新生代前陆盆地组成的大型复合、叠合盆地。盆地的陆壳基底由深度变质的太古宇、中度变质的古元古界和浅度变质的长城系、蓟县系、青白口系三套变质岩组成。主要发育了两大类沉积相，震旦系和古生界为海相沉积，中、新生界为陆相沉积。

塔里木盆地纵向自下而上有三大构造层，下构造层包括震旦系、寒武系、奥陶系克拉通深海槽盆相、浅海台地相碳酸盐岩及碎屑岩沉积和志留系、泥盆系滨海碎屑岩沉积；中构造层包括石炭系至二叠系克拉通浅海台地相、海陆交互相、裂谷喷发火山岩和三叠系陆相碎屑岩沉积；上构造层包括侏罗系、白垩系和古近系断陷盆地、复合前陆盆地的巨厚陆相湖沼沉积。

塔里木盆地根据盆地基底顶面起伏特征可划分为三大隆起四大拗陷，俗称"三隆四拗"。三大隆起：塔北隆起、中央隆起和塔南隆起；四大拗陷：库车拗陷、北部拗陷、西南拗陷和东南拗陷。

塔里木盆地发育 4 套烃源岩层，即寒武系、中上奥陶统、石炭系至二叠系、三叠系至侏罗系。寒武系生烃早，加里东晚期进入生油气高峰，泥盆系进入高成熟阶段；中上奥陶统主要分布在塔中隆起北坡和塔北隆起南坡，是一套正处于生油气高峰的烃源岩层；石炭系至二叠系主要分布在盆地西部，其中白垩系在古近系达到生油气高峰期，二叠系至今处于高成熟或过成熟阶段。总之，塔里木盆地烃源岩分布范围较广，且存在多套烃源相互叠置，为油气成藏提供了良好的条件。

（二）储量现状

国家最新资源评价显示，塔里木盆地天然气资源丰富，探明率仅为13%。塔里木石油会战以来，已探明天然气地质储量 $1.85×10^{12} m^3$，先后探明气田17个，形成3个天然气富集区，可以确保年产量 $300×10^8 m^3$ 稳定供气60年以上。同时，天然气地面处理能力和外输能力均达到年 $400×10^8 m^3$，具备加快发展的基础。

（三）地质特征

塔里木盆地目前主要开发的气藏包括克拉2、和田河、桑南、塔中16、迪那2、牙哈、英买力、吉拉克等，其中克拉2为塔里木盆地内最大的整装气田，是西气东输的主力气田。塔里木油气区的气藏主要特征是：埋藏深度大，普遍深度 $4500 \sim 5800 m$，较浅的3200m，最深的达到7200m；分布层位较老，主要分布在石炭系、三叠系、侏罗系和白垩系等地层；构造相对完整，以狭长背斜为主；含油层系多，但相对集中；沉积类型多，但以海相、陆相和湖泊相为主；地层压力高，一般高于50MPa；气藏温度高，一般为 $100 \sim 140℃$，地温梯度偏低。原油普遍具有低含蜡、低含硫、低黏度和低凝固点的特点；天然气甲烷含量高，硫化氢含量低和低密度且地层水矿化度高。

三、塔里木气区地位

截至2012年年底，作为西气东输管道能源大动脉主力气源之一的塔里木油田，累计向西气东输管道输送天然气超过 $1000×10^8 m^3$，达 $1063.53×10^8 m^3$。塔里木油田是西气东输的源头、主气源地。目前，西气东输担负着向以上海为中心的华东地区和以北京为中心的华北地区14个省（市、区）、80多个大中型城市供气的任务，3000多个工业企业和 $4×10^8$ 多居民从中受益。多年来，塔里木油田加快天然气业务发展，使天然气在我国一次能源消费中的比例不断提高，创造了巨大的经济效益和社会效益。塔里木油田输送的 $1063.53×10^8 m^3$ 天然气，相当于替代 $1.28×10^8 t$ 标准煤，减少排放有害物质600余万吨，为"美丽中国"建设增添了浓墨重彩的一笔。塔里木油田生产的天然气通过西气东输和西气西用，促进了我国东部地区和新疆当地经济社会全面发展。从最初的"气化南疆"工程到目前正在实施的南疆天然气利民工程，塔里木油田始终注重把油气发展成果惠及资源地。和田地区城乡居民和企业用上天然气后，当地环境得到有效改善，空气质量明显提高。全市烟尘排放量较以往下降81.7%，二氧化硫排放量下降98.2%。

西气东输启动之时，塔里木油田投产的克拉2、牙哈等气田，只建成年产 $128×10^8 m^3$ 规模天然气产能。目前，塔里木油田已在盆地周缘先后建成克拉2、迪那2、大北、克深及塔中1号等一批超千亿立方米的大气田，具备了年产 $229×10^8 m^3$ 天然气产能规模，稳定了供气资源基础，井口日产气量超 $5000×10^4 m^3$，其中向西气东输日供气量已突破 $5300×10^4 m^3$，创历史新高。

四、塔里木气区开发经验

塔里木盆地气藏类型多，地质条件复杂，埋藏超深，大部分气藏为异常高压，"三高"气田比例大，同时面临着产能建设任务重、安全生产管理难度大等挑战。近年来中国石油塔里木油田公司（以下简称塔里木油田公司）不断加大科技攻关、产能建设和生产管理力度，关键技术的重要进展，满足了气田开发的需求，实现了气田如期建成投产及安全平稳生产。

（一）以气藏精细描述为基础，加强产能评价，及时优化方案，夯实上产基础

围绕上产，主要做了以下工作：加强山前地震叠前处理技术攻关，构造精细描述取得重要进展；加强对低渗透、裂缝性、非均质性储层的精细描述和评价；加强实施再认识研究，及时优化开发方案，保证了产能到位率；建设开发实验区，开展酸性气田开发攻关，为整体开发方案提供依据。

（二）加强工程技术引进推广和集成创新，工程技术手段进一步完善和配套

工程技术进展主要包括：超深复杂地层钻井技术取得重要进展；加强高压气井完井工艺技术研究与攻关，引入高压气井完井风险评估理念，确保气田完井方案顺利实施；初步探索出了"安全、高效、节能、环保、科学、适用"开发塔里木高压、高产、地质复杂、环境恶劣气田的地面建设工艺及配套技术（李传亮，2007）。

（三）强化项目管理和过程控制，确保产能建设按计划推进

在产能建设管理和运行方面，注重实效，探索和创新项目管理模式，强化重点项目组织管理。探索出多种地面建设组织管理方式，确保了建设任务顺利完成。

（四）创新管理模式，强化生产组织和运行管理，确保生产运行平稳

创新管理模式包括：超前组织，生产运行安全平稳，确保超额完成产量任务；优质高效完成年度检修，保证装置平稳运行。

（五）突出抓好安全环保和节能减排，实现安全、清洁和节约发展

抓好安全管理，全面建设环保安全体系，严格落实安全生产责任制，强化 HSE 管理的全过程控制，强化应急预案的修订、培训与演练，逐步提高员工应急能力。突出抓好环保、节能减排，成效显著，加大污水回灌力度，减少污染物排放，大力开展放空天然气回收工程，效果显著。

第三节　西南气区

四川盆地是世界上最早利用天然气的地方，早在两千多年前，我们的祖先就在四川发现了天然气。四川盆地是我国常规天然气工业的发源地，新中国成立后，累计产气 3800 多亿立方米，奠定了四川、重庆成为我国气化率最高地区的基础。

一、开 发 现 状

截至 2013 年年底，西南气区累计探明气田 114 个、含气构造 60 个；已投入开发气田 110 个，含气构造 36 个，投产井数 1891 口。老气田储量动用程度高，探明地质储量基本全动用，川中须家河组储量动用程度低，川东北高含量储量未动用。目前气区开发呈现如下形势：

（1）储量快速上升，储采比总体保持较高水平，但储采比不平衡。随着磨溪龙王庙及震旦系气藏的发现，中石油西南分公司探明储量快速上升，整体储采比为 60～70，但是不同类型气田储采比不平衡。分公司一半以上的产量贡献来自于剩余可采储量的 15%。

（2）气区年产量与井均日产量止跌回升。由于发现的川中须家河组低渗储量目前无法动用，老气田没有新的突破，前几年西南气区无论是年产量还是井均日产量，都是逐年下降的。但是随着龙王庙组气藏的产能建设，大量高产气井投产，不但气区年产量回升，单井日产量也呈现止跌回升的特征。

（3）综合递减持续处于高位，快速上升趋势得到遏制。2008 年以来，通过加快产能建设和工艺措施挖潜等手段努力控制老气田递减率，但老气田递减率始终保持在 16.5% 左右的高位。2014 年，川东老气田经过主动调整，整个气区和老气田综合递减率增加两个百分点。

（4）气田普遍产水，工艺排水井比例高、产水量大。2014 年气区产水气田 104 个，占已投产气田的 94.5%；气区产水井 991 口，占已投产井数的 60.13%，日均产水量 2.6×10^4 m^3/d。2014 年气区 40% 的产水井靠实施排水采气工艺措施维持生产，占产水井总产量 35.3%。

（5）老区气田普遍进入增压开采阶段，增压气田数逐年上升。2014 年年底，气区生产井平均井口油压 21.09MPa，其中老气田井口油压 5.47MPa。截至 2014 年年底增压气田数 79 个，占总数的 72%。

（6）老区气田实施主动调整，产能负荷明显改善。2014 年标定产能负荷因子 0.96，较 2013 年产能负荷因子 1.06 下降 10%，但总体负荷因子仍较高。

（7）龙王庙组、震旦系气藏的发现改善了储量结构，形成了开发新格局。目前，西南气区已经形成了"421"天然气开发新格局。4 个规模上产领域：磨溪-高石梯龙王庙、震旦系、川东北高含硫、页岩气；2 个调整稳产领域：老气田、龙岗气田；1 个攻关接替领域：大川中须家河组。

二、储量现状地质特征

（一）基 本 概 况

西南油气区位于中国西南部的四川盆地，面积约 $18.0 \times 10^4 km^2$。盆地四周高山围限，东北有大巴山，东南有齐岳山、大娄山，西南有大凉山，西侧为龙门山。盆地被北东向龙泉山和华蓥山分为三个地质地理区：龙泉山以西为成都冲积平原，龙泉山与华蓥山间为川中丘陵区，华蓥山以东为川东平行岭谷区。盆地内河流纵横，属长江水系。

四川盆地属亚热带湿润季风气候，年平均气温 14～19℃，西部略低，东部及南部略高。盆地年降水量 900～1200mm，盆周多于盆内，川中丘陵区降水量少；冬季雨量最少，夏季降雨量多，冬干夏雨，雨热同期。总之，四川盆地自然地理分区多样、地形复杂、江河众多、人口密度大，在给油气开发创造良好条件的同时，也给产能建设和生产设施布局带来诸多难题，生产管理具有点多面广战线长的特点。

四川盆地沉积岩发育较齐全，基底由太古宇至古元古界岩浆岩结晶基底和其上的中、新元古界变质岩褶皱基底组成。在双重基底之上沉积了震旦系至第四系海、陆相沉积岩，厚6000～12000m，除泥盆系、石炭系仅在盆地东西两侧分布外，其余各层系在盆地各地均有分布。震旦系—中三叠统以海相碳酸盐岩为主，夹砂、泥岩和蒸发相膏、盐层，厚4000～6000m，上三叠统—第四系以陆相砂、泥岩为主，夹石灰岩及煤岩，厚 2000～6000m。震旦系、寒武系、奥陶系、石炭系、二叠系、三叠系、侏罗系均为工业油气层，其中震旦系、石炭系、二叠系、三叠系、侏罗系为主力油气生产层。

盆地内气田和含气构造分布在盆地五大构造区域内，即川东高陡褶皱带、川南低陡褶皱带、川西南低陡褶皱带、川北低平褶皱带、川中平缓褶皱带。盆地内共发现工业气层 24 层，绝大多数气田都具有两个或两个以上的气层或气藏，形成多产层气田。

（二）储 量 现 状

截至 2014 年年底，中石油在四川盆地获气田 114 个，含气构造 62 个，油田 5 个，纵向上获工业油气层系 24 层；累获天然气探明储量 $2.01 \times 10^{12} \mathrm{m}^3$、三级储量 $3.46 \times 10^{12} \mathrm{m}^3$。"十二五"新增探明储量 $9546 \times 10^8 \mathrm{m}^3$，可采储量 $5819 \times 10^8 \mathrm{m}^3$，分别较"十一五"增加 76% 和 128%。新增 SEC 储量 $1928 \times 10^8 \mathrm{m}^3$，储采比从"十一五"末的 15：1 大幅提升到 21：1。

先后在安岳须家河组、龙岗礁滩、高石梯-磨溪地区震旦系—下古生界、页岩气等领域勘探开发取得显著成果，共完成天然气三级储量超过 $2 \times 10^{12} \mathrm{m}^3$，其中探明储量超过 $1 \times 10^{12} \mathrm{m}^3$。不断加深乐山-龙女寺古隆起地质认识、加强勘探技术，提交龙王庙组气藏探明储量 $4403.83 \times 10^8 \mathrm{m}^3$ 和高石梯-磨溪区块震旦系气藏储量 $8513.93 \times 10^8 \mathrm{m}^3$；强化页岩气技术攻关，完成了中石油首个页岩气探明储量的申报，长宁区块宁 201-YS108 井区和威 202 井区探明储量 $1635.31 \times 10^8 \mathrm{m}^3$。在川中古隆起震旦系勘探取得突破性进展，在川西、川中下二叠统海相勘探获得重大发现，在洗象池组、礁滩、石炭系等领域见到良好苗头。盆地储量资源序列呈良性接替的塔式结构，为"十二五"由稳产转上产和未来一个时期保持产量稳定增长奠定了坚实的资源基础。

（三）地 质 特 征

四川油气田分布面积广，个数多。多为背斜构造型和背斜-断层-岩性复合型或背斜构造背景上的裂缝圈闭型，纵向上具多产层特点，横向上成排成带分布。储层多数为低孔低渗碳酸盐岩和砂岩，孔隙度 2%～12%，渗透率一般 0.08～6.14mD，在有裂缝搭配下可以高产，储层非均质性强。产层埋深 700～6000m，石炭系主力气田一般为 3000～5000m。所有气田几乎都有水，大多为边水，少数为底水，气田水的活跃程度差异大。天然气性质以干气为主，嘉陵江组以上产层产少量凝析油，海相储层中除二叠系阳新统气藏外天然气普遍含硫化氢，其中雷口坡组、嘉陵江组、飞仙关组和长兴组气藏具高含硫特点，最高可达 $230g/m^3$。气藏温度随深度变化而变化，气藏压力一般为常压-弱超压，但蜀南地区阳新统气藏和川西梓潼地区须家河组气藏多高压和超高压。

四川油气区基底为前震旦系，局部地区还包括下震旦统的变质岩和岩浆岩。其上的沉积盖层发育齐全，总厚 6000~12000m。其中震旦系至中三叠统是海相沉积，以碳酸盐岩为主，厚 4000~7000m。震旦系分为上、下两统，下统在盆地内缺失，只在川东北、川东南、鄂西及黔东等凹陷有其沉积；上统全区发育良好，岩性变化小，分布稳定。寒武系、奥陶系、志留系在四川盆地内广泛分布，属地台型沉积。中、上寒武统和奥陶系在成都以南局部地区遭受剥蚀，志留系剥蚀范围更大，南充、成都、威远一带已无保留。泥盆系、石炭系盆地内部大面积缺失，泥盆系只在盆地边缘见有沉积，石炭系分布在盆地东部。二叠系遍布全区，为浅海台地沉积，晚二叠世初在川西南部地区有大量玄武岩喷发；中、下三叠统也为一套浅海台地沉积，分布广泛。上三叠统为一套海陆过渡相含煤沉积，以碎屑岩为主，厚 250~3000m。侏罗系至新近系全为陆相碎屑岩，厚 2000~5000m，侏罗系全盆地均有分布。白垩系及新近系沉积呈局限分布，主要在盆地周缘的凹陷中，第四系由冲积、洪积疏松泥沙及砾石组成，分布在现代河流的两岸，一般厚 0~100m。

三、西南气区地位

四川油气田是我国天然气工业的奠基者和开拓者，1958 年开始在四川盆地开展大规模天然气勘探开发。几十年来，坚持油气并举、以气为主，经过几代川渝石油人不懈奋斗，建成了国内首个以天然气生产为主的千万吨级大油气田，形成了完整的上中下游一体化产业链。五十多年来，累计生产天然气 $3750×10^8m^3$，约占同期全国天然气产量的 1/4。形成了完善的川渝管网系统：三横、三纵、三环、一库，与全国管网连接，形成了西南能源战略通道枢纽。天然气销往川、渝、云、贵等四省（市）千余家大中型工业用户和 1200 多万户居民家庭，以及 1 万多家公用事业用户。天然气在川渝地区一次能源消费结构中占 15% 左右，高于全国 5.9% 的平均水平，市场占有率、行业利用率超过 80%。川渝地区市场成熟，公司 60% 产量在资源地就地转化，其余进入骨干管网分输。2015 年公司销售量 $183.5×10^8m^3$。经过几代川渝石油人的艰苦奋斗和不断创新，基本形成了适应盆地复杂地质地貌、自然、社会环境的勘探开发及工程配套技术。在复杂深层碳酸盐岩油气藏、低渗碎屑岩气藏、高含硫气田和页岩气勘探开发等领域，形成了 26 大技术系列，127 项特色技术国内领先，10 余项技术达到国际先进水平。同时，西南油气田规划 2020 年建成 $300×10^8m^3$ 战略大气区，天然气产量达到 $300×10^8m^3$ 以上。

四、西南气区开发经验

四川盆地含气层系多，气水分布复杂，主要有复杂深层碳酸盐岩油气藏、低渗碎屑岩气藏、高含硫气田和页岩气气藏。在开发不同气藏的同时，还面临着天然气基础设施建设滞后、产能建设任务重、环境风险大、生产管理难度大、开发工作探索性强等众多难题。近年来中国石油西南油田公司不断加大科技攻关、产能建设和生产管理力度，关键技术的重要进展，满足了气田开发的需求，实现了气田如期建成投产及安全平稳生产（贾爱林等，2014）。

（一）以气藏精细描述为基础，加强产能评价，及时优化方案，夯实上产基础

构造精细描述取得重要进展，加强对低渗透、裂缝性、非均质性储层的精细描述和评价。加强实施再认识研究，及时优化开发方案，保证了产能到位率；建设开发实验区，开展高含硫气田开发攻关，为整体开发方案提供依据。

（二）加强科研生产创新，及时转化科研成果，提高成果转化率

进一步加强科研与生产技术创新，完善科研与生产技术交流平台，打造研究院与矿区定期交流机制，开展技术研讨会与气矿技术培训，对各气矿提交的勘探开发井进行评估，精准落实科技攻关方向，有力保障了科研成果质量及转化率。

（三）管理创新筑牢勘探开发一体化基础，建设数字化气田

重点关注勘探开发一体化过程中认识周期与工作节奏、精细研究和全局联动、提速增效同潜在风险之间的矛盾，探索与实际情况相适应的管理创新模式，通过优化调整组织管理方式，确保质量效益，并最大限度地降低风险。打造数字化气田，促进生产组织管理优化升级，进一步延伸到井筒、气藏，构建全方位整合的数字化系统，奠定勘探开发与建设运营全业务链、全生命周期数字化管理的基础。

（四）加强工程技术引进推广和集成创新，高质量、高效率地建成地面工程

加强划分模块，优化集成度控制和安全稳定性控制设计，最大限度减少集成装置拆分和现场回装工作量。充分利用近年来西南油气田分公司地面建设标准化设计成果，广泛采用标准化设计、工厂化预制、现场组撬安装，减少现场安装工作量和降低施工作业风险，提高工程质量，大大缩短了工期。

（五）突出抓好安全环保和节能减排，实现安全、清洁和节约发展

抓好安全管理，进一步加强 QHSE（质量、健康、安全、环境）监督与教育培训，选择合理的安全评价方法，重点突出安全设计符合性评价、定量风险评价以及事故发生后的减轻和应急措施，完善 HSE 监督管理制度，持续推进 HSE 监督运行机制，削减风险。突出抓好环保、节能减排，成效显著，加大污水回灌力度，减少污染物排放，大力开展放空天然气回收工程，效果显著。

第四节 青 海 气 区

"十二五"期间，青海气区天然气产量从 $56 \times 10^8 \mathrm{m}^3$ 上升到 $68.89 \times 10^8 \mathrm{m}^3$，增幅为 23%。青海气区是中国四大天然气区之一，是中国石油资源战略接替区。

一、开 发 现 状

石油天然气资源是青海的优势资源之一，主要集中在青藏高原西北部的柴达木盆地。柴达木盆地是全国四大主力含气盆地之一，其天然气储量仅次于长庆、四川和塔里木盆地。目前已经开发的主力气田有涩北一号、涩北二号、台南等气田。柴达木盆地已经成为我国天然气的主要富集区域。

自 20 世纪 60 年代初开发天然气以来，为加快天然气资源的开发利用，青海油田实施"油气并举、以油养气，气为重点"战略，目前已经拥有涩北一号、涩北二号、台南等六个气田。拥有涩格、涩宁兰等 10 余条横跨甘青两省、总长近 3000km 的天然气管道网，具备了年生产天然气 $70 \times 10^8 m^3$ 的能力。截至 2012 年年底，青海气区累计产气量 $411.94 \times 10^8 m^3$，销售 $356.6 \times 10^8 m^3$，一举成为全国第四大气区和西气东输、陕京二线工程的主要战略气源接替区。

目前，青海气区已开发气田（区块）9 个（涩北三大气田、南八仙、乌南、盐湖、马西、马北 8、东坪），未开发气田（区块）4 个（台南浅层、南翼山、马海、驼峰山）。截至 2014 年年底，青海气区开发总井数 705 口，日产能力 $2240 \times 10^4 m^3$，累计产气 $541.15 \times 10^8 m^3$。

二、储量现状及地质特征

（一）基 本 概 况

柴达木盆地位于青藏高原东北部、青海省西北部，北依祁连山，南靠昆仑山，西北接阿尔金山。盆地东西长 800km，南北最宽处约 350km，面积 $25.66 \times 10^4 km^2$，为一个西北开阔，东部狭窄，呈菱形的国内海拔较高的盆地。柴达木盆地深处大陆腹地，四周高山环绕，西南暖湿气流难以进入，降水稀少，形成盆地内干旱荒漠化和半荒漠化气候。

柴达木盆地是在前侏罗纪柴达木地块上发育起来的一个典型的内陆湖泊沉积盆地，中、新生代地层发育齐全，自下而上发育有中生界侏罗系湖西山组、小煤沟组、大煤沟组，新生界古近系路乐河组、下干柴沟组，新近系上干柴沟组、下油砂山组、上油砂山组、狮子沟组及第四系七个泉组。地层分布严格受盆地演化控制，具有明显的分区性，即中生界主要分布于北缘块断带，古近—新近系主要分布于西部拗陷区，第四系主要分布于东部三湖新拗陷区。

根据构造变形特征可将盆地划分为 3 个构造单元，即北缘块断带、西部拗陷区、三湖拗陷区，它们具有各自不同的构造特征。柴达木盆地是一个大型多旋回复合盆地，盆地内已证实的烃源岩有 3 套：侏罗系、古近—新近系、第四系。三套烃源岩各具特点，分别发育在柴北缘、柴西和三湖地区。由于盆地隆拗结构的差异性，沉积中心的迁移性，古气候演化的旋回性，古生物群和有机质的差异性，后期埋藏和生烃机理的差异性，三套烃源岩在地质层位上互不连续，平面分布上互不重叠，生排烃时间和高峰存在差异，主力生烃中心生排烃演化相互独立，形成了"多源生烃、多凹多烃"的基本格局。三类互不叠置的烃源岩，对应三类含油气系统，即柴北缘侏罗系含油气系统、柴西古近—新近系含油气系统、三湖第四系含气系统。

（二）储量现状

2012 年上交控制及预测天然气地质储量共计 1101.28×10^{8}m^3。然而，据中国第三次油气资源评价结果，柴达木盆地天然气总资源量 25034×10^{8}m^3，剩余地质资源量 21987×10^{8}m^3，实际探明率只有 13%，具有很大的勘探潜力。英东发现了柴达木盆地储量丰度最高的整装油田，探明油气地质储量 8524×10^{4}t。创新基岩成藏理论，东坪探明天然气地质储量 519×10^{8}m^3，成为国内陆上储量规模最大的基岩气藏。近几年新增探明天然气地质储量 791×10^{8}m^3，进入了储量增长高峰期，实现了勘探的良性循环。目前，青海油气田原油日产量达到 6223t，日产天然气 2057×10^{4}m^3，油气日产持续高段位运行，"千万吨高原油气田"指日可待。

（三）地质特征

青海油气区已发现的疏松砂岩气藏包括涩北一号、涩北二号、台南、驼峰山、马海、盐湖等气田。这些气田均是第四系沉积形成的，具有埋藏浅、地层疏松、多层等相似特征。叠合含气面积最大的是涩北一号气田 46.7km^2，最小的是马海气田，叠合含气面积为 0.40 km^2。含气储层主要分布在第四系涩北组（Q$_1$），该组以大量泥岩为主，与其间互的砂质岩层即为主力储气层，两者的合理配置形成了自生自储原生气藏，暗色泥岩既是生气层，又可作为下伏储层的直接盖层。钻探证实，涩北一号、涩北二号及台南三大气田含气井段上部有近 500m 的湖相灰色泥岩层，其稳定的大范围展布形成了区域性良好封盖层。砂岩储层平均孔隙度 30.10%，平均渗透率 17.10mD。气田天然气组分中甲烷含量很高，平均值达99.10%~99.50%，乙烷为 0~0.32%，丙烷为 0~0.06%，氮气平均含量为 0.50%~0.80%，天然气相对密度 0.5514~0.5580，天然气中几乎不含丁烷以上重烃组分，无 CO$_2$、H$_2$S 等非烃成分，属于高热值优质天然气。地层水主要为 CaCl$_2$ 型。驱动类型属于次活跃水驱–不活跃水驱，台南气田属次活跃水驱，气藏的驱动能量主要是地下天然气的弹性膨胀能量。属于正常温度、压力系统。

三、青海气区地位

青海油气田经营范围涵盖天然气勘探开发、工程技术、工程建设、装备制造、油田化工、生产保障、矿区服务和多种经营等业务。60 年来，青海油田的勘探、开发、建设大体经历了：①艰难创业、打开局面；②支援会战、稳中求进；③三项工程、奠定基础；④二次创业、加快发展；⑤重组整合、和谐发展五个阶段。柴达木盆地蕴藏着丰富的油气资源，石油探明率14.9%，天然气探明率 10.8%，具备巨大的发展潜力和优势。截至 2014 年年底，已累计发现油田 18 个、气田 8 个，累计探明石油地质储量 5.69×10^{8}t、天然气地质储量 3611×10^{8}m^3。青海油田是中国四大天然气区之一，是中国石油资源战略接替区，是青海省财政支柱企业和第一利税大户。

目前，开发的主力气田有涩北一号、涩北二号、台南、东坪等。年天然气生产能力 77×

10^8m^3。建成了 10 余条输气管线，输气能力 $107\times10^8\text{m}^3$，天然气远输到了西宁、兰州、银川、北京等地，为西部地区生态建设和环境保护作出了重要贡献。累计探明天然气地质储量 $3845\times10^8\text{m}^3$。截至 2014 年年底，天然气生产能力 $78\times10^8\text{m}^3$，累计生产天然气 $561\times10^8\text{m}^3$。累计完成投资 697×10^8 元，实现经营收入 1927×10^8 元、上缴利税 810×10^8 元，连续 20 年被授予青海省财政支柱企业和第一利税大户荣誉称号。为保障国家能源安全、促进地方经济发展作出了重要贡献。

几代青海石油人在世界海拔最高的油气田，前赴后继，艰苦创业，建成了甘青藏三省（区）重要的能源基地，为祖国石油工业作出了特殊贡献。不仅培养锻炼了一支"特别能吃苦、特别能战斗、特别能忍耐、特别能团结、特别能奉献"的石油队伍，而且用血汗甚至生命凝结成了以"顾全大局的爱国精神，艰苦奋斗的创业精神，为油而战的奉献精神"为核心的柴达木石油精神。油田先后荣获"全国 520 家'重合同，守信用'企业""全国五一劳动奖状""全国企业文化建设先进单位"等多个荣誉称号。涌现出了以"当代青年的榜样"秦文贵、"全国劳动模范"王锡军等为代表的英模群体。

青海油田认真履行国有企业"三大责任"，大力推进有质量有效益可持续发展战略。"十三五"期间，全面建成千万吨高原油气田，为保障国家能源安全、推动地方经济社会发展，作出新的更大贡献。

四、青海气区开发经验

柴达木盆地气藏有效厚度变化大，呈薄层状，部分气层分布局限，连通性差，孔渗相关性差，气水分布相对复杂，同时管理制度、产能建设、环境保护等有待进一步加强。中国石油青海分公司不断加大勘探开发力度，天然气产量稳步增长。

（一）夯实基础，强化管理

持续推进管理提升工作，油田现代管理体系初步建立。加强生产运行组织，紧盯重点领域和关键环节，强化上下游衔接与协调，转变生产经营管理模式，保障各专业系统高效运行。深化投资切块管理，投资管理水平，推进标准化设计和模块化施工。坚持成本要素项目单项管理，提高预算准确性及符合率。加强成本费用管控，推广集中采购，规范合同招标，强化资金管理，推进资产轻量化，有效降低了经营成本（宗贻平等，2009）。

（二）聚焦主业，创新科技

搭建大科技管理平台，依托柴达木盆地重大科技专项，扎实开展科研攻关，形成了高原咸化湖盆复式成藏地质理论，继续发展复杂山地地震一体化配套技术，提升长井段薄互层油田提高采收率、第四系疏松砂岩气藏控水稳气等配套技术，推动勘探突破，支撑稳产上产，科技成为主营业务发展的核心驱动力。

（三）严字当头，固本强基，注重安全环保

强化 QHSE 体系有效运行，加强体系与生产相互融合，常态化组织各级安全环保教育培训和应急演练，培育安全文化，提高全员安全意识和突发事件应急处置能力。理顺安全环保

监督管理体制，实施监管分离。强化重点领域、要害部位、关键设施以及承包商监管，严格落实特殊危险作业审批制度。强化风险分级管控，持续推进体系审核和岗位责任制大检查工作排查治理安全环保隐患，确保安全环保受控。加大节能减排力度，加强重点污染源、重点排放口和重大风险源监测，实现了绿色清洁发展。

（四）突出精细开发，强化生产组织，加快新区上产，开发效益稳步提升

持续开展精细油藏描述，常态化开展动态分析和气水井大调查。新区创新"大井丛、立体式、工厂化"开发理念，强化储层预测、沉积砂体展布及成藏规律研究，规模应用水平井，完善压裂工艺，推广地面标准化设计和建设。气田开发整体趋稳，大力推广排水采气、防砂冲砂等成熟技术，持续开展提高单井产量试验攻关，形成了东坪基岩气藏缝网压裂特色技术，优化开发方案，优化钻井、测录井、地面、投产工作。

（五）突出发展惠民，矿区服务再上台阶

始终关注民生，推进民生建设，不断提高服务保障水平，提升职工群众的幸福感。基础设施持续完善。完善矿区功能、改善基地环境和服务提档升级等项目。倡导文明工作、文明生活，公寓餐饮、市政通勤、医疗卫生、离退休和生活服务紧贴实际，满足了职工群众多样化需求。

第五节　气藏开发中存在的问题

依据目前天然气发展趋势，特殊类型气藏仍将是未来十年储量增长的主要领域。针对天然气藏特点与开发现状，未来相当一段时间将以提高单井产量和采收率为核心目标，持续推进技术攻关，未来我国天然气开发技术现状和预期解决的难点问题主要表现在以下几方面：

（1）我国天然气开发缺乏系统分类评价标准和评价体系。我国天然气工业发展时间较短，主要气藏类型为最近5～10年开发的新对象，气藏类型复杂，不同类型气藏开发特征差异很大，没有形成系统的天然气藏分类评价方法和评价体系。伴随着今后不同类型气藏的进一步发现和开发，及早建立天然气藏分类评价体系显得尤为必要。

（2）我国不同类型气藏开发规律和关键开发指标还不明确。低渗低丰度气藏缺少进一步提高单井产量和提高采收率技术对策；高压和高压凝析气藏缺少不同开发阶段的高效开发技术对策；礁滩型复杂碳酸盐岩气藏还没有有效开发技术对策；多层疏松砂岩气藏面临防水防砂、提高剖面动用程度和采收率的难题。需要逐步明确不同类型气藏开发关键技术。

（3）不同类型气藏开发的配套技术对策不明确。不同类型气藏产能规模、建产速度、采气速度等问题不清；不同类型气藏递减方式、递减速率、不同开发阶段采气规律的研究比较薄弱；不同类型气藏产能接替方式需要研究，是采用区块接替，还是井间接替，或是区块与井间接替。因此，需要归纳和明确不同类型气藏的开发方式和开发规律。

（4）国内不同开发目标评价的关键经济技术参数没有建立，对不同气藏不同开发阶段的预见性与指导性不够；不同类型气田开发技术对气田生产的敏感性研究不够，缺少不同气价和经济技术对策条件下的开发技术对策；对不同类型天然气资源品质缺少评价，不同经济技术指标条件下的开发规模确定缺少技术依据。因此，需要研究不同经济技术条件下，不同类型气藏开发的敏感性。

第三章 天然气开发主要研究内容

不同于油藏，气藏开发中天然气既是开采对象也是驱动能源，即主要为能量消耗的开采方式。对于气田开发来说，要讲究其经济有效性，也就是尽可能地合理利用气藏能量，延长气田稳产期，提高最终采收率和经济效益。本章以气田开发的关键技术为主线，简要介绍气藏类型划分、气藏开发前期评价、开发方案编制、驱动方式、层系划分、井网部署、合理产量、开发指标论证等方法技术。

第一节 气藏开发分类评价

气藏分类的目的是使纷繁多样的气藏系统化、系列化，以便更好地为天然气生产服务。数十年来，国内外许多专家学者从不同角度提出许多不同的分类判别依据。气藏分类主要有单因素分类和多因素组合分类两种，以单因素分类应用较多。

一、气藏开发分类特点

我国天然气藏的勘探开发已经走过了 60 多年的历程，气藏分类的方法和标准一直是人们关心的问题。气藏分类的目的是使纷繁多样的气藏系统化，形成系列，以便为天然气的生产建设服务。国内外很多学者和专家（如美国的 Elkins，我国的唐泽尧、孔金祥、田信义等）都曾进行过深入而系统的研究，并提出了很多方案。总体而言，天然气藏分类因不同目的和不同需求，大体有三大分类系列，即为勘探服务的分类系列、为气田开发服务的分类系列和为经济评价服务的分类系列。其中勘探系列的分类主要体现气藏地质结构的主要特点，反映其形成机制和分布规律，以指导气藏的勘探，发现新的气藏。经济系列的分类要体现气藏的规模和生产活动的难易程度，反映生产运作中经济效益，为编制经济评价方案服务。作为天然气开发工作人员，最关心的是开发系列的分类，应体现气藏储渗体和流体的内在联系，反映开发过程中动态变化的规律，以指导开发方案的编制与选择，并为气藏工程和采气工程服务（刘小平等，2002）。

二、气藏分类方法

1995 年的中国气藏分类标准介绍了两种气藏分类方法：①单因素分类法，以表征气藏的某一单一特征的气藏分类方法；②组合分类法，通过组合两个或两个以上反映气藏特征的因素，来划分气藏类型。单因素分类是以影响气藏开发某一特征为依据的气藏分类方法，该特征可用不同因素或指标进行定性和定量的表述，并各成体系。单因素分类既是划分亚类的依据，也是多因素组合分类的基础。本节将重点介绍单因素分类方法，组合分类比较复杂，也有组合中指标的使用原则和命名规则等方面的要求，此处不再介绍。

影响气藏开发方式和开发效果的地质因素很多，从生产实践和理论分析方面主要分为六种，即圈闭、储层、驱动、压力、相态、组分等。通常认为储层和驱动是主因素，在各类气藏开发中起着重要作用。其他因素则决定气藏某一方面的特征，可视为特征因素。特征因素制约了该类气藏的开发特点和原则，是气藏分类的主要依据，是细分类所不可缺少的。在诸多因素中本着常用、可定量和可对比的原则，并依据《天然气藏分类》（GB/T 26979—2011）相关标准，筛选出了圈闭、储层、驱动、相态、组分、压力、气藏埋藏深度等七项指标进行研究，并确定了量级标准和分类系列。

（一）圈闭因素分类

按照圈闭因素分类，可以反映气藏的总体特征，不同圈闭类型，气藏气水分布和开发井的布井方式也不同。气藏按圈闭分类可分为四类十亚类。主要划分为构造气藏、岩性气藏、地层气藏及裂缝气藏四大类。其中，构造气藏划分为背斜气藏、断块气藏两个亚类；岩性气藏划分为透镜体气藏、岩性封闭气藏、生物礁气藏三个亚类；地层气藏划分为不整合气藏、古潜山气藏、古岩溶气藏三个亚类；裂缝气藏划分为多裂缝系统气藏、单裂缝系统气藏。

（二）储层因素分类

根据储层因素划分气藏类型可反映气藏内部结构的情况和品质。目前我国气藏从储层因素角度分类，主要参考以下三个标准：储层岩石类型、储层物性及储层储渗空间类型。具体的分类见表3-1～表3-3。

1. 按储层岩类分类

以岩类划分的气藏类型在大区域或多种岩类气藏区的气藏评价中很有价值，具体分类见表3-1。以岩类作气藏分类标准简单易行，且有利于气藏的宏观评价，因此在综合性的研究和评价中被广泛采用。

表3-1 气藏按储层岩类分类表

类别	亚类
碎屑岩气藏	砂岩气藏
	砾岩气藏
碳酸盐岩气藏	石灰岩气藏
	白云岩气藏
泥质岩气藏	泥岩气藏
	页岩气藏
火成岩气藏	火山岩气藏
	侵入岩气藏
变质岩气藏	—
煤层甲烷气藏	—

2. 按储层物性分类

以储层物性作为气藏分类依据是砂岩气藏常用的分类方案，主要以渗透率为指标，也有按孔隙度分类的（表3-2）。因此在气藏开发过程中渗透率的高低对气藏评价和开发方案的编制有重要意义。依据储层物性进行分类时应注意，渗透率以试井资料求取的有效渗透率为主，孔隙度可以直接用岩性分析资料，也可以用测井解释确定。

表3-2 气藏按储层物性分类表

参数	高渗气藏	中渗气藏	低渗气藏	致密气藏
有效渗透率/mD	>50	>5~50	>0.1~5	≤0.1
参数	高孔气藏	中孔气藏	低孔气藏	特低孔气藏
孔隙度/%	>20	>10~20	>5~10	≤5

3. 按储渗空间类型分类

储集层的储集空间、渗滤通道有孔隙型、孔洞型、裂缝型三种基本类型，各种组合形成的储渗网络多达10余种。不同的组合在气藏地质特征、储集能力、渗滤能力、开采特征等方面反映出不同的特点。根据这些特点，结合我国已探明气藏的特点，可将天然气按储渗空间类型分为五类：孔隙型、裂缝–孔隙型、裂缝–孔洞型、孔隙–裂缝型和裂缝型。

（三）按驱动因素分类

驱动因素最能反映气藏内流体流动动态特征的地质因素，不同驱动类型的气藏，在布井方式、开发原则、采气工艺、增产措施等方面有着不同的选择。气藏靠天然气能量开采，基本驱动方式有气驱和水驱两种，水驱又因水体类型及驱动能量大小不同分为若干亚类，其类型划分及特征见表3-3。

表3-3 气藏按驱动因素分类表

类别		亚类		驱动特征		
		按水体类型分	按能量分	水驱指数（WEDI）	压降曲线斜率变化	压降曲线夹角/（°）
气驱气藏				0	无变化	45
水驱气藏	弹性水驱气藏	边底水	弱水驱	<1	末端微翘	>45
			中水驱	0.1~0.3	后期上翘	40~50
			强水驱	≥0.3	中后期上翘	>50
	刚性水驱气藏	边底水		≈1	平直线	≈90

（四）按液态因素分类

油和气是由多种烃类组成的混合物，在常温常压下，$C_1~C_4$为气相，$C_5~C_{16}$为液相，

C_{16} 以上为半固相或固相。在地层条件下可以呈现并存的气液两相，也可呈单一的气相或液相，在一定条件下气相亦可转化为液相。根据相态特征的气藏分类对指导气藏开发方式的选择及开发效果的评价有重要意义。按相态因素分类最重要的依据是相态图，据此可以将气藏分为干气藏、湿气藏、凝析气藏、水溶性气藏和水合物气藏。

（五）按天然气组分因素分类

大多数天然气的成分主要是烃类和少量非烃气体，但也有少量天然气藏的非烃气体多于烃类气体。按天然气组成分类，对气藏采气工艺的选择和气藏的经济评价具有重要的意义。非烃气体主要有酸性气体和稀有气体，因为它们具有危害性及可利用性而被引入分类标准中。

1. 按酸性气体含量分类

酸性气体对管网和设备有很强的腐蚀性，对人体有很大的危害性，但也是重要的化工原料，具有重要的经济价值。因而按酸性气体含量分类，可对不同含量类型的气藏编制相应的开发设计，采用相应的措施，变害为利，安全经济地进行气藏开发。气藏按其酸性气体含量分为六类，见表3-4。川渝气区东北部普光、罗家寨、滚子坪、渡口河、铁山坡等大中型三叠系飞仙关组气藏是高含 H_2S、中含 CO_2 的酸性气藏。

表3-4　气藏按酸性气体含量分类表

类别	微含	低含	中含	高含	特高含	非烃气藏
$H_2S/$（g/m^3）	<0.02	0.02 ~ <5	5 ~ <30	30 ~ <150	150 ~ <770	≥770
$H_2S/\%$（体积分数）	>0.0013	0.0013 ~ <0.3	0.3 ~ <2	2 ~ <10	10 ~ <50	≥50
$CO_2/\%$（体积分数）	<0.01	0.01 ~ <2	2 ~ <10	10 ~ <50	50 ~ <70	≥70

2. 含氦气藏的分类

氦气是一种经济价值很高的稀有气体，我国90%的氦气提取自天然气。气藏含氦的工业标准是随着资源需求与加工技术的提高而制定的。考虑到我国已知天然气藏中含氦量一般较低，仅将氦含量大于或等于0.1%的气藏称为含氦气藏。

（六）按压力因素分类

压力是气藏开发的灵魂，直接影响气藏开发的设计和效果。原始地层压力的高低和开发中压力系统的划分都是开发中要考虑的主要因素，因此地层压力是气藏分类的重要依据。按压力进行分类一般使用地层压力系数（PK）为指标，按地层压力系数可将气藏分为四类，如表3-5所示。我国高压和异常高压气藏所占比例很大，占气藏总数的1/3以上。

表3-5　气藏按地层压力系数分类表

类别	低压气藏	常压气藏	高压气藏	异常（超）高压气藏
地层压力系数（PK）	<0.9	0.9 ~ <1.3	1.3 ~ <1.8	≥1.8

（七）按气藏埋藏深度分类

气藏埋深分类主要考虑钻机负荷能力及相应的钻井、固井、完井等工艺技术难度。按埋深大小气藏可分为五类：浅层（<500m）、中浅层（500～<2000m）、中深层（2000～<3500m）、深层（3500～<4500m）和超深层（≥4500m），这些分类是根据我国目前所使用钻机类型而定的，符合我国目前的实际情况。

三、中国主要气藏开发分类

本节第二部分讲的是气藏分类系统化、科学化的表述。而在气藏开发过程中，为了抓住待开发气藏的主要特征，弄清该类气藏的开发规律，设计科学合理的开发方案，制定有针对性的开发技术对策需要在上述气藏分类基础之上，重新对气藏类型进行划分。特别是中国目前正在开发气田，由于中国各沉积盆地发育气藏特征各异，同时待开发气田在整个天然气工业中所占比例不同，因此对中国主要气藏开发进行分类，从而指导我国气田开发实践，实现我国天然气藏的科学高效开发。

（一）气藏类型划分依据

由于天然气藏开发效果的好坏更多的是受综合开发地质特征等多种因素的制约，而不是受单一因素的影响，因此在进行气藏类型划分的过程中不能以单一因素作为分类依据。在对碳酸盐岩气藏开发分类的过程中以单一的任何一个或两个因素作为分类依据都不能完全地体现该类型气藏的特征，更不能有效指导该类型气藏的开发实践。因此，我国天然气藏开发类型划分必须基于我国天然气藏开发实践，依据目前我国气藏开发特征及所面临的关键技术难题进行划分。不同类型气藏开发具有不同的开发特征，不同的核心问题。只有这样，我国气藏的开发分类才具有实际意义。

（二）气藏类型划分原则

目前世界上发现的天然气藏数量众多，类型各异。天然气藏的开发更易受到圈闭、岩性、相态、驱动类型、压力和组分等因素的影响，如果以某一因素作为主要分类因素进行分类，然后以次要特征进行亚类划分，虽然分类具有科学分类的严谨性，但是往往在生产实践中缺乏实用性。为了认识天然气藏的开发特征，从而更加有效地指导相同类型气藏的开发，我国天然气藏开发的分类一定要遵守以下三条基本原则：①实用性原则，即气藏的分类应该能有效地指导气藏的开发，并且气藏的分类应该简单实用，不把"科学、系统、合理"作为分类追求的首要原则，而是以实用性为首要原则，这要求分类不能过细，过于烦琐；②针对性原则，即气藏的分类应该针对我国气藏开发的实践，根据已有气藏不同开发特征进行分类，有针对性地制定气藏的分类方案，这就要求气藏的分类要有高度的针对性；③科学性原则，即气藏的分类必须是科学的、合理的，既反映出气藏形成的基本条件，又能反映出不同类型气藏之间存在区别和联系。这就要求气藏的分类要科学合理。不能随意命名，引起混乱，难于鉴别。需要重点强调的是三条划分原则不是等同的，而是有其重要次序的，我们主张在进行气藏划分的时候其"实用性"是最重要的，划分的针对性和科学性为其次要原则。

（三）中石油目前天然气藏开发现状

目前我国的天然气藏主要分布在四川盆地、鄂尔多斯盆地、塔里木盆地和柴达木盆地，以中石油为例，中石油天然气藏主要分布在四大气区：长庆、四川、塔里木和青海。

1. 中石油天然气资源基础雄厚，发展潜力巨大

据全国第三次资源评价结果，中石油常规天然气资源量 $30.3 \times 10^{12}\,m^3$，占全国的 54.5%，探明率仅 27%，资源基础雄厚，发展潜力巨大，如图 3-1、表 3-6 所示。

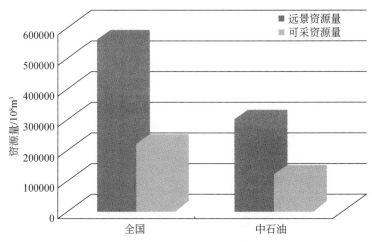

图 3-1　全国及中石油远景和可采资源量柱状图

表 3-6　中石油矿权区天然气资源现状图（据全国第三次资源评价结果）

盆地	资源量/$10^{12}\,m^3$		
	远景资源量	地质资源量	可采资源量
鄂尔多斯	88067	38398	23891
塔里木	64460	54645	37317
四川	60689	45396	28920
柴达木	26273	16006	8644
松辽	17829	13873	7507
渤海湾	16553	7737	4343
其他	28690	16771	9968
合计	302562	192826	120590

2. 天然气储量保持高峰增长，奠定了发展基础

中石油 1990~1999 年，平均年增探明储量 $1093 \times 10^8\,m^3$，自 2000 年以来，平均新增探明储量 $4000 \times 10^8\,m^3$ 以上，累计探明储量 $8.45 \times 10^{12}\,m^3$，如图 3-2 所示。新增探明储量 80% 以上分布在低渗-致密、深层及复杂碳酸盐岩储层中。天然气储量的高速增长，为中石油天然气事业的发展奠定了基础。

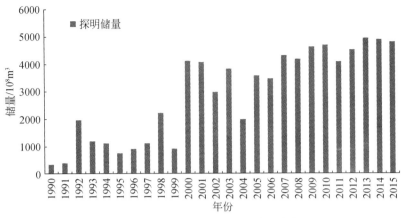

图3-2　中石油历年天然气探明储量直方图

3. 天然气产量的快速攀升，保证了国内天然气生产与供应的主体地位

中石油"十五"期间年均增加 $36.4 \times 10^8 m^3$，平均增幅15%，"十一五"期间年均增加 $72 \times 10^8 m^3$，年均增幅14.9%，"十二五"期间年均增加 $47.2 \times 10^8 m^3$，年均增幅5.8%。中石油天然气产量实现了跨越式增长（图3-3），由2005年的 $365 \times 10^8 m^3$ 增长到2015年的 $961 \times 10^8 m^3$，折算油当量由 $3000 \times 10^4 t$ 上升至 $8000 \times 10^4 t$，占国内天然气总产量的75%左右。中石油天然气产量的快速攀升，进一步巩固了我国国内天然气生产与供应的主体地位。由于全球经济形势和我国常规天然气的勘探开发特征，不论全国还是中石油，进入"十三五"常规天然气发展将由之前的持续快速上产转变为上产与稳产并重的发展阶段。

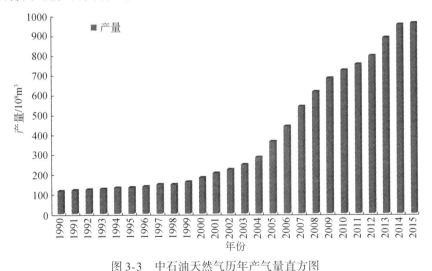

图3-3　中石油天然气历年产气量直方图

4. 公司开发格局成型，四大气区6类气藏构成公司天然气开发的主体

从天然气生产区域来说，无论从探明储量还是天然气产量来看，中石油目前主要形成长庆、塔里木、西南和青海四大气区，四大气区储量占公司总储量的89%，产量占总产量的86%，是中石油天然气生产的主体，如图3-4、图3-5所示。

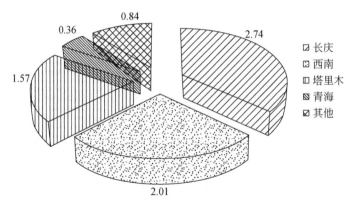

图 3-4　中石油主力气区天然气探明储量（2014 年数据，单位：$10^{12}\,m^3$）

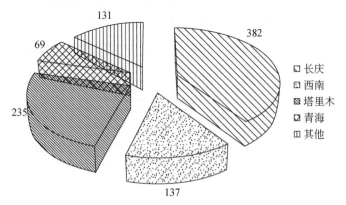

图 3-5　中石油主力气区天然气产量（2014 年数据，单位：$10^8\,m^3$）

　　从气藏类型上来说，低渗-致密、深层高压、碳酸盐岩、疏松砂岩、火山岩、高含硫六类主要气藏占总储量的 91%，产量的 81%，如图 3-6、图 3-7 所示，六类气藏是中石油上产和稳产的主力军。

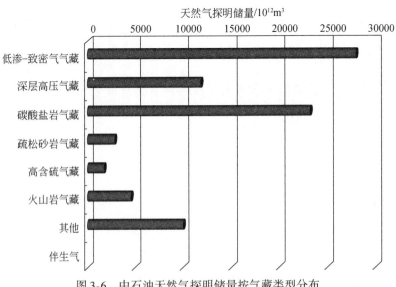

图 3-6　中石油天然气探明储量按气藏类型分布

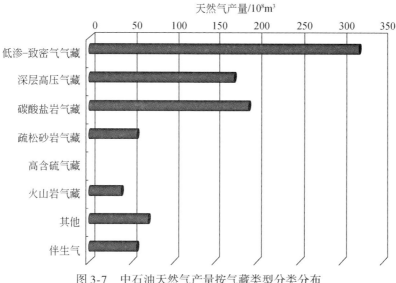

图 3-7　中石油天然气产量按气藏类型分类分布

（四）我国主要气藏开发分类结果

截至 2010 年，中石油探明地质储量大于 $100×10^8m^3$ 的天然气田有 57 个。其中：$300×10^8m^3$ 以上的大型气田有 33 个，$1000×10^8m^3$ 以上的特大型气田有 14 个，大于 $5000×10^8m^3$ 的巨型气田有一个——苏里格气田。分析公司现有 33 个大型气藏可以看出，以流体为判别因素可以分为复杂流体和正常流体。其中 21 个气藏为复杂流体，储量 $18509×10^8m^3$，占 38%，12 个气藏为正常流体，储量 $29942×10^8m^3$，占 62%。以储层岩性为判别因素可以分为砂岩、碳酸盐岩与火山岩三大岩性。其中 16 个气藏岩性为砂岩，储量 $31316×10^8m^3$，占总储量的 64.6%。14 个气藏岩性为碳酸盐岩，储量 $13156×10^8m^3$，占总储量的 27.2%。3 个气藏岩性为火山岩，储量 $3977×10^8m^3$，占总储量的 8.2%。

为了更好地体现开发阶段气藏类型与开发技术的相关性，在具体气藏划分过程中，按上述划分原则，综合流体性质与储层渗流两个方面特征参数，同时考虑具体气藏的特殊性，对公司典型气藏进行了具体分析。通过公司 33 个典型气藏的具体分析可以看出，公司天然气藏主要有以下六类：低渗-致密砂岩气藏、碳酸盐岩气藏（正常流体）、超深高压气藏、高含硫气藏、火山岩气藏及疏松砂岩气藏。这六类气藏在储量和产量占比方面都占有重要地位，同时这六类气藏在整个中国天然气开发方面也具有代表性。本书在天然气开发主要研究内容梳理的基础上，针对这六类气藏面临的主要问题，总结不同类型气藏开发配套技术和关键开发技术，以期指导我国相同类型气田的科学、高效开发。

第二节　气藏开发阶段划分

确定各气藏的开发阶段，对后期开发调整、相应技术政策实施有重要意义。一个气田从发现、开采到最后废弃，通过建立科学的指标去识别该气藏开发阶段特征，界定其开发阶段，并针对不同的开发阶段采用不同的技术系列，做到科学、高效地开发天然气藏，使其有规律可循，可以为后来相同类型的气田开发提供借鉴。

一、气田开发过程分析

现代天然气生产都是通过钻井的井筒进行的，每一口气井组成了气田的最基本单元，单井及井周围的压力变化蕴含着气田生产的基本规律，单井产量叠加形成气田的产量变化曲线。一般而言，在不改变工作制度或采取气井增（减）产措施的情况下，气井产量单调递减，基于配产和无阻流量的匹配关系，存在或不存在稳产期。

气田的开发是多口气井甚至上万口单井依次叠合的结果，故气田的阶段特征具有较强的人为和政策的影子，但同时也反映另一更重要的因素，即气田本身性质。一般来说，气田开发具有评价、建产、稳产、递减、低产 5 个阶段。

二、主要气田开发指标

气田开发过程中，有一系列的动静态指标：静态指标如地质储量、流体性质、地层压力、渗透率等；动态指标如采气速度、产量、产水量、水气比、递减率、稳产年限、开采年限、输气压力、井数、井网井型等；同时还有联系动静态的指标，如采出程度、剩余储量、储采比、弹性能量指数等。这些开发指标随时间的变化特征各不相同，哪个是影响阶段划分的关键因素？通过分析动静态指标的相互关系，筛选反映气田阶段变化特征的关键参数。

（一）产量与地层压力

1. 产量与地层压力压降线性相关

一般情况下，定容气藏产量与压降速度呈线性相关，即产量决定了地层压力下降速度。

建立了机理模型，设计打 9 口井，每年 3 口井分三年打完，不考虑压裂，600m 井距，渗透率 0.3mD，储量 $3 \times 10^8 m^3$，单井日产气 $8 \times 10^3 m^3$。通过理论模型和实例分析，验证了气藏最大年压降速度和最大采气速度具有同时性（图 3-8、图 3-9）。

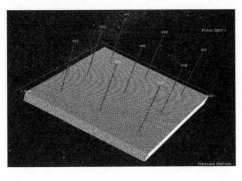
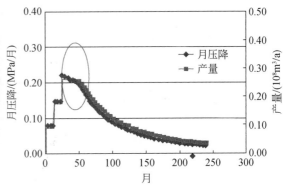

图 3-8　机理模型及压降–产量相关图

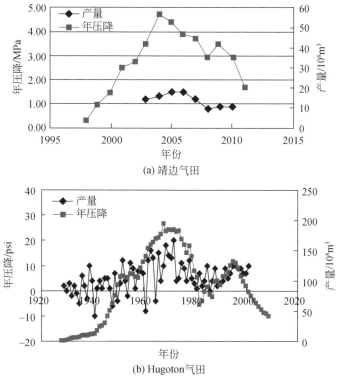

(a) 靖边气田

(b) Hugoton气田

图 3-9 实际气田压降–产量相关图

2. 产量与地层压力压降非线性关系

有些气田后期地层压力较小,随着产量的急剧变化,地层压力下降十分缓慢(图 3-10),如卧龙河气田开发后期,采气速度由 3.5% 快速下降至不足 0.5%,地层压力一直维持在 3MPa 左右,压降很小。

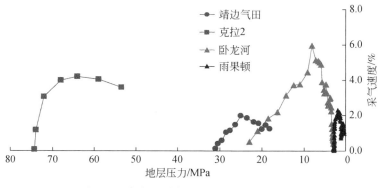

图 3-10 各气田采气速度与地层压力相关图

（二）地层压力与累计产气量

对定容气藏而言，地层压力与累计产气量的相关曲线呈直线；定容气藏是一种理想状态。靖边气田是两段式曲线，前期斜率稍大，接近定容气藏；克拉2气藏曲线呈典型的凸形，为异常高压气藏；卧龙河嘉五一气藏为具有低渗气源补给的弱水驱气藏（图3-11、图3-12）。

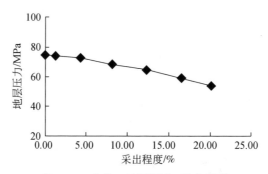

图3-11 克拉2地层压力–采出程度

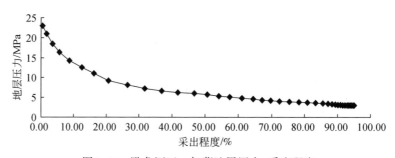

图3-12 卧龙河五一气藏地层压力–采出程度

（三）弹性能量指数

气藏弹性能量指数定义为：气藏单位压降的采出气量，弹性能量指数是气田的固有性质。对于定容气藏，弹性能量指数等于气藏地质储量除于原始地层压力。不同气田弹性能量指数差别较大，主要与气田储量规模有关。靖边气田单位压降产量相对偏小，主要是由于气田开发不均衡，局部压降过快，表现为区块弹性能量指数偏小。

经过机理模型实例计算，对于正常压力气藏，天然气压缩因子的影响较小可忽略不计，且生产中更易于获取，故实际操作中可用地层压力代替气藏拟压力，即用单位压降产量代替弹性能量指数（图3-13、图3-14）。

另外，不同采气速度条件下同一气藏的最大弹性能量指数几乎为常值。具体来说，采气速度越大，最大弹性能量指数越大（差别很小）；采气速度越大，达到最大弹性能量指数时间越短（表3-7）。

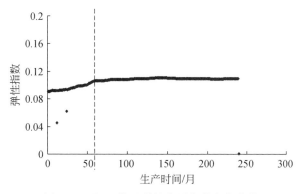

图 3-13 机理模型弹性能量指数变化曲线

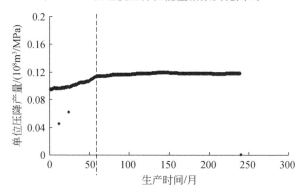

图 3-14 机理模型单位压降产量变化曲线

表 3-7 机理模型采用不同采气速度的数值模拟结果

最大采气速度/%	最大弹性能量指数/（$10^8\,m^3/MPa$）	全部动用所需时间/年
4.3	0.108619	11
5.4	0.108888	9.5
6.5	0.108997	8
7.6	0.109055	7.5
8.6	0.109088	6.5

通过分析气田开发过程中不同指标，优选出产量、压降、采出程度、单位压降产量、水气比等参数作为不同类型气田开发阶段划分的参数指标体系。

三、主要类型气田解剖

立足中石油五大主要类型气藏，调研国内外 260 个气田动静态资料，选取典型气田，分析了相关指标在开发过程中定量与定性变化规律。

在典型气藏解剖的过程中，选取开采时间长、开发过程比较完整，并且能够代表公司正开发气藏类型进行分析。因此选取低渗-致密、异常高压、带边底水的孔隙-裂缝型三类最具代表性的典型气藏分析关键开发指标的变化规律。各个典型气藏基础数据如表 3-8 所示。

表 3-8　各个典型气藏基础数据表

类型	气藏	面积/km²	储量/10⁸m³	压力系数	产量/10⁸m³	投产年份
异常高压气藏	Lacg 气田	120	2600	1.81	60～70	1958
低渗-致密气藏	Hugoton 气田	12000	15500	0.85	150～190	1928
	靖边气田本部	4093	2871	0.9	35	1998
孔隙-裂缝型气藏	相国寺气田	37	41.48	1.27	3	1977
	威远气藏	225	400	1.0	11.6	1965

（一）低渗-致密气藏

以北美 Hugoton（Kansas）气田为例，该气田位于美国堪萨斯州，气田面积超过 $1 \times 10^4 km^2$，储量达 $1.55 \times 10^{12} m^3$。该气田目的层为二叠系 Chase 组石灰岩、白云岩和碎屑岩；孔隙度 4%～17%，渗透率 0.035～14mD，为低渗-致密气藏。截至 2006 年，气田累计产气 $1 \times 10^{12} m^3$，采收率 65%；其中 Kansas 区块储量 $8500 \times 10^8 m^3$，至 2006 年累计产气 $7200 \times 10^8 m^3$，采收率 86%。

分析气田开发过程，可见：气田开发初期储量未完全动用，在采出程度达到 10% 之前，地层压力基本保持稳定；后期压降与产量和采出呈正相关；进入稳产阶段压力开始快速下降，期末压降 55%，采出程度 55%；递减阶段产量下降至稳产期 20%，期末压降 75%，采出程度 75%；低产阶段压降达 90%，采出程度 85%～90%；单位压降产量早期较低，随着开发成倍增加，后期基本稳定（图 3-15）。

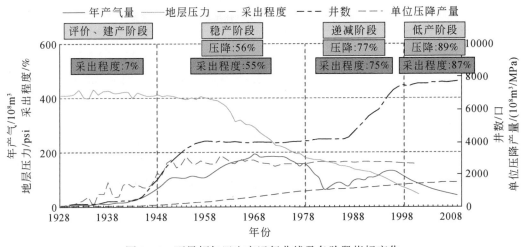

图 3-15　雨果顿气田生产运行曲线及各阶段指标变化

（二）高压气藏

以法国拉克气田为例，该气田从 1958 年投产，生产时间超过 50 年，气田面积 120km²，储量为 $2600 \times 10^8 m^3$，压力系数达到 1.81，稳产期年产量可达 60×10^8～$70 \times 10^8 m^3/a$，是典型的高压气藏。

分析该气田生产过程，可见：由于高压弹性能量的作用，地层压力下降呈凸形曲线，开发初期地层压力平稳下降，后快速下降；早期产量快速上升，递减期快速下降，后期平稳下降，采出程度高达95%以上；稳产期末采出程度达80%，压降75%~80%；单位压降产量开发早、中期基本稳定，后期平稳下降（图3-16）。

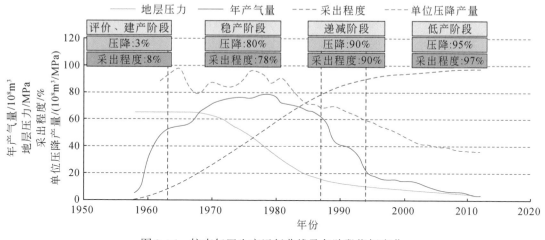

图3-16　拉克气田生产运行曲线及各阶段指标变化

（三）碳酸盐岩气藏（孔隙型、无水）

以靖边气田（本部）为例，该气田是典型的孔隙型碳酸盐岩气藏，基本不产水。该气田主体区面积4093km²，靖边气田本部下古生界探明储量2870.78×10⁸m³，目的层为奥陶系马五$_{1+2}$白云岩储层，孔隙度平均5.4%，渗透率岩心平均2mD。气藏埋藏深度2960~3765m，原始地层压力26.8~31.9MPa，平均30.2MPa。平均压力系数0.9。是一个古地貌（地层）-岩性复合圈闭的定容气藏。

分析该气田生产过程可见：气田开发初期储量未完全动用，在采出程度达到10%之前，地层压力基本保持稳定；随着气藏整体动用，压力下降与产量、采出程度呈正相关；单位压降产量整体保持稳定，略有上升（图3-17）（贾爱林等，2012）。

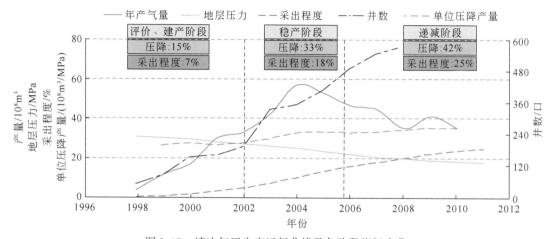

图3-17　靖边气田生产运行曲线及各阶段指标变化

（四）碳酸盐岩气藏（裂缝–孔隙型、水体不活跃）

以四川相国寺气田为例，该气田目的层段石炭系，气藏为高孔高渗碳酸盐岩气藏，1977年投产至今。分析该气田生产过程可见：早期地层压力快速下降，中后期维持长时间定压生产，压降 90%；早期气田产量快速增加，后期长时间低压小产，气田采出程度高，可达 95% 以上；单位压降产量早期下降，后逐渐上升，采出 90% 以后基本稳定（图3-18）。

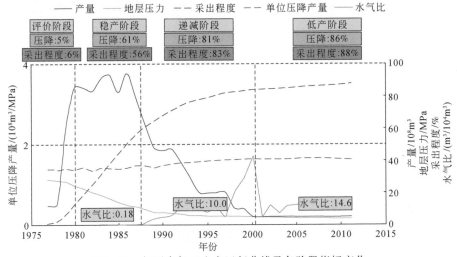

图3-18　相国寺气田生产运行曲线及各阶段指标变化

（五）碳酸盐岩气藏（裂缝型气藏，水体活跃）

以四川威远震旦系气藏为例，该气田含气面积 $225km^2$，探明储量 $400×10^8m^3$，气水界面 $-2434m$，含气高度 $240m$，2007 年气藏累计采气 $144.39×10^8m^3$，采水 $1646.2×10^4m^3$。储层为白云岩，低孔、非均质性强、裂缝发育，基质平均孔隙度 2% 左右，基质渗透率 $0.001\sim0.04mD$；裂缝平均孔隙度 0.1% 左右，裂缝渗透率 $0.0001\sim10000mD$。

分析该气田可见：早期地层压力快速下降，中后期维持长时间定压生产，压降 90%；早期气田产量快速增加，后期长时间低压小产，气田采出程度高，可达 95% 以上；单位压降产量早期下降，后逐渐上升，采出 90% 以后基本稳定（图3-19）。

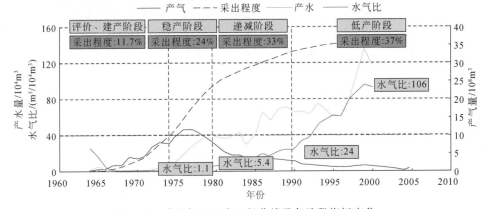

图3-19　威远气田生产运行曲线及各阶段指标变化

四、气田开发阶段划分结果

（一）前人划分方案

针对气藏不同的开发特征，前人对开发阶段的划分开展了科学的探索，并在不同类型气藏的开发过程中指导了气藏的开发。北美雨果顿（Hugoton）二叠系碳酸盐岩气藏开发阶段可划分为：上产、稳产、递减、恢复、二次高产、二次递减六个阶段。王阳（1995）根据我国气藏长期的开发实践，提出开发阶段的划分应该按照气藏的开采动态及产量变化来进行，即根据气藏动态曲线的变化来划分，其理由为动态曲线能反映气藏开发全过程的动态特征；动态曲线体现了各阶段对气藏的认识及一系列工程工艺措施，动态曲线反映了开发各时期的开发指标。因此，将气藏的开发划分为试采及产能建设阶段、稳产阶段、产量递减阶段及低压小产阶段。对于含水气藏而言，水驱气藏划分为产能建设阶段、稳产（无水采气、带水采气）、递减阶段、排水采气阶段四个阶段。刘月田等（2004）提出将无水气藏划分为产能建设上升阶段、稳产阶段、产量递减阶段、低压小产阶段；有水气藏划分为试采阶段、产能建设阶段、稳产阶段、递减阶段及排水采气阶段。提出用基础指标反映采气过程中的全部生产特征。

中石油天然气开发管理纲要总结各家之长，将气田开发生产不同阶段划分为：上产期、稳产期、递减期和低产期四个阶段。这一划分方法被目前的天然气开发人员普遍接受，并在科研和生产中发挥了自己的作用。但是气田开发阶段的划分不仅仅是给出这四个阶段，更重要的是要针对不同类型气藏，给出不同阶段的开发指标及对策，更有效地提前预知各类开发指标的动态变化，提前制定科学的开发技术对策，实现气藏的高效开发。

（二）主要类型气田开发阶段划分方案

综合实际气田分析与部分机理模型研究成果，以产量为首要参数，结合采出程度、压降、单位压降产量，建立了我国典型气藏开发阶段划分方案。

1. 大型致密–低渗气藏开发阶段划分方案

该类型典型气田为苏里格气田、靖边气田和徐深气田，其开发阶段划分方案见表3-9。

表3-9　致密–低渗气藏开发阶段划分方案表

开发阶段	产量	压降	可采储量采出程度	单位压降产量
开发评价阶段	小产气量	无	<5%	上升
建产阶段	急剧上升	基本无	<10%	上升
稳产阶段	保持稳定	55%	55%~60%	稳定
递减阶段	20%	75%	75%~80%	稳定
低产阶段	20%以下	90%	85%~90%	稳定

2. 高压气藏开发阶段划分方案

该类型典型气田为克拉 2 气田和迪那 2 气田，其开发阶段划分方案见表 3-10。

表 3-10　高压气藏开发阶段划分方案表

开发阶段	产量	压降	可采储量采出程度	单位压降产量
开发评价阶段	小产气量	无	—	稳定
建产阶段	急剧上升	基本无	<10%	稳定
稳产阶段	保持稳定	80%	60%	平稳下降
递减阶段	20%	90%	80%	快速下降
低产阶段	20% 以下	>95%	>95%	下降趋稳

3. 有水气藏

该类型典型气田为四川碳酸盐岩有水气藏，针对有水气藏，气水比是气田开发阶段划分的重要参数，亦可以根据工艺措施来划分开发阶段，其开发阶段划分方案见表 3-11、表 3-12。

表 3-11　水体不活跃气藏开发阶段划分方案

开发阶段	产量	压降	可采储量/采出程度	单位压降产量	水气比/（$m^3/10^4 m^3$）	工艺措施
开发评价阶段	小产气量	—	—	稳定	—	—
建产阶段	急剧上升	<10%	5%~10%	稳定	—	—
稳产阶段	保持稳定	60%	55%~65%	稳定	很小	泡排
递减阶段	20%	80%	75%~80%	上升趋稳	<10	泡排
低产阶段	20% 以下	85%~90%	>85%	趋稳	<15	泡排

表 3-12　水体活跃气藏开发阶段划分方案

开发阶段	产量	可采储量采出程度	水气比/（$m^3/10^4 m^3$）	工艺措施
开发评价阶段	小产气量	—	0	无水采气
建产阶段	急剧上升	<10%	<5	无水采气/带水自喷
稳产阶段	保持稳定	25%	<10	带水自喷/排水采气
递减阶段	20%	35%	<40	排水采气
低产阶段	20% 以下	45%	>60	排水采气

第三节　气藏开发前期评价

开发前期评价是连接勘探与开发的纽带，是加快资源向效益转化、降低投资风险的有效手段。气藏开发前期评价的主要任务是以实现气藏科学开发为目标，深化气藏地质认识，评价储量，落实产能，优选气藏工程设计，优选先进适用的钻井、采气、地面集输及处理工艺技术，完成开发概念设计或开发方案编制。

一、前期评价的主要内容

开发前期评价是指在勘探提交控制储量或有重大发现后，为气田开发进行的各项开发评价和准备工作。开发前期评价根据气藏储量类型和工作重点不同分为两个阶段：第一阶段（早期评价）的主要任务是充分利用勘探成果，开展已有井的试气、试井、试采和资料录取工作，部署必要的评价井，初步评价产能，认识气藏地质特征，配合勘探提交探明储量，开展健康安全预评估，完成开发概念设计。第二阶段（开发评价）的主要任务是部署开发评价井和开发地震，开展试采，开辟开发试验区，进行主体技术试验，评价产能与开发可动用储量，开展健康安全环境（HSE）评估，完成气田开发方案编制。

开发前期评价主要内容包括地质特征评价、储量评价、产能评价、主体开发技术优选、开发方式和开发指标研究、健康安全环境评估等。

（一）地质特征评价

地质特征评价是指充分利用各种资料，研究气藏构造特征、沉积相、成岩作用、储层特征、隔（夹）层特征、流体性质与分布、渗流特征、压力和温度系统、气藏类型等。

（二）储 量 评 价

储量评价是在配合勘探计算气田探明地质储量的基础上，充分利用动、静态资料，对地质储量进行分类评价和动用储量评价。采用经验公式法、类比法、数值模拟法等方法计算技术和经济可采储量，进行储量风险评价。

（三）产 能 评 价

产能评价是指开展单井、井组或区块试采，综合利用试气、试井和试采资料，分析气井生产能力，确定单井合理产量。

（四）主体开发技术优选

根据气田特殊的地质及动态特征，以提高单井产量和储量动用程度为目的，开展区块优选和井位优选等技术研究。选择合理的钻井和完井方式、气层保护、采气工艺、增产措施等工艺技术。同时开展地面工艺试验，确定科学合理的地面集输与处理工艺。优选出解决制约气田效益的开发主体工艺技术，必要时开辟先导试验区。针对特殊类型气藏，要重点开展主体技术评价与健康安全环境评估，优化主体开发技术和配套工程技术：①异常高压气藏应注重发展钻井技术、完井技术、采气工艺技术和安全高效的地面处理技术；②酸性气藏应注重发展安全开发配套技术、管网防腐防漏监测技术和气田采出污水处理工艺技术；③低渗低丰度低产气藏应注重发展有效储层预测与综合评价技术、气井产能评价与优化布井技术，提高单井产量技术、低成本钻采工艺和地面简化优化技术；④火成岩气藏应注重发展有效储层预测与评价技术、欠平衡钻井技术、高效增产技术、深层气井防腐工艺技术、流体组分监测和地面处理技术；⑤煤层气藏应主要进行钻井方式、增产措施和抽排工艺优化，发展低成本钻井、采气工艺技术和低压煤层气高效集输技术;⑥凝析气藏应注重流体相态和开采方式研究,预防气井积液,发展排液采气和反凝析治理技术。

(五) 开发方式和开发指标研究

根据地质认识和气藏动态特征,通过气藏工程和数值模拟等技术手段,确定开发方式、开发层系、井型与井网、采气速度、采收率、产能及其接替方式、经济可行性等。

(六) 健康安全环境评估

结合气藏特点,评估气藏开发对健康安全环境的影响,提出应对措施。

二、气 藏 试 采

试采是开发前期评价阶段获取气藏动态资料,尽早认识气藏开发特征,确定开发规模的关键环节。

(一) 试采的主要内容

试采应依据试采方案进行,试采方案主要内容有气藏特征,试采任务,试采井或试采井组、试采区的选择,试井方式,试采期工作制度,试采工艺,天然气集输处理系统和相关配套工程建设,健康安全环境要求及资料录取要求等。

(二) 试采的主要任务

(1) 研究储层特性及其连通性,识别气藏边界类型,确定气藏压力系统,深化气藏地质认识。

(2) 确定流体组成和相态特征。

(3) 研究油、气、水关系及地层水活动特点,确定气藏类型和驱动类型。

(4) 研究气井生产特点和产能变化规律,确定气井合理工作制度,建立气井产能方程,评价气井产能。

(5) 评价可动用储量,预测天然气可采储量。

(6) 评价采气工艺、天然气集输与处理工艺技术、主要设施、材质等的适应性。

(7) 为编制开发概念设计或开发方案提供依据。

(三) 试采井或试采井组、试采区的选择

(1) 试采井或试采井组要有代表性,能够反映气藏的开采特征。

(2) 试采井应选择不同生产状况的井,如高、中、低产井及纯气井、气水同产井等。

(3) 对于探明 (或控制) 地质储量为 $100\times10^8 \sim 300\times10^8\,m^3$ 的气藏,可选择有代表性的井或井组进行试采;对于探明 (或控制) 地质储量大于 $300\times10^8\,m^3$ 的气藏选择有代表性的区块开辟试采区。

（四）试井方式及时间

（1）常规气藏应进行系统试井，低渗气藏可采取等时试井或修正等时试井，建立气井产能方程，计算绝对无阻流量。

（2）选择有代表性的试采井进行压力降落试井和压力恢复试井，计算储层参数。

（3）干扰试井主要用于评价储层或裂缝系统的连通关系，计算井间储层参数。

（4）对于小气藏、多裂缝系统气藏、复杂断块气藏及岩性气藏，要进行压力降落探边测试，计算气藏动态储量。

（5）试采时间的确定。

一般气藏应连续试采半年以上。大型的特殊类型气藏，如异常高压气藏、特低渗气藏、高含硫气藏和火成岩气藏等，应连续试采一年以上，以获取可靠的动态资料。

三、开发先导试验

（一）开发先导试验的任务

开发先导试验的主要任务是通过局部解剖储层，深化地质特征和产能特征认识，试验和筛选开发主体工艺技术，论证气藏开发技术与经济可行性。

（二）开发先导试验区的选取

（1）开发先导试验区的选择首先要考虑在构造形态、气藏特征、流体性质及其分布状况等方面具有代表性，并有一定面积和生产规模，使通过试验区取得的认识和经验具有普遍的指导意义。

（2）试验区应具有一定的独立性，既不因先导试验区的设立而影响气田开发方案的完整性和合理性，也不因其他相邻区域的开发影响试验区任务的完成。

（3）要考虑交通方便、位置适中、有利地面建设等条件，以促进试验的顺利进行。

（三）主 要 内 容

开发先导试验应编制开发先导试验方案。方案主要内容包括试验目的、试验区选择、试验内容、试验程序、工作部署、预期成果、健康安全环境要求和投资预算等。对于不同类型气藏，其侧重点也不相同。

1. 一般气藏

开发先导试验包括气藏工程、钻井工程、采气工程、地面工程等方面的技术试验。

（1）气藏工程技术试验：主要研究地质特征，确定合理开发方式、开发层系、井网、井距、采气速度和采收率。

（2）钻井工程技术试验：主要研究井型、井身结构、钻/完井液体系、井控和完井方式等。

（3）采气工艺技术试验：主要研究增产工艺技术、生产管柱、井口装置、水合物防治、防砂、防腐、防垢、排水采气工艺和相应配套技术。

（4）地面工程技术试验：主要研究集输与处理工艺技术、设备和设施、防腐、污水处理、环保节能、安全卫生及相应配套技术。

2. 特殊气藏

针对特殊类型气藏，要重点开展主体技术评价与健康安全环境评估。优化主体开发技术和配套工程技术。

（1）异常高压超深气藏：应注重发展钻井技术、完井技术、采气工艺技术和安全高效的地面处理技术。

（2）酸性气藏：应注重发展安全开发配套技术、管网防腐防漏监测技术和气田采出污水处理工艺技术。

（3）低渗低丰度低产气藏：应注重发展有效储层预测与综合评价技术、气井产能评价与优化布井技术、提高单井产量技术、低成本钻采工艺和地面简化优化技术。

（4）火成岩气藏：应注重发展有效储层预测与评价技术、欠平衡钻井技术、高效增产技术、深层气井防腐工艺技术、流体组分监测和地面处理技术。

（5）煤层气藏：应注重发展钻井方式、增产措施和抽排工艺优化，发展低成本钻井、采气工艺技术和低压煤层气高效集输与处理工艺技术。

开发先导试验方案实施过程中要做好监督和管理工作，及时总结经验，项目结束后编写总报告，提出下一步工作意见，以指导气田后续开发工作。

第四节　气田开发方案编制

气藏开发前期评价工作完成后，就进入正式的开发阶段。为此，就必须编制科学合理的气田开发方案，即气田在获得国家批准的探明储量和试采动态资料后编制的开发方案。它是气田开发建设和指导生产的重要文件，气田投入开发必须有正式批准的开发方案。

一、气田开发原则与方针

（一）气田开发原则

目前，世界上油气田开发尚没有统一遵循的原则。我国则从国家发展需要及保护资源角度出发，提出"按照油气田的特点，根据国民经济发展的要求，通过适当调节满足较长期的高产和稳产，以最少的经济消耗，取得最高的采收率和最大的经济效益"。这就是我国气田开发的原则。

（二）气田开发方针

（1）贯彻执行持续稳定发展方针，坚持"少投入、多产出"提高经济效益。

（2）按照先探明储量、再建设产能、后安排天然气生产的科学程序进行工作部署。

（3）最大限度地合理利用气藏的天然能量。

（4）天然气藏开发系统上、下游必须合理配套，统筹兼顾。

（5）把气藏地质研究、气藏动态监测贯彻于气田开发的始终。

（6）做好气井、气藏、气田、气区的储量和产量接替，实现开发生产的良性循环。

（7）积极采用现代科学技术和装备，加强科学研究和新方法、新技术及新装备的技术准备，完善气田开发资料数据库和岩心库，逐步形成气田开发计算机应用网络，不断提高气田开发水平。

（8）力争做到五个合理：①合理的开发方式；②合理划分开发层系；③合理的井网部署；④合理的气井生产制度；⑤留有合理的后备储量。

（三）开发方案编制的原则

（1）严格遵循国家有关法律、法规和政策，合理利用国有天然气资源。

（2）以经济效益为中心，结合气藏地质特征、资源状况、市场需求，优化开发设计，实现气藏合理开发。

（3）确保气藏安全生产，保护环境。

总之，在具体的气田开发方案编制过程中，应严格遵循《气藏开发设计编制技术要求》（SY/T 6106—2008）、《气田开发方案编制技术要求》（SY/T 6106—2008）、《气藏开发调整方案编制技术要求》（SY/T 6111—2007）、《气田开发主要生产技术指标及计算方法》（SY/T 6170—2012）、《天然气气藏开发方案经济评价方法》（SY/T 6177—2000）、《油（气）田开发建设项目经济评价》（Q/SY 34—2007）及地质特征描述、储量计算、试井等各项天然气开发行业标准的技术要求。

二、气田开发方案主要内容

开放方案主要包括总论、市场需求、地质与气藏工程方案、钻井工程方案、采气工程方案、地面工程方案、开发建设部署与要求、健康安全环境评价、风险评估、投资估算及经济评价等。

（一）总　　论

总论主要包括气田自然地理及社会依托条件、矿权情况、区域地质、勘探与开发简史、开发方案主要结论及推荐方案的技术经济指标等。

（二）市　场　需　求

市场需求包括目标市场、已有管输能力、气量需求、气质要求、管输压力、价格承受能力等。

（三）地质与气藏工程方案

主要内容包括气藏地质、储量分类与评价、产能评价、开发方式论证、井网部署、开发指标预测、风险分析等。通过方案比选，提出推荐方案和两个备选方案，并对钻井工程、采气工程和地面工程设计提出要求。

1. 气藏地质研究

主要内容包括地层与构造特征、沉积环境、储层特征、流体性质与分布、渗流特征、压力和温度、气藏类型及地质建模。

2. 储量分类与评价

应充分利用动静态资料，分层系、分区块对已探明储量进行分类，并评价储量的可动用性。按照不同技术、经济条件、评价技术、经济可采储量，分析可采储量风险。

3. 产能评价

应综合研究试气、试井和试采资料，确定单井合理产量；通过对采气速度等指标的研究，结合市场需求，确定气田合理开发规模。

4. 开发方式

开发方式和井网部署应按照有利于提高单井产量、提高储量动用程度、保证气田稳产、获得较高经济效益、满足安全生产要求的原则，进行多方案优化比选。对多产层气藏、气水关系复杂和气井分布井段跨度大的气藏，应合理划分开发层系。对能够应用水平井、多分支井有效开采的气藏，应优先采用水平井、多分支井开发。对强非均质气藏，应采用非均匀布井，并根据储层特征等优选井型。

5. 开发指标预测

应在地质模型基础上应用数值模拟方法对全气藏进行 20 年以上的开发动态预测，主要包括生产井数、油气水产量、压力、稳产年限、稳产期末采出程度、预测期末采出程度等。大型气田要求稳产 10 ~ 15 年，中型气田要求稳产 7 ~ 10 年。

6. 风险分析

主要是对储量、产量和水体能量等的不确定性分析和评估，并制定相应的风险削减措施。

（四）钻井工程方案

应以地质与气藏工程方案为基础，满足采气工程的要求。主要内容包括已钻井基本情况及利用可行性分析、地层压力预测、井深结构设计、钻井装备要求、井控设计、钻井工艺要求、储层保护要求，以及录井、测井要求和固井及完井设计、健康安全环境要求及应急预案、钻井周期预测及钻井工程投资测算等。

（五）采气工程方案

应以地质与气藏工程方案为基础，结合钻井工程方案进行编制。主要内容包括完井和气层保护，增产工艺优选，采气工艺及其配套技术优选，防腐、防垢、防砂和防水合物技术筛选，生产中后期提高采收率工艺选择，对钻井工程的要求，健康安全环境要求及应急预案，投资测算。

（六）地面工程方案

应以地质与气藏工程、钻井工程、采气工程方案为依据，按照"安全、环保、高效、低耗"的原则，在区域性总体开发规划指导下，结合已建地面系统等依托条件进行编制。主要内容包括：地面工程规模和总体布局，集气、输气工程，处理、净化工程，系统配套工程与辅助设施，总设计图，节能，健康安全环境要求及应急预案，组织机构和人员编制，工程实施进度，地面工程主要工作量及投资估算等。

（七）其他需要注意事项

（1）对气区安全平稳供气具有重要意义的气田应论证备用产能。备用产能大小应结合气田产能规模和产供特点综合论证，井口备用能力和配套的净化、处理能力一般按气田产能规模的20%~30%设计。

（2）开发方案应按照"整体部署、分期实施"的原则，提出产能建设步骤，明确各年度钻井工作量和地面分期工程量，为年度开发指标预测和投资估算提供依据。

（3）健康安全环境评价是开发方案中的重要组成部分。

（4）风险评估主要针对方案设计动用的地质储量规模、开发技术的可行性、主要开发指标预测，以及开发实施与生产运行过程中存在的不确定性分析和评估，并提出相应的削减风险措施。

（5）投资估算与经济评价是对地质与气藏工程方案及相应的配套钻井工程、采气工程、地面工程、健康安全环境要求，以及削减风险措施等进行投资估算和经济评价，为开发方案优选提供依据。

（6）应综合考虑开发效益以及健康安全环境可行性，系统分析方案承受风险的能力，经多方案技术、经济综合比选，提出推荐方案。

（7）对特殊气藏类型及特点，应采用相适应的开发技术对策，如凝析气藏开发，对凝析油含量大于$50g/m^3$的气藏，应进行相态研究和开发方式比选。开发方式选择应综合研究凝析气的地质特征、气藏特征、凝析油含量和经济指标等因素，优化确定。井位部署、井型选择应有利于提高凝析油采收率。再如对于酸性气藏开发，应重点开发气田开发过程中的安全、环保、防腐和天然气集输、净化处理等技术。

（8）气田开发调整方案重点是通过地质再认识、评价开发效果、分析存在问题与开发潜力，确定调整目标和原则，论证调整主体技术可行性、调整工作量，并预测调整后的技术经济指标。

三、气田开发方案编制工作流程

结合我国气田的开发实践，按照《气藏开发设计编制技术要求》（SY/T 6106—2008）、气田开发条例、规程，提出了气田开发方案编制参考工作流程，如图3-20所示。

编制最佳气藏开发方案时，虽然考虑了地质、工程和经济等诸多因素，但对气藏开发的认识不可就此完成，还需要在实施中不断完善、调整方案。因此气藏开发是不断加深认识、最大限度和最经济地驱使油气向井底、向用户流动的过程，直至气藏最终枯竭而结束开采。

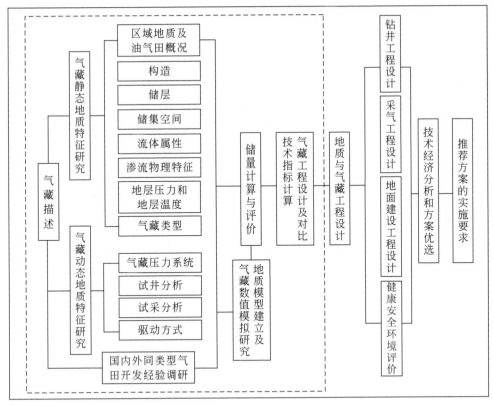

图 3-20　气田开发方案编制参考工作流程

第五节　气藏驱动方式

气藏驱动方式（驱动类型）是指气藏开采时，驱使天然气流向井底的动力来源和方式。气藏的驱动方式影响着气田井位分布、完井方式、气井产量/天然气及凝析油采收率、地面油气集输、处理和长输管线的生产制度等。研究气藏驱动方式的目的是要正确判断气藏驱动类型，充分利用天然能量，建立高效率的驱动方式，以便最佳地开发气田。

一、气藏驱动方式

（一）气驱（又称定容封闭）气藏

在气藏开发过程中，由于没有边、底水，或边、底水不运动，或水的运动大大低于气体运动的速度，此时，驱气的主要动力是气体本身的压能，气藏的储气孔隙体积保持不变，视地层压力（P/Z）与累计采气量（G_p）呈线性关系。

（二）弹性水驱气藏

在气藏开发过程中，由于含水层的岩石和流体（油、气及地层水）的弹性能量较大，边、底水的影响就大，储气孔隙体积缩小，地层压力下降要比气驱缓慢，这种驱动方式称弹性水驱。供水区（具有一定能量和规模的地层水）较大、地层压力高的气藏出现弹性水驱的可能较大。我国四川大多数气藏为此类气藏。弹性水驱还有一个特例，那就是刚性水驱，侵入气藏的边底水能量完全能补偿从气藏中采出的气量，此时，气藏压力能保持在原始水平上，这种驱动方式称为刚性水驱。在自然界中刚性水驱的气藏很少，如俄罗斯统计的 700 余个气田中，属于这类驱动方式的仅 10 余个（图 3-21）。

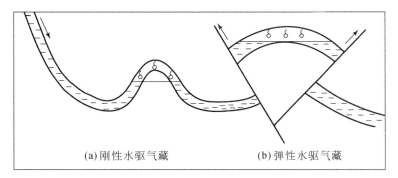

(a) 刚性水驱气藏　　　　　　　(b) 弹性水驱气藏

图 3-21　刚性水驱与弹性水驱示意图

压力是气藏开发的灵魂，合理开发气田，就是要充分有效利用能量，有效利用压力是提高气藏经济采收率和高效开发的重要途径。在气藏开发过程中，应尽量降低无效的能量损失，这些能量损失包括三个方面：气层的渗流阻力损失、气井井筒内举升天然气造成的损失、天然气流进地面流程的压力损失。通过降低无效的能量损失，尽量延长气藏无压缩机开采的时间和延长无水开采的时间。

此外，从气藏开发的实践可以看出，不管水的活跃程度如何，气体本身的压能总是促使气体流入井底并到地面。大部分气藏，尤其是开发初期，常在气驱方式下开发。因此，气藏的驱动方式不仅要考虑主要的驱气动力，而且还要重点考虑在开发各阶段气藏的动态变化和气藏与周围供水区的相互作用，气藏的动态变化主要指气藏的压力变化和储气孔隙体积的变化。

二、决定气藏驱动方式的主要因素

（一）地 质 因 素

1. 原始地层压力

气藏的原始地层压力越高，若有供水区，那么在开发过程中供水区的压力可能超过气藏压力，在其他条件相同的情况下，有活动边水的可能性也越大。

2. 含气区和供水区的岩性和物性特征

有人曾通过数值模拟方法研究含气区和供水区渗透率变化对压降曲线的影响。研究表明在相同的采气速度下，供水区渗透率变化对水活跃程度的影响要比含气区渗透率变化影响大。含水层的渗透率越大，压降曲线向上偏离直线越大（即水驱特征越明显）；含水层的边界越大，压降曲线向上偏离直线越大；水的压缩性越大，压降曲线向上偏离直线也越大。

3. 气藏中供水区的构造特点

活跃的弹性水驱条件之一就是有宽广的供水区，并且水头压力很高。其中，断层、尖灭或岩性变化区域的存在对水推进的影响很大。

4. 气水界面附近的情况

例如，是否有油环存在、气水过渡区厚度的变化、岩性变化和有无泥岩夹层等。油环是阻挡水侵入气藏的天然屏障。

（二）工 艺 因 素

1. 采气速度和均衡开采

采气速度越高，水推进不上，越接近于气驱方式开发，但也不宜太高，否则会引起边、底水推进不均匀，造成舌进或锥进。全气藏开采要均衡，避免形成多个很大的压降漏斗区而引起水体突进。

2. 开发方式

气藏开发方式主要为保持压力开发和衰竭式开发。开发方式不同，其驱动方式也可能不同。

3. 气井的射开厚度

一般底水驱气藏，气井射开厚度控制在顶部以下整个厚度的 1/3；而边水气藏则在顶部以下整个厚度的 1/2 ~ 3/5。

三、科学认识气藏驱动类型是开发好气田的基础

天然气具有采用稀井（大井距）开发的条件，增加了认识气藏的难度。气藏驱动类型的认识错误，会导致气田开发方案和建设的严重失误。对于水驱气田应重视早期水文地质研究，尽早认识边底水的封闭性、水体能量、气水边界附近储层物性和岩性变化及驱动类型，以便决策气田开发总的开发原则和重大技术。

还应强调的是，光靠地质静态资料来认识气藏驱动方式是远远不够的，还要参考试采动态资料。况且，在气藏开发初期，水驱气藏往往不易明显呈现出来，因此，很有必要在开发过程中加强对边部水井、气藏边部气井观察，加强对底水的观测，控制气层射开厚度，控制气井生产制度，控制全气藏均匀开采，避免水驱气藏开发陷入被动局面。

第六节 气藏开发层系划分与组合

多数气田是由多个气藏构成的，而同一气藏又可能是由不同气层组成。所谓开发层系划分，就是把地质特征相近的若干气层组合在一起，单独用一套井网开发，尽量避免在开发过程中出现或减少层间矛盾，并以此为基础，进行井网部署、合理配产、制订开发方案和生产计划，进行动态分析和开发调整。

一、划分开发层系的意义

（1）合理划分和组合开发层系，有利于充分发挥各类气层的作用，将特征相近的气层组合在一起，用独立的井网开采，有利于缓和层间矛盾，有利于发挥各类气层的生产能力，这是实现气田稳产高产、提高采收率的一项根本性措施。

（2）合理划分和组合开发层系，是部署井网、规划气藏开发和矿场集输两大开发系统及生产措施的基础。

（3）采气工艺技术发展的水平也要求进行层系划分和组合。

（4）气田的高速开发也要求进行层系划分和组合。

二、开发层系划分与组合的方式

目前，对于长井段、多层组气藏而言，气藏开发层系的划分主要有以下三种开发方式。

（一）多层组合采

把所有气层一次射开、联合开发，这种开发方式在川西新场气田开发中极少数气井曾尝试过，单井产量高于其他气井，开发效果好。这种方法在气驱气藏或边水不活跃和砂岩胶结较好的气藏中是可行的，缺点是层间干扰严重。

（二）逐层开采

先射开深部层位的气层进行开采，当其产量大幅度递减或边水入侵造成气井产量锐减后，就把该层封堵，再逐步上返浅部气层射开生产。这种开发方式的优点是避免了层间干扰，不存在因一个气层产水或误射水层而影响其他气层组开采的情况，在测井解释和识别气层方法没有成功把握的情况下是可行的。但这种方式的缺点是气井产能低，单层可采储量低，气井试修作业多，生产效率低。这种开发方式在吉林省一些气藏开发中曾采用过，由于气井要频繁上返作业，开发效果差。俄罗斯许多巨型气藏与凝析气藏多采用逐层开采方式，先易后难，有时也先开采浅部主力气层。

（三）组合层系开采

对长井段的多气层进行合理组合，划分开发层系，确定射孔和配产方案，使每一个开发层系能控制一定规模的储量和足够高的生产能力，尽可能减少层间干扰，按层系部署开发井网，使气田具有较长的稳产期和较高的采收率。

三、划分开发层系的原则

气藏类型不同，其开发层系划分的原则虽有所不同，但是总体上大致应遵循如下原则：

（1）纯气层、有水气层、含凝析油的气层应分别组合开发层系，每套层系的构造形态、气水（油）边界、储层性质、天然气性质、压力系统应大体一致，以保证各气层对开发方式和井网具有共同的适应性，减少开发过程中的层间矛盾。所谓气层性质相近主要体现在：①相近的沉积环境；②构造形态相近，气水边界和驱动类型大体一致，减少边部气层交错程度；③组合层系的基本单元的纵向渗透率差异不大；④组合层系基本单元的含气面积分布接近；⑤气层内非均质程度接近，渗透率在平面上的分布差异不大。

（2）划分出的每套开发层系都应具备一定的储量和单井产能，能满足开采速度和稳产期的需要。

（3）不同层系之间要有良好的隔层加以分隔。

（4）同一开发层系的气层组跨度不宜过长，上、下层的地层压差要维持在合理范围内，使各产层均能正常生产。

第七节　井　网　部　署

在确定了独立的开发层系之后，就要进行开发井网的部署。井网部署是气田开发的重要组成部分，这不仅是因为气田钻井的投资几乎占开发总投资的一半，而且它还影响着矿场及其他建设的投资。我国规模化天然气工业始于川渝气区，因其主要为裂缝性碳酸盐岩储层，裂缝发育非常复杂，开发井网主要部署在裂缝发育带上，故常是"有井无田"，探井数目大于开发井数。经过长期的勘探开发实践，逐渐摸索出裂缝发育特征和布井的规律是"三占三沿"。之后，在发现川渝气区川东石炭系气藏和川中磨溪雷一[1]气藏后，我国气藏开发才有正规的开发井网设计。

一、气田开发井网部署的特点

气田井网部署特别应注意以下四点。

（一）气体流动性好，所以气藏开发的井距要比油藏开发的井距大

理论上一口气井可采出整个气藏的储量，采出量不受井网密度的影响，气井井距可以很大，但在实际应用中还要考虑气藏的地质情况、天然气需求量及开发指标要求等因素。各国的井网井距不尽一致。例如，①我国川渝气区川东石炭系气藏井距相国寺为 $1.8 \sim 2.8$ km，万顺场为 $2.0 \sim 2.7$ km；井网密度福成寨为 2.38 km^2/井，张家场为 2.67 km^2/井，五灵山为 7.15 km^2/井；②我国长庆气区靖边气田奥陶系马五气藏高渗透区井距为 $3 \sim 4$ km，低渗透区为 $2 \sim 3.5$ km，基础井网布置按 $2 \sim 2.5$ km^2/井计；③俄罗斯乌连戈伊气田平均井网密度为 5.15 km^2/井，井距约 1.78 km；梅德维日为 4.2 km^2/井，井距约 1.6 km；荷兰格罗宁根气田

为 2.9km²/井，井距为 1.3km；④俄罗斯乌克蒂尔气田为防止底水锥进，生产井集中于构造顶部和陡翼，井距为 2~3km；⑤巴基斯坦苏伊气田为孔隙型石灰岩气藏，在 194km² 含气面积上布了 7 口井，井距为 4km；⑥法国拉克气田有两个气层组，但为统一的气动力系统，系高含硫、裂缝–孔隙型气驱气藏，在 144km² 含气面积上布了 32 口井，井网密度平均为 4.5km²/井，井距约 1.7km；⑦美国规定气田最大井网密度为 2.59km²/井（640 英亩[①]/井），井距约 1.6km左右。

（二）气井开采时具有比油井更高的渗流速度

气体渗流在近井地带往往不符合达西渗流定律，可出现紊流和惯性力，故气井的压力损失更集中于近井地带。近井带的渗透性对气井产能影响甚大，也直接影响到井网井距。因此，气井应更重视改善完井方式和增产措施。

（三）气藏的采收率高，开发方式简单

对世界上已枯竭气藏的天然气采收率统计表明，定容气驱气藏采收率大致为 80%~95%。弹性水驱气藏为 45%~60%。除富含凝析油的凝析气藏外，衰竭式开发是气驱气藏的最佳开发方式，开发方式和井网部署较油田要简单一些。

（四）地层水对气井开采的影响不能低估

一般来说储层中水为润湿相，气为非润湿相，水总是沿着孔壁和裂缝呈连续流动的，而气体则常是断续流动，易造成卡断和绕流，被水所封闭。如果水侵入近井带，地层中呈气、水两相流动后，会大幅度降低气相相对渗透率，影响气井的产能。因此，水驱气藏布井时，要尽可能地远离边、底水，控制产层的厚度，合理控制生产压差和采气速度，防止边水的舌进和底水的锥进，尽可能地延长气井无水开采期。

二、气藏开发井网部署的原则

气藏开发井网部署应以提高其动用储量、采收率和经济效益为目标，具体原则如下。

（一）"因地制宜"的原则

（1）不同气藏应有不同井网部署特点。
（2）不同构造形态应有不同井网系统。
（3）不同构造部位应有不同井网密度。
（4）应尽力寻找高产富集区。

（二）"均衡开采"的原则

（1）所有类型气藏都要努力保持全气藏的均衡开采，在此条件下储量才能动用充分，

---

① 1 英亩=0.004047km²。

稳产期才会长，采收率才会高。

（2）水驱气藏更要注意均衡开采，避免在气藏产气部位形成大的压降漏斗，防止边水舌进或底水锥进。

（3）异常高压气藏也要保持均衡开采，防止生产压差造成岩石变形、裂缝和孔隙闭合，形成分割的压力系统。

（三）"水驱气藏要尽量延长气井无水开采期"的原则

布井要尽可能远离边、底水，力求延长气井的无水开采期。

（四）"高低渗透、高低产区协调发展"的原则

对于中、小型气藏，通过高渗透区采低渗透区的气在一定程度上是可行的，从而避免或减少打无效、低效井，提高气藏开发的经济效益。对于大型气藏，如果中、低渗透区分布面积大，而高渗透区分布面积相对较小，即使高渗透区提高采气速度也只能采出低渗透区很少部分气，仅靠高渗透区开采是远远不够的，只能采用"高稀低密"（高渗透区采用稀井网、大井距）的井网系统，将高渗透区与低渗透区的采气速度保持一定比值情况下开采，才能在兼顾经济效益和采气速度两个方面下，进行气藏开发的优化布井。

（五）"裂缝性碳酸盐岩气藏要努力寻找裂缝发育带和采取'三占三沿'布井"的原则

川渝气区裂缝性碳酸盐岩气藏在长期勘探开发实践中形成了行之有效的"三占三沿"布井原则，即占高点沿长轴、占鞍部沿扭曲、占鼻凸沿断裂。尽力寻找裂缝发育带和高产集区，掌握这类气藏布井的主动权。

（六）"立体开发，层系与井网有效组合"的布井原则

（1）纵向上，各层系开发要做到整体规划、立体开发。

（2）层系划分组合和井网部署上要既考虑每套层系各自开发的要求，又要综合考虑层系接替和一井多层开采的方式。尽可能做到用最少的井网数开发最多的层系。地面建设上也要整体规划、分步实施。

（3）独立开发层系中各气层也有差异，采取"分层布井，层层叠加，综合调整"的方法，选择适应大多数含气层的井网。此外，还应把射孔方案的优化纳入到井网部署的方案中来。

（七）"井网部署分步实施"的布井原则

在平面上，井网部署也不可能一次完成，应有计划地分步实施。油田开发中"多次布井"的做法对整装大气田的开发值得借鉴。

（八）"因地制宜发展丛式井、水平井和复杂结构井"的布井原则

对于低渗致密气田、凝析气田、油环凝析气田、底水气田和高含硫气田等，以及地处恶劣地貌条件的气田都应因地制宜地发展丛式井组、水平井和复杂结构井。但目前这类井的井网部署原则和方法有待进一步发展。

（九）"留有余地"的布井原则

井网部署中必须考虑预备井，这是因为：①为应对天然气用户季、月、日用气量的不均衡性，以及突发事件应急预案，故要安排一定数量的调峰井；②需要定期关井和录取资料；③需要考虑可能的修井和井下作业；④气藏内部和外围水层应安排观察井；⑤复杂气藏中还应考虑开发井的钻井成功率。

（十）"经济效益"的布井原则

在进行井网部署的过程中要求井网密度不能低于经济极限井网密度，同时尽量把井布在构造有利部位和高渗透、高产区，避免或减少打无效和低效井，降低气藏开发成本，提高气藏开发经济效益。

三、井网密度、井网系统和布井步骤

根据上述井网部署原则具体进行井网设计时，应以地质研究为基础，主要采用数值模拟技术，进行多套方案计算、对比和优化，论证单井最优控制面积和储量，论证获得最佳经济效益的井网系统、密度和井距。在设立对比方案进行数值模拟计算前，根据气田开发特点、气藏类型、驱动方式及相似气田的开发经验，进行井网井距对比方案的论证和计算。

（一）井 网 密 度

井网密度是气田开发的重要数据，它涉及气田开发指标计算和经济效益的评价。对一个固定的井网来说，其井网密度大小与井网系统（正方形或三角形等）和井距大小有关。随着井网密度的增大，天然气最终采收率增加，但开发气田的总投资也增加，而气田开发总利润等于总产出减总投入。当总利润最大时，就是合理的井网密度，当总产出等于总投入时，也就是总利润等于零时，所对应的井网密度就是经济极限井网密度，通常实际的井网密度介于合理和经济极限井网密度之间。

（二）气藏开发井网系统

在气田开发实践中，主要有以下四种井网系统：①按正方形或三角形井网均匀布井；②环形布井或线状布井；③在气藏顶部位布井；④在含气面积内不均匀布井。下面介绍几种气藏的常用井网系统。

1. 衰竭式开发时的井网系统

气藏采用衰竭式开发，井网系统往往存在以下四种情况：正方形或三角形均匀布井系统、环状布井或线状布井及丛式布井、气藏顶部布井和不均匀布井。

1）正方形或三角形均匀布井

该井网系统适用于气驱干气气藏或凝析气藏，并且其储集性质相对均质。这种布井方式对确定开发指标是最简单也是最完善的。

2）环状布井或线状布井及丛式布井

这种井网系统主要取决于含气构造的形态，如椭圆形或者圆形含气构造即可采用环状井网。

3）气藏顶部布井

无论气藏储层是什么岩性，一般在构造顶部储层物性较好，而向构造边缘储层性质逐渐变差。因此气藏顶部往往是高产分布区，把气井分布在气藏顶部还可以延长无水开采期。但一个明显的问题是开发后期会出现一个明显的压降漏斗。

4）不均匀布井

对非均质储层往往采用非均匀的井网系统。尤其是碳酸盐岩裂缝型储层，裂缝发育极不均一，气井钻遇裂缝就获得工业气流，未钻遇裂缝气井产量甚微或无天然气产出。因此，这类气藏不可能有固定格式的布井和井距。气井应布在构造受力强、易产生裂缝的构造部位，前面已经介绍过，通常采用"三占三沿"的布井原则。

2. 水驱气藏

水驱气藏布井相对气驱气藏来说更为复杂，在开发早期难以取得较详细的气藏水层地质资料，而中、后期又存在气水分布不均的问题，使得水驱气藏的布井问题复杂化。目前国内外对水驱气藏井网系统有以下两种布井系统。

1）均匀布井

在这种井网系统下，气藏顶部的气井可以射开全部储层厚度，而翼部的气井则应留出一段厚度。在储层岩性骤变的情况下，这种井网系统可以使透镜状地层和夹层也能投入开发，可增加可采储量。这种井网系统的优点是气井的产量较高、所需要的生产井数较少、采收率较高。

2）在气藏顶部布井

利用气顶高产区使气井产量很快上升。但在开发过程中气顶区会形成较大的压降漏斗，可能会使靠近两翼的气井过早水淹，进而使气田开发变得更加复杂。

3. 凝析气藏

（1）正方形或三角形均匀布井。适用于衰竭式开发的凝析气藏。

（2）五点法井网。适用于注气保持压力开发的凝析气藏。目前，对注气开发凝析气藏中注气井与驱替效率的关系的相关研究较少。根据 Muskat（1949）的研究，认为当注气井呈线状和排状分布时，其井排距离越大，驱替效率也越高。另外，据 Hurst 等（1951）研究，当注入井沿构造轴线分布、采气井分布在两翼时，注采井排距越大，其驱替效率也越大。

（三）气藏开发的投产顺序

关于气藏开发的投产顺序存在两种途径：一种是根据开发方案对井数的要求一次完钻投产；另外一种是逐步加密井数接替式投产。随着市场经济的发展，第一种投产顺序已在气藏开发方案中尽量避免，因为一次钻完开发井并同时投产使得初始开发投资高，同时开发井一次投产，势必要降低各开发井的产量，这在技术经济指标上不是最佳的。目前，在钻井技术突飞猛进的情况下，同时考虑到气田的稳产接替及对气藏特征的认识是一个动态的过程，需要逐步加密钻井，逐步加深对其气藏的认识，调整井网部署，降低开发风险，实现气田长期稳产。

（四）布 井 步 骤

由于独立开发层系中各气层的地质特征和储层物性参数总存在着差异，因此需要采用"分层布井、层层叠加、综合调整"的方法，选出最优井网，其具体步骤如下：

（1）根据主力气层的渗透率、地层气体黏度，确定该层的平均井距，采取均匀布井的方式。

（2）根据各气层含气砂体在平面上的分布和气层物性情况，以平均井距为依据，适当加以调整，使每个含气砂体至少分布有一口生产井。此外，对渗透率高的和低的地区，可酌情调整，是"低密高稀"还是"高密低稀"，要视具体的地质情况和数值模拟的计算结果而定。

（3）将各层井位叠加起来，再加以调整。位置重合的井位合并；位置接近的井位，根据各层岩性、物性情况，适当归并。最后整理出比较规则的井网。设立几个（至少三个）布井对比方案。

（4）针对设立的布井方案，再对各非主要层进行补井，适当增加井数。

（5）对所选方案进行数值模拟效果预测，然后对比、优选出控制最大面积和储量的井网，最后综合考虑经济效益，选出最合理的布井方案（一般要提供三个备选方案供决策）。

（五）井网密度和井距论证

对于孔隙型、裂缝-孔隙型、似孔隙型等相对均质的砂岩和碳酸盐岩气藏，可用以下定量方法确定出初始的井网密度、井距，为编制布井对比方案和数值模拟计算提供依据。

1. 经济极限-合理井网密度法

当投入资金与产出效益相同，即气藏开发总利润为 0 时，对应的井网密度即为经济极限井网密度，即

$$\text{SPC}_{\min} = \frac{aG(1 - T_a)(A_g E_R - P)}{AC(1 + R)^{\frac{T}{2}}} \tag{3-1}$$

式中，$\text{SPC}_{\min}$ 为经济极限单位含气面积上的井数；A 为含气面积，km^2；a 为商品率，%；G 为天然气地质储量，亿 m^3；T_a 为税收率，小数；A_g 为天然气销售价，元/m^3；E_R 为天然气采收率，小数；P 为平均采气操作费，元/m^3；C 为单井钻井和油建等总投资，万元/井；R 为贷款利率，小数；T 为评价年限，年；

则合理利润：$LR = 0.15(A_g E_R)$。

考虑资金投入与效益产出因素，当经济效益最大时的井网密度为气田的最佳经济井网密度，即

$$\text{SPC}_a = \frac{aG(1 - T_a)(A_g E_R - P - LR)}{AC(1 + R)^{\frac{T}{2}}} \tag{3-2}$$

式中，SPC_a 为最佳经济井网密度，井$/km^2$。

其他符号意义和单位同前。

气田的实际井网密度应在最佳井网密度和极限井网密度之间，并尽量靠近最佳井网密度。通常采用"加三分差法"原则，则气藏井网密度 SPC 为

$$SPC = SPC_a + \frac{SPC_{min} - SPC_a}{3} \tag{3-3}$$

2. 单井合理控制储量法

开发井井距的确定主要应考虑单井的合理控制储量，使高储量丰度区单井控制储量不要过大，而低储量丰度区单井应控制在经济极限储量以上。假设气藏稳产期为 t_s 年，稳产期末可采储量采出程度为 n，稳产期内单井稳定产能 q_g，则单井控制地质储量为

$$N_{单} = \frac{330\, q_g\, t_s}{n\, E_R} \tag{3-4}$$

式中，$N_{单}$ 为单井控制地质储量，万 m^3；t_s 为气藏稳产期，年；n 为稳产期末可采储量采出程度，%；E_R 为稳产期末可采储量采出程度，%。

根据气藏储量丰度即可求出单井控制含气面积，进一步即可求解井距或井网密度。

3. 合理采气速度法

根据气藏的地质和流体物性，可以计算出在一定的生产压差下，满足合理采气速度所要求的气井数，进而求出井网密度。气藏开发所需气井数 n 为

$$n = \frac{G\, v_g}{330\eta\, \dfrac{Kh}{\mu}\Delta P} \times 10^4 \tag{3-5}$$

式中，v_g 为采气速度，%；ΔP 为生产压差，MPa；$\dfrac{Kh}{\mu}$ 为地层流动系数，（mD · m）/（mPa · s）。其他符号意义和单位同前。

4. 导压系数或探测半径法

气井的导压系数反映气层传导能力的好坏，表征了地层中压力波传播的速度。导压系数高的井区，单井控制的供气面积就大，要求的井距也就大，反之则要求井距小。由导压系数和生产时间则可推算其生产井的探测半径。因此气井稳产期末的井距应不小于探测半径的两倍为宜。

5. 渗透率与供气半径关系法

在气田开发中，总是希望储量动用程度越高越好，而要求钻井越少越好，实际上这两者是相互制约的。每一口井都有一定的供气半径，供气半径之内的储量才有可能参与流动。因此，要求气藏含气面积区内均在气井的供气半径内，且井与井之间的供气范围不重复，这样才能达到储量动用充分而且井数又少。实际上，就是要求相邻两口井井距等于两口井供气半径之和。如果能够统计得到气藏的渗透率 K 与气井供气半径 r 间关系，也就容易计算合理井

距。渗透率与供气半径关系法就是根据这一理念设计的。如果所研究的气藏尚未或无法获得该关系，也可以借鉴和参考其他气田已有的类似资料。

第八节　气田合理产量

在组织新井投产时，首先要确定气井合理产量。保持气井合理产量不仅可以使其在较低投入下较长时间稳产，而且可使气藏在合理采气速度下获得较高采收率，从而获得较好的经济效益。

所谓气井合理产量，通俗地讲就是气井生产时的产量较高，并在此产量下生产有较长的稳定时间。严格定义则是采用生产系统分析方法，取在一定井口流压下的气井流入动态曲线和油管动态曲线相交点所对应的产量。气井合理产量必须在充分掌握气藏地下、地面有关测试资料，并通过产能试井或在生产系统节点分析的基础上编制出开发方案（或试采方案）来确定，矿场上称之为气井的定产。此外，把气井生产过程中因压力、产量随时间而递减后，重新确定一个合理的产量称之为配产。

一、气井合理产量应遵循的原则

在气井配产的过程中，要遵循一些基本原则。

（一）气藏要保持合理的采气速度

气藏采气速度是指气藏年产量与其探明地质储量的比值，它是气田开发的一项重要指标。气藏年产量与其所有气井合理产量密切相关。气藏合理的采气速度应满足的条件是：

（1）气藏应保持较长稳产期。稳产期的长短不仅与气藏储量和产量的大小有关，还与气藏是否有边、底水及其活跃程度等因素有关。

（2）气藏压力均衡下降。气藏压力均衡下降可避免边、底水的舌进和锥进，这对水驱气藏的开发尤为重要。

（3）气井无水采气期长，无水期的采出程度高。

（4）气藏开发时间较短，而且采收率较高。

（5）所需井数少，投资低，经济效益好。

气藏类型不同，其采气速度也不相同。各类气藏参考的采气速度为：①对于气驱气藏，根据我国川渝气区 26 个已开发的气藏统计，稳产期采气速度为 $1.8\% \sim 7.40\%$，平均为 4.1%，稳产年限 $5 \sim 14$ 年，平均 9 年。探明地质储量小于 $50 \times 10^8 \mathrm{m}^3$，采气速度 4.0%；探明地质储量 $50 \times 10^8 \sim 100 \times 10^8 \mathrm{m}^3$，采气速度 $2.5\% \sim 5.0\%$；探明地质储量大于 $100 \times 10^8 \mathrm{m}^3$，采气速度 $2.0\% \sim 3.5\%$；②对于水驱气藏，合理采气速度为 $2.5\% \sim 4.0\%$，稳产期末采出程度 $30\% \sim 60\%$；底水气藏采气速度以 2.0% 为宜；③对于低渗致密气藏来说，层状低渗透气藏采气速度 2.5%；透镜状低渗透气藏采气速度 2.0%；块状低渗透气藏采气速度 $2.0\% \sim 4.0\%$。美国按 22 个盆地致密气藏统计，采气速度为 2.0%。

气藏经过试采确定出合理采气速度后，各井可按此速度允许的采气量并结合实际情况确定各井的合理产量。

（二）气井井身结构不受破坏

如果气井产量过大，对于胶结疏松、易垮塌的产层，高速气流冲刷井底会引起气井大量出砂；井底压差过大可能引起产层垮塌或油（套）管变形破裂，从而增加气流阻力，降低气井产量，缩短气井寿命。因此，确定的合理产量应低于气井开始出砂、使气井井身结构受破坏的产气量。

如果气井产量过小，对于某些高压气井，井口压力可能上升甚至超过井口装置的额定工作压力，危及井口安全；对于气水同产井，产量过小，气流速度达不到气井自喷携液的最低流速，会造成井筒积液，对气井生产不利。对于产层胶结致密、不易垮塌的无水气井，大量的采气资料表明，合理的产量应控制在气井绝对无阻流量 q_{AOF}（指气井的井底压力等于零时的产气量，反映气井产能大小，可根据产能试井求得）的 15%~20% 较好。

（三）满足市场需求

在市场经济飞速发展的今天，没有下游工程，没有用户和市场，也就没有采气需求，更不可能有合理产量。因此，合理产量的确定必须考虑市场的需要。

（四）平稳供气、产能接替

连续平稳供气是天然气生产的基本要求。气井在生产过程中随着地层压力下降，产量最终不可避免要下降，产量下降速度主要与储量和产量大小有关。合理确定产量可以使气井产量的下降平稳，以保持阶段性相对稳产，既可满足平稳供气的需要，也为新井产能接替争取时间。中石油勘探与生产分公司在其《天然气开发管理纲要》中提出，大型中高渗气田需要保持 10~15 年的稳产；储层物性与连通性好的中小型气藏，要求稳产 7~10 年。

二、气井试井技术

此处首先区别产能和产量两个概念。产能是指在一定井底回压下的气井供气量，通常用绝对无阻流量来表示，它反映气井当前的生产能力，主要受储层压力及地质条件的影响。产量则反映气井目前的生产现状，它既与气井储层特性、地质储量有关，也与气井的生产能力、下游需求有关。准确评价气井产能是确定气井合理产量的基础。气藏在开发过程中应持续开展气井产能的再评价。

试井技术是确定气井产能的重要手段。气井试井是建立在渗流力学理论基础上的一种对气井的现场试验方法，与地质、油层物理和测井等方法一起构成认识气藏特征和气井动态的重要手段。根据气体渗流的特点，试井可分为两大类：产能试井和不稳定试井。

（一）产 能 试 井

产能试井是改变若干次气井的工作制度（气井产量），测量在不同工作制度下的稳定产量及与之相对应的井底压力，从而确定测试井（或测试层）的产能方程和绝对无阻流量。产能试井是确定气井产能的重要手段之一。产能试井方法可以解决以下问题：

（1）确定储层物性参数（K 或 Kh/μ），判断生产过程中井底周围渗透性能的变化。

（2）确定气井产能。通常用 q_{AOF} 对比各井产能，这是生产井确定合理产量的重要依据之一。

（3）确定二项式和指数式产能方程，它是开发设计和动态预测必需的资料。

产能试井主要包括系统试井（又称常规回压试井、稳定试井）、等时试井、修正等时试井、一点法试井等。

（二）不稳定试井

不稳定试井是改变测试井的产量，并测量由此而引起的井底压力随时间的变化。这种压力变化同测试过程中的产量有关，也同测试层和测试井的特性有关。因此，运用试井资料，并结合其他资料，可以测算测试层和测试井的许多特性参数，包括估算测试井的完井效果，估算测试井的控制储量、地层参数、地层压力，以及探测测试井附近的气层边界和井间连通情况等，故是油气田勘探开发过程中认识地层和油气层特性并确定油气层参数的不可缺少的重要手段。

不稳定试井分析方法主要有常规试井和现代试井分析方法，其分析成果主要可以解决以下问题。

1. 推算地层压力

对于探井，可推算出原始地层压力的大小；对于开发井，推算出目前地层平均压力的大小。

2. 确定地下流体的渗流能力

即确定地层流动系数 Kh/μ、地层系数 Kh、地层平均渗透率 K 的大小。

3. 判断措施井的选井

通过试井资料分析，确定地层表皮系数的大小，判断井的完善程度，根据污染系数的大小决定是否采取酸化、压裂等改造措施。

4. 判断改造措施效果

通过改造措施前后的测试资料分析成果，确定措施是否有效。对于酸化井主要判断表皮系数是否减小。对于压裂井除了判断表皮系数的大小外，还要检查是否出现压裂井的特征，并通过气井生产动态辅助识别。

5. 推算试井探测范围和估算单井控制储量

根据测试压力历史资料和分析所得的地层参数可推算探测范围的大小，结合地质静态资料即可估算单井控制储量和生产能力。

6. 判断储层边界性质、距离、形状和方位等

根据测试资料的特征反映判断储层边界性质，由曲线拟合分析得到各边界的距离，通过地质资料和其他井的测试分析资料得到边界的形状和方位。

7. 判断井间连通情况

即判断井间是否连通、连通厚度是多少、连通渗透率大小等。

需要指出的是，在现有技术条件下所能取得的各种资料，如岩心分析、电测解释和试井等资料中，由于只有试井资料是在油气藏动态条件下测得的，故由此获得的参数才能较好地表征油气藏动态条件下的储层特征。

三、气井产能的评价方法

中石油长庆油田分公司（原长庆石油勘探局）和西南石油大学于1994年共同编制的《陕甘宁盆地中部气田中区初步开发方案》（即现在的靖边气田中区）中非常重视气井产能评价，制定了多种气井产能评价的方法，系统回答了中部气田的储量、单井合理产量、稳产情况等问题。此方案经气田十几年开发实践证明是合理的，而且气井单井产量比方案设计的要好。此外，由于在产能评价的基础上才能扎实地进行气井合理产量的评价，故长庆油田分公司还非常重视气井的产能测试，先后开展了不同阶段的系列产能测试，介绍如下。

（一）中途测试

在钻井过程中发现了气流，进行裸眼测试，其所取资料可及时了解气层的产能状况。

（二）完井测试

一口井完井后进行测试，不仅可了解气井完井后产能状况，还能分析钻井、完井过程中污染状况。

（三）酸化（或压裂）后测试

完井后如果气层有污染，则先进行酸化再进行测试，从而了解增产措施效果，以及增产措施后的产能状况。

（四）产能测试

对于低渗透气井，采用了修正等时试井。在新地区、新气藏，利用修正等时试井或系统试井资料对一点法测试资料进行验证，确保了评价结果的准确性。并利用了干扰试井方法了解井间连通情况。

（五）分层测试

采用生产测井进行分层测试，了解产层剖面上分层产气状况，确定各小层产能情况。

四、气井合理产量确定方法

气井合理产能确定是气田开发早期的一项重要工作，是科学开发气田的基础，其无阻流量是合理产能确定的重要依据。目前针对常规气驱气藏和特殊类型气藏，形成了有针对性的合理产量确定方法，有效地指导了不同类型气藏的开发。

（一）常规气驱气藏

对于常规气驱气藏，此处简要介绍几种现场常用的合理产量确定方法及原理。

1. 经验法

该法是国内外油气田开发在大量生产实践中总结出来的合理产量评价的经验方法。它是按绝对无阻流量的 1/5 ~ 1/6 作为气井生产的产量，无更多理论依据可循。通常不同气藏及不同气藏的不同类型气井也有各自不同的经验比例。因此，经验法确定气井产量的先决条件是需要求出气井的绝对无阻流量。该方法没有考虑气井的稳产年限，但却十分简便。

2. 采气曲线法

该法着重考虑的是减少流体在井筒附近渗流的非达西效应以确定气井合理产量。利用产能试井，可以得到表征气井产能的二项式产能方程：

$$P_{R}^2 - P_{wf}^2 = Aq_g + Bq_g^2 \qquad (3-6)$$

式中，P_R 为平均地层压力，MPa；P_{wf} 为井底流动压力，MPa；A 为层流系数，$\left(\dfrac{MPa^2}{m^3/d}\right)$；$B$ 为紊流系数，$\left(\dfrac{MPa}{m^3/d}\right)^2$。

通过整理，式（3-6）可转化为气井的生产压差与产量的关系式：

$$\Delta P = P_R - P_{wf} = \frac{Aq_g + Bq_g^2}{P_R + \sqrt{P_R^2 - Aq_g - Bq_g^2}} \qquad (3-7)$$

由式（3-7），气井生产压差 ΔP 是地层压力（P_R）和气井产量（q_g）的函数，当 P_R 一定时，它是气井产量的函数，其关系如图 3-22 所示。

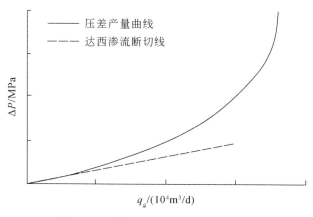

图 3-22　气井生产压差与产量关系图

由图 3-22 可知，当气井产量较小时，流体流动符合达西定律，气井生产压差 ΔP 与产量 q_g 呈线性关系；当产量增大到某一值后，生产压差的增加不再沿直线而是偏离直线凹向压差轴，这时气井表现出了明显的非达西效应。显然，如果气井的产量超过了图 3-22 所示的直线段外，气井生产会把部分能量消耗到克服非达西渗流上。因此，把偏离早期直线的产量作为气井生产的最大合理产量。

3. 最优化方法

该法是气井在多种因素条件下的多目标优化方法。是以气井产量和采气指数最大为目标，以非达西效应小、生产压差不超过额定值和地层压力下降与采出程度关系合理作为约束条件的一种合理产量确定方法，最优化数学模型分别从以下五个方面考虑：

（1）从经济角度出发，要求气井产能越大越好：

$$\max q_g = \max \frac{-A + \sqrt{A^2 + 4B(P_R^{\ 2} - P_{wf}^{\ 2})}}{2B} \qquad (3\text{-}8)$$

（2）从气井产能考虑，要求气井产能越大越好：

$$\max J_g = \max \frac{P_R + P_{wf}}{\dfrac{A}{2} + \dfrac{\sqrt{A^2 + 4B(P_R^{\ 2} - P_{wf}^{\ 2})}}{2}} \qquad (3\text{-}9)$$

（3）考虑地层岩石性质，井底生产差压不易过大：

$$P_R - P_{wf} \leqslant \max \Delta P \qquad (3\text{-}10)$$

（4）从渗流角度出发，避免产生非线性流效应：

$$-A + \frac{\sqrt{A^2 + 4B(P_R^{\ 2} - P_{wf}^{\ 2})}}{4B(P_R^{\ 2} - P_{wf}^{\ 2})} \leqslant a \qquad (3\text{-}11)$$

（5）单位压降产量越大越好：

$$P_R = Z \times \frac{P_i}{Z_i}\left(1 - \frac{G_p}{G}\right) \qquad (3\text{-}12)$$

式（3-8）~式（3-12）五个公式中，J_g 为井底生产压差，MPa；a 为允许的非达西效应消耗压差比；G_p 为气井累计产气量，10^8m^3；G 为气井控制储量，10^8m^3；其他符号意义和单位同前。该优化数学模型的特征是多目标优化，可以有多种解法，如协调求解法。

4. 生产系统分析法

该法是一项综合系统分析技术，认为气井的生产是一个不间断的连续流动过程（称为系统生产过程）。气井系统生产过程包括气液克服储层的阻力在气藏中的渗流、克服完井段的阻力流入井底、克服管线摩阻和滑脱损失沿垂管（或倾斜管）从井底向井口流动、克服地面设备和管线的阻力沿集输气管线的流动，如图 3-23 所示。

若以井底 A 点处选为分析点，则从地层流到 A 点称为 A 点的流入。从 A 点再流到井口，称为流出。对于 A 点的流入，可根据气层的供气能力作出 A 点压力随产量的变化曲线，称为流入曲线，然后还可作出流出曲线，两者交点对应的产量就是气井工作协调的合理产量。下面简要介绍计算流程。

1）已取得产能方程的气井的流入曲线

根据气井的二项式产能式（3-6），在一定 P_R 下，给出不同的产量 q_g，用上述方程，即可求出相应的井底压力 P_{wf}，计算不同产量下气井的流入曲线。

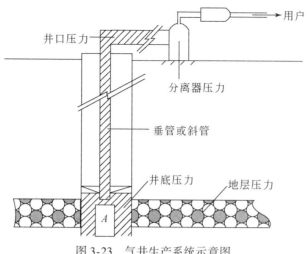

图 3-23　气井生产系统示意图

2）流出曲线

对于纯气井，采用公认的、目前精度较高的 Cullender 和 Smith 井筒压力计算方法，在某一固定油管直径下，计算不同产量下气井的流出曲线。

3）合理产量计算

将上述流入曲线与流出曲线绘在同一个图上，如图 3-24 所示。由图 3-24 可见，流入和流出曲线的交点为 A。在 A 点左侧，如在 q_{g1} 产量下，对应的井底流压 $P_{wf1} > P_{wf3}$，说明生产系统内流入能力大于流出能力，即油管或流出部分的管线设备系统的设计能力过小或流出部分有阻碍流动的因素存在，限制了气井生产能力的发挥。而在 A 点的右侧，如在 q_{g2} 产量下，情况就相反，此处表明气层生产能力达不到设计流出管线系统的能力，说明管线设计能力过大，或气井的某些参数控制不合理，或气层伤害降低了气井的生产能力，需要进行解堵、改造等措施。只有在 A 点的气层生产能力等于流出管线系统的能力，该点表明气井处于流入与流出能力协调的状态，称为协调量点，即合理产量。

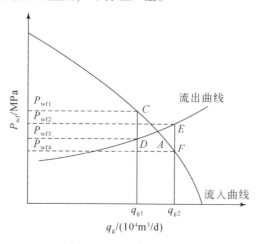

图 3-24　流入与流出曲线

图 3-25 是对气井进行优化分析的图解。图中三条流入曲线分别代表地层压力为 P_{R1}、P_{R2} 和 P_{R3} 情况下的流入特征；三条流出曲线分别代表油管直径为 d_1、d_2 和 d_3 时的流出特征。根据对气井的产量要求，借助图 3-25，可以选择在不同地层压力下的合适油管直径，或当地层压力、油管直径一定时，选择气井的合理产量。

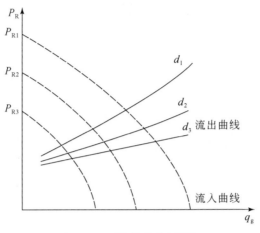

图 3-25　系统优化分析图解

5. 数值模拟法

该法是从全气藏出发，每口井的产量都同气藏的开发指标相联系，同时考虑了气藏开发方式和生产能力，以及各井生产时可能产生的干扰。因此，用这种方法更符合生产实际。该方法不仅可以同时对各井生产效果通过生产史拟合进行检验，而且可提供多种生产指标的方案供选择。在《陕甘宁盆地中部气田中区初步开发方案》中，采用上述几种方法对气井的合理产量进行了确定。

（二）特殊类型气藏

对于特殊类型气藏，气井的合理产量往往需要结合现场动态资料和气藏开发特征来确定。

1. 疏松砂岩气藏

对于疏松砂岩气藏，应首先确定其合理的生产压差。从防砂的角度出发，采用实验室模拟法、声波时差法、防斜法或"C"公式法等多种方法，经综合分析确定气井的临界生产压差。为确保气井生产时不出砂，一般取临界生产压差的 1/2 作为最大安全合理生产压差，再计算气井不同开发层序的合理产量。例如，青海气田第四系疏松砂岩气藏，在研究各开发层系合理产量时，首先取各个层系的岩样做室内流速出砂实验（包括现场出砂试验），实验所确定的平均临界生产压差（2.91MPa）为地层压力（14.63MPa）的 19.91%，取 1/2 则为地层压力的 10% 左右。根据储层浅部比深部胶结程度差、更易出砂的特点，第一至第四开发层系的最大安全合理生产压差分别取地层压力的 5%~10%。在最大安全合理生产压差条件下确定出气井合理产量，再利用经验法按照绝对无阻流量的 1/5~1/3 进行配产，取两者结果中最小值作为该层合理产量。

2. 水驱气藏

由于地质条件复杂，水驱气藏气井合理产量很难用一个通用的数学表达式来计算，主要靠气藏地质特征及现场生产动态资料综合确定。底水气藏气井的"临界压差"是指能控制底水水窜高度小于井底至裂缝气水界面高度的气井最大生产压差。临界压差下的产气量即"临界产量"。对于均质底水气藏，一般采用各种水锥计算公式来确定气井合理产量。而对于非均质底水气藏，实际生产动态很难与水锥公式计算结果相一致。目前普遍采用的方法是，通过对气井产出水中某一二种组分的监测来确定临界产量。这种方法便于现场应用，能及时发现气井水侵的动态，采取措施，避免气井过早出水造成不可挽回的不良后果。

20世纪70年代初，在川渝气区威远气田灯影组气藏开发中，气井开始相继出水，多种水锥公式计算都与实际不符。为了研究出水规律，绘制了每口生产井的氯离子（Cl⁻）含量和产量的关系图，发现大多数气井在产量大于某一值时，产出水的氯根含量由基数（一般单纯凝析水 Cl⁻含量约100mg/L）急剧上升，从而发现了这种"临界产量"的确定方法。图 3-26 就是 1969 年威 2 井临界产量的示意图（临界产量为 $39 \times 10^4 \mathrm{m}^3/\mathrm{d}$）。

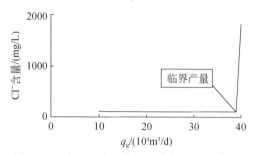

图 3-26　威 2 井临界产量示意图（1969 年）

3. 异常高压气藏

异常高压气藏气井的合理产量也可用前面介绍的采气曲线法、生产系统分析法、数值模拟法、最优化方法等多种方法综合评价确定。鉴于异常高压气藏气井产量通常较高，气流流速过大会引起油管的严重冲蚀。因此，将产量控制在合理范围内、避免产生冲蚀，是异常高压气井生产的关键。可采用式（3-13）所确定的气井抗冲蚀最大合理产量：

$$q_{\mathrm{max}} = 0.04d^2 \sqrt{\frac{P_{\mathrm{wh}}}{ZT\gamma_{\mathrm{g}}}} \tag{3-13}$$

式中，q_{max} 为抗冲蚀最大合理产量，$10^4 \mathrm{m}^3/\mathrm{d}$；$P_{\mathrm{wh}}$ 为气井井口流动压力，MPa；d 为油管内径，mm；γ_{g} 为天然气相对密度，无量纲。

例如，塔里木气区克拉 2 异常高压气藏，当井口压力为 10～20MPa 时，ϕ114.3mm 油管的合理产量为 100×10^4～$150 \times 10^4 \mathrm{m}^3/\mathrm{d}$；$\phi$127mm 油管的合理产量为 125×10^4～$175 \times 10^4 \mathrm{m}^3/\mathrm{d}$；$\phi$139.7mm 油管的合理产量为 150×10^4～$210 \times 10^4 \mathrm{m}^3/\mathrm{d}$。但如果利用经验法按照绝对无阻流量的 1/5～1/3，合理产量可为 220×10^4～$360 \times 10^4 \mathrm{m}^3/\mathrm{d}$，远大于气井的抗冲蚀最大合理产量。因此，应选用抗冲蚀最大合理产量，以实现气井安全生产。

第四章 低渗致密砂岩气藏开发规律与技术政策

低渗致密砂岩气藏近年来受到高度重视，一方面其储量规模巨大，另一方面其产量规模也在我国天然气产量结构中占据重要地位，该类气藏的开发取得了良好的效果。在这一背景下，弄清该类气藏的开发规律和相关技术政策对于指导该类气藏的科学开发意义重大。

第一节 低渗致密砂岩气藏概述

从概念上说，"低渗致密砂岩气藏"没有明确的定义，由于低渗致密砂岩气藏多以共存的形式存在，所以这成为我国天然气业内人士的习惯提法。

一、低渗致密砂岩气藏内涵

低渗致密砂岩气藏具有一般气藏的共性（圈闭类型、孔隙度、渗透率、储层条件、盖层、气藏范围等），也具有诸如储层渗透率低、储量丰度低等若干特性。而对于低渗致密砂岩气藏的认识，也经历了不同的阶段。

1978 年，美国天然气政策法规中规定，只有砂岩储层对天然气的渗透率不大于 0.1mD 时才可以被定义为致密砂岩气藏。美国联邦能源委员会（FERC）把致密砂岩气藏定义为地层渗透率小于 0.1mD 的砂岩储层。在实际生产和研究中，国外一般将孔隙度低（一般 10% 以内），含水饱和度高（大于 40%），渗透率低（小于 0.1mD）的含气砂岩作为致密砂岩气藏。

中国石油天然气行业标准 SY/T 6168—1995《气藏分类》规定，气藏储层有效渗透率大于 50mD 为高渗透储层，有效渗透率为 10 ~ 50mD 属于中渗透储层，有效渗透率为 0.1 ~ 10mD 属于低渗透储层，有效渗透率小于或等于 0.1mD 为致密储层，与国外标准是统一的。

石油天然气行业标准 SY/T 6832—2011《致密砂岩气地质评价方法》规定，覆压基质渗透率不大于 0.1mD 的砂岩气藏为致密砂岩气藏，其特点是单井一般无自然产能或自然产能低于工业气流下限，但在一定经济条件和技术措施下可以获得工业天然气产量。通常情况下，包括压裂、水平井、多分支井等。

实际应用中，致密砂岩气藏的渗透率低，划分气藏类型时，应注意以下三点：一是覆压校正后的岩心渗透率小于 0.1mD 的样品超过 50%；二是大面积低渗透条件下存在一定比例的相对高渗透样品；三是裂缝可以改善储层渗流条件，但评价时不含裂缝渗透率。

国内外对比可以看出，国内外多采用地层条件下的渗透率来评价致密储层，通过试井或实验室覆压渗透率测试来求取地层条件下的渗透率值。中国一般习惯采用常压条件下实验室测得的空气渗透率来评价储层，测试围压条件一般为 1 ~ 2MPa。考虑到致密储层的滑脱效应和应力敏感效应的影响，对于不同孔隙结构的致密砂岩，地层条件下渗透率 0.1mD 大体对应于常压空气渗透率 0.5 ~ 1.0mD。与渗透率不同，从常压条件下恢复到地层压力条件下，致密砂岩的孔隙度变化不大。地层条件下渗透率为 0.1mD 致密砂岩对应的孔隙度一般在 7% ~ 12%。

综合国内目前低渗透致密砂岩气藏地质、生产动态特征及技术经济条件，本书将在覆压条件下含气砂岩渗透率小于 0.1mD 的储层称为致密砂岩气藏。在覆压条件下，含气砂岩渗透率 0.1 ~ 1mD 的储层称为低渗透砂岩气藏。尽管在储层渗透率大小上可以给出低渗透和致密气藏的界限，但在论述该类气藏特征、储量分布等方面难以把两者截然分开。

我国鄂尔多斯盆地苏里格气田和四川盆地须家河组气藏的砂岩储层常压条件下孔隙度为 3% ~ 12%、渗透率为 0.001 ~ 1.000mD，覆压条件下渗透率小于 0.1mD 的样品比例占 80% 以上，两者属于致密砂岩气藏，局部区块属于低渗透砂岩气藏。

二、开发低渗致密砂岩气藏的意义

（一）世界天然气资源量中，低渗致密气所占比例极大

自然界的所有自然资源都呈金字塔状分布，即自然条件越好的则资源量越少。斯伦贝谢公司的专家 Lee Khay Kok 和 Rene Nae-Kan 等曾经引入品位的概念，用金字塔分布理论阐述过世界天然气资源的不同分布。品位最初用于描述固体矿场、矿石质量好坏级别。高品位的储层实际上非常少，所占比例不高，随着储层品位的降低，储量却以放大形式增加（图 4-1）。

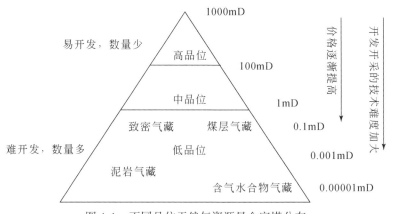

图 4-1　不同品位天然气资源量金字塔分布

据统计，全球已发现或推测发育致密砂岩气的盆地有 70 个，主要分布在北美、欧洲和亚太地区。表 4-1 是 Oil & Gas Journal on line 2007 年对全球非常规天然气可采资源分布情况的统计。根据该统计数据，全球致密气资源量约为 $209.6 \times 10^{12} \text{m}^3$，其中技术可采储量为 $10.5 \times 10^{12} \sim 24 \times 10^{12} \text{m}^3$。

表 4-1　全球非常规天然气可采资源分布情况（资料来源：Oil & Gas Journal on line，2007）

地区	致密气/$10^{12} m^3$	页岩气/$10^{12} m^3$	煤层气/$10^{12} m^3$	可采资源总量/$10^{12} m^3$
北美	38.8	85.4	108.8	233
拉丁美洲	36.6	1.1	59.9	97.6
欧洲	12.2	7.7	15.5	35.4
俄罗斯	25.5	112.0	17.7	155.2
中东和北非	23.3	0	72.2	95.5
撒哈拉以南非洲	22.2	1.1	7.8	31.1
亚太	51.0	48.8	174.3	274.1
合计	209.6	256.1	456.2	921.9

（二）开发致密气藏是天然气工业发展进程中的必然

低渗致密气藏的勘探开发是天然气工业发展进程中的必然，这种趋势是由以下原因决定的。

1. 世界工业和经济生活的发展，对天然气的需求不断增长

天然气作为一种清洁、方便、价廉和用途广泛的能源，是众多能源中增长最快的一种。在最近 25 年内，世界能源需求增长了 38%，其中天然气需求增长了 65%，石油需求增长了 12%，煤炭需求增长了 28%；天然气在能源需求结构中的比例也由 25 年前的 19% 提高到 21%，并且据国际能源机构的专家 Oliver Appere 预测，到 2020 年将要提高至 30%。

2. 天然气资源具有不可再生性，而新的替代能源尚未发现

目前世界范围内的天然气资源分布不均，天然气的消费和分布严重不均，一些地区的天然气资源已经得到了较大程度的开发，现存资源不足以维持长期的需求。一些国家和地区天然气资源虽然巨大，但天然气储存、运输上的困难，使得天然气资源的需求国家更多地将技术和基金投入到本国或邻近地区，去开发开采新的、具有低品位、低渗致密气藏。我国要维持国家经济的正常发展，必须保持天然气工业持续稳定的发展，也只有不断地去勘探发现和开发新的天然气资源。

3. 常规气藏得到开发之后，人们必然将目标转向致密气藏，以尽可能地弥补后备资源的欠缺

有关资料表明，目前世界范围内已经勘探的 400 多个盆地中，已发现的常规天然气资源量 $322 \times 10^{12} m^3$，非常规天然气资源量为 $922 \times 10^{12} m^3$。显然，大量的天然气是以非常规天然气的形式存在于自然界的。

4. 致密气藏在一定地质条件下仍然具有经济开采价值

致密气藏具有一定的经济开采价值，因为气体黏度较低，更容易流动。一般认为，气井产能的渗透率下限是 $10 \mu D$。目前气藏具有经济开采价值的经验法则是产层渗透率应为 $0.001 mD$ 或更高。美国密歇根盆地范围较大，下部地层为有机质十分丰富的厚层石炭系页岩，孔隙度和渗透率都很低。科罗拉多州的皮昂斯盆地的产层为上白垩统的梅萨弗德地层，许多气藏都属于真正的致密砂岩气藏，储层孔隙度约为 6.5%，渗透率非常低，约为 0.0012mD，但天然裂缝系统发育，裂缝长度可达 300m，此时仍然可以获得经济的天然气生产能力。

5. 开发技术的进步，推动了致密气藏的有效开发

在 20 世纪 70 ~ 80 年代，致密气藏被认为只能开采其中的"甜点"，而大面积的储层没有开采价值。近年来石油勘探和开发的新方法、新技术迅速发展，不断地成熟和改善，致密气藏的全面开发成为现实。例如，地震勘探开发的新技术为研究沉积模式和建立地质模型提供了方便，大型压裂提高了单井产量，空气钻井提高了钻速，排水采气解决了含水高而提前关井的问题，多级增压降低了废弃压力等技术的应用，使致密气藏的经济开发变为现实。

三、低渗致密砂岩气藏分布及特征

据统计，全球已发现或推测发育低渗致密砂岩气的盆地有 70 多个，主要分布在北美、欧洲和亚太地区。全球已开发的大型低渗透致密砂岩气藏主要集中在美国西部和加拿大西部，即落基山及其周围地区。美国落基山地区西侧以逆掩断层带开始，向北与加拿大阿尔伯达盆地西侧逆掩带对应，向东、向南依次散布着数十个盆地，蕴含着丰富的低渗透致密气资源。中国低渗透致密砂岩气藏在多个盆地都有分布，包括鄂尔多斯盆地、四川盆地、松辽盆地、吐哈盆地等，其中鄂尔多斯盆地资源潜力最大，气藏地质条件相对简单，已经实现了规模开发。

（一）美国典型致密砂岩气盆地分布及特征

美国本土现有含气盆地 113 个，其中含有致密砂岩气藏的盆地 23 个，主要的含致密砂岩气区包括东得克萨斯州棉花谷盆地、新墨西哥州圣胡安盆地、西得克萨斯州二叠纪盆地的峡谷砂岩、犹他州犹因他盆地、南得克萨斯州，以及怀俄明州的绿河盆地。

2010 年美国剩余探明可采储量超过 $5×10^{12}m^3$，剩余探明可采储量大约一半的致密气探明资源来源于落基山地区，2010 年该地区致密砂岩气产量 $1754×10^8m^3$，约占美国天然气总产量的 26%，在天然气产量结构中占有重要地位。致密砂岩储层以白垩系和新近—古近系的砂岩、粉砂岩为主。以下是几个典型美国低渗致密砂岩气田的简介。

（1）圣胡安盆地气田。该气田发现于 1927 年，圣胡安盆地 3 个边界为逆冲断层，盆地主体部位为微向东北倾斜的单斜。盆地白垩纪经历了两次海侵和海退，形成 Dakota、Mesaverde、Pictured Cliffs 三套砂岩储层，顶部形成 Fruitland coal 煤系地层。四套产层均广泛分布，单井钻遇气层厚度 40 ~ 100m，各层系单井最终可采储量较少，一般 $0.2×10^8$ ~ $0.5×10^8m^3$。砂岩储层中普遍存在天然裂缝，是低渗透致密气藏得以有效开发的地质基础。储层基质的有效渗透率基本上都小于 0.1mD。单井产量递减快，长期低产是气井生产的主要特征。大量的生产井才能使气田产量保持在一定规模。不断钻开发井是保持气田稳产的基础，逐步加密井网是提高气藏采收率的主要手段。

（2）奥卓拉气田。该气田位于得克萨斯州西部，有三套产层：二叠系狼营统 Canyon 砂岩层天然气储量 $55.2 \times 10^8 m^3$；宾夕法尼亚 Strawn 灰岩层天然气储量 $7.8 \times 10^8 m^3$；奥陶系下统 Ellenburger 白云岩天然气储量 $34.8 \times 10^8 m^3$。Canyon 砂岩是主要的产气层段，属于岩性–构造圈闭气藏，沉积类型为三角洲相。储层渗透率 0.27mD，孔隙度 9% ~ 15%，平均 11.2%，含水饱和度 46%，气层温度 67.8℃，储层埋深 1900 ~ 2100m，气层厚度 6.1 ~ 30.5m，原始地层压力 18.19MPa。该气藏在开采过程中采取均匀布井，开发过程中逐渐加密井网。20 世纪 60 年代开发初期，单井控制面积 $1.3km^2$，通过两次加密后，单井控制面积分别达到 $0.65km^2$ 和 $0.32km^2$。1995 年主力区单井控制面积加密到 $0.16km^2$。1996 ~ 1997 年计划打加密井 400 ~ 600 口，1999 年已钻开发井超过 1500 口，气田大约 52% 的单井控制面积小于 $0.16km^2$，23% 的单井控制面积在 $0.16 ~ 0.32km^2$。

（3）棉花谷气田。该气田位于得克萨斯州东北部，地质储量 $3074 \times 10^8 m^3$，沉积年代是晚侏罗世—早白垩世，砂岩产层厚度 300 ~ 427m，渗透率为 0.015 ~ 0.043mD。

（4）瓦滕伯格气田。该气田位于美国丹佛盆地轴部，气藏主要为下白垩统砂岩，储层为朝北西方向推进的三角洲前缘的海退滨线砂体，岩性以细砂岩和粉砂岩为主，孔隙度 8% ~ 12%，渗透率 0.0003 ~ 0.01mD，天然气的富集主要受岩性控制，气井自然产能为 $0.2 \times 10^4 ~ 0.3 \times 10^4 m^3/d$，需要压裂改造才能投产。

（二）加拿大典型致密砂岩气盆地分布及特征

加拿大在北美天然气市场中占据重要地位。据 2009 年的 World Energy Outlook 统计，2009 年加拿大致密砂岩气产量 $500 \times 10^8 m^3$。其主要产地为西部阿尔伯达地区。阿尔伯达盆地位于落基山东侧，内部构造格局简单，为一巨大的西倾单斜构造，地层厚度由西向东呈楔形急剧减薄，中生界厚度达 4600m。致密气藏主要分布在盆地西部最深拗陷的深盆区，发现了 20 多个产气层段，含气面积 $62160km^2$。另外，加拿大的其他几个盆地中也发现了致密气藏，包括新斯科舍、魁北克、安大略湖，以及西北地区。

（三）中国低渗透致密砂岩气藏的主要类型及分布

中国发现的低渗透致密砂岩气资源在多种类型盆地和盆地的不同构造位置均有分布，但大规模致密砂岩气主要分布在拗陷盆地的斜坡区。根据中国陆相拗陷盆地的地质条件，致密砂岩气的发育有以下基本特征：大型河流沉积体系形成了广泛分布的砂岩沉积，整体深埋后在煤系成岩环境下形成了致密砂岩，储层与烃源岩大面积直接接触为致密气提供了良好的充注条件，平缓的构造背景和裂缝不发育有利于致密砂岩气的广泛分布和保存。

根据我国近年来发现的致密气藏开发地质特征，可将我国致密砂岩气藏划分为三种主要类型。

1. 透镜体多层叠置型致密砂岩气藏

该类气藏以鄂尔多斯盆地苏里格气田为代表，发育众多的小型辫状河透镜状砂体，交互叠置形成了广泛分布的砂体群，整体上叠置连片分布，气藏内部多期次河道的岩性界面约束了单个储渗单元的规模，导致井间储层连通性差，单井控制储量低。苏里格气田砂岩厚度一般为 30 ~ 50m，辫状河心滩形成的主力气层厚度平均 10m 左右，埋藏深度 3200 ~ 3500m，砂岩孔隙度一般4%~10%，常压渗透率0.001~1.0mD，含气饱和度55%~65%，异常低压，平均压力系数0.57，气藏主体不含水。

2. 多层状致密砂岩气藏

该类致密气藏砂层横向稳定分布，以川中须家河组气藏、松辽盆地长岭气田登娄库组气藏为代表。川中地区须家河组气藏发育3套近100m厚的砂岩层，横向分布稳定，但由于天然气充注程度较低，构造较高部位含气饱和度较高，而构造平缓区表现为大面积含水过渡带的气水同层特征。须家河组砂岩孔隙度一般为4%~12%，常压渗透率一般为0.001~2.0mD，埋藏深度2000~3500m，构造高部位含气饱和度55%~60%，平缓区含气饱和度一般为40%~50%，压力系数1.1~1.5，属于常压-高压气藏。长岭气田登娄库组气藏砂层横向稳定分布，为砂泥互层结构，孔隙度4%~6%，常压渗透率一般小于0.1mD，天然气充注程度较高，含气饱和度55%~60%，埋藏深度3200~3500m，为常压气藏。

3. 块状致密砂岩气藏

以塔里木盆地库车凹陷迪北气田为代表，迪西1井区侏罗系阿合组砂岩厚度可达200~300m，内部泥岩隔夹层不发育，孔隙度4%~9%，常压渗透率一般小于0.5mD，埋藏深度4000~7000m，压力系数1.2~1.8，为异常高压气藏，储量丰度较高。

我国沉积盆地类型的多样性为低渗透致密砂岩气藏的分布提供了广阔的地质背景，随着勘探和开发的不断深入，将有更多的低渗透致密砂岩气藏被发现。低渗透致密砂岩气藏在我国各种类型沉积盆地、不同时代地层中的分布见表4-2。

表4-2 我国已发现的主要低渗透致密砂岩天然气藏类型及分布

盆地	构造类型	地质层位	圈闭类型	储集空间	地层压力	孔隙度/%	渗透率/mD	气体性质	埋藏深度/m	典型气田
鄂尔多斯	伊陕斜坡	C, P	透镜体多层叠置	孔隙型	常压-低压	4~12	0.01~1	干气	2500~4000	苏里格、榆林、乌审旗、神木
四川	川中斜坡	T₃x	多层状	孔隙型、局部裂缝-孔隙型	常压-高压	4~12	0.0014~2	湿气、凝析气	2000~3500	广安、合川、八角场、西充
	川西前陆	J, T₃x	多层状	裂缝-孔隙型	常压	3~6	<0.01 基质	干气		邛西、平落坝
塔里木	库车凹陷	E, K	块状	裂缝-孔隙型	常压-高压	4~9	<0.5	湿气凝析气	4000~7000	迪北、大北、吐孜洛克
松辽		K₁d	多层状	孔隙型	常压	4~6	0.01~0.1	干气	3200~3500	长岭、徐深
渤海湾		E	块状					凝析气		白庙、文23、牛居
吐哈		J₂b, J₁s	透镜体多层状	裂缝-孔隙型	常压	4~8	<0.1	湿气凝析气	3000~4000	巴喀、红台

四、低渗致密砂岩气藏的储量和产量分布

(一) 国外分布状况

低渗致密砂岩气藏作为一种非常规天然气藏，开发需要采用特殊的钻井和增产技术，目前认识到的非常规天然气主要包括致密气、煤层气和页岩气，在世界上广泛分布。非常规气藏的地质储量估算通常较为复杂，原因是这类气藏储层非均质性极强，含气范围不受构造约束，与常规气相差较大。全世界的非常规天然气资源总量估计超过了 $900×10^{12} m^3$，其中美国和加拿大合计占 25%，中国、印度和俄罗斯各占 15%。致密砂岩气在天然气的发展历史上占有重要位置，美国联邦地质调查局研究认为，全球已发现或推测发育致密砂岩气的盆地约有 70 个，资源量约为 $210×10^{12} m^3$；Total 公司 2006 年预计，全球致密砂岩气资源量为 $310×10^{12} \sim 510×10^{12} m^3$；据 IEA (国际能源署) 2009 年报告，全球致密砂岩气技术可采资源量约为 $110×10^{12} m^3$。上述估算结果均表明全球致密砂岩气资源潜力非常大，具有良好的发展前景。美国能源信息署 (EIA) 2009 年 2 月预测，致密气技术可采储量达 $87663.769×10^8 m^3$，占美国天然气总可采储量的 17% 以上。其中，50% 左右来自得克萨斯州南部，30% 来自落基山地区，其余主要来自二叠纪 Permian 和 Anadarko 盆地，阿巴拉契亚盆地不足 2%。

据美国能源信息署 2007 年预测，美国非常规天然气产量在总产量中所占比例从 2004 年的 40% 将增加到 2030 年的 50%。1996 ～ 2006 年的 10 年里，是美国非常规天然气开发大发展的阶段。2006 年，非常规天然气产量上了一个新台阶，从 1996 年以前的 $14×10^9 ft^3/d$ ($5.0×10^{12} ft^3/a$) 上升到 $24×10^9 ft^3/d$ ($8.6×10^{12} ft^3/a$)，占美国天然气总产量的 43%。非常规气中，致密气达 $5.7×10^{12} ft^3$ ($1614.069×10^8 m^3$) (图 4-2)，几乎相当于煤层气、页岩气等其他几种非常规气的总和。1996 ～ 2006 年，三种非常规气资源的产量都有所增长，但致密气增加最快，产量接近 $6×10^9 ft^3/d$ ($2.1×10^{12} ft^3/a$)，页岩气增长比例较大，10 年间翻了 3 倍。煤层气也从 1996 年的 $3×10^9 ft^3/d$ 增加到 $5×10^9 ft^3/d$。2007 年，非常规天然气占美国天然气总产量的 44%，相当于非常规天然气年产量达到 $8×10^{12} ft^3$ ($2265.36×10^8 m^3$)。

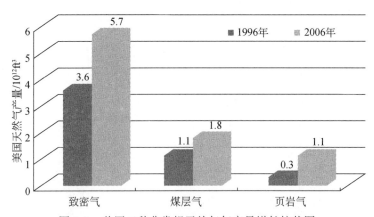

图 4-2　美国三种非常规天然气年产量增长柱状图

国外特别是美国致密气表现为大面积连续分布的特征，其分布特征主要表现为以下五个方面：①大面积连续分布，局部富集，不受构造控制，含气面积一般可达几百到几万平方千米，天然气储量丰度不受构造控制，局部"甜点"富集；②无明显圈闭界限，无统一气水界面，无统一压力系统，含气饱和度差异大，气水关系复杂；含气边界受岩性及物性控制，圈闭边界不明显；含气饱和度主要受充注强度、储层非均质性及距烃源岩距离等因素控制，一般距烃源岩越近含气饱和度越高；可气水倒置、气水同出；③平面主要分布在盆地斜坡区和拗陷中心区，或后期挤压构造褶皱区；持续沉降盆地的斜坡带和拗陷中心区，或受后期挤压作用形成的构造褶皱带，是寻找致密砂岩气的有利区；④纵向上主要分布于与成熟或高成熟煤系地层共生的致密砂岩中，或高过成熟的I、II型烃源岩内部或与其紧密接触的致密砂岩是有利层系，不同深度均有发育；⑤以有机成因甲烷气为主，一般甲烷含量大于90%，属有机成因气。

（二）国内分布状况

中国低渗透致密砂岩气分布广泛，资源潜力巨大，第四次油气资源评价表明，中国陆上主要盆地致密砂岩气有利勘探面积 $32 \times 10^4 km^2$，总资源量为 $17.0 \times 10^{12} \sim 23.8 \times 10^{12} m^3$，可采资源量为 $8.1 \times 10^{12} \sim 11.3 \times 10^{12} m^3$。其中，鄂尔多斯盆地上古生界、四川盆地须家河组和塔里木盆地库车拗陷致密砂岩气地质资源量位列前三，分别为 $5.88 \times 10^{12} \sim 8.15 \times 10^{12} m^3$、$4.3 \times 10^{12} \sim 5.7 \times 10^{12} m^3$ 和 $2.69 \times 10^{12} \sim 3.42 \times 10^{12} m^3$，三者总和占全国致密砂岩气总量的75%，见表4-3。

表4-3　中国陆上主要盆地致密砂岩气资源预测汇总表

盆地	面积/$10^4 km^2$	勘探层系	勘探面积/$10^4 km^2$	资源量/$10^{12} m^3$	可采资源量/$10^{12} m^3$
鄂尔多斯	25	C–P	10	5.88～8.15	2.94～4.08
四川	20	$T_3 x$	5	4.3～5.7	2.03～2.93
松辽	26	K_1	5	1.32～2.53	0.53～1.01
塔里木	56	J+K+S	6	2.69～3.42	1.48～1.88
吐哈	5.5	J	1	0.56～0.94	0.31～0.52
渤海湾	22.2	Es_{1-3}	3	1.48～1.89	0.59～0.76
准噶尔	13.4	J，P	2	0.74～1.2	0.30～0.48
合计	188.1		32	17.0～23.8	8.1～11.3

目前，具有现实勘探开发价值的盆地有两个：一个是鄂尔多斯盆地，盆地面积 $25 \times 10^4 km^2$，目的层 C–P，有利面积 $10 \times 10^4 km^2$，资源量 $8.15 \times 10^{12} m^3$；另一个是四川盆地，盆地面积 $20 \times 10^4 km^2$，目的层三叠系须家河组，有利面积 $5 \times 10^4 km^2$，资源量 $5.7 \times 10^{12} m^3$。具有风险勘探开发价值的盆地有两个：一个是松辽盆地，盆地面积 $26 \times 10^4 km^2$，目的层白垩系，有利面积 $5 \times 10^4 km^2$，资源量 $2.53 \times 10^{12} m^3$；另一个是吐哈盆地，盆地面积 $5.5 \times 10^4 km^2$，目的层侏罗系，有利面积 $1.0 \times 10^4 km^2$，资源量 $0.94 \times 10^{12} m^3$。具有准备勘探开发价值的盆地有三个：一是渤海湾盆地，盆地面积 $22.2 \times 10^4 km^2$，目的层古近系沙河街组，有利面积 $3 \times 10^4 km^2$，资源量 $1.89 \times 10^{12} m^3$；二是塔里木盆地，盆地面积 $56 \times 10^4 km^2$，目的层侏罗系、白垩系

和志留系，有利面积 $6×10^4 km^2$，资源量 $3.42×10^{12} m^3$；三是准噶尔盆地，盆地面积 $13.4×10^4$ km^2，目的层侏罗系，有利面积 $2×10^4 km^2$，资源量 $1.2×10^{12} m^3$。

截至 2010 年年底，中国共发现低渗透致密砂岩大气田 15 个，探明地质储量 $28656.7×$ $10^8 m^3$（表 4-4），分别占全国探明天然气地质储量和大气田地质储量的 37.3% 和 45.8%。 2010 年低渗透致密砂岩气产量 $222.5×10^8 m^3$，占当年全国产气量的 23.5%。可见，中国低渗透致密砂岩大气田总储量和年产量分别约占全国天然气储量和产量的 1/3 和 1/4。预计在今后相当长的一个时期内，中国每年新增致密砂岩气探明地质储量 $2500×10^8 ～3500×10^8 m^3$。 到 2020 年，全国致密砂岩气年产量有可能达到 $600×10^8 m^3$ 以上，产量主要集中在鄂尔多斯、四川和塔里木三大盆地。

表 4-4　中国低渗透致密砂岩大气田基础数据（截至 2010 年数据）

盆地	气田	产层	地质储量 /$10^8 m^3$	年产量 /$10^8 m^3$	平均孔隙度 /%（样品数）	渗透率范围/mD/ 平均（样品数）
鄂尔多斯	苏里格	$P_1 sh$，$P_2 x$，$P_1 s_1$	11008.2	104.75	7.163（1434）	0.001～101.099/1.284（1434）
	大牛地	P，C	3926.8	22.36	6.628（4068）	0.001～61.0/0.532（4068）
	榆林	$P_1 s_2$	1807.5	55.30	5.630（1200）	0.003～486.00/4.744（1200）
	子洲	$P_2 x$，$P_1 s$	1152.0	5.87	5.281（1028）	0.004～232.884/3.498（1028）
	乌审旗	$P_1 xh$，$P_2 x$，O_1	1012.1	1.55	7.820（689）	0.001～97.401/0.985（687）
	神木	$P_2 x$，$P_1 s$，$P_1 t$	935.0	0	4.712（187）	0.004～3.145/0.353（187）
	米脂	$P_2 sh$，$P_2 x$，$P_1 s_1$	358.5	0.19	6.18（1179）	0.003～30.45/0.655（1179）
四川	合川	$T_3 x$	2299.4	7.46	8.45	0.313
	新场	J_3，$T_3 x$	2045.2	16.29	12.31（1300）	2.56（大于1300）
	广安	$T_3 x$	1355.6	2.79	4.20	0.350
	安岳	$T_3 x$	1171.2	0.74	8.70	0.048
	八角场	J，$T_3 x$	351.1	1.54	7.93	0.580
	洛带	J_1	323.8	2.83	11.8（926）	0.732（814）
	邛西	J，$T_3 x$	323.3	2.65	3.29	0.0636
塔里木	大北	K	587.0	0.22	2.65（5）	0.036（5）

中国的致密砂岩气藏不仅具有陆相碎屑储集层的一般特点，而且表现出低孔低渗、裂缝发育、高毛管压力、地层压力异常等地质特征。具体表现在：①致密砂岩储集层孔隙度为 2%～15%，原地渗透率主要为 0.001～0.5mD；②裂缝在致密砂岩储集层中不同程度发育，对提高致密砂岩储集层渗流能力极为有利；鄂尔多斯盆地上古生界致密砂岩发育的裂缝以高角度缝及垂直裂缝为主，四川盆地致密砂岩裂缝形式多样，侏罗系以水平缝为主，上三叠统以斜缝、高角度缝为主；③致密砂岩毛管压力高，喉道半径一般小于 0.5μm，中值压力可达 3～50MPa；④致密砂岩气藏压力系统异常，四川致密砂岩气藏浅层具有低压或正常压力，中深层压力系数一般为 1.2～2.45，而鄂尔多斯盆地上古生界山西组及石盒子组气藏压力系数为 0.85～0.98；⑤致密砂岩储集层孔喉细小、黏土矿物发育，极易给储集层带来损害，其中最为突出的损害就是水敏、碱敏和应力敏感损害。深层裂缝性致密砂岩还存在严重漏失

性损害，如四川盆地上三叠统须家河组致密气层。

五、低渗致密砂岩气藏开发历程

天然气开发利用的历史悠久，但对致密砂岩气藏的开发历史并不长，开发利用致密砂岩气藏的国家也不多。具有代表性的包括美国、加拿大和中国。美国在低渗透致密砂岩气藏开发方面取得了较大的效益，一直保持着技术优势，积累了相当多的成功经验，成为工业化开采低渗透致密砂岩气藏的主力，引领世界低渗透致密砂岩气藏的开发。

（一）美国低渗透致密砂岩气藏开发历程

美国低渗透致密砂岩气藏开发始于 20 世纪 70 年代。60 年代末和 70 年代初期，西方世界正处于能源危机之中，油气（特别是石油）价格上涨，天然气开采量居高不下，储采比严重失调，供求关系紧张，这些因素在客观上刺激了天然气工业的发展。美国政府出于政治、经济和全球战略的考虑，在政策上对低渗透致密砂岩气藏的勘探开发给予了各种优惠政策和大力支持。

美国低渗透致密砂岩气藏开发存在两个钻井高峰期：一个是 1977 ~ 1984 年，政府给予税收上的优惠政策，在技术发展上投入大量资金，形成了第一个钻井高峰期；二是 1990 年后，空气钻井等低成本钻井技术的大规模应用，形成了第二个钻井高峰期。

美国本土现有含气盆地 113 个，其中 23 个盆地发现了低渗致密砂岩气藏。根据美国国家石油委员会 1980 年估计，在现有技术经济条件下，这 23 个盆地中的可采储量达 5.4×10^{12} ~ $16.3 \times 10^{12} \mathrm{m}^3$。在此情况下，1970 年美国从致密气中仅仅采出天然气 $142 \times 10^8 \mathrm{m}^3$，1981 年上升至 $396 \times 10^8 \mathrm{m}^3$。2005 年低渗透致密砂岩天然气产量已经达到了天然气总产量的 15%，主要产自绿河盆地、犹因他盆地、皮昂斯盆地及棉花谷盆地。2008 年，美国天然气产量 $5736.41 \times 10^8 \mathrm{m}^3$，其中低渗透致密砂岩气产量 $1910.25 \times 10^8 \mathrm{m}^3$，致密砂岩气产量占总产量的 33.3%。可以说，随着技术的进步以及对天然气清洁能源消费的增加，大大推进了低渗透致密砂岩气藏的开发。1996 ~ 2008 年，低渗透致密砂岩气藏开发技术发展迅速，无论是技术经济可采储量，还是单井产量，都有大幅度的提高。

由于高新技术的大量采用和勘探开发的成功，美国低渗透致密砂岩气藏的勘探开发技术在世界范围内处于领先地位，目前已经具备了一套较为完整的地震勘探数据处理、地质研究、测井解释、钻完井及储层改造技术。

（二）中国低渗透致密砂岩气藏开发历程

中国低渗透致密砂岩气藏勘探开发比美国等国家大约晚了一二十年。20 世纪 60 ~ 70 年代以前，中国基本上是以寻找构造圈闭油气藏为主的时期。60 ~ 70 年代是发现气田数量最多的时期，已发现的气田约 80% 是在这个时期发现的。80 年代开始探索致密砂岩气藏的开发利用，主要针对川西地区，目的层包括三叠系须家河组和侏罗系两套层系。由于当时工艺技术的局限性，主要选取裂缝较为发育的局部富集区块进行开发，直井套管射孔完井、酸洗解堵后投入生产，后期采用排水采气保持气井生产，整体开发规模较小。"十一五"以来，随着一批大面积分布的中低丰度致密砂岩气藏的发现和压裂工艺技术的突破，孔隙型致密砂岩气藏获得工业气流，储量和产量快速增长，以苏里格、大牛地、广安、合川、长岭、新场等为代表的一批致密砂岩气藏先后投入规模开发，带动了中国致密气领域的快速发展。2011年，苏里格、大牛地、广安、合川、长岭和新场等主要致密砂岩气年产量已经超过 $185×10^8$ m^3。其中，苏里格气田具有 $4×10^{12}m^3$ 探明储量、年产能规模近 $300×10^8m^3$ 的开发潜力，成为中国储量和产能规模最大的低渗透致密砂岩气藏。

第二节　低渗致密砂岩气藏特征

低渗透致密砂岩气藏在不同的沉积环境中广泛发育，目前国外开发的低渗致密气储层以砂坝-滨海平原和三角洲沉积体系为主，河流相沉积较少，储层分布相对稳定，累计有效厚度较大，但优质储层连续性和连通性较差，多以透镜状分布。国内开发的低渗致密砂岩气藏以辫状河沉积体系为主，有效储层多呈透镜状发育，连续性和连通性更差。总体上，我国低渗致密砂岩气藏的地质特征表现为圈闭类型多样，储层大规模分布，储量规模大，饱和度差异大，油气水易共存，无自然产能或自然产能极低，需进行储层改造，稳产时间长等。由于低渗致密砂岩气藏具有上述地质特征，因此需要首先从致密砂岩储层的沉积、成岩等特征入手，分析储层致密化的原因及有效储层成因类型，深度剖析致密砂岩有效储层的特点，为该类气藏的开发规律及开发技术政策的制定奠定坚实的基础。

一、地　质　特　征

与常规气藏相比，低渗致密砂岩气藏具有以下地质特征。

（一）渗透率和孔隙度低

致密砂岩气藏最重要的标志就是渗透率低，渗透率低是衡量一个含气砂岩是不是致密气的第一个重要标准。1980年，美国联邦能源管理委员会（FERC）根据"美国国会1978年天然气政策法（NGPA）"的有关规定，确定致密气藏的标准是渗透率低于 $0.1×$ $10^{-3}\mu m^2$，而更常见的是致密气砂层的渗透率在 $0.05×10^{-3}\mu m^2$ 以下，该渗透率为地层原始条件下渗透率。在储层条件下，上覆岩层压力和高含水饱和度使地层中的气体相对渗透率降到只有实验室测定的相对渗透率值的6%以下。而我国使用的渗透率皆为实验室常规条件下测定的渗透率，两者之间不能直接对比。美国致密砂岩气藏孔隙度的标准一般取10%为上限值，下限取5%。若砂岩岩层裂缝较发育，则下限值可降到3%。美国已投入开发的致密砂岩气藏孔隙度为8%~12%，只有东得克萨斯棉花谷气层孔隙度相对较低，平均为6.1%。

总体来看，苏里格气田储层物性具有典型的低孔、低渗特点。孔隙度一般在5%~14%，平均在8%左右；渗透率差异较大，在0.1~10mD。中区储层物性略好一些，西区和东区相对差些，但总体差距不大，如表4-5所示。

表4-5　苏里格地区物性分析对比表

区块	层位	孔隙度			渗透率		
		样品数/块	范围/%	均值/%	样品数/块	范围/mD	均值/mD
苏里格西区	盒8	469	5~13	8.3	428	0.1~2	0.74
	山1	148	5~12	7.5	134	0.1~1	0.44
苏里格中区	盒8	1364	6~14	8.6	1279	0.1~10	0.95
	山1	223	6~12	7.8	198	0.1~8	0.52
苏里格东区	盒8	529	6~14	8.8	447	0.1~2.5	0.71
	山1	180	5~13	8.3	155	0.1~1	0.42

从测井解释参数对比来看，中区的储层物性略好一些，东区和西区略差些，但整体上差距不大，详见表4-6。

表4-6　苏里格气田测井解释参数对比表

区块	层位	孔隙度/%		渗透率/mD	
		范围	均值	范围	均值
苏里格西区	盒8	4.6~13.3	9.3	0.109~2.288	0.831
	山1	7.36~16.98	8.86	0.173~2.417	0.545
苏里格中区	盒8	4.78~16.44	9.75	0.11~3.538	1.03
	山1	3.41~15.15	9.13	0.055~2.871	0.593
苏里格东区	盒8	5.8~17.34	11.64	0.184~2.994	0.701
	山1	5.82~17.16	10.02	0.166~3.675	0.538

（二）　含水饱和度高

由于致密砂岩孔喉小，结构复杂及其亲水性，砂岩不可能将其中的束缚水、部分游离水完全驱替出来。而且，砂岩越致密，其含水饱和度越高。致密气砂岩的含水饱和度一般为30%~70%，但基本上为束缚水，游离水很少，因此致密气藏很少有下倾的气水界面。通常以40%作为估算一个致密气盆地的致密气储量的饱和度下限值。随着地层含水饱和度增大，流动气相的原始渗透率迅速降低，含水饱和度达到60%~80%时，气相渗透率就基本降为零，如图4-3所示。

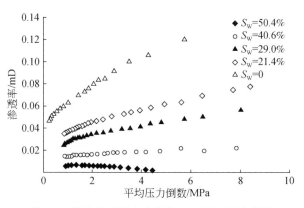

图4-3　致密气不同含水饱和度下的气体流态图

（三）致密气呈毯状和透镜状

致密气砂层有两种：一种呈单层、比较厚的含气层出现，通常在大面积内厚度稳定，这种层称为毯状气砂岩，为海相沉积；另一种则是在较厚的剖面中散布着多层透镜状含气层，主要为陆相沉积，并且这种致密气砂岩更为常见。许多致密气盆地中，砂岩由不连续的巨厚横剖面内无法对比的许多透镜体组成含气砂层，据统计，美国透镜体产层的气占致密气总储量的43%。我国大多数含油气盆地为陆相沉积，较之海相砂岩，陆相砂岩不但单层厚度薄，横向变化也快，在高度成岩和低孔、低渗的背景下，既可形成不连续的砂岩透镜体，也可形成砂岩层内部的成岩圈闭。因此，我国的致密气砂岩以透镜状含气层为主，典型气藏为鄂尔多斯盆地苏里格气田（图4-4）。

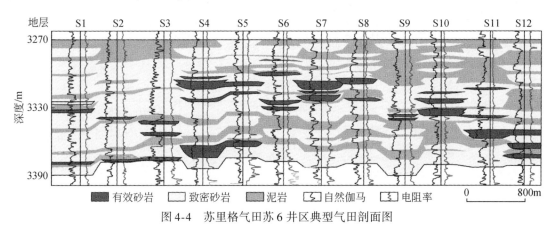

图4-4　苏里格气田苏6井区典型气田剖面图

（四）地层压力多变

国内外资料表明，致密砂岩气藏一般都具有异常高或者低的地层压力。高压异常导致储层中有效孔隙的气充满度更高，根据Snarsky（1962）研究，当压力系数超过1.4时就可能使岩石产生破裂，从而改善储集条件。李明诚（1992）认为，川西拗陷侏罗系致密砂岩中裂缝即是由高异常压力造成的。异常高压的致密砂岩气藏如美国绿河盆地联合堡层致密砂岩气层压力系数为1.57，棉花谷盆地棉谷砂层压力系数为1.49。我国渤海湾盆地东濮拗陷文东盐下沙四段压力系数高达1.8，白庙气藏压力系数为1.5～2，四川盆地川西拗陷侏罗系致密砂岩压力系数为1.8～2。异常低压的致密砂岩气藏如加拿大阿尔伯达盆地致密砂岩气藏的压力系数一般小于0.9。一般来说，地层超压还是低压，取决于以下几个方面的因素：①有机物丰度；②古温度；③现今温度；④有机质连续生气能力；⑤是否存在横向或纵向封闭层；⑥有无隔层将致密层与泄水区隔开；⑦致密砂岩气藏的构造演化等。

（五）气水关系复杂

致密含气层系中一般无明显的水层，尤其是在透镜状致密砂岩气藏中更是如此。在毯状致密砂岩中可能出现明显的水层，但是气和水呈倒置关系，即气聚集在构造低部位的致密砂岩中，上倾部位是渗透性相对较好的含水层。例如，西加拿大盆地的沃尔姆斯气田，美国圣胡安盆地气田和丹佛盆地的洼登伯格气田等有一个共同的特征是，致密砂岩储层的上倾方向为水层，而在下倾部位形成气藏，中间有一个水–气过渡带，这种情况刚好跟常规气藏相反。在我国的苏里格气田西区以及川中须家河组气藏，气水分布十分复杂，在一定程度上影响了该类储量的动用和有效开发。

以苏里格气田西区为例，通过对目前井控程度相对较高的苏里格西区东部储层精细解剖，结果显示西区地层水分布十分复杂，同时认为苏里格气田西区地层水类型主要有 3 种：低部位滞留水、致密透镜状滞留水、孤立透镜体水（图 4-5）（孟德伟等，2016）。在气藏低孔、低渗和强非均质性背景下，致密砂体呈透镜状分布于地层中，在未被气充填时，储层为水饱和。进入生烃高峰期，由于生烃增压作用，气呈水溶相向上运移至盖层下。由于运移过程中温度、压力的降低，以及生烃作用的持续，气脱溶形成游离气；随着气柱不断地增高向下形成反作用力，推动水向下运移。由于储层非均质强，气驱替水首先进入孔喉较大的储集空间，而对物性较差砂体中已封存完好的水体则无力驱替，从而形成致密透镜状滞留水。致密透镜状滞留水主要受储层非均质控制，水体主要分布于砂体边部或内部物性较差的区域。生烃期受构造起伏和砂体展布的影响，低部位的水体由于无法被天然气驱替而滞留于储层中，进而形成低部位滞留水，该类地层水主要位于构造鼻凹部位或砂带（砂体）的下倾尖灭部位。当天然气充注强度不足，且砂体规模较小或周边致密气水排泄不畅时，则主要形成孤立透镜体水，相对孤立的单砂体内完全为地层水，该类地层水主要位于盒 8 上段及以上层位。综合分析研究表明，苏里格西区地层水分布包括以下三条主控因素：①烃源岩发育程度及生烃强度，与中国大中型气田形成的生烃强度相比，鄂尔多斯盆地上古生界没有明显的生

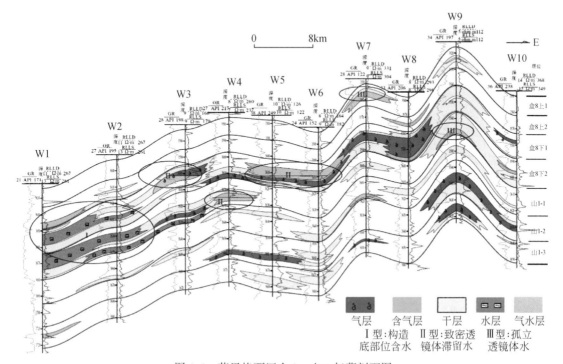

图 4-5　苏里格西区盒 8、山 1 气藏剖面图

气中心，表现为广覆式生烃特征；煤层是苏里格气田石炭系至二叠系烃源岩贡献最大的岩类，分布广泛，煤层多，且横向及纵向上变化大。气田东部乌审旗及其以北煤层发育，厚度在 10~20m；西部煤层较薄，在鄂托克旗、鄂托克前旗及苏里格庙区域，煤层厚度 4~10m。从生烃强度来看，区内上古生界从东南向西北生烃强度逐渐减小，东南部生烃强度为 2×10^9 ~ $5\times10^9\mathrm{m}^3/\mathrm{km}^2$；而苏里格西北部所在区域生烃强度普遍小于 $2\times10^9\mathrm{m}^3/\mathrm{km}^2$，局部生烃强度仅为 0.8×10^9 ~ $1.2\times10^9\mathrm{m}^3/\mathrm{km}^2$；②构造特征及其演化，苏里格气田在晚三叠世鄂尔多斯盆地上古生界进入生烃期时，其构造已由东低西高转变为东高西低的形态；到生烃高峰期即晚侏罗世时，坡降约 2.4‰；随着地质历史的延续，构造倾角进一步增大，直到现今坡降达到约 4.6‰。苏里格气田在整个生烃阶段天然气有从低部位向相对高部位富集的趋势，从整个气田范围看，处于低部位的西区地层水较中、东区分布广；同一砂带构造低部位含水较高部位多；③储层非均质特征，苏里格气田盒 8 期主要为辫状河三角洲沉积，砂体受分流河道控制，多期河道相互叠置，纵向厚度大；河道迁移、摆动频繁，砂体横向连片分布，呈大面积分布的特点。苏里格气田储层岩石较强的亲水性及其毛细管作用，使得润湿相的地层水优先分布在孔隙喉道及较小的孔隙中（储层物性较差的区域），而非润湿相的天然气占据较大的孔隙（储层物性较好的区域）。储层强非均质特征对储层流体分布具有明显的控制作用。河道砂体中部物性较好，其含气饱和度高，而砂体边部或致密砂岩区含水较多（位云生等，2009）。

二、开 发 特 征

由于低渗致密气藏地质特征的特殊性，造成其在开发方面表现出以下特征。

（一）气井平均单井产量低

低渗致密气藏渗透率孔隙度低，导致单井控制储量和可采储量小，供气范围小，产量低。对苏里格最近 8 年的生产直井进行统计，结果表明直井初期产量 1.3×10^4 ~ $1.7\times10^4\mathrm{m}^3/\mathrm{d}$，第一年平均日产气量 $1.3\times10^4\mathrm{m}^3/\mathrm{d}$，第二年平均日产气量 $1.01\times10^4\mathrm{m}^3/\mathrm{d}$，第三年平均日产气量 $0.8\times10^4\mathrm{m}^3/\mathrm{d}$，前三年平均日产气量 $1.04\times10^4\mathrm{m}^3/\mathrm{d}$（图4-6）。

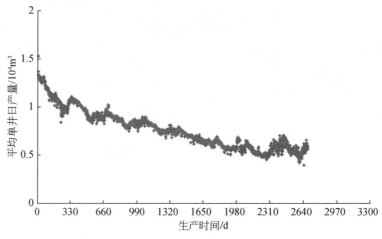

图 4-6　苏里格历年投产直井平均单井日产气量分布图

（二）气井产量递减快，稳产能力差

致密气藏储层条件差，气井的自然产能低，流体渗流阻力大，能量消耗快，气井的生产能力有限，大多数气井需经加砂压裂和酸化才能获得较高的产量和接近工业气井的标准。同时为了满足生产需求，气井产量稳不住，递减快，气井几乎没有稳产期，从投产就进入了递减阶段。从气井递减特征来看，气井基本符合衰竭式递减规律，气井的递减率呈逐年降低的趋势。前三年的递减率分别为 22.4%、21.8% 和 20.4%，生产中后期递减率逐步降低到 13.1% 左右，生产 11 年平均递减率为 18.4%（图4-7）。

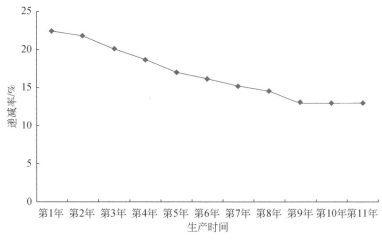

图4-7　苏里格气田直井递减率变化

（三）主力层与非主力层动用程度差异较大，层间矛盾突出

气藏内主力气层采气速度大，采出程度较高，储量动用充分，非主力气层采气速度低，储量基本未动用，若为长井段多层合采，层间矛盾更加突出。

（四）井筒积液严重，影响气井正常生产

低渗致密气藏一般不出现分离的气水接触面，但是由于储集层的含水饱和度一般为30%~70%。该类气田气井单井产量普遍较低，且投产后压力、产量下降较快。对于低产气井来说，很容易形成积液，而积液又会造成井筒压降升高，对井底气层形成回压，致使气井产气量下降，如果不能连续排出井底积液，最后可能导致气井产量下降很低。气井产量越低，携液能力越差，携液能力越差，产量越低，积液越严重，如此恶性循环，严重的气井会造成水淹停产，给生产带来影响。对苏里格气田历年排水采气措施井统计发现，随着生产时间的延长，投产井需要开展排水采气措施井数占到总井数的近50%（图4-8），成本高，工作量大。

（五）气井生产压降大，井口压力低

对苏里格气田28口老井油压数据进行统计发现，初期平均油压20.9MPa，2015年12月底平均油压2.5MPa，油压平均下降幅度达88%，大部分气井的油压低于2.6MPa（图4-9）。

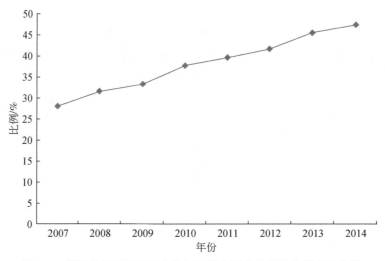

图 4-8　苏里格气田历年排水采气井数占投产总井数比例变化曲线

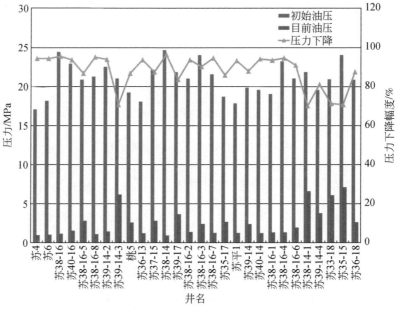

图 4-9　苏里格气田 28 口老井压力变化图

三、储层致密化成因

致密砂岩储层的成因是多方面的，起主导作用的是沉积作用和成岩作用。致密砂岩形成早期以沉积作用为主，而中后期则以成岩作用为主。Frederic 和 Park（1986）认为影响砂岩孔隙度的重要变量依次是：埋藏速率、形成时间、初始孔隙度、流体动力学、地温梯度等。Scherer（1987）将砂岩埋深、形成时间、分选和石英颗粒含量等四项作为影响孔隙度的一级参数，列出了公式，并计算了不同深度、年龄的孔隙度。我国的杨晓萍和裘亦楠（2002）认为从大的方面来讲，致密含气砂岩的成因主要有沉积作用、成岩作用和构造作用。其中，沉积作用是形成低渗透储层的最基本因素，它决定了后期成岩作用的类型和强度；成岩作用是形成低孔隙度、低渗透率储层的关键；构造作用一般是将致密砂岩储层改造为低孔隙度、低渗透率储层或低孔隙度、高渗透储层。在实际的研究过程中，对于储层致密化的成因，一般划分为两大类型：一类是由于沉积条件的控制，分选不好，造成原生就是致密砂岩，这种砂岩可以在以后的成岩作用过程中被改造为可以作为储层的岩石；另一类是由于复杂成岩作用造成的致密。成岩作用造成的致密储层是讨论和研究最多的储层类型。致密砂岩的孔隙发育机理和影响因素在不同的地区和不同的层位都有很大差别，目前对于这类储层的研究也没有取得统一的认识，因此一直在争论和研究之中。本书主要从沉积作用分析有效储层分布及控制，从成岩和构造作用分析储层致密化成因。

（一）沉积作用对储层的控制

不同的沉积环境具有不同的水动力特征，所形成的砂体在岩相组成、厚度、内部非均质性，以及砂岩碎屑成分组成、泥质含量、颗粒的粒度、分选等多方面各具特色，造成不同沉积环境所形成的砂体具有不同的原始孔隙度和渗透率。虽然成岩作用对原始孔隙度的改造较强，但是成岩作用是在沉积作用的基础上进行的，因而早期的成岩作用也受到沉积环境的影响，从而影响进一步成岩作用的类型、强度，对砂岩的孔隙演化起一定的控制作用。沉积物的来源、成分、分选程度、沉积环境等决定了其沉积水动力条件的不同，从而在固结成岩时形成的岩石性质也不同。原岩岩性决定了其原始孔隙度的差异及经受压实作用的程度。下面主要从沉积物源、沉积相、沉积微相、岩石学特征四个方面阐述沉积分异作用对储层的控制作用，从而为后期的成岩作用过程中储层致密化奠定了基础。

1. 沉积物源对储层的控制作用

来自不同物源区的沉积物的碎屑成分具有差异，表现为沉积岩石类型的区域性分异，是有效储层宏观分布的重要控制因素。通过对比发现，苏里格气田东区的储层物性和气产量都略差于苏里格气田中区，如中区储层平均孔隙度达 9.4%，而东区平均孔隙为 8.70%；中区 I 类井配产 $2.10×10^4 m^3/d$，而东区 I 类井配产 $1.89×10^4 m^3/d$（表4-7）。这种变化可能是由沉积岩石类型分区性造成的。苏里格气田盒八段砂岩具有较强的分区性，苏里格气田东区主要为岩屑石英砂岩和岩屑砂岩，而苏里格气田中区主要为石英砂岩。由此看来，这种分区性是受物源区控制的（张晓峰等，2010）。苏里格气田北部存在两大物源区（图4-10）：西部为中元古界富石英变质岩物源区，石英含量达到80%~95%；而东部为太古宇相对贫石英区，以酸性侵入岩为主，石英含量25%~60%。

表4-7　苏里格中区与东区盒八段储层特征及单井产能对比

区块	碎屑成分/%			储层物性特征			单井配产水平/（$10^4 m^3/d$）	
	石英	长石	岩屑	平均孔隙度/%	平均渗透率/mD	平均含气饱和度/%	I 类井	II 类井
中区	86.8	0.9	12	9.4	0.89	63.5	2.10	1.07
东区	79.7	0.1	20	8.7	0.81	62.2	1.89	0.98

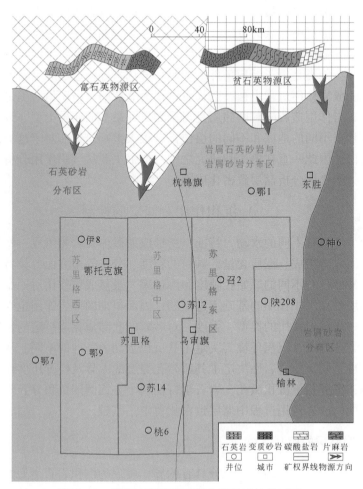

图 4-10　鄂尔多斯盆地北部物源及岩性分区图

广安地区须家河组六段与四段发育受多物源控制的众多小型辫状河道纵向上频繁叠置、横向上长距离延伸的复合砂体，受不同物源母岩性质的影响，须家河组砂岩的岩石成分在平面上表现出分区性，如须六段可划分出五个岩性分区，北部长石岩屑砂岩分布区与岩屑砂岩分布区交互分布，而南部井区为岩屑石英砂岩分布区（季林丹等，2009）。物源体系造成的砂岩成分分区性，对有效储层的形成具有一定的控制作用，处于岩屑长石砂岩区的有效储层，较之处于岩屑砂岩区的有效储层厚度更大（图 4-11）。

2. 沉积相带对储层的控制作用

在同一沉积体系内部，不同沉积相带的有效储层的发育程度及分布模式不尽相同。广安须家河组储层中，须六段为辫状河三角洲平原亚相沉积，辫状河道在平面上分带性较明显，主分流河道叠置带与次分流河道叠置带相间分布。须六段有效储层的带状分布受河道叠置带和岩性区带的控制较强，主分流河道叠置带内，Ⅰ类和Ⅱ类有效储层较发育，有效储层厚度大，且纵横向连通性较好；而在次分流河道叠置带内，有效储层以Ⅲ类储层为主，有效储层砂体较薄，且纵横向连续性差。

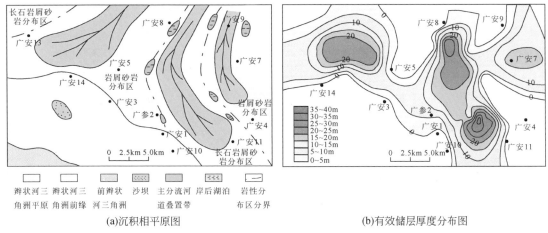

(a)沉积相平原图　　　　　　　　　　　(b)有效储层厚度分布图

图4-11　广安气田须家河组须六中段沉积相平原图及有效储层厚度分布图

苏里格气田盒八段储层发育于连片分布的辫状河沉积体系中，而辫状河体系内部在平面上相带可分为辫状河体系叠置带、辫状河体系过渡带和辫状河体系间洼地。辫状河体系叠置带砂岩厚度较大［图4-12（a）］，辫状河体系过渡带砂岩厚度次之［图4-12（b）］，而辫状河体系间洼地砂体几乎不发育［图4-12（c）］。其中，辫状河体系叠置带和过渡带是有效储层较发育的相带，在辫状河体系叠置带内，有效储层叠置连通，但是单层厚度较小；而辫状河体系过渡带内，有效储层孤立分布，但单层厚度较大（图4-12）。

3. 沉积微相对储层的影响

在沉积微相尺度上，不同沉积微相的有效储层的发育程度不同。因为不同沉积微相对应不同的水动力条件，在沉积物的搬运过程中，水动力条件的差异导致碎屑物质发生粒度分异，因此不同沉积微相的粒度、成分和结构等发生变化，从而影响砂岩在成岩过程中原生孔隙的更多保留或次生孔隙的形成。通过对苏里格和广安气田致密砂岩储层的对比研究，认为高能水道微相中较纯的粗砂岩或砂砾岩是有效储层最发育的岩相。

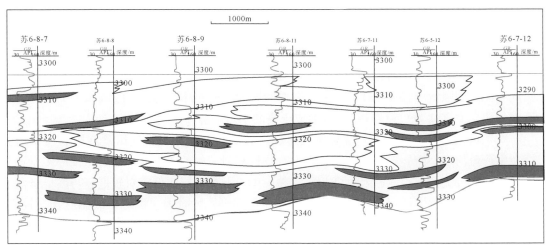

(a) A剖面

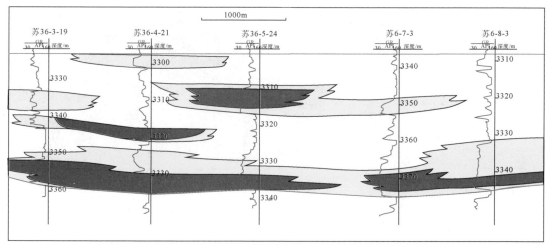

(b) B剖面

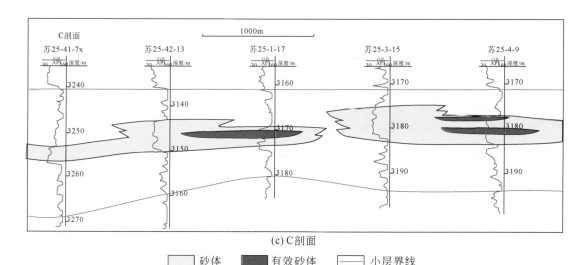

(c) C剖面

□ 砂体　　■ 有效砂体　　□ 小层界线

图4-12　苏里格中区盒8下段不同沉积相带砂体及有效储层分布图

　　苏里格气田盒八段辫状河沉积体系中，辫状河道分为高能水道和低能水道。高能水道（或主水道）是指辫状河道中具有持续水流活动的水道，高能水道一般较深，且水动力较强，是心滩的主要发育场所；低能水道发育在主水道两侧河床较浅的部位，水动力较弱，在枯水期可能出现断流（图4-13）。大多数有效储层为河道底部砂岩和心滩沉积中的粗砂岩或含砾粗砂岩，而这两类"粗岩相"，多形成于高能水道环境中。

　　广安气田须家河组储层中，辫状河三角洲主分流河道与苏里格气田盒八段高能水道类似，在主分流河道心滩叠置带中下部，多发育物性相对较好的Ⅰ、Ⅱ类储层，顶部多发育Ⅲ类储层，而次分流河道心滩砂岩物性相对较差，Ⅰ、Ⅱ类储层比例相对较低。与苏里格盒八段不同的是，广安须家河组分流河道底部冲刷作用强烈，发育大量泥砾，或泥质含量较高，故储层物性较差，多发育Ⅲ、Ⅳ类储层（图4-14）。须家河组高能水道心滩砂体形成于较强的水动力环境，易碎岩屑、泥质和杂基含量较少（图4-14），利于有效储层的形成。

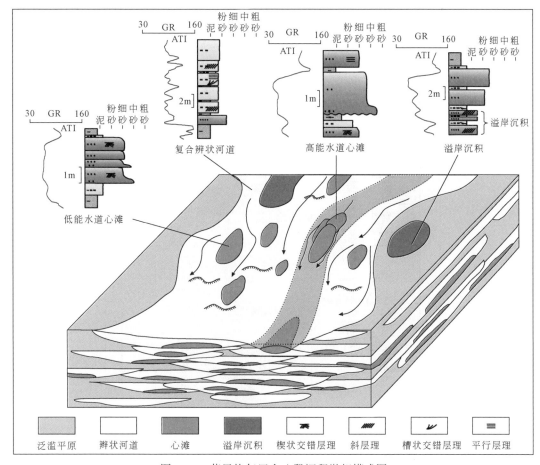

图 4-13　苏里格气田盒八段沉积微相模式图

高能水道中"粗岩相"有利于有效储层的形成，是由于高能水道砂岩中含更多硬度较大的粗颗粒，且易碎颗粒和杂基含量较小，在后期成岩演化过程中，这种岩石学特征有利于保留更多的原生孔隙或形成次生孔隙，从而形成有效储层。不同微相的成岩和孔隙演化特征不同，Morad 总结了不同微相中成岩作用的差异，并认为沉积微相对成岩作用具有较强的控制作用，对苏里格气田盒八段和广安气田须家河组储层的综合研究证实了这一观点，沉积微相与岩石类型和成岩相之间具有一定的对应关系（图 4-14）。

4. 沉积岩石学对储层的影响

由沉积分异造成的沉积物成分、结构和构造的非均质性，对储层物性具有较直接的影响。沉积物粒度是诸多岩石学特征参数中对储层物性影响最大的参数；岩石成分对成岩作用和孔隙演化的影响较大，但是物性与岩石成分之间的对应关系一般仅存在于特定的地区，没有适用于不同地区的规律。

1）碎屑成分对储层物性的影响

尽管碎屑成分主要受到物源的影响，但环境的改造作用可以根本上改变不稳定碎屑的含

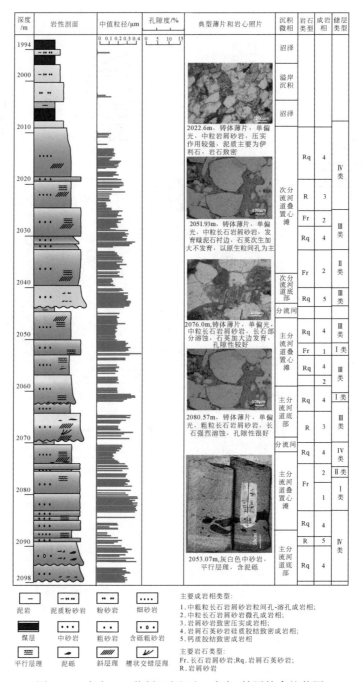

图 4-14　广安 101 井须六段沉积–成岩–储层综合柱状图

量。为研究物性与碎屑成分之间的关系，对苏里格东区盒八段样品的孔隙度与石英含量和塑性岩屑含量进行统计分析。结果盒八段砂岩储层物性与石英含量呈较好的正相关关系，与岩屑含量呈负相关，且粗粒砂岩中石英含量相对较高，岩屑含量相对较低（图 4-15），这一规律，与"粗岩相"形成时水动力较强有关。广安须家河组砂岩中，储层物性与石英含量和岩屑含量之间无明显的相关性，但受长石含量的影响较大，当长石含量大于10%时（长石岩屑砂岩或长石石英砂岩），砂岩多发育长石粒内溶蚀孔，储层物性相对较好。

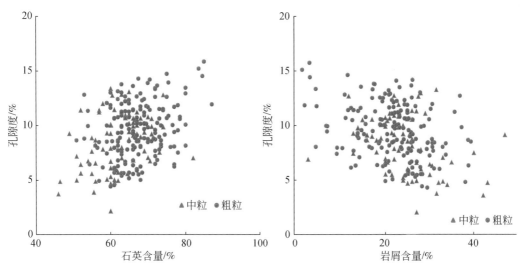

图 4-15　苏里格盒八段储层孔隙度与石英含量和塑性岩屑含量关系图

2）碎屑粒度对物性的影响

碎屑粒度的分布主要受沉积环境的水动力条件控制，因而粒度大小及其分布特征反映了环境的沉积条件，因此沉积学者用粒度分布曲线及其参数来判别不同的沉积环境。广安须家河组与苏里格盒八段储层物性均明显表现为受粒度控制，对大量样品分析数据的统计表明，孔隙度与岩石粒度参数具有较好的正相关关系（图4-16），须家河组部分粗粒度的样品孔隙度较低，可能是由于河道底部泥砾发育或泥质含量较高，也可能是由于部分粗砂岩发育碳酸盐岩胶结。

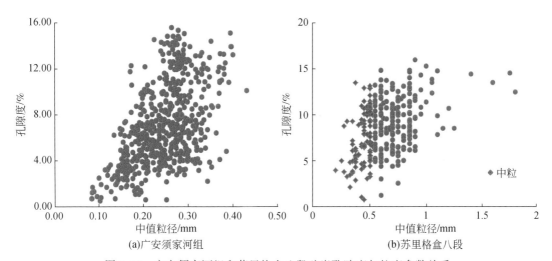

图 4-16　广安须家河组和苏里格盒八段砂岩孔隙度与粒度参数关系

　　需要强调的是，沉积环境对储层性质的影响并不局限于浅埋藏的储层。对于大多数（不是全部）储层而言，尽管储层砂体受到强烈的成岩作用的影响，但是储层的性质并没有本质上的改变。从上述特征可以看出，不管致密砂岩的成因如何，沉积环境依然是控制储层发育的主要因素。在储层的评价和预测上，沉积环境的恢复和砂体的预测不但是常规储层预测和评价的基础，对于致密砂岩而言也同样是重要的基础条件。

（二）成岩作用对致密砂岩储层的影响

　　世界上大多数砂岩储层的性质与沉积时相比相差甚远，除了沉积环境的控制之外，成岩作用对储层性质的改造也是非常明显的。成岩作用对储层性质的改造基本上是在埋藏过程中，碎屑颗粒在物理和化学条件不断变化的情况下造成碎屑稳定性的变化。对于相同沉积环境的砂岩储层来讲，储层性质由常规变为致密主要是由成岩作用所造成的。

　　成岩作用对储层致密化的影响自始至终都存在。首先成岩作用的类型控制了储层的致密化过程，压实作用是使储层砂岩原始孔隙度减少的主要因素，而胶结作用和溶蚀作用对于成岩晚期的储层致密化影响较大。压实和胶结作用使储层致密化，为破坏性成岩作用；溶蚀作用能够改善储层物性，是建设性成岩作用。另外，由于埋藏深度、温度、压力、岩石组分等差异，不同岩石所经受的成岩作用程度并不相同。随着埋深的加大储层砂岩的成岩作用程度逐渐加深，成岩作用类型越来越复杂。

1. 压实作用对储层性质的影响

　　压实作用无疑对储层性质起到很大的破坏作用。Chilingarian（1983）对各种岩石的压实作用和沉积物的压实作用作了详细的总结和讨论。Lundegard（1992）认为在大多数的砂岩储层中，压实作用可能是孔隙减少的最主要因素。压实作用的主要机制有 4 种：颗粒的再排列、塑性颗粒的变形、脆性变形和压溶作用。颗粒的再排列可以导致孔隙度降低 20% ~ 25%，最高可达 27%。因此，碎屑颗粒的再排列可能是压实作用早期使孔隙度降低的最重要因素。塑性变形主要发生在塑性颗粒比较富集的岩石。塑性变形与有效应力具有正相关关系，而与胶结作用呈负相关关系。然而，根据 Pittman（1991）的实验研究，即使是岩石中含有较多的塑性碎屑，如果存在早期的胶结作用或者异常压力，则能有效地抵抗应力的作用，有利于孔隙度的保存。此外，当在塑性颗粒中发育微孔隙，孔隙中又有孔隙流体时，则可以极大地延缓压实作用对储层性质的影响。脆性变形是指刚性颗粒的破裂，而不包括大的裂缝或者区域裂缝系统或者断裂作用所造成的岩石破裂。脆性变形主要发生在刚性颗粒中，即碎屑本身的破裂。多种因素都可造成刚性颗粒的破裂，包括外界应力和颗粒本身的特性（如解理、双晶等），而颗粒的刚性破裂和碎屑的粒度关系比较密切。细粒砂岩通常很少见到颗粒的破裂现象，而粗粒刚性碎屑的破裂现象则比较常见。除了区域应力和构造应力外，仅靠上覆压力造成刚性颗粒的破裂对储层性质的影响深度和范围目前还没有一个深入的了解和明确的结论。

　　在早成岩阶段，压实作用大量降低原生孔隙，如砂岩不发育早期胶结物，机械压实作用可以使原始粒间孔隙度降低 26%，在储层埋藏早期，埋深小于 2000m 时，机械压实是砂岩致密化的主要机制之一。广安须家河组与苏里格盒八段地层都经历过较深的埋藏作用，最大埋深多大于 4000m，因此发生了较强的压实作用。在一定的地质背景中，埋藏深度是决定压实强度的主要因素。苏里格盒八段储层埋深多大于 2500m，部分地区埋深大于 3500m，随着埋深的增大，颗粒间的接触方式由点接触依次演化为线接触、凹凸面接触和缝合线接触，当埋深大于 3000m 时，凹凸接触和缝合线接触类型明显增多［图 4-17（a）、（b）］。

压实效果与碎屑成分之间有很大的关系。石英颗粒抗压能力较强，长石次之，岩屑抗压能力最小。因此，岩屑含量较高的砂岩在压力作用下，颗粒多发生形变，并与黏土和杂基等混揉在一起，变得很致密，几乎无原生孔隙留存［图 4-17（c）］。而石英与长石含量较高的砂岩抗压能力较强，能一定程度保留原生孔隙［图 4-17（a）］。但是，较纯的石英砂岩如埋深较大，会发生压溶或次生加大，颗粒之间缝合线接触，原生孔隙极度缩小［图 4-17（b）、图 4-18（b）］。

(a)苏72井，3242.5m，铸体薄片单偏光，粗粒石英岩屑砂岩，压实作用不强烈，颗粒以点接触和线接触为主，保留原生孔隙

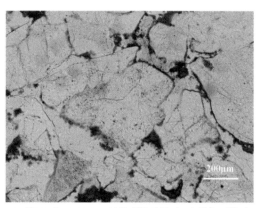

(b)苏322井，3424.9m，铸体薄片单偏光，中粗粒石英砂岩，次生加大石英呈充填状，孔隙几乎不发育

(c)召40井，3205.6m，铸体薄片单偏光，粗粒岩屑砂岩，岩屑发生挤压变形，较致密

(d)苏81井，3338.3m，粗粒石英砂岩，部分石英次生加大，溶蚀孔较发育

图 4-17　苏里格下石盒子组盒八段储层显微照片（红色部分为铸体）

2. 胶结作用对储层性质的影响

胶结作用是砂岩致密化的主要机制之一，由于煤系酸性水介质条件缺乏早期碳酸盐胶结物，且利于晚期 SiO_2 的沉淀，故而煤系地层致密砂岩中的胶结作用以硅质胶结为主。硅质

胶结以石英次生加大和自生石英孔隙充填为主要机制，石英次生加大使矿物颗粒呈线接触关系，大幅度降低孔隙度。石英含量较高的砂岩中，石英的次生加大胶结更为发育，这类砂岩虽然在压实作用过程中能保留较多的原生孔隙，但是较强的石英次生加大胶结作用可使这些保留下来的原生孔隙基本消失［图4-17（b）、图4-18（b）］。

广安须家河组储层中，石英次生加大胶结较发育，其含量一般为1%~3%，最高可达5%以上，分为4期加大。广安须家河组中岩屑石英砂岩中石英含量最高（75%~80%），石英次生加大胶结也最为发育，该类砂岩主要成岩相类型为硅质胶结致密成岩相，为非有效储层（表4-8）。广安须家河组在古近纪末期达到最大埋深4800m，在深埋过程中，石英次生加大一度使储层孔隙度下降到5%以下。苏里格气田盒八段和山一段储层也经历了两期石英加大，其含量一般为1%~6%，最高可达10%以上，一般分为两期，形成于主要压实期之后，石英次生加大降低了储层物性，但对于"粗岩相"而言，粗颗粒石英的抗压实作用对有效储层的控制作用更强，只在部分较纯的石英砂岩中，石英次生加大降低储层物性的作用更强［图4-17（b）、图4-18（b）］。

表4-8 广安地区须家河组岩石类型及孔隙特征

岩石类型	碎屑成分/%			成岩及孔隙演化特征	储层类型
	石英	长石	岩屑		
长石岩屑砂岩	60~75	10~20	10~30	长石颗粒溶蚀作用较强，形成粒内溶孔、颗粒溶孔、铸模孔等孔隙	Ⅰ类、Ⅱ类
岩屑砂岩	50~75	<10	30~45	沉积岩、火山岩等塑性岩屑含量高，压实致密，孔隙不发育	Ⅳ类
			20~30	石英、长石含量较低低，压实作用强，溶蚀作用弱，孔隙不发育	Ⅲ类
岩屑石英砂岩	75~80	<10	10~20	石英含量高，硅质胶结作用发育（含量>3%），形成硅质胶结致密成岩相	Ⅱ类、Ⅲ类

煤系地层成岩环境中的自生黏土矿物包括高岭石、伊利石、绿泥石及一些混层黏土矿物等。随着成岩作用演化，到中后期成岩环境开始由酸性向碱性转化，开始形成自生伊利石、绿泥石等黏土矿物，多形成于1~2期石英加大和早期溶蚀作用发生之后，呈孔隙环边状分布在孔隙壁。自生黏土矿物对有效储层的形成，既有抑制作用，又有促进作用。石英次生加大程度与干净的石英颗粒表面积大小、埋藏温度和埋藏时间等因素有关，以自生绿泥石为主的自生黏土矿物环边，能够在一定程度上降低可供胶结的石英颗粒表面积，从而起到抑制石英次生加大和保留原生粒间孔隙的作用，且黏土矿物环边越连续，这样的效应越明显。在广安须家河组储层中，较连续的绿泥石环边有效地抑制了石英次生加大，保留了原生孔隙［图4-18（c）］，使储层物性较好，而在绿泥石环边不连续处，见石英次生加大晶面［图4-18（d）］，从反面证明了绿泥石环边对石英次生加大的抑制作用。

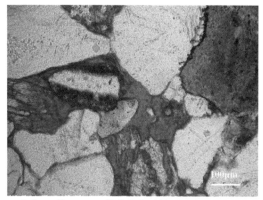
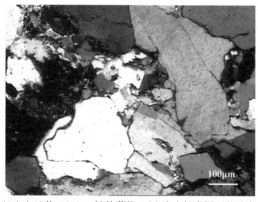

(a)广安101井, 2076m, 铸体薄片, 单偏光粗粒长石岩屑砂岩, 粒间溶孔、颗粒溶孔较发育, 粗粒长石岩屑砂岩粒间孔–溶孔成岩相

(b)广安12井, 1952m, 铸体薄片, 正交光中粒岩屑石英砂岩, 石英含量较高, 发育石英加大胶结, 岩屑石英砂岩硅质胶结成岩相

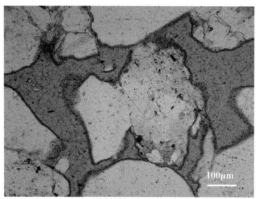
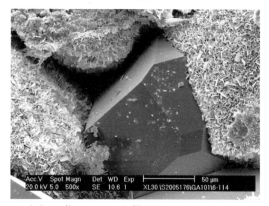

(c)广安101井, 2080.2m, 铸体薄片, 单偏光, 粗粒石英岩屑砂岩, 发育绿泥石环边, 石英次生加大不发育, 原生孔隙连通性好

(d)广安101井, 2080.2m, 扫描电镜照片石英颗粒表面分布叶片状绿泥石, 见少量石英次生加大晶面

图 4-18　广安须家河组须六段储层显微照片（红色或蓝色部分为铸体）

3. 溶蚀作用对储层性质的影响

　　溶蚀作用所形成的次生孔隙，是低渗砂岩气藏中有效储层的重要特征，低渗砂岩中所发育的次生孔隙，有效地改善储层物性，使储层质量得到显著提升。碎屑岩储层中溶蚀作用的几个要素是不稳定组分、成岩流体和流体运移通道。在溶蚀作用的各种因素中，地质历史中溶蚀流体和流体通道的性质变化多端，不易被认识，而不稳定组分是储层固有特征，而且在气藏开发阶段，较小的研究区内流体特性变化不大，砂岩中不稳定组分的分布对溶蚀作用的控制较强，因此更关注不稳定组分的分布。不稳定组分主要指长石和不稳定岩屑等骨架颗粒，以及碳酸盐和某些易溶的黏土等胶结矿物，煤系地层低渗砂岩储层中由于缺少碳酸盐胶结物，因此主要的溶蚀矿物是长石。

　　广安地区须家河组气藏具有煤系烃源岩特征，在深埋藏过程中，煤系地层可在成岩早期产生大量酸性体、腐殖酸，使溶蚀作用强烈，长石、岩屑及杂基、胶结物发生溶蚀形成粒间溶蚀扩大孔、粒间溶孔、粒内溶孔和胶结物溶孔、杂基内溶孔等次生孔隙，由于胶结物不发育。在限定粒度与填隙物含量的前提下，对须家河组储层的统计表明，长石含量与孔隙度具有较好的相关关系（图4-19）。而通过对大量薄片的观察发现，一方面长石岩屑砂岩中溶蚀孔明显多于其他类型砂岩，长石溶蚀产生的粒内孔是主要的溶蚀孔类型，随着长石含量的增多，溶蚀孔越发育，使储层物性变得更好。广安须家河组气藏有效储层主要发育于岩屑长石砂岩区，从另一方面反映溶蚀作用对有效储层形成的控制作用强。

苏里格气田盒八段和山一段储层中，有效储层与次生孔隙发育段对应，次生孔隙主要为火山岩屑颗粒溶孔、铸模孔或颗粒填隙物的溶蚀扩大孔，而次生溶孔一般在粗岩相中更发育（图4-20）。可能因为粗岩相对原生孔隙的保存，为流体提供了通道，更有利于溶蚀孔的发育。

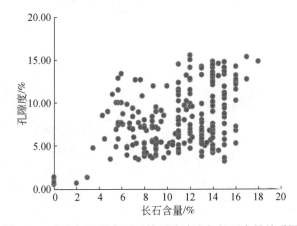

图4-19　广安气田须家河组储层孔隙度与长石含量关系图

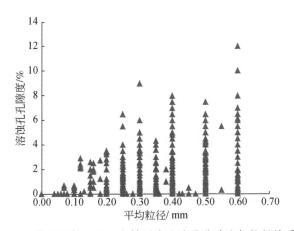

图4-20　苏里格气田盒八段储层次生溶孔孔隙度与粒径关系图

（三）构造作用对储集性的影响

构造运动使地层上升或下降，地层的抬升可以使地层内部压力得到释放，改善储层的致密性，而地层的下沉使埋藏深度加大，促使储层致密化程度加强。构造运动可以使比较致密的储层产生裂缝，如四川前陆盆地上三叠统储层，经过多期冲断作用使其构造裂缝发育，尤其是四川前陆盆地西部地区储层，由于其早期的深埋压实作用，致使储层多已致密化，裂缝改善作用往往对储集性能有决定性影响，破碎裂缝的形成与分布又与前陆冲断构造运动密切相关。四川地区部分井的测试情况表明，储层具双重介质系统，即基质和裂缝都对储渗系统起作用。裂缝在致密储层中主要起增加孔隙度、提高渗透率、促进沿裂缝形成溶蚀孔缝系统等作用。其中裂缝对总孔隙度的提高贡献不大，裂缝率一般小于1%，其对渗透率的增加作用很大，对渗透率的增加一般可达十倍至几十倍。但构造挤压作用对储层的压实也产生负面影响。

总之，针对致密砂岩气藏储层及其致密化成因来说，沉积微相控制沉积物的粒度和成分，从而对成岩作用有一定的影响，在苏里格和广安气田致密砂岩储层中，沉积相是储层物性的主控因素。强烈的压实作用与石英次生加大胶结作用是砂岩致密化的主要机制，在相同埋藏深度下，含刚性颗粒较多的"粗岩相"更抗压实，但较纯的石英砂岩可能发生强烈的石英次生加大而致密化；颗粒间的绿泥石环边能有效阻止石英次生加大，保留一定的原生孔隙。

四、有效储层综合评价

在气田的勘探开发过程中，一般根据孔隙度、渗透率、孔隙结构及生产状况等特征，对储层进行分类评价。不同的地区分类评价的标准不同，四川须家河和苏里格致密砂岩储层的分类评价标准即存在细微的差别。下文将以苏里格为例，详细阐明苏里格致密砂岩有效储层分类特征、成因模式等规律。

（一）评价参数的筛选

储层的分类评价应着重考虑储层对天然气的有效储集能力和渗透性，因此，宏观表征储层物性的孔隙度和渗透率是必要的参数，而微观参数的获取主要依靠压汞资料和图像分析资料。分析表明，储层孔隙度与孔隙结构参数喉道均值 D、分选系数 σ、中值半径 r_{50}、排驱压力 P_d、$S_{Hg0.1}$ 和最大进汞饱和度 S_{Hgmax} 之间有很好的相关关系；而储层渗透性与孔隙结构参数喉道均值 D、分选系数 σ、中值半径 r_{50}、排驱压力 P_d 也有很好的相关性。因此，微观参数主要选取喉道均值 D、分选系数 σ、中值半径 r_{50}、排驱压力 P_d 等参数评价储层的微观参数。

（二）储层分类评价标准确定

1. 物性标准确定

苏里格气田在提交储量时，将孔隙度5%，渗透率 $0.1 \times 10^{-3}\,\mu m^2$ 确定为储层物性下限，本次分类沿用储层物性下限标准，将孔隙度小于5%，渗透率低于 $0.1 \times 10^{-3}\,\mu m^2$ 的储层划分为Ⅳ类储层，即非储层。另外，从全区储层的孔渗关系图（图4-21）可以看出，当孔隙度大于12%时，渗透率明显高于原来的趋势线，这说明孔隙结构发生了变化，因此将孔隙度大于12%，渗透率大于 $1 \times 10^{-3}\,\mu m^2$ 的储层作为Ⅰ类储层下限。

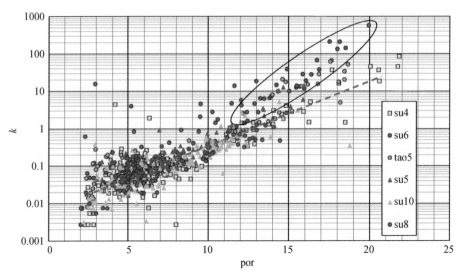

图4-21　岩心分析孔隙度与渗透率交会图

2. 其他参数标准的确定

根据筛选的参数，结合常规物性、毛管压力曲线和图像分析资料将苏里格上古生界储层分为四大类（表4-9）。

表4-9　苏里格上古生界储层孔隙结构评价标准

评价参数		结构类别			
		I	II	III	IV
物性特征	$K/10^{-3} \mu m^2$	≥1	0.5~1	0.1~0.5	<0.1
	$\Phi/\%$	≥12	12~9	9~5	<5
岩石学特征	$V_Q/\%$	≥65	65~60	60~50	<50
	$V_R/\%$	≤10	10~15	15~30	>30
	岩性特征	中–粗粒石英砂岩，含砾凝灰质常见		中–粗粒岩屑砂岩杂基含量高	
压汞曲线特征	D	≤10.5	10.5~12.5	12.5~14	>14
	$R_{50}/\mu m$	≥0.5	0.5~0.1	0.1~0.04	<0.04
	P_d/MPa	≤0.4	0.4~0.8	0.8~2	>2
	σ	≥2.6	2.6~2.0	2.0~1.2	<1.2
孔隙图像	平均孔径/μm	≥60	60~10	10~0.5	<0.5
	面孔率	≥6	2~6	2~1	<1
	孔隙组合	溶孔–粒间孔、晶间孔–粒间孔、微裂隙–溶孔	晶间孔–溶孔、复合型、溶孔型	微孔–晶间孔、溶孔–晶间孔、晶间孔–微裂隙	微孔型、微孔–微裂隙型

3. 储层分类评价结果

通过储层的综合研究，将苏里格气田砂岩分为四类即Ⅰ类、Ⅱ类、Ⅲ类和Ⅳ类。Ⅰ类为相对高孔高渗储层，占统计总砂岩的 7% 左右；Ⅱ类为中等储层，占统计总砂岩的 13% 左右；Ⅲ类是差储层，占统计总砂岩的 35% 左右；Ⅳ类是非储层，占砂岩的 45% 左右。

1）Ⅰ类储层

该类储层岩性为主河道心滩微相中的中-粗粒石英砂岩、岩屑石英砂岩和砾状石英砂岩。毛管压力曲线为单平台型，孔喉分选较好。特点是物性相对较好，孔隙度与渗透率相对高，储集空间主要为溶孔，并含有较多的微裂缝，大孔-粗喉组合，分选好，孔喉连通性较好，属于中等产能储层。

2）Ⅱ类储层

该类储层岩性为河道中的中-粗粒岩屑石英砂岩。该类储层毛管压力曲线一般都具有双阶梯形的孔隙结构特征，中偏细歪度。特点是孔隙度与渗透率中等，储集空间由溶孔、晶间孔和微孔构成复合型孔隙网络，中粗孔-中喉组合，分选一般，孔喉连通性中等。在各个小层广泛分布，为最常见的储层类型，属于中-低产能储层。

3）Ⅲ类储层

该类储层岩性为含塑性岩屑和杂基丰富的各类砂岩、含泥细-中粒岩屑砂岩。毛管压力曲线仍为双台阶形，曲线歪度细偏中。特点是孔隙度和渗透率低，中小孔-细喉组合，孔喉连通性中等，分选一般。其储集空间主要为少量溶孔和杂基内微孔隙，以粒间孔丧失为重要标志，在各个小层均有分布，为常见的储层。此类一般为中-差的低产能储层。

4）Ⅳ类储层

岩性为含塑性岩屑和杂基丰富的各类细砂岩、泥质细粒岩屑砂岩。毛管压力曲线表现出双阶梯形和单阶梯形两种。特点是孔隙度和渗透率特低，其储集空间主要为微孔隙，小孔-细喉组合，孔喉连通性差，分选一般。这类岩石一般很难成为储集层，在气层中常以致密夹层出现。

第三节　低渗致密砂岩气藏开发规律

随着技术进步，我国低渗致密气藏已经实现了效益开发。在低渗致密气藏特征基础之上，弄清气井生产特征和气藏开发方式，明确该类气藏的开发规律，以便为其开发技术政策的制定提供支撑。

一、气井生产特征

对于大面积分布的强非均质性致密砂岩气藏，要实现对储量的规模动用，所需钻井数量多；而且该类气田与常规的整装气田不同，不但区块间产能差异大，相同区块内相邻井间产能差异也较大。下面以苏东区块为例，介绍气井生产特征。

（一）直井生产特征

1. 气井静态分类

自 2008 年 8 月正式投入生产以来，至 2011 年 3 月 21 日，苏里格气田东区共有投产井 648口，累计产气量 $29.93 \times 10^8 \mathrm{m}^3$；2011 年 3 月 21 日，东区日开井数 572 口，日产气量 $507 \times 10^4 \mathrm{m}^3$，平均单井日产气量 $0.9 \times 10^4 \mathrm{m}^3$；平均套压 11.3MPa，压降速率 0.017MPa/d。苏里格气田东区和中区沉积体系与有效储层的发育具有较好的相似性，采用相同的气井静态分类标准（表 4-10）。因此，根据有效储层单层或累计厚度，将气井划分为 3 类。

表 4-10　气井静态分类标准

井类别	最大单层有效厚度/m	或	累计有效厚度/m	无阻流量/（$10^4\mathrm{m}^3/\mathrm{d}$）
Ⅰ类井	≥5	或	≥8	≥10
Ⅱ类井	3～5	或	5～8	4～10
Ⅲ类井	>3	或	<5	<4

根据上述标准，对苏里格气田东区的气井进行了分类评价，结果表明，因储层发育和物性较中区差，东区Ⅰ+Ⅱ类井比例较低（表 4-11），仅为 70.3%，低于中区。

表 4-11　苏里格气田东区气井分类评价结果表

区块	统计井数/口	Ⅰ类井井数/口	Ⅱ类井井数/口	Ⅲ类井井数/口	Ⅰ类井比例/%	Ⅱ类井比例/%	Ⅲ类井比例/%	Ⅰ+Ⅱ类井比例/%
中区	1855	704	741	410	38.13	39.36	22.51	77.9
东区	889	203	422	264	22.8	47.5	29.7	70.3

2. 气井动态分类

苏里格东区气井动态分类沿用苏里格中区气井的动态评价标准（表 4-12），采用气井无阻流量、初期产量、平均产量三个指标，并参考累计产量，对东区投产的 510 口上古生界气井（不包括投产的 74 口上古生界骨架井）进行了分类。从动态分类的结果看，动态分类的Ⅰ+Ⅱ类井比例为 61.2%，低于静态分类比例。

表 4-12　苏里格气田东区气井动态分类标准

气井类别	动态分类					典型井
	无阻流量/（$10^4\mathrm{m}^3/\mathrm{d}$）	初期产量/（$10^4\mathrm{m}^3/\mathrm{d}$）	平均产量/（$10^4\mathrm{m}^3/\mathrm{d}$）	井数/口	动态比例/%	
Ⅰ类	>10	>1.6	>1.5	100	19.6	苏东 41-53
Ⅱ类	4～10	0.8～1.6	0.6～1.5	212	41.6	苏东 62-62
Ⅲ类	<4	<0.8	<0.6	198	38.8	苏东 35-35

3. 直井生产特征

1）Ⅰ类井 100 口，比例为 19.6%

该类井初期配产大于 $1.6×10^4 m^3/d$，能够连续生产，稳产能力较强；至 2011 年 3 月 21 日，井均累计产气 $937×10^4 m^3$；目前井均日产气 $1.81×10^4 m^3$，井均套压 10.5MPa，套压降速率 0.016MPa/d，单位套压降产量 $130×10^4 m^3/MPa$。

典型井苏东 41-53 井（图 4-22），该井 2008 年 7 月 14 日投产，投产前井口油压 3.1MPa（节流后），套压 21.2MPa，初期配产 $2.95×10^4 m^3/d$；截止到 2011 年 3 月 21 日，油压 1.6MPa，套压 11.6MPa，套压降速率为 0.014MPa/d，累计产气 $1529×10^4 m^3$，单位套压降产量为 $159×10^4 m^3/MPa$，生产和稳产能力较强。

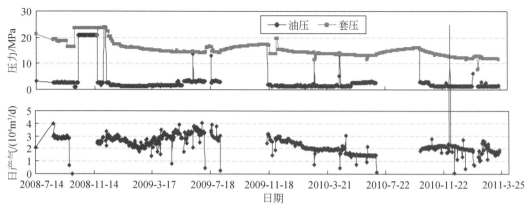

图 4-22　苏东 41-53 井生产曲线

2）Ⅱ类井 212 口，比例为 41.6%

该类井配产或初期稳定产量 $0.8×10^4 ~ 1.6×10^4 m^3/d$，基本能够连续生产，具有一定稳产能力；至 2011 年 3 月 21 日，井均累计产气 $429×10^4 m^3$；目前井均日产气 $0.82×10^4 m^3$，井均套压 11.14MPa，套压降速率 0.018MPa/d，单位套压降产量 $68×10^4 m^3/MPa$。

典型井苏东 62-62 井（图 4-23），2008 年 7 月 14 日投产，投产前井口油压 3.4MPa（节流后），套压 22.2MPa，初期配产 $1.25×10^4 m^3/d$；截止到 2011 年 3 月 21 日，油压 1.24MPa，套压 9.2MPa，套压降速率为 0.019MPa/d，累计产气 $949×10^4 m^3$，单位套压降产量为 $61×10^4 m^3/MPa$，生产能力较强。

3）Ⅲ类井 198 口，占总井数的 38.8%

该类井配产或初期稳定产量小于 $0.8×10^4 m^3/d$，生产能力较低，在较低的配产下具有一定的稳产能力；至 2011 年 3 月 21 日，井均累计产气 $180×10^4 m^3$；目前井均日产气 $0.46×10^4 m^3$，井均套压 11.96MPa，套压降速率 0.016MPa/d，单位套压降产量 $36.5×10^4 m^3/MPa$。

典型井苏东 35-35 井（图 4-24），2008 年 12 月 6 日投产，投产前井口油压 2.5MPa（节流后），套压 22MPa，初期配产 $0.4×10^4 m^3/d$；截止到 2011 年 3 月 21 日，油压 1.1MPa，套压 10.4MPa，套压降速率为 0.019MPa/d，累计产气 $224×10^4 m^3$，单位套压降产量为 $18.2×10^4 m^3/MPa$，相对较小，生产能力较差。

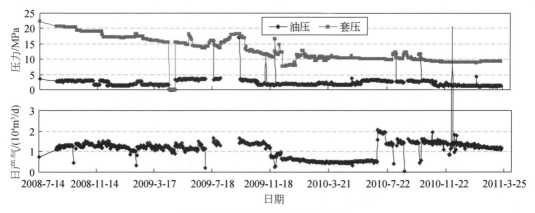

图 4-23　苏东 62–62 井生产曲线

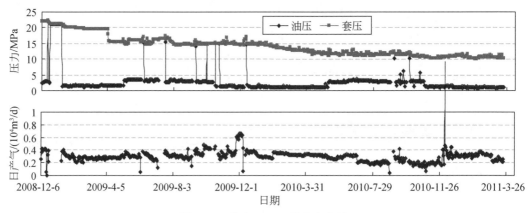

图 4-24　苏东 35–35 井生产曲线

（二）水平井生产特征

由于苏里格气田储层物性差、非均质性强，水平井多段分级压裂投产后初期产量较高，主要反映近井高渗裂缝改造带的产气能力，但随后产量和压力均随生产时间的延长而不断降低，一般不存在明显的产量稳产期；水平井生产中后期产量下降变缓，产气能力受储层物性、裂缝改造体积和流动边界等多因素控制，主要受单井控制储量控制。因此不同类型水平井表现出不同的生产特征。截止到 2011 年，苏里格气田共投产水平井 100 口，其中自营区 31 口，合作区 69 口；单井日均产气量 $6.7 \times 10^4 m^3/d$，压降速率 0.024MPa/d，平均单井累计产气量 $1500.05 \times 10^4 m^3$（表 4-13）。

表 4-13　苏里格气田投产水平井生产概况

区块	投产井数 /口	投产前压力		目前压力		平均单井日产气量 /($10^4 m^3/d$)	目前压降速率 /（MPa/d）	平均单井累计产气量 /（$10^4 m^3/d$）
		油压/MPa	套压/MPa	油压/MPa	套压/MPa			
苏6	8	21.9	22.4	7.2	12.1	6.8	0.02	1086.95
苏36–11	6	22.3	22.3	7.2	12.4	4.3	0.02	1361.75

续表

区块	投产井数/口	投产前压力		目前压力		平均单井日产气量/(10^4m³/d)	目前压降速率/（MPa/d）	平均单井累计产气量/(10^4m³/d)
		油压/MPa	套压/MPa	油压/MPa	套压/MPa			
苏14	10	22.5	24.0	7.3	13.0	5.4	0.019	1334.18
桃2	5	22.9	22.6	9.0	16.8	6.0	0.028	600.61
苏47	1	26.0	28.0	3.1	18.5	6.4	0.02	906.20
苏5	9	20.5	21.8	1.5	12.2	5.4	0.025	963.71
桃7	9		19.9	2.0	6.9	7.0	0.02	1581.28
苏东	1	20.1	20.1	1.1	7.1	1.6	0.02	202.51
苏10	11	17.8	18.4	3.0	8.0	5.0	0.022	2106.80
苏53	24	19.2	20.3	5.6	11.7	9.7	0.033	1861.35
苏20	10	20.4		2.8		6.0	/（无套压）	1823.33
苏75	5	21.7	21.8	3.4	14.2	6.8	0.016	1313.19
苏76	1	15.1	15.4		12.5	6.6	0.027	133.87
合计（平均）	100	20.2	21.2	5.1	12.3	6.7	0.024	1500.05

根据苏里格气田已投产水平井生产动态特征，建立苏里格气田水平井动态分类标准（表4-14），并将100口已投产水平井进行分类，评价结果表明Ⅰ+Ⅱ类井比例为78%。

表4-14 苏里格气田水平井动态分类标准

类型	无阻流量（单点法）/（10^4m³/d）	气井产量/（10^4m³/d）	稳产时间/年	稳产期累计采气量/10^4m³
Ⅰ	≥50	≥8	≥3	≥8000
Ⅱ	20~50	3~8	≥3	3000~8000
Ⅲ	≤20	≤3	≥3	≤3000

1. Ⅰ类井，共30口，占总井数的30%

该类井初期配产产量8×10^4~15×10^4m³，气井生产效果良好，平均单井日产9.9×10^4m³，平均单井累计产气量2022×10^4m³，目前平均套压15.2MPa。

2. Ⅱ类井，共48口，占总井数的48%

该类井配产产量3×10^4~6×10^4m³，气井生产效果好，目前单井日均产气5.1×10^4m³，平均单井累计产气1528.1×10^4m³，目前平均套压10.4MPa。

3. Ⅲ类井，共22口，占总井数22%

该类井配产产量在1×10^4~3×10^4m³，目前平均单井日产2.9×10^4m³，平均单井累计产气量659.6×10^4m³，目前平均套压11.0MPa。

二、气藏开发方式

由于储集层的超低渗透性，致密砂岩气单井产量低。以苏里格气田为典型代表的我国低渗-致密砂岩气田经过多年的探索和实践，针对大面积、低丰度、强非均质性的地质特点，结合直井分层压裂和水平井多段压裂工艺技术，实现了该类气藏的效益开发。在井型方面从直井发展到丛式井和水平井，在井网方面由直井井网多次加密发展到丛式井组的面积井网、局部有利区块水平井井网，开发效果不断提升，形成了具有苏里格特色的井型井网开发技术系列，提升了中国致密气开发技术水平。

（一）开发井型井网论证

1. 大型复合砂体分级构型描述与井位优选

要进行开发井的优化部署，首先要提高气藏描述精度。由于苏里格气田主力含气砂体小而分散，埋藏深度大，利用地球物理信息进行准确识别和定量预测的难度大。需要采取滚动描述的思路，综合应用地质与地球物理手段，随着钻井资料的增多，从区域到局部、从区块到井间、从定性到定量，不断提高储集层描述精度。针对苏里格气田储集层地质特征，形成了大型复合砂体分级构型描述技术，由大到小逐级预测富集区、有利砂体叠置带和井间储集层的分布，为开发评价井、骨架井和加密井的部署提供地质模型。

1）复合砂体分级构型划分

对于大型复杂油气田，需要在不同尺度上认识沉积特征与储集层分布模式及砂体的规模尺度，以满足开发概念设计、富集区优选、井网设计和井位确定的需要。根据沉积体的生长发育过程，由小到大可划分为不同的成因单元，以河流相为例，可划分为纹层（组）、层（系）、单砂体、单河道、河道复合体、河流体系、盆地充填复合体等，其规模尺度由毫米级发展到数千米级。在实际应用过程中可根据具体地区的地质特征和研究需要进行相应调整，建立适应该地区的构型划分方案。

为解剖苏里格气田大型辫状河复合砂体的内部结构，由大到小将其划分为4级构型：辫状河体系、主河道叠置带、单河道、心滩（表4-15、图4-25）。辫状河体系以段为研究单元，在苏里格气田可划分为盒8$^\text{上}$、盒8$^\text{下}$和山1共3段地层单元。辫状河体系的厚度一般在几十米以上、宽度可达十几千米、长度可达上百千米，呈宽条带状分布，形成了宏观上"砂包泥"的地层结构。根据砂体叠置样式可将辫状河体系划分为主河道叠置带和辫状河体系边缘带两部分。叠置带砂地比大于70%，是含气砂体的相对富集区，剖面上具下切式透镜复合体特征，平面上呈条带状分布，厚度一般为十几米至几十米、宽度可达数千米、长度可达几十千米。边缘带砂地比30%~70%，在叠置带两侧呈片状分布。在叠置带和边缘带内，以小层为研究单元，可进一步划分出单河道和心滩砂体，即三、四级构型。心滩砂体是形成主力含气砂体的基本单元，呈不规则椭圆状，厚度为米级、宽度为百米级，长度为百米至千米级。辫状河体系控制了含气范围，主河道叠置带控制了相对高效井的分布，心滩砂体的规模尺度是井网设计的地质约束条件。

表 4-15　苏里格气田复合砂体 4 级构型划分

构型划分	地层单元	构型尺度			几何形态	识别方法	研究目的
		厚度	宽度	长度			
一级（辫状河体系）	组–段	几十米级	十千米级	上百千米级	宽条带	砂泥岩分布、地震相	预测富集区、部署评价井
二级（主河道叠置带）	段	十几米级	千米级	几十千米级	条带状	岩心、测井相叠置样式、地震相	预测高能河道叠置带、部署骨架井
三级（单河道）	小层	米级	百米级	千米级	条带状	岩心、测井相	预测单砂体、部署加密井
四级（心滩）	小层	米级	百米级	百米至千米级	不规则椭圆状	岩心、测井相、试井	预测单砂体、部署加密井

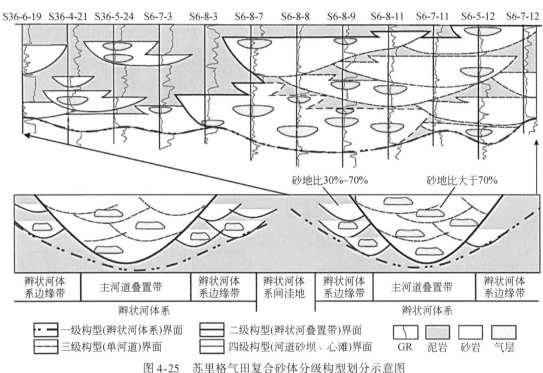

图 4-25　苏里格气田复合砂体分级构型划分示意图

2）分级构型分布预测与井位优选

将复合砂体分级构型描述与开发井位部署有机结合，采用评价井、骨架井、加密井的滚动布井方式可有效提高钻井成功率。以苏里格气田中区为例进行分析（图 4-26）。

主要利用探井、早期评价井和地震反演资料，结合宏观沉积背景，研究区域上一级构型即辫状河体系的展布和砂岩分布特征。以苏里格气田中区盒 $8^{下}$ 为例，可将其划分为 3 个辫状河体系［图 4-26（a）］，呈南北向展布，砂岩厚度在 15m 以上的区域可作为相对富集区，以此为依据部署区块评价井，落实区块含气特征。

在一级构型分布研究基础上，可将气田分解为多个区块开展二级构型分布预测［图4-26（b）］。主河道叠置带分布在辫状河体系地势相对较低的"河谷"系统中，河道继承性发育，一定的地形高差和较强水动力条件有利于粗岩相大型心滩发育，主力含气砂体较为富集，沉积剖面具有厚层块状砂体叠置的特征，泥岩隔夹层不发育。主河道叠置带两侧地势相对较高部位发育辫状河体系边缘带，以洪水期河流为主，心滩规模一般较小，沉积剖面为砂泥岩互层结构。在已钻评价井砂体叠加样式约束基础上，研究沉积相分布特征，利用目的层时差分析、地震波形分析、AVO含气特征分析等方法可以预测辫状河体系中主河道叠置带的分布，进而部署骨架井。

在二级构型研究基础上，可进一步细化到小层，开展三、四级构型，即单河道和单砂体的分布预测。在评价井和骨架井约束下，通过井间对比，利用沉积学和地质统计学规律，结合地球物理信息，进行井间储集层预测，并编制小层沉积微相图，指导加密井的部署［图4-26

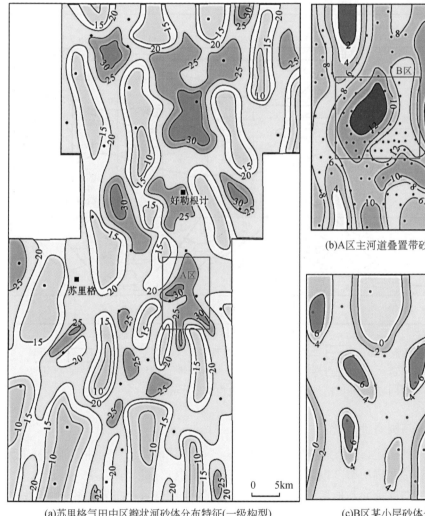

(b)A区主河道叠置带砂体分布特征(二级构型)

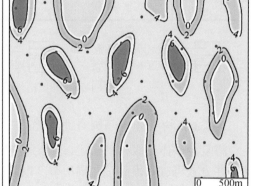

(a)苏里格气田中区辫状河砂体分布特征(一级构型)　　　　(c)B区某小层砂体分布特征(三级构型)

▪● 探井　　▪● 骨架井　　▪● 加密井　　／8／ 砂体厚度等值线(m)

图4-26　苏里格气田典型区块复合砂体分级构型砂体分布特征

（c）]。根据加密井试验区和露头资料解剖，苏里格气田心滩砂体多为孤立状分布，厚度主要为 2~5m、宽度主要为 200~400m、长度主要为 600~800m，单个小层中心滩的钻遇率为 10%~40%。加密井位的确定优先考虑 3 方面因素：骨架井井间对比处于主河道叠置带砂体连续分布区，地震叠前信息含气性检测有利，与骨架井的井距大于心滩砂体的宽度和长度。

2. 井型和井网优化

目前苏里格气田主要采用 3 种井型：直井、直井丛式井组、水平井。鉴于苏里格气田含气砂体小而分散、多层分布的地质特征，水平井的应用有一定局限性，主要在主力气层发育好的区块应用水平井，其他区块主要采用直井或直井丛式井组开发。

1）直井和直井丛式井组

A. 井距和单井控制面积评价

砂体规模尺度、压降泄气范围和干扰试井是确定井距和井控面积的主要依据。根据上述三、四级构型研究成果：苏里格气田主力含气砂体（心滩）多为孤立状分布，宽度主要为 200~400m，长度主要为 600~800m；在一个小层内，心滩砂体约占总面积的 10%~40%，将气田 9 个小层的心滩砂体投影叠置到一个层，心滩砂体可占总面积的 95% 以上。换言之，心滩砂体不均匀地分散分布在垂向上的 9 个小层中，单个小层中心滩孤立分布，而从 9 个小层的累计效果看，心滩则几乎覆盖了整个气藏面积。所以要实现井网对心滩的最大程度控制，又不至于 2 口井钻遇同一心滩，井距的大小应与砂体规模基本相当。考虑到储集层压裂改造后，人工裂缝沿最大主应力方向近东西向展布，而心滩砂体走向主要呈南北向，所以心滩宽度方向上可得到较充分动用，而长度方向上会受心滩内部泥质披覆层的影响而动用不充分，因而井距应适当大于心滩宽度，而排距应适当小于心滩长度，该认识也得到了气井泄气范围评价的验证。根据试井原理，采用生产动态数据典型曲线拟合方法，苏里格气田直井的泄气范围拟合为椭圆形，人工裂缝半长 40~130m，泄气椭圆形长短轴比为 1.3~1.5，确定单井有效控制面积为 0.2~0.4km^2，平均 0.3km^2。通过干扰试井验证，部分 400m 距离的井间存在干扰现象，所以合理井距应大于 400m。综合考虑，可采用井距 400~600m、排距 600~800m 的井网，或 3 口/km^2 的井网密度。

B. 井网几何形态

在确定了合理的井距、排距后，应根据气井有效控制面积的几何形态确定井网节点的组合方式即井网几何形态。从心滩砂体的几何形态来考虑，河道主要呈南北向展布，则心滩呈不规则椭圆形近南北向展布，应采用菱形井网提高对心滩的控制程度。井网几何形态的确定还应考虑人工裂缝的展布方向。SHELL 公司在 Pinedale 致密气田的井网设计中，沿裂缝走向拉大井距、垂直裂缝走向缩小井距，形成菱形井网。苏里格气田主产层最大主应力方向为近东西向，主裂缝沿东西向延伸，与砂体走向不一致，所以井网设计主要考虑砂体的方向性。苏里格气田基础开发井网可确定为菱形井网，东西向井距 500m 左右、南北向排距 700m 左右。具体实施过程中，可根据气层发育的实际情况，在基础井网基础上适当调整，形成不规则的近菱形井网。

C. 井网优化技术流程

根据苏里格气田的实践经验，致密气田井网优化的技术流程可归纳为 5 个步骤：①根据砂体的规模尺度、几何形态和展布方位，进行井网的初步设计；②开展试井评价，考虑裂缝半长、方位，拟合井控动态储量和泄压范围，修正井网的地质设计；③开展干扰试井开发试验，进行井距验证；④设计多种井网组合，通过数值模拟预测不同井网的开发指标；⑤结合经济评价，论证经济极限井网，确立当前经济技术条件下的井网。

D. 直井丛式井组优化部署

苏里格气田地面生态环境薄弱，从环保和经济角度考虑，为降低井场占地面积，宜采用直井丛式井组方式部署。目前一般 1 个井场部署 5 ~ 7 口井，在目的层段形成直井井眼或一定角度的斜井井眼，井底形成开发井网。为降低储集层非均质性带来的风险，采用面积井网的概念，根据井组的辖井数和井控面积确定井组控制面积。根据预测的各井位储集层有利程度，确定井组内各井的钻井先后顺序，并利用先期井进一步优化后期井位，形成不规则井网。TOTAL 公司在苏里格南区的丛式井组滚动布井方式可供借鉴（图 4-27）：最小井距按700m 左右考虑，一个丛式井组控制面积约 9km² 的正方形区域、钻井 9 ~ 18 口，首批钻井井距约 1000m 的 3 口井，根据实施效果钻第 2 批 6 口井，然后利用新获取的资料在 9 口井间最多可钻 9 口加密井，最终按对角线形成 700m 左右的井距。

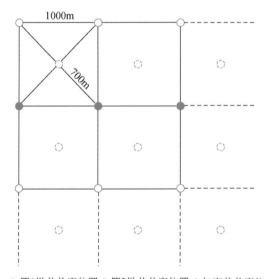

● 第1批井井底位置 ○ 第2批井井底位置 ○ 加密井井底位置

图 4-27　苏里格气田 TOTAL 合作区块丛式井布井示意图

2）水平井

在苏里格气田应用水平井主要基于两方面的考虑：一是直井单井控制储量和单井产量低，气井生产初期递减快，要建成规模产能并保持长期稳产，需要大量的产能建设井和产能接替井，为减少开发井数和管理工作量，提高开发效益，需要发展水平井技术来提高单井控制储量和单井产量；二是直井密井网开发方式下采收率水平较低，而且由于苏里格气田储集层厚度较薄，井网密度过大虽然可提高采收率，但难以确保单井经济极限累计产量，所以不能照搬国外的多次加密方式，需要探索水平井提高采收率的可行性。

目前，国内水平井开发技术在储集层横向稳定的低渗砂岩气藏中的应用获得了很好的效果，并积累了一定的经验，如与 SHELL 公司合作开发的榆林气田长北区块采用双分支水平井，水平井段设计长度为 2km，已投产的 14 口双分支水平井平均单井产量达到 $63 \times 10^4 m^3/d$，达到直井产量的 3 倍以上。但苏里格气田储集层的强非均质性特征对水平井的应用提出了更大挑战，水平井地质设计中需要考虑以下几个因素：通过地质目标优选和轨迹设计提高气层钻遇率；确定最佳的水平段方位、长度、压裂段数和水平井井网；将水平井地质设计与改造工艺有机结合，提高气藏采收率。

A. 水平井地质目标优选

苏里格气田目的层为大型辫状河沉积，多期次辫状河河道的频繁迁移与切割叠置作用，使得含气砂体多以小规模的孤立状分布在垂向多个层段中，单层的气层钻遇率低于 40%。但在整体分散的格局下，局部区域存在多期砂体连续加积形成的厚度较大、连续性较好的砂岩段，即主力层段较为明显，有利于水平井的实施。

通过储集层结构特征研究认为，苏里格气田水平井地质目标需满足以下条件：①处于主河道叠置带，砂岩集中段厚度大于 15m，横向分布较稳定、邻井可对比性强；②主力层段气层厚度大于 6m，储量占垂向剖面的比例大于 60%；③地球物理预测储集层分布稳定，含气性检测有良好显示；④邻井产量较高，水气比小于 $0.5m^3/10^4 m^3$，在已开发区加密部署时，应选取地层压力较高的部位；⑤构造较为平缓。

根据较密集井网区的地质解剖，总结了 5 种适于部署水平井的气层分布模型：厚层块状型、物性夹层垂向叠置型、泥质夹层垂向叠置型、横向切割叠置型、横向串糖葫芦型（图 4-28、表 4-16），其中厚层块状型、横向切割叠置型、横向串糖葫芦型气层与井眼直接接触，物性夹层垂向叠置型、泥质夹层垂向叠置型可以通过人工裂缝沟通井眼上下的气层。根据实钻情况统计，厚层块状型、物性夹层垂向叠置型、泥质夹层垂向叠置型是 3 种主要的目标类型。

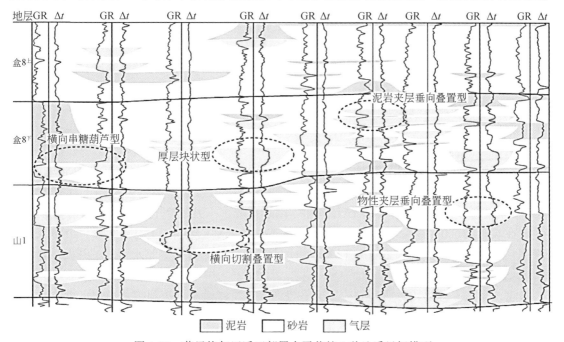

图 4-28 苏里格气田适于部署水平井的 5 种地质目标模型

表 4-16 苏里格气田水平井地质目标定量评价参数

类型	气层厚度/m	样品数/个	占样品总数比例/%	有效砂体长度/m		
				最小值	最大值	平均值
厚层块状型	>6	27	24	350	1 300	670
物性夹层垂向叠置型	6~15	38	34	350	1 800	980
泥质夹层垂向叠置型	6~15（泥岩隔层厚度小于3m）	23	21	600	1 500	870
横向切割叠置型	>3	17	16	1 000	3 500	1 600
横向串糖葫芦型	>3（有效砂体间距小于100m）	5	5	800	1 900	1 300

B. 水平井主要参数优化设计

a. 水平段方位

水平井水平段的方位主要取决于砂体走向和地层的最大主应力方向，前者可以保证水平段较高的气层钻遇率，后者保证了水平井的压裂改造效果。苏里格气田地质研究证实，有效砂体基本呈南北向展布，东西向变化快、范围小。因此，从气层钻遇率考虑，水平段方向应以南北向为主。同时，盒8段最大主应力方向为 NE98°~108°（近东西向），人工裂缝方向平行于最大主应力方向；水平段方位与裂缝垂直时改造效果最佳。综上所述，苏里格气田砂体走向与最大地应力方向配置较好，水平段方位应选择南北方向为主。

b. 水平段长度

水平井产能随水平段长度的增加呈非线性增大，水平段长度达到一定值后产能的增幅会逐步减小。而且随着水平段长度的增加，对钻井技术、钻井设备，以及钻井成本的要求会越来越高。所以水平段长度的优化应从储集层分布情况、钻井技术、成本、效益等方面综合考虑，选取最优值。目前苏里格气田水平井还处于应用初期，在技术提升和成本控制方面还有较大空间，对于水平段长度、压裂段数、产能之间的相关性认识还不足，这方面的研究还有待进一步深化。

另外，不同于储集层横向稳定的气田，苏里格气田的强非均质性对水平段长度的优化有较大影响。为有利于压裂改造施工，水平段应保持在目的层段内稳定钻进。根据苏里格气田储集层分布的地质统计规律，单个小层内有效砂体的钻遇率仅为10%~40%，反映有效砂体为孤立分散状且分布频率较低。因而，水平段钻遇一套有效砂体后，需要继续钻进较长距离才可能钻遇第2套有效砂体，而且由于砂体厚度薄，目前很难准确预测第2套有效砂体的分布位置；即使钻遇第2套有效砂体，也会因为钻遇了较长距离的非储集层或低效储集层段，而降低了经济效益。所以在目前技术条件下，苏里格气田水平井设计以钻遇一套有效砂体（单砂体或复合砂体）为主。根据统计规律，适于部署水平井的5类地质目标的有效砂体长度主要在670~1600m，因此水平段长度可初步确定为800~1500m（位云生等，2012a）。目前根据钻机能力，主要采用1000~1200m的水平段，并开始探索更长水平段的开发试验。

C. 压裂间距

致密气藏水平井采用分段压裂方式完井投产，压裂规模和压裂间距是影响水平井产能的关键因素，本书只讨论压裂间距的影响。理论上，应以每条裂缝控制的泄压范围不产生重叠为原则确定最小间距。但实际上这个最小间距很难确定，而且由于储集层的变化，即使在同一口井中，这个最小间距也是变化的。目前通用做法是综合考虑技术、成本、效益等方面的因素，通过建立水平段长度、压裂段数、产能、钻井成本、压裂成本之间的多参数关系模型，将水平段长度和压裂间距的优化做统一考虑。目前苏里格气田水平井的压裂间距主要借鉴国外的经验数值，按 100 ~ 150m 进行设计。下一步应积极开展微地震压裂监测，在技术趋于成熟、成本控制更加有效的基础上进一步开展压裂间距优化研究，还要结合苏里格气田的地质条件开展非等间距压裂的研究和现场试验。

D. 水平井井网

目前苏里格气田水平井主要有两种部署方式：一是选取局部有利位置分散部署，需要考虑与已钻直井的相互配置；二是选取有利区块整体集中部署，需要考虑水平井网的设计。水平井网设计时，首先应确定水平井的控制面积，按水平段平均长度 1000m 考虑，两个端点再向外侧各延伸 200m 左右的控制距离，则控制面积的长度在 1400m 左右；控制面积的宽度按照有效砂体的宽度考虑为 500 ~ 600m。实际上，根据致密储集层的压降传导顺序，从近井端到远井端，压力的波及范围近似梯形（图 4-29），所以在水平井网部署时，可考虑头尾对置的排列方式。

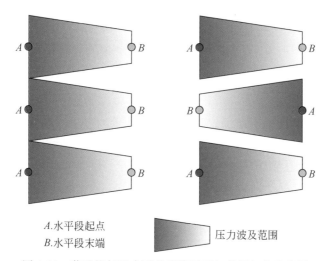

　　　　A. 水平段起点
　　　　B. 水平段末端　　　　　　　　　　压力波及范围

图 4-29　苏里格气田水平井压降平面与井网组合示意图

E. 水平井提高单井控制储量和采收率机理分析

如前所述，目前苏里格气田水平井以钻遇一套有效砂体为主。那么与直井相比，水平井是提高了单井控制储量还是只提高了采气速度？水平井实钻剖面分析发现，在一套有效砂体内存在阻流带（图 4-30）。在直井开发方式下，压裂缝东西向展布，难以克服南北两侧阻流带的影响，而使储量的动用程度不充分；水平井则可以钻穿东西向展布、南北向排列的阻流带，提高储量的动用程度，经数值模拟计算，水平井有效控制层段的采收率可达 80% 以上。水平井的动态储量可以达到直井动态储量的 2 ~ 3 倍甚至更高，也可说明上述观点。另外，水平井压裂可沟通垂向上未钻遇的有效砂体，提高单井控制储量和采收率。

水平井与分段压裂技术的组合应用，虽然可以提高钻遇有效砂体及邻近井筒有效砂体的动用程度，但在垂向剖面上仍会剩余部分被较厚泥岩隔开的气层，这部分气层的储量又难以满足部署双分支水平井的经济要求，可以考虑组合应用水平井与定向井以提高储量整体动用程度。

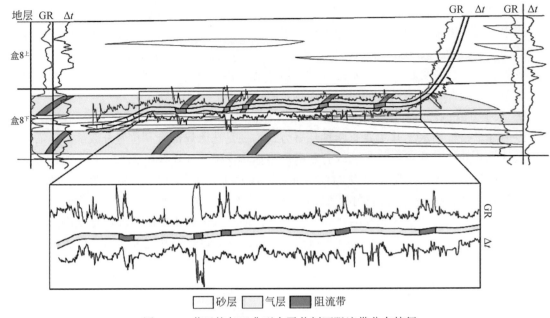

图4-30   苏里格气田典型水平井剖面阻流带分布特征

3）井型井网应用效果、问题及发展趋势

A. 应用效果

随着气田地质认识程度的不断深化和开发工艺技术的进步，苏里格气田井型井网技术的发展具有阶段性特征。2006～2009年，主要采用直井和直井丛式井组。通过井位优选，富集区内直井Ⅰ+Ⅱ类比例达到了75%~80%的较高水平，在保证单井稳产3年的条件下，平均单井配产$1×10^4 m^3/d$，稳产期后单井产量年递减率由20%逐步降低到10%以下，预计单井累计产量可达到$2200×10^4 m^3$以上。在优选的建产区块内，井网由评价期的$600m×1200m$菱形井网优化为$2～3$口/km^2的面积井网，地质储量采出程度由20%提高到35%以上。该阶段的井型井网技术为苏里格气田建成$100×10^8 m^3/a$生产能力发挥了关键的技术支撑作用。从2010年开始，随着水平井压裂技术的突破，水平井的应用规模不断扩大，投产水平井达到100口以上。基于目前的地质认识和钻机能力，水平井水平段长度一般为1000～1200m，压裂7～10段，在保证单井稳产3年的条件下，平均单井配产约$5×10^4 m^3/d$，稳产期后单井产量年递减率略高于直井，在30%左右，之后可逐步降低到10%以下，预计单井累计产量可达到$8000×10^4 m^3$以上。到2011年年底，苏里格气田已建成年生产能力$160×10^8 m^3$，水平井应用规模的不断扩大将为气田转变开发方式、提升开发效益作出重要贡献。

B. 存在问题及发展趋势

苏里格气田开发井型井网目前仍存在一些问题，主要包括：①直井$600m×800m$井网条件下，预测采收率在35%左右，仍需继续开展进一步加密井网提高采收率的开发试验，包括新区块的井网试验和已开发区的加密试验；②基于地质认识、钻井和压裂技术水平、钻机和压裂成本等方面的考虑，目前水平井的技术参数还是阶段性的，需要继续探索更长水平段、压裂优化、降低成本的开发试验，不断提高水平井单井产量；③受储集层预测精度的影响，目前水平井气层钻遇率一般在60%左右，需要加强三维地震资料的应用和深化气藏描述技术攻关，提高水平井气层钻遇率；④单支水平井开发后，剖面上仍会剩余部分气层未动用，需要探索新的井型井网提高气田采收率。

在井型方面，可开展低效井侧钻、多分支水平井、台阶式水平井、大位移水平井、多井底定向井等的探索和试验；在井网方面，应开展整体水平井井网、多井型组合井网的探索和试验；在井眼轨迹优化设计方面，应加强三维地震技术的应用，开展精细气藏描述，在三维数据体内优化井眼轨迹设计，并加强地质导向，提高储集层钻遇率。同时，井型井网技术必须要与压裂技术相配套以提升开发效果（何东博等，2013）。

（二）井网密度论证

致密砂岩气田一般没有明显边界，在数千乃至数万平方千米范围内广泛分布。由于渗透率低、储集层横向连续性和连通性差等原因，造成单井控制面积小和单井控制储量低，所以致密砂岩气田不宜采用常规气田的大井距开发，而是需要采用较密的井网来开发，以提高地质储量的动用程度和采收率。此外，由于致密气单井产量低、递减快，主要依靠井间接替保持气田稳产，所以致密气田开发要达到一定规模的生产能力并保持较长时间稳产，所需钻井数量很大。鉴于此，认为有必要在气田开发早期开展合理井网研究，以尽量避免早期形成的井网在开发中后期难以调整进而导致开发效益的下降。

井网的方式和井距的大小直接影响气田采收率的高低、投资规模的大小和经济效益的好坏，因此论证井网井距是气田开发方案设计中一个极其重要的环节。但是，井网井距与气田开发的采收率及经济效益又是互为矛盾的，如何确定三者之间的最佳关系，即使用最少的井最大限度地提高采收率并获得最佳的经济效益至关重要。低渗透、低丰度气田开发实践表明，该类气田在开发技术上要求采用小井距，但经济上要求采用大井距，井距在经济合算与技术上可行不能同时实现。因此井网井距是否合理是保障低渗透油田合理高效开发的关键。下面详述各种方法在致密砂岩气田井网密度论证过程中的应用。

1. 地质模型评价方法

致密砂岩气田储集层分布宏观上多具有多层叠置、大面积复合连片的特征，但储集体内部存在沉积作用形成的岩性界面或成岩作用形成的物性界面，导致单个储渗单元规模较小，数量众多的储渗单元在气田范围内集群式分布。要实现井网对众多储渗单元的有效控制，需要根据储渗单元的长、宽确定井、排距。所以利用地质模型进行井距优化的关键是确定有效含气砂体的规模尺度、几何形态和空间分布频率。

建立面向井距优化的地质模型，首先要在沉积、成岩和含气特征研究基础上确定有效含气砂体的成因，如认为苏里格气田的有效含气砂体是辫状河沉积体系中的心滩砂体，然后确定有效含气砂体的分布规模和几何形态，确定方法主要有3种。其一，地质统计法，利用岩心资料和测井资料结果确定有效砂体厚度的分布区间，再根据定量地质学中同种沉积类型砂体的宽厚比和长宽比来估计有效砂体的大小；其二，露头类比法，最好选取气田周围同一套地层的沉积露头，开展露头砂体二维或三维测量描述，建立露头研究成果与气田地下砂体的对应转化关系，预测气田有效砂体的规模尺度；其三，密井网先导试验法，开辟气田密井网试验区，综合应用地质、地球物理和动态测试资料，开展井间储集层精细对比，研究一定井距条件下砂体的连通关系，评价砂体规模的大小。

2. 泄气半径评价法

泄气半径评价是基于试井理论，利用动态资料评价气井的控制储量和动用范围，进而优化井距。考虑压裂裂缝半长、表皮系数、渗流边界等参数建立解析模型，利用单井的生产动态历史数据（产量和流压）和储集层基本地质参数进行拟合，使模型计算结果与气井实际生产史和动态储量一致，进而确定气井的泄气半径并评价合理井距。致密气气井通过为压裂后投产，考虑裂缝的评价方法主要有 Blasingame、AG Rate vs Time、NPI、Transient 等 4 种典型无因次产量曲线分析图版和同时考虑压力变化的裂缝解析模型。4 种典型无因次产量曲线图版方法是根据气井的产量数据拟合已建立的不同泄气半径与裂缝半长比值下的无因次产量、无因次产量积分、无因次产量导数与无因次时间的典型关系曲线，进而确定裂缝半长和泄气半径（图 4-31）。裂缝解析模型是在产量一定的情况下，拟合井底流压，从而确定裂缝半长和泄气半径（图 4-32）。

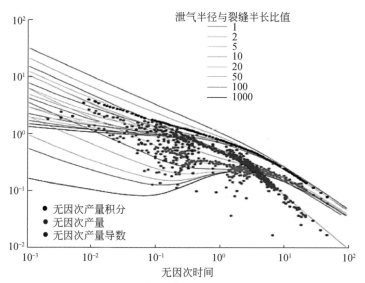

图 4-31　气井日产量 Blasingame 典型曲线拟合图

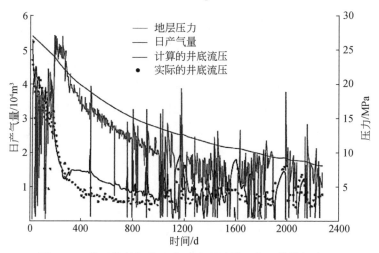

图 4-32　苏里格某气井生产动态裂缝模型典型曲线拟合图

3. 气藏工程方法计算

致密砂岩气藏本身储集层渗透性差，非均质性强，气体渗流速度慢，达到边界流动状态的时间可长达数年。也就是说，在气井投产后的较长时间内，气井周围的泄压范围是一个随时间不断扩大的动态变化过程，所以以利用生产初期动态资料评价的气井泄气半径和动态储量可能比实际情况要小。另外，致密砂岩气田的开采方式为压裂后投产，人工裂缝可以突破有效砂体的地质边界，扩大气井的泄压范围。所以在实际应用中，以泄气半径评价方法获得的泄气半径要与地质模型评价方法得到的泄气半径结果相互验证，以得到相对客观的认识。

4. 数值模拟评价

数值模拟法主要是在三维地质模型的基础上，设计不同井距、排距的井网组合，采用数值模拟方法模拟单井的生产动态，预测生产指标，研究井距与单井最终累计产量之间的关系。当井距较大时，一个储渗单元内仅有一口生产井在生产，则不会产生井间干扰，单井最终累计产量不会随着井距的变化而发生变化；当井距缩小到一定程度时，就会出现一个储渗单元内有两口或多口井同时生产的现象，这时就会产生井间干扰，单井最终累计产量也会随着井距的减小而降低；随着井网的进一步加密，大量井会产生井间干扰，单井最终累计产量会急剧下降。图4-33为井网密度和单井最终累计采气量、采收率关系曲线。由该图可以看出，单井最终累计产量明显降低的拐点位置对应的井网密度可确定为合理井网密度。同时利用数值模拟还可以预测不同井距条件下的采收率（采出程度）指标，随着井网密度的不断增加，采出程度不断提高。

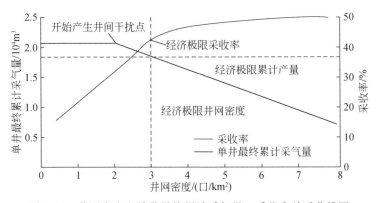

图4-33　井网密度和单井最终累计采气量、采收率关系曲线图

5. 经济效益评价法

从地质角度，苏里格气田复杂的地质条件（平面强非均质、连通性差），要求采用较大的开发井网密度，以不产生大量井间干扰为上限，最大程度地动用地质储量，提高气田采收率。从经济角度，在目前的技术经济条件下，税后财务内部收益率达到行业要求的基准收益率12%。为实现在经济条件下达到气田的最大采收程度，需要对气田开展经济效益评价研究。首先根据钻井、完井和地面建设投资来求取单井经济极限采气量。根据数值模拟得到的

井网密度与单井最终累计采气量关系曲线，与经济极限累计产量相对应的井网密度即为经济极限井网密度，与经济极限井网密度相对应的采收率即为经济极限采收率。一般情况下，通过使井网加密到不产生井间干扰的最大密度来实现经济效益的最大化。在经济条件允许的情况下，井网可以加密到产生井间干扰，以牺牲一定程度的单井累计采气量来获得更高的采收程度。

6. 应用实例

以苏里格气田为例，应用上述方法论证低渗致密砂岩气藏井网密度。

1）地质模型评价

苏里格气田在评价初期开展了800m井距开发试验，结果证实有效含气砂体井间连通性差，800m井距对储量的动用不充分。为进一步优化井距，开展了3个方面的地质模型研究。首先是定量化岩心描述，并与测井相研究相结合，确定单个心滩砂体的厚度，统计得到单个心滩砂体的厚度主要分布在2～5m。根据露头调查和沉积物理模拟实验，辫状河心滩砂体的宽厚比一般为80～120，长宽比一般为1.5～2.0。从而推测其宽度为160～600m，长度主要在300～1200m。二是开展了露头研究工作，对与苏里格气田主要产层同层位的山西柳林露头剖面的观察与测量发现，有效单砂体宽度主要为200～400m。三是开展了400～600m的变井距开发试验，以研究有效砂体分布情况，结果表明80%以上的砂体宽度小于600m。鉴于此，认为苏里格气田的井距小于600m，排距小于1000m较为适宜。

2）泄气半径评价

苏里格气田有效含气砂体主要为辫状河心滩沉积，其几何形态近似椭圆形。应用上述4种典型无因次产量曲线图版和裂缝解析模型评价了苏里格气田2002～2003年投产的28口试采井的泄气范围（表4-17），Ⅰ类气井平均动态控制面积为0.235km²，平均泄气椭圆长、短半轴分别为330m、220m；Ⅱ类气井平均动态控制面积为0.186km²，平均泄气椭圆长、短半轴分别为292m、195m；Ⅲ类气井平均动态控制面积为0.155km²，平均泄气椭圆长、短半轴分别为267m、178m。综合考虑3类气井的比例，认为28口早期试采井平均泄气半径主要在200～300m，故井距控制在400～600m较为适宜。

表4-17　苏里格气田28口早期试采井泄气半径评价结果

井型	井数比例/%	动态储量/10⁴m³	有效裂缝半长/m	动态控制面积/km²	泄气椭圆长半轴/m	泄气椭圆短半轴/m
Ⅰ类井	32.1	3997	92.7	0.235	330	220
Ⅱ类井	28.6	2328	76.7	0.186	292	195
Ⅲ类井	39.3	1157	72.6	0.155	267	178
平均		2404	80.2	0.190	294	196

3）干扰试井/压力监测评价

为了确定井间砂体连通情况，选取投产较早、井网密度较大的苏6井区作为典型区块，部署了6口加密井苏6-j1、苏6-j2、苏6-j3、苏6-j4、苏6-j5和苏6-j6井，最小井距加密到400m［图4-34（a）］。加密井压裂返排后，往往要根据压力的恢复情况判断该井地层压力是否仍保持在原始地层压力水平，还是因受到相邻早期投产井的影响而出现先期泄压。加密井压力监测显示，苏6-j3井和苏6-j4井出现明显的先期泄压。根据压裂返排后5天的压力恢复数据折算得到地层压力，苏6-j3井的地层压力为11.1MPa［图4-34（b）］，苏6-j4井的地层压力为21.82MPa［图4-34（c）］，明显低于原始地层压力（30MPa）。根据气田剖面图对比关系可判断苏6-j3井和苏38-16-2井之间、苏6-j4井和苏38-16-3井之间存在井间干扰。据此结果，认为400m的井距下，发生了井间干扰，同时还可判断在600m的排距下，没有发生井间干扰。因此干扰试验结果表明，井距大于400m、排距600m可作为气田的合理井网。

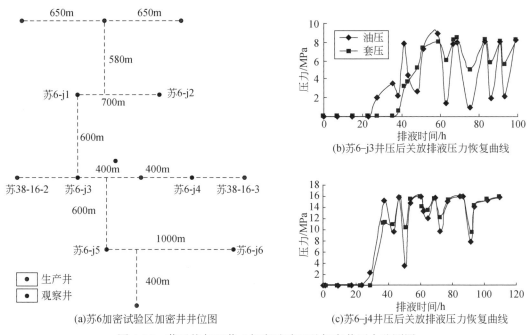

图4-34　苏里格气田苏6加密试验区及加密井压力监测图

4）数值模拟评价

苏里格气田苏6试验区在开发评价井、开发实验井和早期产能建设井完钻以后，井控程度较高，有利于建立精细地质模型。采用相控建模方法，建立了苏6典型区块的三维地质模型，采用数值模拟方法进行了气田开发井距模拟计算。根据对有效砂体长度和宽度的认识，设计了34套井距和排距组合（表4-18）进行模拟计算。通过数值模拟，对不同井距、排距条件下的生产指标进行了预测。数值模拟结果（图4-35）表明，不同排距下，当井距大于500m时，气井的最终累计采气量基本上不再随井距的增大而增加［图4-35（a）］；当井距小于500m时，气井的最终累计采气量随井距增大而明显增加，显然，500m井距应为最优井距［图4-35（a）］，该井距为气井不发生干扰的最小井距。同理，可以得到排距取700m较合适［图4-35（b）］。

表 4-18　设计的 34 套井距和排距组合

序号	井距/m	排距/m	序号	井距/m	排距/m
1	200	400	18	300	400
2	200	500	19	300	500
3	200	600	20	300	600
4	200	700	21	300	700
5	200	800	22	300	800
6	200	900	23	300	900
7	200	1 000	24	300	1 000
8	400	500	25	500	600
9	400	600	26	500	700
10	400	700	27	500	800
11	400	800	28	500	900
12	400	900	29	500	1 000
13	400	1 000	30	700	800
14	600	700	31	700	900
15	600	800	32	700	1 000
16	600	900	33	800	900
17	600	1 000	34	800	1 000

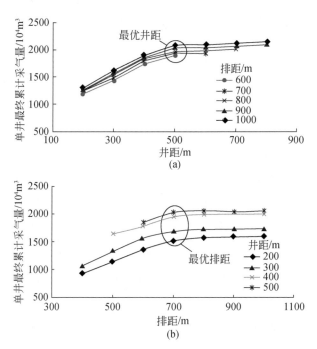

图 4-35　数值模拟的井距-单井最终累计采气量（a）和排距-单井最终累计采气量（b）关系曲线

　　图 4-36 为将井距、排距转化为井控面积得到的单井控面积–最终累计采气量关系曲线图。当单井控制面积小于 0.35km² ，随着气井控制面积的增加最终累计采气量明显增加；单井控制面积大于 0.35km² 时，随着气井控制面积的增加最终累计采气量基本上不发生变化，显然，单井控制面积 0.35km² 为拐点，即 0.35km² 为最优的单井控制面积。根据数值模拟结果，还可建立单井控制面积–采收率关系曲线（图 4-37），由图 4-37 可见，井控面积 0.35km² 对应的采收率是 45% 。苏里格气田目前的井网是 600m×800m ，该井距下的采收率是 30% ，若采用优选的 500m×700m 的井网可将采收率由 30% 提高到 45% 。

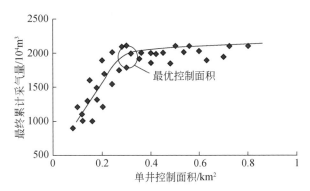

图 4-36　单井控制面积与最终累计采气量关系曲线

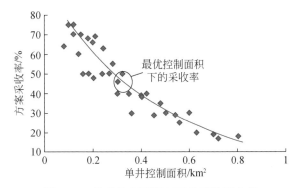

图 4-37　单井控制面积与采收率关系曲线

5）经济评价

　　结合苏里格气田开发成本，对其井距的经济效益进行了评价。苏里格气田的单井综合投资取 760×10⁴ 元/井、操作成本取 0.13 元/m³ 、税费取 0.021 元/m³ 、内部收益率取 12% ，当天然气价格取 1 元/m³ 时，计算的单井经济极限累计产气量约为 2200×10⁴m³ ，其对应的井网密度为 1.3 口/km² ，对应的采收率指标为 20% ；在天然气价格取 1.1 元/m³ 时，单井经济极限累计产气量约为 1900×10⁴m³ ，其对应的井网密度为 3 口/km² ，对应的采收率指标约为 47% 。可见经济条件是影响井距和采收率的敏感因素。根据气价发展趋势，苏里格气田开发井网具有加密到 3 口/km² 的潜力，本书优化井网（500m×700m）的井网密度为 2.86 口/km² ，小于 3 口/km² ，说明 500m×700m 的井网是经济有效的。

　　综合地质模型、泄气半径、干扰试井/压力监测、数值模拟和经济效益等 5 种评价手段对致密砂岩气田合理开发井距进行了评价研究，形成了致密砂岩气田开发井距优化系列评价方法，并应用该方法对苏里格致密气田的合理井距进行了综合研究评价，认为在目前经济技术条件下，苏里格气田可采用 500m×700m 井网开发（何东博等。2012）。该井网可使苏里格气田的采收率由目前 600m×800m 井网条件下的 30% 提高到 45%。

三、气藏开发规律

低渗致密砂岩气藏不同于常规中高渗气藏，由于其特殊的地质特征和开发特征，该类气藏在开发过程中展现出特殊的开发规律。

（一）气藏储量动用程度、单井产量和单井控制储量差异大

低渗砂岩气藏中，块状和层状气藏连通条件相对较好，在合理的井网条件下，储量动用程度高，一般在 80% 以上，有时气层可以得到全部动用，单井控制储量相对较高，一般为 $2 \times 10^8 \sim 3 \times 10^8 m^3$。透镜状气藏非均质性强，气藏连通性差，储量动用困难，单井控制储量较少。苏里格气田单井控制储量仅 $980 \times 10^4 \sim 4600 \times 10^4 m^3$，单井产量仅 $1 \times 10^4 \sim 3 \times 10^4 m^3$，稳产期一般 1~2 年。我国东部的陆相砂岩透镜状低渗透砂岩气藏分布范围十分有限，有时单井控制储量仅数百万立方米甚至更小，开发难度较大。

由于储层物性、储量丰度、所采取工艺措施的有效性等条件不同，气藏开发过程中，单井产量相差大。新疆莫索湾气田储层孔隙度平均 10.78%，渗透率 $2.88 \times 10^{-3} \mu m^2$，储量丰度 $3.65 \times 10^8 m^3 / km^2$，地质条件较好，气藏单井产量平均 $13.07 \times 10^4 m^3 / d$。长庆榆林气田气层呈层状分布，应用水平井和大型压裂改造后，气井单井产量明显提高，气井无阻流量最大达 $48 \times 10^4 m^3$，单井稳定产量平均 $18 \times 10^4 m^3 / d$。在气层孔渗性较差的部位，气井产量较低，一般在 $4 \times 10^4 m^3$ 以下，甚至低于 $1 \times 10^4 m^3 / d$。

（二）气藏采气速度不高，最终采收率较低

低渗致密砂岩气藏采气速度和采收率一般不高。层状低渗气藏采气速度一般 2.5% 左右，开发条件有利的气藏有时可以达到 3% 以上，有一定的稳定期，最终采收率在 50% 左右。透镜状低渗气藏由于非均质强烈，储量丰度低，受井网密度与经济条件制约，储量动用程度低，气藏采气速度一般低于 2%，采收率 30%~50%。块状低渗气藏由于储层厚度大，连通性好，储量丰度高，可获得较好的开发效果，气藏采气速度可以达到 2%~4% 甚至更高，稳产期地质采出程度一般在 50% 以上，气藏最终采收率可以达到 70%~80%。致密气藏一般只有块状气藏或厚度较大的层状气藏，多层状气藏才具有开采价值。据美国 11 个盆地 22 个致密气藏的开发经验，可采储量采气速度一般小于 4%，地质储量的采气速度一般小于 2%，采收率一般在 30% 左右。但随着气价走高，开发技术不断进步，低渗-致密气藏最终采收率还可以进一步提高。

（三）技术进步在低渗致密砂岩气藏开发中起关键作用

低渗致密砂岩气藏的经济有效开发，与开发技术政策、工艺技术发展与应用有密切的关系。应根据气藏特点不同，采用不同的开发技术政策与开采工艺技术。一般低渗气藏，无论

是块状低渗还是单层低渗，在储层污染不太严重的情况下，有自然产能。但是采取欠平衡钻井、压裂改造、水平井开发将有效提高气井产量与稳产能力，使气田得到高效开发，如川渝地区邛西气田采用欠平衡钻井技术，单井产量达到 $40 \times 10^4 \sim 60 \times 10^4 \mathrm{m}^3/\mathrm{d}$。长庆气区榆林南区山 2 气藏属于大面积低渗层状气藏，气层平均渗透率 5.1mD，平均厚度 9.1m，采用直井常规压裂开采方式，井距 1000 ~ 2500m，单井加砂量 20 ~ 40m³，气井平均配产 $3.8 \times 10^4 \mathrm{m}^3/\mathrm{d}$。东濮凹陷文 23 气田属于块状低渗砂岩气田，储层厚度 80 ~ 100m，平均渗透率 2 ~ 4mD，通过气藏整体压裂改造，单井产量达到 $5 \times 10^4 \sim 30 \times 10^4 \mathrm{m}^3/\mathrm{d}$，气田以 2.5% ~ 4% 的采气速度稳产已有 15 年。中国石油股份公司与壳牌合作开发的长北气田，气藏地质条件与榆林南区相一致，壳牌公司经论证，方案设计采用水平井、分支水平井开采，以单井高产、井间接替实现区块稳产的开发方式，设计水平段长度 2000m，根据气藏无明显地层水的特点，以无阻流量的 85% 配产，水平井配产 $74 \times 10^4 \mathrm{m}^3/\mathrm{d}$，双分支水平井配产 $110 \times 10^4 \mathrm{m}^3/\mathrm{d}$。

多层层状气藏，可采用大斜度井、分层压裂改造、多分支水平井等技术进行开采。例如，美国圣胡安盆地有 Dakota、Meseverde、PicturedCliff 三套产层，渗透率 0.003 ~ 4.3mD，单层单井最终可采储量 $0.2 \times 10^8 \sim 0.5 \times 10^8 \mathrm{m}^3$。采用拌注液氮分层加砂压裂、集中放喷排液求产、多层合采，使单井稳定产量达到 $1 \times 10^4 \sim 2 \times 10^4 \mathrm{m}^3/\mathrm{d}$，开采期达到十几年，单井累产达 $0.2 \times 10^8 \sim 1 \times 10^8 \mathrm{m}^3$。

长庆上古生界盒 8 气藏是透镜状低渗致密砂岩气藏，储层物性差，非均质性强，采用直井压裂改造，气井产量低，单井控制储量一般小于 $0.3 \times 10^8 \mathrm{m}^3$。虽然目前正在积极开展空气钻井、$CO_2$ 泡沫压裂、分层压裂合层开采的技术攻关，但直井开发评价效果仍然不理想，优质区块单井产量一般 $1 \times 10^4 \sim 3 \times 10^4 \mathrm{m}^3/\mathrm{d}$，单井稳产 1 ~ 3 年，苏 6 井设计采气速度 0.8%，采取不断新钻开发井，以井间接替来实现区块稳产，稳产 15 年，稳产期末采出程度 13%，最终采收率在 20% 左右。从今后的技术发展趋势来看，只有发展分支水平井并实施压裂改造，才能最大限度地适应地层条件，最大程度地提高储量动用程度、单井产量和采收率。

致密气藏需要大型压裂改造才能投入开发，因而只有储量丰度较高的块状致密气藏、多层状致密气藏才有开采价值。川渝地区的八角场气藏属于典型的块状致密砂岩气藏，中国石油股份公司与柏灵顿公司合作实施致密层的大型改造压裂，已成功投入试采，部分高产井产量达 $15 \times 10^4 \sim 20 \times 10^4 \mathrm{m}^3/\mathrm{d}$。

（四）加密井网、滚动开发是低渗致密气藏的主要开发方式

低渗致密砂岩气藏地质条件复杂，对气藏认识需要一段较长时期，常常是边开发边认识，气藏开发过程往往是气藏认识的过程，滚动开发是低渗透气藏的基本特征。

国外低渗致密气藏开发经验表明，应采用井网加密、多井开采和低成本的开采方式来实现气田规模有效开发。例如，美国圣胡安盆地大面积低渗致密层状气藏，年产气近 $150 \times 10^4 \sim 3 \times 10^4 \mathrm{m}^3/\mathrm{d}$，全盆地有开发井近 20000 口。开发初期采用 0.77 井/km² 的井网密度开发有利区块，随着空气钻井、分层压裂、地面流程简化等降低成本、提高单井产量技术的不断发展完善，逐步扩大开发区块，井网逐步加密至 3 井/km²，开发井数不断增加，气田产量稳步上升。由于气井产水量很少，低压低产期很长，开发后期地层压力只有几个大气压，生产期可长达

几十年，气井废弃产量 $300 \sim 400 \ \mathrm{m^3/d}$。

与国外相比，我国复杂低渗致密气田开发历史还很短。长庆气区低渗储量规模巨大，但气田的有效开发还处在不断探索的阶段，该类气藏的开发有一个长期不断认识、不断攻关的过程。相信通过积极吸收国外低渗致密气田开发的先进技术理念，持续不断地开展相适应的开发技术攻关，今后必然能够得到较好开发。

第四节　低渗致密砂岩气藏开发技术政策

低渗致密砂岩气藏由于储集层物性差，有效砂体规模小、连通性差、空间分布复杂，气井单井控制面积和控制储量小，储量动用程度和采收率低，在气藏递减规律研究基础上，选择合理的开发模式、确定合理的开发技术指标是该类气藏开发技术政策制定的重要工作。

一、气藏递减规律

低渗致密气藏特殊的地质特征和工艺开发措施，决定了该类气藏在开发过程中递减较快，气井稳产能力差。因此弄清气藏递减规律及稳产特征对于该类气藏开发技术政策的制定意义重大。

大量开发实践表明，无论何种储集类型、何种驱动方式和开发方式的气藏，就开发过程而言，都可以划分为产量上升阶段、产量稳定阶段和产量递减阶段。当气藏靠自然能量再也不能稳定生产时就进入了递减阶段，气藏产能、产量和采气速度都自然衰减下降。气藏开发递减阶段的持续时间最长，一般长达 $10 \sim 20$ 年，阶段内采出程度一般仅 30% 左右。该阶段的主要任务是采取各种积极有效的措施减缓气藏产量递减，最大限度地提高气藏的工业采收率。苏里格气田低产、低渗、低丰度，气井压降快，稳产期短或者是无稳产期。气藏递减规律的研究主要在单井（直井和水平井）递减规律分析基础上，分析不同时间投产井递减规律变化，最后叠加得到气藏整体递减规律。

1. 直井递减特征

致密气藏储层条件差，流体渗流阻力大，能量消耗快，气井的生产能力有限，同时为了满足生产需求，导致气井产量稳不住，递减快，气井几乎没有稳产期，从投产就进入了递减阶段。通过分析研究发现，直井递减基本符合衰竭式递减规律，气井的递减率呈逐渐降低的趋势，前三年递减率分别为 22.4%、21.8%、20.4%，生产中后期递减率逐步降低到 13.1% 左右，生产 11 年平均年递减率为 18.4%。

2. 水平井递减特征

苏里格气田自 2010 年开始规模应用水平井开发以来，完钻的水平井井数、水平段长度和有效储层钻遇率逐年增加。2013 年水平段长度和有效储层钻遇长度明显增加，分别达到 $1148\mathrm{m}$ 和 $721\mathrm{m}$。气田投产水平井 817 口，占总投产井数的 10.4%，产量贡献率达到 32.2%，目前单井日均产气量 $2.91 \times 10^4 \mathrm{m^3/d}$，平均单井累计产气量 $2328.58 \times 10^4 \mathrm{m^3}$。第一年平均日产气量 $5.37 \times 10^4 \mathrm{m^3/d}$，第二年平均日产气量 $3.73 \times 10^4 \mathrm{m^3/d}$，第三年平均日产气量

$2.69 \times 10^{4} \mathrm{m}^{3} / \mathrm{d}$，生产三年的平均日产气量 $3.72 \times 10^{4} \mathrm{m}^{3} / \mathrm{d}$，压降速率 $0.0136 \mathrm{MPa} / \mathrm{d}$。水平井递减基本符合衰竭式递减规律，前三年递减率分别为 31.9%、27.5%、24.2%（图 4-38、图 4-39），预测单井累计产气量 $6615 \times 10^{4} \mathrm{m}^{3}$。

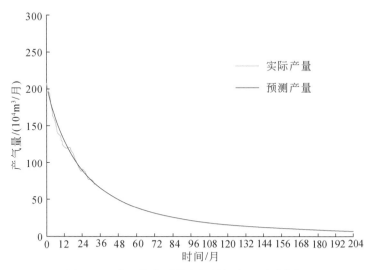

图 4-38　苏里格水平井产气量拟合、预测曲线

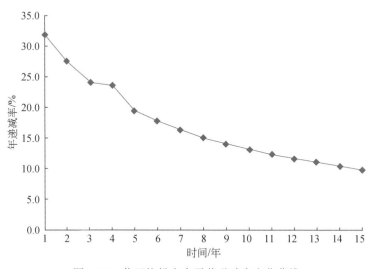

图 4-39　苏里格投产水平井递减率变化曲线

对 2010~2013 年投产水平井递减率统计发现，水平井初期产量、累计采气量逐年降低，初期递减率超过 35%（图 4-40、表 4-19）；2011 年和 2012 年开发效果相当，2013 年水平段长度变长但产量明显下降；产建区域储量品位不断降低，影响开发效果。

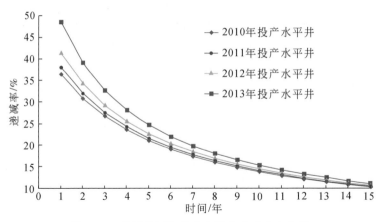

图 4-40　苏里格历年投产水平井递减率变化图

表 4-19　苏里格历年投产水平井生产指标分析

投产年份	井数/口	初期平均单井日产气量/ ($10^4 m^3/d$)	初期递减率/%	预测单井累计采气量/$10^4 m^3$
2010	67	7.68	36.5	7604
2011	124	6.91	38.1	6884
2012	188	6.55	41.5	6701
2013	204	6.04	48.6	6090
合计/平均	583	6.58	42.7	6615

3. 区块产能递减特征

以苏 6 和苏 36–11 区块为例，在单井递减特征基础上，分析区块递减特征。分析认为，受产量任务影响，历年投产气井的递减率呈波状递减，初期递减率基本在 24.1% 左右，平均递减率约 21.3%（图 4-41）；区块产能的递减率可通过区块历年投产井的递减率和产量比加权得到，预测今后稳产期间，苏 6 和苏 36–11 区块的递减率在 21.1%~23.4% 上下浮动（图 4-42）。根据区块递减率规律，预测递减产能 3.8×10^8 ~ $4.21 \times 10^8 m^3$。

在典型区块分析基础之上，按照这种分析方法，对中区 10 个区块进行递减预测，稳产期间递减率 20.77%~23.7%，递减产能 19.73×10^8 ~ $22.52 \times 10^8 m^3$。

4. 气田总体递减产能预测

通过单井递减规律和区块递减规律分析，整个苏里格气田稳产期间，递减率为 21.2%~24.3%，递减产能 52.99×10^8 ~ $60.68 \times 10^8 m^3$。

二、气藏开发模式

低渗透气藏一般地质条件比较复杂，储层物性较差，开发过程中主要表现为生产压差

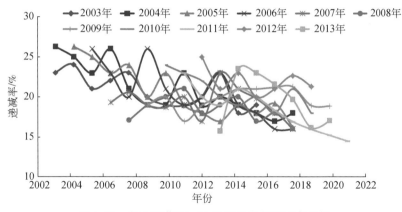

图 4-41　苏 6 和苏 36-11 区块投产井递减率分析

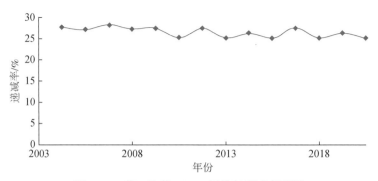

图 4-42　苏 6 和苏 36-11 区块年递减率预测

大、气藏产能分布不均衡、气井稳产条件差等特点，低产井压裂效果明显，边底水一般不活跃，主要采用多层合采、较密井网和衰竭式开发。

（一）块状低渗砂岩气藏

块状低渗砂岩气藏储层发育、物性较差，非均质性强，储量丰度高，其地质特征决定了气藏的开发特点。该类气藏开发过程中主要表现为以下特点：①气藏平面连通关系复杂，局部地层压力变化与气藏主体有较大差异；②长井段多层合采时层间干扰不突出；③气藏驱动类型为弹性气驱；④地层水不活跃，对气田开发影响小；⑤气藏产能分布不均衡，生产压差大，气井稳产条件差；⑥低产井压裂效果好，经济效益显著。

其相对应的开发模式主要包括：①在气藏开发方式上，采取衰竭式开发；②采用一套层系一套井网；③不均匀高点布井，开发井尽量部署在储层物性好、气层厚度大的部位；④采气速度主要考虑气田开发的经济效益和保证较长时期的稳定供气；⑤开发中后期根据气藏开发过程中出现的问题及时调整，尽量延长气藏稳产期；⑥在采气工艺方面，对低产井普遍进行压裂改造，提高气井产量；⑦气藏开发后期，采用高低压分输、排水采气和增压开采等工艺技术，提高气藏采收率。

（二）层状低渗砂岩气藏

该类气藏生产过程主要表现为以下特点：①单井产能低，产量差异大；②气藏生产压差大，单位压降采气量小，气井产量递减快，稳产条件差；③气井加砂压裂增产效果明显。

相对应的开发模式主要包括：①气藏开发采用衰竭式；②依据气藏开发地质条件确定开发层系；③开发井尽量部署在储层物性好、气层厚度大的部位；④气井配产主要考虑气藏要有一定稳产期，又要充分利用气藏的自然产能以达到提高单井采出程度的目的；⑤采气工艺方面，对低产井进行压裂改造，提高气井产量；⑥气藏开发后期，采用低压采气、排水采气和增压开采等工艺技术，提高气藏采收率。

（三）透镜状低渗砂岩气藏

由于透镜状低渗透气藏储层物性差，有效渗透率低，储层非均质性强，开发过程中表现初期采气井压力下降快，单井控制储量少，有效砂体分布不连续，气井稳产条件差等特征。

该类气藏开发模式主要包括：①分层压裂、合层开采是提高单井产量的重要手段；②优化工作制度，控制生产压差有利于气井合理开采；③加密井网是开发低渗透透镜状砂岩气藏的有效手段；④受气藏地质复杂性的制约，该类气藏主要采取"滚动开发"的模式，开发初期规模不宜过大，在经过一定时间的开发实践后，通过对气藏地质认识的逐步加深，采取钻加密井的方式扩大其规模，提高天然气的采收率。

总之，低渗透砂岩岩性气田的开发应该也必须是"滚动开发"，就是在沉积模式和概念地质模型的基础上，筛选含气富集区，钻评价井，试气试采，做气田开发方案，确定井网、井距，再进行井位优选，钻骨架井，建设气田产能；不断钻加密井、扩边井，开发邻近区块，保持气田稳产。该过程中需不断修改沉积模式和地质模型，修改开发方案，根据需要做地震、试采工作，总体可以概括为"筛选含气富集区—井位优选—钻骨架井—建产能输气—钻加密井、扩边井—保持稳产"这一过程。另外，降低开发成本，是开发低渗透砂岩岩性气田最主要的核心问题。在气田开发过程中，降低开发成本的做法是多方面的，但主要在井位优选（开发地震）、钻井、投产和地面建设方面。具体包括：①选用"性价比"最高的开发地震方法，以苏里格气田为例，现在苏里格在进行富集区的圈定、井位优选时，主要采用高精度的数字检波器的二维地震，配合以合适的采集方法、处理解释方法，能较高的提升钻井成功率；②提高钻井速度，优化井身结构，可以大幅度地节约开发费用，减少钻井费用是降低成本，经济有效开发"边际"气田的关键。根据区域地层岩性特征，选择本地区适用的、试验周期短、见效最快的钻头，同时要针对气田的地层做个性化改良设计，配合试验配套的动力、钻具，选用合适的钻井液，选择合适的钻井方式，简化固井工艺，优化井身结构，对于节约开发费用有着重要作用；③采用快速产能评价技术，减少投产时间，降低投产费用；④简化地面流程，降低开发成本；⑤利用现代化的信息技术，远程控制气田井口的生产操作。

三、合理工作制度

气井合理产量的确定是气藏开发的重要问题。气田开发实践表明，任何类型气井都可以维持一段产量稳定的生产时间，然后进入产量递减阶段，而且稳定生产的产量越高，生产时间就越短，越早出现产量递减。所谓气井合理产量，就是对一口气井而言有相对较高的产量，在这个产量下有较长的稳定生产时间，这不是一个严格的定义，对于不同气田、不同区域、不同位置、不同类型的气井，在不同生产方式下，以及不同生产阶段，有不同合理产量的选择。常用的气井合理产量确定方法有无阻流量法、指示曲线法、合理压差-IPR 曲线法、数值模拟法等。

（一）无阻流量法

气井绝对无阻流量是反映气井潜在生产能力的主要参数之一。利用气井绝对无阻流量百分比大小确定气井产能的方法称为无阻流量法，该方法通常用于新井产能的确定。对低渗致密气藏来说，采用无阻流量法论证气井合理产能，往往取无阻流量的 $1/3 \sim 1/4$。对神木气田上古生界气藏进行合理产能评价，结果表明 $\mathbb{I}$ 类 $1.95 \times 10^4 \sim 2.6 \times 10^4 \mathrm{m}^3/\mathrm{d}$，$\mathbb{II}$ 类 $1.15 \times 10^4 \sim 1.5 \times 10^4 \mathrm{m}^3/\mathrm{d}$，$\mathbb{III}$ 类 $0.34 \times 10^4 \sim 0.45 \times 10^4 \mathrm{m}^3/\mathrm{d}$（表 4-20）。

表 4-20　神木气田试采井无阻流量法配产成果表

类别	井名	$q_{\mathrm{AOF}}/10^4\mathrm{m}^3$	合理 $q_{\mathrm{g}}/$（$10^4\mathrm{m}^3/\mathrm{d}$）		
			1/3	1/4	平均
$\mathbb{I}$ 类	双 8-21	11.98	3.99	2.99	1.95 ~ 2.6
	双 6-12	8.00	2.67	2.00	
	双 7-14	5.34	1.78	1.33	
	双 14	5.89	1.96	1.47	
$\mathbb{II}$ 类	双 5-18	2.06	0.69	0.51	1.15 ~ 1.5
	双 9-12	1.47	0.49	0.37	
	神 15	4.81	1.6	1.2	
	双 2	2.4	0.8	0.6	
	双 77	12.3	4.1	3.1	
$\mathbb{III}$ 类	陕 201	0.56	0.19	0.14	0.34 ~ 0.45
	双 6-8	1.52	0.51	0.38	
	双 7-35	1.08	0.36	0.27	
	双 16	1.42	0.47	0.35	
	双 28	1.06	0.35	0.27	
	米 38	1.02	0.34	0.26	
	双 4-30	0.95	0.32	0.24	
	米 35	1.19	0.4	0.3	
	双 23	3.31	1.1	0.83	

（二）指示曲线法

采气指示曲线法的基本理论出发点，是为了最大程度降低气井井底附近非达西流动效应引起的附加压降，进而实现地层能量的最大化发挥。

由气井的二项式方程 $p_R^2 - p_{wf}^2 = A q_g + B q_g^2$ 可得到：

$$\Delta p = p_R - p_{wf} = \frac{A q_g + B q_g^2}{p_R + \sqrt{p_R^2 - A q_g - B q_g^2}} \tag{4-1}$$

上式两边同除以 q_g，得到采气指数的倒数 $(p_R - p_{wf})/q$ 与产量关系，见图4-43。从图中可以看出，当气井产量较小时，采气指数的倒数 $(p_R - p_{wf})/q$ 与产量近似呈直线关系；当产量增大到某一值后，两者之间的线性关系发生变化。偏离直线那一段的产量为气井的最大合理产量。

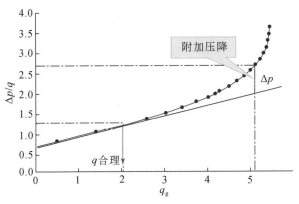

图 4-43　采气指数与产量关系曲线示意图

按照采气曲线法对神木气田进行配产，配产结果见表4-21，平均 I 类井配产：2.2×10^4 m^3/d；II 类井配产：$1.35 \times 10^4 m^3/d$；III 类井配产：$0.4 \times 10^4 m^3/d$。

表 4-21　神木气田试采井指示曲线法配产结果表

类别	井名	合理产量/（$10^4 m^3/d$）	平均合理产量/（$10^4 m^3/d$）
I 类	双 8-21	3.4	2.2
	双 6-12	2.2	
	双 7-14	1.5	
	双 14	1.78	
II 类	双 5-18	0.6	1.35
	双 9-12	0.42	
	双 2	0.7	
	神 15	1.45	
	双 77	3.6	

类别	井名	合理产量/（$10^4 m^3$/d）	平均合理产量/（$10^4 m^3$/d）
Ⅲ类	陕201	0.16	0.4
	双6-8	0.47	
	双7-35	0.31	
	双16	0.43	
	双28	0.35	
	米38	0.28	
	双4-30	0.31	
	米35	0.35	
	双23	0.95	

（三）合理压差-IPR 曲线法

一般来讲，根据气田开发实践经验，取原始地层压力的10%~15%作为气井合理生产压差。因此，可以根据 IPR 曲线，当压力下降原始地层压力的15%时，所对应的产量即为合理产量。按照这一方法，对神木气田进行配产分析，成果见表4-22。根据配产结果，Ⅰ类井配产：$2.2×10^4 m^3$/d；Ⅱ类井配产：$1.35×10^4 m^3$/d；Ⅲ类井配产：$0.4×10^4 m^3$/d。

表4-22　神木气田试采井合理生产压差配产成果表

类别	井名	合理产量/（$10^4 m^3$/d）	平均合理产量/（$10^4 m^3$/d）
Ⅰ类	双8-21	3.5	2.2
	双6-12	2.1	
	双7-14	1.5	
	双14	1.6	
Ⅱ类	双5-18	0.55	1.35
	双9-12	0.45	
	双2	0.7	
	神15	1.42	
	双77	3.5	
Ⅲ类	陕201	0.15	0.4
	双6-8	0.42	
	双7-35	0.29	
	双16	0.38	
	双28	0.34	
	米38	0.3	
	双4-30	0.27	
	米35	0.36	
	双23	1	

（四）数值模拟法

该方法是应用油气藏数值模拟软件，通过进行多方案的气井压力、产量等参数的预测对比分析，进而确定气井合理产能。应用该方法，对神木气田开展气井合理产能预测，三类井配产结果见表4-23。其中，Ⅰ类井稳产3年配产$2.4 \times 10^4 \mathrm{m}^3/\mathrm{d}$，稳产期末采出程度42.1%；Ⅱ类井稳产3年配产$0.72 \times 10^4 \mathrm{m}^3/\mathrm{d}$，稳产期末采出程度41.6%；Ⅲ类井稳产3年配产$0.5 \times 10^4 \mathrm{m}^3/\mathrm{d}$，稳产期末采出程度43.2%。

表4-23　神木气田气井数值模拟配产成果表

气井	配产/（$10^4 \mathrm{m}^3/\mathrm{d}$）	稳产时间/年	稳产期末累计产气/$10^4 \mathrm{m}^3$	稳产期末采出程度/%
Ⅰ类井	2.4	3	1475	42.1
Ⅱ类井	0.72	3	699	41.6
Ⅲ类井	0.50	3	495	43.2

依据以上四类方法，对神木气田进行合理产量综合评价，评价表见4-24。根据试采井合理产量综合评价结果，加权平均$1.0 \times 10^4 \mathrm{m}^3/\mathrm{d}$；Ⅰ类井合理配产：$2.2 \times 10^4 \mathrm{m}^3/\mathrm{d}$，Ⅱ类井合理配产：$0.8 \times 10^4 \mathrm{m}^3/\mathrm{d}$，Ⅲ类井合理配产：$0.4 \times 10^4 \mathrm{m}^3/\mathrm{d}$。

表4-24　神木气田不同类型井各计算方法合理配产评价结果表

类别	比例/%	指示曲线法/（$10^4 \mathrm{m}^3/\mathrm{d}$）	合理压差法/（$10^4 \mathrm{m}^3/\mathrm{d}$）	无阻流量法/（$10^4 \mathrm{m}^3/\mathrm{d}$）	数值模拟法/（$10^4 \mathrm{m}^3/\mathrm{d}$）	综合评价结果/（$10^4 \mathrm{m}^3/\mathrm{d}$）
Ⅰ类井	30.8	2.2	2.2	1.95 ~ 2.6	2.4	2.2
Ⅱ类井	15.4	1.35	1.35	1.15 ~ 1.5	0.72	0.8
Ⅲ类井	53.8	0.4	0.4	0.34 ~ 0.45	0.5	0.4
加权平均单井配产						1.0

四、稳产接替方式

低渗致密砂岩气藏产量递减快，必须不断钻井来满足稳产要求，如苏里格气田当前要满足每年250亿m^3的产量规模，就必须不断地钻取新井来保持稳产。对于苏里格这种储量规模大的气田，开发经验表明，对于有效储层的地质认识需要一个过程，同时也需要野外露头、现代沉积、室内镜下分析、现场施工、气藏工程等多方面的研究。因此，这一类型的气藏开发过程中主要采用区块接替与井间接替相结合的方式，滚动开发，保持稳产。而对于储量规模较小，认识程度高的致密砂岩气田，可以采用区块接替保持稳产（图4-44）。

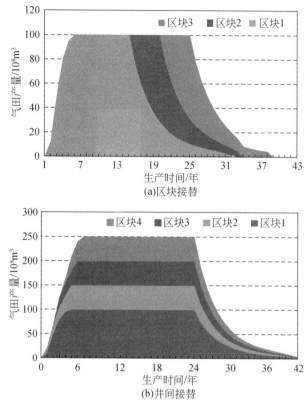

图 4-44　低渗致密砂岩气藏区块接替、井间接替稳产模式图

五、气藏稳产对策及展望

（一）气藏稳产对策

对气藏递减特征的分析表明，低渗致密气藏的稳产面临极大的挑战，急需制定相关技术政策，保证气藏长期稳产，提高气藏最终采收率。

1. 气藏稳产挑战

苏里格气田依靠技术创新等实现了规模有效开发，推动了我国致密气藏开发水平的大幅提高，但要保持长期稳产和提高采收率，仍有很多技术难点需要攻克。

1）有效储层在三维空间分布的非均质性

对于致密砂岩气藏而言，岩性决定物性，物性影响含气性。1095 块岩心样品分析表明，石英含量由东向西逐步增加，盒 8 段从 79.1% 升至 90.8%，山 1 段从 84.3% 升至 86.5%；岩屑含量逐步减少，盒 8 段从 20.7% 降至 9.2%，山 1 段从 15.6% 降至 13.2%；中、西区岩石类型以石英砂岩及岩屑石英砂岩为主，东区以岩屑砂岩及岩屑石英砂岩为主。孔隙结构中区最好，西区次之，东区最差。物性上表现为中区好，两边差，东区好于西区。苏里格气田未动用有效储层受成藏因素相互耦合和匹配的影响，物性及内部架构在三维空间均出现了规模变化，不仅岩性边界不同，而且同期沉积的储集体受非均质性影响导致内部物性隔夹层比较发育及各气带含气性存在明显差异。有效储层成点、段状分布在纵向上的 9 个层段间。如果平面叠置，可以覆盖整个气田面积，但内部受到泥岩夹层、隔层、披覆层影响而出现不同级别的形态变化，用储渗单元描述呈现出无规律化，不仅单个规模小，多层薄段，而且呈"气泡状"分散在三维空间中。在平面上表现为西区气水关系复杂，东区储层致密，中区中北部出水与致密并存；在纵向上，多层系含气，存在 10 余套气层；在生产上表现为平均单井产量中区最好，其次为东区，西区较差。随着开发工作的不断深入，复杂区块的有效储层更加难以准确定位开发，且物性导致有效供气半径较小，部分区块的气井指标将达不到设计指标，单井产量过低，稳产难度增大。

2）井网不完善导致储量动用程度低

合理井网是提高采收率的重要因素，开发井网过稀，对平面上储量的控制程度不够，采收率低；井网过密，采收率提高同时会产生严重的井间干扰，经济效益难以保证。国外大量致密气藏开发实例表明，井网优化及加密能够有效提高储量动用程度和采收率，是实现此类气藏有效开发的重要途径。苏里格气田目前执行的开发井网政策仍存在局限性，钻探结果、测井及干扰试验结果都显示，储层连通情况复杂，地质模型难以刻画，所建立模型普遍连通性较好，与客观地质体符合程度低，通过井网优化可进一步提高采收率。

3）储层和流体特征存在差异造成产量递减不均

苏里格气田目前整体生产运行平稳，综合递减率为 20% 左右，控制在合理范围内。但部分区块由于产水，储层致密，产量递减快。西区因为产水井多和水平井初期产量递减快，年综合递减率接近 25%。即使同一区内影响递减的因素也不同，如中区的苏 5 区块递减快，是受气井产水影响；而中区的苏 25 区块主要是杂基含量高，使得含气性差。产量递减不均，对于气藏长期稳产存在较大影响，计算出的弥补递减的工作量将严重不足，且造成其他区块需要放压生产来调峰保供，影响气井生命周期和最终累计产气量。

4）气水关系复杂让部分储量暂时难以有效动用

苏里格气田尤其是西区，产水符合伴生水的特点，水体间连通性较差，气水关系复杂，控制因素多。表现为：垂向上无统一气水界面；平面上气水分布受单砂体控制而复杂多变；低阻气层与高阻水层并存，出水层段纵向上电阻率变化特征复杂；气水混储，流体识别难度大；富水区部分储量暂时难以有效动用。动态分析表明产水气井投产初期单井产量 1.1×10^4 m^3/d，目前仅 $0.3 \times 10^4 m^3/d$，出水后产量下降 17% ~ 54%，严重制约了气井产能的有效发挥。当气井产量小于 $0.5 \times 10^4 m^3/d$ 后，携液较困难，容易积液，气水比由 0.3 上升超过 0.5，部分区块气水比达到 1.5，排水采气工作量成倍增加，生产管理难度较大，操作成本大幅提高。由于气水关系复杂，影响产能建设推进，致使部分地质储量暂时难以有效动用。

5）低产气井随生产时间延长日益增多

深化气井开采特征研究，落实开发指标，是气田高效开发的关键之一。苏里格气田 28 口生产 10 年以上的气井目前产气量为 $0.25 \times 10^4 m^3/d$，平均单井累计产气量为 $2050 \times 10^4 m^3$，在低压条件下保持较长的生产时间。另外，苏里格气田采取井下节流工艺，随着生产时间的增长，气井在渡过产量高和压力下降快的阶段后，逐步转变为低压低产，该类气井数量将成倍增加。生产动态表明，气井在快速降产期后经过一段时间的低压生产时间，出现明显产量和压力剧烈波动的积液特征（图4-45），也将进入排水采气生产阶段，需采取助排措施生产，影响长期稳产。

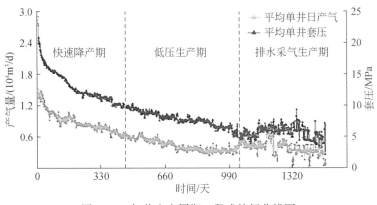

图4-45　气井生产周期三段式特征曲线图

6) 不同开采方式开采效果存在差异

对12口气井分年地层压力测试结果统计表明，随着生产时间的延长，地层压力下降逐渐减小，单位压降采气量呈增加趋势（表4-25）。通过对同类型控压生产气井和放压生产气井效果对比，同时考虑压敏效应影响，进行综合分析，结果表明：配产越高气井生产效果越差，控压生产要优于放压生产，单井最终累计产气量相差3%以上（表4-26）。少数采取放压方式生产的区块平均初期递减超过60%。

表4-25　典型长时间生产气井单位压降采气量

井名	年份	实测地层压力/MPa	累计产气量/$10^4 m^3$	单位压降产气量/$10^4 m^3$
W1	2002	30.5		
	2008	6.99	1783.9	75.9
	2009	6.36	1850.8	106.2
	2011	3.70	2393.6	204.1
W2	2002	29.07		
	2009	5.71	2300.2	98.5
	2009	5.40	2359.5	191.3
	2011	4.43	2485.8	130.2
W3	2002	30.10		
	2008	9.67	3264.8	159.8
	2009	7.8	3781.9	276.5
	2009	6.5	4224.9	340.8
	2011	5.2	4988	587

井名	年份	实测地层压力/MPa	累计产气量/$10^4\,m^3$	单位压降产气量/$10^4\,m^3$
W4	2002	29.42		
	2007	9.1	597.4	29.4
	2008	8.8	643.3	153
	2011	7.56	887.1	196.6

表 4-26 两种生产方式下不同类型井生产预测表

生产方式	分类	递减率/%		预测累计产气量/$10^4\,m^3$
		初期	平均	
放压生产	Ⅰ类井	39.27	24.01	3806.1
	Ⅱ类井	36.61	22.95	2405.6
	Ⅲ类井	34.36	22.02	1262.9
	合计	35.05	12.7	2356.8
控压生产	Ⅰ类井	15.86	20.65	3889.6
	Ⅱ类井	31.2	23.19	2466.8
	Ⅲ类井	37.2	18.8	1320.8
	合计	27.91		2496.2

7）提高采收率技术不配套

在现行技术政策条件下，苏里格气田井间剩余储量有高度碎片化趋势。中区典型区块进行的加密解剖和井间干扰试验表明，气井在压裂改造后，剩余储量主要表现为两种成因类型：在平面上井网未控制和剖面上射孔不完善。针对垂向上未射孔的薄气层，在储层精细描述基础上，要通过补充射孔-压裂方式进行储量挖潜，提高单井累计产量；针对平面上井网未控制的气层，需要通过静动态相结合的气藏精细描述，结合经济条件进一步优化井网，提高开发井网对储量的控制程度。此外，苏里格气田采用特殊的采、集、输工艺模式，造成气田单井产液量无法计量、油压失真、影响井筒积液测试等，无法按照传统气田方法实现气井积液的高效识别，要保证气井的连续高效稳产，急需开展气井积液的早期识别和及时预防。

2. 气藏开发稳产对策

苏里格气田勘探开发面积大、生产周期长，要提高采收率，保证气田长期稳产，需要有扎实的地球科学理论，科学的储存与生产工艺，坚持适用原则，合理的配置资源，不必追求最前沿的技术，可以遵从"空间避开、时间错开、依靠技术、措施增产"的思路，先从已筛选出的富集区入手，暂时避开次级储量区，对经济效益低的区块退后开发，将常规增产措施提高低产气井产量，通过优选出高效开发对策，推动致密砂岩气藏综合研究的深入，逐步并分层次的破解稳产难题。

1）"甜点区"筛选

"甜点区"筛选是致密砂岩气田规模有效开发的前提之一。苏里格气田有效储层在三维空间内规模变化，隐蔽性强，经过 10 年的摸索，建立了一套地震、地质和生产动态多学科结合的"甜点区"筛选技术。主要技术路线是采用滚动开发策略，二维地震撒网与直井评价结合，筛选有利区，有利区内实施三维地震，精细刻画有效储层空间展布。运用地震技术进行储层预测方面，叠后和叠前技术相结合，采用时差分析、叠后反演、波形特征分析等技术预测出河道带，吸收衰减分析、AVO 属性分析、弹性阻抗反演等分析方法预测含气性变化，实现从砂体预测到有效储层预测的转变，叠加沉积相、成岩相、溶蚀强度等方面地质研究成果，预测出沉积成岩有利区，多学科结合建立起目标区的三维精细地质模型，从而指导和验证"甜点区"的筛选。

2）三维地震优化井位部署

苏里格地表复杂，二维地震技术难以实现从定性到定量的转变。近年来，全数字三维地震采集在苏里格气田获得了高品质资料，可刻画出有效储层空间展布及微构造形态。以岩石物理分析为基础，利用叠前反演等多项技术识别储层，确定目标区。再应用叠前地质统计反演技术，精细刻画单砂体空间形态并进行高精度时深转换，实现深度域单砂体水平井轨迹设计。2009~2013 年利用三维地震成果优选确定直、丛井 284 口，Ⅰ+Ⅱ类井比例高出二维地震平均 12%以上。优选水平井 174 口，有效储层钻遇率在 70%左右，高出二维地震平均结果 9%以上，不分区块超过 20%。

3）基于"层次分析"的储层构型表征

对于大型致密砂岩气藏，在不同的开发阶段对储层的精细描述的要求不同，需要在不同的尺度上加深对储层构型的认识，描述出储层的沉积特征、分布模式、叠置模式、单砂体及叠合砂体的展布方向和规模，内部隔夹层的类型、成因及展布，其级别可以从大的层系组划分至内部的特征夹层，从千米级至分米级，目标是查明剩余储量，为井位部署提供科学依据。"层次分析"是储层构型的核心，指导着静态三维地质模型建立。目前已从野外露头的定性解剖发展至定量的三维地质模型表征。苏里格气田复合砂体内部结构可划分为 4 级构型，存在 4 种叠置模型：孤立型、切割叠置型、堆积叠置型和横向局部连通型。苏里格中区有效砂体以横向局部连通型、切割叠置型为主，规模较大；东区以孤立型、堆积叠置型为主，有效砂体分布比较分散，但局部有效砂体切割叠置型，可形成具有较大规模的复合有效砂体；西区有效砂体单层厚度较大，横向连通性好，与中区特征类似。针对同一砂体内有效储层厚度统计表明，中区同一砂体内有效砂体大于 6m 的钻遇比例达到 34.9%，东区、西区分别为 27.5%、29%，这些储层构型结果为后期开发技术政策的选择提供了必要的约束条件。

4）水平井整体开发

虽然影响水平井产能的因素较多，但水平井仍是提高单井产量的有效手段。水平井整体开发技术主要是部署集群化、设计差异化、作业工厂化、站场撬装化。水平井整体开发技术大幅度提升了开发效果，年完钻水平井由 2009 年 10 口井增加至 2013 年的 222 口；有效储层钻遇率由初期的 23.9%提升至 2013 年的 65%以上；水平井初期产量为邻井直井的 3~5 倍；现场试验证实，每井组（9 口井）可减少征地 58.5 亩（1 亩≈666.7m²），减少井场道路 8 条，单井建井周期减少 8 天，压裂备水配液时间减少 5 天，单井压裂周期减少 9.8 天，开发效果显著提升。但是水平井整体开发在一定程度上会影响气藏的最终采出程度，在具体开发过程中，要做好整体开发区块的筛选工作，提高气藏整体采出程度。

5）动态分析约束下的有效储层建模

2010~2013年苏里格以典型区块加密实验为基础，通过单井沉积相划分、精细刻画沉积微相展布，数字化沉积相图，采用网格赋值方法确定性建立各层沉积相模型，对主要沉积砂体规模进行统计，为随机相控建模提供了地质统计规律，并采用确定和随机结合，分级相控，动态约束的储层建模方法，应用多点地质统计学，同时考虑水平井钻遇率统计，并增加动态分析样本，建立区块模型。该模型能有效刻画储层内部夹层，更能体现河流相储层的非均质性，模型符合程度大幅提高。该技术主要是利用储层下限标准建立有效储层模型，利用测井解释成果约束有效储层模型，以动态成果为约束建立有效储层模型，同时考虑储量因素重建模型架构，考虑连通因素增加阻流带和隔层，考虑物性因素进行覆压物性矫正。

6）混合开发井网优化

气田合理开发井网是指在目前技术经济条件下，能满足气田地质特征需求，获得良好经济效益的同时，实现较高的开发指标。不同类型致密气层对产能贡献存在较大差异，这对致密砂岩气藏的开发井网提出更高要求，需要满足地质、经济、开发指标三方面的要求。储量规模、储量丰度、单井动态储量、气井递减等是经济极限井网的主要控制因素。混合开发井网综合优化技术主要是用砂体精细解剖来确定有效砂体规模，现场干扰试验解释干扰和井网密度关系，气藏工程论证和数值模拟研究确定有无干扰条件下单井产量和井网密度的关系，通过经济评价研究确定极限井网密度，综合各方面成果建立井网密度优化理论模型，进而推导出合理井网密度，再针对不同区块砂体规模、几何形态、叠置关系即储量分布情况，开展直井、水平井、定向井、复杂分支井等多井型优化研究，筛选出适合不同区块的多种井型布井方式，提高储量动用程度和采收率。

7）高效钻采工程技术

苏里格高效钻采工程技术主要包括"快速钻井、分段和体积压裂、低伤害压裂液、工厂化压裂模式"。以"PDC钻头+复合钻进"为核心的快速钻井技术将水平井钻井周期缩短至低于60天，直丛井钻井周期稳定在20天，大幅度降低了钻井成本。应用"空间圆弧、分段设计、钻具优化"三维水平井轨迹控制技术，实现了由"直-定"井丛向"直-定-水平井"大井丛转变。机械封隔和套管滑套两大直井分层压裂技术实现多层低成本快速分压。低浓度、羧甲基胍胶和阴离子表活剂3套低伤害压裂液体系应用1700余口井，改造效果较常规提高20%~30%。通过优化工艺与工序组合，形成了大井丛流水线压裂作业模式，平均单井作业周期节约11天，施工效率大幅度提升。

8）气井精细管理

根据气井产量、生产连续性及携液能力，将气井细分为新投产井、连续生产井、间歇井和产水井四大类进行管理。对新投产井开展井底积液、生产动态和压降速率的判别和评价，进一步优化工作制度，杜绝井筒积液；对连续生产井开展控压、定期恢复地层能量等工作，确保气井长期稳产；对间歇井优化开关制度，并辅以泡排优化管理，确保开井时率；对产水井开展生产动态分析和优选排水措施，确保气井在低压下能连续生产，提高气井利用率。

9）主动性排水采气

基于保证气井能够连续生产的思路，在气井产量低于最小携液流量及生产能力降低到一定程度时，应及时开展"主动性"排水采气工作。建立了产水气井"积液井摸排–积液量确定–措施优选–效果分析–制度优化–工艺评价"的排水采气管理流程，持续优化以泡沫排水采气为主，速度管柱、柱塞气举、气举复产等工艺措施为辅的排水采气技术系列。经过技术攻关试验探索，排水采气应用规模持续扩大，实施效果逐步提升，形成主动性排水采气技术。仅 2013 年共计开展排水采气 2225 口，达 34373 井次，增产气量 $4.7 \times 10^4 \mathrm{m}^3$，效果显著。

10）完善致密气动态监测

动态监测是全球大型天然气气田高效开发的关键技术之一。苏里格气田建立以"生产动态、动态储量、地层压力、气井产能"四落实为目标，以压力、流体、液面和生产测井为主的动态监测技术，在每个区块选定一定数量气井，每年定期进行监测和数据采集。根据动态监测结果，落实地层压力变化规律、储量纵向动用特征、井筒腐蚀情况等，为气田开发指标评价和工艺措施制定等提供依据。

11）开展老井措施增产

苏里格气田开发后期将面临大批产量低、压力恢复低气井，为进一步提高气井储量动用程度，应加大老井措施增产力度，主要技术包括查层补孔、侧钻水平井、重复压裂增产等。

12）开展基于成因分析的富水区识别

富水区识别技术是在区域水化学分析、储层微观特征分析、气水微观分布、气水层综合识别、区域地质背景综合分析基础上，对地层水的成因、赋存机理、地层水分布控制因素及分布规律开展研究，并充分应用试气及投产气井生产动态资料评价其活跃程度，做到动静结合，相互印证。

13）快速评价新增储量

容积法是储量计算的最常用方法，包括确定法和概率法。对新增的储量，应用概率法计算结果更可靠。

（二）低渗致密气藏开发展望

1. 低渗透储层中寻找高渗透区仍是低渗透气藏开发的一个重要课题

对于低渗储层的开发，应寻找相对高渗透区域优选投入开发。因此，准确确定透镜状气藏的大小、形态、方位和分布，是成功开发这类气藏的关键。

低渗储层中找相对高渗部分，仍然属于储层非均质性问题，决定于不同沉积微相、不同岩石相中储层原生孔隙的保存程度和次生孔隙的发育程度，需要重点研究形成低渗透储层的地质作用。主要包括沉积作用（近源分选极差、远源颗粒极细）、成岩作用（强烈改造破坏，多数低渗透储层属于次生孔隙）和构造作用（挤压作用降低孔渗，大多数是产生裂缝改善渗透性）。

2. 大力发展水平井技术，提高低渗透气藏开发水平

利用水平井开发裂缝型低渗透气藏，可以获得较垂直井高很多的产量，且钻井费用已从相当一口直井的几倍降为一倍左右。为此，钻水平井是开发低渗透气藏可行的技术。钻水平

井不但要落实适合的地质条件，同时要做好储层保护工作，优化施工采气工艺，才能取得改善开发效果、提高气藏开发效益的目的。

3. 走低成本开发之路，加快大面积河流相低渗透砂岩气藏开发进程

低渗透气藏地质条件复杂，开发难度大，开发成本费用高，开发效益较差，降低开发成本是开发低渗透气藏尤其是苏里格大面积河流相低渗透气藏的关键。

尽管该类气藏开发技术取得了明显进展，大量新技术新工艺实验取得较好效果，使气藏单井产量明显提高，稳产时间明显增强，气藏开发成本得到降低，但仍然有较大的降低开发成本的空间。因此，应进一步强化科技攻关，加大高精度储层预测，水平井、气体欠平衡钻井、小井眼钻井，分层压裂、合层开采、控制压差，简化地面集输流程等新技术的应用力度，全面降低气藏开发成本，加快类似苏里格气田低渗透气藏开发进程。

4. 开发中后期剩余气分布规律研究，进一步提高低渗透气藏采收率

随着我国低渗透气藏的不断开发，部分气藏逐步进入或将要进入开发中后期，由于气藏地质和开发条件复杂，已经暴露出许多影响气藏稳产和采收率的问题。因此，应及时开展气藏监测和剩余气分布规律研究，寻找气藏进一步有效开发的配套技术和途径，保持气藏较长时期的稳产，提高气藏最终采收率。

5. 制定配套和开发技术政策，创新体制，将有效推动低渗透气藏开发

低渗透气藏开发效益较差，国外为加快这类气藏的开发，制定了一系列配套经济政策，推动这类低渗透气藏的开发。如国家制定天然气法，统一规划、统一管理，同时根据天然气发展不同阶段的具体任务和目标，制定相应的优惠孤立型政策，包括税收政策、价格政策、投资信贷政策等鼓励开发该气藏，提高气田开发水平，甚至使一些难采储量投入了开发。我国也应该制定相关配套经济政策，并进一步抓好天然气的下游综合利用，推动低渗透气藏开发。

第五章　碳酸盐岩气藏开发规律与技术政策

碳酸盐岩气藏在世界范围内已经发现的气藏中占有重要地位，近年来我国的碳酸盐岩气藏勘探开发呈现出快速发展态势，特别是在塔里木盆地、鄂尔多斯盆地和四川盆地，碳酸盐岩气藏已经成为我国陆上开发有前景的气藏类型。不同于常规碎屑岩气藏，碳酸盐岩气藏储层及流体分布特征更加复杂，该类型气藏在开发过程中面临着各种各样的问题。针对这些问题，我国碳酸盐岩气藏的开发实践初步明确了该类气藏的开发规律，形成了有效的开发技术对策，这些将有力地推动我国碳酸盐岩气藏的有效开发，提高我国碳酸盐岩气藏的开发水平。

第一节　碳酸盐岩气藏概述

碳酸盐岩气藏在全球分布广泛，储量巨大。储量规模大、产量高的气藏往往是碳酸盐岩气藏，碳酸盐岩气藏在全球天然气市场占有重要地位。我国碳酸盐岩气藏也有广泛的分布，虽然我国的碳酸盐岩气藏探明率还比较低，但是近年来发现了大量的碳酸盐岩气藏，这些气藏的分布也各有其特征。

一、碳酸盐岩气藏资源现状

碳酸盐岩分布面积占全球沉积岩总面积的20%，所蕴藏的油气储量占世界总储量的52%，全球高达90%的油气储量发现于海相地层，世界上现已查明以碳酸盐岩为主要烃源岩的含油气盆地众多，世界碳酸盐岩油气探明可采总量为 $1434.5 \times 10^8 t$ 油当量，探明可采石油 $750.1 \times 10^8 t$ 油当量，探明可采天然气 $684.4 \times 10^8 t$ 油当量。碳酸盐岩油田的储量一般情况下比较大，碳酸盐岩大油田的平均可采储量为 $5.6 \times 10^8 t$ 油当量，而砂岩大油田的平均可采储量是 $2.9 \times 10^8 t$ 油当量，两者相差近1倍。到2007年世界碳酸盐岩油气田313个，其中油田208个，气田105个。

世界碳酸盐岩储层的油气产量约占油气总产量的60%。中东地区石油产量约占全世界产量的2/3，其中80%的含油层产于碳酸盐岩。碳酸盐岩油田的产量较高。世界目前已确认的7口日产量达到 $1 \times 10^4 t$ 以上的油井也都产自碳酸盐岩油气田。而日产量稳产千吨以上的油井，绝大多数分布在碳酸盐岩油气田中。

中国有近 $300 \times 10^{10} m^2$ 的碳酸盐岩分布，约占陆上国土面积的1/3，其中塔里木盆地、四川盆地、鄂尔多斯盆地和华北地区广泛发育，为潜在的油气勘探区。中国海相地层的石油资源量为 $92 \times 10^8 t$，占中国石油资源量的9.5%~13.3%；中国海相地层的天然气资源量为 $17 \times 10^{12} m^3$，占中国天然气资源量的58%~59.1%。当前中国碳酸盐岩探明石油 $15.2 \times 10^8 t$ 油当量，探明率为6.5%，探明天然气 $1.36 \times 10^{12} m^3$，探明率为28.65%，因此我国海相碳酸盐岩具有巨大的油气勘探开发潜力。

目前我国已发现碳酸盐岩天然气藏主要分布在四川盆地、鄂尔多斯盆地和塔里木盆地（谢锦龙等，2009）。截至2010年年底，中石油海相碳酸盐岩气藏开发已动用地质储量近万亿方，年产量约$190 \times 10^8 \mathrm{m}^3$，占天然气总产量的26%，累计生产$3000 \times 10^8 \mathrm{m}^3$以上，剩余可采储量$4000 \times 10^8 \mathrm{m}^3$。中国石油海相碳酸盐岩天然气生产主要集中在四川盆地和鄂尔多斯盆地，2010年，塔里木盆地塔中地区已经建成$10 \times 10^8 \mathrm{m}^3$天然气产能。目前四川盆地除川东北高含硫气藏未动用外，其他海相碳酸盐岩气藏基本均投入开发，2010年产天然气$140 \times 10^8 \mathrm{m}^3$，老气田采出程度较高，部分气田面临快速递减，而新发现龙岗气田由于目前评价程度低，有效开发还面临难题；鄂尔多斯盆地靖边气田基本以$50 \times 10^8 \mathrm{m}^3$以上产量连续稳产了8年，采出程度15%，通过不断技术改进与挖潜措施，预计该气田具备长期稳产潜力。

二、碳酸盐岩气藏分类

（一）分类研究现状

针对油气藏进行分类，前人根据自己的研究重点进行了深入和系统的研究，但对碳酸盐岩油气藏的分类研究较少。张厚福和张万选（1989）在油气藏分类科学性和实用性分类原则基础之上将油气藏分为构造、地层、岩性、水动力和复合五大类油气藏类型。冈秦麟（1995）从影响气藏开发效果和布局的地质因素着手，从生产实践和理论分析方面考虑圈闭、储层、驱动、压力、相态和组分六个方面的因素，并以这些方面的主要因素为特征分类依据进行气藏分类，如依据储层因素将气藏分为砂岩气藏和碳酸盐岩气藏，考虑储层形态特征砂岩气藏又细分为块状砂岩气藏和层状砂岩气藏，碳酸盐岩气藏又细分为块状碳酸盐岩气藏和层状碳酸盐岩气藏。胡见义将非构造油气藏分为岩性圈闭油气藏、地层圈闭油气藏、混合圈闭油气藏和水动力圈闭油气藏。潘钟祥将油气藏类型分为构造圈闭油气藏、地层圈闭油气藏、水动力圈闭油气藏和复合圈闭油气藏。

国外在油气藏的分类方面也做出了深入和系统的研究。克拉普（1929）将油气藏分为背斜构造、向斜构造、均斜构造、穿状构造、不整合、透镜状砂岩、不考虑其他构造的裂缝和洞穴、断层引起的构造等八种类型。威尔逊（1934）将油气藏分为闭合油气藏和开放油气藏。莱复生（1967）将油气藏分为构造圈闭类、地层圈闭类与流体圈闭、复合圈闭及盐丘三种油气藏。布罗德（1937）将油气藏分为层状油气藏、块状油气藏和不规则油气藏三种类型。米尔钦科（1955）将油气藏分为构造油气藏类型、地层油气藏类型和岩性油气藏类型。

国内外对油气藏的分类有很系统的深入研究，但是对碳酸盐岩油气藏分类的研究相对较少。冈秦麟将我国碳酸盐岩油气藏分为碳酸盐岩气驱气藏、碳酸盐岩底水气藏、碳酸盐岩非均质含硫气藏、碳酸盐岩多裂缝系统气藏。窦立荣和王一刚（2003）根据我国发现碳酸盐岩油气藏储层分布几何形态，将我国碳酸盐岩油气藏分为碳酸盐岩滩油气藏、不整合岩溶油气藏、生物礁油气藏和成岩油气藏。谢锦龙等（2009）根据我国已发现碳酸盐岩油气藏特点，采用生储组合法进行分类，主要根据沉积相、生储条件及组合关系来进行分类。该分类方法对于研究碳酸盐岩油气生储关系意义重大。中国石油勘探开发研究院罗平等（2008）

主要从储层角度将我国海相碳酸盐岩储层分为四类：①礁滩型储层，包括川东北塔礁和塔中台地边缘的礁滩复合体；②岩溶型储层，可分为三种类型：表生成岩作用期以大规模构造运动形成的区域不整合为特征的岩溶风化壳储层和沉积期海平面升降引起的短暂小幅度大气暴露的层间岩溶，以及埋藏后期地下流体活动引起的局部溶蚀的深部岩溶；根据岩溶储层的母岩类型、构造演化的特点，总结出稳定抬升型、挤压抬升型和伸展断块型三种类型的岩溶储层；③白云岩储层，在我国陆上海相地层中，形成具有经济规模的白云岩储层主要有三种，即蒸发台地白云岩、埋藏白云岩和生物成因白云岩；④台内滩储层，碳酸盐岩台内滩灰岩一般致密，经过适当的岩溶作用、白云石化作用和构造断裂作用的改造，可以成为良好的储层。

概括起来，碳酸盐岩油气藏的分类方案多种多样、各具特色，有的按照油气藏成因进行分类，有的按照孔隙结构和流体产状进行分类，有的按照开采方式和驱动机理进行分类，还有按照流体性质进行分类，等等。每一种分类方案有其自己的优点和使用范围，如油气藏成因分类主要用于勘探阶段，便于研究成藏规律和成藏模式；按照孔隙结构和流体产状进行分类主要用于油气藏评价和开发生产阶段，便于开采储量标定、开发方案制订等；按照开采方式和驱动机理研究主要用于油气藏评价和开发生产阶段，便于可采储量标定，开发方案制订和开发井间井网部署等。总之，这些分类方法要么适用范围有限，要么过于烦琐。因此有必要站在碳酸盐岩油气藏开发的整个过程对其进行分类，增强我国碳酸盐岩气藏研究的理论性和系统性，从而有效指导我国碳酸盐岩油气藏的开发。

（二）碳酸盐岩气藏类型划分依据与原则

1. 划分依据

由于碳酸盐岩气藏开发效果的好坏更多的是受综合开发地质特征等多种因素的制约，而不是受单一因素的影响，因此在进行碳酸盐岩气藏开发划分的过程中不能以单一因素作为分类依据。沉积、成岩、构造和成藏过程的复杂性造成储集空间、孔隙结构、流体分布及产状、驱动类型和流体相态等多性质的复杂性，并最终导致碳酸盐岩气藏开发特征的复杂性。在这一因果关系中，沉积、成岩、构造和成藏过程的复杂性是碳酸盐岩气藏复杂性的根本原因，多性质特征的复杂性是碳酸盐岩气藏复杂性的直接原因，而整个气藏开发特征的复杂性是碳酸盐岩气藏复杂性的表现形式。因此，在对碳酸盐岩气藏开发分类的过程中以单一的任何一个或两个因素作为分类依据都不能完全体现该类型气藏的特征，更不能有效指导该类型气藏的开发实践。

因此，我国碳酸盐岩气藏开发类型划分必须基于我国碳酸盐岩气藏开发实践，依据目前我国碳酸盐岩气藏开发特征及所面临的关键技术难题进行划分。不同类型碳酸盐岩气藏开发具有不同的开发特征，不同的核心问题。只有这样，我国碳酸盐岩气藏的开发分类才具有实际意义。

2. 划分原则

目前世界上发现的碳酸盐岩气藏数量众多，类型各异。类似于普通油气藏的分类，碳酸盐岩由于复杂的沉积环境、成岩作用和后期的构造动力作用导致了碳酸盐岩气藏表现出更加强烈的非均质性，碳酸盐岩气藏的开发更易受到圈闭、岩性、相态、驱动类型、压力和组分等因素的影响，如果以某一因素作为主要分类因素进行分类，然后以次要特征进行亚类划分，虽然分类具有科学分类的严谨性，但是往往在生产实践中缺乏实用性。为了认识碳酸盐岩气藏的开发特征，更有效地指导相同类型气藏的开发，我们主张碳酸盐岩气藏开发的分类一定要遵守以下三条基本原则。

（1）分类的实用性，即碳酸盐岩气藏的分类应该能有效地指导气藏的开发，并且碳酸盐岩气藏的分类应该简单实用，不把"科学、系统、合理"作为分类追求的首要原则，而是以实用性为首要原则。这要求分类不能过细，过于烦琐。

（2）分类的针对性，即碳酸盐岩气藏的分类应该针对我国碳酸盐岩气藏开发的实践，根据已有碳酸盐岩气藏不同开发特征进行分类，有针对性地制订碳酸盐岩气藏的分类方案。这就要求碳酸盐岩气藏的分类要有高度的针对性。

（3）分类的科学性，即碳酸盐岩气藏的分类必须是科学的、合理的，既反映出碳酸盐岩油气藏形成的基本条件，又能反映出不同类型碳酸盐岩气藏之间存在区别和联系。这就要求碳酸盐岩油气藏的分类要科学合理。不能随意命名，引起混乱，难于鉴别。

需要重点强调的是三条划分原则不是等同的，而是有其重要次序的，我们主张在进行碳酸盐岩气藏划分的时候其"实用性"是最重要的，划分的针对性和科学性为其次要原则。

（三）我国碳酸盐岩气藏类型划分结果

基于我国碳酸盐岩气藏开发时间，根据上述三条基本分类原则及我国碳酸盐岩气藏分类研究现状，将我国碳酸盐岩气藏分为缝洞型气藏（塔中、塔河–轮南）、礁滩型气藏（龙岗、普光）、岩溶风化壳型气藏（靖边）和层状白云岩型气藏（四川石炭系老气田）。

（1）缝洞型碳酸盐岩气藏是指由不同规模大小缝洞系统组成的碳酸盐岩气藏，其气藏储层成因主要是层间及顺层岩溶作用，该类气藏有效开发面临的主要问题是对缝洞系统的描述和开发方式的优选。这类气藏以塔中、塔河–轮南为典型代表。

（2）礁滩型碳酸盐岩气藏是由不同规模礁滩储渗体组成的碳酸盐岩气藏，其气藏储层主要受沉积作用控制，该类气藏面临的主要问题是储渗体及其非均质性的描述，以及流体分布特征的描述。这类气藏以四川龙岗和普光为典型代表。

（3）岩溶风化壳型碳酸盐岩气藏是由不同岩溶发育程度的优劣储层组成的碳酸盐岩气藏，其气藏储层主要受岩溶作用控制，该类气藏面临的主要问题是弄清受岩溶作用控制的不同类型储层分布特征。这类油气藏以靖边气田为典型代表。

（4）层状白云岩气藏是指由不同白云化发育程度的优劣层状储层组成的边底水型碳酸盐岩气藏，其气藏储层主要受白云化作用控制，该类气藏面临的主要问题是弄清不同类型层状白云岩储层在平面及纵向上的分布特征，同时分析地层水对气藏开发影响。这类气藏以四川石炭系气田为典型代表。

第二节　碳酸盐岩气藏地质特征

由于碳酸盐岩气藏在储层成因等方面的区别，不同类型碳酸盐岩气藏在储集空间、岩性、气藏特征等方面存在差异。

一、缝洞型碳酸盐岩气藏地质特征

缝洞型碳酸盐岩气藏以塔里木盆地塔中油气藏为典型特征。以下以塔中Ⅰ号气田为例来介绍缝洞型碳酸盐岩气藏特征。

(一) 地 质 概 况

塔里木盆地是在前震旦纪结晶变质岩基底之上发育起来的，并由古生代克拉通盆地和中—新生代前陆盆地叠合而形成的大型复合沉积盆地。受区域构造活动和海平面升降的影响，形成三个沉积旋回：震旦纪—泥盆纪海相沉积期、石炭纪—二叠纪海陆交互相沉积期、中—新生代陆相沉积期，在盆地内沉积了巨厚的地层。塔中Ⅰ号气田构造位置位于塔里木盆地塔中低凸起北部斜坡带北边缘，从东部 TZ26 井区延伸到西部 TZ45 井区，长约 200km，宽 2~8km，面积约 1100km^2，为整体向西倾伏的斜坡，东西高差超过 2000m。

(二) 区 域 构 造 背 景

塔里木盆地的构造演化主要分为两个阶段。古生代克拉通盆地发展阶段，主要发育大型、宽缓的隆起；中新生代为前陆盆地演化时期，由于周缘山系剧烈隆升，并向盆内推覆，盆地边缘形成了挤压、推覆、牵引等多种构造类型。古生代盆地北部沙雅隆起的阿克库勒凸起以抬升为主，加里东中—晚期活动使阿克库勒地区形成一个向东北抬升，向南西倾没的鼻凸锥形，志留系超覆在奥陶系之上。加里东晚期—海西早期运动表现为泥盆系东河塘组与下伏志留系或奥陶系的角度不整合。海西早期和晚期的构造运动使隆起多次抬升，造成志留系—泥盆系和上石炭统及二叠系缺失，奥陶系遭受不同程度风化、淋滤和岩溶剥蚀，形成大型凸起潜山构造，并在局部形成残丘。中—新生代时期，盆地内以沉降活动为主，沉积了巨厚的地层，不同层位地层超覆在奥陶系潜山之上，使潜山得到保存。

塔中Ⅰ号气田断裂较为发育，发育的大规模断裂可分为三级：第一级为塔中Ⅰ号断裂；第二级为塔中Ⅰ号断裂的伴生断裂；第三级为与塔中Ⅰ号断裂垂直或斜交的走滑断裂，各级断裂的活动时间、强度、应力方向在各区存在差异。

(三) 储 层 特 征

1. 岩性及储集空间类型

塔中Ⅰ号气田西部地区中—下奥陶统主要岩石类型为亮晶砂砾屑灰岩、白云质砂屑灰岩（图 5-1）。亮晶砂屑灰岩通常砂屑含量达 65%~75%，其中包括有少部分生屑，含量小于15%。颗粒间主要为亮晶胶结，缺乏灰泥。亮晶砂屑灰岩通常发育溶蚀孔洞、裂缝等。主要分布于中高能的砂屑滩。白云质砂屑灰岩通常砂屑含量为 55%~70%，可见有少部分砾屑、生屑及藻砂屑。局部具风暴扰动或花斑状白云岩化的假角砾结构。可见溶蚀孔洞及裂缝，多为方解石半–全充填，常见层孔虫、介形虫和绿藻等碎屑，主要形成于粒屑滩。

对塔中Ⅰ号气田西部地区奥陶系岩心、铸体薄片分析认为，该区碳酸盐岩储集空间类型主要有孔、洞、缝三大类，按大小和成因可分为宏观储集空间和微观储集空间两大类。

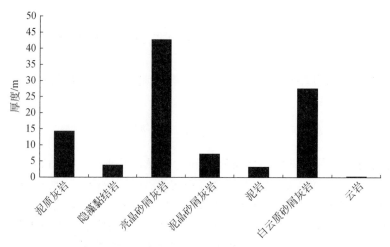

图 5-1　塔中 83 区块储层不同岩性所占储层厚度百分比柱状图

研究区的宏观储集空间主要包括洞穴、孔洞和裂缝。洞穴为直径大于 500mm 的孔隙，主要由溶蚀作用形成；孔洞是指一般肉眼可见的中小型溶蚀孔洞，孔洞直径 2 ~ 500mm，在下奥陶统鹰山组较发育。孔洞形态各异，有蜂窝状、串珠状等，未–全充填，充填物多为方解石、泥质，或见热液成因的萤石、天青石等；裂缝是碳酸盐岩重要储集空间，也是主要的渗流通道。微观储集空间主要有粒内溶孔、铸模孔、粒间溶孔、晶间溶孔和微裂缝，其中粒内溶孔为本区重要的孔隙类型之一。

2. 孔隙结构特征

塔中 I 号气田西部地区奥陶系碳酸盐岩基块中常见的喉道类型有三种：管状喉道（图 5-2，I 类）。孔喉缩小部分喉道（图 5-2，II 类）及片状喉道（图 5-2，III 类）。

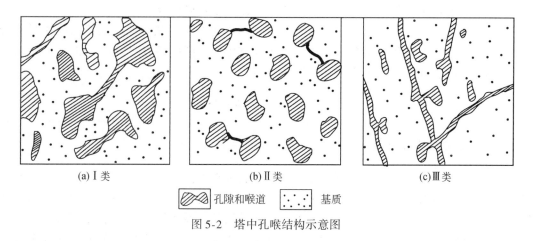

　　　　(a) I 类　　　　　　　　　　(b) II 类　　　　　　　　　　(c) III 类

　　　　　　⬚孔隙和喉道　　　⬚基质

图 5-2　塔中孔喉结构示意图

孔喉结构分为四类，孔隙度和渗透率较高的 I 类，以较大的孔喉半径和较低的中值压力为特征。最大的连通孔喉半径可达 38μm，平均喉道半径的平均值 0.65μm。中值压力变化 0.25 ~ 32.5MPa，平均为 9.841MPa；第 II 类最大的连通孔喉半径变化较大，从 0.59 ~ 37.5μm，平均 12.5μm，平均喉道半径为 0.026 ~ 2.544μm。排驱压力和中值压力高于第 I

类；第Ⅲ类和第Ⅳ类以较小的孔喉半径和较高的中值压力为特征，最大的连通孔喉半径分别小于 15.6μm 和 7.5μm。

毛管压力典型的形态可划分为四类（图 5-3）：第Ⅰ类为分选较好的略细歪度型；第Ⅱ类为分选中等的细歪度型；第Ⅲ类为分选差的细歪度型；第Ⅳ类为分选差的极细歪度型。

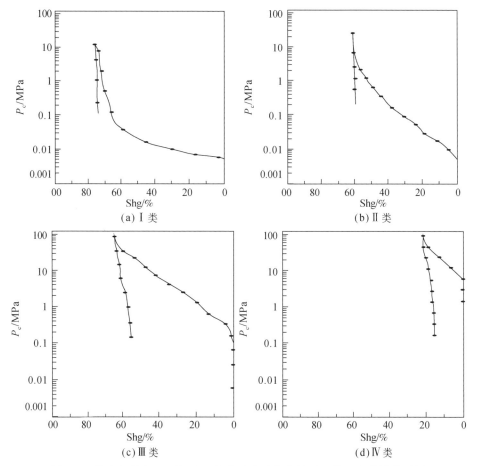

(a) Ⅰ类　　　　　　　　　　(b) Ⅱ类

(c) Ⅲ类　　　　　　　　　　(d) Ⅳ类

图 5-3　塔中Ⅰ号气田西部地区奥陶系碳酸盐岩储层毛管压力曲线类型图

3. 物性特征

通过对研究区中下奥陶统鹰山组 24 口井的实测孔隙度样品 732 块和渗透率样品 273 块进行统计，结果表明：孔隙度最大达 11.13%，最小仅 0.17%，平均 0.911%。实测渗透率分布范围为 $0.004×10^{-3} \sim 153×10^{-3}\ μm^2$，平均 $3.776×10^{-3}\ μm^2$。

从分布直方图（图 5-4）可以看出：鹰山组的样品中，孔隙度小于 1.8% 的样品占 91.94%；孔隙度大于 4.5% 的样品仅占 0.41%。孔隙度为 1.8% ~ 4.5% 的样品占 7.65%。渗透率小于 $0.01×10^{-3}\ μm^2$ 的样品占样品总数的 3.30%，在 $0.01×10^{-3} \sim 5×10^{-3}\ μm^2$ 的样品占样品总数 90.12%；大于 $5×10^{-3}\ μm^2$ 的样品占样品总数的 6.59%。由此可以看出，岩心分析属于是低孔、低渗储层，部分孔-渗异常值可能为裂缝影响。

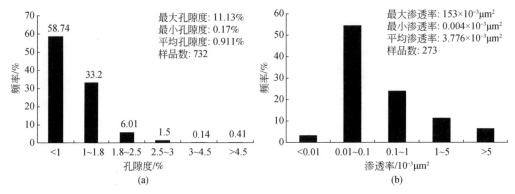

图 5-4　塔中 I 号气田西部地区下奥陶统鹰山组物性频率分布直方图

4. 裂缝特征

裂缝是碳酸盐岩的重要储集空间，也是主要的渗流通道之一，裂缝成因主要有三种类型：即构造缝、溶蚀缝和成岩缝。该区以构造缝、成岩缝居多。

构造缝与区域构造活动有关，在裂缝中出现频率达 43.43%。构造缝以水平和斜交缝为主。扩溶现象较明显，常见沿缝分布有溶孔、溶洞，缝内无–半充填。

在取心中常见溶蚀缝或与溶蚀有关的缝，宽度较大，常见 0.2～5mm。在潜流带溶蚀缝以低角度–水平为主，溶蚀常沿构造缝或缝合线发生。

较常见的成岩缝为缝合线，是压溶作用的产物。缝宽 0.2～0.5mm，被泥质和溶蚀残余物充填，有的可见沥青；镜下可见沿缝合线发生扩溶现象。

5. 储层类型

中古 5–7 井区（中古 1、4、5、7、9、42 井）鹰山组储层类型中，主要包括裂缝型储层、孔洞型储层、裂缝–孔洞型储层及洞穴型储层。其中，孔洞型储层占 47.46%，裂缝–孔洞型储层占 37.46%，裂缝型储层占 15.07%；塔中 86 井区鹰山组储层类型中，裂缝–孔洞型储层占 47%，孔洞–洞穴型储层占 38%，裂缝型储层占 15%，其中中古 171 井、塔中 452 井以孔洞型储层为主，而中古 17 井以裂缝–孔洞型储层为主（图 5-5）。

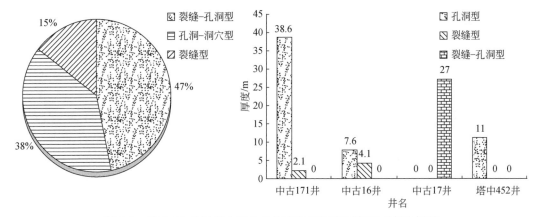

图 5-5　塔中 86 井区鹰山组单井储集空间类型厚度及厚度比例图

（四）储层综合评价

1. 储层评价标准

根据塔中Ⅰ号气田西部地区奥陶系碳酸盐岩储层特征和储层参数下限研究结果，结合碳酸盐岩储层评价标准，确定了塔中Ⅰ号气田西部地区奥陶系储层评价标准（表5-1），将储层划分为四级进行评价。

（1）Ⅰ类储层：是储层中储渗性能最好的储集层，主要为台地边缘滩及部分台内高能滩，测井解释孔隙度≥4.5%，裂缝孔隙度≥0.3%，储层类型属孔洞型或裂缝-孔洞型。溶蚀孔洞发育，储层品质最好。

（2）Ⅱ类储层：主要是台缘内侧滩和礁主体部分障积灰岩，测井解释孔隙度2.5%～4.5%或裂缝孔隙度为0.1%～0.3%，孔渗性能较好。Ⅰ类和Ⅱ类储层为经过现有工艺改造后能获得工业产能的储层。

（3）Ⅲ类储层：是储渗性能较差的台缘斜坡灰泥丘、丘翼滩。测井解释孔隙度1.8%～2.5%，或裂缝孔隙度为0.04%～0.1%。储层孔渗性能较差。储层类型属微裂缝-孔隙型、微裂缝及孔隙发育。

（4）Ⅳ类储层：主要集中在致密泥晶灰岩层段或致密颗粒灰岩段，孔隙度<1.8%，并且裂缝孔隙度<0.04%，孔洞和裂缝均不发育，属非储层。

表5-1　塔中Ⅰ号气田西部地区奥陶系碳酸盐岩储层评价标准

类别	孔隙度/%	裂缝孔隙度/%	渗透率/$10^{-3}\,\mu m^2$	沉积微相	储层类型
Ⅰ	≥4.5	≥0.3	≥3.0	台缘滩体、台内滩	洞穴型、孔洞型、裂缝-孔洞型
Ⅱ	2.5～4.5	0.1～0.3	0.1～3.0	台内滩、灰泥丘	孔洞型、裂缝-孔洞型、裂缝型
Ⅲ	1.8～2.5	0.04～0.1	0.01～0.1	低能滩、灰泥丘	孔隙型、裂缝型
Ⅳ	<1.8	<0.04	<0.01	台内洼地、滩间海	孔、洞、缝不发育

2. 储层分布特征

从塔中Ⅰ号气田西部地区中下奥陶统鹰山组储层分类评价预测图（图5-6）可知：塔中Ⅰ号气田西部地区中下奥陶统鹰山组储层非均质性较强，优质储层多呈分散状分布。Ⅰ类储层主要分布于中古18-塔中86井、中古5、中古203、中古8、中古21、中古15等区域分布，多呈斑团状和短条带状，Ⅰ类储层的分布受岩溶发育有利带、断裂活动及台缘滩等高能相带等综合控制，总体上沿平行塔中Ⅰ号坡折带呈断续分布，部分受走滑断裂控制而呈垂直塔中Ⅰ号坡折带方向分布。Ⅱ类储层为研究区主要的有利储层，分布区域与Ⅰ类储层类似，但范围较Ⅰ类储层广，连片性好。

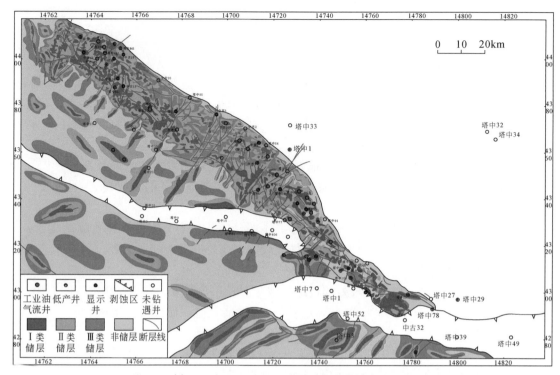

图 5-6　塔中Ⅰ号气田西部地区中下奥陶统鹰山组储层分类评价平面预测图

二、礁滩型碳酸盐岩气藏地质特征

（一）地质及区域构造背景

　　龙岗地区位于四川盆地中北部，地理位置包括仪陇以东、巴中以南、平昌以西、营山以北约 7000km² 的范围。区内地貌为低山丘陵，地面海拔一般为 200～600m。该区全年气候温暖、水源丰富、交通及通信条件好，这些因素为天然气的勘探开发提供了有利条件。

　　区内龙岗构造位于四川省平昌县龙岗乡，向西北以鼻状延伸至四川省仪陇县阳通乡境内，地面为一个较平缓的北西向不规则穹隆背斜，在构造区域上属于四川盆地川北低平构造区。构造东北起于通江凹陷，西南止于川中隆起区北缘的营山构造，东南到川东南断褶带，西南抵苍溪凹陷。

　　龙岗地区从震旦系到侏罗系沉积了巨厚的地层，且发育齐全，长兴组生物礁和飞仙关组鲕滩是本区主要储集层。综合研究表明，开江-梁平海槽的发展演化不仅控制了上二叠统生物礁的分布，而且还控制了下三叠统飞仙关鲕滩的分布，环开江-梁平海槽分布的长兴期陆棚边缘礁相带和飞仙关期台地边缘鲕粒坝相带是礁、滩气藏最有利勘探相带。

（二）储层特征

1. 储层岩石及储集空间类型

　　根据岩心描述、化学及薄片分析、录井资料综合分析，龙岗地区的储集岩以生物礁组合中的残余生屑白云岩、中-细晶白云岩为主，其次为海绵骨架云质灰岩和生屑云质灰岩，少量的残余海绵骨架白云岩、残余生物骨架白云岩等。龙岗地区飞仙关组储集岩在台地边缘以残余鲕粒云岩、残余鲕粒灰质云岩为主，在台地内部广泛发育溶孔鲕粒灰岩。龙岗地区长兴组储集空间以粒间溶孔、晶间溶孔和溶洞为主，其次是粒内（生物内）溶孔，局部可见到角砾间溶孔、角砾内溶孔和铸膜孔（图5-7）。飞仙关组储集空间主要有三种，其中台缘主要是鲕粒白云岩粒间（晶间）溶孔型和云质鲕粒灰岩粒间（粒内）溶孔型，开阔台地主要是鲕粒灰岩铸膜孔型（图5-8）。

 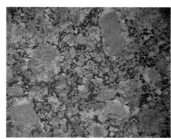 

(a)残余生屑白云岩,粒间溶孔 　　　　(b)残余有孔虫-棘屑白云岩 　　　　(c)生屑云质灰岩

图5-7　龙岗长兴组岩性及储集空间类型

 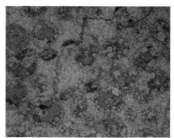 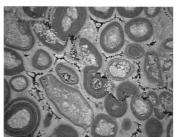

(a)鲕粒白云岩粒间(晶间)溶孔 　　　　(b)鲕粒灰岩铸模孔 　　　　(c)云质鲕粒灰岩粒间(粒内)溶孔型

图5-8　龙岗飞仙关组岩性及储集空间类型

2. 孔隙结构特征

长兴组孔喉结构分为四类。以龙岗2井为例，孔隙度和渗透率较高的Ⅰ类以较大的孔喉半径和较低的中值压力为特征，最大的连通孔喉半径可达168.6μm，中值半径7.09μm。第Ⅱ类最大的连通孔喉半径62.8μm，中值半径1.4μm，排驱压力和中值压力高于第Ⅰ类。第Ⅲ类最大的连通孔喉半径2.57μm，中值半径0.16μm。第Ⅳ类以小的孔喉半径和高的中值压力为特征，以龙岗11井为例，最大的连通孔喉半径0.64μm，中值半径0.02μm。

飞仙关组孔喉结构类似于长兴组。以龙岗001-1井为例，孔隙度和渗透率较高的Ⅰ类以较大的孔喉半径和较低的中值压力为特征，最大的连通孔喉半径达100.76μm，中值半径10.53μm。第Ⅱ类最大的连通孔喉半径62.75μm，中值半径1.8μm，排驱压力和中值压力高于第Ⅰ类。第Ⅲ类最大的连通孔喉半径0.41μm，中值半径0.13μm。第Ⅳ类以小的孔喉半径和高的中值压力为特征，以龙岗9井为例，最大的连通孔喉半径0.25μm，中值半径 0.01μm。

3. 物性特征

从 6 口井 143 块样品（包括岩塞、全直径和井壁取心样品）实测物性统计可以看出，长兴组单井平均孔隙度在 3.53% ~ 9.1%，总平均孔隙度 5.8%。3 口井 97 块样品实测气体渗透率为 0.00033 ~ 76.97mD，各井平均渗透率 1.64 ~ 11.84mD，总平均渗透率为 3.54mD。3 口井储层层段 98 块岩心样品含水饱和度最大为 68.64%，最小为 6.05%，各井含水饱和度平均值为 15.51% ~ 31.35%，总平均含水饱和度为 23.7%，总体上含水饱和度较低。

飞仙关岩心样品孔隙度分布范围较广，低的可以小于 1%，高的可以达到 19%，所统计的 298 个岩心孔隙度样品，其平均孔隙度为 4.73%。渗透率从 0.001 ~ 1000mD 均有分布，所统计的 282 个岩心渗透率样品，其平均渗透率为 8.08mD。对于含水饱和度，所取样品有两个峰值，一个是 20%，另一个是 60%，表明样品取自气层段和水层段。

4. 裂缝孔洞特征

总体来说，长兴组和飞仙关组均不同程度发育裂缝，不同大小的溶洞也有发育，但是裂缝和溶洞发育表现出极大的差异性，如长兴组龙岗 2 井裂缝密度为 8.89 条/m，而岗 11 井只有 0.26 条/m，同时这两口井岩心观察没有发现溶洞，龙岗 001-1 井不发育裂缝，而不同程度发育溶洞（表 5-2）。飞仙关组裂缝和溶洞发育情况也表现出极大的差异性（表 5-3）。

表 5-2　长兴组岩心缝洞统计表

井号	统计心长/条	条数/条	密度/(条/m)	洞		
				大洞/个	中洞/个	小洞/个
龙岗 2 井	6.19	55	8.89	—	—	—
龙岗 11 井	72	19	0.26	—	—	—
龙岗 001-1 井	—			14	12	82

表 5-3　飞仙关组岩心缝洞统计表

井号	统计心长/m	裂缝			洞		
		总裂缝/条	有效缝/条	有效缝密度/(条/m)	大洞/个	中洞/个	小洞/个
龙岗 3 井	9	0	0	0	—	—	—
龙岗 8 井	8.92	26	1	—	—	9	12
龙岗 9 井	17.47	10	0	0	—	—	—
龙岗 001-1 井	29.7		16	0.54	7	5	84
龙岗 001-2 井	29	55	5	0.17	—	—	—
龙岗 001-3 井	14.6	—	3	0.21	3	87	1014

5. 储层类型

综合分析可知长兴组储层类型可以分为裂缝孔隙（洞）型、低孔裂缝型和孔洞型三种类型：①裂缝孔隙（洞）型，长兴组大部分储层为裂缝孔隙（洞）型储层，岩性是白云岩，如龙岗 2、11 井取心资料发现溶蚀孔洞发育，并见裂缝；当溶洞较大时，储层类型为裂缝孔洞型，当溶洞较小时可以近似看作孔隙，可认为储层类型是裂缝孔隙型储层，一般高产气井的储层都属于该种类型。②低孔裂缝型，长兴组少数井储层为低孔裂缝型储层，岩性为白云岩和灰岩；该类储层基岩孔隙度极低，而裂缝发育增大渗流能力，其产量也相对较高。③孔洞型储层，长兴组个别储层是孔洞型储层，岩性是白云质灰岩。

对取心等资料研究发现，飞仙关组储层类型相对复杂，根据岩性可以分为灰岩和白云岩两类储层；根据储集空间可以把飞仙关组储层类型分为低孔-裂缝型、孔隙型、孔洞型和裂缝孔隙型四类：①低孔裂缝型，龙岗地区台内滩部分井的飞仙关组储层为低孔裂缝型储层，岩性为灰岩；综合分析表明该类低孔裂缝型储层主要分布在飞仙关组中上部的灰岩储层内，中下部也有发育，但是较少，对于此类储层完井测试基本是干层；②孔洞型，飞仙关组绝大部分鲕滩储层都是孔洞型储层，岩性是白云岩，由于孔隙度型白云岩在后期溶蚀作用造成溶孔发育，溶蚀孔洞与孔隙同时存在，但是裂缝不发育；③孔隙型，飞仙关组岩性主要是灰岩和白云岩两类，对于白云岩储层，大部分是孔洞型储层，孔隙和溶洞同时存在，在溶蚀孔洞不发育或溶蚀孔洞较小的情况下，可以看作为孔隙型储层，如龙岗 001-1 井；对于灰岩储层，一些井为孔隙型储层，如龙岗 9、22 井；④裂缝孔隙型，飞仙关组部分井钻遇储层为裂缝孔隙型储层，该类储层主要分布在龙岗地区东部，如龙岗 6、27 井。

总体上说，龙岗地区长兴组和飞仙关组储层类型繁多，飞仙关组 70% 以上的井储层是孔隙（洞）型，龙岗东部少数气井属低孔裂缝型储层；长兴组将近 90% 气井储层为裂缝孔洞型储层，极个别为低孔裂缝型和孔洞型储层。

（三）储层综合评价

1. 储层评价标准

根据龙岗地区礁滩型碳酸盐岩储层特征和储层参数下限研究结果，确定了龙岗礁滩型储层评价标准（表5-4），将储层划分为四级进行评价。

（1）Ⅰ类储层：储渗性最好的储集层，测井解释孔隙度≥12%。

（2）Ⅱ类储层：测井解释孔隙度 6% ~12%，储层孔渗性能较好。

（3）Ⅲ类储层：测井解释孔隙度 2% ~6%。储层孔渗性能较差，经过工艺改造能获得工业产能的储层。

（4）Ⅳ类储层：测井解释孔隙度<2%，属非储层。

表5-4 龙岗礁滩型碳酸盐岩储层评价标准

类别	孔隙度/%	渗透率/$10^{-3}\ \mu m^2$	储层类型
Ⅰ	≥ 12	≥ 10	裂缝孔洞型、孔洞型

类别	孔隙度/%	渗透率/10⁻³μm²	储层类型
II	6 ~ 12	1 ~ 10	孔洞型、裂缝孔隙型
III	2 ~ 6	0.1 ~ 1	低孔裂缝型、孔隙型
IV	<2	<0.1	孔、洞、缝不发育

2. 储层分布特征

飞仙关组储层厚度大，储层物性好，含气性特征明显；长兴组储层溶蚀孔洞发育，但是非均质性强。飞仙关组基质孔隙度分布范围为 2.53% ~ 11.65%，平均孔隙度为 11.03%；含水饱和度为 6.00% ~ 27.6%，平均含水饱和度为 7.21%。飞仙关组 I + II 类储层占 89.55%，物性较好。长兴组基质孔隙度分布范围 2.61% ~ 6.1%，平均孔隙度 4.78%，含水饱和度范围为 3.41% ~ 17.80%，平均含水饱和度 8.33%，长兴组一般不发育 I 类储层，与飞仙关组相比，储层物性相对较差，但是由于其裂缝和溶洞比较发育，气井产量也很高。

三、岩溶风化壳型气藏地质特征

靖边气田所在的区域构造表现为西倾单斜。发育溶蚀作用形成的东西向古潜沟，其中充填铁铝岩或泥岩形成气藏的良好封盖；西侧为区域地层剥蚀，东侧由于差异成岩作用，存在岩性致密带。整体上来说，该气藏属古地貌（地层）–岩性复合圈闭的定容气藏。气藏埋藏深度为 2960 ~ 3765m，各区原始地层压力为 26.78 ~ 31.92MPa，平均 30.24MPa。平均压力系数 0.91。压力分布总趋势是西部高、东部低，南部高、北部低，由北向南平均值依次变小。另外，气藏地温梯度为 3.05℃/100m。

（一）区域地质构造背景

鄂尔多斯盆地是我国第二大沉积盆地，横跨陕、甘、宁、蒙、晋五省，东临吕梁，南接秦岭，西与六盘，北与阴山接壤，是一个多构造体系、多旋回演化、多沉积类型的大型盆地，盆地面积 25×10⁴km²。古生界、中生界蕴藏有丰富的石油天然气资源。

鄂尔多斯盆地现今构造总体是一个东翼宽缓、西翼陡窄的不对称南北向巨型盆地。盆地边缘断裂、褶皱较发育，而盆地内部构造相对简单，地层平缓，一般倾角不足 1°。盆地现今构造格架始于燕山运动中期，发展完善于喜马拉雅运动。早白垩世末，盆地内部是西倾的斜坡与其西侧的天环向斜相连的特征。盆地边缘深部构造活跃，盖层内部的深部构造趋于稳定，盖层构造不太发育。根据现今构造及演化历史，区域构造可划分为六个一级构造单元。盆地中部是陕北（或伊陕）斜坡，向东为晋西挠褶带，向西依次为天环拗陷、西缘冲断构造带，北部为伊盟隆起，南面为渭北隆起。

靖边气田构造位于鄂尔多斯盆地中部伊陕斜坡，现今构造面貌为一区域性西倾大单斜，坡降 7 ~ 10m/km，倾角不足 1°。在极其平缓的构造背景上发育有两个方向的小幅度褶皱，以北东向为主，北西向为后期叠加的褶皱。利用钻井和物探资料绘制微构造图表明在极其平缓的单斜背景上发育一系列复式鼻褶，其鼻轴走向为 NE、NEE，呈雁列式排列。自北向南明显的鼻状构造有 18 排，其中北区和中区隆起幅度较大，为 5～50m，南区隆起幅度较小，一般为 5～20m。鼻状隆起向 NE 或 NEE 方向翘起并开口，不具备圈闭和封隔气藏的能力，但对天然气的储渗条件有一定的控制作用。在含气层存在的情况下，正向构造部位有利于气井高产，是开发井部署的主要依据之一。

（二）地 层 特 征

靖边气田奥陶系马家沟组属华北海型沉积，马家沟组沉积时期经历了三次海进、海退旋回，依据古生物特征、沉积旋回性和区域性标志层，在纵向上将马家沟组从上往下划分为六个岩性段：马一至马六岩性段。马家沟组的六个岩性段地层可划分为"三云三灰"六段，其中马一、三、五段以白云岩、膏岩为主，马二、四、六段以灰岩为主。马五$_1$ 段为本区的主要工业气层段，位于奥陶系风化壳顶层。由于受古侵蚀沟槽切割的影响，该区面积内马五$_1^4$ 以下地层保留齐全，马五$_1^{1-3}$ 地层均有不同程度的缺失。

（三）地 层 特 征

1. 储层岩性

靖边气田主要储集层段为马五$_{1+2}$ 段，其主要储集岩性为细粉晶白云岩，马五$_1^3$ 岩性纯，白云石含量 90% 以上，含少量方解石，是主力气层段。统计不同岩性面孔率，细粉晶白云岩达到 82.4%，孔隙度达到 6.59%（图 5-9、图 5-10）。

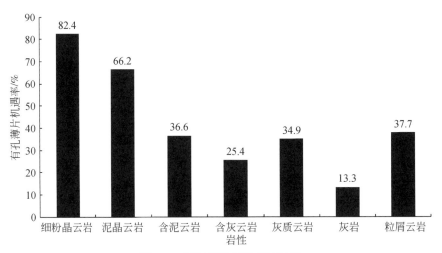

图 5-9　不同岩性面孔率统计图

2. 孔隙类型及孔隙结构特征

靖边气田风化壳储层储集孔隙以溶蚀孔为主，其次有晶间孔、铸模孔及微裂隙。由于受到沉积环境，以及成岩作用的影响，储集空间类型相对复杂。

根据 878 块压汞资料统计研究成果表明：喉道直径为 0.5～0.04μm 的小喉比例为

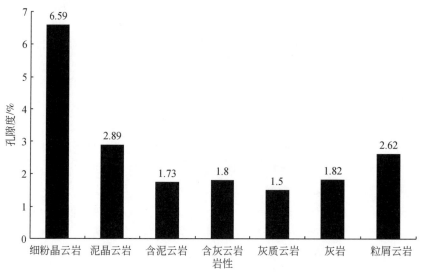

图 5-10　不同岩性孔隙度统计图

50.4%，喉道直径小于 0.04μm 的微喉比例为 16.6%。因此靖边地区储层以小喉为主，同时中、微、大喉也占有一定的比例。

按照孔隙空间类型和各类孔隙的配置关系，储层孔隙结构分为两大类六亚类（表 5-5）。A 类：分选差，裂缝发育，排驱压力小于 0.1MPa。细分为 3 个亚类：AⅠ、AⅡ、AⅢ（AⅣ非有效储层）。B 类：分选好，裂缝不发育，排驱压力高，细分为 3 个亚类，即 BⅠ、BⅡ、BⅢ。其中：AⅠ、AⅡ、BⅠ、BⅡ为马五$_{1+2}$储层主要孔隙结构特征。

表 5-5　储层孔隙结构分类表

类别	亚类	中值压力 P_c50/MPa	喉道半径 P_m（Φ）	分选系数 SP	$K/10^{-3}\,\mu m^2$	Φ/%
A	AⅠ	<1.5	<10.23	2.11~3.83	>0.12	>6.0
	AⅡ	1.5~4.0	1.031~11.39	2.31~3.32	>0.10	4.0~6.0
	AⅢ	4.0~20	10.45~12.71	2.06~3.45	>0.10	>2.50
	AⅣ		13.0~14.24	0.19~2.4	<0.01	<2.05
B	BⅠ	<1.40	<9.80	1.4~2.3	>0.60	>6.0
	BⅡ	1.4~3.6	9.8~11.3	1.23~2.49	>0.04	6~4.5
	BⅢ	4.0~21.5	11.63~13.24	0.92~2.57	0.015~0.34	2.5~5

3. 物性特征

以马五$_{1+2}$储层孔隙度为例，其孔隙度一般为 2%~10%，平均孔隙度 5.3%，分布频率主要集中在 2%~8%，其储层非均质性较强（图 5-11）。马五$_{1+2}$储层渗透率一般为 0.1~10mD，平均 1.81mD（图 5-12）。在低孔低渗背景上存在相对中、高渗透率的储层。同时裂缝对储层的渗透性具有很大的影响。

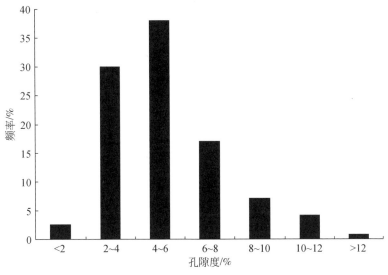

图 5-11　不同孔隙度分布频率图

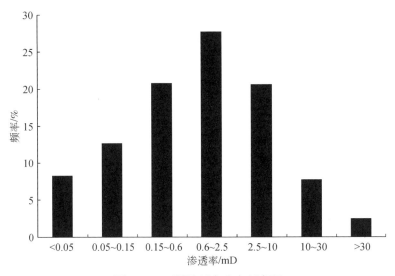

图 5-12　不同渗透率分布频率图

4. 储层类型

根据孔隙和裂缝的发育程度及其组合形式，马五$_{1+2}$白云岩储层可分为三种储集类型：①裂缝-溶孔型，以成层分布的溶蚀孔洞为主要储集空间，网状微裂缝为渗滤通道，以 A I 、A II 类型孔隙结构为主，占马五$_{1+2}$储层的 35% 以上；该类储层以中、高产能为主；②孔隙型，以晶间孔和晶间溶孔为主要储集空间，以 B I 、B II 类孔隙结构为主，占马五$_{1+2}$储层的 20% 以上；该类储层以中、低产能为主；③裂缝-微孔型，以分散晶间孔、铸模孔为储集空间，角砾间缝和微细裂缝为其渗滤通道，以 A III 和 B III 类型孔隙结构为主，约占马五$_{1+2}$储层的 35% 以上，该类储层产能较低。

（四）储层分布特征

1. 储层评价标准

结合测井解释结果、储层特征分析和气井生产特征，基于长庆气田多年沿用的储层分类标准，划分单井储层类型（表5-6）。

表5-6　靖边气田马五储层分类综合评价标准

分类评价参数	Ⅰ类	Ⅱ类	Ⅲ类	Ⅳ类
孔隙度/%	8～12	8～6	6.0～2.5	<2.5
测井渗透率/$10^{-3}\mu m^2$	>0.2	0.2～0.04	0.04～0.01	<0.01
含气饱和度/%	75～90	80～70	75～60	<60
声波时差/($\mu s/m$)	165～188	165～160	160～155	<155

2. 储层综合评价

Ⅰ类层主要发育在马五$_1^3$小层，以溶斑云岩为主，溶孔可达3～5mm，弱充填，发育裂缝；Ⅱ类层也以溶斑云岩为主，溶孔相对不发育，充填程度较高；Ⅲ类储层主要为高充填程度的溶斑云岩、针孔云岩、粗粉晶云岩，见微裂缝发育。

依据储层划分标准，对单井进行储层分类。总体上，有效储层厚度较小，分布区间主要在1～5m，其中多数层有效厚度为3m左右。一、二类层厚度分布趋势一致，三类层厚度小于1m的比例明显增加（图5-13）。

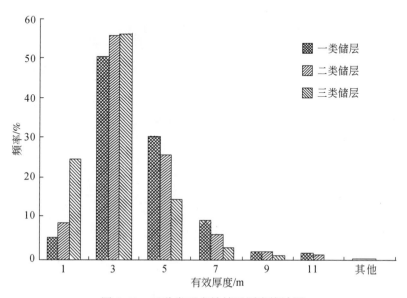

图5-13　三种类型有效储层厚度统计图

四、层状白云岩型气藏地质特征

(一) 区域概况

五百梯气田位于四川省开江县和重庆市开县境内的五百梯—义和场一带，包括义和、中和、讲治、南雅等乡镇辖区。

五百梯构造属于川东大天池高陡构造带北倾末端东翼断下盘的一个局部构造，为一短轴状背斜，剖面形态为箱形，长约24km，东西最宽处约6.5km。东与南门场构造相望，西隔大方寺向斜与沙罐坪构造相邻，北为温泉井构造，南为同属大天池构造带的白岩山构造。

(二) 构造及地层特征

1. 构造特征

五百梯气田阳新统底界构造形态为短轴状背斜，轴向为北东向，轴部被断层复杂化的多高点短轴状潜伏背斜。构造东北端舒展而西南端收敛，东南翼倾角8°～20°，倾角向东南缓慢下倾至南雅向斜。构造西北翼下倾至大方寺向斜。

2. 断层特征

五百梯气田断层均为逆断层，大部分断层为平行构造轴线方向，断层走向可分为北东向和北西向两个组系。主要断层组系为北东向，为走向倾轴逆断层，特点是断距大（160～940m）、延伸长（10～30km）；构造西南端断距大（900m），向东北端断距逐渐变小，直至消失。北西走向断层多发育于北西鼻凸或鼻状构造西翼，一般为倾轴逆断层，规模较小，延伸不远。区内主要分布有四条大断层和数条零星小断层，四条大断层基本控制了五百梯格局。

3. 地层特征

五百梯气田石炭系气藏地层主要为咸化潟湖相的碳酸盐岩沉积，岩石类型主要有粒屑云岩、细粉晶云岩、角砾云岩、角砾灰岩及去膏去云化灰岩等，底部假整合于志留系风化壳之上，顶部因黔桂运动遭受剥蚀，仅残存上石炭统黄龙组部分地层，与上覆二叠系地层也呈假整合接触，电性主要表现为高电阻率、低自然伽马特征，与下伏志留系灰绿色泥质粉砂岩、粉砂质泥岩及上覆的二叠系黑色页岩的高自然伽马、低电阻率电性特征分界明显，这与川东地区其他构造具有相似性和可比性。

五百梯气田位于开江古隆起边缘，地层沉积厚度较薄，且后期侵蚀严重，局部残厚变化较大，呈残丘状分布。地层实钻厚度一般多在35m以下，个别残厚不足10m。地层总体表现为由南东向北西地层减薄，且在构造北西翼及西南倾没端存在大面积石炭系地层缺失区（地震预测地层厚度<10m区）。在非缺失区内，地层厚度一般为25～35m，气区内以构造西南端地层最薄，其次为北东端部（图5-14）。

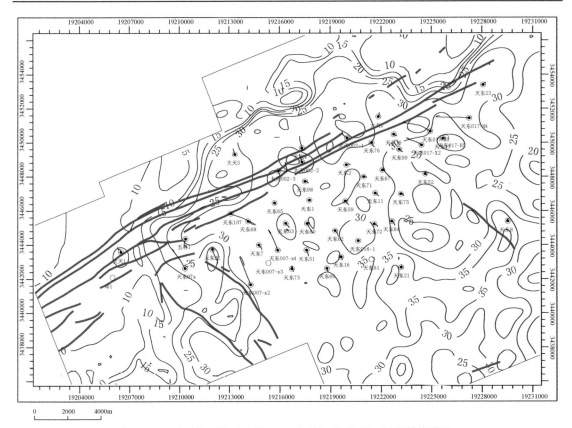

图 5-14　五百梯石炭系地层（地震反演＋井约束）厚度等值线图

（三）储层特征

1. 储层岩性及电性特征

五百梯石炭系纵向上埋深一般在 4200m 以下，最深超过 5200m。地层自下而上可细分为 C_2hl^1、C_2hl^2 和 C_2hl^3 三段：①C_2hl^1 钻厚 1.8～8.26m，岩性为灰岩与含陆源石英砂的砂屑云岩，上部为褐灰色细-粗晶次生灰岩，灰岩中一般见角砾，下部砂屑云岩与灰岩互层，云岩中少见零星针孔，本段储层在石炭系三段中最不发育；电性特征表现为深、浅侧向呈块状高阻，自然伽马呈高值，与下伏志留系泥质岩类的低电阻率和高自然伽马明显分界；②C_2hl^2 钻厚 19.7～27.8m，局部残厚仅 4m，岩性以虫、砂屑细粉晶云岩，细、粉晶云岩，角砾云岩为主；本段为石炭系气藏的主要储渗层，溶孔、溶洞发育，局部密集形成溶孔层；生物以有孔虫、介形虫、棘皮动物、蓝藻为主，其次为瓣鳃类、腹足类、珊瑚、簸类等；云岩中间夹薄层去云化灰岩；电性特征表现为深、浅侧向电阻率比 C_2hl^1 和 C_2hl^3 都低，呈锯齿状；自然伽马上部有一高值段，中下部呈齿状低值；③C_2hl^3 残厚最大 7.5m，部分井区已被剥蚀殆尽，岩性为细粉晶灰岩，角砾灰岩，细、粉晶云岩，角砾云岩，局部夹亮晶灰岩；本段孔洞发育相对较差，储渗性能远次于 C_2hl^2 段；电性特征表现为深、浅侧向呈明显的厚层状高阻，自然伽马呈齿状低值；五百梯气田石炭系气藏储层主要发育于 C_2hl^2 段，储层主要岩石类型为粒屑云岩、细粉晶云岩、细粉晶角砾云岩等。

2. 储集空间类型

根据岩心薄片资料分析，五百梯气田石炭系气藏储层的储集空间包括孔隙、洞穴、喉道和裂缝四大类。孔隙包括粒间孔、粒间溶孔、角砾内溶孔、粒内溶孔、晶间孔、晶间溶孔等十种；洞穴包括孔隙性溶洞、砾间孔洞及裂缝性溶洞三类；喉道常见管状喉道和片状喉道两种，连接粒间溶孔、粒内溶孔、角砾内溶孔的喉道主要为管状喉道，而连接晶间孔、晶间溶孔的喉道主要为片状喉道；裂缝有构造缝、溶蚀缝、压溶缝等七种，以构造缝为主。

3. 孔隙结构特征

五百梯气田石炭系气藏储集岩主要为粒屑云岩、细粉晶云岩、角砾云岩等。根据五百梯气田石炭系气藏储层岩心压汞资料分析孔隙结构主要有以下几种：①穴大喉型，排驱压力低（约 0.03MPa），粗歪度、分选好，主要岩石类型为粒间溶孔亮晶粒屑云岩及砾间孔洞角砾云岩；②粗孔中喉型或细孔中喉型，排驱压力较低（约 0.2MPa），歪度较粗、分选较好，岩石类型主要是溶孔云岩、粒间溶孔亮晶粒屑云岩及砾间孔洞角砾云岩；③粗孔小喉型或细孔小喉型，排驱压力较高（约 0.8MPa），歪度、分选中等；岩石类型主要是溶孔云岩、晶间孔云岩及砾间孔洞角砾云岩、晶间孔次生灰岩；④微孔微喉型，排驱压力很高（约 8MPa），细歪度、分选中等，岩石种类很多，主要为灰岩和致密的白云岩类。

4. 物性特征

1）孔隙度特征

通过对五百梯气田石炭系气藏储层有效孔隙度统计分析（结合岩心分析数据及测井成果），各井的平均有效孔隙度变化较大，在 3.3%～8.75%。其中 6% 以下的井 25 口，占总井数的 64.1%，6%～8.76% 的井 14 口，占总井数的 35.9%，气藏各井平均孔隙度为 5.62%，五百梯气田属于中–低孔隙度储层。

2）渗透率特征

各井平均基质渗透率变化较大，在 0.028×10^{-3}～$8.25 \times 10^{-3} \mu m^2$，平均 $3.79 \times 10^{-3} \mu m^2$，从五百梯气田石炭系气藏储层渗透率分布频率图（图 5-15）可看出，五百梯气田石炭系气藏储层渗透率主要分布在 $10 \times 10^{-3} \mu m^2$ 以下，占到了总样品数的 91.42%，反映出五百梯气田石炭系气藏储层基质渗透率较低的特征。

3）含水饱和度特征

各井含水饱和度变化不大，气藏储层范围内所钻井含水饱和度最低 16.41%，最高 32.58%，平均 22.64%，含水饱和度总体较低。

4）裂缝特征

五百梯气田石炭系气藏裂缝类型按成因可分为构造缝、溶蚀缝和成岩缝等，构造缝是石炭系气藏最主要的裂缝类型，主要形成于喜马拉雅期的构造作用，多数为未被充填或半充填的有效缝，是石炭系气藏天然气渗流的主要通道。

据五百梯气田石炭系气藏各井取心资料统计，其各类裂缝都十分发育，通过对五百梯各井 607.34m 岩心统计，裂缝总条数多达 6099 条，平均裂缝密度 10.04 条/m。平面分布特征

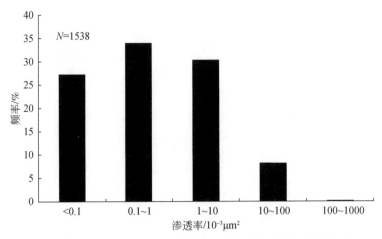

图 5-15　五百梯气田石炭系气藏储层基质渗透率频率分布图

来看，尽管气藏裂缝总体发育，但井间裂缝发育程度差异大，从单井缝密度看，最高达40.18 条/m，最低的却只有 0.64 条/m。这点也表明了五百梯气田石炭系气藏具有较明显的非均质性。纵向上，裂缝的发育特征同样具非均质性，根据各井岩心裂缝分层统计，纵向上裂缝在 C_2hl^2 段相对较发育，各井平均裂缝密度为 9.71 条/m，而 C_2hl^3 段和 C_2hl^1 段相对差些，平均裂缝密度分别为 8.15 条/m 和 8.87 条/m。

对流体渗流起到通道作用的裂缝主要为有效缝，有效缝即为地层中未被充填或半充填的裂缝。五百梯气田石炭系气藏有效缝发育程度较高，根据 25 口井岩心裂缝统计，各井有效缝总条数共计 5413 条，占总裂缝数 6099 条的 88.75%；有效缝平均密度为 8.91 条/m，单井平均有效缝密度为 0.64～31.61 条/m。

5）溶孔溶洞特征

五百梯气田石炭系气藏储层溶蚀孔洞相当发育，根据取心井岩心资料统计，18 口井442.61m 岩心共有各类溶洞 8514 个，平均洞密度高达 19.24 个/m。但是，溶洞在纵横向的发育都是极不均的。首先是平面上各井平均洞密度差异很大，分布范围为 1.1～50.61 个/m，而相对发育区主要集中在天东 60–天东 69 井区和天东 67–天东 52 井区；纵向上溶洞发育段占岩心总长的比例不高，平均溶洞发育段长度仅占岩心总长度的 28.37%，这一方面说明纵向上溶洞发育的不均质性，而另一方面反映出溶洞的发育在纵向上相对比较集中。通过各井岩心孔洞统计，溶洞纵向上集中发育于地层的中、上部，其中 C_2hl^3 段平均洞密度为 25.54个，C_2hl^2 段为 22.57 个，C_2hl^1 段几乎没有溶洞分布。

在各类溶蚀孔洞中，以洞径在 1～5mm 的小洞为主，共占总溶蚀孔洞的 78.14%；其次是洞径在 5～10mm 的中洞，平均占 17.18%；洞径>10mm 的大洞很少，仅占总溶蚀孔洞的4.67%。另外，五百梯气田石炭系气藏充填洞很少，仅占 6.31%，多为半充填。充填物主要为石英和方解石。

（四）储层分布特征

1. 储层评价标准

依据毛管压力特征及孔渗分析数据将五百梯石炭系气藏分为四种储层类型：①Ⅰ类储

层，粗孔大喉型或洞穴大喉型，排驱压力低（约0.03MPa）；②Ⅱ类储层，粗孔中喉型或细孔中喉型，排驱压力较低（约0.2MPa）；③Ⅲ类储层，粗孔小喉型或细孔小喉型，排驱压力较高（约0.8MPa）；④Ⅳ类储层，微孔微喉型，排驱压力很高（约8MPa）。储层分类标准如表5-7所示。

表5-7　五百梯石炭系储层分类标准

储集岩级别	渗透率/$10^{-3}\mu m^2$	孔隙度/%	中值喉道宽度/μm	排驱压力/MPa	分选系数
Ⅰ	≥10	≥12	≥2	<0.1	≥2.5
Ⅱ	<10~0.1	<12~6	<2~0.5	<1~0.1	<2.5~2
Ⅲ	<0.01~0.001	<6~2	<0.5~0.05	<5~1	<2~1
Ⅳ	<0.001	<2	<0.05	≥5	<1

2. 储层分布特征

五百梯气田石炭系气藏储层发育于上石炭统黄龙组内，主要分布在C_2hl^2段（图5-16）。其特点是分布较连续、成层性较好，与相邻各井有良好的对比性，该段成段解释为储层。而C_2hl^1段和C_2hl^3段很少发育储层。C_2hl^2段储层厚度差异不大，大量发育三类储层，一+二类储层发育相对集中。

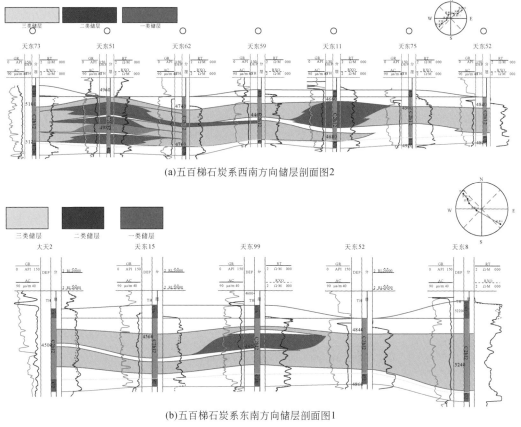

(a)五百梯石炭系西南方向储层剖面图2

(b)五百梯石炭系东南方向储层剖面图1

图5-16　五百梯气田储层纵向分布特征

第三节　碳酸盐岩气藏开发规律

一、缝洞型气藏开发规律

缝洞型碳酸盐岩气藏以塔中 I 号气田为典型代表。由于不同规模储层溶洞、裂缝系统随机分布，储层非均质性严重，油、气、水关系复杂从而形成由多个缝洞单元组成的三维空间上相互叠置的多油气水系统气藏。

（一）试气特征

1. I 类储层区试气产量高，生产压差小

试油结果表明 OI 气层组塔中 82 井区、塔中 62-2 井区、塔中 622~621 井区块产量较高：气井日产气 $23\times10^4 \sim 72\times10^4 m^3$，油井日产油 $131\sim180 m^3/d$，生产压差 $0.69\sim9.32$ MPa。

2. II 类储层区试气产量低，生产压差大

气井日产气 $3.5\times10^4 \sim 18\times10^4 m^3$，多数小于 $10\times10^4 m^3$，油井日产油小于 20t，生产压差达 $26.97\sim42.78$ MPa，如表 5-8 所示。

表 5-8　塔中 I 号气田试油特征数据表

区块	井号	气层组	产能分类	井段/m	油嘴/mm	日产量/(m³/d) 油	气	水	压力/MPa	流压/MPa	生产压差/MPa
塔中 82	TZ82	OI	I 类	5440~5487	9.53	265	395357		63.26	62.57	0.69
	TZ821	OI	I 类	5212.64~5250.20	7.94	119.82	280993		61.41	58.71	2.7
	TZ823	OI	I 类	5369.00~5490	8	88.8	332641		62.24	60.31	1.94
塔中 62	TZ62-2	OI	I 类	4773.53~4825	7	77.68	230099		55.64	52.03	3.61
	TZ62	OI	II 类	4700.5~4758	7.94	38.2	36824	17.22	57.84	23.36	34.47
	TZ44	OI	II 类	4857~4888	9	3.48	48710	15.6	57.90*	10.69	33.07
	TZ242	OI	II 类	4470.99~4622		20.7	35792	液28.6	55.4	12.63	42.78
	TZ24	OI	II 类	4461.1~4483.48		0.056	1083	0.582	50.67	23.7	26.97
	TZ621	OI	I 类	4851.10~4885	7	179.69	89399		57.25	50.17	7.09
	TZ62-1	OI	I 类	4892.07~4973.76	5	131.49	37471		57.17	56.89	0.29
	TZ622	OI	II 类	4913.52~4925	5	8.26	44270	0.89	55.08	24.37	30.71

续表

区块	井号	气层组	产能分类	井段/m	油嘴/mm	日产量/(m³/d) 油	气	水	压力/MPa	流压/MPa	生产压差/MPa
塔中83	TZ83	OⅢ	Ⅰ类	5666.1~5684.7	7	12.2	305760		60.993	60.258	0.735
		OⅢ	Ⅰ类		11	10.6	639177		60.993	54.13	6.863
	TZ721	OⅢ	Ⅰ类	5355.5~5505	6	43.2	266480		62	61.28	0.72
		OⅢ	Ⅰ类		8	54.7	381336		62	55.86	6.14
		OⅢ	Ⅰ类		12	126	720352		62	52.68	9.32

（二）试　采　特　征

塔中Ⅰ号气田试验区总体试采特征表现为：受储层类型控制，缝洞型储层初期产量高、压差小，基本无稳产期；裂缝-孔洞型储层，初期产量低、压差大，但具有低产稳产的能力。总体上来说，地层压力下降幅度较大，产量递减较快。

1. 地层压力下降快

结合单井地层压力变化曲线（图5-17）分析，单井原始地层压力为57.3~53.3MPa，目前地层压力为48~38.6MPa，地层压降9.1~17.1MPa。

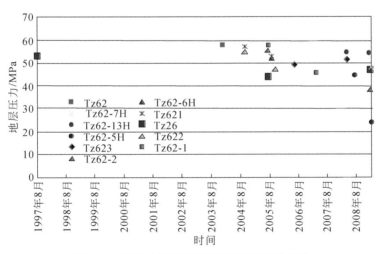

图5-17　塔中Ⅰ号气田单井地层压力变化曲线

2. 受控于不同的储集空间类型，试采过程分段特征明显

塔中Ⅰ号气田储层类型以缝洞型、裂缝-孔洞型为主，不同的储集类型制约着单井初期产量、弹性产率、递减率变化。

缝洞型井如TZ82、TZ823、TZ821，这些井钻井过程中有钻具放空及大型泥浆漏失现象，试井解释储层物性好，从而保证了井初期产能较高。裂缝-孔洞型储层区储层物性较差，造成单井生产压差较大（26.97~42.78MPa）、产量低，多口直井未达经济极限产量。各井累产均不高，这主要是由于多数井的单井控制储量都比较低。其中，缝洞型油区平均日产油 57.9t，稳定日产油 48t；缝洞型气区平均日产气 $18 \times 10^4 \mathrm{m}^3$，稳定日产气 $11 \times 10^4 \sim 20 \times 10^4 \mathrm{m}^3$。裂缝–孔洞型油区平均日产油 19t，稳定日产油 18.9t；裂缝–孔洞型气区平均日产气 $3.5 \times 10^4 \mathrm{m}^3$，稳定日产气 $2.8 \times 10^4 \mathrm{m}^3$。

另外，缝洞型储层区的井弹性产率较大，裂缝–孔洞型储层区的井弹性产率较小。缝洞型储层区气井投产初期压力高，大于 34MPa，压力下降幅度中等（16.67%～32.5%），目前井口压力较高，大于 12MPa，弹性产率较大，为 $169.7 \times 10^4 \sim 431.67 \times 10^4 \mathrm{m}^3/\mathrm{MPa}$。裂缝–孔洞型储层区气井投产初期井口压力小于 20MPa，下降极快，目前 9MPa 左右，井底流压平稳，弹性产率较小，为 $5.90 \times 10^4 \sim 113.32 \times 10^4 \mathrm{m}^3/\mathrm{MPa}$。

按照对碳酸盐岩单井开发阶段的划分方法来看，油井 TZ62-1 井缝洞段开发时间较短（图 5-18），但是累产高；裂缝–孔洞段开发时间长，但是累产低。

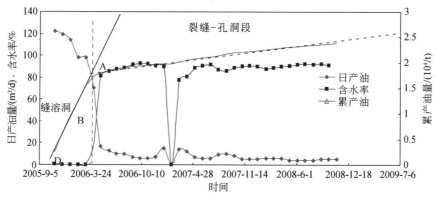

图 5-18 TZ62-1 井生产阶段划分图

对油井 TZ621 的开发阶段进行划分（图 5-19），可以看出各阶段划分界限较明显。缝洞段开发阶段产量较高，之后产量降低进入裂缝–孔洞段生产阶段。TZ621 井缝洞段生产 10 个月，月自然递减 9.05%，缝洞段+裂缝–孔洞段生产 6 个月（加上缝洞段共 14 个月），月度自然递减 1.63%，裂缝–孔洞段月度自然递减 0.13%～4.15%。

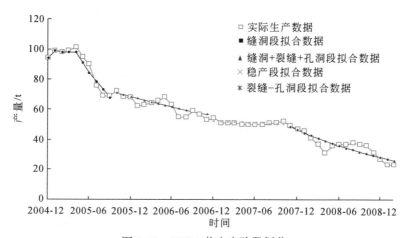

图 5-19 TZ621 井生产阶段划分

二、礁滩型碳酸盐岩油气藏开发特征

礁滩型碳酸盐岩气藏以龙岗气田为典型代表，由于储层非均质性严重，气水系统和储层溶孔、裂缝系统分布复杂，形成由不同规模和连通程度的气水单元组成的在三维空间随机分布的多气水系统气藏。

（一）龙岗礁滩型气藏表现出强烈的非均质性

1. 岩性分布的非均质性

岩心观察表明龙岗礁滩型气藏飞仙关组和长兴组主要存在云岩、灰质云岩、灰岩和云质灰岩四种岩石类型，其中云岩和灰质云岩为较好的储集岩，主要分布在台地边缘。岩石类型的分布初步体现了沉积作用对岩性乃至优质储层的控制作用，岩石类型的分布初步揭示了龙岗礁滩型储层分布的非均质性。

2. 储集空间分布的非均质性

岩心描述结果表明长兴组储集空间为晶间溶孔、溶洞和裂缝，但是裂缝和溶洞在井间存在很大差异。其中龙岗 2 井裂缝密度达到 8.89 条/m，龙岗 11 井裂缝密度仅仅 0.26 条/m，龙岗 001-1 井在长兴组不发育裂缝，而发育大小不等的溶洞 108 个，裂缝和溶洞的发育表现出强烈的非均质性。飞仙关组主要储集空间为粒间（粒内、晶间）溶孔，同时发育裂缝，但是作为良好渗流通道的裂缝在平面上发育极度不平衡，一些气井裂缝达到 55 条（龙岗001-2 井），其中有效裂缝达到 16 条（龙岗 001-1 井）；而有些气井裂缝和有效裂缝均不发育（龙岗 3 井）。

3. 物性分布的非均质性

岩心分析表明储层物性表现出强烈的非均质性。长兴组岩心分析孔隙度值为 2.81% ~ 13.23%，高渗透区域呈间隔状分布在台地边缘；同飞仙关组一样，长兴组台地内部和台地边缘东西两侧为低渗透区。飞仙关组孔隙度值为 2.85% ~ 10.13%，平面上分布不均，高渗透井主要分布在台地边缘上，而低渗透储层主要分布在台地内部和海槽内。由此可以看出，物性分布和岩性分布表现出类似的这种特征。

4. 储层发育规模的非均质性

礁滩型碳酸盐岩由于复杂的沉积、成岩和构造作用导致储层岩性、物性和储集空间发育的非均质性，而储层非均质性的一个重要表现形式就是储层发育规模大小不一。不同沉积相的储层其储集体规模、尺度等宏观性质差异较大，即使是相同沉积相的储层其储集体规模也相差甚远，甚至是数量级的差异（1 ~ 10km）。对龙岗储层对比研究发现台地边缘储层储集体规模、厚度、连续性、连通性要好于台地内部，而台地边缘储集体的规模大小也不相同。

（二）气藏气水关系复杂，部分试采井受地层水影响严重

静态研究结果表明，龙岗地区各个气井均不同程度发育水层，气水关系分布非常复杂（图5-20）。动态上，试采区气井受地层水影响严重，不同类型试采井表现出不同的生产特征。

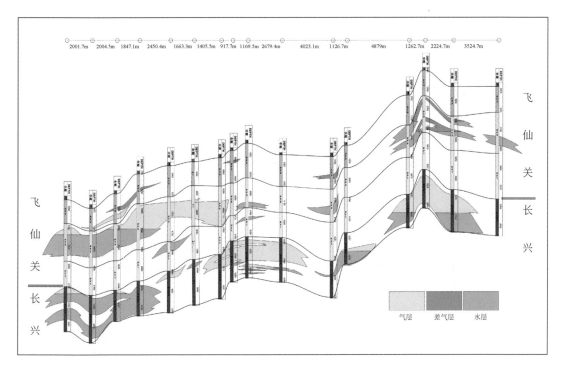

图5-20　龙岗主体区气藏剖面图

1. 水气比小于0.3气井生产特征

试采区试采井水气比小于0.3的气井一共9口（龙岗001-1、001-11、001-7、1、6、001-8-1、001-2、001-23、001-28），这一类型气井总体上表现生产稳定（表5-9）。

表5-9　龙岗试采井生产数据表（水气比<0.3）

井号	配产	投产初期		2010.5			备注
		$Q_w/(m^3/d)$	WGR	$Q_g/(10^4 m^3/d)$	$Q_w/(m^3/d)$	WGR	
001-1	80	9.5	0.11	75.8	4.4	0.06	生产稳定
001-11	8	0.0	0.00	1.1	0.1	0.00	新井投产，低渗区
001-7	60	9.3	0.16	63.9	4.3	0.07	生产稳定
1	80	17.9	0.21	79.7	14.3	0.18	生产稳定
6	10	0.0	0.00	10.0	1.2	0.12	生产稳定
001-8-1	60	6.0	0.1	59.5	5.7	0.1	生产稳定

井号	配产	投产初期		2010.5			备注
		$Q_w/(m^3/d)$	WGR	$Q_g/(10^4 m^3/d)$	$Q_w/(m^3/d)$	WGR	
001-2	25	0.0	0.00	32.3	6.0	0.19	酸化作业，效果较好
001-23		2.1	0.11	25.3	1.8	0.07	新井投产
001-28		4.6	0.15	29.1	3.2	0.11	新井投产

2. 水气比大于 0.3 气井生产特征

水气比大于 0.3 的气井一共 6 口（龙岗 001-3、001-6、001-18、2、26、28 井），这一类型井随着试采进行，气井产量、压力快速下降，其中龙岗 2、26、001-3 和龙岗 28 井 4 口气井受地层水影响严重，产量递减较快（表5-10）。

表 5-10　龙岗试采井生产数据表（水气比>0.3）

井号	投产初期		2010.5		
	$Q_g/(10^4 m^3/d)$	$Q_w/(m^3/d)$	$Q_g/(10^4 m^3/d)$	$Q_w/(m^3/d)$	WGR
001-3	13.7	54.6	3.0	37.2	12.48
001-6	47.7	27.0	3.0	37.2	1.63
001-18	10.3	52.7	26.1	54.1	2.07
28	29.1	8.6	22.8	38.4	1.69
2	90.0	11.7	本月未生产		
26	15.5	15.3	5.9	14.9	2.51

这一类型气井龙岗 2 井最为典型，龙岗 2 井位于台地边缘主体区，气井初期保持高产，8 月 2 日突然暴性水淹，产水量急剧上升，产气量急剧下降。综合研究发现龙岗 2 井位于气水界面以上，同时发育裂缝。在生产早期裂缝的高导流能力导致气井在产气初期成为导流气体的主流通道，当气井距离气水界面较近时，很容易造成底层水沿裂缝高导进井筒，堵塞井筒附近渗流通道，从而使气井产量急剧下降甚至停产。

（三）不同区块、不同层位井控储量差异较大

利用试采井生产动态数据，采用 RTA 方法，计算 15 口气井动态储量和井控范围，计算结果如表 5-12 所示。飞仙关组 8 口气井动态储量为 $0.67 \times 10^8 \sim 25.7 \times 10^8 m^3$，井控半径为 176.8～1348.2m，试采井之间井控储量及井控半径之间差异较大。长兴组 6 口气井动态储量为 $4.24 \times 10^8 \sim 7.46 \times 10^8 m^3$，长兴组气井动态储量差异较小，而井控半径为 176.8～682.6m，差异较大。

总体上说，试采井动态储量控制范围 $0.65 \times 10^8 \sim 25.7 \times 10^8 m^3$，15 口试采井动用地质储量 $132.14 \times 10^8 m^3$，其中飞仙关组 8 口井动用地质储量 $94.41 \times 10^8 m^3$，长兴组 6 口井动用地质储量 $37.08 \times 10^8 m^3$。动态井控储量和井控半径计算结果表明不同试采井之间和不同层位之间气井动态储量和井控半径存在极大差异（表5-11）。

表 5-11　龙岗部分井动态储量计算结果

序号	井号	产层	动态储量/$10^8 m^3$	井控半径/m
1	001-3	飞仙关组	0.67	176.8
2	001-6		16.78	673.8
3	001-7		14.97	1140.8
4	001-1		25.7	1080.2
5	1		25.54	1142.9
7	6		4.87	659.5
8	27		5.88	1348.2
小计			94.41	
9	001-18	长兴组	6.21	570.3
10	001-8-1		6.81	512.9
11	001-2		5.62	498.1
12	28		7.46	682.6
13	001-23		6.74	176.8
14	001-28		4.24	678.2
小计			37.08	
15	26	合层	0.65	213
合计			132.14	

（四）不同类型气井生产特征表现出极大的差异

1. 气井分类标准

依据动态资料对气井进行分类，分类结果如表 5-12。综合研究表明，不同类型试采井之间生产动态表现出极大的差异。

表 5-12　龙岗气田试采井分类

分类标准	开发层系			按近期产气量大小/($10^4 m^3/d$)				按产水量大小/(m^3/d)	
	飞仙关组	长兴组	合层	高产 ≥50	中产 50~20	低产 20~5	小产 <5	<10	≥10
早期投产井（11 口）	1、6、27、001-1、001-3、001-6、001-7	28、001-2	2、26	1、001-1、001-7	27、28、001-6、001-2	6、26	2、001-3	1、6、001-1、001-2、001-7	2、26、27、28、001-3、001-6
	7 口	2 口	2 口	3 口	4 口	2 口	2 口	5 口	6 口

续表

分类标准	开发层系			按近期产气量大小/($10^4 m^3/d$)				按产水量大小/(m^3/d)	
	飞仙关组	长兴组	合层	高产 ≥50	中产 50~20	低产 20~5	小产 <5	<10	≥10
近期投产井（5口）	001−11	001−18、001−8−1、001−23、001−28		001−8−1	001−18、001−23、001−28		001−11	001−11、001−8−1、001−23、001−28	001−18
	1口	4口		1口	3口		1口	4口	1口

2. 高产井生产特征

根据试采井产气特征和气井分类标准，龙岗1井、龙岗001−1井、龙岗001−7井和龙岗001−8−1井为高产气井。4口高产井均分布在台地边缘，其中3口气井产层为飞仙关组，1口为长兴组。4口高产气井日产气 $278.96 \times 10^4 m^3/d$，累计产气 $7.81 \times 10^8 m^3$。累计产气量占整个气藏产量的59.84%，是气藏产量的主要贡献者，这一类型的气井生产保持稳定。

3. 中产井生产特征

根据试采井产气特征和气井分类标准，龙岗27井、龙岗001−6井、龙岗001−2井、龙岗001−18井、龙岗001−23井和龙岗001−28井为中产气井。这一类型气井主要分布在龙岗1井区边缘和龙岗27井区，7口中产井中有5口为长兴组气井。7口中产气井平均日产气 $206.47 \times 10^4 m^3/d$，累计产气 $4.33 \times 10^8 m^3$，累计产气量占总产气量的33.16%。受单井控制储量的影响，这一类型的气井配产较高时，产量和压力下降明显。

4. 低产小产井生产特征

根据试采井产气特征和气井分类标准，龙岗6井、龙岗26井为低产气井，龙岗2井、龙岗001−3井、龙岗001−11井为小产井。这一类型气井主要分布在构造边部或者是储集体规模相对较小的构造部位。

龙岗试采区目前共有低产小产井5口，其中龙岗2井由于出水严重已经停产开展治水措施。低产小产井日产气 $20.06 \times 10^4 m^3/d$，累计产气 $0.91 \times 10^8 m^3$，累计产气量占总产气量的7%。

低产小产井低产小产的原因各不相同。其中龙岗6井由于储层相对较差，气井产量较小，但是在较低的配产条件下生产能够保持稳定；龙岗2井由于地层水影响，造成气井产量大幅度下降；龙岗26井和龙岗001−3井一方面储层质量较差，另一方面位于构造较低位置，容易受地层水影响造成气井产量不高（表5-13）。

表 5-13　龙岗低产小产井投产初期与目前生产情况对比表

区块	井号	生产层位	投产初期			累计生产			
			$Q_g/$ $(10^4 m^3/d)$	$Q_w/$ (m^3/d)	$Q_g/$ $(10^4 m^3/d)$	$Q_w/$ (m^3/d)	累产气/ $10^4 m^3$	累产水/m^3	水气比
主体区	001-11	飞仙关	8.6	0	1.1	0	361.2	131.9	0.37
	001-3		13.7	54.6	3	37.2	2009.1	9747.8	4.85
	2	合采	90	11.9	0	0	2344.7	28095.4	11.98
东区	26		15.5	15.3	5.9	14.9	1428.3	6148.8	4.3
	6	飞仙关	2.6	0	10	1.2	2992.5	384.9	0.13

三、岩溶风化壳型碳酸盐岩气藏开发规律

靖边气田发现于 1989 年，以陕参 1 井和榆 3 井相继试出无阻流量 $28.3 \times 10^4 m^3/d$ 和 $13.6 \times 10^4 m^3/d$ 的工业气流为标志，气田先后经历了勘探（1989~1993 年）、开发前期评价（1993~1995 年）、试采（1996~1998 年）和正式大规模开发（1999 年至今）四个阶段。

靖边气田属于古地貌（地层）-岩性复合圈闭的定容气藏。气藏无边底水，弹性气驱，正常压力，具有低渗、低丰度的特征。探明地质储量 $4699.96 \times 10^8 m^3$，可采储量 $2995.16 \times 10^8 m^3$；已动用地质储量 $4258.33 \times 10^8 m^3$，可采储量 $2708.10 \times 10^8 m^3$；剩余可采储量 $2566.29 \times 10^8 m^3$。目前已钻井近 1000 口，井距在 1~3km。下古碳酸盐岩气藏气井总数 643 口，平均单井产量 $3.2 \times 10^4 m^3/d$，累计产气 $428.87 \times 10^8 m^3$，相当于 $55 \times 10^8 m^3$ 规模已经稳产 7.8 年（图 5-21、图 5-22）。

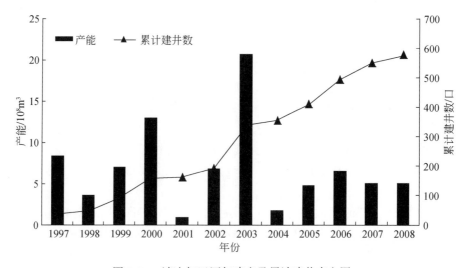

图 5-21　靖边气田历年建产及累计建井直方图

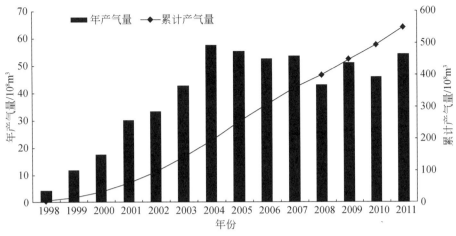

图 5-22　靖边气田下古生界气藏年产气量柱状图

靖边下古生界气藏自 2003 年规模开发至今，气藏日产气量稳定在 $1200 \times 10^4 \sim 1600 \times 10^4$ m^3/d，井口压力下降速度减缓，气藏生产状况稳定。由于气藏储层岩溶规模和发育程度有较大差异，储层平面及纵向非均质性严重，形成有不同规模尺度大小的岩溶优劣储集体组成的在三维空间相互连通的气藏，因此气田开发具有以下特征。

（一）储层非均质性强，气田储量动用不均衡

根据靖边气田岩心渗透率分析数据统计，马五$_{1+2}$储层各层的层内变异系数都远大于 0.7，说明各小层层内非均质性严重；储层内小层之间物性差异明显，渗透率级差在 50 以上，孔隙度级差一般在 5 左右，表明层间非均质性也较强；变异系数均值 1.37，突进系数均值为 8.98，级差系数均值 699.9，平面非均质性十分严重。因此，开发中动用差异将十分显著。

储量动用程度不均衡主要表现在中、高产区储量动用程度高，主力气层储量动用程度高，非主力气层储量动用程度低。通过对单井动态储量进行综合评价，单井控制动态储量最高超过 $10.0 \times 10^8 m^3$，最低不足 $0.5 \times 10^8 m^3$。动储量大于 $2.0 \times 10^8 m^3$ 的气井占井数的 42.78%，主要分布在储层物性较好、采出程度较高的中、高产区域，动储量小于 $0.5 \times 10^8 m^3$ 的气井占井数的 15.98%，主要分布于气藏周边储层相对致密的低产区、含水区等。根据 2000 ~ 2006 年 71 口井、368 层次分层测试资料统计，主力层马五$_1^3$气层厚度动用达到 96.8%，非主力层马五$_2$动用比例只有 62.2%。储层致密区气井泄流半径小，储层渗流能力差，剩余储量相对富集，如陕 106 区块北部。沟槽边部布井地质风险较大，井网完善难度大，气藏边缘以及沟槽边部分布一定剩余储量，动用难度大（贾爱林等，2012）。

受地质因素影响，微裂缝分布和发育不均衡，气层连通性差异较大，地层压力分布不均。受开采的影响，气田压力平面分布表现出较强的非均衡开采特征，地层压力大小与累计采出程度高低呈较好的相关性，生产时间长的井采气量多，压降大，形成了以投产时间长气井为中心的压降漏斗；高产高渗区采气量多，形成以高中产井为中心的压降漏斗。非均衡开采特征在稳产期末最严重，在进入递减期后随采气速度减小，非均衡程度将有所减弱。

（二）受储层物性等因素影响，气井生产表现出不同的动态特征

根据气井和储层的动静态参数特征，靖边气田下古生界气藏气井分为三类。三类气井生产表现出不同的动态特征：①Ⅰ类气井单井控制储量大、产量高、稳产能力强。该类气井的储层位于剥蚀沟槽边沿或鼻隆部位，孔、洞、缝比较发育。②Ⅱ类气井在较低配产条件下具有较强的稳产能力，产量相对较低，但生产稳定；该类气井多数位于鼻翼或斜坡部位，储层存在一定的微裂缝但发育程度较Ⅰ类气井差。③Ⅲ类井产量低，产量递减快、稳产能力较差。该类气井储层溶孔、裂缝均不发育，储层较致密（孙来喜等，2006）。

（三）不同区块生产特征差异明显

在选取的研究区块中以南区、南二区、陕106区最为典型。南区为开发多年的老区，属于相对高产区，其主要特点为：投产时间早、单井累产气量大、水气比低、储量动用程度高，区块内井网基本完善，储量得到有效控制。气井生产情况见表5-14。

表5-14　南区气井生产情况统计表

类别	井数	比例/%	动态储量/10^{8}m^3	剩余动态储量/10^{8}m^3	剩余动态储量比例/%	平均单井控制半径/m	井均累产气/10^{8}m^3	井均剩余动态储量/10^{8}m^3
Ⅰ类	23	28.8	142.23	92.18	65.24	1477.31	2.18	4.01
Ⅱ类	37	46.3	57.02	36.58	25.89	723.46	0.55	0.99
Ⅲ类	20	25	16.91	12.54	8.87	504.5	0.22	0.66
合计/平均	80	100	216.16	141.3	100.00	885.45	0.94	1.79

南二区属于产水区块，产水量相对较高，其主要特点为：投产时间早、区块整体产水量大、水气比较高，但累计产水量主要由产水量较高的少数气井贡献，目前产水大于1m^3/d的气井15口，其中产水量大于3m^3/d的7口气井产水占累计产水的78.5%。气井生产情况见表5-15。

表5-15　南二区气井生产情况统计表

类别	井数	比例/%	动态储量/10^{8}m^3	剩余动态储量/10^{8}m^3	剩余动态储量比例/%	平均单井控制半径/m	井均累产气/10^{8}m^3	井均剩余动态储量/10^{8}m^3
Ⅰ类	8	29.6	42.91	27.04	54.64	1770.12	1.98	3.38
Ⅱ类	13	48.1	26.31	19.17	38.74	1072.6	0.55	1.47
Ⅲ类	6	22.2	4.36	3.28	6.63	640.79	0.18	0.55
合计/平均	27	100	73.58	49.49	100.00	1183.31	0.89	1.83

106区属于动用程度低的区块，为相对低产区。其主要特点为：投产时间较晚、单井累产气量小、水气比较低；区块南部井网基本完善，北部井控制半径较小，井网控制不足；井区内低效井较多，区内有间歇井7口，积液井2口。气井生产情况见表5-16。

表 5-16 陕 106 区气井生产情况统计表

类别	井数	比例/%	动态储量/$10^8 m^3$	剩余动态储量/$10^8 m^3$	剩余动态储量比例/%	平均单井控制半径/m	井均累产气/$10^8 m^3$	井均剩余动态储量/$10^8 m^3$
Ⅰ类	9	23.7	31.57	21.89	51.87	1393	1.07	2.43
Ⅱ类	16	42.1	23.07	18.06	42.80	859.11	0.31	1.13
Ⅲ类	13	34.2	2.88	2.25	5.33	321.97	0.05	0.17
合计/平均	38	100	57.52	42.2	100.00	801.8	0.4	1.11

（四）间歇井和产水井增多，制约气藏高效开发

随着气田开发程度的加深，气藏地层压力逐渐降低，间歇井和产水井增多；部分气井产量低、携液能力差，造成气井无法连续生产，2008 年间歇井已经达到 113 口，这类气井井均日产气量 $0.58 \times 10^4 m^3/d$，井均累计产气量 $0.12 \times 10^8 m^3$，单井平均控制动储量只有 $0.43 \times 10^8 m^3$。至 2009 年 8 月，共有产水气井 86 口，其中有 12 口井日产水大于 $5.0 m^3/d$，多数产水气井日产水小于 $2.0 m^3/d$。气井产水动态表明，地层水分布范围局限，水体能量弱，不会发生大面积的水体侵入。与此同时，中、高产气井井口压力下降明显，制约气藏继续稳产和高效开发。

四、层状白云岩型碳酸盐岩气藏开发规律

层状白云岩气藏由于其沉积环境和白云化程度的差异，储层非均质性严重，同时流体分布受构造控制，形成由非均质层状白云岩组成的在三维空间上相互叠置的边水型气藏。五百梯气田石炭系气藏为该气田主力气藏，天东 2 井作为气藏第一口井于 1992 年 12 月 16 日投产，至 2010 年 9 月，气藏共完钻 48 口井，其中 8 口水井，4 口大斜度井和 2 口水平井。五百梯累产气 $125.48 \times 10^8 m^3$，占探明储量的 38.4%，动态储量的 45.87%。开发存在不均衡状况，中高产井主要分布在构造轴部主体区，外围动用有限。生产井均开始产水，多数井产凝析水，近外围少数井产地层水，总体处于低水平且较稳定，累计产出水 $12.4 \times 10^4 m^3$。

（一）气藏生产井产量差异大，气藏产量主要由中高产井贡献

按照日产气量对气井分类，现有高产井 13 口，已累计产气 $92.1 \times 10^8 m^3$，目前日产气 $195.58 \times 10^4 m^3$；中产井 3 口，已累产气 $18.96 \times 10^8 m^3$，目前日产气 $21.82 \times 10^4 m^3$；低产井 18 口，已累产气 $14 \times 10^8 m^3$，目前日产气 $34.22 \times 10^4 m^3$。可见中高产井贡献了气藏全部累产气的 88.8%，而占总井数 53% 的低产井却仅贡献 21.2%，其次，中高产井目前的日产量之和是低产井日产气之和的 6.4 倍。

另外按照产量气井分类与按照高低渗区分类吻合很好，中高产井均位于主次高渗区，低产井位于南北低渗区，从动态资料验证了气藏地质认识的可靠性。目前气藏产量的 78% 和累计产量的 92% 来自主、次高渗区，低渗区贡献很小。总结可见五百梯气田石炭系全气藏

18 年的生产主要依靠中高产井完成，并且在很短的时间内还将主要依靠中高产井，目前亟待解决的问题在于增加低产井或低渗区的储量动用，减缓气田递减，稳定气田生产。

（二）部分气井压力、产量下降快，表现供给不足

五百梯气田石炭系气藏非均质性较强，部分生产井位于气藏低渗区，这些井在投产后，由于地层供给不足，井口压力和产量下降较快，如五科 1 井。

五科 1 井 2004 年 4 月 1 日酸后测试，在套压 33MPa 下测试产量 $10.77 \times 10^4 \mathrm{m}^3/\mathrm{d}$，折算无阻流量 $20.7 \times 10^4 \mathrm{m}^3/\mathrm{d}$。2004 年 12 月 29 日开井，开井初期配产 $5 \times 10^4 \mathrm{m}^3/\mathrm{d}$，井口套、油压分别为 37.6MPa、35.8MPa。生产不到 10 天（2005 年 1 月 5 日），该井井口套、油压分别降到 14.63MPa、11.65MPa，产量降到 $3.9 \times 10^4 \mathrm{m}^3/\mathrm{d}$。持续生产到 2006 年 4 月底，井口油压降到 4.5MPa，日产量降到 $1.5 \times 10^4 \mathrm{m}^3/\mathrm{d}$。2006 年 5 月 22 日关井 5 个月进行压力恢复，2006 年 9 月 27 日油压恢复到 33.9MPa，以 $1.5 \times 10^4 \mathrm{m}^3/\mathrm{d}$ 恢复生产，生产不到一年 2007 年 7 月油压降到 17MPa，再到 2008 年 1 月，油压再次降到 6MPa 的低值。

（三）气藏气井产水特征有差异，个别气井产水严重

五百梯气田是一个大型气藏，充满度达 100%，最大含气高度 1270m，在气藏范围内含水的高低分异明显，属边水型气藏。十多年的开发证实其为具有统一气水界面的大型整装气田。截至 2010 年，五百梯气田石炭系气藏全部气井均已产水，位于构造高部位的气井多产凝析水，只有构造外围边部气井，如天东大天 2、天东 61 等井产地层水，另外天东 107 井处于构造特殊位置也产地层水。对气藏月产水进行统计（图 5-23），其产水过程呈现缓慢上升趋势，这个过程主要取决于气藏气井产量的增加，生产井数的不断增多，凝析水产出逐渐缓慢增加，直到 2007 年 10 月，天东 107 井开始投产，此井投产即产出大量地层水，直接导致气藏产水量剧增，之后随着天东 107 井产水处于一个较稳定的水平，气藏总体产水又进入相对平稳的状态。所有气井统计分析，除个别气井如大天 2、天东 107 井，气井总体产水仍处于较低水平。2007 年 10 月，天东 107 井投产，产水量巨大，导致全气藏产水水平大幅提高，天东 107 井生产至今（2010 年 11 月）平均月产水 714m³。

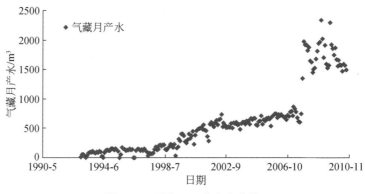

图 5-23　天东 107 井生产曲线

第四节　碳酸盐岩气藏开发技术政策

一、碳酸盐岩气藏各开发阶段特点

与其他类型气藏一样，碳酸盐岩气藏同样经历试采及产能建设阶段、稳产阶段、产能递减阶段和低压小产四个阶段（图5-24）。

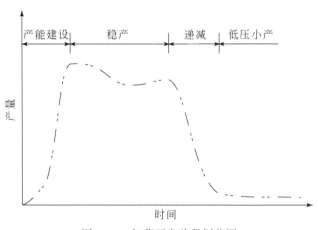

图 5-24　气藏开发阶段划分图

（一）产能建设阶段

该阶段是保证气藏开发方案得以实施的关键阶段，该阶段主要是在气藏前期评价的基础上，核实气藏生产能力，当气藏的产气能力及地面设备不能满足开发设计方案要求时，需要钻开发井和扩建地面设备。其特点是随着生产井的不断投产，整个气藏的采气速度逐渐提高，最终达到开发设计规定的要求。

从国外气田的开发经验来看，该阶段一般需要 1～5 年，采气速度为 2%～3%，可以采出可采储量的 5%～15%。国内四川盆地碳酸盐岩气藏产能建设相对较短，为 2～3 年，平均采气速度为 2%～4%，采出程度为 2%～15%。从国内近几年来碳酸盐岩气藏的开发实践可以看出，产能建设阶段存在的主要问题是，碳酸盐岩气藏单井产量往往较高，同时碳酸盐岩气藏储集空间类型多样（裂缝、溶洞系统发育）。因此，应该在加强储层和气水关系认识的基础上，适当控制气井单井产量，避免造成单井超过极限产量以及气井过早水淹。威远震旦系气藏以及龙岗礁滩型气藏的龙岗 2 井就是典型的例子。

（二）稳产阶段

整个气藏的稳产同单一气井的稳产含义是不一样的，气藏的稳产指的是在一段时间内以多大的日产能力（气藏中所有气井产能的总和）平稳供气。气藏稳产期的长短主要取决于气藏储量的大小、后备资源的补充、采气速度的大小，以及一定数量的补充井。

该阶段开采过程中，应该严格按照开发方案要求配产，同时进行日常动态监测和动态分析，并及时进行气井间产能调整和井间接替。特别是对于一些边底水活跃、裂缝发育的气藏更应该严格监视水动态，适时调整气井产量，控制气井乃至整个气藏边底水的推进，从而延长整个气藏的无水稳产期以及最终的采出程度。

该阶段主要表现为以下两个特点。

1. 稳产阶段是气藏工业性开采的主要阶段

一个气藏开采经济效益的好坏，在很大程度上取决于稳产阶段的开采效果，一般来说，按照科学合理的气藏开发方案设计，稳产阶段气藏采气规模大、采气速度高、采出程度高、持续时间长。稳产阶段可采出气藏储量的 50% ~ 70%，稳定生产 5 ~ 10 年，地层能量消耗大，井口油套压下降快（表 5-17）。

表 5-17　气藏稳产阶段开发指标

气藏	采气速度/%	稳产年限/年	采出程度/%	累计采气量/$10^8 m^3$	地层压力下降率/%
卧龙河气田嘉五 1 气藏	5.74	6	58.9	75.44	54.6
相国寺气田石炭系气藏	7.5	8	67	26.79	67.4
老翁场阳三气藏	8.35	6	58.2	19.73	62.47
黄家场阳三气藏	4.34	8	52.99	24.38	47

2. 气藏压力不均衡主要产生于这一阶段

碳酸盐岩气藏由于其储集空间丰富多样、储层岩性复杂、非均质性严重，即使在科学评价气井产能的基础上生产，同一气藏范围内，地层压力也会表现出不平衡。往往在裂缝较发育的顶部、轴部气井产量高、压力低，而在裂缝不发育、渗透性差的边部、端部气井产量低、压力高。这样的结果就是形成一个以高渗区为中心的压降漏斗，这是任何一种气藏开发都会产生的一种现象，但是对于边底水活跃的气藏必须科学面对这一问题。由于气藏压力的不均衡再加上储层的非均质性，边底水活跃的气藏地层水首先沿着裂缝发育、高渗区和压差大的地方窜入，使部分气井出水，产能急剧下降，同时占据了气体的主要渗流通道，对气藏起封堵气流通道作用，影响了气藏的正常开采，降低了采收率。但是对于非均质无水（或者是弱弹性水驱）气藏，如卧龙河气田嘉五^{1}气藏，这样的压降漏斗却有利于气藏的开发。

（三）产量递减阶段

由于气藏是枯竭式开采，随着开采的延续和气藏能量的消耗，气井压力、产量大幅下降，当井口压力接近于管线输气压力，自然能量不能保持气藏稳产时，气藏进入递减阶段。在该阶段，每口气井保持井口压力接近输压生产，产量及采气速度自然下降，时间持续较长，但该阶段采出程度较低。对于特殊气藏（如有水气藏或者是裂缝性气藏），该阶段是整个开发过程中开发面临困难最大的阶段。

该阶段的主要工作是取全取准各种动态资料，分析气藏动态变化，编制气藏调整方案，采取相应的增产措施，减缓产量递减，最大限度地提高气藏的工业采收率。根据气藏开采的实际情况，不同类型的气藏，在递减期内所采取的措施是不一样的。相国寺石炭系气藏在递减期内编制了气藏开发调整方案，实行多次降低输送压力而没有采取不增压的开采方式。卧龙河嘉五¹气藏主要采取的措施：一是老井挖潜，对气藏边部压力较高的气井进行压裂酸化或者是利用其他层补孔，加速翼部低渗区的开采；二是增压开采，以降低井口生产压力，增加气藏产量。威远震旦系气藏，由于气藏水侵特别严重，大多数主干裂缝通道已被水占据，因此，排水采气是提高采收率的唯一途径。川东石炭系五百梯气田，由于递减期储量动用不均，优质储层与低效储层动用程度差别很大，同时地层水对个别气井生产影响严重。因此，对于五百梯气藏一方面采用打大斜度井及水平井的方法提高低效储量的动用程度；另一方面加强气水监测，实时监控地层水动向，避免个别高效井因地层水突进而产量下降或报废，从而影响整个气藏的采出程度。

（四）低压小产阶段

气藏失去工业性开采价值后，仍有一定生产能力，但压力很低，产能很小，不足以供大型企业使用，为了提高自然资源的利用率，尚可继续小产量生产，供气田附近的地方性小型工厂用户用气，气藏在该阶段的生产为低压小产阶段。低压小产阶段，压力产量下降十分缓慢，开采时间拖得很长。

二、不同开发阶段影响因素分析

气藏的开发一般要经历产能建设阶段、稳产阶段、递减阶段及低压小产阶段，但是实际气藏开发中，各阶段有长有短，采出程度有高有低，它们的控制因素是什么？这些控制因素之间是什么关系？各阶段的合理指标怎么确定？四川盆地在开发各种类型的碳酸盐岩气藏方面积累了丰富的开发经验，为此我们借鉴前人的研究成果，将碳酸盐岩气藏分为气驱气藏和水驱气藏来阐述这些问题。

（一）气　驱　气　藏

气驱气藏并不是完全没有地层水的影响，而是指气藏本身没有活跃性边水或者是气藏主体与边水连通不好从而在开采中未表现出边水影响的气藏。气驱气藏压降储量曲线基本是直线（图5-25），开采特征与无水气藏相似，可采用无水气藏的方法进行开采。

1. 气驱气藏开发特征

1）产能建设的长短取决于钻开发井和地面工程建设的快慢

气藏产能建设的长短由所需的生产井数、每口井完钻的时间，以及地面集输设备的建设等因素决定。对于储量规模较大的气藏，一般其采气规模都很大，在气藏完成开发设计后，需要钻一大批开发井，才能满足开发设计的需求，相应的产能建设期较长。而对于一些气藏规模小，采气规模不大的气藏，在气藏评价阶段所钻的评价井转换为开发井就能满足开发设计的要求，只需进行一些地面集输设备的建设，因此其产能建设阶段一般较短，大致 2~4

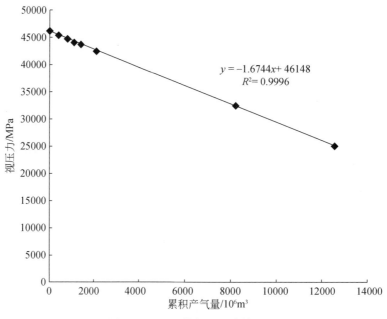

图 5-25　五百梯气田压降储量图

年，平均采气速度为 2% ~ 4%，采出程度为 2% ~ 15%（表 5-18）。

表 5-18　部分气藏产能建设期开发指标

气藏	储量/$10^8 m^3$	年限/年	平均采气速度/%	采出程度/%
卧龙河嘉五$_1$气藏	142	3	3.94	11.81
张家场石炭系气藏	66.79	2	2.98	15.36
福成寨气田石炭系气藏	84.59	2	3.63	10.29
中坝须二气藏	100	4	1.2	5.9
邓井关嘉三气藏	31	0.5	4.3	2.06

　　同时，产能建设的长短可以人为控制，在气藏前期评价基础之上，气藏完成开发设计后，如果能迅速钻开发井，同时完成地面集输设备的建设，气藏的采气规模很快便能达到开发设计的要求，产能建设的时间也相应缩短，这样便可提高气藏的开发效率。但是，由于最近几年随着新发现碳酸盐岩气藏复杂程度的增加，产能建设初期是尽可能用少的井更加科学真实地认识气藏，从而为产能建设奠定坚实的基础。但是，气藏工程师对于气藏的认识存在反复性，因此前期评价往往会需要几年时间，产能建设的时间也相应地延长。

　　2）采气速度是决定气藏稳产期长短，产量递减快慢的重要因素

　　无论气藏规模是大是小，采气速度对气藏稳产时间的长短，产量递减快慢都有重要影响。气藏开发一般都是采取衰竭开采方式，对于一个气藏来说，储量是个定数，采气速度大，气藏的采出程度高，能量消耗也大，同时采出气量与能量补给之间形成的差值就大，因此气藏稳产时间短，递减快，特别是对于那些存在高、中、低渗透区的气藏更是如此。阳高寺 Tc^1 气藏阳 1 井裂缝系统，日产气 $40×10^4 m^3$，采气速度高达 19.6%，气藏仅稳产 2.6 年，

采出程度为 49.4%，之后气藏进入递减期，递减率为 68.4%。而采取适当采气速度进行开采的气藏，一般都有较长的稳产期及较高的采出程度。相国寺石炭系气藏日产气 $90 \times 10^4 \mathrm{m}^3$，采气速度 7.5%，气藏稳产时间 8 年，稳产期的采出程度高达 67%，气藏开采表现出长期高产稳产的特征。

　　3）采气速度、稳产年限和采出程度三者之间的关系

　　如前所述，气藏储量规模不论大小，采气速度、稳产年限及采出程度之间存在着必然的联系。根据前人统计的四川盆地已经进入递减期、低压小产阶段的 12 个裂缝系统，做出三者之间的关系图（图 5-26）。

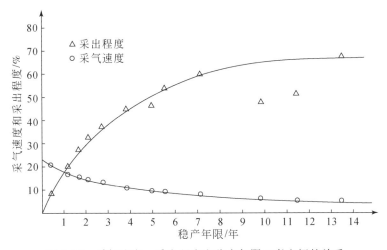

图 5-26　采气速度、采出程度和稳产年限三者之间的关系

　　从图 5-26 可以看出，采气速度和稳产年限呈反比关系。若稳产期为 5～10 年，采气速度可为 10%～5%；稳产期末采出程度与稳产年限呈指数曲线关系，且在 10 年内，采出程度随稳产年限的增长较快，之后增加速度变缓。

　　三者之间关系表明，对于气驱气藏，当气藏采气速度过大时，稳产供气年限不但较短，且稳产期采出程度也不高；当气藏采气速度过小时，稳产供气年限虽然较长，但是后期采出程度增加幅度有限，经济上也不够合理。总之，气藏的采气速度直接影响稳产年限的长短，两者的优化组合，可使稳产期内采出程度较高。

　　4）裂缝-孔隙型气藏的低压小产阶段延续时间长

　　裂缝-孔隙型气藏由于裂缝沟通了气藏的大部分储量，开采初期产量很高，在开采后期，低渗透性孔隙基岩中的天然气不断向井底推进，致使压力产量下降都十分缓慢，开采时间拖得很长，在采气曲线上表现为一平缓而拖得很长的线段。邓井关气田嘉三气藏是该类型的典型例子，该气藏 1969 年时井口压力就低于 0.1MPa，单井平均日产气 $1 \times 10^4 \mathrm{m}^3$ 左右，相当稳定，低压小产阶段开采长达数十年之久。

　　5）采气速度对气驱气藏最终采收率没有影响

　　对于气驱气藏，由于不受地层水影响，采收率大小主要受地层条件的影响。对地层条件相似的气藏，采气速度不同，有的甚至相差一倍以上，但是气藏最终采收率都很高，都很接

近（表5-19）。可以看出，地质条件相似，而开发过程差异较大的气藏（裂缝系统）做一比较，可见采气速度影响不明显。

表 5-19　气驱（或弱边底水）气藏采气速度和采收率关系

气藏	探明储量/$10^8 m^3$	稳产年限/年	采气速度/%	采收率/%
沈公山 Tc^1 气藏	12.6	2	20.1	90.98
高木顶气田	1.3	6	10.9	82
自流井 P$_1^3$	55.7	1.4	23.58	92.4
邓井关 Tc^3	21.87	8.5	8.1	94.4
阳 7 井系统	24	9	5.2	97.4
阳 23 井系统	3.1	4	12.4	99.1

2. 气驱气藏的开发指标评价

研究气藏的生产特征、稳产时间及递减规律，其主要目的就是想从中发现各种不同因素对开发效果的影响，从中找出气藏合理的、科学的开发指标。评价气藏的开发指标是否合理主要遵循两点原则：第一是要保证气藏平稳供气，要有相对长的稳产年限，相对高的稳产期末采出程度；第二就是气藏从生产至工业开采期结束的时间不要太长，也就是说经济效益要高。

表 5-20 给出了四川部分气藏数值模拟计算结果，该结果基本上代表了气驱气藏的合理开发指标。气驱气藏稳产年限一般在 8 年以上，稳产期末采出程度为 50%～70%。渗透性好的气藏，采出程度可达 60% 以上，而对于一些低渗气藏，其采出程度会低一些，在 50% 左右。气藏从生产至工业开采期结束的年限大约为 20 年，其采出程度为70%～90%。由于气驱气藏在开采过程中不会受到地层水的影响，气藏的最终采收率都较高，可达 90%。

表 5-20　四川部分气藏数值模拟计算结果

气藏名称	有效孔隙度/%	渗透率/mD	储量/$10^8 m^3$	采气速度/%	稳产期		递减期末	
					年限/年	累计采出程度/%	年限/年	采出程度/%
相国寺	8.87	105	44.8	8.06	8	66.72	20	89.69
万顺场	8.9	90	61	5.3	11.5	62.81	21.6	81.03
双家坝	5.95	1.5～9.4	80.03	3.86	13	55.63	22	74.83
沙罐坪	5.8	0.2～4.58	82.03	3.73	10	51.77	30.25	72.45
张家场	6.02	0.5～5	66.79	4.46	6.75	55.71	27.75	61.25
卧龙河	6.4	0.2～6	126.7	4.2	6.6	50.11	27.8	70.79

（二）水 驱 气 藏

1. 水驱气藏开发阶段

水驱气藏由于受地层水影响，其开发阶段的划分同气驱（或弱水侵）气藏开发阶段的划分是有区别的。对于边底水活跃的气藏，地层水的问题是气藏开采的主要问题。在气藏开采初期或者是开采中期，气井开始产水，且产水量随着累计采气量增加而增加，一般气藏大规模出水，气井乃至整个气藏的产气量迅速递减。因此，水驱气藏开发阶段的划分除了依据动态曲线进行划分外，更重要的还是要考虑气藏产水的问题。因此，在动态曲线分析基础上，结合气藏产水情况，将水驱气藏划分为：产能建设阶段、稳产阶段（无水采气、带水采气）、递减阶段、排水采气阶段。

2. 水驱气藏开发特征

1）气井生产的各个开发阶段，都要控制生产压差

地层水对于气藏开发的影响早已经被长期的生产实践以及实验所证实。对于有水气藏无水采气阶段，适当控制气井生产压差，可以延长无水采气期和带水自喷生产期，增加气藏最终累计采气量。控制生产压差从而增加累计采气量的实例不胜枚举，如威2井投产后初期采气压差7.55MPa，1977年控制压差为1.67MPa，随后一直控制生产压差在适当的范围内，气井直到1985年10月才产地层水，气井无水采气期长达20年，无水采气量为$11.14×10^8 m^3$。

2）采气速度对水驱气藏最终采收率有明显的影响

不同于气驱气藏采气速度对气藏最终采收率的影响，水驱气藏采气速度对采收率的影响比较明显。表5-21给出了不同采气速度区间内气藏的稳产年限同递减前采出程度，以及最终采出程度的对应关系。

表5-21　四川水驱气藏不同采气速度范围内采收率状况表

采气速度范围/%	气藏个数	稳产年限/年		递减前采出程度		采收率（预测）	
		范围	平均	范围/%	平均/%	范围/%	平均/%
2.6~5.5	4	4~14	3.25	59.3~66.5	63.3	78.9~88.4	85.2
5.6~10.9	9	3~7	4.2	26.2~58.2	42.7	38.5~94.1	75.7
17.9~28.8	4	1.5~2	1.9	35.8~61.2	48.3	62.2~73.1	67.4

3）气藏生产没有低压小产阶段

水驱气藏出水主要是地层水沿着裂缝水窜，裂缝出水，导致孔隙基岩周围形成水膜。油层物理实验资料表明，随着基岩含水饱和度增加，基岩周围水膜呈直线增加趋势。这使得基岩中的天然气被地层水封隔无法采出，指示出水气井没有低压水产量相对稳定阶段。因此，水驱气藏没有低压小产阶段。

4）排水采气是降低地层水对气藏危害，提高气藏采收率的有效措施

排水采气工艺是指水驱气藏在开发中，地层水波及某些气井，某些区块，甚至全气藏，这时采用人工举升、助排工艺和自喷的带水采气，排出侵入储集空间及井筒的积液，使水封气变为可动气而被采出。国内外在水驱气藏开采工艺上思路主要有两点：一是采用化学方法进行堵水，主要适用于整个气藏治水，这种方法单井出水量少；二是进行排水采气，分为两种，一种是将地层水抽到地面；另一种是地层水回注。

对遭受水侵同时有水井出水甚至水淹的气藏，采用强排水采气的开采方式，可以减轻水侵向邻井区的蔓延，以延长未出水井的无水采气期，从而达到提高采收率的目的。

三、开发模式的优化和评价

我国在几十年的气藏开发过程中积累了丰富的经验，气藏开发模式的研究能够对新发现气田开发和老气田提高开发水平做出指导。因此，在气藏开发实践的基础上，总结气藏开发模式意义重大。

（一）气藏开发模式主要研究内容

气藏开发模式主要是从气藏的地质特征、流体分布特征、开发动态特征等方面出发，对气藏的开发方式、布井系统、井网密度、采气速度等进行合理优化，优选出一种投资少、开发效果好、经济效益高的方案，以指导该气藏以及类似气藏的合理开发。开发模式研究主要包括：开发方式、开发层系划分、布井系统和井网密度的确定、采气速度优选、采气工艺及采气方式选择等。

（二）气藏开发模式优化和评价

气藏开发指标的确定是气藏开发的一项重要内容。气藏不同开发阶段基本开发指标的变化特点主要由气藏的采气速度变化决定。此外，气藏驱动类型对开发指标也有显著的影响。

1. 开发方式的选择

对于某一具体气藏，分析地质因素是否有利于天然能量的发挥，若天然能量不足，则需人工补充地层能量或是利用地下其他能量开发。若天然能量充足，根据气藏开采理论与经验，气藏应采用衰竭式开采方式，对于存在边水的气藏，可采取以下措施预防边水影响气藏生产：

（1）将开发井部署在气藏高部位，尽可能远离气水界面；

（2）控制低部位气井产量，采用水平井、大斜度井控制气藏生产压差；

（3）生产过程中通过监测井的压力变化和试井分析，分析气藏气水边界的变化，研究边水活动规律。

2. 开发层系的划分

划分开发层系主要考虑以下五个方面因素：

（1）每套层系的构造形态、气水边界、储层性质、天然气性质、压力系统应大体一致，以保证各气层对开发方式和井网有共同的适应性，减少开发过程中的层间矛盾；

（2）单独开采的一套层系应具有一定的储量和单井产能，每个开发层系的储量和产能能满足开采速度和稳产期的需要；

（3）不同层系间有良好的隔层；

（4）同一开发层系跨度不宜过大，上下层的地层压差应控制在合理范围；

（5）开发设计阶段对气层认识有一定局限性，层系划分应便于在今后开发过程中进行调整。

3. 布井原则与开发井网井距论证

对井网部署现状进行评价，针对目前的布井情况进行分析，确定其开发效果及对储量的控制程度，井网部署要使气井达到最大的泄流面积和最大的控制储量。对于强非均质性碳酸盐岩气藏，在含气面积内，尽可能选择气层有效厚度大、含气饱和度高、渗透性好、裂缝发育的构造高部位布井，以保证气井高产稳产。一般来说，开发井集中部署在高渗透区，通过高渗区气井采低渗区天然气是平面非均质气田实现"少井高产、高效开发"的基本布井原则。而对于均质性较强的气藏，其布井原则类似于常规均质砂岩气藏，采用"均匀布井、加密调整"的布井原则。对于开发井的井型，则需要根据气藏地质开发特点，对直井、水平井、丛式井、分支井等井型进行优选。

对于开发井网，要能有效控制气藏储量，具有尽可能高的采收率，井数能保证达到一定的生产规模和稳产期，并为开发后期调整留有余地，井距根据气藏性质、储层参数分布特征，使单井能控制足够多的储量，且具有一定生产能力，并保证气井有足够的供气能力。开发井井位部署除了考虑部署在气藏有利位置外，还应考虑一定数量的观察井、调节井、补充井。

4. 气井开采制度与生产方式

气井开采制度的选择，要在地层能量损失最小的条件下，获得最大的产气量，平衡安全供气。通常采用的气井开采制度主要有定产量生产制度和定井口压力生产制度两种。

气井定产量生产制度是气井开采的主要工作制度。随着气藏采出量增加，地层压力不断下降，井底或井口流压将不断下降。气井产量高，则井口压力下降速度快，稳产期短；反之，则井口压力下降速度慢，稳产期长。

定井口压力生产制度指气井定产量生产一定时期后，当气井井口压力接近或达到特定的输压要求时，需要维持这个压力生产。气井井口压力的稳定是以产量不断地递减来实现的。在气井产量递减生产过程中，随着气量的采出，气藏地层压力仍然在不断地下降，这更加速了产量递减。

气井生产方式分自然稳产和增压开采两种。在不能保持自然稳产时，考虑增压开采。根据气藏实际情况，确定气井自然生产时的井口压力下限，气井井口压力高于此压力时，处于自然稳产阶段，气井以稳定产量生产；当气井井口压力降至自然生产时的井口压力下限时，进入增压稳产阶段，采用增压开采，延长稳产期，井口压力达到增压开采最低井口输压时，增压稳产阶段结束，气田进入递减阶段，此时，气井保持增压开采最低井口输压，进入产量递减期。

5. 气井合理产量和配产

所谓气井合理产量，指对一口气井而言，有相对较高的，且在这个产量上有较长的稳产时间的产量。影响气井合理产量的因素很多，包括气井产能、流体性质、生产系统、生产工程，以及气藏的开发方式和社会经济效益等。

气井产能试井方法主要有一点法测试、常规回压试井法（又称系统试井法）、等时试井和修正等时试井法。对于碳酸盐岩气藏来说，测试方法与砂岩气藏一样。目前常用的产能方程有三种，即①一点法产能方程；②指数方程，又称"简单分析"；③二项式方程，又称"层流、惯性-湍流分析"或"LIT 分析"。

利用稳定试井和修正等时试井得到的产能方程来评价、分析气井产能，是生产中最常用最准确的方法。根据气井的产能方程和单井产能指示曲线，分析气井在不同配产下地层压力损失的分布特点，当非线性流动损失偏离直线、加速增大时，此点的配产为合理配产。产能指示曲线分析结果显示，一般直井合理配产为无阻流量的 $1/5 \sim 1/4$，水平井合理配产为无阻流量的 $1/10 \sim 1/8$。这一初始配产可以作为气藏开发设计和数值模拟的初始配产，气藏各井最终配产应根据气藏开发设计规模和稳产期要求进行适当调整。

目前确定气井合理产量较为成熟的方法有采气指示曲线方法、系统分析曲线方法和数值模拟方法三种，前两种方法均需要以气井产能方程为研究基础。

在确定气井合理产量时，对于产水气井还要考虑临界携液流量，从井内把液体连续带至地面所需要的最小气体流速，应足以把井内可能存在的最大液滴带到地面，该流速被称为临界流速，相应的气产量称为临界产量。临界产量主要由气体相对密度、井口温度、井口流动压力及生产管柱尺寸四个因素决定。产水气井配产应大于临界流量。

6. 采气速度、生产规模与稳产年限

气藏的合理采气速度受多因素的影响，它的确定应考虑供求关系、气藏储量和资源接替状况、气藏地质条件和地层水活跃程度、经济效益和社会效益，以及国内外同类气藏的开发经验等。采气速度的确定还应考虑以下因素：

（1）气藏流体物性及分布。

（2）气藏有可能存在边水、H_2S 和 CO_2 含量高的情况，生产过程中可能出现边水侵入和硫沉积，影响气藏生产，需要控制生产压差。

（3）生产井数：井数的改变对开发指标的影响很大。随生产井数的增加，稳产期和预测期末的采出程度都相应增加，但同时也会造成生产成本大幅上升。

（4）开采年限：对于含硫较高的气藏，基于气藏 H_2S 含量高，在生产过程中，地面设备和管线的腐蚀性较强，在保证安全开采的前提下，应采取尽量缩短开采年限，提高单井产量，减少环境污染，最大限度地提高工业采收率的开采原则。

合理的采气速度应以气藏储量为基础，以气藏特征为依据，以经济效益为出发点，尽可能满足国家需要，考虑到平稳供气，因此要保持一定时间的稳产期，保证较长期平稳向用户供气，获得较好采收率。在开发方式、开发层系、井网井距研究的基础上，结合气藏实际生产能力和采气速度对开发效果的影响，确定合理的采气速度。

综合以上各方面，针对不同气藏进行部署和评价，在开发实施方案基础上，设计几种不同生产规模，确定一定的生产总井数并考虑一定数量的调节井，对不同方案的稳产期、日产气量、稳产期年产气量、稳产期采气速度等进行预测，优选适合气藏特点的开发指标，针对不同类型气藏，形成适合其特征的开发模式。

四、碳酸盐岩气藏开发方式

对于一个给定的气藏，确定控制气井高产的内在机制对于提高整个气藏的采出程度非常重要。对于碳酸盐岩气藏来说，大多数储层具有双重介质特征，基质提供大部分的储存空间，裂缝提供重要的流通通道。这种双重介质性质使得碳酸盐岩油气藏的有效开发变得异常困难。因此，碳酸盐岩气藏的开发方式就归结为布井方式，这对于该类气藏的高效开发至关重要。

（一）气藏开发的布井

1. 布井方式

碳酸盐岩气藏在气藏成因、储层结构、开发特征等方面与碎屑岩沉积的砂岩气藏存在较大差别，国内外大量的油气勘探开发实践证明，碳酸盐岩气藏储集空间类型多、岩性变化大、储层结构复杂，使碳酸盐岩储层的非均质性增强，极强的非均质性是碳酸盐岩气藏勘探开发的难点，这对于碳酸盐岩气藏布井方式提出了更高要求。

对于油田一般采用正规井网，以便获得最大的水驱控制程度和充分动用石油地质储量。五点法、七点法及九点法等规则井网是目前开发油藏的主要布井方式，基于规则井网应用等值渗流阻力法得到的井网理论也一直被广泛应用到油藏工程分析。气藏布井方式一般有4种：按规则的几何形状均匀布井、环状布井或线状布井、气藏中心（顶部）地区布井和含气面积内非均匀布井。气藏一般采用非正规井网，普遍采用的是均匀井网或非均匀高点布井方式。

我国碳酸盐岩气藏中具有代表性的主要有碳酸盐岩非均质含硫气藏、碳酸盐岩多裂缝系统气藏、碳酸盐岩层状气驱气藏、碳酸盐岩底水气藏等几种类型。对于碳酸盐岩非均质含硫气藏，布井方式主要采用高渗区轴线布井，通过高渗区气井采低渗区天然气。对于碳酸盐岩多裂缝系统气藏，气田产能上升阶段，按裂缝性气藏特征，采用"三占三沿"的布井原则，即"占高点、鞍部和扭曲，沿长轴、断裂和陡缓变化带"布井。对于碳酸盐岩层状气驱气藏，对于视均质条状气藏，宜采用沿轴线均匀布井方式，根据气藏存在边水的情况，开发井在构造的高部位适当集中一些更为有利。对于碳酸盐岩底水气藏，布井方式和井网密度不仅要考虑裂缝系统的特点、气藏非均质程度，还要考虑动态监测、修井和排水及井下作业的替补井。宜采用占高点沿轴线的布井原则。

2. 井网的选择、部署和调整

在油气田生产过程中，井网的选择、部署和调整是开发方案的重要内容，同时也是油气田企业提高经济效益的关键因素之一。

1）井网的选择和部署

在气田开发初期，应该高度重视井网的选择和部署，因为初期开发井网不仅会对日后的生产产生很大影响，而且也会影响到后期的调整和加密。在现场生产中，井网形式主要受油气田的地质特点控制。从井网的几何形态规则与否来说，井网形式一般分为规则井网和不规则井网两种。一般来说，对于储层相对均质的，适宜采用规则井网开采；而对于储层强烈非均质的适宜采用不规则井网开采。因此，井网的选择和部署应该重点针对储层的地质特点和后期调整的方便性进行选择。

2）井网的调整

气田开发过程是一个不断认识、不断调整的过程，随着开发时间的延长，新问题会不断出现。因此在气田开发中后期，对气田开发井网进行调整显得格外重要。气藏井网的调整往往是加密。由于油气在开发初期，往往采用较稀的井网开发储量比较集中、产能比较好的层位，因此储量动用不充分，剩余气较多，因此常采用加密方法来维持气田的稳定生产。

3. 井网密度的确定

气藏井多，气田采收率高，利润总值高，但同时投资增大，经济效益不一定高；反之，井少，投资少，投资收益率及短期经济效益可能高，但储量利用率低，采收率低，利润总值低，开发期拖得长，采气成本增高，最终的经济效益和社会效应不一定高。气藏布井首先要在满足产层的经济极限条件的基础上考虑，确保单井不亏本，其次井网密度要满足单井经济极限值。只有在满足这两条的基础上才有可能达到少井高产、高效开发并取得较佳经济效益的目的。

一方面，对于低渗、非均质性强、低丰度、薄层、大面积的低渗气藏，由于其单井产能低，要形成一定的产能规模或达到一定的开发速度，其井网密度必定大于常规气田。另一方面，气层薄、储量丰度低，单井控制储量要达到经济下限值以上，不允许密井距，在一定的开采时间内，低渗气藏有效的泄气范围有限，稀井网不利于储量动用和提高采收率。因此，寻求合理的开发井数（井网密度）是这类气田开发的关键。在实际的应用中，井网密度细分为合理井网密度和极限井网密度。

1）技术合理井网密度

所谓技术合理井网密度就是从气藏本身具有的地质特点出发，使气井达到最大的泄流面积和最大的控制储量，使气藏储量控制程度较高、采气速度合理、采收率较高、开发效果较好应具有的井网密度。

气藏合理井网密度研究关键在于气井泄气半径的准确确定，目前计算气井泄气半径最广泛的方法是根据较可靠的方法（如压降法）计算的单井动储量，结合储层参数反推气井泄气半径，这种方法操作性强、计算结果相对准确。泄气半径比较直接的研究方法有地层压力对比法和压力波探测半径法等。

2）经济极限井网密度

油气藏开发的原则是"少投入、多产出"，达到经济效益最优化。一般来说，井距越小，井网越密，开发效果越好，最终采收率越高，但井网太密，钻井过多，经济效益变差，甚至出现负经济效益。

因此，确定井网密度时必须进行经济评价。气田开发技术经济界限是指在现有开采技术水平和财税体制下，新钻井能收回投资和采气成本，并获得最低内部收益率时（12%）所应达到的最低产量或控制储量指标。具体的量化指标包括：单井初始产量界限、评价期累计产量界限、经济可采储量界限、控制地质储量界限、经济极限井网密度、经济极限井距。

经济极限井距的计算方法有动态法（也称现金流量法）和静态法。动态法也称现金流量法，是指投入资金与产出效益进行折现后相平衡，即净现值为零时的井网密度（井距）。动态法从市场经济角度考虑了资金的时间价值，在目前经济条件下内部收益率为 12%，净现值为 0 万元时的各项经济界限指标。静态法是指投入资金与产出效益相同，即气田开发总利润为零时的井网密度（井距）。静态法只回收投入资金，没有进行折现计算。目前国内外计算单井初期日产量经济极限、单井控制储量经济极限、经济极限井网密度、经济极限井距等参数，不同公司从不同角度考虑有时采用动态法计算结果，有时采用静态法计算结果。一般来说，当自主投资为主、投资回收期限较短时常采用静态法计算结果；当贷款投资为主、投资回收期限较长时常采用动态法计算结果。

总之，随着确定井网密度方法的不断增加，井网密度的研究应综合考虑各种因素，建立比较完整的数学模型，并且软件化；井网的选择、部署和加密要从系统角度出发，运用先进的方法，如神经网络、系统辨识等，全面考虑各种因素的影响，综合评价气井井网密度。

（二）均匀布井

均匀井网适合于气藏相对均质的气藏，这一类型的气藏以靖边气田岩溶风化壳型气藏为典型特征。靖边气藏虽然也有局部发育的裂缝和溶洞，但是整体上来说，气藏大部分的储渗空间是基质孔隙。因此，对于该类气藏的井网选择采用均匀布井的方式。

1. 靖边气田优化布井技术

1）优化布井的技术思路

长庆优化布井技术是针对靖边下古生界气藏埋藏深、含气面积大、非均质性强等地质特点开展的包括地震、地质、测井和气藏工程等多学科为一体的综合布井技术，其核心思想是以多学科分专题研究为基础，以各学科分支点为切入点，最终达到微观和宏观结合、动静结合、多学科综合优化布井的目的。靖边气田地震研究以识别侵蚀沟谷分布特征和储层厚度为指导思想，为井位优化奠定良好的物质基础；地质研究以下古生界气藏岩溶风化壳型气藏形成机理，确定气藏控制因素，筛选出气藏富集区，为优化布井井区的选择指明方向；气藏工程以气藏动态资料为主，结合压力系统、测试资料等认识，准确分析各区块井距的设计，为井位优化提供技术保障；最后以各学科研究成果为基础，优化布井有利区，部署开发井位（图5-27）。

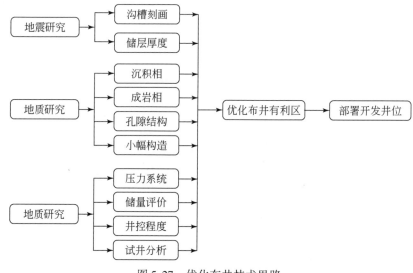

图 5-27　优化布井技术思路

2）优化布井技术系列

靖边气田在多年的开发实践及科学研究的基础上，根据气田地质特征和生产特点，通过分析提炼，总结出产能建设"五大"步骤：优选区块、优化部署、优选井位、跟踪分析和部署调整。根据气田内部和外部不同的地质特征，有针对性地开展了优化布井技术的研究，形成了靖边气田优化布井技术系列。该技术系列包括：压力评价技术、动储量评价技术、地震预测与构造识别技术、古地貌恢复评价技术、小幅度构造技术，以及沉积微相研究技术。

2. 靖边气田本部加密调整技术

靖边气田井位优化部署分气田内部和气田外围两大部分进行。首选对于气田内部，采取加密调整措施，主要的技术攻关是加密井优选技术。通过内部加密调整，提高了储量动用程度。为了提高气田内部低渗区、边缘区、现有气井未控制区的储量动用程度，加密区优选在沟槽边缘扩边，由于这些地方地层压力较高，储量动用程度低，因此布井时主要考虑构造是否落实等地质因素；而在气田内部致密区，储层基本落实，主要在区块地层压力、动储量研究的基础上，用动态方法确定布井有利区。

1）压力评价技术加密调整

压力评价技术以动态监测为基础，形成了压降曲线法、二项式产能方程法、拟稳态数学模型法、井口压力折算法等不关井地层压力评价技术，结合区块整体关井测压和数值模拟，对靖边气田整体压力分布进行全面评价，为加密井部署提供依据。

图 5-28 是靖边气田压力分布图，通过分析发现，靖边气田压力整体呈现"中间部分低，四周边部高"的分布特征，这是由于地层压降漏斗中心多分布在渗流能力强、投产时间长、累计产量大的区块，渗流能力差、投产时间晚、采气量少的区块则处于压力高值区域。由于气藏本身地质特征的差异及其开发过程的阶段性，靖边气田地层压力分布不均衡，因此，可以在地层压力相对较高的地方适当部署加密井。

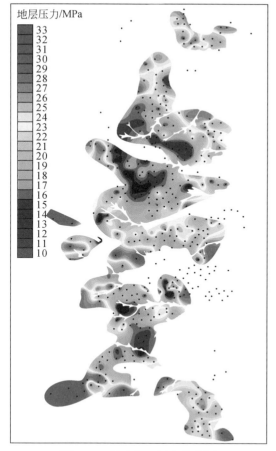

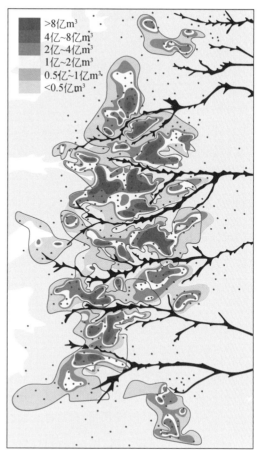

图 5-28　靖边气田压力分布图　　　　　　图 5-29　靖边气田动储量平面分布图

2）动储量评价技术加密调整

针对气田地层压力测试点少、气井工作制度不稳定等难点，根据气井不同的渗流特征和生产动态特征，形成了以"压降法、产量不稳定分析法"为主，多方法综合评价的低渗非均质气藏动储量评价技术系列。分区块、分层位加强气藏动储量评价，为全面追踪评价靖边气田单井动储量及其变化特征提供了技术支持。

随着评价低产井井数增多，单井平均动储量下降，目前评价 570 口气井平均动储量 $2.37×10^8 m^3$。同时，动储量和累计产气量平面分布具有较好的对应关系，平面上动储量分布不均衡，高值区主要为陕 17 井区、陕 45 井区等高渗、高产区块，约 40%的面积内控制着近 80%的动储量（图 5-29）。通过研究发现动储量小于 $2×10^8 m^3$ 的低产井，控制半径 $0.5 \sim 1.2 km$，尚有一定加密布井余地，动储量 $2×10^8 \sim 2.5×10^8 m^3$ 的低产井，控制半径 $1 \sim 1.5 km$，在局部储量丰度较高的低产区有一定加密布井余地。

2007 年靖边气田内部部署加密井 22 口，平均无阻流量 $35.0×10^4 m^3/d$，效果良好。2007 年加密调整井经实施后，完试井地层静压平均值为 29.3MPa，相应的井区地层压力 21.36MPa，各井的地层静压均高于井区目前地层压力，说明加密井优选技术的有效性。

3. 靖边气田外围低渗区布井技术

对于气田外围地区，针对外围地质特征和开发难点，进行了技术攻关，包括地震预测与沟槽识别技术、古地貌恢复技术、低渗储量可动用性评价技术等。

针对靖边气田内部和外围存在较大差异的现状，在气田内部优化布井技术的基础上，调整开发策略，有针对性地加以攻关研究。通过地震技术预测储层厚度，刻画前石炭纪古地貌形态；通过沉积相研究，划分有利的沉积成岩微相；通过古地貌及今构造研究，揭示储层发育的主控因素；通过多方法压力评价，获得气田目前较为可靠的压力分布状况，为井位部署提供依据。

1) 地震预测与沟槽识别技术

前人对沟槽的研究是利用钻井、地震波形和古风化壳下地层的关系进行定性识别。由于气井的平均井距为 3.17km，次级沟槽多在井间，按照上述方法进行沟槽识别时，二级，尤其是三级沟槽特征不明显，对调整井和加密井的部署意义不大。顾岱鸿提出集成系统信息的沟槽综合识别方法，该方法以钻井、试井和生产数据作为验证和约束条件，建立沟槽与地震属性之间的关系，实现以地震属性分析为主导的沟槽综合识别方法。该识别方法为气藏外围布井提供指导。

2) 外围低渗区储量及可动用性评价技术

在储层分类的基础上，对单井进行有效储层分类解释，勾画有效储层连井对比剖面，参照地质建模程序方法，建立地质模型，分析有效储层的空间分布规律。同时，根据不同类型储量分布特征采用数值模拟的手段对低效区布井及储量可动用性进行了评价。

（三）　不规则井网布井

不规则井网适合于强烈非均质的，这一类型的气藏分为三类：①由沉积作用造成强烈非均质的气藏，如龙岗礁滩等，该类以单一气水系统为布井单元进行不规则布井；②由构造作用造成强烈非均质性的气藏，如川东石炭系相国寺裂缝气藏，该类以"稀井高产"为原则进行不规则布井；③由溶蚀作用造成的强烈非均质性的气藏，如塔中1号气藏，该类以单一缝洞单元为布井单元进行不规则布井。该类气藏典型特征是储集体存在强烈的宏观非均质性。下面以开发期较长的相国寺气田为例进行论述。

1. 相国寺气田石炭系气藏概况

相国寺气田位于重庆市江北县境内，区域构造位置属川东平行褶皱带华蓥山大背斜向南延伸的一个分支。构造长 60km，宽 9km，轴向北北东，为呈反"S"形扭曲的高陡背斜。相国寺气田是川东地区典型的裂缝-孔隙型气藏，构造闭合面积 30.54km²，埋藏深度 2200 ~ 2600m，储集层是一套潮坪相沉积，储层岩性以角砾云岩为主，气藏储集层孔、洞、缝极其发育。储层平均有效孔隙度 6.55%，渗透率 $2.5×10^{-3} \mu m^2$，以 Ⅰ + Ⅱ 类储层为主。孔隙层分布均匀，横向变化不大。气藏原始地层压力为 28.734MPa，气藏温度为 64.02℃。气藏具边水，气水界面海拔 -1980m，气藏高度 746m，含气面积 28.08km²，边水不活跃，属弹性气驱气藏。气藏容积法储量以储层孔隙度下限为 3% 计算结果为 $45.56×10^8 m^3$。

2. 气藏特征

1) 气藏构造及圈闭特征

相国寺石炭系气藏构造为狭长的高陡背斜，长轴 29.2km，宽 1.45km，两翼倾角 70° ~ 24°，总的是西翼略陡，闭合高度 760m。纵向倾轴逆断层发育，构成气藏不渗透边界气藏范围内有六条逆断层，沿长轴分布于构造两翼的陡缓转折处，走向随构造轴线弯曲而弯曲，并分别构成了西翼的含气和东翼地层水的不渗透边界。气水分布主要受局部构造控制，但气藏的具体边界情况比较复杂，整体上来说气藏圈闭是背斜构造为主的断层、地层尖灭的复合圈闭类型。

2) 储层特征

A. 石炭系层薄，但有效储层占比高

气藏范围内一般石炭系厚 6.3 ~ 11.68m，平均 8.5m，但有效储层所占比例高，一般为 60% ~ 80%（表 5-22）。

表 5-22　相国寺气田有效储层分类统计表

储层类别	气井						
	10	14	30	18	25	16	13
钻厚/m	15.4	9.7	7.6	12.3	9.8	13	9.1
真厚/m	9.9	7.5	6.3		8.5	11.68	7.17
有效储层/m	7.33	4.9	3.77	9.7	4.33	9.52	5.75
有效储层/%	74	65	59.8		51	81.5	80.2
Ⅰ+Ⅱ/m	7.33	4.9	0.91	5.9	2.34	8.84	3.39
Ⅰ+Ⅱ/%	100	100	24	61	54	93	59

B. 有效储层物性好，主要为Ⅰ、Ⅱ类储层

从表 5-22 可以看出Ⅰ+Ⅱ类储层百分比一般都在 50% 以上，其中在相 10、14、16 井基本上为 100%。

C. 石炭系次生溶蚀改造强烈，对改善储渗性能起到了很好的作用

石炭系储层岩性以角砾云岩为主，夹薄层生物灰岩、藻云岩、泥晶云岩及粉晶灰岩。属于潮上–潮间带沉积，藻架孔、晶间孔，以及和角砾有关的砾缘孔都很发育，加之石炭系沉积后，因长期暴露地表，风化剥蚀作用强烈，几乎所有孔隙类型均被次生溶蚀扩大，显著改善了岩石的储集性能。

D. 石炭系中的早期缝和构造缝构成了储层的主要渗流通道

储层裂缝发育，角砾岩的裂缝率平均达 0.347%。其中早期缝形成于角砾岩最后胶结以前，其特点是宽度小，密度大，仅分布于角砾中而不穿过角砾。构造裂缝是构造褶皱的同生缝，除一组呈“×”交叉的共轭扭裂缝外，还有立张缝和平张缝。它们的特点是裂缝直而光滑，延伸远，但宽度只有 0.01 ~ 0.02mm；而立张缝则形状弯曲，缝壁粗糙，延

伸不长，常见分支现象，但缝宽较大，0.02～0.05mm。以上两期缝构成了石炭系储层的主要渗流通道。

E. 储层结构为裂缝-孔隙型

相国寺石炭系气藏储层平均孔隙度 6.65%，而裂缝空间根据岩心切片结果，最高只有 0.53%，即天然气仍主要储集于岩石孔隙中。然而岩石基质渗透率普遍很低，45 块样品结果分析，其中有 20 块渗透率都低于 $0.01×10^{-3}\mu m^2$。单井平均一般都在 $1×10^{-3}\mu m^2$ 以下。因此储层的渗透性主要靠裂缝。由表 5-23 可以看出，试井计算渗透率远大于岩心基质渗透率，两者比达数十倍不等，这表明储层结构应该是裂缝-孔隙型。

表 5-23　相国寺基质渗透率与试井计算渗透率对比表　　　（单位：$10^{-3}\mu m^2$）

资料来源		气井					
		16	25	18	30	14	10
试井资料	径向流计算	97.6	23.9	99.34	38.3	47.87	
	压力恢复计算	93.86	24.22	86.8			
物性分析	岩石基质渗透率	0.56				2.69	0.48

F. 储层孔-缝搭配良好，整个气藏为统一水动力系统

由以上资料可以看出，气藏范围内岩性基本相同，各井孔隙发育，加之裂缝网与基质孔隙搭配良好，使气藏形成了统一的储渗体。1980 年气藏干扰试验中，以相 18 井位激动井，其他井关井观察。结果相 18 井采气对气藏各井都有明显干扰，受影响时间最短为 40h（相 30 井），最长为 496h（相 10 井）。以后开发动态也显示出各井间连通好，压力降均衡，气藏高孔、高渗的视均质特点明显。

3. 气藏开发布井

气藏布井方式和生产井数直接影响地下渗流，不同的开发井网将产生不同的开发效果和经济效益。结合相国寺气藏特征，经过对比论证发现沿轴线高部位的不规则布井比较适合相国寺这样的裂缝-孔隙型储层。这表现在稳产期长、稳产期末的采出程度高、总开发时间短。

气藏 1977 年 11 月投入试采，1980 年编制开发方案进行正规开发，稳产至 1987 年，稳产期长达 8 年，稳产期平均日产 $90×10^4 m^3$，采气速度 8.06%。1989 年开始编制调整方案，方案日产气 $45×10^4 m^3$，稳产 3 年，3 年后又降至日产气 $15×10^4 m^3$，又可稳产 3 年。1990 年开始实施，日产气 $15×10^4$～$22×10^4 m^3$。气藏 1994 年累计采气 $36×10^8 m^3$，采出程度 90.66%。

该气藏 1991 年被中国石油天然气总公司评为"高效开发气田"。虽然气藏有气井 7 口，但长期生产井仅有 5 口，其中在最顶部的 3 口气井（图 5-30）至 1994 年累计采气 $30.83×10^8 m^3$，占气藏累计采气量的 84.7%。由此可以看出，对于气藏连通好、压力下降均匀的裂缝-孔隙型气藏，采用不规则布井方式，完全可以完成气藏的开发任务，从而实现气藏的高效开发。

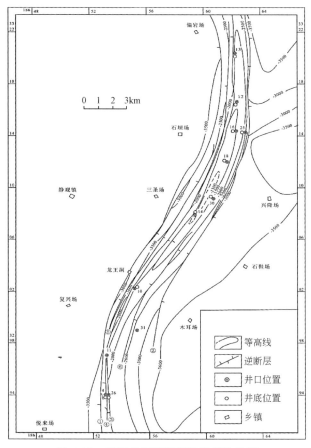

图 5-30　相国寺气田阳新统底界构造图

　　整体上说，对于碳酸盐岩气藏，如果气藏储层存在强烈的非均质性那么采用不规则井网，让低渗区的气补给高渗区；而对于非均质性相对较弱的气藏，一般采用规则井网，井网密度要根据储层的物性好坏程度和经济效益综合考虑决定。

五、碳酸盐岩气藏开发技术对策

（一）靖边风化壳型气藏开发技术对策

　　靖边风化壳类型气藏属于低渗、低丰度、强非均质气藏。近年来，气藏地层压力已降至 19.98MPa，53.5% 的气井井口压力低于 10.0MPa。多年钻井资料表明，马五$_{1+2}$ 储层侵蚀沟槽发育，含气面积内有 77 口井主力气层缺失，储层非均质性强，储量动用不均衡，产水气井和间歇井不断增加，气藏规模稳产面临巨大挑战。针对这类气藏目前主要有以下开发技术对策。

1. 制定气井合理工作制度，实现气井经济有效开发

　　对于靖边风化壳类型气藏，要在气藏最大生产能力之内，充分利用气藏的自然能量以达

到提高单井产量、气藏最终采收率的目的。针对不同类型气井，优化和调整气井工作制度，控制部分气井的递减率，延长气藏稳产期，提高气田采收率。针对间歇气井等低效气井制定合理的生产制度，最大可能地实现靖边气田低效气井的经济有效开发。

2. 加密调整完善井网与开展扩边评价工作，寻找可靠的建产接替区

由于靖边气田递减较为明显，急需补充建产从而弥补气田递减。一方面寻找有利区优选井位，部署加密调整井，进一步完善气田井网；另一方面，随着井网的完善，主体区加密调整的余地不大，为确保靖边气田长期稳产，提高整体开发效果，每年需新建 $6\times10^8 \sim 8\times10^8$ m^3 弥补递减。靖边气田潜台东侧有一定的储量基础和扩边建产潜力。加强评价和研究工作，加深地质认识，寻找可靠的建产接替区块，保证扩边建产弥补递减。

3. 开展增压开发试验，为气田后期实行增压开采提供技术支撑

增压开采是气田开采后期，由于地层压力下降，不能满足地面集输要求而采取的旨在提高采出能力和地面输送能力的采输方法。增压开采应用广泛，大部分气藏在生产后期都要通过实施增压开采技术最大限度地采出天然气。开展增压开采生产试验，掌握气藏动态与增压工艺的匹配关系，确定最佳增压时机，为靖边气田整体增压开采提供技术支撑。

4. 针对产水气井制订合理的开发对策

靖边气田马五气藏相对富水区是以气水共存形式出现的成藏滞留水。针对不同富水区采取不同开发技术。对于较大的相对富水区，开发技术是"内降外控"，对于单井点产水区，开发技术为"以排为主"。多年的开发实践证实了该方法的有效性。"内降外控"主要使富水区内产水气井全部开井生产，降低相对富水区内压力，外围气井控制产量生产，降低生产压差，抑制水体外侵，保持外围地层压力大于相对富水区内的地层压力。单井点产水区由于其水量少，通过持续、长时间排采，水量逐步减少，直到完全排完，其中小孔、微孔中的气即可随后采出。

5. 优选排水采气工艺，改善排液效果

排水措施是提高气井及气藏采收率的重要措施。靖边气田存在 7 个富水区和 59 个产水单井点，产地层水气井 86 口，占生产总井数的 17.37%，占气田年总产气量的 11%，平均单井日产水 5.09 m^3，水气比 2.09 $m^3/10^4 m^3$（表 5-24）。产水气井中，17 口井因积液关井，日产气量小于 $2\times10^4 m^3$ 气井占开井的 43.5%，日产水大于 10 m^3 的气井 9 口，最大日产水 42 m^3（表 5-25）。

表 5-24　靖边气田下古气藏富水区（产地层水气井）基本数据表

富水区	产水井数／口	井均日产气量/$10^4 m^3$	井均日产水量/m^3	水气比/（$m^3/10^4 m^3$）
陕170-G8-17 井区	18	3.5905	11.091	2.96
陕23-陕20 井区	6	2.5101	4.4164	1.80
陕93-陕123 井区	8	2.1553	8.361	4.53

续表

富水区	产水井数/口	井均日产气量/$10^4 m^3$	井均日产水量/m^3	水气比/($m^3/10^4 m^3$)
陕181井区	5	4.2311	1.871	0.71
陕24井区	7	2.6459	1.802	0.99
陕106井区	8	3.1885	3.436	0.45
陕231井区	5	2.203	10.399	5.2
合计/平均	57	2.4302	5.086	2.09

表5-25 靖边气田产水气井生产情况统计表

产水气井/口	日产气/$10^4 m^3$	日产水/m^3	井数/口	合计/口
86	<2	<1	12	30
		1~5	13	
		5~10	3	
		>10	2	
	2~5	<1	8	28
		1~5	13	
		5~10	1	
		>10	6	
	>5	<1	2	11
		1~5	7	
		5~10	1	
		>10	1	
	积液关井		17	17

针对靖边气田产水井的生产实际,开展了积液停产井复产工艺、弱喷气井助排工艺技术的研究和试验,形成了复产工艺和助排工艺。①复产工艺:套管引流、关放排液、氮气气举、连续油管伴注液氮等;②助排工艺:泡沫排水、柱塞气举、井间互连气举、小直径管等技术。已实施排水采气措施气井46口、100余井次,平均年增产气量0.7×$10^8 m^3$,历年累计增产气量约3.7×$10^8 m^3$。

6. 对低产井实施增产改造措施提高低产低效井的开发效果

对低渗透气层实施压裂、酸化等增产改造措施可有效改善气井开发效果。靖边气田开发初期,以解除近井地带污染和提高酸蚀裂缝长度为目的,形成了普通酸酸压、稠化酸酸压、多级注入酸压等多项工艺技术。近年来,随着气藏的加密和扩边,储层更加致密、充填矿物成分发生变化,以深度改造为目的,开展了碳酸盐储层加砂压裂和交联酸携砂压裂技术试验,并取得了重要突破。同时,水平井改造工艺试验见到初步效果。

1)碳酸盐储层加砂压裂提高了下古生界致密储层的改造效果

针对部分Ⅱ、Ⅲ类储层物性逐渐变差,常规酸压改造产量低的问题,提出了通过加砂压裂以提高缝长和导流能力,扩大泄流面积的思路,并针对工艺难点开展了研究。2005 年以来,碳酸盐岩储层加砂压裂工艺在靖边地区实施 101 口井,平均单井加砂量 24m³,最大单井加砂量达 34m³,平均试气无阻流量 8.08×10⁴m³/d,最高无阻流量达 29.73×10⁴m³/d。

2) 交联酸携砂压裂工艺为高充填致密储层提供了新的改造途径

针对气田潜台东侧白云岩储层充填程度增高,孔隙充填物方解石增加,物性含气性总体变差的问题,为进一步提高单井产量,提出了酸化溶蚀+加砂压裂的改造思路,试验形成了交联酸携砂压裂工艺。靖边气田实施 13 口井,最高加砂量 25m³,平均试气无阻流量 16.4×10⁴m³/d,试验表明交联酸携砂压裂井具有较强的稳产能力(表 5-26)。

表 5-26　交联酸携砂压裂数据表

年份	井数/口	支撑剂量/m³	砂比/%	排量/(m³/min)	无阻流量/(10⁴m³/d)
2006	6	12	17.6	3.2	12.45
2007	5	23.2	21.3	3.3	21.15
2008	2	22	22.5	2.9	15.73
总计/平均	13	19.1	20.5	3.1	16.4

3) 水平井改造工艺见到初步效果

针对靖边气田碳酸盐岩水平井水平段长、储层非均质性强等特点,以实现水平井全井段均匀改造为主体思路,主要开展以下三方面工作。

第一,连续油管拖动均匀布酸+酸化改造工艺的研究与现场试验,获得较好的改造效果。试验形成了连续油管均匀布酸+酸化工艺,现场应用 4 口井,3 口井测试无阻流量高于 40×10⁴m³/d,其中靖平 01-11 井测试无阻流量 80×10⁴m³/d。已投产井稳产能力强,累计产量是邻近直井的 3 倍左右。

第二,自主攻关研发不动管柱水力喷射分段酸压工具,并开展了分段酸压工艺现场试验。2009 年 8 月 31 在靖平 33-13 井开展了水力喷射分段(三段)酸压工艺现场试验。该井水平段长 817m,测井解释气层 175.7m、含气层 245.1m,共 420.8m,气层钻遇率 51.5%。采用三段酸压改造,注入酸液 525m³,测试无阻流量 10.04×10⁴m³/d。

第三,探索试验了裸眼封隔器分段酸压工艺。为了探索下古生界气藏水平井提高单井产量新途径,试验了裸眼分隔器分段酸压技术,该工艺工具和完井管柱一体下入,通过投入大小不同的钢球,控制各级滑套的打开,可实现多段酸压改造。在靖平 2-18 井开展了试验,该井水平段长 1001.6m,储层钻遇率 65%,气层 175.7m、含气层 475.9m,气测峰值 22.37%。采用完井一体化管柱进行分段酸压改造 5 段,总注入地层酸量 517m³,测试无阻流量 14.04×10⁴m³/d。

7. 落实有利区采取水平井开发技术,提高开发效果

水平井开发作为一种提高单井产量和气田综合开发效益的有效手段,越来越受到人们的重视。近年来,靖边气田水平井有效储层钻遇率逐年升高,水平井试气产量逐年攀升,钻井周期进一步缩短,基本控制在 130 天左右,水平井按设计完钻,水平井平均长度达到 1100m

以上。在水平井开发实践中，总结出了靖边风化壳型碳酸盐岩薄储层气藏水平井开发的思路、原则和方法。①水平井部署技术思路：一是地震、地质结合精细预测微沟槽及微幅度构造；二是精细描述地层压力和动储量；三是加强气田周边储层精细描述，研究马五$_1^3$气层分布特征；四是骨架井先行，根据骨架井实施情况，及时调整水平井部署。②水平井部署原则：一是马五$_{1+2}$地层厚度大于等于20m，马五$_1^3$气层厚度大于等于3m，储层为Ⅱ类以上储层；二是井区构造相对平缓，构造变化幅度不大；三是水平井部署区域具有地震测线支持；四是满足井网系统要求。③水平井开发技术方法：一是以储层精细描述为核心，加强地质研究和技术攻关，进行井位优选，主要是针对气田本部剩余储量分布复杂，潜台东侧侵蚀沟槽尤其是毛细沟槽发育、储层致密等难点问题。地震地质结合，在岩溶古地貌恢复的基础上，描述侵蚀沟槽和小幅度构造的分布形态，评价气藏压力，采取多种措施和技术方法，进行井位优选。二是地质建模和数值模拟相结合，多种方法进行轨迹优化和靶点设计。精细预测小幅度构造和地层厚度变化，根据各小层纵向上的继承性，通过对多个小层构造形态和地层厚度的描述，预测靶点坐标。三是综合研究和现场实施相结合，严格进行水平井地质导向和随钻分析。靖边气田碳酸盐岩储层水平井实施中轨迹控制存在"四难"：①马五$_1$各小层岩性相近，小层判识难；②录井及工程数据不能同步，现场判断难；③井底工程数据滞后，井斜控制难；④小幅度构造变化复杂，地层倾角预测难。针对这些难题，建立水平井随钻分析流程，有效地进行过程管理和质量控制，利用钻时、气测、自然伽马、岩屑、井斜、方位角等地质、工程数据，通过正确定性、加强对比、精细预测，实时确定层位、预测靶点。

(二) 龙岗礁滩型气藏开发技术对策

国内外的很多含油气盆地为碳酸盐岩沉积盆地，这些盆地聚集着大量的含气圈闭，礁滩型碳酸盐岩气藏是近年来发现的最重要的碳酸盐岩气藏类型。由于沉积环境的复杂性、纵横向上的非均质性，以及多种多样的成岩特征，很多石油公司在勘探开发这一类型气藏的过程中一直面临着一些挑战。龙岗气田为礁滩型气藏，尽管礁的生长主要受全球海平面升降的控制，但是礁所处的构造位置对礁的沉积样式及形态影响很大，台地边缘和台地斜坡上礁具有完全不同的特征。由于位于构造活跃区域的礁强烈地受天然裂缝的影响，这一类型的礁展现出不同的形态和内部建筑结构。所有的这些因素决定了礁滩型碳酸盐岩气藏在开发过程中必须制定科学合理的开发技术对策。

1. 井-震联合多技术、多手段进行储层精细描述，预测储层及流体在平面和纵向上的分布特征

制约礁滩型碳酸盐岩气藏勘探开发取得突破的瓶颈主要有两个方面：一是有效储层的识别问题，也就是油气在什么地方富集的问题；二是提高采收率的问题，也就是提高开发收益的问题。而这两个方面问题的核心就是储层精细描述。过去若干年中，在对现代礁滩沉积对比的基础上，沉积相的划分在礁滩型气藏的开发过程中发挥着重要的作用。目前，基于地震属性预测基础上的沉积相划分和建模技术广泛应用于井位论证的过程之中，这强有力地指导了这类气藏的开发。为了详细地了解碳酸盐岩的非均质性，通过详细的露头分析和现代沉积的研究所建立起来的沉积和成岩相的划分技术逐渐应用和发展起来。地球物理技术的进步提

供了更加可靠的生物礁形态、内部建筑结构，以及流体在平面上的分布特征。

在未来的研究中，井-震联合多技术、多手段的碳酸盐岩储层精细描述将会实现对于礁滩储层演化的动态化。台地内部不同单元的解剖和组合将会产生新的储层模式；在平面上非均质性的精细描述将会变得越来越重要；井间沉积相和属性的分布得到更加精确的预测。因此，基于现代沉积及详细的露头分析，通过井-震结合开展多技术、多手段的储层精细描述，研究储层模型、孔隙结构和地震属性之间的关系，开展碳酸盐岩岩石物理结构的分析及成岩演化特征研究，详细预测不同孔隙结构的储层及流体在三维空间的分布特征，从而实现气藏高效开发。

2. 开发布井方式采用不规则井网，先在高、中渗区布井，达到"稀井高产"的目的，缩短投资回收期，后期投入低产井，接替开采，延长稳产期

礁滩型碳酸盐岩气藏开发过程中的复杂性和储层裂缝固有的非均质性对于石油公司在技术、经济和管理上提出了更高的要求。为了迎接这些挑战，石油公司在这一类型的气藏开发过程中必须应用创新的技术，增强对礁滩型碳酸盐岩气藏的认识，并且适时调整这类气藏的开发技术对策。

同时，绝对均质的气藏是不存在的，礁滩型碳酸盐岩气藏更是如此。若进行均匀井网开采，虽然开采过程中地层压力均匀下降，储量动用充分，稳产期较长，采收率较高，但高产区井距大且产能没有得到充分发挥，而低产气区井距相对较小且经济效益差，因此均匀开采井网不适合于低渗透非均质性强的气藏。

开发初期在高-中渗区布井，遵照"高产井—高产井组—高产井区"逐渐布井的原则，达到"稀井高产"的目的。根据数值模拟和分区物质平衡法研究结果，在高、低渗区均匀布井和在高产区加密布井情况下，不同开采方式的开发效果明显不同。在非均衡开采条件下，利用高产区的井采低渗区的气，以减少低产低效井，从而可达到开发初期少投入、多产出的目的。例如，龙岗气藏自 2006 年发现龙岗 1 井测试产量 $160 \times 10^4 \mathrm{m}^3/\mathrm{d}$ 以来，形成了龙岗 1 井飞仙关组高产井组，该井组有四口生产井，平均日产气量为 $47 \times 10^4 \mathrm{m}^3/\mathrm{d}$，累计产气量占整个气田产气量的 62%，是气田产量的主要贡献者。另外，还建立了龙岗 1 井区长兴组、龙岗 28 井区长兴组等高效井区。因此，气藏开发初期的目的就是通过精细气藏描述，建立尽可能多的高效井组乃至高效井区，提高气藏开发效益，逐步增强对整个气藏特征的认识。

而对于开发中后期来说，要通过变"稀井高产"为低产井接替开采，提高气藏控制程度，逐步完善井网。在充分认识气藏特征的基础上，综合评估采收率，结合经济效益分析，在低渗区适当布井，解决经济效益分析，形成最终合理井网，使气田最大限度发挥潜能，取得最佳经济效益。

因此对于龙岗礁滩型气藏，应该在井-震联合及综合地质研究的基础上，在最有利储层发育区和构造主体区布井，采用不规则井网布井方式，优先开采高、中渗区。初期达到"稀井高产"的目的，同时在综合地质研究及储层预测基础上对次有利区及低渗区布井，采用接替开采，延长整个气藏的稳产期，最大限度发挥整个气藏的潜能。

3. 加强动态监测，科学管理气藏，最大效益发挥气井潜能

气藏的管理是一个动态过程，一方面监测项目的选取要根据整个气藏和生产井面临的问题有针对性地取全取准各种资料。取全取准这些资料对于认识不清的气藏是至关重要的，要有针对性地进行各种资料的监测和获取，科学合理地管理气藏，使现有气井科学合理生产，最大效益发挥气井产能。另一方面，流体分布的复杂性造成部分气井受地层水影响严重；管理不善导致气藏边水或者是底水过早地沿着裂缝或者是高渗条带突进到高渗气井，造成气井水淹而关闭。

目前对于气藏监测有多种技术方法，主要包括：地震技术、地球物理测井监测技术、地球化学监测技术、水动力学分析技术等技术方法。而对于龙岗礁滩型碳酸盐岩气藏，针对这一类型气藏特征，加强动态监测，特别是要加强对于地层水的监测，如对于地层压力、气水界面、氯离子含量等指标的监测，预测地层能量及地层水突进情况，时时动态监测气藏流体变化规律。因此，只有通过动态监测和管理，最大限度地延缓地层水进入气井，避免气井过快水淹，才能实现气藏"控水开采，延长无水采气期，提高采收率"的目的。但是，任何单一的监测都不能提高整个气藏的科学化管理水平，特别是对于边、底水型气藏更是如此。气藏的动态监测最终都要落实到动态监测、分析和管理信息系统的建立上，落实到"建设标准化，管理数字化"上来，从而提高气田建设和管理水平，提高气藏开发效益。

同时，气藏科学管理是一个动态过程，任何固有的开发技术不可能适用于所有同类型气藏的开发，因此任何针对整个气藏和生产气井的计划或者是策略都要根据现有技术、商业环境和气藏信息的变化而变化。

4. 坚持"边勘探、边滚动、边建产"的开发思路，降低投资风险

由于碳酸盐岩气藏的复杂性，一个井点不能代表井区特点，少数井点资料无法代表井区特征，一次评价很难评价清楚，开发就等于二次勘探，仓促大规模上开发井，风险极大。因此要在工作模式上打破原有的增储上产模式，变为上产增储模式：一是预探阶段"重在发现"；二是评价阶段重点不是为了交储量，而是落实气藏特征，寻找更多高产井，确定天然气富集区，在此基础上落实商业储量；三是开发在预探发现之后即可跟进，围绕每一个高产井建立高产井组，不同的高产井井组组合成高产区，即按勘探寻找高产井，评价开发建立高产井组，开发培育高产区的程序来开展工作。坚持勘探开发一体化来组织工作，不但在方法上互相借鉴，而且要在工作程序上变前后接力为互相渗透，真正做到研究一体化。

另外，开发气藏的最终目的就是获取利润，但是碳酸盐岩气藏由于其沉积、储层、成岩和构造的复杂性，储层发育非均质性极强。距离一口日产 $80 \times 10^4 \mathrm{m}^3$ 以上的气井 2km 的地方有可能就是一口低产井（日产气量在 $10 \times 10^4 \mathrm{m}^3$ 以下）或者是干井。同时，龙岗地区目的层段大部分在 5000m 以下，钻井成本较高。由于气藏在预探、试采、开发各个过程中存在着极大的经济成本风险，因此针对这一类型的气藏必须坚持"边勘探、边滚动、边建产"的开发思路，随着资料的丰富程度和对气藏的认识程度，在滚动勘探的基础上加大建产能力，降低投资风险，增加气藏开发利润。

（三）塔中缝洞型气藏开发技术对策

1. 井-震结合，动静态相互验证刻画缝洞单元及其性质

针对缝洞系统及缝洞单元的复杂性，采用井-震相互结合，多技术、多手段评价缝洞系统的分布特征，建立缝洞单元的分布模式。在此基础上，利用丰富的动态资料，动静结合对缝洞系统进行划分。而缝洞单元是依据流体及储集体特征，在缝洞系统划分的基础上对储集体进行次一级的划分。缝洞单元是通过边界处储集体性质的突变来描述的。在划分过程中综合利用开发静动态资料，在缝洞储集体分布及预测、流体空间分布、天然水体能量分布、产能分布、井间连通性预测的基础上建立缝洞单元的划分指标体系，同时根据连通程度、储量规模、平均单井产能、天然能量及开发效果等对缝洞单元进行评价。

2. 合理优化采气速度，延长无水稳产期

碳酸盐岩储层往往具有双重孔隙结构特征，若采气速度控制不合理，容易水窜，使驱替效率降低，气井提前见水，降低了无水采收率。碳酸盐岩气藏见水后含水上升速度比砂岩气藏快得多，在高速条件下，稳产期几乎与无水期一致，因此无水期短，必然导致稳产期也短。只有在合理的采气速度下使岩块的自吸作用得到充分发挥，使缝洞与岩块的驱替过程协调一致，才能达到较长的无水稳产期。

国内外气田开发实践表明，为保持气田一定的稳产期，通常开发速度应控制在 2% ~ 10%。对于一些中小型气田，为了满足供气需求，开发速度可能超过 10%。对于大型或特大型气田，无论从技术角度还是经济角度考虑，开发速度应严格控制在 2% ~ 5%。

调研国内外几个典型的碳酸盐岩气藏的合理采气速度，如法国的拉克气田是侏罗系背斜块状白云质碳酸盐岩气藏，该气藏 1958 年投产，其定容衰竭开采速度为 2.3% ~ 2.7%，稳产 12 年。土库曼斯坦 20 世纪 80 年代投产的 6 个大中型气田中有 4 个气田储量大于 $1000 \times 10^8 m^3$ [（1527 ~ 4891）$\times 10^8 m^3$]，稳产期气田开发速度在 0.66% ~ 8.95%。目前，四川气区累计探明储量开发速度为 2% ~ 3.25%，当前剩余储量的开发速度为 3% ~ 4.25%（表 5-27）。俄罗斯柯罗伯柯夫等 4 个中、小型气田是 20 世纪 60 ~ 70 年代气田高速开发（无稳产期）的典型实例，由于天然气需求量大，靠气田投产保持天然气稳定供应，气田开发速度高达 8.38% ~ 10.7%，气田产量急剧递减。从上面几个典型碳酸盐岩气藏开发实践来看，其采气速度普遍在 3% 左右。综合确定塔中 I 号气田采气速度为 3%。

表 5-27 国内外部分气田采气速度

气田名称	气藏类型	地质储量/$10^8 m^3$	采气速度/%	稳产期
拉克气田（法国）	块状白云质碳酸盐岩气藏	2540	2.3 ~ 2.7	12 年
靖边（中国）	碳酸盐岩风化壳气藏	3377.3	1.48	接替稳产
建南气田（中国）	鲕粒、砂屑、泥晶灰岩	98.67	4.1	
奥伦堡气田（俄罗斯）	碳酸盐岩块状凝析气藏	17600	2.84	
威远气田（中国）	裂缝性白云岩气藏	400	3.01	

续表

气田名称	气藏类型	地质储量/$10^8 m^3$	采气速度/%	稳产期
谢尔秋可夫（俄罗斯）	裂缝性灰岩块状底水气藏		10.7	无稳产期
自流井（中国）	裂缝性碳酸盐岩气藏	55.7	17.5	无稳产期
阳高寺（中国）	裂缝性碳酸盐岩气藏		6.3	无稳产期

3. 选择科学的开发方式，提高储量动用程度，降低开发成本，提高整个气田最终采收率

缝洞型碳酸盐岩储层非均质性强，同时气井间连通性不确定，需通过井组生产动态变化、干扰试井、示踪剂加以确认。因此缝洞型碳酸盐岩藏不同缝洞单元开发方式的选择必须首先确认缝洞体的连通状况，在此基础上选择合适的方式进行保压开采，提高气藏最终采收率。一些国家和石油公司已把水平井技术作为碳酸盐岩油气藏的主要开发技术。据报道，在1994～1998年的四年间沙特阿拉伯就已在陆地和海上钻了80多口水平井，成功地应用该技术开发新的油藏和提高老油田的采收。美国和加拿大近年来每年钻水平井的井数都在逐年增长，目前每年钻水平井1000多口，1997年美国钻水平井超过了1600口。美国已在奥斯汀白垩系碳酸盐岩油藏钻了3000多口水平井。在美国大约有90%的水平井是钻在碳酸盐岩地层内。据2000年美国能源部门统计，水平井的最大作用是穿越多个裂缝（占水平井总数的53%），其次是延迟水锥和气锥的出现（占总数的33%）。

塔中Ⅰ号气田东部试验区试采证实Ⅱ类储层区均为中、低产井，该区直井产能低，达不到经济极限产量，只有通过利用水平井提高产能才能动用Ⅱ类储层区的储量。塔中Ⅰ号气田气井动态储量小，为$0.45×10^8 ～ 3.54×10^8 m^3$。水平井可穿越多个缝洞系统，提高单井控制储量，从而提高开发效果。试采证实塔中气田井区含水类型以沟通定容水为主，水体能量弱，水平井开发基本不用考虑水平井见水问题，适合水平井开发。

4. 优化缝–洞–井组合体系，采用不规则井网，优先动用优质储量

塔中Ⅰ号气田碳酸盐岩储层非均质性较强，利用不规则井网开发，以动用优质储量为主，寻找有利的开发井位，对于裂缝发育，具有明显组系和方向性的气藏，井网方式还需要考虑与裂缝发育方向的配置关系。

（四）四川石炭系层状白云岩型气藏开发技术对策

1. 精细刻画储层，弄清剩余储量控制因素，为气田挖潜提供技术支撑

层状白云岩存在的强烈非均质性导致在开发早期采用"稀井高产"的布井原则。而在开发中后期，高渗区气井连续的高负荷生产，导致地层压力不断下降。随着气井资料的逐渐丰富，有必要开展储层的精细刻画，研究优势层状白云岩的分布特征及其控制因素，研究低渗储量的分布特征，描述低渗储量在平面及纵向的分布特征，为气田挖潜提供技术支撑。

根据五百梯气田石炭系气藏静态和动态特征，其剩余储量影响因素可归纳为四种：①气藏非均质性强，外围低渗致密区造成储量难动用，剩余储量较多，相对富集，外围低渗特征是影响剩余气富集的主要因素；②五百梯气田石炭系气藏构造复杂，起伏大，多断层，多地形高点，导致气藏有多个压力系统，彼此间连通性差，主要为断层隔挡引起；一些区域由于井点少，不能控制全部隔开区域，导致剩余气存在；③气藏开发过程中，无论是高产井还是低产井都不能把控制到的储量全部采出，都会有剩余气存在，这里主要指气藏主体区主力气井，剩余储量较少；④五百梯气田石炭系气藏开发过程中，气井逐渐伴随着出水，随着气井压力衰竭，产量下降，携液能力下降，导致气井井筒积液，积液增多阻碍气井正常生产，导致剩余气相对富集。

2. 采用特殊工艺井开发，提高低渗储量动用程度

生产统计表明，对后期开发的非均质气藏，合理补充和调整井网，是提高非均质气藏采收率的有效途径。由于气藏南、北两块低渗区面积大，储量高，完钻井少，储量动用程度低，且常规直井产量低，开发效果差。因此，在南、北低渗区分别实施了天东 97X、天东 017–X2 等 2 口大斜度井，其中天东 97X 井将 1.3m 左右的储层斜穿至井段长度 6.7m，在有效孔隙度仅 2.5% ~ 3.3% 的情况下获得 $2.447×10^4 m^3/d$ 的测试气产量，并能保证在 $1.5×10^4 m^3$ 的日产量稳定生产，开采效果明显好于其他几口直井。天东 017–X2 井石炭系共钻遇储层 11 段，厚度 161m，其中解释气层 10 段，厚度 154.8m；含气层 1 段，厚度 6.2m。天东 017–X2 井石炭系钻遇储层 161m，有效储层铅直厚度为 8.14m，小于原预计的 17m，有效储层平均孔隙度 4.44%，略小于原预计的 4.5% ~ 5%，该井目前日产气量稳定在 $29×10^4 m^3$ 左右。天东 97X 及天东 017–X2 的成功获气和稳定生产证明了用大斜度井和水平井可以达到气井高产稳产的目的，由此开采五百梯石炭系低渗储量是可行的。

3. 主动、强化排水采气，提高水封闭储量采收率

排水采气是水驱气藏开发到中后期，提高采收率最有效的措施，特别是当气体弹性能量大于水体弹性能量，采水速度大于采气速度时，可使饱和在水中的气体扩散在井中，从而提高采收率，如万顺场石炭系气藏 1987 年 4 月投产，1996 年 1 月 5 日池 6 井开始产水，1996 年 12 月开始实施排水采气，到 2005 年 9 月 18 日该井淹死时，累计采气 $6.327×10^8 m^3$，占该井采出程度的 20%，该井成功进行排水采气近 9 年。由于方案调整中采取了主动排水采气，不但提高了 20% 的水封闭储量采出程度，而且有效地保护气藏无水开采。川东石炭系气藏有大量的水淹井和因产水而封闭的井，如果有效地利用这些井或再打井主动排水采气，可大量增加气藏可采储量。

4. 科学管理，加强动态监测，提高气藏最终采收率

五百梯气田石炭系气藏共有封闭水、半封闭水、局部封存水和正常边水四种不同的水体。整体上五百梯表现为弱水侵特征，生产多年来位于气藏边部低海拔位置的大部分气井均没有见到地层水活动迹象，但是部分气井产大量地层水，影响气井正常生产。同时由于断层对流体的封隔性不清楚，断层附近流体分布极度复杂。因此，在生产过程中应该增强管理，加强对气井进行动态监测，分析活跃地层水分布及其对气井影响，挖掘产水气井效益，提高气藏的采收率。

第六章 异常高压气藏开发规律与技术政策

异常高压气藏作为一种特殊的气藏,几乎遍布于世界各地,其压力系数一般为 1.2 ~ 1.5。由于异常高压气藏的特殊性,弄清该类气藏的开发规律、制定科学的开发技术政策对于该类气藏的高效开发意义重大。

第一节 异常高压气藏概况

随着世界石油工业不断向前发展,气藏开发的速度日益加快,天然气的开采量逐年上升,天然气已成为世界主要的支柱能源之一。从 20 世纪 70 ~ 90 年代,全世界天然气探明储量、产量快速增长,天然气产量增幅达 64%,大大超过了原油 8% 的增幅。进入 21 世纪,天然气工业迅猛发展,国内天然气藏的勘探开发也取得了重大进展,随着"川气东送""西气东输"等项目的启动,全国各地陆续发现了一批整装异常高压气藏,并进入开发阶段。这些高压气藏对于调整我国能源结构、促进环境状况改善、实现经济转型升级具有重大意义。

一、异常高压及其识别

异常高压,又称"超压",是地下岩石中常见的现象。据不完全统计,世界上超压盆地有 180 多个,其中 160 多个是富含油气的盆地,超压油气田约占全球油气田的 1/3。目前已发现世界上许多含油气盆地发育了不同类型和成因的异常高压系统,他们的异常压力特征各不相同。

(一)异常高压概念

地层压力是指作用于岩层孔隙空间流体上的压力,国内常用压力系数来表示。压力系数是指实测地层压力与同一深度静水压力的比值。我国规定压力系数大于 1.2 为异常高压,小于 0.8 为异常低压,0.8 ~ 1.2 为正常压力范围,如表 6-1 所示。

表 6-1 我国异常压力气藏划分标准

地层压力系数	气藏分类
<0.9	低压
0.9 ~ <1.3	常压
1.3 ~ <1.8	高压
≥1.8	超高压

另外，高压气藏和异常高压气藏的概念是不同的。由于地层流体都有一定的压力，人们根据地层压力的绝对数值进行了分类，当地层压力低于 20MPa 时，为低压；当地层压力 20 ~ 40MPa 时，为中等压力；当地层压力为 40 ~ 60MPa 时，为高压；当地层压力高于 60MPa 时，为超高压。而异常压力是根据地层压力系数的大小划分的，压力系数定义为实测地层压力与相同深度处静水压力的比值，为无因次量。当压力系数小于 0.8 时，为异常低压；当压力系数为 0.8 ~ 1.2 时，为正常压力；当压力系数大于 1.2 时，为异常高压。高压与异常高压的划分标准并不重叠，也没有关联。异常高压油气藏并不一定是高压油气藏，高压油气藏也不见得异常。80MPa 的地层压力属于超高压，但不一定是异常高压。有人把压力系数大于 1.8 的油气藏称作超高压油气藏，显然是不正确的，虽然它是异常高压，但它完全有可能是低压油气藏。

（二）异常高压的基本特征

异常压力在全球的各个沉积盆地中广泛存在，异常高压的现象及其特点主要表现在以下几个方面：

（1）区域性的异常高压不超过静岩压力梯度（约 0.026MPa/m）。但就局部而言，世界上已经有很多地区的异常压力梯度超过 0.026MPa/m。

（2）异常压力可以存在于任何深度，但大多数异常高压存在于 3000m 以下。

（3）异常压力可能出现在任何时代的岩层中，但在较年轻的岩层中更为普遍。在更老岩层中发现的异常压力，其形成时间通常不详。例如，古生代沉积的岩层可能直到白垩纪及其以后才被深埋，并且直到白垩纪及其以后才可能形成异常高压。

（4）与相似岩性、相似埋深的正常压力沉积物相比，有许多异常压力区是欠压实的，且具有较高孔隙度。但是在一些地区，异常压力却显示出正常密度甚至高密度的特点，高密度意味着压实作用比正常压实要强烈得多。

（5）异常压力区通常具有较高的地热梯度，这可能是由于较多的孔隙充满了流体而使这些地区热传导性较低。但在超压区较低的地热梯度也可能与其中较低的颗粒接触应力有关。

（6）异常压力地区地层水的含盐度一般低于附近正常压力区地层水的含盐度。

（7）异常高压常发生在较深地层并且伴随着一个随深度变化的压力快速递增的过渡带，由正常压力变为异常压力的区间称为过渡带，在过渡带内压力梯度最大。

（8）异常压力区的形态和分布经常与任何观察到的构造或地层结构没有联系。

（9）异常压力区通常与烃，尤其是与气有关，并且该区通常无自由水，即无底水或边水，仅含隙间水。

（三）异常高压的识别

对于异常高压气藏，不正常的地层压力的存在会极大地影响勘探活动、钻井和完井效果、采油作业和带来相应的气藏工程问题。在钻井过程中，当所钻遇的地层压力大于井筒静液柱压力时，出现欠平衡条件，这时可能出现两种情况。如果所钻遇的异常高压层是渗透性低的页岩，由于其中的流体供给受到低渗透性的约束，将不会发生钻井事故。但若遇到渗透性水层，其渗透率足以使大量流体流动，地层流体将流入井筒，由地层流入井筒的流体可能把钻井液顶替出井筒，造成井喷。在气藏开发中，对地层压力水平掌握不准确将会导致错误的开发方式和气藏潜力的乐观评估。所以事先对异常高压区压力水平预测是必不可少的。可以通过钻井、测井或在油井下套管完井后的压力测试资料识别异常高压。对将钻遇的异常高压区压力水平预测是任何钻井程序中必不可少的部分（李彦飞等，2011）。

1. 直接证据

钻杆测试（DST）和重复地层测试（RFT）常常用于测试裸眼和下套管的井筒中任何深度的流体压力。钻杆测试是由安装在钻杆底部的封闭测试器下入井筒进行的。测试工具可以通过下部打开的阀门获取地层流体样品并记录测试工具关闭后的压力响应。测试开始时，测试工具的橡胶封隔器把井筒底部与环空钻井液封隔。在压力恢复期间，测试开始时压力迅速增加，然后以较低的速度进行压力恢复，直至达到一个稳定的压力恢复速度。测试过程结束后，打开封隔器，从井筒中回收测试工具。在地面从钻杆上取下取样器，对气、水的量进行测量。已知测试时间，所以回收的气、水量就可以折算储集层的平均产量。恢复阶段的压力可以由地下或地面的压力计进行记录。若可以得到稳定的压力恢复速度，则压力恢复速度可以外推至无限长关井时间，此外推压力代表该流动阶段流体采出前的原始压力。RFT与钻杆测试工具相类似，然而RFT更小且以电缆连接下入井筒，其优点在于一次下井可以进行不同深度的多次测试，而且费时少。主要缺点是工具尺寸小，使获取的流体量少，且泥饼可能影响连通管与井壁的密封。当下套管、射孔和完井完成后，电缆携带的压力计可以下入指定深度。关井，测量恢复压力和关井时间。

2. 间接证据

当钻遇异常高压区时，如果钻井液密度未得到及时加重，就可能会引起钻井事故。预测异常高压出现的大致深度是钻井设计的重要环节。钻井液通常由 8.31bm/gal 的清水和黏土颗粒及化学添加剂混合而成，密度可达 101bm/gal，压力梯度可增加到 0.52psi/ft。101bm/gal 的钻井液足够控制正常的静岩压力，避免水层中流体流入井筒，减少井眼垮塌和扩径。当所钻遇的地层压力大于井筒静液柱压力时，出现欠平衡条件。如果所钻遇的异常高压层是渗透性低的泥页岩层，由于其中的流体供给受到低渗透性约束，将不会发生钻井事故。但若遇到渗透性水层，其渗透率足以使大量流体流动，地层流体就将流入井筒，由地层流入井筒的液体可能会把钻井液顶替出井筒。如果该井防喷器失效或压力等级不够，则会造成井喷。

钻井人员可以采用简洁参数测量来预测是否将进入异常高压区。当井快钻至异常高压层时，井筒中循环出的泥页岩碎屑，其密度常常是下降的。在正常地质条件下，泥页岩的密度是随深度增加的，密度的下降可以由测井资料获得。泥页岩的电阻率一般随深度增加。地层岩石密度的下降可以通过其电阻率的下降或传导性增加反映出来。声波测井在遇到异常高压层时表现为声波时差的增加。声波传输时间的增加对应着密度的减小。实际上，异常高压层的测井响应可以直接用地层压力校正。

同时，异常高压泥页岩层的温度有时会增加，温度的增加可以通过钻井液的温度检测获取。对沉积地层特征参数变化的解释，任何一种技术都不是完全可靠的，但在钻井过程中监测这些特征参数的变化对防止昂贵的钻井事故是有益的。当探测到了高压后，要进行下套管作业，随后更换高密钻井液在高压层钻井，避免浅层钻井液漏失。

当钻遇异常高压层时，地层水矿化度常常突然下降，从正常的高含盐量变淡。岩石密度下降和地层水矿化度降低，预示异常高压区域常常含有低密度页岩和低矿化度地层水。

二、异常高压成因

异常高压的成因对预测其出现，特别是在钻井稀少的盆地或新钻探区域进行钻探是非常有益的。对其成因的理解有利于预测异常高压气藏钻井、生产中的潜在危害。

在全球许多区域发现有异常高压案例，其深度从几百英尺到 25000ft。但异常压力主要形成于两种地质环境：近期挤压褶皱作用活跃的区域构造带和快速堆积的巨厚的相对年轻的沉积体。所以，异常高压很大程度上依赖沉积体的地质历史。异常高压形成的一个主要条件是沉积体中具有足够低渗透性的岩石，使得流体流动速度相对沉积体压力恢复速度而言小得可以忽略。通常认为由颗粒-基质支撑的有效应力传导给粒间水时，则出现高压流体。例如，当连续埋藏使上覆沉积物重量增加，从而使得总垂直应力以一个很快的速度增加，其增加速度远大于正进行压缩的孔隙介质承载能力的增加。增加的有效应力传导给粒间水，相应地增加了流体压力。正常的情况下，如果埋藏浅、地层渗透性足以允许流体流动时，这部分增加了的压力，将通过流体流出沉积体而释放。然而，由于连续埋藏，颗粒胶结更加致密，孔隙空间变小。孔隙尺寸的减小，导致渗透率的降低，使粒间水不能迅速被驱向其他区域。由于过剩的流体不能被驱替出去，从而使得流体压力持续增高。

（一）构 造 作 用

构造应力作用是形成异常高压的一种重要机制。构造作用可使异常高压快速聚集，引起流体压力升高的构造因素类型多样，主要包括挤压、抬升、底辟等作用。

1. 构造挤压作用

构造挤压形成的异常高压通常具有良好的封闭性，使得挤压作用只使圈闭变形但不被破坏，圈闭内流体得以保存，即圈闭内流体质量基本不变，而圈闭由于挤压变形体积减小，孔隙空间减小，继而使得流体压力增大。

构造挤压作用多见于挤压型盆地。逆断层是深部气源岩向储气构造内定向充注油气的通道，如北天山山前的断裂活动引起它源流体充注是准噶尔盆地南缘古近系储层中产生异常高压的重要原因；同时，逆断层自身的封闭性可构成异常高压封存箱的侧箱板。

2. 构造抬升作用

已经形成的气藏或者圈闭，在构造抬升作用下，储层孔隙中流体压力得到保持，高于地层正常流体压力。这种异常高压的形成通常也要求盖层封闭能力强、圈闭四周遮挡好，尤其是构造抬升作用形成的断层，需具备良好的侧向封闭性；构造在抬升运动过程中，气藏或者圈闭内流体封闭好，因此与邻层或者邻区相比，压力偏高，如川中地区上三叠统须家河组气田。

3. 构造底辟作用

构造底辟作用指在上覆地层压力作用下，塑性岩体发生流动，形成底辟、刺穿体等构造，从而挤压周围封闭性良好的地层，造成岩石孔隙体积发生变化，孔隙流体压力升高，形成异常高压。

底辟作用主要产生于岩盐、泥岩等地层，如美国路易斯安那州和得克萨斯州侏罗系Louann 岩盐层，其底辟作用发生在新生代初期的快速沉积期，受砂泥岩沉积挤压作用的影响，岩盐体被挤向海湾方向，形成盐丘和盐脊，也有些底辟构造向上刺穿了整个上覆沉积，并在盐体周围形成异常高压。

构造成因主要是由于区域性抬升隆起等构造应力作用引起的。这种高压带内流体的异常高压现象决不局限于含油气盆地内个别的局部构造和油气井，在横向上有可能连绵很远，形成一个规模宏大的、具有显著特征的、受控于板块运动或造山运动的、具有油气勘探潜力的异常高压连续带。

（二）欠压实作用

在正常压实条件下，随着埋深的增加，上覆静岩压力逐渐增加，孔隙流体被挤压排出并保持对应深度的静水平衡压力，形成正常压实体系。

而在完全封闭的环境中下，随着上覆岩层载荷的快速增加，当泥质岩渗透率降低使得孔隙水排出受到限制或阻碍时，孔隙流体压力将随着上覆静岩压力以相同、甚至更快的速率随埋深的增加而增加，而有效应力将保持不变或减小，从而形成超压体系。欠压实造成的异常高压大小取决于封密层的渗透性、岩性、沉积速率、地壳的构造运动。这种作用产生的异常高压主要出现于泥岩或厚泥岩中的砂岩中，在大套储集层中一般难以通过这种作用产生异常高压。

例如，我国渤海湾盆地的东营凹陷和沾化凹陷，在其沙河街组的沙三段和沙四上亚段，大套泥岩在压实过程中，孔、渗降低，封闭性增强，孔隙水难于排出，从而引起异常高压。

（三）生 烃 作 用

在逐渐埋深期间，沉积物中的有机质在一定条件下，转化为烃类的过程是引起异常高压的重要因素。有机物转化成烃（尤其是低分子烃类）的反应使流体体积增加。实验表明，干酪根在向液态、气态、残留物或副产品转变的过程中，伴随的体积膨胀达25%。当温度升高时，由于气体的膨胀，将使生油层中的压力进一步提高。另外，烃类生成中所生成的物质和水在一起，在地层中变单相流为多相流动时，其两种流体渗透率之和降低到单相流动的十分之一。在封闭的地质环境中，体积的增加和流体渗透率的降低，导致地层孔隙压力的升高，形成异常压力。

生烃作用增压可细分为有机质热解生烃增压和液态烃热裂解生气增压两种：①有机质热解作用，固态干酪根转化为液态烃和气态烃均都伴有体积的增大，如具有封闭系统，便可能产生异常高压，但是这种机制只有当有机碳达到一定程度、有机质发生裂解时才可能造成较为显著的过剩流体压力，而孔隙体积以及孔隙中流体的体积变化决定着压力的高低；②液态烃热裂解作用，液态烃类的热裂解作用是指生成的液态烃在一定条件下裂解成气态的作用。烃类由液态化为气态的同时伴有体积的膨胀，若系统封闭，便可形成异常高压。

（四）水 热 增 压

当泥岩埋藏比较深，其可压实的比例逐渐减小，压实流体的运动也随之减弱，但是此时，地层温度增加，流体发生膨胀，这种膨胀使泥岩内压力增加，从而促使流体运动。在大多数沉积盆地中，地下温度随埋藏深度的增加而增高，导致流体热膨胀，促使热液流体的运动。

在砂泥岩中，砂泥岩孔隙中的流体都会发生增压效应，但是由于砂岩本身渗透性好，本身是一个开放的子系统，因此一般不会导致压力的异常升高；而泥岩不同，流体往往排泄不畅，容易产生异常高压，因此，泥岩中的流体总是向砂岩运移。

（五）矿物成岩作用

在成岩作用过程中，有些矿物会脱出层间水和析出结晶水，增加储层流体的数量，引起压力升高。许多学者已经证明，地层埋深压实期间，随深度增加地温增加的同时，也发生蒙脱石向伊利石，高岭石向绿泥石的成岩转化。蒙脱石向伊利石的转化发生在 $80 \sim 120 {}^{\circ}\!C$，同时释放出总量等于其一半体积的水。石膏向硬石膏转化时也排出多余水。如果这种排水被限制在一个封闭的体系内，必然造成孔隙压力的升高，形成异常高压。

但就目前的研究现状来看，矿物成岩作用对异常压力形成的影响主要是限于间接的证据和推测，还缺乏充分的、直接的证据来加以证实。从异常压力的多种成因综合来看，成岩作用对异常高压的形成主要起辅助作用。

（六）与流体性质有关的增压

与流体性质有关的增压机理主要是地层流体的渗透作用和不同类型流体密度差引起的超压。前者与地层水的离子浓度有关，后者与气水的密度差有关。渗透作用：当离子浓度不同的两种溶液被半渗透膜隔开时，溶剂会从较稀的一侧通过渗滤作用穿过半渗透膜进入较浓的一侧，形成渗透压力。直到半渗透性膜两边的扩散化学潜能相等以后，渗透流才停止。因此，如果溶剂持续进入一个浓度更高的封闭空间时，其压力就会增加。流体密度差：烃类密度的差异，尤其是水–气之间的密度差异，能在烃类聚集的顶部产生异常压力。烃柱越长，烃类与周围水的密度相差越大，超压也就越大。这种机理主要限于油气藏范围。

（七）与盆地结构有关的水压头有关的增压

水压头作用产生的超压可存在于一定结构盆地地层中，一些地区经常见到的自流井水的上涌实际上就是水压头作用在下部地层中产生超压的结果。Bachu 等（1995）指出，如果盆地深部储层或水层被封闭层覆盖，那么由高源区的潜水面高程形成的水头将对地下水层施加一个压力，可以形成有意义的超压，这种机制的产生要求连续的封闭层之下有长距离的侧向连续渗透储层。

总之，产生异常高压的类型有许多。其中欠压实和生烃作用是产生盆地规模超压的主要机制，全球不同类型超压气藏中，这两类约占整体的2/3。其他的一些成因机制一般对盆地内超压的形成起辅助作用（李传亮，2004）。

三、异常高压对气藏物性特征的影响

气藏的异常高压，造成气藏储层岩石和流体性质的变化。

（一）储层岩石物性

与正常压力储层相比，位于异常高压带的储层岩石孔隙度通常要大。异常高压储层岩石也表现为较强的应力敏感性。

1. 原生孔隙度

由于异常高压储层的孔隙度与正常压力储层相比有较大的区别，我们就对其孔隙度的变化做一个简要的说明。原始孔隙度是沉积环境、正常压实过程的产物，随着深度增加而逐渐降低。砂岩孔隙度随埋深增加而降低的一般过程可以由两种常见于油气储层中不同组分的岩石图解得到解释：石英砂岩和岩屑砂岩（图6-1）。孔隙体积变化的一般过程是压实、胶结、溶蚀和再胶结。

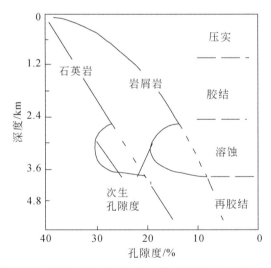

图6-1　石英砂岩和岩屑砂岩埋藏成岩作用的一般程序

对于石英砂岩，孔隙度随沉积厚度的降低通常发生在第一次压实时，而且孔隙度的降低与厚度基本上呈线性函数关系。相比之下，碎屑岩的孔隙度的降低要大得多，呈非线性函数关系，Berg和Habeck（1982）对此进行了详细的讨论。

2. 次生孔隙度

许多异常高压砂岩层都具有次生孔隙度。次生孔隙度主要是由钙质胶结物的溶解产生的，这可能会导致一些胶结较好的砂岩孔隙度增加 10% ~ 15%。一般地，当正钾长石沿着节理面发生溶解现象时，会形成一个裸露面，这样就会导致一些微孔隙的孔隙度增加，而且由于正长石的溶解，失去大量颗粒，将使得周围围岩的孔隙增大。

颗粒和胶结物的溶解与次生孔隙度的产生常与异常高压的程度有关，而且一般都发生在大于 3000m 的深度范围。但是，由于地下水的向上流动，次生孔隙度可能在异常高压区之上就会出现，而有时候有可能在比异常高压区更深的区域出现。

地层次生孔隙度使地层渗透率增大的部分为次生渗透率。高胶结、低孔隙度砂岩的渗透率一般在 $0.1 \times 10^{-3} \sim 1.0 \times 10^{-3}\ \mu m^2$，然而高孔隙度砂岩的渗透率可从 $10 \times 10^{-3}\ \mu m^2$ 达到 $700 \times 10^{-3}\ \mu m^2$。在含有次生渗透率的区域，单井产量将得到大大地提高。

3. 储层岩石的压缩系数

压缩系数方程是在假定系统保持恒温条件下，一定压力变化与其单位体积的变化之间的关系式：

$$C = -\frac{1}{V}\left(\frac{\partial V}{\partial P}\right)_{T} \tag{6-1}$$

式中，C 为压缩系数，psi^{-1}；V 为体积，cm^3。

岩石的压缩系数主要依赖于以下几个方面：孔隙介质的物理特性、产区的岩石类型的变化、胶结物的强度和数量、地表地质应力，以及压实程度。岩石的变形可以用基岩压缩系数、岩石体积压缩系数、孔隙压缩系数的改变来衡量。

（1）基岩压缩系数 C_r。基岩压缩系数是岩石的一个弹性属性，定义为随压力改变的固体岩石物质颗粒的单位体积变化值。石英、长石和岩屑等的平均值大约为 $C_r = 23.2 \times 10^{-6}$ MPa^{-1}。对异常高压气藏，岩石颗粒压缩系数对气藏动态的影响很小，通常可以忽略。

（2）岩石体积压缩系数 C_B。岩石体积压缩系数是指单位压差变化下岩石总体积的相对变化。

（3）孔隙压缩系数 C_P。孔隙压缩系数定义为单位压力变化时的孔隙体积的相对变化。注意到孔隙度随孔隙压力的增加而增加，则孔隙压缩系数也可以用孔隙度 ϕ 表示为

$$C_P = -\frac{1}{V_P}\frac{\Delta V_P}{\Delta P} = \frac{1}{\phi}\frac{\partial \phi}{\partial P} \tag{6-2}$$

式中，C_P 为孔隙压缩系数，psi^{-1}；V_P 为 PV，cm^3；ϕ 为孔隙度，小数。

对于大多数油气藏，相对于孔隙压缩系数 C_P 来说，基岩和岩石体积压缩系数都很小。因此，通常用地层压缩系数 C_f 来描述地层的总压缩性，并认为它等于 C_P。

Geertsma 等认为岩石体积压缩系数与孔隙压缩系数间存在以下关系：

$$C_B \cong C_P\phi \tag{6-3}$$

式中，C_B 为岩石体积压缩系数，psi^{-1}；C_P 为孔隙压缩系数，psi^{-1}。

（4）地层压缩系数 C_f。Geertsma 把它定义为 PV 压缩系数，尽管常指地层压缩系数。此表达式被定义为单位 PV 随压力的分数变化。

$$C_f = -\frac{1}{V_P}\frac{\Delta V_P}{\Delta P} = \frac{1}{\phi_i}\left(\frac{\phi_i - \phi_2}{P_i - P_2}\right) = \left(1 - \frac{\phi_2}{\phi_i}\right)\frac{1}{\Delta P} \tag{6-4}$$

式中，C_f 为地层压缩系数，psi^{-1}；ϕ_i 为原始孔隙度，小数；ϕ_2 为孔隙度，小数；P_i 为原始压

力，psi；P_2为压力，psi；ΔP为压力变化，psi；ΔV_P为PV变化。

C_f是多孔介质中岩石物质的弹性膨胀和非弹性压缩及压实作用的组合。正常压实作用在异常高压储层中是不完全的。原因是高于正常上覆载荷部分由流体压力支撑。储层流体的产出把部分流体支撑的应力传递给欠硬化的岩石基质。当增加的应力超过岩石基质破裂压力时，随着微裂缝的形成发生压缩作用。体积压缩系数和孔隙压缩系数在石油工程师的实际研究中大都被假定为相等。

（5）地层有效压缩系数。异常高压气藏衰竭过程中储层压力的损失导致原生水膨胀和孔隙压缩，净效果是烃类PV的下降，被定义为地层有效压缩系数，表达式为

$$C_f = \frac{S_{wi} + C_P}{1 - S_{wi}} \tag{6-5}$$

式中，S_{wi}为初始水饱和度。

地层有效压缩系数的表达式是计算烃类PV受压力变化的影响。在研究异常高压气藏时，此式特别重要，因为气藏原始孔隙度很高且在衰竭期压力急剧损失。水的压缩系数平均值为$C_w = 3 \times 10^{-6} psi^{-1}$。PV压缩系数因为是岩石类型、内（孔隙）、外（或围压）应力的函数而难以计算。对特殊的储层或油气田，要获取应力/压缩系数的关系的精确测量值必须在实验室中重建这些地下应力和岩石特征条件。

所有气藏拥有相同的天然气压缩系数/压力和地层有效压缩系数/压力的关系。然而，在高压条件下，地层有效压缩系数和天然气压缩系数的数值大约在同一数量级。所以，一方面在描述异常高压气藏动态的物质平衡方程中包括这两个参数。另一方面，地层有效压缩系数不包含在描述中–低压、溶解气驱的物质平衡表达式中，因为在这些情况下，气体膨胀效应控制了动态历史。

4. 储层岩石压缩系数的特征

净上覆压力定义为原始储层压力和当前储层静压的差值，初始条件为0。

$$P_{on} = P_i - P \tag{6-6}$$

图6-2是Fatt和Fetkovich等测得的压缩系数。Fatt测得的PV压缩系数随净上覆压力增加而平缓增加。分选差的样品A，含有20%～45%的胶结和粒间碎屑，其压缩系数曲线的三个折点变化是小颗粒被压入孔隙造成的。岩样B分选好，颗粒间的架桥作用降低了压缩效应。胶结物和碎屑含量仅占10%～20%。压实作用增大了岩石样品支撑骨架的截面积。相应地，随净上覆压力的增加压缩系数减小。Fetkovich等的曲线是岩石在约7000psi时垮塌的情况。曲线由平滑下降到在弯曲点平缓上升，Fatt的样品显然未达到岩石垮塌点。

油藏工程师一般认为地层压缩系数是一个单值。图6-2说明此种单值假定不一定总是正确。然而，缺乏有效信息并且又无法获取压力/应力/地层压缩系数之间的定量关系，使得我们在许多研究中不得不应用此假定。

上述讨论表明，地层压缩系数受以下因素影响：多孔介质的物理特性、产层中岩石的类型、胶结物的量和强度、地下地质应力和压实强度。

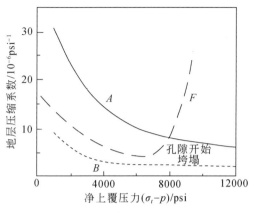

图 6-2　储层压力对 PV 压缩系数的影响

A. 岩石颗粒分选差；*B.* 砂岩颗粒分选好；*F.* 当岩心
静上覆压力下降到 7000psi 时，样品孔隙垮塌

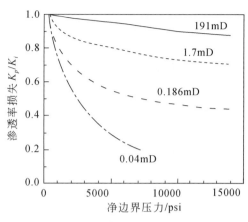

图 6-3　压实作用对渗透率的影响

5. 压实作用对渗透率的影响

压实和压实作用使 PV 减少，渗透率和孔隙度相应也降低。Thomas 和 Ward（1972）研究了在极低渗透率、细粒、含少量钙、固结好的砂岩中逐渐减少孔隙压力对气体渗透率和含水饱和度的影响。在初期孔隙压力下降了 3000psi 的条件下，气体渗透率大约减少了 80%，尽管相对渗透率没有明显变化。原始孔隙压力定为 6000psi，在裂缝样品中渗透率的损失会更加显著。

Vairogs 等（1971）研究了低渗透气藏中岩石应力对产气量的影响。如图 6-3 表明，作用于岩样上的应力增加时渗透率降低。渗透率测量是在标准的 500psi 参考压力下进行的。研究表明，在细颗粒、异常高压储层中的气体流速将由于压实作用而迅速下降，品质较好的气藏受影响程度有所不同。地层压实作用也将使含水饱和度因为孔隙空间的变小而增加，在一些情况下，这些水可以成为可动水。

（二）储层流体物性

在高压和超高压条件下，气体受到极大压缩，分子间引力增强，表现出与常规压力下气体不同的物理性质。

1. 气体偏差系数

压力、组分、体积相关的理想气体方程为

$$PV = znRT \tag{6-7}$$

式中，P 为压力，psi；V 为体积；z 为气体偏差系数；R 为通用气体常数；T 为温度，℃。

式（6-7）中含有一个修正系数来表示理想与实际气体体积的差别。z 是压力、温度和组分的函数，表达为气体实际体积与理想体积之比。两体积的差别是非线性的，而且是气体分子间干扰程度的函数。在相关的压力温度范围内，所有组分均假定保持气体状态。天然气是多种纯烃类物质组成的混合物，也可能含有非烃类组分如 CO_2、SO_2、N_2 等。每一种纯组分气体都有其特有的特征，所以多组分天然气的 z 系数是混合气中纯组分物质的量和类型的函数。

2. 气体压缩系数

研究异常高压气藏的气体压缩系数时，经常要联系到地层和原生水的压缩性。理想气体方程式中，假定温度是常数，对 P 进行微分，得到压缩系数与 z 因子的关系：

$$\frac{\mathrm{d}V}{\mathrm{d}P} = \frac{nRT}{P}\frac{\mathrm{d}z}{\mathrm{d}p} - \frac{znRT}{P^2} \tag{6-8}$$

将常用压缩系数表达式代入上述方程并简化得到：

$$C_g = \frac{1}{P} - \frac{1}{z}\frac{\mathrm{d}z}{\mathrm{d}P} \tag{6-9}$$

式中，C_g 为气体压缩系数，psi^{-1}。

式（6-9）由两部分组成。理想气体条件下，当 $z=1$（在中、低压条件下可能发生）气体压缩系数可以由 $1/P$ 部分计算得到，这种情况在储层条件下很少碰到。但在评价高压条件下气体的压缩性时，必须将式（6-9）中的 z 因子和 P/z 关系曲线的斜率都考虑进去。

拟对比压缩系数用拟临界对比和对比压力的方式来表达气体的压缩性。式（6-10）是拟对比压缩系数的表达式。只要 z 因子/拟对比压力曲线的斜率已知，即可以直接计算得到在任何温度和压力下的气体压缩系数值，但在计算中要附加一个步骤：

$$C_{Pr} = \frac{1}{P_{Pr}} - \frac{1}{z}\frac{\mathrm{d}z}{\mathrm{d}P_{Pr}} \tag{6-10}$$

式中，C_{Pr} 为对比压缩系数，psi^{-1}；P_{Pr} 为拟对比压力，psi。

四、高压气藏开发特征

我国高压和异常高压气藏所占比例很大，占气藏总数的 1/3 以上，其中碳酸盐岩异常高压和高压气藏又占这 1/3 的 58%。由于异常高压气藏对储层及流体性质的影响，其在开发过程中表现出不同的开发特征。

（一）气藏能量大，相应的储量也大

在相同的储层孔隙体积条件下，气藏压力越高，储量就越大，驱气的能量也就越足。另外，异常高压气藏的驱动力源多，驱动的能量更大。除常压气藏所具有的气体本身的膨胀能和边、底水膨胀能外，还有一些特别的驱动力和能量，主要有：①储层岩石和束缚水膨胀所引起的驱动力和能量；②储层内岩石的挤压和破碎所引起的驱动力和能量；③从邻层泥页岩向气藏的水侵所引起的驱动力和能量。

（二）储层岩石具有明显的变形

异常高压气藏在开发过程中，由于气藏的泄压，储层岩石将具有明显的变形，它会影响用物质平衡方程计算的储量和气藏开发的动态特征；也会影响气层渗透率和孔隙度的变化，从而影响气井的产能；它会在气藏开发后期低压阶段出现气藏压力系统分隔的现象。具体来说，这些影响表现为如下这些方面：

（1）在压降曲线上，常会出现两斜率不同的直线段，若用第一直线段（早期开发动态）外推所得出的储量（称为视地质储量）要比实际储量大很多。例如，美国北奥萨姆（Ossum）NS_2B 气藏，按容积法计算储量为 $34 \times 10^8 m^3$，按压降法第一直线段外推储量 $62 \times 10^8 m^3$，为容积法的 1.82 倍。又如美国凯詹（Cajum）气藏，按容积法计算储量为 $133 \times 10^8 m^3$，按压降法第一直线段外推储量 $192 \times 10^8 m^3$，为容积法的 1.44 倍。

（2）当储层的有效应力变化时，也即储层流体压力下降时，岩石的孔隙度、渗透率将发生变化，而且渗透率的变化要比孔隙度大得多，其形变过程基本是不可逆的。很多实验表明，高渗透性纯砂岩的原始渗透率大约有 4% 不能恢复，而低渗透性泥质砂岩的渗透率产生的不可逆形变达 60%。当有效应力增加或减少时，胶结物和碎屑含量小（小于 10%）、颗粒分选好的光滑砂岩，其渗透率一般会发生可逆变化，而石灰岩、白云岩，以及碎屑和胶结物含量多、颗粒分选性差的砂岩，其渗透率易发生不可逆变化。

气藏开发前，气层地质处于平衡状态。一旦投入开发后，地层压力开始变化，地层骨架应力增加，造成岩石应变。由于岩石机械性能的非均质性，一部分发生弹性形变，而另一部分则在相同应力作用下可能发生塑性形变。实验研究表明，高渗透层的形变在地层压力变化后的 $10 \sim 40min$ 内就停止了，而在低渗透岩石中（泥岩、致密石灰岩和致密砂岩等），地层压力变化后形变持续的时间很长，达到 $20 \sim 40h$。某些岩石在地层压力明显变化时，仅产生弹性变形，如方解石胶结的砂岩（不是泥质胶结的砂岩），而弹塑性岩石在负荷变化后，不能完全恢复本身的原始性质（如白云岩、石灰岩、以黏土做胶结物的岩石等），塑性岩石则具有完全不可逆变形的特点，如砂子、黏土和泥质胶结的砂岩等。上述这些岩石发生可逆或不可逆变形后，岩石的孔隙度和渗透率都要随之发生变化。当在弹性形变范围内变化时，岩石孔隙度、渗透率的变化都具可逆的特征，而当应力超过岩石弹性极限时，渗透率和孔隙度的变化都成为不可逆的了。这种变化必然反过来影响储层内气体的渗流能力，进而影响气井的产能和气藏的开发。在进行气井合理配产时特别要注意控制合理的生产压差，一般将气井的生产压差控制在 15% 地层压力左右，凡气井生产压差超过 25% 地层压力后，都过早地停产。气井生产过程中也要尽量避免关井，不要多动操作，以保证气井的连续自喷生产。

（3）气藏开发后期，地层压力处于中、低压时，此时气藏储层的压缩性相对最大，纵横向上分布不均匀的孔隙、裂缝系统，就会呈不同程度的压缩状态，在有的层段和部位，裂缝甚至会完全闭合，气藏的连通性遭到破坏而处于分割状态，原来在高压阶段是连通的大压力系统，到了低压阶段都变成了多个互不连通的或连通性很差的小压力系统，从而给气藏开发带来新的困难。

（三）异常高压使天然气形成和聚集更加分散

我国有塔里木克拉 2 号这样的大型异常高压气藏，但也有相当部分中、小型异常高压气藏，地质储量一般小于 $50 \times 10^8 m^3$，其中 80% 的气藏储量小于 $10 \times 10^8 m^3$，如四川盆地的自生自储碳酸盐岩异常高压气藏，成烃期早于构造圈闭形成期和烃类聚集期，长期存于储层内的异常高压烃类和水，在形成圈闭和具备聚集条件时，就会向聚集场所运移。圈闭越小，充气压力越高，形成了异常高压的小气藏。但储层物性好、厚度大、分布稳定和容积大的圈闭，则往往会形成高压的整装大气藏。

（四）钻井完井的难度增加

由于异常高压气藏特殊的温压环境，增加了钻井工程的复杂性和技术难度，高温高压钻井时间长，费用高，如①钻井装备、工具、井自身结构和固井等耐压和气密封要求很高；②储层形变大，易使井下油、套管被挤毁，在管材选择上要特别注意；③孔隙压力和地层破裂压力差值小，钻井的范围或窗口极小，稍有偏差，就会造成钻井液的漏失；④在异常高压、高温下，钻井液密度不再是一个常数，会随着地层压力和温度的增加而变化，其稳定性和流变性变差，常常导致钻井液的凝胶作用和重晶石沉淀，还可能出现其他的问题。

（五）在气藏投入开发之前，要开展储层应力敏感性试验研究

例如，塔里木油田在编制克拉2异常高压大型气田开发方案前，开展了应力敏感性方面的系列实验和理论研究（杨胜来等，2005），主要包括：①异常高压气藏岩石应力敏感性实验研究，研究地层状态下、岩石有效覆压增加或降低、多次交替变化时岩石物性（孔隙度、渗透率等）的变化，模拟开发过程中地层压力下降，特别是井筒附近压力变化对岩石物性和气体渗流的影响；②岩石变形对高温高压气藏开发效果的影响，通过理论和实验两个方面，研究储层流体的特征、衰竭开发压降特征时的物质平衡方程，分析考虑岩石变形、束缚水膨胀的开发特征，并预测天然气的采收率。

第二节　超深高压气藏储层地质特征

目前，我国已发现了克拉2、大北、迪那、克深、川西须家河组等异常高压气藏，该类气藏地质特征复杂。下面以克拉2气藏为例，介绍该类气藏储层地质特征。克拉2气田是塔里木盆地已投入开发的最大的、超高压整装气田。该气田的发现及成功开发，为西气东输工程奠定了坚实的资源基础，是西气东输的主供气田，已成为我国清洁能源天然气生产的重要里程碑。

一、区域构造特征

克拉2气田所处的塔里木盆地库车拗陷，属于南天山带的前陆盆地，北邻南天山造山带，南为塔北隆起，东西长约550km，南北宽30～80km，面积28515km²。它进一步可以划分为4个构造带和3个凹陷（图6-4），4个构造带从北至南分别为北部单斜带、克拉苏-依奇克里克构造带、秋里塔克构造带和前缘隆起带；3个凹陷从西向东分别为乌什凹陷、拜城凹陷和阳霞凹陷。克拉2气田位于克拉苏-依奇克里克构造带西部（即克拉苏构造带）。

克拉苏构造带位于库车凹陷北部，南靠拜城凹陷，北接北部单斜带。该构造带的形成与演化主要受控于大宛齐北-克拉苏断裂带。构造带内发育各种类型的断层相关褶皱。克拉2构造就是在双重背景下形成的一个突发褶皱。

库车凹陷经历了前碰撞造山、碰撞造山和陆内造山三大构造演化阶段，在沉积-地层剖面结构上就相应形成了三大构造层：前中生代构造层-前碰撞造山阶段被动大陆边缘沉积建造、中生代构造层-碰撞造山阶段周缘前陆盆地含煤磨拉石建造和新生代构造层-陆内造山

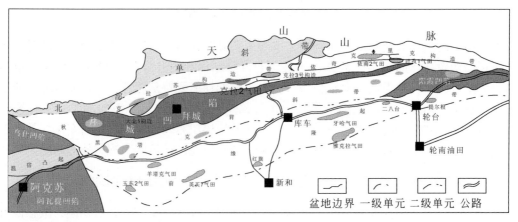

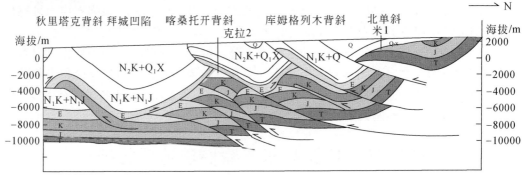

图 6-4　库车凹陷构造单元划分图

阶段再生前陆盆地磨拉石建造。

　　克拉 2 号构造是一个南北两翼受逆断层控制的长轴背斜。在平面上，背斜呈向南凸起的弧形展布，总体上近东西走向，东西长约 18km、南北宽 4km。

二、地 层 特 征

　　克拉 2 气田地表出露地层为新近系康村组（$N_{1-2}k$），揭开地层由上向下依次为新近系吉迪克组（N_1j）、古近系苏维依组（$E_{2-3}s$）和库姆格列木群（$E_{1-2}km$）；下白垩统巴什基奇克组（K_1bs）、巴西盖组（K_1b），缺失上白垩统（图 6-5）。库姆格列木群和巴什基奇克组是克拉 2 气田的含气层段。

（一）古近系库姆格列木群（$E_{1-2}km$）

　　库姆格列木群钻厚 500~1000m，从上到下细分为 5 个岩性段：泥岩段、膏盐岩段、白云岩段、膏泥岩段和砂砾岩段。气层分布在白云岩段和砂砾岩段。该群中下部的白云岩段为地层划分对比的标准层，其岩性特殊、分布广、厚度稳定，在克拉 2 气田厚 4~9m，在电性上易于识别。KL201 井代表性好，该群钻厚 1009.5m，从上到下细分为 5 个岩性段：

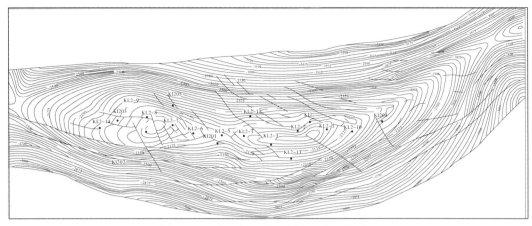

图 6-5 克拉 2 气田古近系白云岩顶构造图

1. 泥岩段（$E_{1-2}km_1$）：2641～2843m，厚度 202m

中厚-巨厚层状泥岩、含膏泥岩、膏质泥岩夹薄-中厚层状泥质粉砂岩、灰质粉砂岩，自然伽马值一般 75～85API，曲线小齿状，电阻率一般 10Ω·m。粉砂岩薄层表现为高电阻率（15～25Ω·m）、低自然伽马（60～70API）特征。

2. 膏盐岩段（$E_{1-2}km_2$）：2843～3600m，厚度 757m

上部为白色巨厚层状盐岩夹褐色泥岩，下部为白色厚层-巨厚层状盐岩与深褐色、褐色泥岩不等厚互层，夹少量膏泥岩薄层。该段局部夹欠压实塑性泥岩。

3. 白云岩段（$E_{1-2}km_3$）：3600～3607.5m，厚度 7.5m

灰色泥晶云岩、生屑岩、亮晶砂屑云岩为主。产腹足类、棘皮动物等生物化石。白云岩段用伽马曲线不易辨认，45API 仅稍高于膏岩包络曲线。不过，白云岩段可通过电阻率曲线核对辨认，白云岩中既没有孔隙也没有渗透性，因此具有很高的电阻率。

4. 膏泥岩段或砂砾岩段（$E_{1-2}km_4$）：3607.5～3631m，厚度 23.5m

灰褐色中厚-薄层含膏泥岩、膏质泥岩、泥岩夹薄层泥质膏岩。砂砾岩上覆盖着一层 3.3m 厚的硬石膏层，因此砂砾岩用高自然伽马、低电阻特征易于识别。

5. 砂砾岩段（$E_{1-2}km_5$）：3631～3650.5m，厚度 19.5m

岩石包括浅灰色、褐色中-厚层状砂砾岩，含砾细砂岩夹细、粉砂岩及褐色薄层状泥岩。该段砂岩通常含砾。砂砾岩由在 KL204 井观察到的混合砂岩组成。向西，在 KL205 和 KL201 井发现了细粒叠加层，因此，砂砾岩段与其下的白垩系砂岩层分界明显。与下覆膏泥岩层比较，自然伽马值低得多。砂砾岩层内的砾石层通常为胶结状态，电阻响应高时，砂砾岩的致密特征明显。在井下，砂基伽马线由 30API 上升到 45API。此分界线在 KL204 井、KL2 井和 KL201 井中非常清楚，尽管在 KL205 井和 KL203 井识别此分界线比较困难。但是，所有测井曲线响应解释出来后，此分界线仍可以分辨出来。在 KL205 井，砂砾岩段砂-页岩比例低，暗示出该井与构造高点或地下河相吻合。在 KL203 井，砂砾岩通过密度中子曲线确定。所有井中都应使用倾斜计测井记录剔除不一致性。含气岩层在库姆格列木群主要分布在白云岩段和古近系底砂岩段。

（二）下白垩巴什基奇克组（K₁bs）

巴什基奇克组从上到下细分为 3 个岩性段。根据井的相关性，从上到下，巴什基奇克组可以分为 3 个岩性段：第一岩性段（K_1bs_1）、第二岩性段（K_1bs_2）和第三岩性段（K_1bs_3）。巴什基奇克组顶界与将古近系和下白垩统分开的区域性整合相对应；上白垩统完全缺失。根据气藏内部地层对比结果，巴什基奇克组上覆层在西部受到较大侵蚀。

（1）巴什基奇克组第一岩性段（K_1bs_1）：井段 3650~3744m，厚 93.5m。棕红色、浅棕色厚-巨厚层状砂岩夹泥质粉砂岩、深棕褐色泥岩。砂岩类型为复矿质岩屑砂岩。粒度以混合型中细、细中砂质为主，砂岩中常含泥砾。岩石多为粗中砂岩、泥砾质砂岩或泥砾砂岩和泥砾岩。根据岩心描述，泥岩层可能包含干裂隙，裂隙中充填砂质。呈斑状、网状分布。

（2）巴什基奇克组第二岩性段（K_1bs_2）：井段 3744.0~3900.5m，厚 156.5m。棕红色、浅棕色厚-巨厚层状砂岩夹粉砂岩、薄层泥岩。砂岩类型为岩屑砂岩。粒度以混合型细中、中细砂岩为主，其次为中砂夹粗中砂、粉细砂岩，砂岩中常含泥砾，泥砾砂岩局部富集。泥质岩为深棕褐色，质纯细腻，由于干裂化强烈，被干涸河床恢复过程中水携带的沉积物充填。有的呈泥质角砾结构，这种情况在第二岩性段，即 KL201 井的第 32 号岩心中表现尤其明显。第二岩性段的泥岩夹层较薄，表现在自然伽马上比第一岩性段的泥岩夹层值更高，大于 130API。

（3）巴什基奇克组第三岩性段（K_1bs_3）：井段 3900.5~4011.5m，在 KL201 井，其厚度为 111m。该段下部出现厚层-巨厚层棕红、灰棕色岩屑质细砾岩，向上变细，为棕红色巨厚层状砂岩，顶部为棕褐色泥岩夹棕红色砂岩。

（三）下白垩统巴西盖组（K₁bx）

KL2 井钻穿了巴西盖组，因此，KL2 井具有代表性。井段 3974~4091.5m，钻厚117.5m。KL201 井部分钻穿的地层厚度为 48.5m。巴西盖组细分为 2 个岩性段：第四岩性段和第六岩性段（K_1bx_1 和 K_1bx_2），分别对应一个泥岩层和一个砂岩层。

（1）上部泥岩段（第四岩性段第一亚段或 K_1bx_1）：井段 3974.0~3984.5m，钻厚10.5m。褐色薄-中层状泥岩、粉砂质泥岩，粉砂质泥岩极薄（厚度不足 1m）。自然伽马曲线呈明显齿箱状，其值为 95~150API。深电阻率平均值为 9Ω·m。

（2）下层砂岩段（第六岩性段第二亚段或 K_1bx_2）：井段 3984.5~4086m，钻厚101.5m。浅褐色-褐色厚-块状含粉砂质细砂岩、细砂岩为主局部含泥砾，夹少量深褐色泥岩、粉砂质泥岩。砂岩层自然伽马曲线平均值为 45~70API，泥岩互层达到 140API 的最高值。砂岩深电阻率值为 3~7Ω·m，在孔隙度较小的砂岩中，增到 7~10Ω·m。顶部 6.0m，褐红色泥岩，中部中-厚层状褐色、褐灰色中细砂岩，下部褐色中细砂岩、杂色砂砾岩夹泥岩薄层。该段与下伏舒善河组厚层泥岩电性、岩性分界在 KL2 井非常清楚。井下伽马曲线急剧增大，井下电阻率也有所增大。

（四）下白垩统舒善河组（K_1s）

KL2 井钻遇部分舒善河组，井段 4086.0～4130.0m（未穿），钻厚 44.0m。褐色薄–中层状泥岩、粉砂质泥岩夹褐色、褐灰色、灰褐色泥质粉砂岩、粉砂岩。电阻曲线呈小齿–长齿状，深电阻率值一般 6～80Ω·m。自然伽马曲线呈微齿化箱形，一般值 135～150API。

（五）区域地层对比

克拉 2 气田古近系—白垩系在气田内部及库车凹陷露头区均有良好的对比性（表 6-2）。通过克拉 2 气田古近系—白垩系研究，可以得出以下几点认识：

（1）古近系库姆格列木群白云岩段在库车前陆盆地北部及西部广泛分布，是地层划分对比的区域标准层。在克拉 2 气田厚度、岩性都很稳定。

（2）下白垩统巴什基奇克组以中细砂岩为主，夹少量泥岩、泥质粉砂岩薄层，可细分为 3 个岩性段 10 个亚段。地层总体很稳定。

（3）巴什基奇克组内部的薄泥岩夹层，厚度在横向上变化很大，认为不是连续的。

（4）古近系（砂砾岩）与白垩系（巴什基奇克组）之间是一个区域性不整合面；经地层对比，白垩系巴什基奇克组顶部明显被剥蚀。第一亚段厚度从东向西减薄，上面的两个亚层到 KL203 井完全缺失。砂砾岩段向西表现为超覆的沉积特征，从东向西变薄，到 KL203 井缺失。因此可以解释为，克拉 2 气田西部构造运动抬升更高，剥蚀更强烈；古近系沉积时构造状态可能比较稳定，保持了西高东低的构造背景。

（5）在 KL2 井，古近系和下白垩统（巴什基奇克组盒巴西盖组）具有良好的可对比性，库车盆地有露头区。

表 6-2　库车前陆盆地露头区与克拉 2 气田白垩系地层对比

区块	露头区					克拉 2 气田			
古–渐新统	库姆格列木群					库姆格列木群			
上白垩统									
下白垩统	巴什基奇克组					巴什基奇克组			第一岩性段
									第二岩性段
									第三岩性段
	卡普沙良群								
		巴西盖组				巴西盖组			第一岩性段
									第二岩性段
		舒善河组				舒善河组			
		亚格列木组							

三、构造及断层特征

克拉 2 异常高压气藏在构造上整体呈现出为简单背斜构造上被边界断层及多级次断层切

割的构造特征。

（一）构 造 特 征

克拉 2 背斜的构造特征总体上很简单，就是一个背斜构造（图 6-5）。在剖面上，克拉 2 背斜为一在双重构造背景上形成的突发构造，北翼断层为南倾的克拉 2 北断裂，南翼断层为北倾的克拉 2 南断裂，其南翼和构造的顶部又被一系列次级断裂切割，将背斜进一步复杂化。但总体上，该背斜两翼基本对称，在背斜西边北翼倾角要小些，为 17°～19°，南翼倾角为 19°～28°，在背斜东边南翼倾角要小些，北翼为 16°～22°，南翼为 15°～9°。因此可以认为克拉 2 背斜在受南北的挤压力的时候东边和西边受力的情况是不一样的，西边北边的挤压力大于北边，所以背斜西部南翼的倾角大于北翼，而在东边却恰好相反，南边的挤压力大于南部，所以背斜东部北翼的倾角大于南翼，进而造成了背斜的扭动，在背斜中部形成了北西–南东向的剪切断裂。从浅至深，各构造层高点略向北偏移。

平面上，克拉 2 背斜为一近东西向展布的长轴背斜（图 6-5），具有东西两个高点。背斜整体上受近东西向展布的克拉 2 北断裂和 KL2 南断裂夹持。在背斜东部发育一系列北西向、东西向展布的次级小断层。

（二）断 裂 特 征

通过地震资料进行全三维解释，进一步深化了对工区内断裂系统的认识。区内主要发育有 3 组断裂，共计 73 条（图 6-6），克拉 2 构造的形成主要受到南北向的挤压力作用，因此克拉 2 构造带上发育的大断裂基本上都是近东西向的，且基本都为逆断层。按照断裂的性质，对构造所起的作用及断层的规模，本区的断层主要分为三类（表 6-3）。

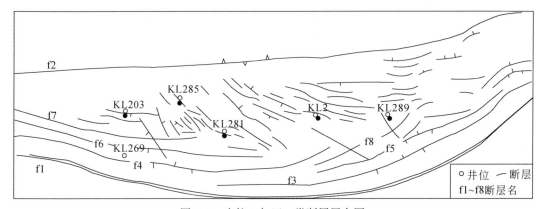

图 6-6 克拉 2 气田一类断层展布图

第一类为受南北强烈挤压应力形成的逆冲断层，其对克拉 2 构造的形成和演化起着重要的控制作用，分别位于构造的南北两翼，走向近东西向和北东向，延伸长度 2～10km，甚至贯穿全区，断距 10～200m，最大可达 1000m 以上。这组断层共计 8 条，北界 1 条控制断裂即克拉 2 北断裂走向为东西–北东向，断距 1000 余米，断层倾向南–南东，为区内延伸约 23km 的区域性大断裂。南界断裂即由 7 条走向东西–北东、倾向北–北西，延伸长度 5～15km 的逆冲断裂组成的克拉 2 南断裂系（表 6-3）。

　　第二类为扭应力产生的北西–南东向的雁列状断层，使克拉2构造更加复杂化，该类断层共有52条，断距5～90m，延伸长度1～4km，有逆断层也有正断层。在平面上该组断裂切割了数条东西向的一类断裂，故应为后一期形成的次级断裂。该组断裂层主要发育在古近系白云岩段，断距不大，但部分该类断层断穿巴西盖组顶面。由于该类断层断距小，上部有巨厚的膏盐岩盖层覆盖，故对气藏不具破坏作用。

　　第三类断层位于构造的轴部，与轴部平行，是南北挤压作用下，在构造顶部形成的张性正断层，全区共发育13条该组断层，该组断层断距比较小，为10～70m，延伸长度1～4km。

表6-3　克拉2气田主要断层要素表

断层编号	断层走向	断层倾向	延伸长度/m	构造落差/m	断开层位	断层性质
f1	近东西向	南	全区	1000	$T_8-T_{8-1'}$	逆断层
f2	近东西向	北	全区	1000	T_8-T_{8-1}	逆断层
f3	近东西向	北	15000	125	T_8-T_{8-1}	逆断层
f4	南西西–北东东	南东东	15000	60	T_8-T_{8-1}	逆断层
f5	南西西–北东东	南东东	10000	55	T_8-T_{8-1}	逆断层
f6	近东西	北	12000	100	T_8-T_{8-1}	逆断层
f7	近东西	北	9000	120	T_8-T_{8-1}	逆断层
f8	南西西–北东东	南东东	5000	75	T_8-T_{8-1}	逆断层

四、储层特征

（一）沉积相特征

　　通过克拉2气田井区和露头区的沉积相研究发现，其自上而下依次为：①下白垩统巴西盖组，主要为湖泊三角洲前缘亚相的水下分流河道、分流间湾和浅湖等微相（表6-4）；②巴什基奇克组，主要为扇三角洲前缘、辫状三角洲前缘、辫状冲积平原远端亚相的水下重力流、水下分流河道、水下分流河道间湾、席状砂、河口砂坝、远端辫状河道、浅湖泥等微相沉积；③古近系库姆格列木群，主要为蒸发边缘海的扇三角洲亚相和蒸发潮坪亚相，细分为水下辫状河道、潮下带、潮上带和生屑滩、砂屑滩、鲕滩等微相，其中砂砾岩段为低位体系域沉积，白云岩段为海侵体系域沉积（贾承造等，2002）。

表6-4　克拉2气田古近系—白垩系储层段沉积相、亚相和微相划分

层位	岩性段	体系域	相	亚相	微相
古近系库姆格列木群	白云岩段	海侵体系域	蒸发边缘海	蒸发潮坪	潮上带、生屑滩、砂屑滩和鲕滩、潮下带
	砂砾岩段	低位体系域		扇三角洲前缘	水下辫状河道

层位	岩性段	体系域	相	亚相	微相
下白垩统巴什基奇克组	第一段	高位体系域	辫状三角洲相	辫状冲积平原远端	远端辫状河道
	第二段	湖侵体系域		辫状三角洲前缘	水下分流河道、河口砂坝、水下分流河道间湾、席状砂
				前辫状三角洲	浅湖泥
	第三段	低位体系域	扇三角洲相	扇三角洲前缘	水下分流河道、水下重力流
				前扇三角洲	浅湖泥
下白垩统巴西盖组	第二段	高位体系域	湖泊	滨浅湖	砂坝、滩、滨浅湖泥
			三角洲	三角洲平原	分流河道、泛滥平原
				三角洲前缘	水下分流河道、分流间湾、河口坝、远砂坝

1. 巴什基奇克组

1）巴什基奇克组第三段

该段时期，古气候以干旱炎热为主，北部发育多个扇体，在平面上相互连接、叠置形成多个物源出口，从而形成大面积分布的稳定砂体。由于盆地相对高差较大，地形相对较陡，沉积物快速堆积形成冲积扇和直接入湖的扇三角洲沉积。从扇的物源区到沉积区，沉积物的粒度减小，但厚度变化不大。库车凹陷的北部，自北向南为冲积扇、扇三角洲前缘亚相。克拉 2 气田位于扇三角洲前缘亚相带。岩石类型主要为砂砾岩、含砾砂岩、砂岩、暗褐色块状泥岩、粉砂质泥岩和泥质粉砂岩。沉积相包括水下分流河道、水下重力流和浅湖等微相（表 6-4）。

2）巴什基奇克组第二段和第一段

巴什基奇克组第二段沉积时期，构造活动相对较弱，古地势相对平坦。北部多个物源出口形成了一系列辫状河道组成的辫状河三角洲平原，而非单一辫状河流形成的沉积体系。自物源区向沉积区，沉积物粒径变细，厚度增大。库车凹陷自北向南为冲积扇、辫状河三角洲平原、辫状河三角洲前缘亚相。克拉 2 气田处于辫状河三角洲前缘亚相，岩性以棕褐色中细粒径岩屑砂岩夹褐色泥岩为主，包括水下辫状河道、河口砂坝、分流间湾微相等（表 6-4）。

第二段沉积相主要为水下分流河道、分流间湾和辫状河三角洲前缘亚相的浅湖泥质微相。当砂质沉积物在较浅水体沉积后，砂岩易被改造再沉积呈河口坝和三角洲前缘席状砂。在第一段沉积时期，构造活动相对较强，但古地势依然相对平坦。在北部存在多个物源出口形成的辫状河三角洲平原。自北向南沉积相为冲积扇、辫状河三角洲平原近端和辫状河三角洲平原远端亚相。克拉 2 气田处于辫状河三角洲平原远端亚相，岩性以棕褐色中细粒岩屑砂岩为主，包括远端辫状河道和分流间湾微相。

第一段的沉积微相主要包括远源的辫状河道和辫状河三角洲平原亚相的远端分流间湾微相。第一段和第二段以纵向上砂体连续叠加为特征，从而储层具有极好的连通性。第二段和第一段的总厚为 198~296m。

2. 库姆格列木群

古近纪为干热气候下蒸发边缘海沉积环境，盆地边缘发育冲积扇或扇三角洲，盆地内部伴随间歇性的海侵，形成蒸发边缘海湾环境，形成干旱潮坪为主的沉积物。根据 TB1 井和 KS1 井的单井资料，将之分为 4 个旋回。由于海侵，在第一旋回的下部形成了一套快速堆积的砂砾岩。自西向东物性变化大，厚度不稳定。在第二旋回的下部为一套碳酸盐岩（克拉 2 气田古近系白云岩目的层），其厚度相当稳定，为 6.7~17m。

在古新世，气候仍然干旱炎热。始新世早、中期气候变得湿润、温暖，始新世中晚期又恢复干旱炎热。受到来自西南新特提斯洋间歇性海侵的影响，有相当大面积的蒸发边缘海沉积。库车盆地再度下沉，盆地沉降速率为 7.47m/Ma，沉降中心进一步向西南迁移至塔克拉克—阿瓦特一带。库姆格列木组最大沉积厚度大于 1400m。

早期，克拉苏构造带北部有多个扇体向盆地内输送陆源物质，形成一套扇三角洲砂砾岩沉积，该套沉积向南可一直延伸到塔北地区，为扇三角洲前缘的席状砂沉积，克拉 2 气田砂砾岩分布厚度为 2~19.5m。受西部海侵影响，西南部的吐北 1 井一带为石盐、石膏等蒸发盐类潮上萨布哈沉积。之后的海侵波及库车河、克拉苏河及其以南广大地区，沉积了区内广泛分布的白云岩和灰岩。克拉 2 气田白云岩分布厚度为 5~9m，自北向南分别为海相蒸发潮坪、海相潟湖和扇三角洲-潟湖沉积相。

（二）夹　　层

克拉 2 气田夹层主要发育于主力储层白垩系巴什基奇克组地层和下部巴西盖组地层内，夹层的类型主要为泥岩、粉砂质泥岩、泥质粉砂岩和含砾砂岩，其中以泥质粉砂岩和粉砂质泥岩为主要夹层类型。下面主要以测井资料为依据，按夹层的厚度、纵向分布、频率、密度以及稳定夹层分布几个方面来阐述其夹层分布特征。

1. 夹层厚度区间分布特征

克拉 2 气田夹层厚度普遍较小，夹层中小于 1m 的占 51.4%，大于 1m 小于 2m 的占 29.3%，厚度大于 4m 小于 5m 的占 5.1%（表 6-5），且大多数为 K_1bs_3 上部稳定分布的厚泥岩和 K_1bx 顶部的稳定泥岩；平均厚度为 1.8m，如果不计稳定分布的泥岩，夹层的平均厚度 1.5m。另外，单井平均有 29 条夹层。

表 6-5　克拉 2 气田夹层厚度区间分布统计表

项目	厚度 $h \leqslant 1m$	1m<厚度 $h \leqslant 2m$	2m<厚度 $h \leqslant 3m$	3m<厚度 $h \leqslant 4m$	4m<厚度 $h \leqslant 5m$	总层数	总厚度/m	夹层平均厚度/m	不计隔层的夹层平均厚度/m
夹层层数	281	160	49	29	28	547	991.9	1.81	1.48
占比/%	51.4	29.3	9.0	5.3	5.1	100			

2. 夹层的纵向分布

表 6-6 为夹层在纵向上的分布情况统计表。K_1bs_2 夹层数量最多，占夹层总条数的 46.2%，因夹层平均厚度小（1.4m），占地层厚度比例小；K_1bx 夹层数量相对较少，占夹层总条数的 3.7%，夹层平均厚度 4.6m；K_1bs_3 夹层厚度较大且数量也较多，占地层厚度比例最大；夹层占地层厚度比例合计为 14.45%。

表 6-6　克拉 2 气田夹层在各层段中的分布统计表

夹层项目	夹层条数	占总条数/%	夹层厚度/m	占总厚度/%	夹层平均厚度/m	夹层占地层厚度/%
E 砂砾岩段	14	2.6	21.5	2.3	1.54	7.57
K_1bs_1	163	30.2	216.7	23.1	1.33	11.32
K_1bs_2	249	46.2	347.2	37	1.39	11.76
K_1bs_3	93	17.3	262	27.9	2.82	28.72
K_1bx	20	3.7	91	9.7	4.55	21.11
合计	539	100	938.4	100	1.74	14.45

3. 夹层的密度和频率

克拉 2 气田夹层相对密度分布范围为 0.09 ~ 0.21，平均 0.14；夹层频率范围为 0.05 ~ 0.13 条/m，平均为 0.08 条/m；夹层厚度平均为 1.6m。

4. 稳定夹层的分布状态及小夹层的分布范围

统计钻至巴什基奇克组第三段顶部稳定泥岩夹层的 14 口井资料，研究发现上泥岩厚度区间为 2.2 ~ 8.5m，平均为 6.6m；下泥岩厚度区间为 1.4 ~ 6.0m，平均 4.5m；上下泥岩间主要为块状砂岩或泥砂间互层，其间的砂层以干层或差气层为主（图 6-7）。钻至巴西盖顶部稳定

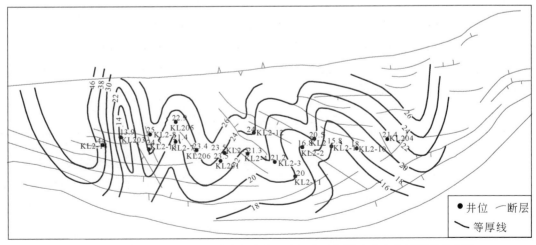

图 6-7　克拉 2 气田白垩系巴什基奇克第三岩性段顶部泥岩稳定夹层厚度分布图

泥岩夹层的 7 口井泥岩厚度为 6.0～15.5m，平均 9.6m。该两端 3 个夹层属于滨浅湖相沉积，在全气藏范围内均有分布，稳定分布的泥岩层将对底水上升起到显著的分隔作用。白云岩与砂砾岩间的膏泥岩段属膏泥坪沉积微相，厚度大多在 20m 以上，分布也比较稳定（图 6-8），在断层和裂缝不发育区域能够起到封隔上部白云岩储层和下部主力储层的作用。

上面阐述气藏内的其他夹层主要为辫状河道沉积体系和水下分流河道沉积体系中的河道充填和漫滩相沉积的夹层，延伸范围很小，按宽厚比推断，为 12～180m，最大可能的平均长度为 60～70m，因此对流体运动起不到分隔作用，但对储层垂向连通程度会有一定影响。

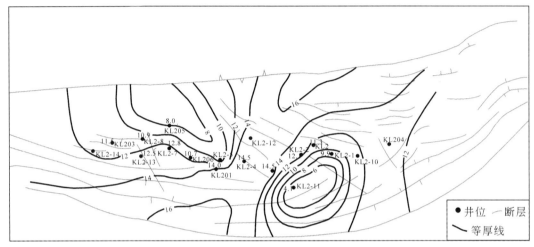

图 6-8 克拉 2 气田膏泥岩段厚度分布图

（三）储层非均质性

储层非均质性主要取决于储层的沉积相，一定的沉积相发育一定的沉积层序，每一种沉积层序在垂向上可以由几种岩石相组成，表现为砂层内部碎屑颗粒粒度大小在垂向上的变化序列；同一砂层由于水动力强度的差异，横向上碎屑颗粒粒度发生变化，即横向相变。储层的非均质性主要表现为层间非均质性、平面非均质性和层内非均质性。

1. 层间非均质性

根据岩心物性分析统计，纵向上各流体单元之间存在明显的差异（表 6-7）。其中，巴什基奇克组第二段的平均渗透率最大为 $29.12 \times 10^{-3} \mu m^2$，巴西盖组渗透率最小为 $0.78 \times 10^{-3} \mu m^2$，其他流动单元渗透率为 $1 \times 10^{-3} \sim 20 \times 10^{-3} \mu m^2$。克拉 2 气田层间存在明显的非均质性。

表 6-7 克拉 2 气田各储集单元渗透率纵向差异性统计表

小层	渗透率/$10^{-3} \mu m^2$			
	最大	最小	平均	最大/最小
白云岩+底砂岩	30	0.25	1.87	1200
巴什基奇克组第一段	700	0.2	14.56	3500

小层	渗透率/$10^{-3}\mu m^2$			
	最大	最小	平均	最大/最小
巴什基奇克组第二段	1000	0.2	29.12	5000
巴什基奇克组第三段	500	0.3	2.6	1667
巴西盖组	6.62	0.04	0.78	166

2. 层内非均质性

层内非均质性是指一个单砂层规模垂向上储层性质的变化。从地层特征及岩心分析结果来看，库姆格列木群白云岩段和底砂岩段、巴什基奇克组第三段、巴西盖组粒度较细，胶结物多为钙质或钙泥质，岩性致密，物性差，层内非均质性强；相反，巴什基奇克组第一段和第二段粒度粗，储层分选好，胶结物一般为泥质，疏松，物性好，均质性较强。

评价储层内非均质强度的主要指标有渗透率级差、渗透率突进系数、渗透变异系数，这三个参数越大，表明层内非均质性越强，参数越小表明均质性越强。国内各大油气田大多取渗透率变异系数0.7为界，大于0.7的表明非均质性强，数值越大越严重（表6-8）。

表6-8　渗透率变异系数评价非均质程度划分标准

渗透率变异系数 V_k	$V_k<0.25$	$0.25\leqslant V_k<0.7$	$V_k>0.7$
均质程度	均质	相对均质	严重非均质

3. 平面非均质性

受沉积物颗粒排列方向、构造的影响，各储集单元在水平方向上也存在着渗透率各向异性的问题。库姆格列木群白云岩段和底砂岩段、巴什基奇克第三段、巴西盖组总体上具有西高东低的分布规律。从表6-7可以看出，5个流动单元内巴西盖组渗透率级差最小，在200倍以下，库姆格列木群白云岩段和巴什基奇克组第三段渗透率级差在1000倍以上，巴什基奇克组第一段和第二段渗透率级差达到3500倍和5000倍，由此可以看出渗透率平面差异性比较明显。

（四）储层综合评价

根据中国石油天然气总公司1997年颁布的标准对储层进行了评价（表6-9、表6-10）。

表6-9　克拉2气田碎屑岩储层综合评价标准

	等级	I	II	III	IV	V
物性	孔隙度/%	≥15	15~10	10~5	10~5	<5
	渗透率/$10^{-3}\mu m^2$	≥10	≥10	10~1	1~0.05	<0.05
岩性		粗－中等、中等、中等－细、细－中等以及细粒砂岩	中等、中等－细以及细粒砂岩	泥质中粒砂岩、细粒砂岩	白云质中－细粒砂岩、粉砂岩－砂岩	白云质中－细粒砂岩、粉砂岩

续表

等级		I	II	III	IV	V
表面孔隙度/%		>8	8~5	8~3	3~1	<1
孔隙结构参数	排出压力 P_d/MPa	0.03~0.09	0.09~0.15	0.15~0.4	0.4~2	>2
	主孔喉半径/μm	16~2.5	6.3~2.5	4~0.63	1.6~0.4	<0.4
	平均孔喉半径/μm	10~2	4~1.6	2.5~0.63	0.63~0.16	<0.16
平均孔隙直径范围/μm		30~120	20~80	10~60	10~50	<10~20
孔喉等级		中等-粗、大-中等	中等-细、中等	中等-细、小	中等-细、小	微-细、微
填充物含量/%		3~10	8~15	10~25	15~25	20~30
孔隙特征		残余原生粒间孔、侵蚀膨胀粒间孔，连通性好	残余原生粒间孔、侵蚀膨胀粒间孔，中等连通性	粒间溶孔、晶间溶孔、粒内溶孔，中等-差连通性	晶间溶孔、粒内溶孔、混合基质、微孔，连通性差	粒内溶孔、混合基质、微孔，连通性差
分布层系		K_1bs_1、K_1bs_2	K_1bs_1、K_1bs_2	K_1bs_1、K_1bs_2、K_1bs_3	K_1bs_1、K_1bs_3、$E_{1-2}km_5$	K_1bs_1、K_1bs_3、$E_{1-2}km_5$
综合评价		良好	比较好	中等	比较差	非有效储层
储层类型		中等孔隙度、中高渗透率	低孔隙度、中等渗透率	低孔隙度、低渗透率	特低孔隙度、特低渗透率	压实

表6-10　克拉2气田白云岩储层综合评价标准

类型	I：良好的储层岩石	II：中等的储层岩石	III：差-非储层岩石
岩性和孔隙度	二次结晶的针孔云岩溶孔灰质云岩溶孔生物云岩	溶孔生物碎屑灰岩溶孔微晶生物碎屑灰质云岩晶粒内石灰质云岩	微晶灰质云岩微晶泥质云岩微晶藻类碎屑灰岩微晶灰岩微晶亮晶方解石孔隙为部分溶蚀孔隙
产能	巨大的自然产能	中等-低的自然产能采取增产措施后为中等-高产能	没有或只有非常低的自然产能
毛细管压力参数	ϕ 为8%~11%或更高 K 为1~5mD或更高 S_{min}<20% P_d>0.2MPa P_{c50}<1.2MPa	ϕ 为3%~9% K 为0.05~1mD S_{min} 为20%~40% P_d 为0.2~1MPa P_{c50} 为1.2~4MPa	ϕ 为3%~5%或更低 K 为0.05mD S_{min} 为40%或更高 P_d 为1~5MPa或更高 P_{c50} 为4~8MPa或更高
特征	分选好，大斜度	比较大的斜度，分选比较好	斜度小，分选差

根据储层评价参数和储层评价标准对克拉2气田的 T 砂岩到巴什基奇克储层（E_{1-2}km-K_1bs）进行了分类评价。根据储层物性下限，第 I 至 IV 储层是有效储层，而第 V 类储层是无效的储层。

E_1km_5（T砂岩）：主要为第Ⅲ至Ⅳ储层，占41.6%～78%，第Ⅲ类储层主要分布在该段的下部。T砂岩向西交叠并向下变薄。随着储层的尖灭，储层性能变差。储层向东逐渐变好。

K_1bs_1（第一段）：储层发育良好，净毛比为87.4%～94.8%。第Ⅰ至Ⅲ类储层发育良好，该段的中下部主要为Ⅰ类和Ⅲ类储层。顶部岩层向西被严重侵蚀，储层逐渐变差。

K_1bs_2（第二段）：储层也发育良好，该段净毛比为79.5%～92%。储层主要为Ⅰ至Ⅲ类，主要分布在该段的中上部，而且该段储层的发育是最好的。

K_1bs_3（第三段）：泥岩和致密砂岩层的百分比相对较高，占总岩层厚度的38%～49%。储层主要为Ⅲ类和Ⅳ类储层，净毛比约为50%。第Ⅲ类储层主要分布于K_1bs_{3-2}，即第三岩性段的中部。第Ⅴ类储层主要分布于K_1bs_{3-3}，即第三岩性段的下部。夹在K_1bs_{3-1}中间的粉砂岩和细粒的砂岩储层也比较差。

总之，每一类储层在横向上分布比较均质，并且相关性比较好。克拉2气田的白云岩储层平均孔隙度为11.4%，平均渗透率为$3.6×10^{-3}\mu m^2$。在平均毛细管压力曲线上，排驱压力为0.4MPa，$S_{min}<10\%$，P_{c50}为2MPa，而且毛细管压力曲线具有分选相当良好的偏斜度。这些参数符合第Ⅰ类良好储层的参数，说明克拉2气田的白云岩储层为良好储层。

五、气藏特征

（一）气藏温度

对克拉2气田气藏温度测试资料分析，得其方程为

$$T=10.8031-0.02425×（D-1429.24）（D<0）\tag{6-11}$$

式中，T为任一海拔的气藏温度，℃；D为海拔，m。

由方程可知，克拉2气田地温梯度为2.425℃/100m，属于低温气藏。这与我国西部地区的低温特征是一致的。若按照标准地温梯度（3℃/100m）计算，则3750m处的温度为122℃。由此可见本气藏温度（100℃）在相同深度处低了约22℃。

（二）气藏压力

克拉2气田原始气藏压力与其对应深度的方程为

气层：$P_g=73.6268-0.00265×（D+2000）（D<0）$ 　　　　(6-12)

水层：$P_w=69.9318-0.01055×（D+2000）（D<0）$ 　　　　(6-13)

式中，P_g为任一深度的气藏原始压力，MPa；P_w为任一深度的水层原始压力，MPa；D为海拔，m。

由气藏方程和水层方程的斜率可以求得地层流体密度为

$$\rho_g=0.00265×101.9716=0.2702g/cm^3$$

$$\rho_w=0.01055×101.9716=1.0758g/cm^3$$

计算出的流体密度与地层条件下的流体密度十分接近。此外，由上述两方程可得气水界面海拔$D=-2467.7215m$，这与测井解释和试油结果一致。通过压力研究得到以下认识：

（1）古近系底砂岩段和白垩系巴什基奇克组、巴西盖组属于同一个压力系统。古近系

库姆格列木群砂质白云岩段只有 2 个数据点，KL2 井白云岩 3499.87 ~ 3534.66m 井段中途测试，压力计深度 3495.66m，地层压力为 75.263MPa，压力系数为 2.15。KL201 井白云岩段 3600 ~ 3607m 井段系统试井，压力计下入深度 3542.24m，地层压力为 73.6082MPa，压力系数为 2.08。由此可以看出，关于白云岩的压力系数还没有充分的理由说明压力系数比下面的储层高，主要原因是压力系数高的一个数据点为中途测试资料。

（2）原始气藏压力（-2271m）为 74.35MPa，相应压力系数为 2.022，属于异常高压气藏。

（3）气水界面处（-2468m）原始气藏压力为 74.87m，相应压力系数为 1.935。

（三）流 体 性 质

1. 天然气性质

1）天然气组分

天然气组分分析表明，克拉 2 气田 H_2S 含量 0 ~ 0.36mg/m³，白云岩段为 0.6mg/m³。

2）天然气特性

天然气具有典型的干气特征，主要表现为甲烷含量高，达到 97.14% ~ 98.26%；气体分子质量和相对密度较小，$M = 16.39 ~ 16.71$，$\gamma_g = 0.56 ~ 0.578$；酸性气体与其他非烃类气体含量低，天然气质量高。H_2S 含量甚微，8 个样品分析表明，最大值也只有 0.36 ~ 0.6mg/m³；并且 CO_2 含量也很低，仅 0.11% ~ 0.74%；N_2 含量 0.372% ~ 0.7%。

3）气体 PVT 性质

分析表明，克拉 2 气体表现为异常高压特征。原始条件下，气体体积系数小，为 0.002516 ~ 0.0025865m³/m³；偏差因子大，为 1.4528 ~ 1.5046；气体黏度大，为 0.03403 ~ 0.03591mPa·s。

2. 地层水性质

分析表明，克拉 2 气藏地层水总矿化度约 160000mg/L 左右，为 $CaCl_2$ 水型，地面密度 1.0659 ~ 1.1073g/cm³，属于封闭地层水。PVT 分析表明，地层水的溶解气量 R_{sw} 为 3.07758m³/m³，比较低；压缩系数为 5.645×10^{-4} MPa⁻¹；体积系数为 1.00358；地层水密度为 1.09767g/cm³；地层水黏度 μ_w 约为 0.3857mPa·s。

3. 凝析油性质

根据 KL203、KL205 井分离器油样分析结果，凝析油密度（20℃）0.84g/cm³，平均分子质量 193.255，含蜡量 10% ~ 20%，凝析油的黏度（25.2℃）3.76mPa·s，凝析油气比 2.39×10^{-6} m³/m³。

（四）水 体 能 量

影响水体能量大小的主要因素有储层的连通性、储层物性及平面非均质性，夹层分布及水体倍数等。克拉 2 气田为带边底水的干气藏，水体能量大小主要取决于水体的倍数。克拉 2 气田位于库车凹陷秋里塔格构造带，南北发育两条北倾的逆冲大断裂，这两条断裂不仅控制了东秋里塔格构造带的构造格局，也控制了克拉 2 构造的形成。估算表明，克拉 2 气田静态水体在 2.1~4.0 倍（表 6-11）。

表 6-11　克拉 2 气田水体计算结果

水体范围		气藏孔隙	气+水孔隙	水孔隙	水体倍数
纵向界限	东西界限	体积/$10^8 m^3$	体积/$10^8 m^3$	体积/$10^8 m^3$	
$E_{1-2}km—K_1bs_2$	外延 1.5km	9.39	28.93	19.55	2.1
	外延 3.0km	9.84	32.22	23.38	2.3
$E_{1-2}km—K_1b$	外延 1.5km	9.39	44.14	34.75	3.7
	外延 3.0km	9.84	49.16	39.32	4.0

（五）气藏类型及形成

克拉 2 气田是一个高压、高丰度、超高产的块状、底水、背斜构造气藏。克拉 2 号构造是一个南北两翼受逆断层控制的长轴背斜。在平面上，背斜呈向南凸出的弧形展布，总体为近东西走向，东西长约 18km，南北宽 4km，形成了很好的圈闭条件。古近系底砂岩、白垩系巴什基奇克组、巴西盖组砂岩是良好的储层，与其上的古近系库姆格列木群巨厚的膏盐岩及泥岩组成优质储盖组合。气源是形成气藏的物质基础，地球化学研究表明克拉 2 $E_{1-2}km—K_1bs—K_1b$ 气藏天然气为典型煤成气，气源主要为高有机质丰度的煤系源岩，来自侏罗系中下统阳霞组和克孜勒努尔组。阳霞组和克孜勒努尔组是以煤系为主的烃源岩，源岩厚度大、有机质丰度高、生气量大为主要特点，生源以高等陆生植物为主。充足油气源经断裂运移至巴西盖组及巴什基奇克组，受古近系膏岩盖层遮挡，形成大型气藏（图 6-9）。

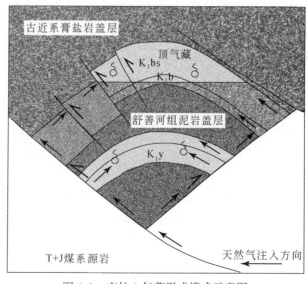

图 6-9　克拉 2 气藏形成模式示意图

第三节　超深高压气藏开发规律

一、压力变化规律

地层压力是气田开发的灵魂，是描述气藏类型、计算地质储量、了解气藏开发动态，以及预测未来动态的一项必不可少的基础数据，它直接反映地层能量的大小，决定了气田开发效果的好坏及开发寿命的长短。

（一）地层压力折算

截至 2015 年 6 月，克拉 2 气田录取了 143 井次的井口和井底压力恢复测试资料，历年测试次数分布见图 6-10、图 6-11，对于井口压力测试资料需要通过井筒压力–温度耦合模型进行折算。

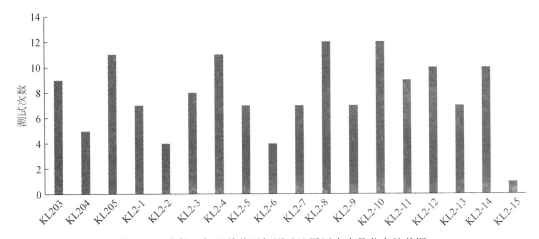

图 6-10　克拉 2 气田单井历年测试地层压力次数分布柱状图

气体从井底流动到井口的过程，是温度、压力同时发生变化的过程。随着温度和压力的变化，气井的性质也会产生相应的变化，其变化主要在于气体的 PVT 物性。在气体流经井筒过程中，环境条件对气体流动有着重要影响，在这些因素中温度环境是至关重要的，建立准确的预测井筒温度分布模型是计算井筒压力分布的关键工作。另外，气体的密度是压力和温度的函数，压力折算应当与温度的计算相耦合。在井筒中不存在流动的时候，只需要考虑到气柱的重力；一旦存在流动，高压气井气体的流动速度相当大，流动过程中产生的摩擦阻力损失也较为明显，在气体的能量损失中将会占很大的比例，因此，摩阻损失也是重点考虑的因素。由于克拉 2 气田属于深层高压气藏，其井筒流动是不稳态热流问题，因此可以综合考虑流体性质沿井筒的变化、环境温度对井筒温度的影响。地层温度梯度是非均匀的，传热性质可以不同，通过联立能量守恒方程、动量守恒方程、质量守恒方程，建立了考虑井筒中传热，以及井筒与地层传热均是不稳定的压力温度耦合计算模型，从而对地层压力进行折算。

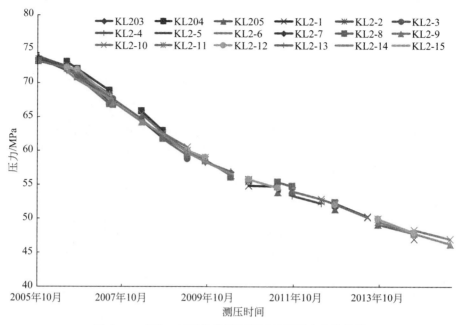

图 6-11   克拉 2 气田单井历年测试地层压力变化曲线

（二）压力基准面的确定

通过单井压力基准面选取的论证，优选出压力基准面确定原则，从而对全气藏压力进行统一折算。

1. 单井压力基准面选取

由于克拉 2 气藏厚度大，为了历年结果有可比性，所以非常有必要对合理的单井地层压力折算基准面进行研究。以 KL2–10 井历年测试资料为基础，研究不同折算基准面对气井压降曲线以及气井储量评价的影响，从而为单井基准面的选取提供依据。KL2–10 井分别于 2005 年 11 月至 2015 年 5 月进行了 14 次压力恢复试井，根据压力恢复曲线外推获得的地层中部地层压力，并计算相应的偏差系数，将其按照静压梯度分别折算至原始气水界面处、1/2 储层厚度处、1/3 储层厚度处进行对比分析，具体数据见表 6-12。

表 6-12   KL2–10 井历次测试不同折算深度地层压力及偏差因子

测试时间	1/2 气柱高度		1/3 气柱高度		气水界面		累计产气量/ $10^8 m^3$
	压力/MPa	Z	压力/MPa	Z	压力/MPa	Z	
2005 年 11 月	74.42	1.43	74.25	1.43	74.78	1.44	0.00
2006 年 6 月	73.11	1.42	72.94	1.42	73.47	1.42	3.04
2006 年 9 月	71.99	1.41	71.82	1.41	72.35	1.41	4.43
2007 年 6 月	68.86	1.37	68.69	1.37	69.22	1.38	10.06
2008 年 3 月	65.98	1.34	65.81	1.34	66.34	1.35	13.81

测试时间	1/2 气柱高度		1/3 气柱高度		气水界面		累计产气量/
	压力/MPa	Z	压力/MPa	Z	压力/MPa	Z	10^8m^3
2008 年 9 月	63.20	1.31	63.03	1.31	63.56	1.32	16.52
2009 年 4 月	61.18	1.29	61.01	1.29	61.54	1.29	19.84
2010 年 9 月	56.38	1.24	56.20	1.24	56.74	1.24	25.99
2011 年 9 月	54.64	1.22	54.46	1.22	55.00	1.23	29.19
2012 年 5 月	53.50	1.21	53.32	1.21	53.86	1.21	30.72
2012 年 9 月	52.73	1.20	52.56	1.20	53.09	1.21	31.37
2013 年 6 月	50.77	1.18	50.60	1.18	51.13	1.19	33.87
2014 年 7 月	48.92	1.16	48.75	1.16	49.28	1.17	35.21
2015 年 5 月	47.13	1.15	46.95	1.14	47.49	1.15	36.00

利用适用于克拉 2 气田异常高压气藏的综合考虑岩石弹性及水侵的物质平衡方程,分别使用不同折算基准面的测量压力来评价 KL2-10 井的动态储量,从而分析不同折算基准面深度对储量评价的影响。通过不同基准面的二项式物质平衡方程可以回归得到 KL2-10 井不同折算基准面的单井动态控制储量:1/3 气柱高度时为 $104.9 \times 10^8 \text{m}^3$,1/2 气柱高度时为 $104.5 \times 10^8 \text{m}^3$,原始气水界面时为 $105.4 \times 10^8 \text{m}^3$。

从分析结果可以看出,使用物质平衡方法分析得到的单井动态控制储量结果相近,误差较小,所以折算基准面深度的选取对克拉 2 气田的动态分析基本没有影响,为了便于对比分析一般可以选择原始气水界面作为基准面。

2. 全气藏压力折算方法的选取

利用气井地层压力加权平均计算气藏平均地层压力的方法主要有:算术平均法、厚度加权平均法、体积加权平均法、面积加权平均法、有效孔隙体积加权平均法、累计产气量加权平均法等。由于克拉 2 气田储层物性均匀且气藏储层平面上连通性比较好、纵向上厚度变化小,为了使历年计算结果可以对比,可将单井历年地层压力折算到原始气水界面后,使用算术平均方法确定克拉 2 气田平均地层压力。

(三) 气田压力变化特征

1. 压力变化特征

克拉 2 气田 2015 年 5 月实测气藏平均地层压力为 47.05MPa(图 6-12),较 2014 年 7 月平均地层压力 48.19MPa 下降了 1.14MPa。而 2013 年以前年均地层压力下降 3.06MPa,2014 年克拉 2 气田年压降为 1.33MPa,压力下降速度有较大程度的减小。地层压力下降放缓的主要原因是克拉 2 气田采取保护性开采的政策,采气速度降低,地层亏空得到水体能量的及时补充,同时也减缓了水体的锥进。

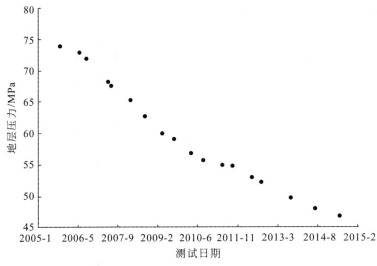

图 6-12　克拉 2 气田历年平均地层压力

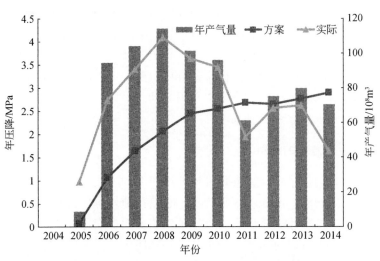

图 6-13　克拉 2 气田年产气量及方案与实际年压降比较图

从图 6-13 可以看出，虽然减少年产能力，由于初期年产量超过方案设计，产量过高，造成早期年压降比方案设计值高出许多。从 2008 年采用保护性开采策略，年产量逐步下降，年压降逐渐向方案设计值回归直至单井总压降控制在方案设计之内。但是克拉 2 气田地层压力下降依旧过快，总压降远高于方案预测值，目前累计产气量 $840.94 \times 10^8 \, \text{m}^3$ 下方案设计地层压力为 56.83MPa，而实际地层压力为 47.30MPa。

从克拉 2 气田实际生产与方案预测对比压降分析图（图 6-14）可以看出，ODP 方案预测实际地层压力下可采出气 $1217.68 \times 10^8 \, \text{m}^3$，2014 年年底实际仅采出 $840.94 \times 10^8 \, \text{m}^3$，由于储量与水体的影响，相同总压降下，实际采气量比方案设计少 $376.40 \times 10^8 \, \text{m}^3$。从克拉 2 气田 P/Z 与累计产气量关系曲线（图 6-15）可以看出，在压降曲线后期上翘，表现出明显的水侵反应特征。

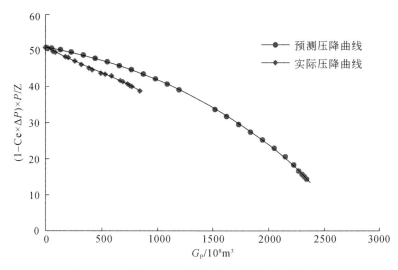

图 6-14 克拉 2 气田实际与方案预测压降曲线对比

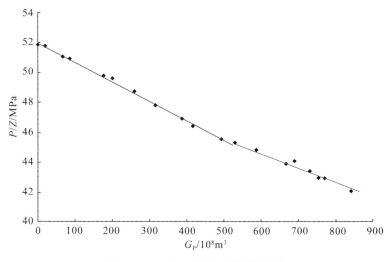

图 6-15 克拉 2 气田实际压降曲线

2. 压降曲线影响因素

异常高压气藏 P/Z-G_p 曲线存在拐点,对于异常高压气藏,岩石膨胀提供的能量不可忽视,仅用早期压力资料计算异常高压气藏的动态储量会存在较大的误差。与国外异常高压气田开发动态对比发现,国内类似于克拉 2 气田的生产动态与国外同类型气田相似,开发初期压降曲线呈直线,与国外同类型气藏压力变化一致。从开发动态上来看,符合异常高压气田的开发特征。目前克拉 2 等气田相同累产气情况下实际压力降明显大于方案预测结果。分析认为,压降大于预测的原因可能与以下 4 方面有关。

1）储量条件

采用数值模拟方法模拟了不同储量情况下地层压力的变化，由结果可知，随着模型储量的减少，地层压力下降的速度越来越快，储量的大小对地层压力影响较大。

2）流体弹性能量

通过数值模拟方法模拟了不同偏差因子变化情况下偏差因子对地层压力的影响。模型偏差因子 Z 取值与单井偏差因子变化基本一致，偏差因子测试资料越多，数据准确度越可靠。对偏差因子进行了一定比例的上下浮动，偏差因子 Z 变大，气藏压力下降变缓；Z 变小，气藏压力下降幅度大。偏差因子即流体的弹性能量大小对地层压力下降较敏感。

3）应力敏感性

以克拉 2 气田为例，克拉 2 共进行了 150 块岩心的敏感性试验，结果相对分散，为了实用起见，ODP 方案按渗透率区间进行平均。在孔隙体积 ϕ-P 的变化关系相同前提下，模型分别采用 4 条 K_D-Pe 的关系曲线进行模拟，结果表明 K-P 变化的大小对压力变化规律影响不敏感。在孔隙体积 K_D-Pe 的变化关系相同前提下，模型分别采用以上 2 条 ϕ-P 的关系曲线进行模拟，结果表明孔隙体积变化越大，代表多孔介质弹性能量也越大，地层压力下降也越缓慢，反之，地层压力下降也越快，孔隙体积变化对地层压力下降较敏感。

4）水体大小

通过数值模拟方法模拟了不同水体大小对压力的影响。水体大小对生产初期地层压力影响不敏感，因为不同水体大小下的初期水侵量均较小，对生产中后期影响逐渐增大，水体大小对初期压力降落影响不大。

综合分析认为，地质储量比 ODP 方案中储量减少是压降大于预测结果的主要原因；根据文献调研、分析实验流程及理论计算，认为岩石孔隙度变化估计偏大，是压降快的次要原因；从流体 PVT 试验结果看，流体 Z 因子一般取值比较合理，对压降影响不明显；在合理水体大小范围内，水体对初期压力变化不大。

二、产能变化规律

综合利用生产动态资料及产能测试资料建立单井产能评价方法，评价无阻流量，研究气井产能变化规律和影响因素。并进一步评价单井合理产能及单井合理生产压差，为单井配产提供依据。以克拉 2 气田为例，克拉 2 气田自 2004 年 12 月 1 日投产前后，先后进行了 14 井次的回压试井产能测试，其中井底测试共有 6 次，2007～2009 年均未进行产能测试，只有 4 口井进行过 2 次以上产能测试。

（一）不关井回压试井法

1. 不关井回压试井计算方法

不关井回压试井法与气井稳定试井基本相似，不需关井，在气井生产过程中，只需连续测 3 个以上不同的产气量和与之相对应的 P_{wf}，从而获取产能方程：

$$\begin{cases} P_{R1}^2 - P_{wf1}^2 = Aq_1 + Bq_1^2 \\ P_{R2}^2 - P_{wf2}^2 = Aq_2 + Bq_2^2 \\ P_{R3}^2 - P_{wf3}^2 = Aq_2 + Bq_2^2 \end{cases} \tag{6-14}$$

若三次测试连续进行，且持续时间，可以认为其地层压力基本一致，即 $P_{R1} = P_{R2} = P_{R3} = P_R$。这样式（6-4）可以转换为

$$\begin{cases} P_R^2 - P_{wf1}^2 = Aq_1 + Bq_1^2 \\ P_R^2 - P_{wf2}^2 = Aq_2 + Bq_2^2 \\ P_R^2 - P_{wf3}^2 = Aq_2 + Bq_2^2 \end{cases} \tag{6-15}$$

将式（6-5）消去 A、B 后整理可得

$$P_R = \left[\frac{\dfrac{P_{wf1}^2}{q_1} - \dfrac{P_{wf2}^2}{q_2} - \left(\dfrac{P_{wf2}^2}{q_2} - \dfrac{P_{wf3}^2}{q_3} \right) \left(\dfrac{q_1 - q_2}{q_2 - q_3} \right)}{\dfrac{1}{q_1} - \dfrac{1}{q_2} - \left(\dfrac{1}{q_2} - \dfrac{1}{q_3} \right) \left(\dfrac{q_1 - q_2}{q_2 - q_3} \right)} \right]^{0.5} \tag{6-16}$$

式（6-5）两两相减可以得到：

$$\begin{cases} P_{wf1}^2 - P_{wf2}^2 = A\ (q_2 - q_1)\ + B\ (q_2^2 - q_1^2) \\ P_{wf1}^2 - P_{wf3}^2 = A\ (q_3 - q_1)\ + B\ (q_3^2 - q_1^2) \\ P_{wf2}^2 - P_{wf3}^2 = A\ (q_3 - q_2)\ + B\ (q_3^2 - q_2^2) \end{cases} \tag{6-17}$$

式（6-17）为二元一次方程组，根据三组流压、产量测试数据可以计算出二项式产能方程的系数 A、B。同时结合式（6-16）得到的地层压力，可以计算出此时刻单井的无阻流量，做出相应的产能曲线。此方法有效避免了关井测试对产量造成的影响，确保对单井产能进行及时的评价跟踪。

2. 方法应用

以 KL2-4 井为例，表6-13 为该井不同时间所选取的稳定压力、产量数据，以及采用该数据评价的产能方程 A、B 系数及对应的无阻流量。

表 6-13　KL2-4 井产能方程计算表

日期	油压/MPa	日产量 /($10^4 \mathrm{m}^3$/d)	计算流压 /MPa	地层压力 /MPa	A	B	无阻流量 /($10^4 \mathrm{m}^3$/d)
2005-01	62.8	147.97	72.57	73.44	0.55281	0.00206	1489.16
	62.38	199.3	72.12				
	61.89	249.85	71.6				
2006-06	58.46	352.88	67.72	72.78	1.57722	0.00124	1524.90
	58.81	323.65	68.24				
	60.23	203.38	70.18				

日期	油压/MPa	日产量/(10^4m^3/d)	计算流压/MPa	地层压力/MPa	A	B	无阻流量/(10^4m^3/d)
2007–12	54.17	233.47	63.38	65.21	0.45759	0.00236	1248.90
	54.93	159.83	64.18				
	52.4	356.98	61.55				
2008–01	49.45	376.22	58.34	63.08	1.13142	0.00106	1478.32
	52.8	103.47	62.05				
	51.83	203.94	60.86				
2010–04	46.16	233.59	55.86	56.83	0.03551	0.00184	1313.99
	43.28	418.01	53.78				
	45.71	280.05	55.45				

（二）考虑应力敏感的气井产能预测法

1. 地层压力下降对产能方程的影响

通过产能试井建立的二项式产能方式表达式为

$$P_R^2 - P_{wf}^2 = Aq_g + Bq_g^2 \tag{6-18}$$

其中：

$$A = \frac{3.684 P_{sc}\mu Z\left(\ln\dfrac{r_e}{r_w} + S\right)\times 10^4}{KhT_{sc}}$$

$$B = \frac{1.966 P_{sc}^2 \beta\gamma_g ZT\times 10^8}{h^2 T_{sc}^2 Rr_w}$$

式中，P_{sc} 为地面标准压力，MPa；μ 为气体黏度，MPa·s；β 为孔隙介质内湍流影响的惯性阻力系数；T_{sc} 为地面标准温度，K；Z 为气体偏差系数；K 为地层有效渗透率，μm^2；h 为地层有效厚度，m；r_e 为气井的供给边界半径，m；r_w 为井底半径，m；R 为通用气体常数，MPa·m^3/(kmol·K)。

对于某实测产能试井情况的对应地层压力下建立单井产能方程为

$$P_{R1}^2 - P_{wf1}^2 = A_1 q_{g1} + B_1 q_{g1}^2 \tag{6-19}$$

对于未来某个地层压力下对应的产能方程为

$$P_{R2}^2 - P_{wf2}^2 = A_2 q_{g2} + B_2 q_{g2}^2 \tag{6-20}$$

假设气井在开采过程中没有重大措施，A、B 表达式中的 h、T、r_e、r_w、S 等参数认为保持不变，发生变化的是 K、μ、Z。由 A、B 关系式可以得到如下相对关系式：

$$A_2 = \frac{\mu_2 Z_2 K_1}{\mu_1 Z_1 K_2} A_1$$

$$B_2 = \frac{Z_2}{Z_1} B_1$$

因此，只要确定了 K、μ、Z 随压力的变化关系，便可以通过 A_1、B_1 求得 A_2、B_2，从而建立未来某个地层压力下的产能方程，即可预测某个地层压力下的产能。根据克拉2各井 PVT 实验数据建立了压力与 μ、Z 的关系（图6-16），通过覆压实验确定了地层压力与 K 的关系（图6-17）。因此，对于有产能测试资料的井，便可以采用考虑岩石变形的气井产能系数预测法进行不同地层压力下的产能评价。

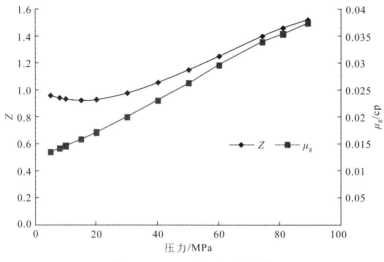

图6-16　Z、μ_g 随压力变化趋势

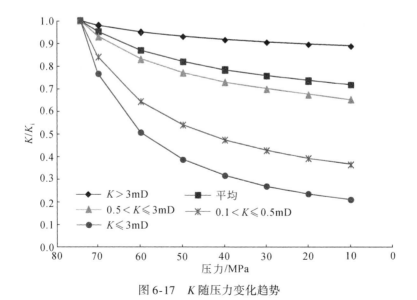

图6-17　K 随压力变化趋势

2. 方法验证

选择4口有2次测试资料的井进行方法验证（表6-14），可以看出，利用测试方程预测的计算结果与实测结果相差不大，说明此方法是可靠的。

表 6-14　克拉 2 气田考虑岩石变形的产能预测法准确性对比表

井号	测试日期	无阻流量/($10^4 m^3/d$)			地层压力/MPa	A	B
		实测值	计算值	差值			
KL2-4	200505	1792			74.11	0.3772	0.0015
	200509	1333	1511	178	73.8	0.1793	0.0032
KL2-7	200509	2949			73.66	0.503013	0.000453
	200604	1791	1859	68	71.82	0.0136	0.0016
KL203	200004	310			74	4.4193	0.0428
	200510	288	268	-20	73.81	1.9501	0.0591
KL205	200107	957.8			74.47	3.6159	0.00227
	200509	700	635	-65	73.66	0.4748	0.0104

3. 未见水井产能影响因素定量分析

对未见水井，以 KL205 井为例研究其产能变化规律。表 6-15 为该井投产初期及目前的产能方程及无阻流量，其对应的 IPR 曲线见图 6-18。由结果可以看出，该井目前无阻流量降幅在 30% 左右，其中应力敏感影响在 7% 左右。

表 6-15　KL205 井历次产能测试结果表

项目	产能方程	无阻流量/($10^4 m^3/d$)	比初期降低量/%
投产初期	$P_r^2 - P_{wf}^2 = 3.6159Q_g + 0.00227Q_g^2$	957.8	0
目前预计（不考虑应力敏感）	$P_r^2 - P_{wf}^2 = 3.147426Q_g + 0.0019759Q_g^2$	703	26.6
目前预计（考虑应力敏感）	$P_r^2 - P_{wf}^2 = 3.83305Q_g + 0.0019759Q_g^2$	628	34.4
目前实测（考虑应力敏感）	$P_r^2 - P_{wf}^2 = 1.7107Q_g + 0.0055Q_g^2$	616	35.7

4. 产水井产能影响因素定量分析

由以上的考虑岩石变形的气井产能系数预测法可知，对未见水井产能变化的主要影响因素是压力下降和 K 值的变化，而见水井的产能影响因素则主要是水。

实测资料显示，气井见水对产能影响非常大，见水后井筒损耗增加，油压下降幅度加快，产能降低明显。以 KL203 井为例对见水井产能变化进行分析，论证不同因素对产能的影响，其产能预测结果如表 6-16 所示，图 6-19 为其不同方法下计算 IPR 曲线。由结果对比看出，目前 KL203 井产能比初始时产能约降低 70%，其中见水是产能降低的主要影响因素，对产能影响占 70% 以上，K 的影响仅占 5% 左右。

目前克拉 2 有 4 口井已见水，且这 4 口井产能相对较低，对克拉 2 气田的整体产能影响较小。投产近 5 年来，大部分单井产能下降 20% ~ 30%，平均 25% 左右，总体无阻流量较投产初期下降 25.2%，不同时间的气藏无阻流量见表 6-17。

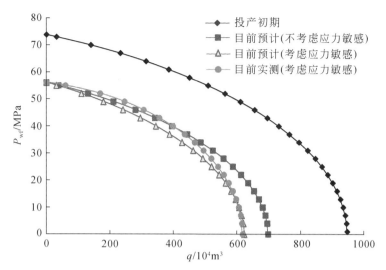

图 6-18　KL205 井不同方法计算 IPR 变化

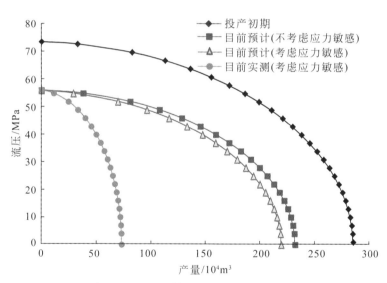

图 6-19　KL203 井不同方法计算 IPR 曲线

表 6-16　KL203 井历次产能测试结果表

项目	产能方程	无阻流量/($10^4\mathrm{m}^3$/d)	比初期降低量/%
投产初期	$P_r^2 - P_{wf}^2 = 1.535124 Q_g + 0.061826 Q_g^2$	284.69	0
目前预计（不考虑应力敏感）	$P_r^2 - P_{wf}^2 = 1.124118 Q_g + 0.05381 Q_g^2$	233.21	18.08
目前预计（考虑应力敏感）	$P_r^2 - P_{wf}^2 = 2.59654 Q_g + 0.05381 Q_g^2$	220.00	22.72
目前实测（考虑应力敏感及水侵）	$P_r^2 - P_{wf}^2 = 5.1021 Q_g + 0.5197 Q_g^2$	72.31	74.60

表6-17　克拉2气田历年无阻流量统计数据表

年份	2006	2007	2008	2009	2010
无阻流量/$10^4 m^3$	19965	18767	17640	16314	14919

5. 单井产能方程及无阻流量计算

通过综合不关井回压试井法和考虑岩石变形的气井产能系数预测法建立了目前地层压力下单井的产能方程（表6-18），并确定了目前单井无阻流量。目前气藏总无阻流量为14919×$10^4 m^3/d$。

表6-18　克拉2气田产能方程及目前无阻流量统计表

井号	产能方程	无阻流量/$(10^4 m^3/d)$
KL203	$P_R^2 - P_{wf}^2 = 5.102q_g + 0.5197q_g^2$	72
KL205	$P_R^2 - P_{wf}^2 = 1.8807q_g + 0.00444q_g^2$	616
KL2-1	$P_R^2 - P_{wf}^2 = 0.6402q_g + 0.0012q_g^2$	1365
KL2-2	$P_R^2 - P_{wf}^2 = 0.3461q_g + 0.0009q_g^2$	1677
KL2-3	$P_R^2 - P_{wf}^2 = 0.8865q_g + 0.0014q_g^2$	1206
KL2-4	$P_R^2 - P_{wf}^2 = 0.6053q_g + 0.0017q_g^2$	1183
KL2-5	$P_R^2 - P_{wf}^2 = 1.0619q_g + 0.0024q_g^2$	916
KL2-6	$P_R^2 - P_{wf}^2 = 0.6126q_g + 0.0015q_g^2$	1234
KL2-7	$P_R^2 - P_{wf}^2 = 0.8371q_g + 0.0006q_g^2$	1641
KL2-8	$P_R^2 - P_{wf}^2 = 0.5814q_g + 0.0010q_g^2$	1477
KL2-9	$P_R^2 - P_{wf}^2 = 2.8105q_g + 0.018q_g^2$	336
KL2-10	$P_R^2 - P_{wf}^2 = 1.0121q_g + 0.005q_g^2$	694
KL2-11	$P_R^2 - P_{wf}^2 = 1.1031q_g + 0.0038q_g^2$	769
KL2-12	$P_R^2 - P_{wf}^2 = 2.1582q_g + 0.0074q_g^2$	516
KL2-13	$P_R^2 - P_{wf}^2 = 1.9746q_g + 0.0052q_g^2$	598
KL2-14	$P_R^2 - P_{wf}^2 = 7.4831q_g + 0.046q_g^2$	190
KL2-15	$P_R^2 - P_{wf}^2 = 7.19411q_g + 0.041q_g^2$	202
KL2-H1	$P_R^2 - P_{wf}^2 = 6.0831q_g + 0.034q_g^2$	225
合计		14919

（三）单井合理产量评价

确定气井或气藏的合理产能是气田高效开发的基础，是保证气田实现长期稳产的前提条件。产能评价直接服务于开发或调整方案的单井产能设计，通过研究单井产能变化规律及影响因素，从而在方案实施过程中根据产能变化情况采取相应的措施。目前，主要有以下几种方法确定合理产量：①考虑冲蚀速度确定合理产能上限；②边底水气藏考虑临界水锥极限产量确定合理产能上限；③临界携液量确定合理产能下限；④确定合理生产压差，从而由产能方程确定合理产量；⑤流入/流出动态曲线交点法确定产气量；⑥采气指示曲线法确定合理产气量；⑦综合考虑采气速度及单井动储量确定合理产气量；⑧由单井稳产期和经济效益限制确定合理产气量。

考虑到方法的适用性及克拉 2 高压气田的特点，在对克拉 2 气井合理产能评价过程中优选临界携液量法、临界水锥极限产量法、无阻流量法、采气指示曲线法、数值模拟法等方法综合确定单井合理产能及合理生产压差。同时，结合克拉 2 气田单井裂缝、断层、高渗条带等地质因素及水侵机理分析结果，考虑气田均衡开采，延长单井无水采气期，主要考虑数值模拟法及水锥极限产量法结果进行了单井合理配产，确定了单井合理产能。考虑气藏均衡开采，单井应具备 10 年以上的稳产期，合理配产应在 $2100 \times 10^4 \, \text{m}^3/\text{d}$ 左右，详细配产结果见表 6-19。

表 6-19　克拉 2 气田综合多种方法单井合理配产表　　　（单位：$10^4 \, \text{m}^3/\text{d}$）

序号	井号	无阻流量	最小携液法	无阻流量法 1/6	临界水锥稳产 15 年	采气指示曲线法	数值模拟方法	合理生产压差
1	KL203	72	7.96	12	20	20	0	
2	KL205	616	13.15	103	40	140	50	2.50
3	KL2-1	1365	31.82	228	220	270	200	1.00
4	KL2-2	1677	31.82	280	195	300	200	1.00
5	KL2-3	1206	13.15	201	160	240	170	1.00
6	KL2-4	1183	31.82	197	245	280	220	2.00
7	KL2-5	916	31.82	153	115	170	110	2.50
8	KL2-6	1234	31.82	206	160	250	210	1.00
9	KL2-7	1641	31.82	274	215	270	200	1.00
10	KL2-8	1477	31.82	246	200	250	200	1.50
11	KL2-9	336	7.96	56	35	70	45	2.00
12	KL2-10	694	13.15	116	100	150	90	1.50
13	KL2-11	769	13.15	128	155	150	110	1.00
14	KL2-12	516	13.15	86	85	120	100	2.00
15	KL2-13	598	13.15	100	55	140	20	1.00
16	KL2-14	190	13.15	32	35	40	30	3.00
17	KL2-15	202	7.96	34	30	40	50	2.50
18	KL2-H1	225	7.96	38	45	50	30	1.00
合计		14492	330.7	2486	2100	2860	2035	

三、边底水活动规律

对于水驱气藏而言，气田开发过程中水侵是个很普遍的问题，水侵初期，水体可以起到维持地层压力、保持气井产量的正面作用。但当水侵入气藏后会导致气体相对渗透率大幅度降低，严重影响气井产能，此外，地层水沿裂缝及高渗条带窜入气藏后，会造成气藏分割，严重影响气藏最终采收率。同时会在气井井筒中形成积液影响气井的连续性开采。所以在水侵模式研究基础上，弄清边水水侵规律，做到水侵的提早预警，对于气藏开发具有重要的意义（李凤颖等，2011）。

（一）高压气藏水侵的危害

随着气藏的开采，水体选择性侵入地层导致水封，给气藏开发带来很大影响，大大降低了气藏的采收率。气藏水封主要包括了水对气的封闭、封隔和水淹三种现象。

（1）异常高压底水气藏中渗透率较高的孔道或裂缝被底水侵入后，存在渗透率较低的砂体或裂缝切割的基质孔隙中的天然气被水包围。在毛管效应作用下，水则全方位地向被包围的砂体或基质岩块孔隙侵入，在孔隙喉道介质表面形成水膜、喉道内气-水两相接触面处的毛管阻力增大，孔隙中的气被水封隔，形成"水锁"。

（2）异常高压底水气藏中的基质岩块中的低渗层和小裂缝中的气是经过大裂缝或高渗孔道产出的，水侵入时水首先进入大裂缝或高渗孔道。当水体能量高于气层压力时，水会阻塞孔隙、微细裂缝中气体的产出通道，气体被封隔在低渗层中，即"水封气"。

（3）气井出水后，气体相对渗透率变小，气产量递减增快，同时井筒内流体密度不断增大，回压上升，生产压差变小，水气比上升，井筒积液不断增加。当井筒回压上升至与地面压力相平衡时气井水淹而停产。虽然气井仍有较高的地层压力，但气井控制范围的剩余储量靠自然能量已不能采出，而被井筒及井筒周围裂缝中的水封隔在地下，通常称为水淹。这也是天然气产出过程中的一种水封形式，将直接影响气藏的废弃压力和采收率。

（二）水体能量评价

异常高压气藏的水体大小受边界断层、储层分布、隔夹层等多因素控制，因此在评价水体能量时，需要综合考虑以上多个因素。克拉2气田南部和北部为控边断层，西部逆冲断层断距也可达$700 \sim 800\mathrm{m}$，三面断层断距大，远大于气田古近系—白垩系储层厚度，使克拉2气田储层与库姆格列木群泥岩、膏泥岩对接，储层被封堵，可作为水体计算边界，将克拉2构造与克拉1构造的水体隔开，气藏东部没有明显边界，与克拉3构造相连，东部边界向外延伸$1 \sim 15\mathrm{km}$等5种情况进行计算，外延至克拉3构造轴部。考虑储层岩性、物性特征与隔夹层分布，水体计算分4个计算单元：$E_{1-2}km_3$、$E_{1-2}km_5$—K_1bs_2、K_1bs_3、K_1b。采用地层与相应计算单元平均净毛比的乘积作为净有效体积；$E_{1-2}km_3$、$E_{1-2}km_5$—K_1bs_2绝大多数钻井未至气水界面，净毛比借鉴相应钻井储层资料，计算过程中，水体厚度按测井解释水层物性标准求取。计算结果显示，有效水体倍数为$4 \sim 8$倍，考虑到构造翼部储层埋深大，物性变差，水层厚度也相应变薄，实际水体倍数应该略小于计算结果（胡俊坤等，2009）。

（三）水侵类型判别

综合单井产量、压力特征及产量不稳定分析曲线特征对水侵类型进行了分类（表6-20），共划分为两大类、四小类。这四种类型的产量、压力及产量不稳定分析曲线上的特征明显不同。

表 6-20　克拉 2 气田单井水侵类型判别

序号	类型		生产动态特征	产量不稳定分析曲线特征	包含井
1	未见水型	未水侵型	产量：稳定 压力：降低趋势较一致	典型曲线：与某条典型曲线吻和 FMB 曲线：直线	KL2-4、KL2-5、 KL2-7、KL2-8、 KL2-9、KL205
2		有水侵特征	产量：稳定或有升高 压力：目前降低速度小， 低于前期	典型曲线：后期数据点偏离典型 曲线向右上偏移 FMB 曲线：后期偏离直线上翘	KL2-1、KL2-2、 KL2-6、KL2-10
3		水侵特 征明显	①产量稳定，目前压力降 低速度高于前期 ②目前产量逐渐降低，压 力降低趋势一致	典型曲线：后期数据点偏离典型 曲线向左下偏移 FMB 曲线：后期偏离直线下掉	KL2-3、KL2-11、 2-12、KL2-13、 KL2-14
4	已见水型	已产水型	产量：逐渐减低 压力：后期压力有所上升	典型曲线：数据点先向右上偏移 后向左下偏移 FMB 曲线：先偏离直线上翘后 下掉	KL203、KL204

截至 2015 年 10 月克拉 2 气田有 5 口见水井（KL203、KL204、KL2-12、KL2-13、KL2-14）主要分布在构造的东部、西部及背部，其中西部 3 口、东部 1 口、北部 1 口。见水井为边部井或避水高度较低井，地质条件上见水井周围断裂系统比较发育。

（四）单井水侵分析及水侵模式

1. 单井水侵机理分析

通过已见水井水侵机理分析，初步形成了单井见水时间预测及水侵类型判别方法（图 6-20），为单井合理配产及合理技术政策的制定提供了依据。

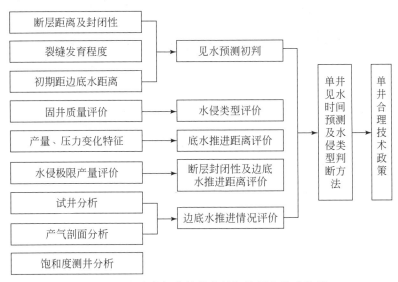

图 6-20　边底水气藏单井水侵规律研究技术路线

该技术路线的具体思路是：

（1）首先利用断层距离及封闭性、裂缝发育程度、初期距边底水距离，以及固井质量评价等静态资料对气井初步进行见水预测判断；

（2）根据产量、压力变化特征对水侵类型进行评价，分为未水侵型、水侵初期型、水侵中后期型和已见水型；

（3）根据水锥极限产量评价方法可确定底水推进距离的动态变化；

（4）根据试井分析动态评价断层封闭性及边底水推进距离；

（5）通过产气剖面测试资料及饱和度测井分析进一步落实边底水推进情况。

综合以上结果可以对单井见水时间预测及水侵类型判断，并为单井合理开发技术政策的制定提供依据。

2. 水侵模式

通过研究发现，克拉 2 气藏存在三种水侵模式。

1）沿裂缝纵窜型水侵（典型井：KL204 井）

气井附近储层多为高角度缝区，或存在裂缝直接沟通气井与水体，水体沿裂缝直接窜入气井，造成纵窜型底水侵入。以 KL204 井为例，该井距离边水仅有 500m、避水高度低（51m），高渗透带（$K>100$mD）处于气水界面附近，水体能量充足。该井附近发育正断层（图 6-21、图 6-22），切穿气水界面、沟通边底水。射孔井段与巴什基奇克组水层之间固井质量好，管外窜可能性不大，由于该井构造位置较低，隔层在气水界面以下，不具遮挡作用，推断底水沿断层上窜为主，造成水淹，属边底水综合作用。

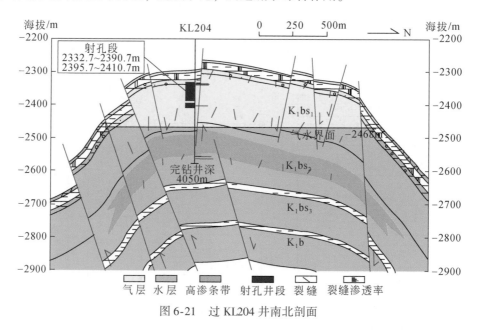

图 6-21　过 KL204 井南北剖面

图 6-23 为 KL204 井水侵变化动态，数值模拟结果表明，2010 年 KL204 井附近油水界面抬升了 132m 左右，射孔层位水淹，边底水均到达生产层段，南北方向边水推进比东西方向

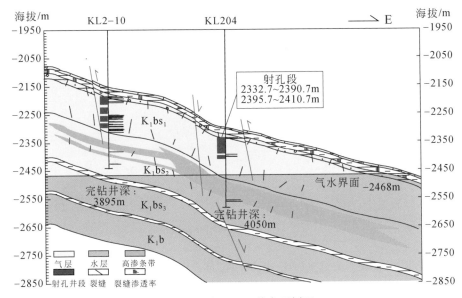

图 6-22 过 KL204 井东西剖面

快，东西方向底水锥进比边水推进快，属边底水综合推进。

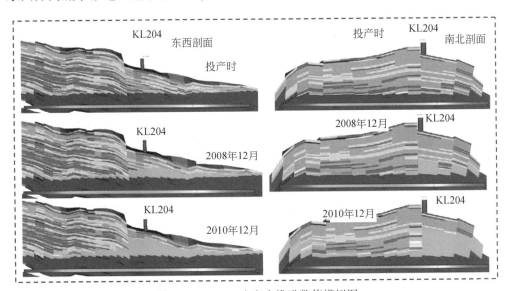

图 6-23 KL204 边底水推进数值模拟图

2）沿断层和裂缝纵向网状型水侵（典型井：KL203 井、KL2-13 井）

该种类型主要为在气井周围存在断层或裂缝，地层水沿断层和裂缝综合纵向网状向上侵入出水。以 KL203 为例，该井底部有一条过井断层，并且裂缝发育程度较强、裂缝渗透率较高（100mD 以上，远大于基质渗透率 5 ~ 30mD），出水量较大（160m³/d 左右）。井周围裂缝也较为发育，该类型井产水程度决定于基质物性和裂缝的发育程度，初步确定底水是沿断层及裂缝通道到达此层段（图 6-24）。

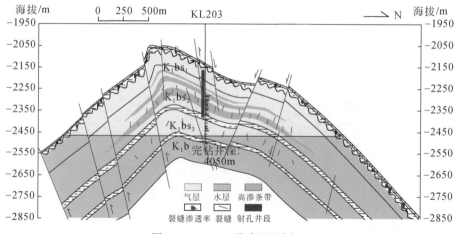

图 6-24　KL203 井南北向剖面

根据数值模拟的结果，从过 KL203 井东西剖面看，底水沿断层及裂缝通道锥进到达井底，从南北剖面看，由于有断层遮挡，边水推进不明显（图 6-25）。

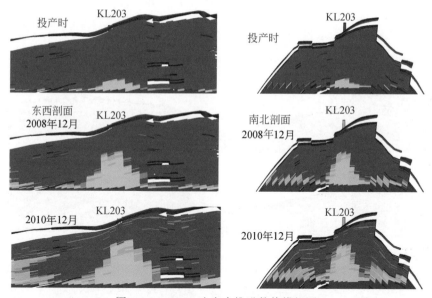

图 6-25　KL203 边底水推进数值模拟图

3）沿高渗条带横侵型水侵（典型井：KL2-12、KL2-14）

该种类型主要为在侧向上存在高渗条带，边水沿高渗条带侵入井底造成水侵。以 KL2-14 井为例，根据地质认识，该井射孔段以下裂缝渗透率与基质渗透率均为 10～30mD，不会发生水明显纵向上窜。射孔段内基质渗透率 10mD 左右，水流动难度相对大。该井避水厚度达 158m，底水锥进可能性小。目前该井生产压差呈增大趋势，产水量缓慢增加，约为 17.52m³/d 左右，推测该井产水原因为边水沿高渗透带突进。

另外，数模模拟结果表明从东西剖面看，地层水沿高渗带有舌进的趋势，从南北剖面看，没有舌进的趋势，说明水是从东面推进的（图 6-26）。

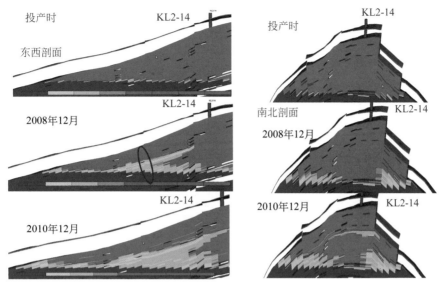

图 6-26　KL2-14 井边底水推进数值模拟图

（五）气藏整体水侵状况分析

对克拉 2 气田全气藏的水侵形式进行分析，2013 年测试了 6 口井的气水界面，5 口井（KL203、KL204、KL2-12、KL2-13、KL2-14）气水界面已高于生产井射孔井段，升高度在 117～234m，完全淹没生产井段的有 2 口井：KL2-13 和 KL204。

2014～2015 年，测试了 5 口井 8 井次的气水界面，气水界面较 2013 年上升 1.5～24.7m，平均 13m，气藏西南翼水淹高度明显大于其他区域。

通过物质平衡方法计算至 2015 年，气藏整体气水界面抬升较小，平均 50m；但是根据历年 PNN 测试气水界面结果（图 6-27），对比分析认为近两年总体上克拉 2 气田水侵速度有所减缓，但气水界面抬升不均匀，局部水锥严重。

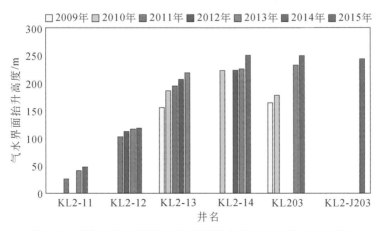

图 6-27　克拉 2 气田历年 PNN 监测气水界面对比图（2015 年）

　　从克拉 2 气田不同类型气井的分布图（图 6-28）可以看出，与 2013 年相比，边底水进一步侵入气藏中部，无水区进一步缩小。构造边部井旁断裂及高渗透条带是局部水锥严重的根本原因，虽然整体水侵速度变缓，但这些部位的生产井依然面临严峻的水淹形势。

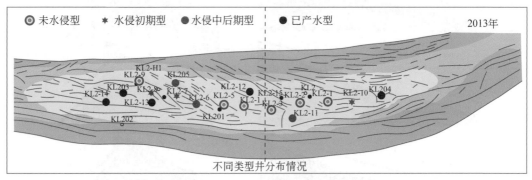

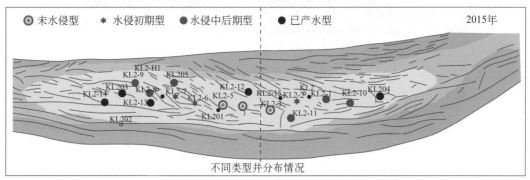

图 6-28　克拉 2 气田不同类型井分布图

第四节　超深高压气藏开发技术政策

　　由于异常高压气藏所特有的性质，本节着重从影响该类气藏高效开发的安全生产预警体系建立、稳产风险因素分析、合理开发技术界限，以及防水控水对策等几个方面论证该类气藏的开发技术政策。

一、安全生产预警体系

　　该套体系主要针对有水气藏生产过程中，对水侵的安全预警。该体系首先建立一套系统的见水风险评价指标体系，然后再建立了该指标体系中通过动态数据进行气井水侵判别的方法，并将层次分析和模糊评价方法应用到气井见水风险评价方法中。通过构造等级模糊子集把反映被评事物的模糊指标进行量化（即确定隶属度），然后利用模糊变换原理对各指标综合。在有水气藏全气田气井见水风险评价中，涉及大量的复杂现象和多种因素的相互作用，而且，评价中存在大量的模糊现象和模糊概念。因此，在综合评价时，需要使用模糊综合评价的方法进行定量化处理，以评价全气田单井见水风险的等级。但各影响因素权重的确定由于使用德尔菲法，需要专家的知识和经验，具有一定的缺陷，而层次分析法是一个系统性的研究方法，它将研究对象作为一个系统，按照分解、比较判断、综合的思维方式进行评判，同时层次分析法把定性和定量方法结合起来。为此，采用层次分析法来确定各指标的权系数，可使其更加合理性，更符合客观实际并易于定量表示，从而提高模糊综合评判结果的准确性。此外在对模糊综合评价结果进行分析时，在最大隶属度原则方法的基础上使用了加权平均原则方法。

（一）见水风险评价指标体系的建立

见水风险评价指标体系共由 5 个一级指标与 14 个二级指标构成（表 6-21）。

表 6-21　见水风险两级评价指标

第一层指标	第二层指标
构造与沉积相特征	a_1：构造与圈闭特征
	a_2：断裂特征
	a_3：岩石类型与沉积相
储层特征	b_1：隔夹层特征
	b_2：砂体连通性
钻完井信息	c_1：钻井质量
	c_2：固井质量
	c_3：完井参数
生产动态及监测	d_1：产气剖面测试结果
	d_2：饱和度测井结果
	d_3：不稳定试井评价结果
动态评价及预测结果	e_1：产量及压力变化特征
	e_2：产量不稳定分析结果
	e_3：水锥极限产量

（二）动态评价预测气井水侵情况

1. 产量及压力变化特征

水侵对气井的生产动态实际上也有较大的影响，未水侵时气井未受到任何的压力补充，气井的生产动态表现为封闭气藏的特征。水侵初期气井受到水体能量补充，产量稳定情况下压力下降会比未水侵时慢。水侵中后期时尤其边底水突进到井周围，气体流动明显受到阻力，相同产量情况下气井生产压差明显增大。水侵不同阶段的生产动态特征总结及曲线特征如表 6-22 所示。这里只是示例性地说明产量稳定或压力稳定情况下的生产动态变化对水侵的识别，生产动态示例曲线仅为较理想化情况。对于实际气井的产量、压力复杂生产动态变化情况，可以采用该模式进行类似分析。

表6-22　气井生产动态数据对水侵情况的诊断

序号	类型	生产动态特征	生产动态曲线示例	
			①	②
1	未水侵型	①产量稳定，压力降低趋势较一致； ②压力稳定，产量降低趋势一致	产气量 流压 生产时间	产气量 流压 生产时间
2	水侵初期型	①产量稳定，压力降低幅度较前期慢； ②压力稳定，产量降低趋势较前期慢	产气量 流压 生产时间	产气量 流压 生产时间
3	水侵中后期型	①产量稳定，压力降低幅度较前期快； ②压力稳定，产量降低趋势较前期快	产气量 流压 生产时间	产气量 流压 生产时间

2. 水锥极限产量变化评价结果

通过选择适合本气藏的水锥极限产量评价方法，对单井水锥极限产量进行评价，并绘制单井实际生产日产气量与水锥极限产量的对比曲线，以气井产量与水锥极限产量关系进行气井水侵或见水的识别（图6-29）。同样，通过产量不稳定分析的 Blasingame 典型曲线、流动物质平衡曲线等也可以对气井水侵情况进行判断，并对井进行分类，判断气井见水早晚。

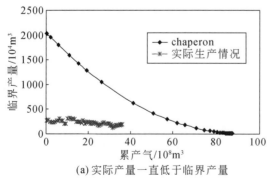

(a) 实际产量一直低于临界产量

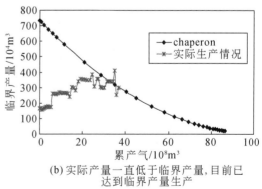

(b) 实际产量一直低于临界产量，目前已达到临界产量生产

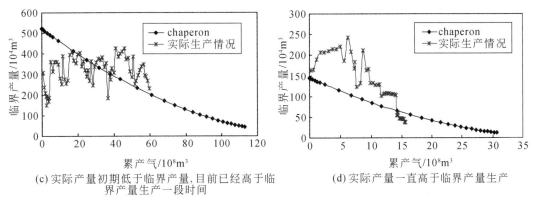

(c) 实际产量初期低于临界产量,目前已经高于临
界产量生产一段时间

(d) 实际产量一直高于临界产量生产

图6-29　利用实际产量与水锥临界产量关系进行气井水侵判断

（三）利用层次分析法确定各级指标权重

按照 Saaty 提出的 1~9 比率标度法（表6-23），通过咨询专家，对每级各因素两两进行比较得到量化的判断矩阵 M，其中 m_{ij} 表示指标 i 对于指标 j 的权重。

表6-23　1~9 比率标度含义

标度 m_{ij}	含义
1	i 与 j 同等重要
3	i 比 j 略微重要
5	i 比 j 重要
7	i 比 j 明显重要
9	i 比 j 及其重要

2，4，6，8 为以上判断之间的中间状态对应的标度值的倒数。若 j 与 i 比较得到的判断矩阵值为 $m_{ji}=1/m_{ij}$，$m_{ii}=1$

$$M=\begin{pmatrix} m_{11} & m_{12} & \cdots & m_{1n} \\ m_{21} & m_{22} & \cdots & m_{2n} \\ \vdots & \vdots & \vdots & \vdots \\ m_{n1} & m_{n2} & \cdots & m_{nn} \end{pmatrix} \tag{6-21}$$

1. 计算判断矩阵

计算判断矩阵 M 的最大特征根 λ_{max} 及其对应的特征向量 M，此特征向量就是各评价因素的重要性排序，也即权系数的分配。

2. 一致性检验

为判断特征向量是否有效，要对判断矩阵的一致性进行检验，需计算偏差一致性指标

$CI = \dfrac{\lambda_{\max} - n}{n - 1}$，平均随机一致性指标 RI。它是用随机的方法构造 500 个样本矩阵，构造方法是随机地用标度及它们的倒数填满样本矩阵的上三角各项，主对角线各项数值始终为 1，对应转置位置项则采用上述对应位置随机数的倒数。然后对各个随机样本矩阵计算其一致性指标值，对这些 CI 值平均即得到平均随机一致性指标 RI 值。当随机一致性比率 $CR = \dfrac{CI}{RI} < 0.10$ 时，认为层次分析排序的结果有满意的一致性，即权系数的分配是合理的；否则，重新设置判断矩阵 M 的元素取值，并重新分配权系数的值。

（四）确定权重向量

（1）计算判断矩阵的每一行元素的乘积 Q_i，其中 $Q_i = \prod_{j=1}^{n} m_{ij}$。

（2）计算 Q_i 的 n 次方根 $\overline{\omega}_i = \sqrt[n]{Q_i}$，从而获得向量 $\overline{\omega} = [\overline{\omega}_1 \ \overline{\omega}_2 \cdots \overline{\omega}_n]$，对该向量进行归一化处理，即可得到矩阵 M 的权重向量。

（五）全气田气井见水风险的加权平均模糊合成综合评价

模糊综合评价是通过构造等级模糊子集把反映被评事物的模糊指标进行量化（即确定隶属度），然后利用模糊变换原理对各指标综合。

1. 建立模糊关系矩阵

在构造了等级模糊子集后，逐个对被评事物从每个因素 u_i（$i = 1, 2, \cdots, p$）上进行量化，即确定从单因素来看被评事物对等级模糊子集的隶属度（$R \mid u_i$），进而得到模糊关系矩阵：

$$R = \begin{bmatrix} R \mid & u_1 \\ R \mid & u_2 \\ \vdots \\ R \mid & u_p \end{bmatrix} = \begin{bmatrix} r_{11} & r_{12} & \cdots & r_{1m} \\ r_{21} & r_{22} & \cdots & r_{2m} \\ \vdots & \vdots & \vdots & \vdots \\ r_{p1} & r_{p2} & \cdots & r_{pm} \end{bmatrix}_{p,m} \tag{6-22}$$

式中，矩阵 R 中第 i 行第 j 列元素 r_{ij} 为某个被评事物从因素 u_i 来看对 v_j 等级模糊子集的隶属度。一个被评事物在某个因素 u_i 方面的表现，是通过模糊向量 $(R \mid u_i) = (r_{i1}, r_{i2}, \cdots, r_{im})$ 来刻画的，而在其他评价方法中多是由一个指标实际值来刻画的，因此，从这个角度讲模糊综合评价要求更多的信息。

2. 合成模糊综合评价结果向量

利用加权平均模糊合成算子将评价因素的权向量 A 与模糊关系矩阵 R 组合得到模糊综合评价结果向量 B。模糊综合评价中常用的取大取小算法，在因素较多时，每一因素所分得的权重常常很小。在模糊合成运算中，信息丢失很多，常导致结果不易分辨和不合理（即模型失效）的情况。所以，针对上述问题，这里采用加权平均型的模糊合成算子。计算公式为

$$b_i = \sum_{i=1}^{p} (a_i \cdot r_{ij}) = \min(1, \sum_{i=1}^{p} a_i \cdot r_{ij}), j = 1, 2, \cdots, m \qquad (6-23)$$

式中，b_i，a_i，r_{ij} 分别为隶属于第 j 等级的隶属度、第 i 个评价指标的权重和第 i 个评价指标隶属于第 j 等级的隶属度。

3. 对模糊综合评价结果进行评级

使用加权平均求隶属等级的方法，对于多个被评事物可以依据其等级位置进行排序。

（六）生产预警体系的实际应用

对于实际气田中气井的见水风险评价指标，应该根据实际气田的特征及气田实际测试的资料情况进行选取。采用本方法，对国内塔里木油田某气田气井见水风险进行了评价。该气田各气井每年均测试了流压、静压、产气剖面、压力关井恢复数据、饱和度测井资料等。因此，综合考虑气井的地质基本情况及测试资料情况选取见水风险评价指标，包括断层是否断穿气水界面、井周围断层情况及距井距离、井射孔距离边底水距离、井周围裂缝发育程度、固井质量等。另外，还有动态识别方法的评价结果作为评价指标，包括试井评价边水推进距离及断层开启情况、水锥极限产量法评价结果、产量不稳定分析曲线水侵诊断结果、产气剖面测试评价高产层位置等。表 6-24 给出了各评价指标对气井水侵或见水的影响。

表 6-24　各评价指标对气井水侵或见水的影响

评价指标	相对早见水	相对晚见水
断层是否断穿气水界面	是	否
井周围断层情况及距井距离	开启且近	封闭且远
井射孔距离边底水距离	近	远
井周围裂缝发育程度	发育	不发育
固井质量	差	好
Agarwal-Gardner 流动物质平衡曲线	未水侵或水侵初期	水侵中后期
流动物质平衡水侵诊断曲线	未水侵或水侵初期	水侵中后期
Blasingame 产量不稳定分析典型曲线	未水侵或水侵初期	水侵中后期
产量、压力特征分析	未水侵或水侵初期	水侵中后期
产量与水锥极限产量关系	一直高于极限产量	一直低于极限产量
试井评价目前边底水距离	近	远
产气剖面高产层段位置	低部位	高部位或无高产层

按照本节内容，对克拉 2 边底水气田的 17 口生产井的 14 个指标进行见水风险等级模糊综合判断分析，确定了气井水侵类型及预计气井见水顺序，见表 6-25。目前该方法在中石油塔里木油田各大气田应用效果非常好，预测准确率高。通过对各气田气井见水风险综合评价后，优化调整了各大气田气井产量，在保持气田整体产量平稳运行基础上，避免了部分气井提早见水而影响产量及采收率，大大提高了各大气田的开发效果。

表 6-25　综合各种因素对国内某气田气井见水风险评价结果

井号	W1	W2	W3	W4	W5	W6	W7	W8	W9	W10	W11	W12	W13	W14	W15	W16	W17
断层是否断穿气水界面	是			是	是	是		是			是						
断层距井最近距离/m	0	35	50	0	40	44	114	10	0	10	43	22	210	73	82	87	53
井射孔距底水距离/m	51	81	163	48	90	130	36	184	184	161	218	191	196	146	133	187	169
井射孔距边底水距离/m	430	750	760	570	380	410	300	960	950	430	1030	1100	700	940		820	850
裂缝发育情况	发育	发育	发育	较发育	发育	较发育	不发育	较发育	不发育	不发育	不发育	不发育	不发育	不发育	不发育	不发育	不发育
固井质量	差	好	好	好	差	差	好	好	好	好	差	好	好	好	好	好	好
Agarwal-Gardner 流动物质平衡曲线	水侵中后型	水侵中后型	水侵中后型	水侵中后型	水侵中后型	水侵中后型	水侵初期型	水侵初期型	水侵初期型	水侵初期型	水侵初期型	未见水侵型	水侵初期型	未见水侵型	未见水侵型	未见水侵型	未见水侵型
流动物质平衡水侵诊断曲线	水侵中后型	水侵中后型	水侵中后型	水侵中后型	水侵中后型	水侵中后型	水侵初期型	水侵初期型	未见水侵型	水侵初期型	水侵初期型	水侵初期型	未见水侵型	未见水侵型	未见水侵型	未见水侵型	未见水侵型
Blasingame 产量不稳定分析典型曲线	水侵中后型	水侵中后型	水侵中后型	水侵中后型	水侵中后型	水侵初期型	水侵初期型	水侵初期型	水侵初期型	未见水侵型	水侵初期型	未见水侵型	水侵初期型	未见水侵型	未见水侵型	未见水侵型	未见水侵型
产量、压力特征分析	水侵中后型	水侵中后型	水侵中后型	水侵中后型	水侵中后型	水侵中后型	水侵初期型	水侵初期型	未见水侵型	水侵初期型	未见水侵型	未见水侵型	水侵初期型	水侵中后型	未见水侵型	水侵初期型	未见水侵型
实际产量与水锥极限产量关系	高	高	低	高	等于	低	高	等于	高	低	等于	低	低	低	低	低	低
试井解释井周围存在开启断层					是	是	是		是		是	是		是			
试井解释边水距井底距离/m			150	280		300		800		450			670			800	
产气剖面测试主力产层是否在底部		是	是	是	是	是											
水侵类型评价结果	已见水型		水侵中后期型				水侵初期型					未水侵型					
预计见水顺序	1	2	3	4	5	6	7	8	9	10	11	12	13	14	15	16	17

二、稳产风险因素分析

考虑到异常高压底水气藏开发过程中的敏感性因素，筛选出采气速度、水体倍数及断层封闭性对稳产的影响。

（一）采气速度对稳产期的影响

表 6-26 表明，采气速度增加，稳产期缩短，稳产期末的累计产气量减少，5% 采气速度下稳产期末采出程度仅 49.23%，最终采出程度为 71.07%，远低于方案设计水平。

表 6-26　不同采气速度开发效果对比

采气速度/%	年产量/$10^8 m^3$	再稳产期/年	稳产期累产气/$10^8 m^3$	稳产期采出程度/%	累产气/$10^8 m^3$	气采收率/%
5	115	5	1125.30	49.23	1624.68	71.07
4.5	100	6	1148.21	50.23	1705.10	74.59
4	90	8	1265.60	55.36	1736.37	75.96
3.5	80	10	1341.18	58.67	1768.26	77.35
3	70	13	1441.12	63.04	1781.97	77.95
2.5	60	16	1484.74	64.95	1807.22	79.06

采气速度对水侵速度影响较大，随采气速度增加，提前见水（图 6-30），边底水推进速度加快，日产水量升高加快。速度越高，见水井数也越多（图 6-31），稳产期缩短，降低天然气采收率，使气藏整体开发效果变差。

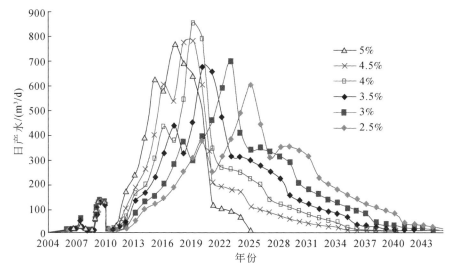

图 6-30　不同采气速度日累产水对比

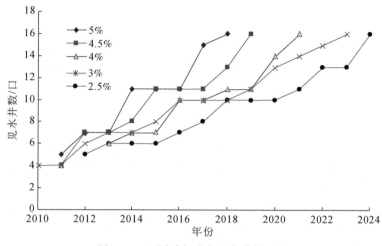

图 6-31　不同采气速度见水井数对比

（二）水体倍数对采收率的影响

对不同水体倍数下气藏采收率数值模拟发现，水体倍数从 4 倍增加到 16 倍，无水采气期从 7 年减至 4 年，无水采气期内采出程度从 55.2% 降低到 39.5%，气田废弃压力提高了 11MPa，采收率降低了 6.7%（表 6-27）。

表 6-27　不同水体倍数下开发指标对比表

水体倍数	无水采气期/年	无水采气期采出程度/%	最终采收率/%	废弃压力/MPa	累计产水/$10^4 m^3$
4	7	55.2	72.64	19.73	152.45
6	6	51.3	72.19	21.47	193.7
8	5	47.4	71.50	23.95	274.12
10	4	43.5	68.59	27.42	288.21
16	4	39.5	65.94	30.87	276.32

（三）断层封闭性对稳产期的影响

假设断层封闭与开启两种条件进行模拟对比。在断层封闭条件下，气藏内部连通性变差，产气量递减快，稳产期变短（图 6-32），累产气量比断层开启时减少 $31.02 \times 10^8 m^3$，气采收率下降 1.35%。

断层封闭条件下，气藏整体见水时间提前，影响较大的为边部部分井（图 6-33）。同时，对一部分井也有阻挡边水推进，延缓见水的效果。表 6-28 中列出了受断层影响的所有井，断层如果封闭使生产井提前见水的有 9 口井，如 KL2-9 井（图 6-34），断层封闭导致边水推进加快，提前两年见水；延缓见水的为 5 口井，如 KL2-12 井（图 6-35），断层封闭使边水变缓，延迟两年见水；受断层影响较小的有 3 口井。

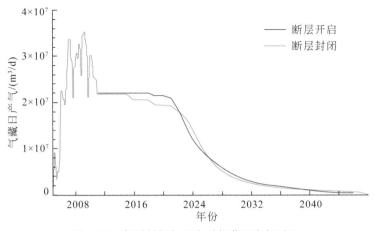

图 6-32　断层封闭与开启时气藏日产气对比

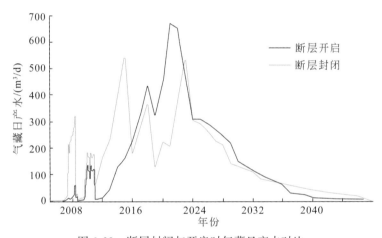

图 6-33　断层封闭与开启时气藏日产水对比

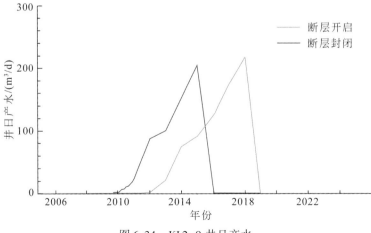

图 6-34　KL2-9 井日产水

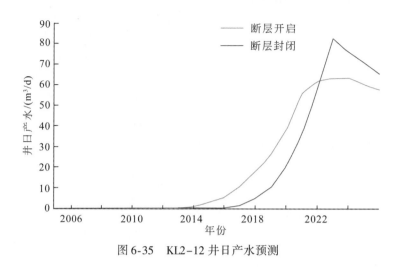

图 6-35　KL2-12 井日产水预测

表 6-28　假设断层封闭生产动态与断层开启的对比

类别	见水提前，或使储层连通性差 产气递减快，效果变差	延缓见水，开发 效果变好	变化不大
井数	9	5	3
井号	KL205、KL2-3、KL2-5、KL2-6、KL2-7、 KL2-9、KL2-11、KL2-13、KL2-H1	KL2-1、KL2-2、KL2-4、KL2- 12、KL2-15	KL2-8、KL2-10、 KL2-14

三、合理开发技术界限确定

（一）开发层系的确定

异常高压气田往往垂向上具有多套储层，合理划分开发层系对气藏的高效开发有重要意义。克拉 2 气田古近系和白垩系储层有如下 3 套含气层系（图 6-36）：第一套是上部的古近系砂质白云岩段；第二套是中部的古近系底砂岩段+白垩系巴什基奇克组；第三套是下部的白垩系巴西盖组。古近系砂质白云岩段与其下伏的古近系底砂岩段+白垩系巴什基奇克组之间有一段膏泥岩层，其厚度分布为 14.3 ~ 23.5m，自西向东增厚。古近系底砂岩与下伏的白垩系巴什基奇克组之间为区域性不整合接触，彼此相互连通。巴什基奇克组与其下伏储层巴西盖组之间，有一分布稳定的泥砾岩和泥岩段，厚度 6 ~ 10.5m，地质研究表明，构造上已有内部小断层穿透其间，可能上下层相互连通。

古近系砂质白云岩和古近系底砂岩、白垩系巴什基奇克组，白垩系巴西盖组 3 套产气层系具有统一的气水界面（-2468m），为同一个边底水块状气藏。3 套产气层系为同一温度、压力系统，地温梯度为 2.425℃/100m，压力系数为 2.022。3 套产气层系的天然气性质相同。古近系白云岩与其下伏储层段在岩性和孔隙结构上有所不同，为裂缝型白云岩，其下伏储层段为孔隙型砂岩。3 套产气层系在厚度、面积、储量和储量丰度上悬殊，白云岩段和巴西盖组厚度小，分别为 5.6m 和 36.1m；储量小，分别为 $113.96 \times 10^8 m^3$ 和 $33.28 \times 10^8 m^3$；丰

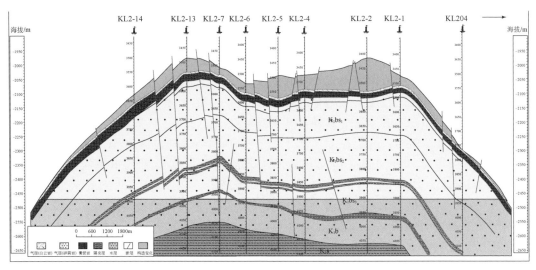

图 6-36　克拉 2 气田东西向气藏剖面图

度低，分别为 $2.42×10^8 m^3/km^2$ 和 $2.87×10^8 m^3/km^2$。因此，不具备另设一套开发层系的物质基础。3 套产气层系的含气井段达到 $400～600m$，这样长的井段合采，在采气工艺上存在较大困难。

一套开发层系是底砂岩+巴什基奇克组，其厚度大、储量大、丰度高。碾平厚度 $172.9m$，储量 $2691.01×10^8 m^3$，储量丰度 $60.34×10^8 m^3/km^2$，作为一套独立的开发层系具备充分的物质基础。所谓两个产量接替层是古近系白云岩段和白垩系巴西盖组，白云岩段和巴西盖组厚度小、储量小、丰度低，不具备另设开发层系的条件，只能作为产量接替层，并且是原井产量接替，即用底砂岩段+巴什基奇克组的井上返和下返来实现产量接替。

（二）井型、井网论证

气田的开发，首先决定于天然气销售市场，产销之间存在密不可分的关系。西气东输工程，以塔里木天然气资源为基础，以长江三角洲天然气市场为目标，建设塔里木—上海输气管道，将塔里木天然气直接输送到长江三角洲及沿线地区。这给克拉 2、迪那 2 气田开发提供了前提条件——市场。但有了市场并不等于必然有了效益。没有效益的市场对于气田的开发仍然是毫无意义的，因此必须力争最好的经济效益。如何争取最好的经济效益？对于上游来说，有两大重要内容：一是深层钻井投资；二是地面建设工程投资。因此，在可能条件下，应尽可能少打井和简化地面流程，以少井高产和简化流程来实现上游的最佳经济效益。因此，这一问题就归结为对开发原则、井型井网的论证上面。

1. 开发原则

克拉 2 气田是一个异常高压气藏，压力系数达到 2.0 以上，根据试井分析，真表皮系数很大，达到 $10～60$，甚至 60 以上。看来在钻井、完井过程中钻井液污染是比较严重的。因此进行全过程油层保护十分必要；此外，采用成熟的钻、采和地面工艺技术，确保安全生产，亦是异常高压气藏开发的重要环节。流体分析表明，克拉 2 气田气体质量好，H_2S 含量远低于工业标准，CO_2 和 N_2 含量也很小，可以大大简化地面工艺流程。根据上述分析，特提出以下几项开发原则：①克拉 2 气田开发必须充分满足西气东输的气量需求，以市场为导向，以提高经济效益为核心；少井高产、稳产；最大限度地提高天然气采收率；②气田的开发必须以控水为重点，最大限度地延长气井见水时间，提高无水期采收率；③克拉 2 气田开发必须适应其异常高压的特点，实施全过程储层饱和，减少污染，最大限度地发挥气井生产潜力；④克拉 2 气田开发必须适应其异常高压的特点，尽量采用成熟和先进的钻、采及地面工艺技术，确保安全生产；⑤克拉 2 气田开发必须适应其气体质量好，H_2S 等酸性气体及非烃气体含量低的特点，最大限度地简化地面工艺流程；⑥克拉 2 气田只能提供年产 $70 \times 10^8 m^3$ 的供气要求，其余气量应由塔里木其他气田支撑。

干气气田的开发实践表明，几乎所有的气田其开发方式都是衰竭式的，还没有见到诸如保持压力之类的开发方式。其原因主要是：①干气的主要成分是甲烷，其他较重的组分含量很少，尤其是 C_5+ 含量更少。因此衰竭式开采时，不会有较重的组分凝析出来而残留在地面，从而影响天然气采收率；②由于干气中的主要组分是甲烷，其黏度很低，相对分子质量比空气小得多，因此，干气从地层流入井底所需生产压差远小于原油，而从井底升至地面又几乎不需要多大流压，仅依靠其与空气的重力分异作用就能到达地面，因此，不需要保持压力；③衰竭开采比其他任何开发方式都经济和简便易行，如用注水来保持压力，除了增加注水费用之外，天然气采收率将大幅度降低，因此天然气最怕水圈闭捕集作用和气井水淹；如果注空气，那么庞大的注入设施及分离设施，复杂的工艺技术，将是不能接受的。

异常高压气田同其他一般干气气田一样，也选择衰竭式开发方式。其依据除上述一般原因之外，还有以下特殊原因：①异常高压气田储层岩石形变对产能的影响不大，可以采用衰竭式开发方式开采。克拉 2 气田是一个异常高压气藏，压力系数达到 2.022。对于异常高压油气藏，国内外开发实践和理论表明，衰竭式开采时，随着地层压力下降，储层渗透率将降低，从而影响气田的产能。不同气藏，其储层岩石性质不同，岩石形变的特征和程度也不同，因而岩石的变形对产能的影响程度也不同。根据现有覆压试验资料研究得出，克拉 2 气田储层岩石变形降低渗透率的幅度不大，因而对产能的影响也不大。②异常高压气藏弹性能量大，采用衰竭式开采方式可以充分利用其巨大的弹性能量。利用衰竭式开采将克拉 2 气藏从原始压力（74.35MPa）降到静水柱压力（36.775MPa）所获得的弹性膨胀采出量将是其依靠超高压部分的弹性膨胀（不考虑边底水作用）额外采出来的，通过计算克拉 2 气田采用衰竭式开采时，其异常高压部分的弹性采出量将等于总弹性采出量的 63.5%。与正常压力气藏比较，这是额外多出来的。

2. 井位优选

新井区域首先具有一定控制储量，通过单井控制储量分析及目前地下储量分布研究认为：

（1）克拉 203 西侧目前天然气储量为 $180 \times 10^8 m^3$，克拉 203 井产水高关井，正进行堵水作业；KL2-14 也见水，控制储量为 $35 \times 10^8 m^3$，因此克拉 203 西侧储量控制较差。可以考虑在克拉 203 以西，KL2-14 北侧，在 -2250m 等高线以内，避开断层位置新钻 1 口井，以增加动用，如图 6-37 所示。

（2）克拉205与KL2-4之间目前储量为$461 \times 10^8 \text{m}^3$，区域内井控制储量约为$539 \times 10^8 \text{m}^3$，单井控制程度较高。探测半径距离边界较远，可以在克拉205与KL2-4之间，KL2-5、KL2-6北侧新钻一口井，在等高线-2250m以内，且避开断层，以降低部分井采气强度，达到均衡开采的目的。

（3）目前KL2-1、KL2-2南侧存在构造高点，气层厚度较大，且距离南侧边水距离较远，可考虑在高点位置增加1口新井，新井井位如图6-37所示。

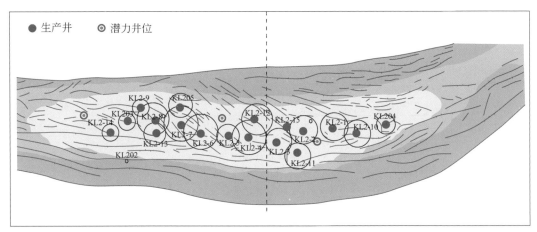

图6-37　克拉2气田物质平衡法评价单井泄气半径分布图

3. 井型设计

根据以上确定的井位，分别进行水平井与直井产能分析，认为在气层厚度小于275m时适合于水平井开发。例如，KL2-20井处于边部，目前气层厚度103m，水平井与直井采气指数比达到3.71，鞍部KL2-18井采气指数比为1.13。而KL2-16井处于构造高部位，气层厚度较大，直井射开30%时采气指数高于水平井（表6-29）。因此推荐KL2-18、KL2-20位置设计水平井，KL2-16为直井。

表6-29　水平井与直井采气指数对比

井号	目前气层厚度/m	采气指数/(10^4m^3/MPa^2)		采气指数比
		水平井	直井	
KL2-16	381	1.97	5.92	0.33
KL2-18	275	3.19	2.81	1.13
KL2-20	103	2.01	0.54	3.71

4. 水平井长度优选

通过数值模拟研究发现，当水平段小于700m时，随着水平段长度降低，生产压差增加幅度较大（图6-38）。在相同生产压差时，水平段增加，产气量增加，长度大于700m时增加幅度变缓（图6-39），因此推荐水平段长度为700m。

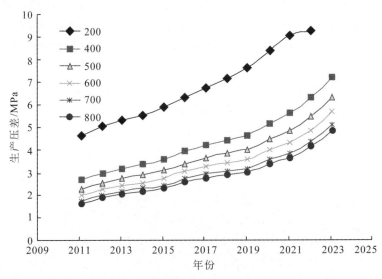

图 6-38　不同水平井长度生产压差对比

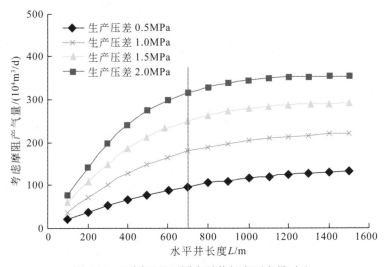

图 6-39　不同压差不同水平井长度下产量对比

另外，对于水平段纵向位置优选，应该尽量设计在储层上部，避水高度大，见水风险较小，稳产期长，易于气藏整体的动用。

5. 直井射开程度分析

KL2-16 井设计打开程度分别为 20%、30%、50%、60%、90%，对比开发效果。图 6-40 表明，打开程度高于 30% 时产水较早，且产水上升也较快。图 6-41 表明日产气 $100\times10^4\mathrm{m}^3/\mathrm{d}$ 条件下，射开程度大于 30% 后生产压差减小幅度明显变缓。因此，推荐直井射开程度为 30% 左右，射孔层位为巴 1 段。

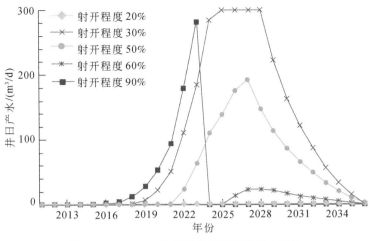

图 6-40　KL2-16 井不同射开程度日产水对比

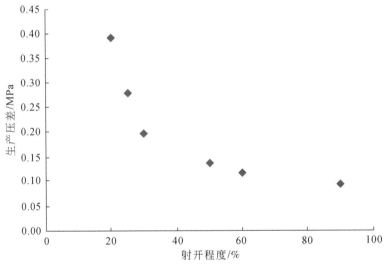

图 6-41　KL2-16 井不同射开程度生产压差对比

（三）合理采气速度研究

衰竭式开采时，采气速度大小将影响气藏见水早晚，稳产期长短和稳产期采出程度高低，并影响最终采收率。合理采气速度是一个很复杂的问题，决定于气藏的地质、生产特征、市场需求和经济效益等许多因素。在市场经济条件下，市场需求将是决定性的因素。

单井控制储量一定的条件下，提高气田的开采速度，会使生产压差增加，气藏见水早，压降速度快，这样势必会加快边水的推进，而天然气的生产对地层出水非常敏感，即使出水量很小的上升，都会导致生产压差大幅度上升，以至于影响气井的稳产，稳产期采出程度低，净现值也不高，经济效益也不好；同时压差增大必然导致岩石变形的加剧，使得井底附近渗透率降低，反过来又会影响单井产能。同时，采气速度小，气藏将见水晚，压降速度慢，稳产期长，稳产期采出程度高；但采气速度太小，又使投资回收期延长，净现值减小，经济效益降低。

研究依靠加密断层周围的网格来近似模拟底水沿断层窜入气藏的情况。模型储量 $100 \times 10^8 \text{m}^3$，网格数 $31 \times 47 \times 100$，$\Delta X = \Delta Y = 100\text{m}$，断层加密前，模型见水时间与实际出入很大；断层加密后网格为 $\Delta X = 1\text{m}$，加密网格渗透率为 1mD，相渗采用对角线形式，模型气藏压力、井口压力、见水时间等生产指标基本与实际资料相符。模拟结果见表 6-30，采气速度大，无水采气期短，5% 速度下，无水采气期约 3 年，无水期采气程度 11.86%。采气速度3.5%，无水采气期 13 年左右；超过 3.5% 时，气藏无水采气期及对应采出程度大幅度降低。

表 6-30　单井模型不同采气速度下开发指标对比表

采气速度/%	无水采气期/年	无水采气期采出程度/%	最终采收率/%	废弃压力/MPa	累计产水/10^4m^3
2.5	18	45.14	76.48	20.72	29.95
3	14	45.14	76.25	20.9	30.22
3.5	13	43.4	75.64	21.06	31.74
4	10	36.11	74.10	22.04	36.11
4.5	8	28.42	72.47	23.15	39.46
5	3	11.86	71.24	24.44	40.43
6	0	0	68.77	26.05	41.94

当高速开采时，地层水沿断层及高渗带窜入，天然气被封闭成死气区，废弃压力增高，采收率降低（图 6-42），高于 3.5% 时采收率下降幅度增大。采气速度高于 3.5%，累计产水大幅度增加（图 6-43）。

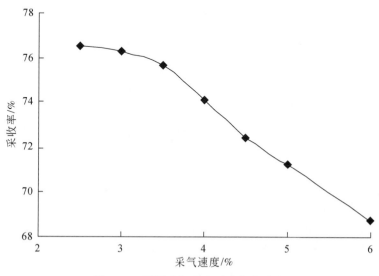

图 6-42　不同采气速度下采收率对比

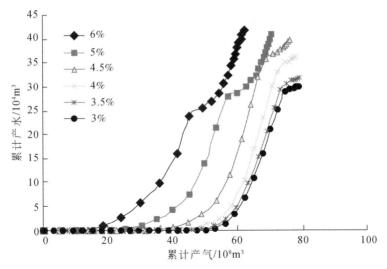

图 6-43　不同采气速度下累计产水量变化曲线

综合分析，气藏合理采气速度为 3.5%，年产规模为 $80×10^8 m^3$。

四、防水控水对策

克拉 2 气藏的防水控水主要从已见水井控水和利用新钻井控水的可行性两个方面进行论证。

（一）已见水井控水建议

1. KL203、KL204 关井好于开井

KL203、KL204 开井生产时，产气量有限（图 6-44），产水量大幅度增加，气藏累产水

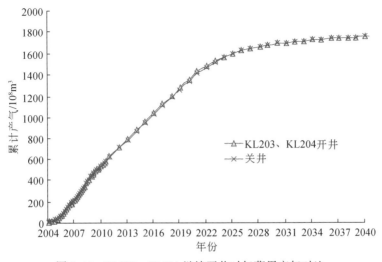

图 6-44　KL203、KL204 继续开井时气藏累产气对比

增加 $4.4 \times 10^4 m^3$（图 6-45）。气藏整体累产气比关井时少 $4.77 \times 10^8 m^3$，天然气采收率降低 0.2%。因此，水气比较高时建议关井。

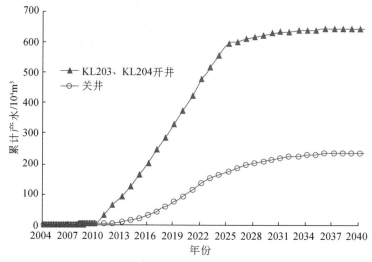

图 6-45　KL203、KL204 继续开井时气藏累产水对比

2. KL203 堵水好于关井

2010 年 8 月产气剖面测试表明（表 6-31），KL203 井 3753.0~3756.0m 为主产气层，日产气 $98893 m^3/d$、产水 $0 m^3/d$，产气量占全井产量的 43.1%，孔隙度 16.7%，渗透率 2.7mD。3841.0~3846.0m 也为主力产气层，日产气 $87763 m^3/d$、产水 $161.7 m^3/d$，相对产气量 38.2%，孔隙度 16%，渗透率 21~47mD。通过堵水作业，封堵 3820m 以下水淹层，仅上部气层生产。

表 6-31　KL203 井产气剖面测试成果表（2010 年 8 月）

射孔井段/m	评价井段/m	单层日产量		相对产气量/%	产气强度/[m³/（d·m）]
		产水/（m³/d）	产气/（m³/d）		
3698.5~3916.5	3753.0~3756.0	0	98893	43.1	32964
	3759.0~3762.0	0	1357	0.6	452
	3805.5~3809.0	0	21269	9.3	6077
	3834.5~3840.5	13.9	20319	8.8	3387
	3841.0~3846.0	161.7	87763	38.2	17553
合计		175.6	229601	100	

KL203 井堵水后主要生产层位为巴 1 段，物性较差，日产气量 $10 \times 10^4 \sim 20 \times 10^4 m^3/d$。KL203 井预测累产气可增加 $4.92 \times 10^8 m^3$，气藏累产气增加 $1.13 \times 10^8 m^3$。

（二）利用新钻井控水的可行性

为减少边底水侵入气藏，可以考虑在水区部署控水井排，降低水区与气区的压力差，从而达到降低水侵量，延长见水时间，降低废弃压力，提高采收率的目的。根据产水量的不同而设计以下两个排水方案：①10 口井，日产水 $600m^3/d$；②20 口井，日产水 $600m^3/d$。

对比研究表明，排水措施使得气层与水层压差逐步减小（图 6-46），从而废弃压力降低，20 口井时最大降低 1.3MPa，采收率提高 2.2% 左右（图 6-47），具有一定的效果。

但考虑到打排水井的费用，以及排水量增加后需要较大的地面处理能力，需要地面改造，因此，推荐在近几年内不考虑新钻井排水采气。

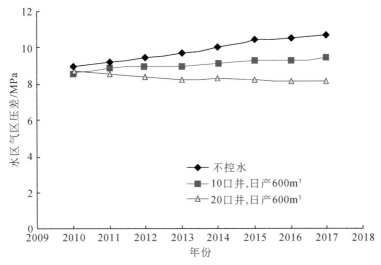

图 6-46　不同控水方式下水区与气区压差对比

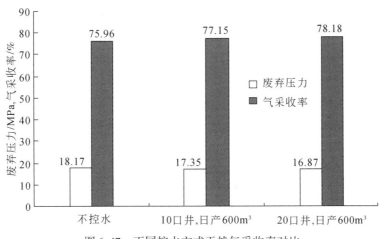

图 6-47　不同控水方式天然气采收率对比

第七章 高含硫气藏开发规律与技术政策

由于流体中 H_2S 以及元素硫组分的存在，高含硫气藏开采特征与常规气藏开采特征存在较大差异。高含硫气藏气体在开采过程中，随着气体产出，地层压力不断下降，元素硫以单质形式从气体中析出，且在适当温度条件下以固态硫的形式存在，并在储层岩石的孔隙喉道中沉积，从而阻塞天然气的渗流通道，降低地层有效孔隙空间和渗透率，影响气井产能。因此，相比较常规气藏而言，高含硫气藏的开发存在很大难度和挑战性。我国高含硫气藏储量丰富，主要分布在四川盆地和渤海湾盆地。总结该类气藏的开发规律和开发技术对策，对于我国该类气藏的科学、安全、高效开发意义重大。

第一节 高含硫气藏概述

一、高含硫气藏概况

含硫化氢天然气是天然气资源的重要组成部分，也是硫磺的重要来源之一。含硫化氢气体经过净化脱硫处理可以得到净化天然气和硫磺两种资源。由于目前我国对天然气的需求不断上升，硫磺90%以上依靠进口，因此含硫天然气的经济和社会价值不同于一般的天然气，它具有比一般天然气更为复杂的开发利用价值。天然气中硫化氢含量达到2%时就具有商业价值，我国已经从川东、川西等高含硫化氢的天然气藏中获得了大量的硫磺。

（一）含硫化氢气藏划分标准

理论上含硫气藏（田）是指产出的天然气中含有硫化氢及硫醇、硫醚等有机物的气藏。目前，含硫气藏是根据天然气中含硫化氢量的高低来进行分类。按照含酸性气体气藏的划分标准（中国石油天然气行业标准 SY/T 6168—1995），根据含硫化氢体积比来进行划分：微含硫气藏（<0.0013%）；低含硫气藏（0.0013%～0.3%）；中含硫气藏（0.3%～2%）；高含硫气藏（2%～10%）；特高含硫气藏（10%～50%）；纯硫化氢藏（>50%）（表7-1）。根据国家储委2005年颁布的含硫气田划分标准，硫化氢含量大于或等于 $30g/m^3$ 为高含硫气田。天然气组分中硫化氢含量在50%以上可称为硫化氢气田（表7-1）。

表 7-1　含硫化氢气藏分类标准表

气藏分类标准			储量规范含硫量分类	
气藏类型	硫化氢含量		气藏分类	天然气硫化氢含量 /(g/m³)
	%	g/m³		
微含硫气藏	0.0013	<0.02	微含硫	<0.02
低含硫气藏	0.0013~0.3	0.02~5	低含硫	0.02~5
中含硫气藏	0.3~2	5~30	中含硫	5~30
高含硫气藏	2~10	30~150	高含硫	≥30
特高含硫气藏	10~50	150~770		
硫化氢气藏	>50	>770		

（二）高含硫气藏特点

高含硫气藏在全球范围内分布广泛，美国得克萨斯州 Murray Franklin 气田，加拿大阿尔伯达省 Bentz/Bearberry 气田、Panther River 气田、美国密西西比州 Black/Josephine 气田、Cox 气田，以及我国渤海湾盆地陆相地层的华北赵兰庄气田、胜利油田罗家气田和四川盆地海相地层的渡口河气田飞仙关组气藏、罗家寨气田飞仙关组气藏、普光气田飞仙关组气藏、铁山坡气田飞仙关组气藏、龙门气田飞仙关组气藏、高峰场气田飞仙关组气藏、中坝气田类口坡组气藏和卧龙河气田嘉陵江组气藏，均属于典型的高含硫气藏。该气藏普遍存在以下主要特点：

（1）硫化氢含量高，平面与纵向上分布不均。

（2）气藏埋藏深，地温梯度大，地层压力高。

（3）纵向上产层多，储层非均质性强，一般情况下气井产量高。

（4）储集类型多为裂缝-孔隙型，储集空间复杂。

（5）钻井工艺、采气工艺、集输工艺、净化工艺难度大，技术条件要求高，成本昂贵。

（6）开采过程中存在复杂的流体相变，在近井地带和井筒存在硫沉积。

（7）由于存在气-液（水、液硫）-固（固硫）耦合综合流动，高含硫气藏渗流规律复杂。

二、高含硫气藏资源现状

（一）高含硫气藏分布

高含硫气藏全球分布广泛，目前全球已发现 400 多个具有工业价值的高含硫气田，主要分布在加拿大、美国、法国、德国、俄罗斯、中国和中东地区（表 7-2）。最近 30 年来，美国、加拿大、俄罗斯、法国、德国、伊朗等国都发现 H_2S 含量很高的气田。

全球高含硫气藏储量超过 $736320 \times 10^8 m^3$，约占世界天然气总储量的 40%。加拿大是高含硫气田较多的国家，在开发方面拥有较多经验，也是产硫磺大国，其储量占全国天然气总储量的 1/3 左右，主要分布在落基山脉以东的内陆台地。在已开发的 28 个含硫气田中，硫含量超过 10% 的就有 12 个。阿尔伯达省有 30 余个高含硫气田，天然气中的 H_2S 的平均含量约为 9%，如卡洛琳（Caroline）气田，H_2S 含量为 35%；卡布南（Kaybob South）气田 H_2S 含量为 17.7%；莱曼斯顿（Limestone）气田 H_2S 含量为 5% ~ 17%；沃特堂（Waterton）气田 H_2S 含量为 15%，这 4 个气田是加拿大典型的高含硫气田，探明地质储量近 $3000 \times 10^8 m^3$。

俄罗斯高含硫气藏储量接近 $5 \times 10^{12} m^3$，主要集中在阿尔汉格尔斯克州，分布于乌拉尔–伏尔加河沿岸地区和滨里海盆地，以奥伦堡（Orenburg）和阿斯特拉罕（Astrakhan）气田为代表。其中，奥伦堡气田是典型的高含硫气田，天然气可采储量达到 $18408 \times 10^8 m^3$，气体组分中 H_2S 含量为 24%。

此外，美国、法国、德国等都探明有高含硫气藏，典型的大型高含硫气田有：美国的惠特尼谷卡特溪（Whitney Canyon–Carter Creek）气田，探明天然气储量 $1500 \times 10^8 m^3$；法国拉克（Lacq）气田，探明天然气储量 $3226 \times 10^8 m^3$；德国的南沃尔登堡（South Woldenberg）气田，探明天然气储量 $400 \times 10^8 m^3$。

我国自 1958 年首次在四川盆地发现含硫化氢天然气以来，已先后在四川盆地、渤海湾盆地、鄂尔多斯盆地、塔里木盆地和准噶尔盆地等 13 个油气盆地中发现了含硫化氢天然气。四川盆地是我国天然气工业的发源地，天然气规模化勘探始于 20 世纪 50 年代初，已发现的 22 个含油气层系中有 13 个高含硫气藏，近 15 年发现的众多二叠系、三叠系礁滩气藏均为高含硫气藏。20 世纪 80 年代初期，我国探明的含硫化氢天然气占全国天然气储量的 1/4。而目前我国含硫气田（含硫 2% ~ 4%）天然气产量占全国天然气产量的 60%，四川盆地含硫天然气产量占总产量的 80%。我国 H_2S 含量超过 $30 g/m^3$ 的高含硫气藏中有 90% 集中在四川盆地。四川盆地已探明高含硫天然气储量约为 $9200 \times 10^8 m^3$，占全国天然气探明储量的 1/9。已动用高含硫天然气储量 $1402.5 \times 10^8 m^3$，占已探明高含硫天然气储量的 15%，开采潜力大。华北油田赵 2 井是我国目前已钻遇硫化氢含量最高的井，其硫化氢含量高达 92%，四川盆地川东地区飞仙关组硫化氢含量为 14% ~ 17%，各个气田硫化氢含量差异较大，但目前已发现的气田 H_2S 含量一般低于 20%，气体中基本不含 C_7 以上烃类组分，部分气田含有有机硫。

表 7-2　世界上高含硫天然气主要分布

气田地区	储层时代	储层岩性	深度/m	H_2S 含量/%
法国拉克	K_1—J_3	白云岩+灰岩	3100 ~ 4500	15.5
德国威悉–埃姆斯	P_2	白云岩	3800	10
伊朗阿斯马里–沙阿普尔港	J	灰岩	3600 ~ 4800	26
俄罗斯伊尔库茨克	$\in_1$	白云岩	2500	42
加拿大阿尔伯达	C_1、D	灰岩	3560 ~ 3800	87
美国南得克萨斯	J_3	灰岩	5793 ~ 6098	98
美国东得克萨斯	J_3	灰岩	3683 ~ 3757	14
美国密西西比	J_3	灰岩	5793 ~ 6098	78

气田地区	储层时代	储层岩性	深度/m	H_2S 含量/%
美国怀俄明	P_2	灰岩	3049	42
华北赵兰庄	E_1k-s	砂泥岩夹白云岩	1890~2300	40~92
济阳拗陷罗家油气田	（明化组）E_2	砂泥岩夹白云岩	3600	4
四川盆地普光、渡口河、罗家寨、铁山坡、七里北等	T_1f（飞仙关组）	白云岩	3500~5800	10~17
四川盆地卧龙河	T_1j（嘉陵江组）	白云岩为主	2000	6
四川盆地中坝气田	T_2l_3（雷口坡组）	白云岩为主	3140~3400	6.5~7.5

（二）我国含硫天然气资源分布特点

根据对我国各含硫气藏的调研可以发现，我国含硫气藏具有以下特点。

1. 含硫气田数量多、构造复杂

我国现有气田 382 个，探明地质储量 $38987×10^8m^3$。"十五"期间探明的天然气中有 $990×10^8m^3$ 为高含硫化氢。主要分布在鄂尔多斯、塔里木、四川盆地及柴达木盆地。多数含硫气田属于复杂断块和岩性控制的小气田，只有少部分气田具有一定含气面积、构造较完整，如四川的威远气田、普光气田。

2. 含硫气田储层岩性基本一致

我国已经发现的含硫气田的储层物性一般较差，储层岩性基本为碳酸盐岩-硫酸盐岩地层组合，基本上是以低孔隙为储气空间，微细裂缝为渗流通道。一般孔隙度在 5% 左右，有效渗透率低于 5mD。

3. 含硫气田硫化氢含量差别大

我国含硫气田硫化氢的含量差别很大。主要气田天然气均含一定量（1%~4%）的硫化氢，而主要高含硫化氢气田的硫化氢含量更是达到了 5%~92%，特别是川东地区飞仙关组气藏硫化氢含量为 10%~15%，而卧龙河气田嘉陵江组气藏的 H_2S 最高含量甚至达到了 $491.49g/m^3$。2003 年 12 月 23 日因强烈井喷造成人员重大伤亡的罗家寨大气田硫化氢浓度平均为 $149.32g/m^3$。这些含硫气田生产出的含硫天然气若不经过脱硫净化处理不能外供销售，而且还会对地面的管网设施造成腐蚀，从而影响含硫气田的正常开发利用，降低含硫气田的经济效益。

4. 含硫气田分布以西部和西南部为主

我国高含硫化氢天然气具有一定的地域分布特点，主要分布在鄂尔多斯、渤海湾盆地和四川盆地。其中西部和西南部地区的含硫天然气占到了总资源量的 80%。西南部的四川盆地是我国高含硫化氢气体分布最广的盆地，其中四川盆地 2/3 的气田含有硫化氢，如川东地区的飞仙关组气藏、威远气田嘉陵江组气藏、卧龙河气田嘉陵江组气藏和中坝气田雷口坡组气藏就分布有高含硫化氢的天然气。

5. 含硫气田主要分布在交通不便的山区或沙漠地带

经过对已经发现的含硫气田的地理位置的研究发现，含硫气田一般分布于地理位置比较偏僻、交通比较落后的地区，如沙漠、山区等自然条件艰苦、交通十分落后的地区。因此对于含硫气田的开发利用造成了很大的不便，不利于含硫气田的开发配套建设。

（三）含硫天然气资源前景

随着我国对天然气这种绿色能源以及硫磺资源需求的日益增长，非常有必要对含硫天然气资源的分布特点和资源前景进行分析，从而对含硫气田的勘探和开发提供指导性的意见。我国主要气田天然气均含一定量（1%～4%）的硫化氢，因此可以预测在未来可能发现的气田中，大部分气田也将含有一定量的硫化氢。经过对我国各含硫气田的调研与分析发现，硫化氢含量不同，开发难度也不同。在硫化氢含量低于或等于20mg/m³时，可以将该气田视为微（不）含硫气田进行开发，其开发手段与普通气田一致。而在硫化氢含量超过20mg/m³时即可列入含硫气田进行有针对的开发利用，充分利用天然气和硫磺两种资源。

根据目前对中国天然气远景资源量的估算，全国天然气远景资源量为$47 \times 10^{12} \mathrm{m}^3$，最终可采天然气储量为$14 \times 10^{12} \mathrm{m}^3$，其中西部九省（这里仅包括六大盆地，不考虑其余小盆地）的可采储量为$8.2 \times 10^{12} \mathrm{m}^3$，占58.57%。而含硫天然气可采储量主要分布在四川盆地（16.25%）、鄂尔多斯（17.14%）、塔里木（15.43%）、海上（21.4%）。按照目前含硫天然气产量占全部天然气产量的60%计算，全国含硫天然气远景资源量为$28.2 \times 10^{12} \mathrm{m}^3$，最终可采含硫天然气储量为$8.4 \times 10^{12} \mathrm{m}^3$（图7-1）。其中西部九省六大盆地的含硫天然气远景资源量为$18.51 \times 10^{12} \mathrm{m}^3$，最终可采含硫天然气储量为$4.92 \times 10^{12} \mathrm{m}^3$，占全部可采含硫天然气储量的58.57%。从总的资源量对比可以看出我国含硫天然气储量大，而含硫天然气的开发不同于常规天然气的开发，因此必须对含硫天然气的开发进行有效的战略部署，才能保证含硫天然气的高效开采。

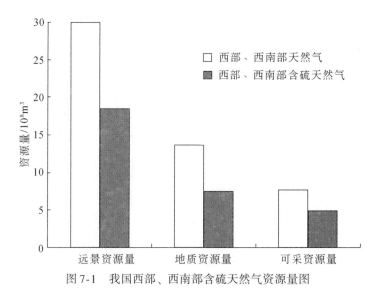

图7-1　我国西部、西南部含硫天然气资源量图

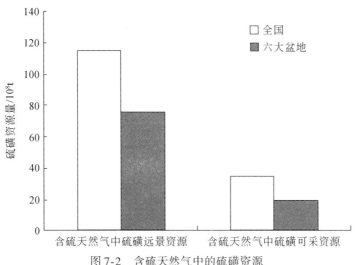

图 7-2　含硫天然气中的硫磺资源

2000 年以前，我国硫磺生产量维持在 $30×10^4$ t 左右，2003 年为 80 多万吨，目前仍不足 $100×10^4$ t。随着硫磺的需求量日益增大，国内生产远远满足不了不断增长的需求量，我国大量从国外进口硫磺。自 1995 年起，中国硫磺进口量以 70% 每年的高增速增加，消耗了过去几年世界新增硫磺产量的 60% 以上，有效地缓解了中东等地硫磺产品过剩的供应压力。到 2004 年，国内硫磺供应还低于 10%，90% 以上硫磺依靠进口。含硫天然气经过净化厂的脱硫净化处理后，能回收得到硫磺，可以满足我国部分地区的硫磺需求。根据前面对含硫天然气资源的预测，以含硫天然气硫化氢含量为 1% 进行计算，可以得到未来由含硫天然气净化得到的硫磺资源的预测数据。全国含硫天然气中含有硫磺资源的远景资源量为 $115×10^8$ t，最终可采含硫天然气中含有硫磺资源 $34.2×10^8$ t（图 7-2）。其中西部九省六大盆地的含硫天然气中含有硫磺资源的远景资源量为 $75×10^8$ t，最终可采含硫天然气中含有硫磺资源为 $20×10^8$ t。从预测数据可以看出，我国含硫天然气中硫磺资源非常丰富，因此加强对含硫天然气脱硫制硫磺的研究工作、提高我国自产硫磺量是一项非常重要、非常紧迫的工作。

三、高含硫气藏开发现状

（一）国外典型高含硫化氢气田开发状况

国外高含硫化氢气田规模开发始于 20 世纪 50 年代。法国和加拿大是最早成功开发高含硫气田的国家，随后美国、德国和俄罗斯等国家也在这方面取得了成功。很多著名的高含硫气田陆续投入了开发，如法国的拉克气田，加拿大的卡布南气田、卡罗林气田，美国的惠特尼谷卡特溪气田，俄罗斯的奥伦堡气田等。这些气田的安全开发有力地推动了世界天然气工业技术的发展，其开发状况基本反映了世界高含硫化氢气田的开发水平和现状。

1. 法国拉克气田

拉克气田是法国主要的高含硫气田之一，是 20 世纪 50 年代法国发现的第一个大气田，气田位于法国西南部安奎坦（Aquitaine）盆地的南部，波尔多市以南 160km 处。气田为一背斜构造，北缓南陡，含气面积 120km²，地质储量 3226×10⁸m³。气藏平均井深 3800m，最深井达 5000m。储层为一组巨厚的碳酸盐岩，分上下两部分，上部分是下白垩统尼欧克姆阶（Neocomian）灰岩，厚 200～300m，平均孔隙度约为 1%，基质渗透率一般小于 1mD；下部是上侏罗统马诺（Mano）包云岩，厚 150～200m，孔隙度 5%～6%，基质渗透率 0.1～12mD，是主要产气层位。储集空间以孔隙为主，储层裂缝较发育，在纵横向上呈网状分布，是主要的渗流通道。气层原始地层压力 66.1MPa，地层温度 140℃。天然气组分中甲烷占 69%，乙烷占 3%，H_2S 占 15.6%，CO_2 占 9.3%，其他组分占 3.18%。拉克气田是一个典型的深层高压、无边底水的高含硫气藏。

拉克气田 1951 年发现，1957 年正式投入开发，至今已经经过了 50 多年，其开发历程可划分为四个阶段。试采阶段（1952～1957 年），主要对三口井进行试采，检验井底及井口设备的抗硫防腐性能，并获取气藏动态参数，评价气井产能；建产阶段（1957～1964 年），采用一套开发层系、不规则井网、平均井距 1500m，共部署开发井 26 口。气田日产量由 82×10⁴m³ 上升至 2156×10⁴m³，平均单井产量 80×10⁴m³/d，采气速度 2.4%；稳产阶段（1964～1983 年），陆续在构造高点钻加密井 10 口，气田日产量保持在 1906×10⁴～2361×10⁴m³，平均单井产量 50×10⁴～65×10⁴m³/d，采气速度 2.6%，稳产了 19 年，稳产期末可采储量采出程度达 65%；递减阶段（1983 年至今），从 1983 年开始，气田进入递减开发，目前地质采出程度已达 80% 以上。纵观气田的开发历程，由于开发技术政策合理、开采措施得当，取得了良好的效果。

2. 加拿大卡罗林气田

加拿大天然气资源十分丰富，是世界第三大天然气生产国。阿尔伯塔省是加拿大最主要的天然气生产基地，年产气量占全国产量的 80% 以上，其中含 H_2S 天然气产量占全省年产气量的 1/3 左右。卡罗林气田位于阿尔伯塔盆地西南倾东翼，是一个层状气田。气田含气面积 133.5km²，地质储量 651×10⁸m³，气藏埋深 3597～3841m。气藏储层有效厚度 39.6m，平均孔隙度 10.1%，平均渗透率 100mD，平均含水饱和度小于 10%。原始地层压力 36.6MPa，地层温度 102℃，天然气中 H_2S 含量 35%。

卡罗林气田 1986 年被发现，1993 年正式投产。主要采用衰竭式开发，其北端为弱水驱。共部署开发井 15 口，开发井距 1700m 左右，采用负压射孔后酸洗完井，单井产量 37.6×10⁴～210.9×10⁴m³/d，气田初始产量 531×10⁴m³/d。截至 2000 年年底，气田已累计产气 266.5×10⁸m³，采出程度 41%，预计气田天然气最终采收率可达 77%。

3. 俄罗斯阿斯特拉罕气田

俄罗斯是世界上天然气资源最丰富的国家。目前俄罗斯已发现油气田 2200 个以上，天然气产量长期保持在 6000×10⁸m³ 左右，是世界上最大的天然气生产和出口国，占世界天然气总产量的 23%。其中奥伦堡和阿斯特拉罕两个大型气田属于高含 H_2S 气田。阿斯特拉罕气田位于俄罗斯和哈萨克斯坦交界处的里海盆地西南部，含气面积 1630km²，天然气可采储量 2.6×10¹²m³，凝析油可采储量 1.36×10⁸m³，气藏平均埋深 3915m，平均有效厚度 10.76m。储层平均孔隙度 9.9%，平均渗透率 2.3mD，平均含水饱和度 18%。原始地层压力 62.6MPa，压力系数 1.63，地层温度 106℃。阿斯特拉罕气田为高含凝析油高酸性天然气田，其中，凝析油含量 417g/cm³；H_2S 含量为 16.03% ~ 28.30%，平均为 26%。

阿斯特拉罕气田 1976 年被发现，在随后的勘探开发建设过程中，为了解决地层异常高压和极端恶劣的腐蚀环境等因素对气田开发工程的影响，1984 ~ 1985 年开展试采工作，并于 1986 年投入正式开发。1993 年年底，该气田累计部署探井和评价井 37 口，开发井 113 口，单井最高产量 $40 \times 10^4 m^3/d$；气田最高产量 $3712.4 \times 10^4 m^3/d$、凝析油产量 $31.95 \times 10^4 m^3/d$。截至 1997 年，气田累计产气 $668.28 \times 10^8 m^3$，凝析油 $314.32 \times 10^4 m^3$。

（二）国内高含硫气田开发现状

1. 普光气田

普光气田位于四川省东北部的宣汉县境内的北部地区，地处黄家梁–胡家场以东、凤凰寨以西、清溪镇老君山以北、卢家山以南，包括了普光镇、黄金口和毛坝场等县（乡），面积约 350km²。

2005 年 12 月，普光气田第一口开发评价井（普光 302-1 井）开钻，标志普光气田产能建设拉开序幕。2006 年 8 月，在探明普光主体天然气地质储量 $2510.86 \times 10^8 m^3$ 基础上，完成普光主体 $120 \times 10^8 m^3/a$ 产能开发方案；2007 年 5 月，在探明大湾区块天然气地质储量 $777.77 \times 10^8 m^3$ 基础上，完成大湾区块开发方案。按照整体部署、分批实施的原则，综合考虑构造解释、储层预测和含气性预测等研究成果，结合现场跟踪研究成果和最新地质认识，分批次进行了井位优化设计。依据新完钻开发井和构造边部评价井的钻井、录井、测井、测试等资料，及时跟踪研究气田构造、储层、气水分布等特征，不断深化地质认识，按照"少井、高产、降低投资"的原则，对普光气田主体和大湾区块开发方案进行了调整优化，普光主体优化方案设计动用储量 $1811.06 \times 10^8 m^3$，部署开发井 40 口（包括探井利用 1 口），平均单井配产 $80 \times 10^4 m^3/d$，设计建成天然气产能 $105 \times 10^8 m^3/a$，采气速度 5.8%；大湾区块优化方案设计动用储量 $1160 \times 10^8 m^3$，部署开发井 15 口，10 口新钻井全部为水平井，平均单井配产 $86 \times 10^4 m^3/d$，设计年产能力 $37 \times 10^8 m^3$。2009 年 4 月，普光主体 38 口新钻开发井全部完钻（普光 203-2H 暂缓实施），2009 年 10 月，正式投入试采。截至 2014 年，"川气东送"工程主要气源地普光气田进入稳产阶段，共有生产气井 54 口，日产天然气 $2800 \times 10^4 m^3$，年产量为 $106 \times 10^8 m^3$ 左右，累计生产混合天然气 $424.06 \times 10^8 m^3$，外送天然气近 $300 \times 10^8 m^3$（石兴春等，2014），长江中下游重庆、湖北、安徽、上海等 8 省（市）2 亿人口从中获益。另外，普光气田已累计探明天然气储量 $4121 \times 10^8 m^3$，是迄今为止我国已投产的规模最大、丰度最高的特大型海相整装高含硫气田，是目前世界上第二个年产能百亿立方米级的特大高含硫气田，也是国内三大年产能百亿立方米级的气田之一。普光气田的成功开发，使我国成为世界上少数几个掌握特大型高含硫气田开发技术的国家之一，也为元坝气田、磨溪区块龙王庙组气藏等含硫气藏的开发奠定了基础。普光气田还是国内最大的硫磺生产基地，累计生产硫磺 $858.59 \times 10^4 t$，产品远销重庆、湖北等地，其中仅 2013 年硫磺产量就达 $223 \times 10^4 t$，占全国总产量的 46%。随着普光气田硫磺产量的增加，国内硫磺自给率从 10% 提高到 30%，改变了我国高度依赖进口硫磺的局面，大大促进四川及其周边湖北、重庆、贵州等地区的磷化工产业发展。

2. 四川中坝气田雷三气藏

中坝气田雷三气藏受一狭长背斜控制，东西两翼被彰明、江油两大逆断层断开，北端以双河断层与海棠铺构造相分隔，南端呈平缓倾覆状。气藏储集层为雷三下亚段的灰色细晶、粉藻、砂屑白云岩，横向上厚度稳定，约100m；雷三上亚段为致密白云岩，是很好的盖层，与下伏雷二的膏质白云岩底板构成一个完整的储集单元。储集层中次生溶孔发育，分布着大量的针孔层，有效孔隙度 2.4% ~ 5.5%，平均 4.38%。储层中大量的微细裂缝与渗透率较高的溶孔形成主要的渗流通道，渗透率 0.01 ~ 35.04mD，一般为 1mD。气藏平均有效厚度 74.24m，分布相对稳定；地层系数 (kh) 变化小，平面展布均匀。气藏产能高、连通性好，为统一的压力、温度系统。气藏原始地层压力为 35.304MPa，温度为 86℃。地层流体主要为天然气和地层水，天然气含硫高，其中甲烷含量为 84.04%，硫化氢含量为 6.86%（96.337g/m³），并含少量的凝析油。

中坝雷三气藏于 1972 年被勘探发现，共钻井 19 口，其中，获气井 10 口，气水同产井 2 口，报废井 4 口，上试井 3 口，属高含硫、低含凝析油的边水气藏，气藏 H_2S 含量 6.5% ~ 7.5%，CO_2 含量 5%。1982 年 3 月底投入试采，1985 年以日产气 80×10⁴m³/d 的开采规模投入开发，1990 年将规模提高至 120×10⁴m³/d，2000 年年底稳产期结束。

3. 罗家寨气田飞仙关气藏

罗家寨气田飞仙关气藏位于四川盆地川东断褶带温泉井构造西北翼断下盘的罗家寨潜伏构造上。储层主要分布于飞二段，含气面积 77km²，有效厚度 38m，含气饱和度 89%，天然气探明储量 600×10⁸m³、储层飞仙关组飞二段断续分布，有效厚度为 30 ~ 70m。鲕滩储层主要岩性为鲕粒溶孔云岩、颗粒砂屑溶孔云岩、细粉晶云岩及部分鲕粒灰岩。取心资料统计表明，罗家寨飞仙关组储层发育较好，具有储层孔隙度和渗透率较高的特点，平均有效孔隙度达 8.03%，平均渗透率为 85.58mD。整个气藏平均埋藏深度近 3700m，平均地层压力为 41.70MPa，地层温度 90℃。罗家寨飞仙关组气藏为高含硫气藏，硫化氢含量为 6.7% ~ 16.65%，二氧化碳含量一般为 5.87% ~ 9.13%，甲烷含量一般为 76% ~ 86%，乙烷等重烃含量少（<0.1%）。

罗家寨气田飞仙关组气藏的钻探工作始于 1999 年 11 月，2000 年 6 月先后在罗家 1 井和罗家 2 井获得高产气流，从而发现了罗家寨气田。2002 年上报探明储量 581.08×10⁸m³，2004 年根据第一批开发井的实施效果，完成了《罗家寨飞仙关鲕滩气藏开发实施方案》编制。方案计划动用储量 450×10⁸m³，新钻开发井 6 口，生产总井数 10 口，预备井 2 口，建成生产规模 600×10⁴m³/d，采气速度约为 4.3%，稳产时间 10 年。

（三）高含硫气藏开发的特点与难点

硫化氢气体的剧毒性和腐蚀性，使得安全清洁经济地开发高含硫天然气的技术要求高、难度大（边云燕等，2007），主要体现在以下五个方面。

1. 气藏复杂特征导致开发技术需求复杂化

以四川盆地高含硫气藏为例，H_2S 含量最高达 493g/m³，最大埋深达 7000m，最大地层压力近 90MPa，最高温度达 175℃，包括裂缝–孔洞、裂缝–孔隙等复杂储集体类型和不同活跃程度的边、底水，气井产能较高但差异大，难以采用同一技术模式进行开发。

2. 地理和人居环境对气藏开发提出苛刻要求

高含硫气藏开发工程量大、成本高；多数高含硫气藏处于多静风、人口密度大的环境，高含硫天然气一旦泄露，后果严重；农业经济所占比例较重，环境保护要求高。这些客观条件对高含硫气藏安全清洁开发提出了较高的要求。

3. 气藏开发前期评价质量要求高

大型高含硫气田开发钻完井、净化厂和技术系统建设工程量和投资大，产能建设需准确确定产能规模，对气藏早期描述、气井产能快速评价要求高。在高含硫气井资料录取受限的情况下，确保开发前期评价的可靠性难度大。

4. 气藏开发安全保证与成本控制难度大

高含硫气藏开发材质等级高、工艺技术复杂，目前国内高含硫气藏开发的材质主要依赖进口，导致成本大幅度增加，要兼顾安全生产和效益开发，需要研发适应不同工况下的新型抗硫管材、设备与工艺技术，准确评价安全性。新领域的开发探索工作量大、难度高。

5. 环境与安全风险实时评价与控制技术要求高

高含硫气藏开发风险控制涉及钻完井、地面集输、净化和气田水及钻井废泥浆处理等环节，其核心问题是风险的量化评估难度大，环境保护的关键点是解决针对高含硫气田开发过程中产生的特定污染物的治理技术难题，如含硫有毒气体、钻井废泥浆、含硫化氢气田水等的处理技术及工程化应用。

四、高含硫气藏硫化氢来源及相关物性

含硫气藏形成特点与常规气藏不同，含硫气藏的地质特征研究是合理开发含硫气藏的重要先决条件。本节在大量学者研究的基础上，进行了总结分类，概括含硫气藏中硫化氢成因。同时，由于硫化氢特殊的物理化学性质及相应元素硫的特殊性质，含硫气藏开发比常规气藏开发更加具有特殊性。

（一）含硫气藏硫化氢地质成因

随着含硫气藏勘探开发的不断深入，以及其后续相应开发技术的需求，该类储层中硫化氢的成因来源及其分布得到了广泛的重视。含硫气藏中硫化氢生成原因一直是被广泛关注的话题，研究表明，该类气藏硫化氢的成因及来源可根据其形成机理大致分为三类：热化学成因（热分解、硫酸盐热化学成因）、火山喷发成因、生物成因（生物降解、微生物硫酸盐还原）等。

1. 热化学成因

热化学成因表明硫化氢是由于硫酸盐的热化学作用而形成的，其表现形式分别为硫酸盐热化学还原成因和热化学分解成因。

硫酸盐热化学还原成因是指硫化氢主要是由硫酸盐热化学还原作用（TSR）而形成的，即有机物或烃类与硫酸盐发生化学反应，硫酸盐矿物被还原生成 CO_2 和 H_2S。含硫气藏中硫化氢形成的主要作用形式就是硫酸盐热化学还原成因，该反应发生的温度条件一般在 80 ~ 100℃和 150 ~ 180℃，储层埋藏深度较深，一般能够达到 2000 ~ 6000m。

热化学分解成因是指含硫有机化合物由于热力作用而导致含硫杂环断裂，从而形成硫化氢，又称为裂解硫化氢。因这种方式而形成的硫化氢气藏的丰度一般都不大于 2%。

2. 火山喷发成因

火山喷发成因是由于地球内部元素硫的含量远大于地壳表面，当岩浆活动的时候，由于地壳深部的岩石熔融作用而产生含硫化氢气体的混合物。因此，火山喷发物中经常含有硫化氢。然而，混合物中硫化氢的含量主要取决于气体运移条件、岩浆的成分等，所以火山喷发混合气体中硫化氢的含量并不是一个定值，而是极其不稳定的，并且只能在一定储集条件和运移条件下才能保存起来。因此，很难发现因为火山喷发作用而形成的含硫气藏。

3. 生物成因

生物成因指硫化氢气体是通过生物或微生物活动的方式而形成的，主要有以下两种途径。

（1）硫酸盐被硫酸盐还原菌异化还原代谢而形成，即硫酸盐还原菌利用各种烃类或有机质与硫酸盐发生还原反应，在异化作用下直接形成硫化氢气体。在该反应过程中，只有很少的一部分代谢硫被微生物结合进细胞中，而大部分硫被需氧生物所吸收，从而实现能量代谢。不同种属的硫酸盐还原菌拥有不同的生物化学过程。一些菌种的有机质所需吸收的营养是另一些菌种分解产物而得到的，这样就会提高有机质被硫酸盐还原菌吸收转化的效率，因此大量的硫化氢得以产生。在厌氧的硫酸盐呼吸作用下，这种硫酸盐还原菌会将硫酸盐还原，从而生成硫化氢气体，该方式被称为微生物硫酸盐还原作用（BSR）。该过程被认为是硫化氢生物化学成因的主要作用类型，因为在严格的厌氧环境下，这种异化还原作用才得以实现，故生成硫化氢可以得到保存和聚集，但形成的硫化氢气藏丰度一般不会大于 3%，同时要求地层介质条件必须符合硫酸盐还原菌的繁殖和生长，因为条件的限制，该反应过程在深层很难实现。所以，由于生物成因而形成的含硫气藏经常发生在地质时期相对较短、成熟度相对较低的情况下。

（2）含硫有机化合物通过植物等的吸收作用和微生物同化还原作用而形成，如含硫的蛋白质或维生素等，在一定的条件下，通过分解作用而形成硫化氢，该过程中硫化氢形成的主要作用就是生物的腐败作用。通常，这种方式生成的硫化氢含量和规模都有限，不会很大，同时也很难聚集，但是其分布很广，主要集中分布在埋藏不深的地层中。

根据以上对硫化氢成因和聚集规律的研究，硫酸盐热化学还原（TSR）和微生物硫酸盐还原（BSR）极有可能是高含量硫化氢气藏形成的主要原因。

（二）元素硫来源及运载理论

元素硫沉积是高含硫气藏区别于常规气藏的一个重要特征。1980 年，Hyne 和 Derdal（1980）对含硫气藏中元素硫颗粒的来源进行了研究，发现元素硫颗粒的形成主要有两种可能的方式：一是在地层高温高压的情况下，硫化氢与硫化亚铁发生氧化还原反应，从而导致固体元素硫的生成；二是在地层高温高压的情况下，二氧化碳与硫化氢发生化学反应生成固体元素硫。

对于元素硫的运载方式，1980 年，Hyne 和 Derdal（1980）认为共有两种方式：①物理运载，即在储层高温高压的情况下，高压缩的烷烃、硫化氢、二氧化碳，以及重组分碳氢化合物对元素硫的物理溶解，此时，元素硫则以微小液滴的形式被气流携带；②化学运载，是在储层高温高压的情况下，多硫化氢化学溶解元素硫运载，随着温度压力的降低，多硫化氢分解成为元素硫颗粒和硫化氢气体，而元素硫则随气流运移。在这两种溶解方式中，Hyne 和 Derdal（1980）认为在储层条件下，化学运载是元素硫在储层中运移的主要方式。但在 1997 年，Roberts（1997）认为在温度和压力较低的情况下，物理运载会显得更加重要。Brunner 和 Woll（1998）、Smith 分别用相关实验对 Roberts 和 Woll（1998）的观点进行了证明。J. J. Smith 通过实验研究发现当温度达到100℃时，硫化氢与过量的元素硫并没有成为多硫化氢。Brunner 和 Woll（1998）则发现当压力低于 20MPa 时，随着温度增加，元素硫的溶解度随之降低。

（三）硫化氢的物理化学性质

1. 硫化氢的物理性质

在常温常压下，硫化氢表现为具有臭味有毒的无色气体，其分子量为 34.08。临界压力为 90.08kPa，临界温度为 100.4℃，临界密度为 0.3103g/cm^3。在标准状况下，硫化氢的密度为 1.5392g/cm^3，摩尔体积为 22.143L/mol。沸点为 60℃，在-60.15℃时凝固。由于硫化氢气体密度大于空气，所以当硫化氢气体泄漏的时候，硫化氢一般会聚集在低洼处，沉积在空气的下部。另外，硫化氢气体溶于水，在 0℃的时候，1L 水能溶解 4.67L 硫化氢，在 25℃的时候，1L 水能溶解 2.282L 硫化氢。当硫化氢与氧气或者空气以一定的比例混合的时候，则极易发生爆炸。当硫化氢与空气混合的时候，其混合气体发生爆炸的硫化氢含量体积比范围为 4.3% ~46%。硫化氢气体点火温度为 360℃。硫化氢是一种剧毒气体，不同的浓度对人体的伤害也不同，表 7-3 为不同浓度硫化氢对人体伤害程度的说明。

所以，在接触含硫化氢的天然气时，必须特别小心，尤其在进行含硫化氢气体的相关实验时，必须注意通风及使用防毒面具。

表 7-3　不同浓度硫化氢对人体的影响

硫化氢浓度/（mg/L）	对人体伤害程度
1	可以闻到臭鸡蛋的味道
10	人最多只能坚持 8h，必须要佩戴专用的防毒面具

硫化氢浓度/(mg/L)	对人体伤害程度
100	3~15min 之内，嗅觉将可能消失，同时眼睛和喉咙会感觉到强烈的刺痛
200	嗅觉会立刻消失，并伴随有眼睛和喉咙的刺痛感
500	人会很容易失去平衡和控制能力，同时 2~15min 以内出现呼吸困难，需要使用必要的人工呼吸
700	人会迅速地失去知觉，呼吸也会停止，若此时不进行及时抢救，将会出现死亡
1000	会立刻失去知觉，若不进行及时抢救，则会导致脑组织的永久性损坏及死亡

2. 硫化氢化学性质

硫化氢可溶于水，其水溶液表现为弱酸性，在水中硫化氢会发生电离。化学性质不稳定，点火时能在空气中燃烧，由于硫化氢中硫原子为 −2 价，为硫原子的最低氧化态，故硫化氢一个重要的化学性质就是具有较强的还原性。与许多金属离子作用，可产生不溶于水或酸的硫化物沉淀，使银、铜制品表面发黑。它和许多非金属作用可生成游离态的硫。

（四）元素硫的物理化学性质

硫的分子量为 32.066，在常温下的沸点是 444.6℃。不同的温度，硫表现为不同的相态及相应的性质。当低于 95.6℃ 时，稳定的硫称为 α⁻硫，为斜方晶系，又称为斜方硫。天然的硫磺通常都是这种黄色的斜方硫。当温度为 95.6~119℃ 时，稳定的硫称为 β⁻硫，称为单斜晶系，又称为单斜硫。当熔融状态的硫在水中迅速冷却的时候，将会得到有弹性的无定型硫，又称为 γ⁻硫。在室内放置一段时间后，会变成 α⁻硫。液态的硫在 159℃ 以下时，大部分为环状的 S_8 分子，又称为 λ⁻硫。随着温度的升高，硫的黏度也随之增加。高分子硫称为 μ⁻硫，当温度达到 187℃ 时，μ⁻硫也达到最高。随着温度的升高，硫的黏度增加，但达到一定程度后，长硫链分子开始断裂，随着温度的持续升高，其黏度反而降低。

硫是具有多种原子价位的元素，可表现为 −2、+1、+2、+4、+6。低价位的硫具有还原性，−2 价的硫具有的还原性最强；反之，+6 价的硫只有氧化性，且氧化性最强；中间的价位硫既有还原性又有氧化性。随着温度的升高，硫将会变成硫蒸气，硫蒸气呈橙黄色。在空气中，硫蒸气快速冷却后，则可得到细分散的固体硫，成为硫磺华。

硫不溶于水，但易溶于二氧化碳，在苯、甲苯、溴乙烷等有机溶剂中也能溶解，但溶解度不高。

1. 硫的黏度

固态硫共有三种存在形式，即无定形硫（1922kg/m³）、单斜体硫（1954kg/m³）、正交体硫（2066kg/m³）。液态硫的密度随着温度的变化而发生相应的变化。图 7-3 为温度对液态硫黏度的变化关系，纯液态硫在温度达到 431.35K 的时候，从 8 个原子的环状结构转变成为上百个原子结构组成的链状物质。在 140~155℃ 的温度范围内，其黏度值最小，当温度高于 160℃ 时，黏度呈直线增加趋势，在 190℃ 左右的时候达到最大值（图 7-3）。

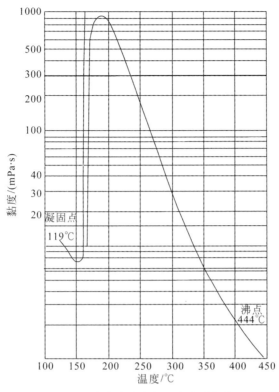

图 7-3　液态硫黏度与温度关系曲线

　　气态硫的黏度也随温度的变化发生相应的变化。当温度达到 490℃ 的时候，气态硫的黏度会出现一个转折点。随着温度的继续升高，黏度将会降低，黏度出现第二个转折点时候的温度是 700℃。此后，随着温度的继续升高，黏度也随之增大（图 7-4）。

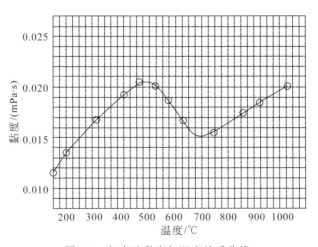

图 7-4　气态硫黏度与温度关系曲线

2. 硫的密度

不同温度阶段，液态硫的颜色也是不同的。当温度低于159℃时，液态硫的颜色为浅黄色，随着温度的升高，黏度的增加，颜色也随即变成暗棕色。当超过200℃以后，随着温度的升高，密度会急剧减小，颜色也随之变淡。当温度达到306℃的时候，硫表现为暗红色。具体的液态硫密度随温度的变化规律见图7-5。

3. 硫的饱和蒸气压

液态硫的饱和蒸气压在不同的温度范围用不同的方程式表示：

当温度为120~325℃时：

$$\lg P = 16.825 - 0.0062228T - \frac{5401.1}{T} \tag{7-1}$$

当温度为325~550℃时：

$$\lg P = 9.5587 - \frac{3268.2}{T} \tag{7-2}$$

式中，P 为压力，Pa。

4. 硫的相态变化

在常压下，当温度低于110℃时，液态硫不存在，119℃也没有固态硫存在。当温度为110~119℃时，可能会有不同形态的液态硫和固态硫存在。当温度达到119℃时，单斜硫转变成液态的 λ⁻硫。当温度达到112.8℃时，斜方晶硫熔融，变成稻草黄色的液体，具体的硫相图见图7-6。

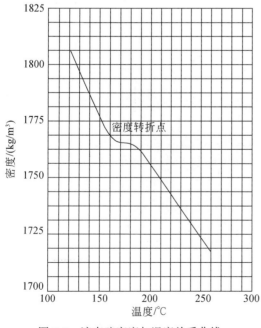

图7-5　液态硫密度与温度关系曲线

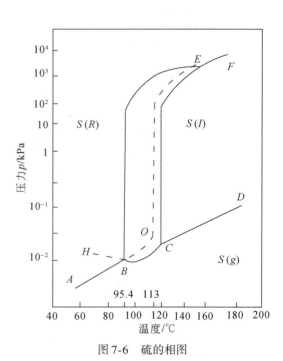

图7-6　硫的相图

（五）元素硫在含硫天然气中的溶解度

由于高含硫气藏的数值模拟和开发方案需要连续计算不同压力和温度条件下元素硫的溶解度，而实验得到的仅仅是一些离散点的溶解度。

Chrastil 以溶质和溶剂分子间存在化学作用从而形成碲合物为基础，建立了考虑温度、压力和气体组分等因素的三参数方程：

$$c = \rho^m \exp\left(\frac{\alpha}{T} + \beta\right) \tag{7-3}$$

式中，m、α、β 分别为经验常数。

1997 年，Roberts 在 Chrastil 提出的模型基础上，结合 Brunner 和 Woll 测定的 2 组含硫天然气（第一组：66% CH_4，20% H_2S，10% CO_2，4% N_2；第二组：81% CH_4，6% H_2S，9% CO_2，4% N_2），拟合出了关于元素硫在高含硫气体混合物中的溶解度公式：

$$c = \rho^m \exp\left(\frac{-4666}{T} - 4.571\right) \tag{7-4}$$

式中，c 为固体溶质硫在高含硫气体中的浓度，g/L；ρ 为高含硫气体的密度，g/L。

由于式（7-4）的适用性，且能连续地关联硫在高含硫气体中的溶解度，因此该式提出后就得到了广泛的应用。但是由于该式仅仅就两组数据进行关联，得到的经验公式也就值得深入研究。杨学锋根据前人发表的数据进行了回归分析，总结和比较了 Chrastil 公式和 Roberts 公式之间的误差，认为 Chrastil 公式计算结果将更加精确和符合实际情况。因此，利用式（7-3）总能得到不同气体组分条件下不同的常系数，这样更加符合不同组分、不同条件元素硫应具有不同溶解度的性质。

五、四川盆地含硫化氢气藏分布特征

1958 年四川盆地首次发现含硫化氢天然气，近年来又在川东北地区发现一批大型、中型的三叠系飞仙关组和二叠系长兴组高含硫化氢气田，如普光、罗家寨、渡口河、铁山坡等。到目前为止，四川盆地是我国发现含硫化氢气藏数目最多、储量最大的含油气盆地（图 7-7）。四川盆地产含硫化氢天然气的层位众多，从老到新分别为震旦系、石炭系、二叠系及三叠系等（黄士鹏等，2010）。硫化氢为剧毒的酸性气体，不仅对人体及环境构成严重威胁，而且会强烈腐蚀生产设备。四川盆地含硫化氢气藏是整个盆地天然气藏的重要组成部分，储量巨大，硫化氢气体的产生伴随含硫化氢天然气藏的成藏过程。因此，研究含硫化氢气藏的横向上以及纵向上的分布特征，对预测含硫化氢气藏的分布以及促进四川盆地天然气的勘探有着重要的意义。

（一）平面分布特征

图 7-7 展示了四川盆地含硫化氢天然气藏的平面分布情况。含硫化氢天然气藏在四川盆地 4 个分区单元中均有分布，但是不同地区气藏的数量及天然气中硫化氢的含量有着显著差别。含硫化氢天然气藏主要分布在川东气区和川南气区，川西气区和川中油气区硫化氢天然气藏稀少。川东气区硫化氢的含量最高。川东北地区是典型的高硫化氢型气藏的分布区，尤

其是开江–梁平海槽的东北侧和西南侧发现的三叠系飞仙关组天然气藏，其硫化氢平均含量超过10%。东北侧发现的含硫化氢气藏数量，以及储量规模都要比西南侧的多。另外，川东气区的东部硫化氢含量也很高，如卧龙河气田嘉陵江组气藏、高峰场飞仙关组气藏、大池干井飞仙关组气藏，均为高硫化氢型气藏。川东气区南部的嘉陵江组气藏的硫化氢平均含量在0.5%以上，有的将近2%（铁厂沟气田），是一个微含硫化氢型气藏分布区。川东气区西部硫化氢含量低，绝大部分为微硫化氢型气藏。川南气区含硫化氢气藏数量众多，但是硫化氢含量低（威远气田除外），硫化氢的含量小于1%，绝大多数气藏的硫化氢含量小于0.5%。威远气田震旦系灯影组气藏硫化氢含量较高，平均含量为1.1%，最大值达到3.44%。因此，川南气区主要为微（贫）硫化氢型气藏分布区（威远气田震旦系灯影组气藏为含高硫化氢型气藏）。川西气区中坝气田为高硫化氢型气藏，川中油气区的磨溪气田为含硫化氢型气藏。

　　总体上来看，川东气区（尤其是川东北地区）是四川盆地最主要的高硫化氢型气藏的分布区，硫化氢含量最高，其次为川西气区和川中油气区，川南气区硫化氢含量最低。

（二）纵向分布特征

　　四川盆地含硫化氢天然气产出层位从老到新，分别有震旦系灯影组，石炭系黄龙组，二叠系茅口组、长兴组，三叠系飞仙关组、嘉陵江组、雷口坡组等。不同层位的含硫化氢气藏在平面上具有不同的分布特征。例如，震旦系灯影组气藏、二叠系茅口组气藏主要分布在川南气区；二叠系长兴组气藏和三叠系飞仙关组气藏则主要分布在川东北地区；石炭系黄龙组气藏主要分布在川东气区的中部；嘉陵江组气藏分布范围比较广，在川东气区和川南气区均有分布。三叠系雷口坡组气藏在川西气区和川中油气区均有分布。

　　不同层位的含硫化氢气藏硫化氢含量存在较大差异，即使是同一层位，不同层段内部的硫化氢含量也存在差异，这在嘉陵江组硫化氢气藏中表现得尤为明显。震旦系灯影组硫化氢含量最大值为3.44%，在威远气田威基井，平均值为1.1%；石炭系黄龙组硫化氢含量最高值在铁山气田铁山2井，为0.93%，平均值为0.27%；二叠系茅口组硫化氢含量最高值在卧龙河气田卧67井，为0.48%，平均值为0.04%；长兴组气藏硫化氢含量最高值在普光气田普光2井，达16%，平均值为9.19%；三叠系飞仙关组气藏硫化氢含量最高值在普光气田普光3井，达58.34%，平均值为11.17%；嘉陵江组气藏硫化氢含量最大值在卧龙河气田卧63井，为18.83%，平均值为1.25%；雷口坡组硫化氢含量最大值在中坝气田中7井，为13.3%，平均值为2.19%。四川盆地7个碳酸盐岩产层中，三叠系飞仙关组气藏中硫化氢含量最高，其次为二叠系长兴组和三叠系雷口坡组，二叠系茅口组中的硫化氢含量最低。上述4个层系相同层位的气藏，在不同的分布位置，硫化氢的含量存在较大差别。威远气田震旦系灯影组气藏不同井产出的硫化氢含量差别不大，绝大部分分布在1%附近；石炭系黄龙组气藏硫化氢含量分布范围较窄，各气藏之间差别不大；三叠系嘉陵江组气藏中的硫化氢含量差别较大，总体上嘉五段的硫化氢含量最高，其次为嘉四段，嘉一段的硫化氢含量最低（图7-7）。

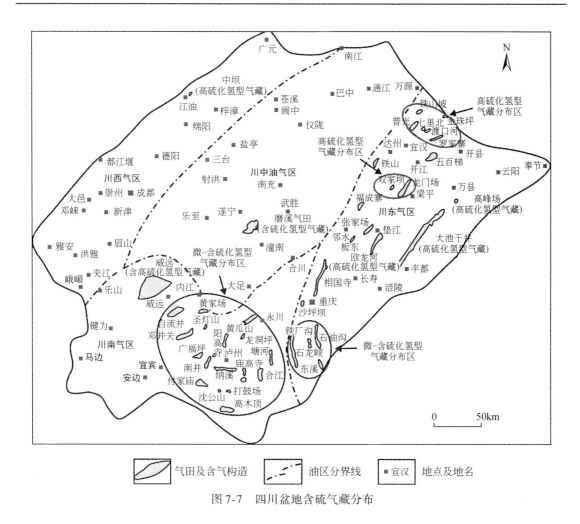

图 7-7　四川盆地含硫气藏分布

第二节　高含硫气藏地质特征

据统计，世界天然气资源约 60% 含硫、10% 为高含硫，主要位于海相地层。我国高含硫天然气资源十分丰富。近年来国内几大油公司加大了海相油气勘探力度，相继取得了一系列重大成果。中国石油、中国石化在四川盆地发现了罗家寨、普光等大中型高含硫气田。高含硫天然气剧毒、腐蚀性强、安全风险高，大规模开发利用高含硫天然气资源国内经验较少，普光气田是我国第一个特大型超深层海相高含硫碳酸盐岩气藏，目前已经成功投入开发。本节以普光气田为例，介绍该类气藏地质特征。普光气藏作为高含硫气藏，具有以下六个显著特点：①硫化氢含量高（平均 15%），危害性和危险性巨大，安全风险巨大；②硫化氢和二氧化碳等酸性气体分压高（硫化氢分压高达 9MPa、二氧化碳分压高达 6MPa），天然气腐蚀性极强，材质优选难度大；③气田地处山区、沟壑纵横、水系发达，易发生地质灾害；人口密集，交通不便，生态脆弱，在安全集输、平台布局、井位选择及天然气净化处理方面存在诸多安全环保挑战；④气藏埋深 4800～6000m，属于超深气藏，气藏压力 53～59MPa，从陆相地层到海相地层存在多套压力系统，超深井快速钻井、井控安全风险大；⑤储层厚度大、变化快（118～419.1m），非均质性强，飞仙关储层整体似块状，长兴组生物礁体分布，Ⅰ、Ⅱ、Ⅲ类储层交错发育，储层各向异性严重，气藏气水关系复杂，存在多套气水系统。井位部署及井眼轨迹设计难度大；⑥储量规模大，2005 年 1 月上报储量 1143.63×10^8m³，2006 年 2 月新增储量 1367.07×10^8m³，2007 年 2 月新增储量 272.25×10^8m³；累计探明天然气地质储量 2782.95×10^8m³，属于特大型特高含硫气藏。

一、区 域 特 征

（一）地 层 特 征

根据钻井资料及地表露头，宣汉–达县地区下古生界地层较完整，仅缺失志留系上统。上古生界缺失了泥盆系全部和石炭系大部，仅残留中石炭统黄龙组；二叠系齐全。中生界三叠系、侏罗系保留较全，下白垩统地层保留较好，上白垩统缺失。新生界基本没有沉积保留。侏罗系和三叠系上统的须家河为陆相地层，三叠系中下统、二叠系、石炭系和志留系均为海相地层（表7-4）。普光气田主要目的层段为三叠系的飞仙关组和二叠系的长兴组。

1. 飞仙关组（T_1f）

飞仙关组与下伏长兴组、上覆嘉陵江组为整合接触，厚度一般为 445～720m。该套地层沉积特征在区域上具有明显的两分性，从川东北至川北地区存在一个整体呈 NW 向延伸的相变线。该相变线在铁山坡—普光—渡口河一线呈 NWW-NNW 向穿过，相变线以西主要为陆棚相灰岩沉积，以东主要为台地边缘–台地相鲕粒灰岩沉积，普光气田飞仙关组为台地边缘–台地相鲕粒滩相沉积。

（1）飞四段：岩性为紫色、灰色白云岩、灰岩、石膏质白云岩与灰白色石膏等。地层厚度一般在 30m 左右，整体由东向西增厚，并且石膏层趋于发育。

（2）飞三段：以灰岩较发育、针孔状白云岩不发育为主要特征。整体表现为东薄西厚。

（3）飞一、二段：岩性为灰色、深灰色结晶白云岩、溶孔状白云岩、鲕状白云岩，总体以溶孔状白云岩较发育为特征，形成于台地边缘暴露浅滩相，与北部的铁山坡、东部的渡口河地区形成了一个白云岩发育区。飞一、二段地层分段性不明显，与下伏长兴组灰岩或生物灰岩呈假整合接触。

2. 长兴组（P_2c）

长兴组是普光气藏的主要目的层之一，地层厚 92～240m，整体表现为西薄东厚，部分地区与上覆飞仙关组难以区分，地层划分方案有差异。区域上，顶部为青灰色含白云质、硅质、泥质灰岩，含生物层、局部富集发育礁或滩。中、上部为中厚层状灰色白云质灰岩、灰岩，以富含燧石结核为特征，底部以灰岩质纯和下伏龙潭组灰岩质不纯夹页岩层呈整合接触。

表 7-4　四川盆地普光地区地层层序简表

系	组	段	厚度/m	岩性描述	岩相特征	构造事件
白垩系	剑门关组	—	680~1100	棕红色泥岩与灰白色岩屑长石石英砂岩	浅湖与河流相	
侏罗系	蓬莱镇组	—	600~1000	棕灰、棕红色泥岩与棕灰、紫色长石岩屑砂岩	浅湖与河流相	燕山中幕
	遂宁组	—	310~420	棕红色泥岩夹细粒岩屑砂岩	浅湖与滨湖	
	上沙溪庙组	—	13.5~2273	棕紫色泥岩与灰绿色岩屑长石石英中、细砂岩互层，含钙质团块	浅湖与河流相	
	下沙溪庙组	—	327.5~530	棕紫色泥岩与细粒长石岩屑砂岩不等厚层，顶有黑色页岩，底部发育厚层砂岩	湖泊与河流相	
	千佛崖组	—	274~504	中下部以棕色、灰色泥岩与浅灰、灰绿色细-中粒岩屑砂岩不等厚互层，中部夹深灰、黑色页岩	浅湖与滨湖相	燕山早幕
	自流井组	—	253~464	顶有灰褐色介壳灰岩，中下部灰绿色、灰色泥岩，与灰色岩屑砂岩互层	湖相与河流相	
三叠系	须家河组	—	468~1000	中上部黑色页岩、泥岩夹岩屑砂岩、煤线，中下部灰白色块状细粒岩屑砂岩、深灰色灰岩泥岩夹层，夹煤线，底部褐色页岩	辫状河三角洲	
	雷口坡组	三段	12~333	深灰色灰岩、云岩为主夹硬石膏灰岩	浅滩、滩间	
		二段	55~590	深灰色云岩、灰岩夹或与硬石膏互层	潮间	
		一段	32.5~243	硬石膏夹云岩及砂屑灰岩，底为"绿豆岩"	潮间	
	嘉陵江组	五~四段	0~673	硬石膏、盐岩互层，夹云岩、膏质灰岩、云质灰岩、灰质云岩，局部表现为上部膏盐岩为主，下部夹云岩夹鲕或粒屑云岩	潮间	印支运动
		三段	100~230	灰色云岩夹硬石膏及砂屑灰岩	浅海台地	
		二段	99~211	云岩、砂屑云岩，间夹硬石膏	潮间	
		一段	263~382	深灰色、紫灰色灰岩、泥灰岩夹层	浅海台地	
	飞仙关组	四段	25~74	灰紫色泥岩与硬石膏，灰白色云岩	蒸发台地	
		三~一段	400~640	部分地区为鲕粒云岩与灰色灰岩；部分地区为灰色灰岩，紫灰色泥岩、泥灰岩，上部夹鲕灰岩	陆棚-台地边缘-台地	
二叠系	长兴组	—	92~240	灰色生物灰岩和/或溶孔云岩，含燧石层	陆棚-浅海台地	
	龙潭组	—	91~210	灰色燧石灰岩含燧石层，底为黑色页岩	浅海台地兼有台凹	川黔运动
	茅口组	—	181~270	深灰色灰岩，顶有硅质，下部夹泥质灰岩	浅海台地	
	栖霞组	—	100~130	深灰色灰岩，含燧石结核	浅海台地	
	梁山组	—	5.5~7.5	黑色页岩夹砂岩	滨岸	
石炭系	黄龙组	—	5~70	云岩夹灰岩	浅海台地兼潮间	昆明运动加里东运动
志留系	韩家店组	—	600~900	灰绿、棕灰色砂质、粉砂质泥岩，泥岩，黑色、深灰色页岩	陆棚	

以普光 6 井、普光 5 井和老君庙一带生物礁相最为发育。向北至普光 2 井、普光 4 井一带主要为台地相沉积，主要为灰色、深灰色结晶白云岩、溶孔状白云岩夹鲕状白云岩，顶底部灰岩较发育，暴露浅滩沉积，向北、向东到坡 1 井—波口河一带主要为台地相灰岩沉积。

（二）区域构造特征

普光气田构造上处于川东断褶带的东北段与大巴山前缘推覆构造带的双重叠加构造区，整体呈 NEE 向延伸，北侧为大巴山弧形褶皱带，西侧以华蓥山断裂为界与川中平缓褶皱带相接。在地质地貌上呈一向北西突出的弧形展布，主要由一系列轴面倾向南东或北西的背、向斜及与之平行的断裂组成。

该区主要经历了燕山期及早、晚喜马拉雅期三期构造变形，主要形成有北北东、北西向构造。总的特点是褶皱强烈，断裂发育，圈闭个数多，圈闭面积小。发育三套脆性变形层、三套塑性变形层，以嘉陵江组上部至雷口坡组下部膏盐岩为最主要的滑脱层，志留系页岩为次要滑脱层，形成了上、中、下三个变形层，具有不协调变形特点。嘉陵江组上部至雷口坡组下部膏盐岩滑脱层和志留系页岩滑脱层形成封闭性很好的区域盖层。

下部变形层包括震旦纪—奥陶纪，主要为碳酸盐岩夹碎屑岩沉积。以志留系、下寒武统为顶底滑脱层，构造变形微弱，起伏平缓，有时表现为极宽缓的背斜，逆冲断层较少发育。

中部变形层是本区高应变层，卷入地层为志留系—中三叠统，由中、下三叠统膏盐岩、灰岩及白云岩、阳新统灰岩和石炭系灰岩、志留系页岩组成。构造样式上表现为由一系列逆断层及相关褶皱组成叠瓦状构造带。逆断层上陡下缓，消失于上部与基底滑脱层中。在本区，中变形层为受北东向断层控制的正负相间的构造格局，形成 5 个正向单元和 5 个负向单元；工区东南部受 NW 向构造改造，清溪场–宣汉县附近为北西向正负相间的构造格局，形成了 2 个正向单元和 2 个负向单元，应主要形成于晚燕山期至晚喜马拉雅期。

上部变形层以雷口坡组和嘉陵江组为滑脱层，主要发育于陆相层序中，以高陡褶皱变形为主要特征。以 NW 向构造为主，背斜带之间发育长轴、平行向斜，呈隆凹格局；NE 向构造主要有北部的黄金口背斜，背斜狭长，为不对称背斜，其阻挡了北西向褶皱向南东延伸，二者呈"T"形相会，形成了横跨、反接、限制等复杂的复合关系。NW 向构造左列、NE 向构造右列，在宣汉一带形成"十"字交叉构造，在东西两侧分别形成旋卷复杂构造（图7-8）。

中构造变形层是本区的主要勘探目的层，普光构造所处的双石庙–普光构造带即为中构造变形层中东侧的一个 NE 向褶皱带。

二、构　造　特　征

普光气田构造依断层走向分为北东向和北西向两组断裂体系，依断层成因分为晚燕山期南东方向挤压断层、早喜马拉雅期北西向挤压断层和晚喜马拉雅期北东向挤压断层三种类型。受这些不同走向、不同期次的断裂系统的影响，东岳寨–普光构造、大湾构造、毛坝构造、老君庙构造、双庙构造、普光西构造及清溪场构造的形成机制存在较大差异，这里重点介绍普光构造。

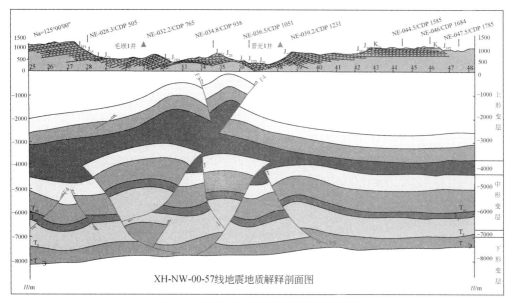

图 7-8　宣汉–达县地区地质结构剖面图

　　普光构造整体表现为与逆冲断层有关的、西南高北东低、NNE 走向的大型长轴断背斜型构造，构造位置处于双石庙–普光背斜带的北段，主要发育于嘉四段以下的海相地层中。断裂系统分为北东向和北西向两组，包括东岳寨–普光、普光 7、老君庙南及普光 34 条断层，其中东岳寨–普光是普光构造的主控断层。普光 3 断层将普光构造分为两个次级圈闭，即普光 2 块圈闭、普光 3 块圈闭（图 7-9）。

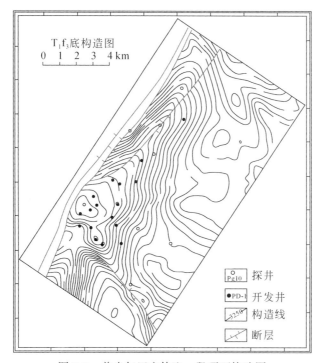

图 7-9　普光气田主体飞一段顶面构造图

普光 2 块西北与普光 3 断层和普光 7 断层相邻，断层封闭；西南至相变带和普光南断层，东南与老君庙构造相邻，受储层边界控制，为一典型的构造-岩性圈闭，圈闭落实可靠。P_2ch 底、T_1f_1 底、T_1f_3 底和 T_1f_4 底圈闭面积分别为 29.8km^2、35.56km^2、24.03km^2 和 21.49km^2，幅度分别为 510m、550m、490m 和 490m；

普光 3 块西侧与普光 7 逆断层相邻，东侧为普光 3 断层，向东北逐渐倾伏。东北受储层边界线控制，其他各方向则受断层遮挡，也是一个构造-岩性圈闭，圈闭落实可靠。P_2ch 底、T_1f_1 底、T_1f_3 底和 T_1f_4 底面积分别为 1.24km^2、3.87km^2、13.81km^2 和 16.8km^2，幅度分别为 130m、330m、770m 和 800m。

三、沉 积 特 征

在川东北地区沉积背景分析基础上，通过野外露头的实际勘查，优选与普光气田长兴组及飞仙关组储层可比性强的露头，对露头地层发育、沉积特征进行描述，分析碳酸盐岩矿物成分、结构组分、沉积构造和颜色等，收集了层序边界、体系域和凝缩层及沉积相标志，确定沉积环境和沉积相类型，为层序地层划分和沉积微相特征研究提供直观、精准资料。

（一）区域沉积背景

长兴期川东北地区古地理面貌呈北西-南东展布，呈现陆棚-台地相间格局。最东部为鄂西深水陆棚，沉积大隆组碳质页岩夹硅质岩。西部为广元、旺苍-梁平、开江陆棚沉积环境，西北部广旺地区为深水陆棚，沉积大隆组硅质岩、页岩，东南梁平、开江地区为浅水陆棚，沉积长兴组灰岩。陆棚西部为碳酸盐开阔台地，台地东边缘发育边缘礁滩相带，在铁山南气田等地发育生物礁。中部为通江-开县碳酸盐台地，沉积砂屑灰岩、生屑灰岩等颗粒岩，顶部沉积白云岩。台地东西边缘发育两条边缘礁滩相带，东部礁滩相在宣汉盘龙洞、羊鼓洞及开县红花等地有所发现，沉积生物礁白云岩和鲕粒白云岩，西部边缘礁滩相带沿铁厂河（林场、椒树塘及稿子坪）、普光 2、普光 5、普光 6 井、黄龙 1、黄龙 4 井及天东 1 井等地分布，沉积生物礁灰岩和鲕粒白云岩，在铁厂河稿子坪及普光 2 井等地沉积了巨厚的鲕粒白云岩。

飞仙关期岩相古地理格局基本沿袭了二叠纪长兴期格局，全区海平面总体变浅。广元、旺苍地区，飞一、二期为浅水陆棚环境，沉积深灰色薄层状灰岩、泥质灰岩，飞三期变为开阔台地，沉积浅灰色厚层状鲕粒灰岩；达县-开江地区飞一、二期为浅水陆棚环境，飞三期为开阔台地-蒸发台地，沉积大套灰岩；通江-开县地区为局限台地-蒸发台地沉积环境，飞一至飞三时沉积白云岩夹灰岩。飞四时由于填平补齐作用，早期高低不平的地貌已变得非常平坦。由于海平面下降，全区沉积环境相似，除普光 6 井附近发育少量局限台地外，其余大部分地区为蒸发台地环境。沉积物为紫红色泥岩、白云岩夹石膏，发育潮汐层理。

（二）岩石学特征

岩心描述、薄片分析，碳酸盐储层岩石类型分为灰岩和白云岩，普光气田飞仙关组、长兴组储层以白云岩为主，白云石含量在92%以上，方解石4%～8%，含极少量沥青和泥质成分。通过进一步统计分析普光气田多口取心井资料，认为储层岩石结构主要有晶粒、颗粒、生物格架、胶结物四种类型。其中，晶粒云岩以粗晶、中–细晶、细粉晶为主；颗粒云岩以鲕粒（残鲕）、砾屑、砂屑为主；生物格架白云岩以海绵、生物介屑为主；胶结物以亮晶为主，含量19%～35%（表7-5）。

表7-5　普光气田飞仙关组、长兴组储层岩石组分统计表

层位	岩石类型		矿物成分		结构组分								
			方解石/%	白云岩/%	颗粒		胶结物		晶粒		生物骨架	
					成分	含量/%	成分	含量/%	成分	含量/%	成分	含量/%
飞仙关组	颗粒云岩	鲕粒云岩	6	94	颗粒	56	亮晶	27				
		粒屑云岩	24	76	粒屑	71	亮晶	19				
		砂屑云岩	8	92	砂屑	54	亮晶	23				
		生屑云岩	7	93	生屑	17	亮晶	28				
	晶粒白云岩	粗–中晶云岩	8	92	残鲕	9～32			中粗晶	72～100		
		细–粉晶云岩	10	90	残鲕、内碎屑、生屑	少见			细粉晶	80～100		
		泥晶云岩	9	91	残鲕、砂屑	60	亮晶	19				
	灰岩		87	13	鲕粒、内碎屑	78	亮晶	22				
长兴组	颗粒云岩	鲕粒云岩	2	98	鲕粒	55～88	亮晶	27				
		粒屑云岩	5	95	粒屑、砂屑	60	亮晶	19				
		生屑云岩	4	96	生屑、藻屑、内碎屑	50	亮晶	35				
	晶粒云岩	粗–中晶云岩	1	99	残鲕	9			中晶	80		
		细–粉晶云岩	2	98	残鲕、个别砂屑	少见			细粉晶	100		
		泥晶云岩	4～30	70～96	残鲕、砂屑	少见			泥晶	80～96		
	生物格架云岩	海绵礁云岩	5.2	94.8	生物介屑	2～10					海绵	25～60
	灰岩	海绵礁灰岩	54	46	生物介屑、粒屑						海绵、苔藓虫	25～60
		灰岩	96	4	生物介屑	58	亮晶	22				

采用结构–成因分类法将飞仙关组白云岩储层分为鲕粒白云岩、砾屑白云岩、砂屑白云岩、生屑白云岩、中粗晶白云岩、细粉晶白云岩和泥晶白云岩等7个亚类；将长兴组白云岩储层分为鲕粒白云岩、砾屑白云岩、生屑白云岩、中粗晶白云岩、细粉晶白云岩、泥晶和海绵礁白云岩等7个亚类。每种亚类又可根据其颗粒含量、结构构造进一步细分，如鲕粒白云岩又可细分鲕粒白云岩、残余鲕白云岩、含鲕（残鲕）白云岩、糖粒状残余鲕白云岩、含

砂（砾）屑鲕粒白云岩等小类。

对各类岩性物性特征进行统计，飞仙关组白云岩 7 个亚类中鲕粒白云岩、中粗晶白云岩物性最好，是重要的两种岩石类型（图 7-10），平均孔隙度分别达到 9.7%、8.37%，平均渗透率为 $1.83\times10^{-3}\ \mu m^2$、$11.06\times10^{-3}\ \mu m^2$；其次为生屑白云岩、泥晶白云岩、细粉晶白云岩、砂屑白云岩、砾屑白云岩。

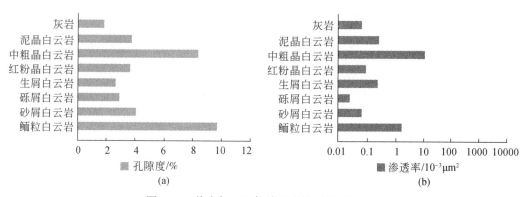

图 7-10　普光气田飞仙关组岩性-物性关系图

长兴组 7 个亚类中以海绵礁白云岩、砾屑白云岩物性较好（图 7-11），平均孔隙度分别达到 9.5%、9.55%，平均渗透率分别达到 $4.57\times10^{-3}\ \mu m^2$、$6.31\times10^{-3}\ \mu m^2$；其次为粗中晶白云岩、生屑白云岩、泥晶白云岩，平均孔隙度 5.45%～7.1%，平均渗透率 $6.31\times10^{-3}\ \mu m^2$；其次为粗中晶白云岩、生屑白云岩、泥晶白云岩，平均孔隙度 5.45%～7.1%，平均渗透率 $2.45\times10^{-3}～3.02\times10^{-3}\ \mu m^2$；鲕粒白云岩、细粉晶白云岩尽管孔隙度较高，分别达到 15.8%、9.74%，但渗透率却较低，反映储层孔隙之间连通性差。

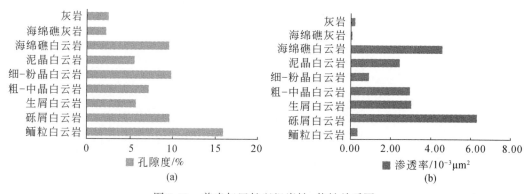

图 7-11　普光气田长兴组岩性-物性关系图

（三）沉积相类型

根据区域沉积环境发育情况，结合露头、钻井资料，认为普光气田长兴组-飞仙关组以发育碳酸盐岩台地为特征，这类沉积特征与威尔逊沉积模式较为相似。据此，采用威尔逊沉积模式将普光地区沉积相带划分出开阔台地、局限台地、蒸发-局限台地、台地边缘、台缘斜坡-陆棚 5 个相，并进一步划分出台坪、漏湖、台缘礁滩等 8 个亚相和相应的

30 余个微相（表7-6），各种相带（或微相）交错分布。其中，台地边缘相的礁滩、鲕滩，开阔台地和局限台地相的台内滩、台内礁，以及局限台地相的台坪沉积是储层发育比较有利的相带。

表 7-6　普光地区飞仙关–长兴组主要沉积相表

相	亚相		微相	岩相
局限台地 局限–蒸发台地	台坪	潮上	云坪、云泥坪、膏云坪	泥岩、石膏、粉晶白云岩、泥质白云岩
		潮间	藻坪、灰坪、潮沟	藻纹白云岩、云质灰岩、灰质云岩、角砾状云岩
	潟湖	局限潟湖	灰质潟湖、云质潟湖、风暴岩	泥晶灰岩、砂屑泥晶灰岩、泥灰岩
		蒸发潟湖	膏质潟湖、风暴岩、云膏质潟湖	泥晶白云岩、砂屑白云岩、膏岩
开阔台地	台内滩、台内礁		砂屑滩、鲕粒滩、生屑滩、礁核、礁盖、礁翼、礁坪	砂屑灰（云）岩、鲕粒云岩、生屑灰（云）岩、海绵障积灰（云）岩、骨架灰岩、礁前角砾状灰（云）岩
	开阔海			泥晶灰岩、砂屑泥晶灰岩、泥灰岩
台地边缘	台缘礁滩	台缘滩	鲕粒滩（滩核）	鲕粒云岩
			鲕粒滩（滩缘）	泥晶鲕粒云岩
			砂屑滩	砂屑云岩
		台缘礁	礁核、礁盖、礁翼、礁坪	海绵障积礁灰（云）岩、骨架灰岩、礁前角砾状灰（云）岩
	蒸发坪		云泥坪	（粒屑）泥晶云岩、藻纹云岩
			膏云坪	膏质云岩
	滩间海			泥晶灰岩、泥晶云岩、灰质云岩
台缘斜坡–陆棚	前斜坡			泥晶灰岩

1. 台地边缘相

台地边缘相位于浅水台地与较深水陆棚或斜坡之间的过渡地带，水深在浪基面附近，海水循环良好，盐度正常，氧气充分，碳酸盐沉积作用直接受海洋波浪和潮汐等作用的控制。该带波浪、潮汐作用强，可形成具有抗浪格架的台地边缘生物礁或者台地边缘颗粒滩。包括台地边缘滩、台地边缘礁、滩间海和蒸发坪四种亚相类型。

1）台地边缘滩亚相

台缘滩沉积厚度较大，单滩体厚度一般大于5m，具有明显向上变浅的沉积序列。岩石类型以厚层–块状浅灰色、灰白色亮晶颗粒云岩为主，少量亮晶颗粒灰岩。颗粒含量65% ~ 85%，以鲕粒为主，次为砂屑、生屑，分选、磨圆均好。沉积构造主要是各种规模的槽状交错层理，可有潮流往复形成的羽状交错层理。地震剖面中具有"S"形或平行状的中强振幅，常具有前积与上超特征，测井剖面上多为大段低自然伽马值，井径规则的白云岩储层。

按照构成台地边缘滩的颗粒类型的不同，可进一步划分为鲕粒滩、砂屑滩、生屑滩微相；台地边缘滩的分布位置与发育规模的不同，也可划分为滩核和滩缘微相。飞仙关组的台缘滩主要为鲕粒滩，次为砂屑滩；长兴组的台缘滩主要为生屑滩，次为砂屑滩。

2) 台地边缘礁亚相

台缘礁往往与台缘滩共生，构成台地边缘礁滩复合体。地震剖面上，生物礁沉积物形态为透镜状，具有中强变振幅-不连续等特征，测井剖面上多为低自然伽马值、物性中等偏低白云岩储层，或高阻低自然伽马的灰岩段，岩石类型以厚层-块状浅灰色、灰白色亮晶颗粒云岩为主，少量亮晶颗粒灰岩、灰泥岩。颗粒以海绵骨架、生物介屑、砾屑为主，次为鲕粒、砂屑。这类礁滩体白云岩化作用强烈，溶孔及溶洞发育，是长兴组的重要储层类型。可根据构成台地边缘礁的岩石类型划分为相应的岩相。

3) 滩间海亚相

夹于颗粒滩之间的深水低地，安静低能沉积。岩石类型为泥晶灰岩、泥晶云岩。发育少量水平层理、生物钻孔等。地震剖面中常为平行状的连续弱振幅，测井剖面上自然伽马多为小段齿状的中低值曲线的灰岩、泥灰岩地层。

4) 蒸发坪亚相

位于潮上带，属于蒸发环境，岩性为泥晶云岩、含膏质细-粉晶云岩，颗粒以砂屑、藻屑、鲕粒为主，含量10%～30%。发育少量藻纹层、透镜状层理及条带状构造。颗粒滩沉积与蒸发坪、滩间海沉积物在纵向上往往成频繁互层，构成下部滩间海上部颗粒滩的向上变浅沉积序列。该亚相在台地边缘的滩缘比较发育。

2. 局限台地、蒸发-局限台地相

发育于飞仙关组飞三和飞四沉积时期，包括台坪、潟湖和台内滩亚相。其中，飞四期以发育台坪亚相的含膏岩石组合为特征；飞三期以发育潟湖亚相的泥晶云岩、灰质云岩和台内滩亚相的颗粒云岩、颗粒灰岩为特征。

1) 台坪亚相

台坪是指位于台地内部远离陆地的水下高地，地形相对平缓，沉积界面处于平均海平面附近，主要发育潮间和潮上环境。周期性或较长时间暴露于大气之下，水动力条件总体较弱，往往具有潮坪相的典型沉积特征，所以也称局限潮坪。和潮坪相比较，往往潮汐水道不发育，反映平均高潮面附近的潮上带和潮间带经常暴露的特征。沉积微相主要为：①反映台坪潮上带蒸发作用强烈的、主要由膏岩、泥膏岩、膏泥岩、膏云岩组成的膏坪、泥膏坪、膏泥坪、膏云坪微相；②反映台坪潮上带强氧化环境的、由紫红色泥岩组成的泥坪微相；③反映潮间带周期性暴露、盐度变化大的藻叠层云岩、灰岩、云灰岩、灰云岩构成的藻坪、灰坪、云灰坪、灰云坪微相。

2) 潟湖亚相

潟湖是局限台地中主要处于平均低潮面以下的较低洼地区，水体循环受到限制，环境能量低，以静水沉积为主。岩石类型为灰色、深灰色泥晶灰岩、泥灰岩、白云质泥晶灰岩、泥晶云岩等。此外，间歇性的风暴作用可形成不规则状和薄层状的风暴岩夹层。沉积构造以水平层理和韵律层理为主，发育生物扰动构造和生物潜穴。生物化石单调，可见瓣鳃类化石。

区内飞仙关组飞三沉积时期，古地形差异已经在持续海退和碳酸盐沉积物填平补齐的影响下趋于不明显且总体水体安静，以潟湖沉积为主。根据组成潟湖的物质成分差异，可将潟湖划分为灰质潟湖、云质潟湖、泥云质潟湖、灰云质、云灰质潟湖、灰质潟湖和风暴岩几个微相，其中灰云质潟湖、云质潟湖和泥云质潟湖是研究区主要的微相类型。

3）台内滩亚相

主要发育于飞三期，此时整个地区已经变浅演化为碳酸盐岩台地，其上零星分布台内点滩。台内滩滩体沉积厚度不大，横向分布不稳定。岩石类型为浅灰色、灰色中-薄层亮晶鲕粒云岩、亮晶砂屑云岩、泥晶-亮晶砂屑灰岩。根据组成台内滩的颗粒组分的不同，可以划分为砂屑滩和鲕粒滩微相。

3. 开阔台地相

开阔台地是处在靠近广海一侧的台地，与外海连通较好，水体循环正常，盐度基本正常，无早期白云岩化作用。台地内受地形变化控制可以进一步识别出台内礁、开阔海几个亚相。发育于普光气田西侧的大湾气田飞三段及普光气田长兴组的下部。

1）开阔海亚相

开阔海是开阔台地内的地形低洼处，由于沉积水体开阔，白云岩化不发育，岩石类型为灰色-深灰色泥晶灰岩、泥灰岩。发育少量水平层理、生物钻孔等。受风暴影响，开阔台地常发育风暴沉积。风暴沉积由粒序层理组成，岩性自下而上为泥晶含砾砂屑灰岩、泥晶砂屑灰岩、砂屑泥晶灰岩及泥晶灰岩，底部发育冲刷面。粒序层理厚薄不一，薄者 1cm 左右，厚者可达 30~40cm，多数在 10cm 左右。

2）台内滩亚相

开阔台地内的台内滩沉积特征类似于局限台地的台内滩，形成于台地上的海底高地，沉积水体能量较高，受潮汐和波浪作用的控制，形成颗粒岩。由于沉积水体开阔，未发生早期白云岩化作用，岩石类型为灰色亮晶生屑灰岩、亮晶砂屑灰岩、亮晶鲕粒灰岩，对应的微相类型为生屑滩、砂屑滩及鲕粒滩等，以生屑滩为主。该亚相分布相对局限。

4. 台缘斜坡-陆棚相

该相带钻井和取心资料较少，不易将较深水陆棚与斜坡相区分开来，因而笼统地称台缘斜坡-陆棚相，对应地震剖面中常为平行或单斜的连续强振幅，测井剖面上自然伽马为大段连续起伏的中高值曲线，电阻率常为低值与自然伽马曲线有很好的匹配性。

1）台缘斜坡

斜坡位于台地边缘同海一侧与深水的过渡区，具有一定坡度，沉积能量低，沉积物以原地沉积为主，来自于台地边缘的浊流沉积物常堆积在此环境中，构成大套的灰泥夹薄层、透镜状颗粒沉积体。该相主要由大套中-薄层状深灰色的泥晶灰岩、泥质泥晶灰岩、瘤状灰岩夹薄层浊流成因的砂屑、粉屑灰岩组成，水平层理发育。

瘤状灰岩是一类分布比较普遍的岩石，单一的瘤状灰岩并不一定代表斜坡沉积环境的产物，其形成的环境比较广泛，从浅水的局限台地到开阔台地到陆棚和斜坡均可能出现该类岩石。其成因有多种解释：一是泥岩与灰岩间的差异压实作用；二是斜坡地形上的滑动变形；三是风暴作用。具体的成因解释需要结合沉积区背景、相序特征、沉积构造等综合分析。

2）陆棚

该相处于台地边缘向海一侧的较深水环境之中，地形坡度不是很大。水深位于正常浪基面与风暴浪基面之间，水动力条件总体弱，受间歇性风暴作用影响。因面临广海，水体盐度正常，含氧丰富，有利于生物生长与发育。

区内该相带主要由中-薄层灰、深灰色的泥晶灰岩、泥质灰岩组成。水平层理和生物替穴发育；颗粒岩常以不规则透镜状和薄层状夹于泥晶灰岩中，颗粒之间以灰泥充填为主，这些特征说明颗粒岩是结构退变的产物，自于台地边缘的高能颗粒被搬运到低能较深水环境下而形成。

四、储层特征

（一）岩性特征

飞仙关组储层岩石类型复杂，以白云岩为主，主要发育 6 种岩石类型，即鲕粒白云岩、残余鲕粒白云岩、糖粒状残余鲕粒白云岩、含砾屑鲕粒白云岩、含砂屑泥晶白云岩和结晶白云岩，其中鲕粒和残余鲕粒白云岩最重要。

长兴组储层主要为一套礁滩-白云岩组合，以结晶白云岩、生屑白云岩、砂屑白云岩、砾屑白云岩、海绵礁白云岩、海绵礁灰岩为主，其中结晶白云岩、砾屑白云岩和海绵礁白云岩为重要的岩石类型。

（二）储层物性

1. 储层物性基本特征

储层整体上物性较好。其中，飞仙关组以中孔中渗、高孔高渗储层为主，孔隙度为 0.94% ~25.22%，平均为 8.11%；长兴组以高中孔高渗储层为主，孔隙度为 1.11% ~ 23.05%，平均孔隙度为 7.08%。大部分储层孔渗相关性较好，呈正线性相关，说明储层以孔隙（溶孔）型为主。储层岩石密度总体较小，主要分布于 2.2 ~2.8g/cm^3，与孔隙度、渗透率之间呈明显的负相关。

2. 储层物性分布特征

飞仙关组整体上储层物性较好。纵向上，飞三段物性相对较差，孔隙度为 1.02% ~ 9.46%，平均为 2.67%。渗透率为 0.0116×10^{-3} ~83.9589×10^{-3} μm^2，平均为 0.059×10^{-3} μm^2；飞二至飞一段物性最好，孔隙度为 1.23% ~28.86%，平均为 8.75%。渗透率为 0.0112×10^{-3} ~3354.6965×10^{-3} μm^2，平均为 1.6295×10^{-3} μm^2，纵向上存在四个孔隙变化带。长兴组上部发育高孔高渗带，下部储层较差。其中，上部岩性以结晶白云岩、砂屑白云岩、

生屑白云岩、砾屑白云岩等为主，孔隙度为 1.91% ~ 23.08%，主要分布于 5% ~ 10%，渗透率为 0.03×10^{-3} ~ $5874.56 \times 10^{-3} \mu m^2$，大部分大于 $1.0 \times 10^{-3} \mu m^2$，表明储集性中等至较好。

（三）储集空间与孔隙结构

1. 储集空间类型

长兴组-仙关组储层主要储集空间类型为孔隙和裂缝两种类型，以孔隙为主，裂缝发育较少。

（1）孔隙类型。长兴组-飞仙关组储层以溶蚀孔（洞）占绝对优势，是最主要的储集空间，晶间孔次之。飞仙关组溶蚀孔（洞）含量达 80% 以上，晶间孔含量仅为 10% ~ 15%；溶孔中又以晶间溶孔和晶间溶蚀扩大孔为主，占总溶孔的 75% 左右，次为 20% 的鲕模孔、粒内溶孔。同时，长兴组原生粒间孔几乎全部被胶结充填，只有极个别被保留下来，飞仙关组储层有极少量的原生粒间孔。

（2）裂缝类型。裂缝主要发育在飞三段、飞一底和长兴组上部和下部。飞仙关组储层均以构造缝为主，且各类裂缝发育是有选择性的，岩性相对致密的储层以斜裂缝和纵裂缝发育较多，岩性相对疏松的储层以横裂缝发育较多；长兴组主要有压溶缝合线和构造裂缝两种类型。

2. 孔隙结构特征

长兴组-飞仙关组具有较好的物性与孔隙结构，储层孔喉分布频带较宽。其中，飞仙关组储层以大孔粗喉为主，微孔微喉很少；长兴组以大中孔隙为主，微至粗喉道均比较发育，以细喉道为主。

（四）储层类型

1. 储集岩分类标准

参照四川碳酸盐岩储集岩分类方法，以孔隙度 2% 作为储层评价的下限值，将普光气田有效储集岩分为三类（表7-7）。

表 7-7　四川盆地碳酸盐岩储层分类评价标准

储层分类	I 类	II 类	III 类	IV 类
孔隙度/%	>10	10 ~ 5	5 ~ 2	<2
渗透率/$10^{-3}\mu m^2$	>1.0	1 ~ 0.25	0.25 ~ 0.002	<0.002
中值喉道宽度/μm	>1	1 ~ 0.2	0.2 ~ 0.024	<0.024
孔隙结构类型	大孔粗中喉型	大孔中粗喉型 中孔中粗喉型	中孔细喉型 小孔细喉型	微孔微喉型
储层评价结果	好至极好	中等至较好	较差	差

2. 储层分类

以普光 2 井为例，飞仙关组储层以 II 类储层为主，占总厚度的 45.0%，次为 III、I 类，占比分别为 29.8%、17.04%，而Ⅳ类储层仅占 8.2%。飞仙关组储层岩性为大套灰、浅灰色溶孔鲕粒白云岩夹灰质白云岩与白云质灰岩组合，以残余鲕粒白云岩为主，为暴露鲕粒滩沉积；储层物性较好，平均孔隙度为 8.17%，渗透率最高可达 $3354.6965 \times 10^{-3} \mu m^2$；储集空间类型以早期鲕模孔、粒内溶孔和晚期各种溶孔为主，大中孔中粗喉型组合；纵向上以飞二-飞一段储层最好，次为飞三段。

以普光 6 井为例，长兴组储层以Ⅱ类储层为主，占 47.5%；其次为Ⅰ、Ⅲ类，分别占 24.3%、19.4%，而Ⅳ类储层仅占 8.8%。长兴组上部岩石类型以海绵礁白云岩、海绵礁灰岩为主，夹少量的灰质白云岩、结晶白云岩，为台地边缘生物礁沉积，以Ⅰ、Ⅱ类储层为主。长兴组下部岩性主要为砾屑白云岩、结晶白云岩、生屑白云岩、砂屑白云岩，为台地边缘浅滩与台地蒸发岩沉积，以Ⅱ类储层为主，纵向上长兴组上部储层物性好于下部。

3. 储层平面展布特征

普光气田储层整体呈似块状，纵向上Ⅰ、Ⅱ、Ⅲ类储层交错分布，平面上在构造高部位的普光 6-普光 2 井区储层厚度大，向四周有不同程度的变薄，储层非均质性严重。其中，飞仙关组储层在普光 2 井、6 井附近厚度最大，向四周变薄；长兴组储层受生物礁控制呈点状分布，普光 6 井、普光 8 井储层最厚。

五、气 藏 类 型

普光气田天然气组分高含硫化氢、中含二氧化碳。天然气中甲烷含量范围 70.53% ~ 88.5%，平均含量 75.29%；乙烷含量小，平均仅为 0.07%；H_2S 含量范围 3.38% ~ 17.05%，平均含量为 13.93%；CO_2 含量范围 4.2% ~ 14.25%，平均含量为 9.57%。天然气相对密度 0.6508 ~ 0.7861，平均 0.7349。气藏埋深 4800 ~ 6000m，地层压为系数 1.00 ~ 1.18，为常压系统。地层静温梯度 1.98 ~ 2.21℃/100m，为低温系统。飞仙关气藏发育边水，长兴组气藏发育底水。储集空间以晶间溶孔、晶间溶蚀扩大孔、溶洞、鲕模孔、粒内溶孔、晶间孔为最主要的类型，仅局部发育裂缝。

综上所述，普光气田具有埋藏超深、气层分布受岩性和构造双重控制、气藏储集空间以孔隙为主、局部发育裂缝和溶洞、高含硫化氢、发育边底水等特征。普光气田属于超深层、高含硫化氢的构造-岩性碳酸盐岩气藏。

第三节　高含硫气藏开发规律

一、硫化氢的腐蚀规律

在多年的开采过程中，含硫气田的管材腐蚀问题一直是气田生产过程中一个相当棘手的问题。在生产过程中，管材的腐蚀常常会增加管材的投入成本、人力的管理成本，严重时甚至还会影响现场的生产，给国家带来巨大的经济损失。

（一）硫化氢的腐蚀特征

含硫的天然气会给钻井、采气、输气等带来一系列复杂的问题，如果气田或油田中存在硫化氢会造成钻具断落，油管、气管等管线的腐蚀等，这就会带来巨大的经济损失。

川中磨溪气田通过生产实践，发现管柱在井下受腐蚀的状况各不相同，基本情况如下：一次性完井管柱 63 口，因腐蚀事故修井 21 口；封隔器完井管柱 3 口，无腐蚀事故修井；光油管完井管柱 2 口，无腐蚀事故修井。这些井的生产管柱受到了腐蚀，与油管腐蚀相同的井段的套管也同样受到不同程度腐蚀破坏。川中磨溪气田于 1987 年开始进行勘探开发，气井在转入开发过程中，发现油套管被严重腐蚀，已成为影响气井正常开采的关键因素之一。在投产初期，部分气井生产就出现井况恶化的问题，主要表现为：生产测试遇阻、井下油套管腐蚀严重、地面井集输设备腐蚀。气田投产初期，气井口采用针形节流阀门控制节流降压，但针形阀被刺坏现象严重，更换频繁；同时，水套炉支气管线堵塞，污水罐、排污管、集输管腐蚀穿孔现象也随处可见，试采期间就发生集气站污水管线在很短时间（最短两个月）就穿孔损坏，分离器腐蚀严重。截至 2000 年年底，因腐蚀事故大修井 21 口，共 25 井次，修井费用高达 6385 万元，共计影响天然气产量 $4000 \times 10^4 m^3$；投产以来，因腐蚀对地面设备和集输管线进行改造的费用共计 2300 万元。近年来，川东气田在开发含酸性气体腐蚀介质的油气构造中，相继发现油管腐蚀穿孔、挤扁、断落等现象，给试修作业带来了很多复杂情况，也严重影响到气井正常生产。根据不完全统计，近年来川东气田修井作业中有 80% 左右均与油管腐蚀有关；生产油管 1~2 年就会发生腐蚀破坏，最短的还不到 10 个月。每年仅油管腐蚀一项就会造成上百万元的损失。

通过大量的实际调研和广泛的资料查阅工作，发现硫化氢的腐蚀具有 3 个特征：①硫化氢对管材内壁的腐蚀，硫化氢在油管和套管内壁中造成的腐蚀具有从井底到井口油管内壁腐蚀均较严重的特征，但有向井口减弱的趋势，表 7-8 为川东气田井下油管腐蚀现象的基本特征；②气田含有硫化氢时，若生产的气体中含水，那么所带来的硫化氢腐蚀会比不含水的硫化氢气田的腐蚀程度更高，腐蚀以井筒内液面为界，液面以上的油管腐蚀程度较液面以下的油管腐蚀程度低，腐蚀形成的孔洞越往下越多越大，有的腐蚀孔已发展到了快使油管断裂的程度；③硫化氢浓度越高，腐蚀越严重，但当达到某一数值时，腐蚀速率会迅速下降到某一值，随后腐蚀速率基本保持不变。

表 7-8　川东地区腐蚀油管的基本特征

腐蚀位置		腐蚀特征	腐蚀形式
上部油管	内壁	坑蚀严重	穿孔、拉断
	外壁	基本无腐蚀	
下部油管	内壁	有坑蚀，下部有堵塞	挤扁、堵塞
	外壁	均匀腐蚀、垢物严重	
气液界面	内壁	有坑蚀及垢物	穿孔、堵塞
	外壁	垢物局部脱落处坑蚀严重	

（二）H₂S 的腐蚀方式

国内外研究表明，硫化氢腐蚀方式主要有电化学失重腐蚀、氢诱发裂纹（HIC）腐蚀、应力向氢诱发开裂（SOHIC）及硫堵。

1. 电化学失重腐蚀

电化学失重腐蚀也叫硫化应力开裂（SSCC）腐蚀。

在湿状态下，H_2S、CO_2 的分压会产生电化学腐蚀，而且这种腐蚀作用会随分压值的升高而加剧。剧烈的电化学失重腐蚀会导致承压管道和设备的壁厚迅速减薄，而且大量的腐蚀产物的生成和积聚还会给管路和设备中的流通及自控仪表的正常工作带来困难。硫化应力开裂（SSCC）容易发生在焊接缝或热影响区中的高硬度值的部位。它与钢材的化学成分、力学性能、显微组织、外加应力与残余应力之和，以及焊接工艺等都有密切联系。

2. 氢诱发裂纹（HIC）

当电化学产生的氢渗透到钢材内部组织比较疏松的夹杂物（包括硫化物和氧化物）处或品格与夹杂物的交界处，并聚集起来形成一定的压力。经过一段时间的积累会使接触它的金属管道和设备内壁的断面上产生平行于金属轧制方向的梯状裂纹，从而导致材料变脆，形成层状裂纹，即 HIC（氢诱发裂纹）现象，从而影响到管材和设备的安全性。

3. 应力向氢诱发开裂（SOHIC）

像 HIC 一样，SOHIC 发生在焊接的热影响区及高应力集中的区域，但形成的裂纹是在贯穿容器壁厚的方向叠加。

4. 硫堵

当天然气中的 H_2S 达到一定的数值，天然气的压力和温度也达到一定限度时，元素硫会析出。地层中一旦有硫颗粒形成，它们就会沉积或者在气体的带动下运移。在地层条件下硫的沉积是固相的。当硫在裂缝中沉积时，气体的可流动空间将减少。这就导致局部裂缝宽度和气体渗透率的降低，并且使压力降低梯度增大。而析出的硫对其接触的金属表面有强烈的化学腐蚀作用，并且附在金属表面的元素硫及其与金属化学作用产生的腐蚀物会减少甚至堵塞天然气的流通截面，从而使天然气不能连续生产。

（三）H₂S 的腐蚀的主要影响因素

1. 管材的材质及加工的质量

在天然气的生产和运输过程中，使用管材的优劣很大程度影响着其抗腐蚀的性能。目前，各含硫气田均已认识到了必须使用优质的钢材作为生产用料，因此，大都使用的是高性能、高标准的管材。同时，在管材接合处的加工质量同样也影响着其抗腐蚀的性能。因此，在注重了管材质量的同时，还必须严把加工关，降低因加工不当所引起的硫化氢腐蚀概率。

2. 天然气性质的影响

硫化氢腐蚀主要受天然气中所含的水、H₂S 的浓度、温度、pH、CO₂，以及流速的影响：①天然气中的水，由于天然气中硫化氢和水的存在，硫化氢与钢材间极易电解发生电化学腐蚀，从而使管材受损。②H₂S 浓度，含硫化氢酸性天然气中，气体总压 ≥0.448MPa，H₂S 分压 ≥0.00034MPa，敏感材料会发生腐蚀，使管材产生坑蚀等腐蚀现象。③温度，$T=$ 24℃时，硫化氢腐蚀敏感性最大；当 $T>$24℃时，随温度升高，硫化氢敏感性下降；当 65℃< T<120℃时，不发生硫化氢腐蚀敏感。④pH，pH 升高，腐蚀敏感性降低，pH2~3 时，腐蚀敏感性最高；pH>5 时，不发生硫化氢电化学腐蚀。⑤CO₂，CO₂ 的存在，会增大腐蚀的敏感性；同时，CO₂ 还会溶解于天然气中的 H₂O，形成酸，也会对管材形成腐蚀。⑥流速，流速对钢内壁的腐蚀是一种冲刷形式，高速气体在管内流动时会发生冲蚀，造成金属表面保护膜不断被破坏，使管壁减薄。

3. 地层中的硫堵程度

天然气中析出的硫对其接触的金属表面有强烈的化学腐蚀作用，并且附在金属表面的元素硫及其与金属化学作用产生的腐蚀物会减少甚至堵塞天然气的流通截面，从而使天然气不能连续生产。在相同温度下，含硫量越高原油黏度越大；随着温度升高，黏度迅速降低，含硫量高硫沉积也越明显。实验可知：在驱替速度一致的情况下，含硫量越高，PDF（渗透率损害因子）越高。相同驱替速度下，含硫量越高，压降也越大；在含硫量相同的情况下，驱替速度越高，压降越大。硫的沉积会使气井产能降低。当元素硫沉积在孔隙之内时，对气体相对渗透率的影响不大，而当沉积在孔喉处时，会大大降低气体相对渗透率，从而降低气井产能。在体积小、渗透率高的中间层会迅速出现硫堵，从而降低气井生产能力。

二、元素硫沉积规律

硫堵不但会引起井下金属设备严重腐蚀，而且还会导致井的生产能力下降，甚至完全堵塞井筒直至关井。元素硫沉积引起的腐蚀、堵塞造成的经济损失极大，世界上几大高含硫气田开发中都发生过元素硫沉积问题。从表 7-9 可以看出，井深、井底条件及气体 H₂S 含量大不相同的气井都发生了硫沉积现象。

表 7-9　国外高含硫气田气井硫沉积参数统计表

气田	H₂S 体积含量/%	井底温度/℃	井底压力/MPa	备注
德国 Buchhorst	4.8	133.8	41.3	井底有液流
加拿大 Devonian	10.4	102.2	42.04	干气，在井筒 4115~4267m 处沉积
加拿大 Crossfield	34.4	79.4	25.3	在有凝析液存在的情况下沉积
加拿大 Leduc	53.5	110.0	32.85	干气，在井筒 3353m 处沉积
美国 Josephine	78.0	198.9	98.42	估计气体携带硫量为 120g/m³，沉积量为 32g/m³
美国 Murray Franklin	98.0	232.2~260.0	126.54	井底有液流

（一）元素硫在天然气中的溶解度

元素硫是可溶于天然气尤其是系统组分中含有 H_2S、CO_2 和凝析组分的物质，它在天然气中的溶解度大小及其作用因素直接影响着高含硫气田开发过程中元素硫在地层、井筒和地面管线中的沉积。

早期时候，人们认为硫溶解于酸性气体的主要方式是元素硫与 H_2S 结合生成多硫化氢，即存在以下化学反应关系：

$$H_2S + S_x \underset{}{\overset{P,T}{\rightleftharpoons}} H_2S_{x+1} \tag{7-5}$$

该反应是吸热反应（从左到右），在更高温度和压力条件下，化学平衡并向多硫化氢方向移动，使得单体硫能更多存在于天然气中。同时，当天然气中含 H_2S 量越高时，可以获得更有效的对单体硫的溶解方式，使得气相中的含硫量增加。这种反应关系是很多的实验测定硫在天然气中溶解度的理论基础。

影响硫在天然气中的溶解度大小的因素主要包括：压力 P、温度 T、气体组分中 H_2S 含量、CO_2 含量和凝析组分含量等。通过不同实验和计算得到的数据结果的分析可以看出：

（1）温度、压力和气体组成是影响硫在天然气中溶解度的最主要三个参数。同一组分条件下，随着温度、压力的升高，硫的溶解度逐渐增大；反之，则减小。天然气组成不同，对硫的溶解能力也不同。

（2）气体中 H_2S 含量对硫在天然气中的溶解度也有着重要的影响。H_2S 含量越大则天然气对硫的溶解能力也相应增大。

（3）烃类物质尤其是烃类物质中重质组分也是硫的理想溶剂。气体组分中重质组分含量越大，硫在天然气中的溶解度也就越高。

（4）物理溶解和化学溶解是硫存在于天然气中的两种模式。过去，很多学者研究认为化学溶解是硫溶解于天然气的主导作用或者说天然气中 H_2S 的摩尔含量对硫的溶解度的影响起着决定性作用。但实验结果表明烃类物质尤其是碳原子数目越多的烃类组分对硫的溶解度的影响十分明显。

（二）元素硫沉积机理

一般来说，地层条件下元素硫靠三种运载方式而被带出地层：一是与硫化氢混合生成多硫化氢；二是溶解于高分子烷烃；三是在高速气流中元素硫以微滴状（地层温度高于元素硫临界温度时）随气流携带出地层。反之，若地层条件朝着不利于元素硫运移的方向发生变化，则元素硫就可能从气流中析出而发生沉积。

1. 元素硫的化学沉积

酸性天然气中化学平衡是控制硫的溶解和沉积的主要因素。在地层条件下，元素硫与 H_2S 结合生成多硫化氢，与天然气的其他组分共存于储层中。但是多硫化氢不稳定，容易在地层温度和压力降低时发生分解反应，尤其是当地层被射开，气井投产之后，由于地层能量不断下降，当含多硫化氢天然气穿过递减的地层压力和温度剖面时，多硫化氢的分解迅速开始，重新在储层的孔隙中析出固态或液态的硫。当分解出的硫量达到一定值且流体水动力不足以携带固态颗粒的硫时，元素硫可直接在地层孔隙中沉积并聚集起来。

2. 元素硫的物理沉积

元素硫在渗流通道中的沉积机理除了化学分解作用之外，还包括物理因素所引起的沉积。物理沉积的机理主要包括两方面，其一是元素硫在饱和液体中的结晶作用；其二是流体动能和渗流通道对元素硫的携带和捕获作用。除多硫化氢分解可以致使硫沉积之外，硫在稠密流体相中的物理溶解与解析也不容忽视。当温度高于临界温度时，不存在液体溶剂。然而，高压下酸性气流对硫却有显著的物理溶解能力。国外学者通过实验研究，得到了酸性气体中硫的溶解度定量数据，测得硫在纯 H_2S 气体的溶解度如图 7-12 所示。由该图可知，随着压力的升高，硫在 H_2S 中的溶解度是增加的，但在不同温度和压力下，具有不同的变化趋势。当总压力小于 30MPa 时，硫在 H_2S 中的溶解度随着温度升高而减小；当总压力大于 30MPa 时，则随温度升高而增加。

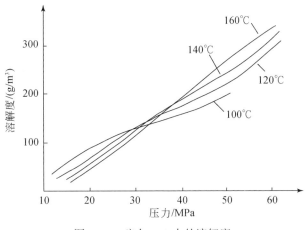

图 7-12　硫在 H_2S 中的溶解度

由前面的硫在天然气中的溶解度的影响因素分析结果可知，天然气中 C_6 以上的有机烃类物质，即重质组分，是硫的天然溶剂。气体中 C_6 以上组分含量越高，气流对硫的携带能力越强，硫沉积越不容易发生。C_6 以上组分含量小于 0.5% 时容易发生硫沉积致使地层堵塞。在气藏开采过程中，随着地层能量的不断消耗，天然气中的重质组分首先从气体中凝析出来。这样，气体中的 C_6 以上组分含量不断降低，天然气的携硫能力随之下降，在达到一定的饱和度之后促使元素硫从天然气中沉积出来。同时，天然气硫也能携带元素硫微滴。这些微滴以颗粒形式悬浮于天然气流中，随机分布于地层孔喉空间。在高稠度高压缩的天然气体中，天然气开始流动时，气流能给周围的颗粒产生影响，使悬浮的硫颗粒获得加速度而与天然气一起流动。沿流动方向气流速度梯度越大，硫颗粒获得作用力也越大，其运动加速也越快。同时，这些悬浮于地层孔隙空间的微滴本身可以溶解适量的硫化氢气体，在一定的温度和压力条件下，这些气体能够致使元素硫微滴内晶体的化学键破裂，变成开键状的分子，使得元素硫熔点降低，从而导致元素硫发生相变而加剧其凝固速度，造成沉积。

（三）影响因素分析

元素硫在流动空间的沉积是多种因素综合作用的结果，它不仅与天然气的成藏条件、井深和井底条件有关，也与气体组成、温度场和压力场分布、采气速度、储层伤害状况、储层非均质性和渗流介质特征都有着密切的关系。这些元素既影响元素硫在天然气中的溶解大小，也直接作用于析出的元素硫在渗流空间的吸附、解吸与运移等过程，使得酸性气井开采过程中描述元素硫的沉积规律更加困难。下面简单地介绍几种对元素硫沉积有重要作用关系的影响因素。

1. 气体组成

大量的实验研究表明，不同的气体组分对硫在天然气中的溶解度有着重要的关系，尤其是体系中硫化氢和烃类物质的重质组分。一般而言，H_2S 含量越高，储层渗流通道中越容易发生元素硫的沉积。统计表明，天然气组分中 H_2S 含量超过 30% 的气井在生产过程中绝大部分都会在地层发生元素硫的沉积和堵塞。当然，这也不是绝对的。有的气井 H_2S 含量高达 34% 以上却没有发生沉积和堵塞，而有的气井含量仅 4.8% 就发生了硫沉积和堵塞的现象。发生硫沉积和堵塞的气井中气体组分中 C_5 以上的烃含量均很低，或者为零，而且也不含芳香烃。实验测定结果表明：烃类物质重质组分对硫有着较强的溶解能力，他们很像是硫的物理溶剂，这些物质的存在往往能避免元素硫的沉积。CH_4、CO_2 等其他组分，以及气井产水则没有发现与元素硫沉积有直接关系。

2. 压力和温度

压力和温度是直接影响硫在天然气中溶解度大小的两个重要因素。它们的变化可以使得硫直接从天然气中析出，并生成不同相态的硫。这些析出的硫因相态的不同，对储层孔隙度、渗透率，以及裂缝的导流能力的伤害也不一样。若析出的硫为液态，则可以随气体一起继续运移，造成的伤害也相对较少；若析出的硫为固态，往往容易造成渗流空间的严重堵塞，最终降低气井的产能。现场统计结果显示，一方面，硫沉积量的大小取决于不同部位的温度和压力，井底温度较高的井出现硫沉积的可能性大。另一方面，地层中压力和温度的改变会使得储层的储集空间和渗流通道的几何形态发生变形，造成孔隙度和渗透率的降低，从而导致在气井生产过程中气体渗流产生的能量损失更加严重，加剧了元素硫从饱和气流中的析出，由此引发更多的硫的沉积。因此，地层压力和温度的大小既能直接作用于硫在储层流动通道沉积，也能通过改变储层的性质而对硫沉积产生间接的影响。

3. 采气速度

气体在储层渗流空间及井筒的流速直接关系到气流携带析出的元素硫的效率和沉积。气体流速越高，则越能有效地使元素硫颗粒悬浮于气体中带出，从而减小了硫沉积的可能。从硫的沉积机理来看，硫的沉积对溶解度的依赖性很大，但硫源却受反应平衡的控制。若平衡反应的速度慢于流体流动速度，则反应发生要求的 P、T 变化速度与流速是不同步的。这样，含硫天然气就处于一种亚平衡状态或超饱和状态，但元素硫不会从该状态中析出。而当平衡逆反应与 P、T 变化同步时，两者将趋于一致，硫将会从体系中析出。因此，气流速度不仅对析出的元素硫的运移产生重要的影响，也对硫的析出起到了平衡和控制的作用，是影响硫沉积的重要因素之一。

4. 储层伤害状况

储层受外界因素作用造成的伤害加剧了地层能量在流体流动过程中的损耗，增加了附加压降，也使得流体在流动通道的流动受到严重的阻碍，尤其是呈不规则形状的固相颗粒的运移就变得更加困难。硫在储层渗流空间的沉积受储层的伤害程度的影响也很大。若储层表皮系数为负值，由于有效井筒半径的加大，硫沉积的范围沿井筒方向向外部空间推进，降低了硫的聚集范围，也使得硫的沉积相对减弱；反之，则可能加快硫在近井地带的沉积。图 7-13 是模拟在不同伤害情况下，元素硫在地层的沉积状况的结果。从图中可以看出，当地层受到污染时，元素硫在地层中的沉积非常迅速；而在地层不受伤害的情况下，元素硫在生产早期的沉积则要缓慢得多。

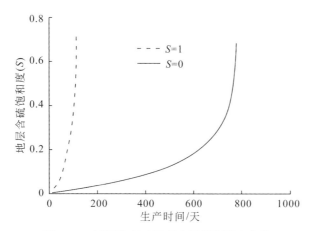

图 7-13 储层伤害对元素硫沉积的影响曲线

5. 渗流介质特征

渗流介质的类型和储层非均质性也是影响硫沉积的重要因素。流体在储层中流动的渗流空间主要包括孔隙和裂缝两种不同类型。孔隙介质和裂缝之间渗流空间的几何形态有着明显的差异，气流或多相流体对析出的硫微粒的携带和冲刷作用及其运动规律也大相径庭。在孔隙介质中，随储层孔隙度的降低，元素硫的沉积的可能性越大，且孔隙度越低，元素硫的沉积越剧烈。而在裂缝介质中，其渗流空间往往较孔隙介质的渗流空间大得多，使得从气体中析出的硫颗粒可以在较强的水动力的作用下被携带出储层而进入井筒，从而降低硫沉积的可能。储层非均质性表征了储层岩性和渗透性等在各个方向上的差异。由于在不同方向上存在着这些差异，流体在流动过程中的选择性非常强，使得地层能量的消耗和流体流动的方向等表现出明显的不同。气藏的这种差异，也使得元素硫的沉积受到较大的影响。一般来说，非均质性越强的高含硫储层，元素硫沉积的速度越快，对储层造成的伤害也越大。图 7-14 是模拟高含硫气藏在开采过程中储层的非均质性对元素硫沉积带来的影响。从图中曲线的趋势可以看出，当储层的非均质性越强时，气井的产能伤害越大，从而反映出元素硫在非均质性越强的孔隙介质中的沉积越强烈。

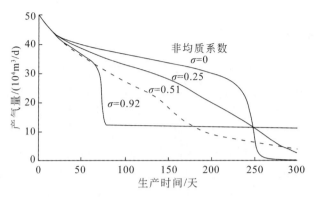

图 7-14　储层非均质性对硫沉积的影响

（四）元素硫沉积的危害

含硫气藏广泛地分布于世界各地，且占可观的储量比例。统计表明，该类气藏由于在开采过程中一般都会发生元素硫的沉积，尤其是当硫在地层中沉积时，往往使得地层孔隙有效流动空间变小，地层渗透率降低，流动阻力增大，影响气井产能。甚至在一定情况下，地层发生严重的硫堵，井眼周围流动通道被堵死，造成气井停产、报废，使得一次采气的采收率不高。表 7-10 列举了部分高含硫气田硫沉积状况。从表中可以看出，高含硫的气井（或气田）在即使井底温度较高时仍然可能存在硫沉积现象，从而严重影响气井的正常生产，甚至使气藏无法投入开采，对开发开采带来重大的危害。

表 7-10　含硫气井硫沉积状况

气井位置	H_2S 体积含量/%	井底温度/℃	井底压力/MPa	备注
德国 Buchhorst	4.8	133.9	41.3	井底有液硫
加拿大 Devonian	10.4	102.2	42.04	干气，在井筒 4115～4267m 处沉积
加拿大 Crossfield	34.4	79.4	25.3	在有凝析液存在的情况下沉积
加拿大 Leduc	53.5	110	32.85	干气，在井筒 3353m 处沉积估计气体携带硫量为 120g/m³
美国 Josephine	78	198.9	98.42	沉积量为 32 g/m³
美国 MurrayFranklin	98	260	126.54	井底有液硫
中国冀北赵兰庄气藏	92	—	—	地层发生严重硫堵

（五）元素硫沉积规律

1. 单质硫聚集规律研究

结晶析出的单质硫晶体由于所受到力的大小不同，聚集形成了直径大小不同的单质硫，其分布规律受合力的影响。取所形成的单质硫做进一步的微观实验。单质硫的形成是一个由小到大的过程，即先由纳米级的单质硫晶体聚集形成面状单质硫，再逐渐形成层状似的单质硫。

2. 岩心中硫沉积分布规律研究

将溶解有一定量元素硫的流体作为驱替液，以 $0.5mL/min$ 的速度驱替岩心，驱替一段时间之后，烘干岩心，将岩心分为大裂缝、小裂缝、基质 3 个部分，分别进行能谱分析。

实验结果：岩心较大裂缝中硫的重量百分数为 1.05，原子数百分含量为 0.63；岩心较小裂缝中硫的重量百分比为 0.37，原子数百分含量为 0.17；基质中硫的重量百分比为 0.13，原子数百分含量为 0。从数据中可以得到以下结论：硫在孔隙较大的地方更容易沉积，而在基质等较致密的部分沉积量较小。导致此现象发生的可能原因：①孔隙较大的地方流过的含硫流体体积较大，进而有更多的硫沉积；②有更大的表面积，硫的吸附量更大。

三、天然气水合物形成规律

含硫天然气易形成天然气水合物，造成气田生产油管及输送管线的堵塞，给气田的开发造成相当大的困难，影响气田正常生产。特别是在高硫化氢浓度、高压条件下，在常温下都极易形成水合物，造成生产油管及输送管线堵塞。

天然气田中，除主要含有甲烷、乙烷等烃类，硫化氢、二氧化碳等酸性组分，有机硫、氮气等组分外，通常还有水。水在天然气中以气态或液态形式存在，在地层高温条件下，水蒸气分压高，天然气中的水含量相对较高，在井口和管输过程中，尤其在冬季气温较低情况下，由于温度降低，天然气中的水蒸气将以液态水的形式析出，在一定条件（合适的温度、压力、气体组成、水的盐度、pH 等）下，水可以和天然气中的某些组分形成类冰的、非化学计量的、笼形结晶固体混合物，称为天然气水合物（natural gas hydrate），又称笼形包合物（clathrate）。它可用 $M \cdot nH_2O$ 来表示，M 代表水合物中的气体分子，n 为水合指数（也就是水分子数）。M 可能是天然气组分中的 CH_4、C_2H_6、C_3H_8、C_4H_{10} 等同系物或 CO_2、N_2、H_2S 等，M 可以是单组分，也可以是混合组分。天然气组分中 H_2S 最容易形成水合物。水合物较稳定，一旦形成后趋向于积聚变大，很难清除。而且高硫化氢浓度，高压条件下天然气水合物形成温度可能远高于水的凝固点，因此，如何有效防止水合物的形成对保证天然气生产具有重要意义。

（一）水合物的危害

（1）水合物在管道中形成，会造成堵塞管道、减少天然气的输量、增大管线的压差、损坏管件等危害，导致严重管道事故。

（2）水合物在井筒中形成，可能造成堵塞经停、减少气产量、损坏井筒内部的部件，甚至造成气井停产。

（3）水合物在地层多孔介质中形成，会造成堵塞气井、降低气藏的孔隙度和相对渗透率、改变气藏的气水分布、改变地层流体向井筒渗流规律，这些危害使气井产量降低。

（二）水合物形成的主要条件

水合物的形成条件主要分为热力学形成条件和动力学形成条件。

1. 热力学条件

从热力学观点来看，水合物的自发形成不是必须使气体（M）被饱和，只要系统中水的蒸汽压大于水合物晶格表面的水蒸气压力就够了。天然气水合物的生成主要需要以下三个条件。

（1）满足一定的压力条件，只有当系统中气体的压力大于它的水合物分解压力时，饱和水蒸气的气体才能自发生成水合物。

（2）满足一定的温度条件，天然气形成水合物有一个临界温度，只有当系统中的温度小于这个临界温度时才有可能形成水合物。

（3）天然气中含有足够的水分，以形成空穴结构。水合物的生成除与天然气组分、组成和游离水含量有关外，还需要一定的热力学条件，即一定的温度和压力。苏联学者罗泽鲍姆等认为：只有当系统中气体组分的压力大于它的水合物分解压力时，含饱和水蒸气的气体才可能自发生成水合物。

总之，水合物形成的主要生成条件有：有自由水的存在，天然气的温度必须等于或低于天然气中水的露点；低温高压。辅助条件有：高流速、压力波动、H_2S 和 CO_2 等酸性气体的存在、微小水合物晶核的诱导等。在给定压力下，对于任何组分的天然气都存在水合物形成温度，低于这个温度将形成水合物，若高于这个温度则不形成水合物或已形成的水合物将发生分解。反过来，若给定温度，天然气水合物存在极限压力，高于这个压力则形成水合物，低于这个压力则无法形成水合物。

2. 动力学条件

（1）过冷度与诱导时间。从动力学方面讲，天然气水合物的形成依次包括晶体（微晶）形成和生长聚集两个过程。在形成水合物过程中，当压力不变时温度必须经过过冷到理论平衡线以下若干摄氏度，并经过一定时间（诱导期）才能形成水合物晶核。实验证明：过冷度超过 7.49℃时，才有可能形成水合物；而过冷度超过 11.1℃时，在 25min 以内（甚至瞬间）就会形成水合物。

（2）节流效应。天然气在管道中经过突然缩小的断面（如管道的变径管、针形阀、孔板、过滤器等），产生强烈的涡流，使压力下降，这种现象称为节流。节流时压力降低会使温度下降，则气体中的水蒸气会凝析出并使气体与水的混合物达到水合形成的必要条件。

（3）输送流速。国外研究表明：对容易形成水合物的天然气在输送时应采用较高的流速，一般应高于 3m/s。因为高流速可以维持高的输气温度，也可加强气体扰动以抑制水合物的形成和聚集。

（三）天然气水合物生成条件预测

预测天然气水合物生成温度、压力条件的常见方法有：查图法、气-固相平衡计算法和分子热力学模型法等（戚斌，2009）。图解法简单、方便，但不便于使用计算机计算，且误差较大；气–固相平衡法计算简单、速度快，但是其可靠性与通用性差；戚斌（2009）采用分子热力学模型法预测天然气水合物生成条件。已知天然气的组分、压力，便可采用迭代法求得天然气水合物的形成温度。

$$\frac{\Delta \mu_w^0}{R T_0} - \frac{\Delta C_{pw}^0 T_0 - \Delta h_w^0 - \frac{b}{2} T_0^2}{R} \left(\frac{1}{T} - \frac{1}{T_0} \right) - \frac{\Delta C_{pw}^0 - b T_0}{R} \ln \frac{T}{T_0} - \frac{b}{2R}(T - T_0) + \frac{\Delta V_w}{RT}(p - p_0)$$

$$= \sum_i v_i \ln \left(1 + \sum_j C_{ij} f_j \right) + \ln x_w \tag{7-6}$$

式中，ΔC_{pw}^0、Δh_w^0 为 T_0 时 β 相与纯水相的焓差、热容差；$\Delta \mu_w^0$ 为标准状况时完全空的天然气水合物结晶晶格（β 相）与水的化学位偏差；b 为热容的温度系数；μ^β 为完全空的天然气水合物晶格中水的化学位；ΔV_w 为 β 相和 w 相（富水相）间的摩尔焓差和体积差；v_i 为 i 型空腔的百分数；C_{ij} 为组分对型空腔的 Langmiur 常数；f_j 为混合气体中组分的逸度，Pa；x_w 为富水相中水的摩尔系数。

根据计算可得到如下结论：①随着压力的增加，生成天然气水合物的温度增加，但增加幅度不断减小，对于纯甲烷气体形成水合物的温度与压力的关系见表 7-11；②生成天然气水合物的温度与天然气的组分密切相关，表 7-12 是常用参考书中给出的气体水合物的临界形成温度，其指导意义是给出了各种组分生成天然气水合物的趋势（即各种组分形成天然气水合物的难易程度），由表 7-12 可知，H_2S 最易形成天然气水合物，而 nC_4H_{10} 则不易形成天然气水合物；③通过计算可得到 H_2S 的存在会加剧天然气水合物的生成，但随含量的增加其影响的幅度是减小的（表 7-13）。

表 7-11　甲烷水合物生成温度随压力变化关系表

压力/MPa	10	20	30	40	50	60	70
临界形成温度/K	287.43	290.54	292.38	293.7	294.7	295.56	296.27

表 7-12　气体水合物的临界形成温度表

名称	CH_4	C_2H_6	C_3H_8	iC_4H_{10}	nC_4H_{10}	CO_2	H_2S
临界形成温度/℃	21.5	14.5	5.5	2.5	1	10.0	29.0

表 7-13　H_2S 含量对天然气水合物形成温度的影响表

天然气中 H_2S 含量	0	0.02	0.04	0.06	0.08	0.1	0.15	0.2
天然气水合物形成温度/K	296	299.2	301	302	303	303.8	305.3	306.4

四、产能特征

渡口河、罗家寨气田位于四川省宣汉县和重庆市的开县境内。在三叠系飞仙关组中均发现了储量较大的气藏，渡口河探明储量 $271.65 \times 10^8 m^3$，罗家寨探明储量 $538.40 \times 10^8 m^3$，控制储量 $326.72 \times 10^8 m^3$。计算 8 口井无阻流量结果可以看出（表 7-14），各单井产能大，在没有采取产层净化措施的条件下获无阻流量百万级气井 5 口，经过对各井钻井、完井、试井资料综合解释，对该地区已获气井产能分析可得出如下结论。

表7-14　渡口河、罗家寨气田气井完井测试产量及无阻流量数据表

井号	地层压力/MPa	流动压力/MPa	测试产量/($10^4 m^3/d$)	无阻流量/($10^4 m^3/d$)
渡1	45.29	43.47	44.15	223.45
渡2	46.23	11.44	18.01	18.67
渡3	45.78	44.05	54.18	286.24
渡4	45.48	40.98	18.36	50.85
罗家1	40.47	39.87	45.84	494.43
罗家2	40.21	37.35	63.21	216.46
罗家5	30.72	25.68	73.06	149.53
罗家6	41.89	36.69	31.32	75.53

（一）气井在钻井、完井过程中，产层存在严重污染。各井钻井泥浆相对密度大，且浸泡时间长

渡口河、罗家寨飞仙关组气藏为高含硫化氢气藏，在钻井、完井过程中，出于安全完钻考虑，使用的钻井泥浆相对密度大于地层压力系数（该地区飞仙关组地层压力系数一般为1.06～1.23，而采用的泥浆相对密度为1.43～1.66g/cm^3），且浸泡时间长（通常在20天以上），导致泥浆污染产层降低产层渗透率，影响气井产能。该地区在钻井、完井过程中，钻井液对产层的伤害是客观存在的。试井解释结果显示出各井表皮系数为正值。从目前已进行过试井解释的9口井可以看出，各气井表皮系数均为正值。表皮系数分布范围为12～65，表明钻井液的渗透对井筒附近地层产生了严重的伤害。

（二）完井测试无阻流量偏低

渡口河、罗家寨气田飞仙关组气藏由于在钻井、完井过程中钻井液对产层的伤害，试井解释结果显示各气井表皮系数均为正值。因此，完井测试各气井无阻流量偏小，若对产层进行解堵净化措施，或生产一段时间后，随着天然气的产出，将产层污染体带出或部分带出，各气井产能将有一定幅度的增加。

（三）酸化解堵可提高气井产能

渡口河、罗家寨气田飞仙关组气藏储层孔渗条件好，基础产能大，残酸液易排出，不易对产层造成二次伤害。渡口河、罗家寨气田飞仙关组气藏储层的孔渗性能好于川渝地区部分碳酸盐岩气藏，而川渝地区部分碳酸盐岩气藏酸化后气井产能都有明显的增加，因此若对各气井进行酸化解堵措施，可以提高气井产能。

（四）酸化解堵主要针对Ⅰ+Ⅱ类储层

在钻井、完井过程中，钻井液和洗井液对飞仙关组产层的伤害是明显的，同时也是严重的，所造成的污染堵塞总是首先选择性的发生在具有良好储渗性能的Ⅰ+Ⅱ类储层中，最终

给气井产能带来极大影响。因此，酸化解堵主要是针对Ⅰ+Ⅱ类储层，该认识被川东地区石炭系部分气井酸化后生产测井证实。例如，池54井酸化前测试产量仅$3.52×10^4m^3/d$，试井解释证实表皮系数高达27.5，流动效率仅19.6%，生产测井表明只有Ⅰ类储层6m产气。酸化后测试气产量大幅提高至$63.55×10^4m^3/d$，增产幅度近20倍，试井解释表皮系数已降至-0.9，流动效率高达111.1%，生产测井发现有2.5m的Ⅱ类储层开始有气体产出，说明酸化作业既解除了钻井完井对Ⅰ+Ⅱ类储层带来的污染堵塞，对储层还起到了一定的改善作用，效果十分明显。Ⅰ+Ⅱ类储层所占的比例大，则酸化解除污染的效果就越明显。若Ⅰ+Ⅱ类储层所占比例小，则酸化效果会降低。对渡口河、罗家寨飞仙关组气藏8口气井储层进行分析发现，Ⅰ+Ⅱ类储层所占比例较高，除罗家1井为41.58%，其余各井均大于50%，因此若实施酸化解堵措施，对提高各气井产能效果无疑将是显著的。

第四节　高含硫气藏开发技术对策

高含硫气藏开发方案的制订与常规气藏差异不大。但由于其储层具有独特的流体组分及特征，高含硫气田的开发存在着许多与常规气田开发不一样的特点和难点，特别是高含硫气田硫化氢腐蚀严重、硫沉积严重、易形成水合物、必须脱硫净化这四个主要难点是开发高含硫气田要解决的关键问题。高含硫气藏存在着比低含硫气藏更加严重的腐蚀性和危险性，在生产工艺流程中水合物生成情况也远比一般含硫气田严重和频繁，要重视元素硫在地层中（尤其在近井地带）井筒和地面设备中的沉积问题，明确防治地层中硫沉积对产能影响要比地面复杂得多。

一、硫沉积预测及防治技术

（一）硫沉积预测

地面管道和井筒的防治技术相对较好办，难的是防治近井带硫沉积影响气井产能的问题。硫沉积的研究要以实验为基础，以小型现场试验为依据，深入研究硫在地层中的沉积和堵塞机理，建立元素硫沉积预测模型，进而指导实践。高含硫气井在生产过程中，随着井筒温度压力的降低，硫微粒在气相中的溶解度逐渐减小，在达到临界饱和度后将从气相中析出，当井筒中硫析出位置处的气流速度小于微粒临界悬浮流速时，析出的硫微粒在井筒中沉积，堵塞气体的流动通道，从而降低气井产能，影响开发效益，严重时造成气井停产。准确预测硫沉积的临界产量及硫沉积的位置及区域不仅能为确定高含硫气井的合理产量、掌握井筒中硫沉积动态以便及时采取除硫措施提供有力指导，而且对指导高含硫气藏的合理、高效开发也具有重要的意义。

硫的沉积受温度、压力、地层、气体组分及气体流速等因素的影响，硫在地层中的沉积包括聚集、沉降、吸附等。在靠近井筒附近气体的流动服从达西渗流，罗启源等通过运用物质平衡原理和非线性沉积理论推导出非达西流动的硫沉积模型。假设流动为稳定流动、平面径向流、地层均质、温度恒定。根据Forchheirmer的研究成果，对平面径向流有

$$\frac{\mathrm{d}p}{\mathrm{d}r} = \frac{\mu}{k}v + \rho\beta\,v^2 \tag{7-7}$$

设 r 处在 t 时刻因压降而析出的硫体积量为 V_s，则其与单位压差变化条件下硫溶解度的变化关系为

$$\mathrm{d}V_s = \frac{q\,B_g\left(\dfrac{\mathrm{d}C}{\mathrm{d}p}\right)\mathrm{d}p\mathrm{d}t}{\rho_s} = 4.983 \times 10^{-3}q\,B_g\left(\frac{\mathrm{d}C}{\mathrm{d}}\right)\mathrm{d}p\mathrm{d}t \tag{7-8}$$

由孔隙度定义可得孔隙度变化率 $\Delta\phi$ 的微分关系式为

$$\mathrm{d}\Delta\phi = \frac{\mathrm{d}V_s}{\mathrm{d}V_0} = \frac{\mathrm{d}V_s}{2\pi rh\phi_0\mathrm{d}r} \tag{7-9}$$

式（7-8）代入式（7-9）得

$$\mathrm{d}\Delta\phi = \frac{0.793 \times 10^{-3}q\,B_g\left(\dfrac{\mathrm{d}C}{\mathrm{d}p}\right)_T\mathrm{d}p}{rh\phi_0}\mathrm{d}t \tag{7-10}$$

把 $v = \dfrac{q\,B_g}{2\pi rh}$ 和式（7-7）代入式（7-10）得

$$\frac{\mathrm{d}\Delta\phi}{\mathrm{d}t} = \frac{0.793 \times 10^{-3}q^2 B_g^2\left(\dfrac{\mathrm{d}C}{\mathrm{d}P}\right)_T}{2\pi\,r^2h^2\phi_0}\left[\frac{\mu_k}{k} + \rho\beta\frac{q\,B_g}{2\pi rh}\right] \tag{7-11}$$

根据 Civan F. 对地层非平衡沉积过程中沉积物体积与孔隙度的关系研究结果，可得孔隙度与地层含硫饱和度的关系方程：

$$S_s = \Delta\phi + \tau\,\frac{\mathrm{d}\Delta\phi}{\mathrm{d}t} \tag{7-12}$$

式（7-12）两端对时间 t 求导，得

$$\frac{\mathrm{d}S_s}{\mathrm{d}t} = \frac{\mathrm{d}\Delta\phi}{\mathrm{d}t} + \tau\,\frac{\mathrm{d}^2\Delta\phi}{\mathrm{d}t^2} \tag{7-13}$$

根据 Roberts 的研究结果，地层发生硫沉积时地层相对渗透率与含硫饱和度的关系为

$$\ln K_r = a\,S_s \tag{7-14}$$

把式（7-14）代入式（7-11）得

$$\frac{\mathrm{d}\Delta\phi}{\mathrm{d}t} = \frac{0.793 \times 10^{-3}\mu_g B_g^2\left[\dfrac{\mathrm{d}C}{\mathrm{d}P}\right]_T q^2}{2\pi\,r^2h^2\phi_0k_0}\exp\left(-a\,S_s\right) + \frac{0.793 \times 10^{-3}\rho\beta\,B_g^3\left[\dfrac{\mathrm{d}C}{\mathrm{d}P}\right]_T q^3}{4\pi^2r^3h^3k_0} \tag{7-15}$$

令 $\quad m = \dfrac{0.793 \times 10^{-3}B_g^2\left[\dfrac{\mathrm{d}C}{\mathrm{d}P}\right]_T}{2\pi\,\phi_0k_0}$，则

$$\frac{\mathrm{d}\Delta\phi}{\mathrm{d}t} = \frac{m\mu_g q^2}{r^2h^2}\exp\left(-a\,S_s\right) + \frac{m\rho\beta\,B_gk_0}{2\pi\,r^3h^3}q^3 \tag{7-16}$$

式（7-16）两端分别对 t 求导，得

$$\frac{\mathrm{d}^2\Delta\phi}{\mathrm{d}t^2} = -\frac{am\mu_g q^2}{r^2h^2}\exp\left(-a\,S_s\right)\frac{\mathrm{d}S_s}{\mathrm{d}t} \tag{7-17}$$

分别把式（7-16）和式（7-17）代入式（7-13），整理得

$$\left[1+\tau\frac{am\mu_g q^2}{r^2 h^2}\exp\left(-aS_s\right)\right]\frac{dS_s}{dt}=\frac{m\mu_g q^2}{r^2 h^2}\exp\left(-aS_s\right)+\frac{m\rho\beta B_g k_0}{2\pi r^3 h^3}q^3 \tag{7-18}$$

令 $A=\dfrac{m\mu_g q^2}{r^2 h^2}$，$B=\dfrac{m\rho\beta B_g K_0}{2\pi r^3 h^3}q^3$，将式（7-18）合并同类项并分离变量积分得

$$t=\left[\frac{1}{dB}-\frac{\tau}{a}\right]\ln\frac{A\exp\left(-aS_s\right)+B}{A+B}+\frac{S_s}{B} \tag{7-19}$$

式中，μ、μ_g 为气体黏度，mPa·s；k、k_0、k_g 分别为地层渗透率、地层原始渗透率、气体有效渗透率，μm^2；k_r 为相对渗透率；B_g 为气体体积系数；C 为元素硫的溶解度，g/m^3；h 为储层厚度，m；p 为地层压力，MPa；q_g 为天然气产量，$10^4 m^3/d$；r 为储集层中任一点到气井中心的径向距离，m；S_s 为含硫饱和度；t 为生产时间，d；T 为储集层温度，K；V_s、V_0 分别为元素硫析出的体积量和孔隙体积，m^3；v 为气体在井底下的流速，m/s；ρ_g 为地层条件下天然气的密度，kg/m^3；ϕ_0、ϕ、$\Delta\phi$ 分别为原始地层孔隙度、地层孔隙度和孔隙度的变化；β 为速度系数，m^{-1}；τ 为沉积延迟时间，s；A、B、a 为待定系数。

式（7-19）即为饱和气流在非达西渗流条件下的硫沉积模型的精确解。该关系式描述了含硫饱和度与生产时间、产量、井半径等参数的关系。

（二）防　硫

1. 采取合理的开采工艺

根据硫沉积机理，采取有针对性的工艺措施可在一定程度上降低硫沉积的发生概率和发生速率。

1）控制井筒温度压力的变化

硫在天然气中的溶解度与温度、压力及天然气的组分等因素有关，防治元素硫沉积可以采取合理的工作制度，使天然气中的含硫量小于硫在天然气中的临界溶解度。随着生产的进行，井筒温度、压力会逐步降低，这样不可避免地会出现天然气中含硫量大于硫在天然气中的临界溶解度，析出单质硫。

由于温度下降会对硫的溶解度造成影响，因此控制集输系统的温度可以有效地减少硫在系统中的沉积。对设备和管线加装一些保温设施，保持流体在设备和管线中的温度，可减少元素硫的析出，从而减缓沉积，以及由此发生的硫堵塞。实验证明，当温度恒定在50℃以上，由硫沉积引发的堵塞会显著减少。该方法安全、可靠，污染少，能耗低，简便有效。

和温度一样，压力的下降也可能引起元素硫的沉积，因此控制压力的变化也是十分重要的。在生产中，应尽可能选用内部结构简单的设备和部件，以免引起过大的压力变化。

2）控制开采速度

如果采气速度大于将单质硫带出的临界速度，单质硫就不会在井筒沉积。快速开采时的气流速度较快，更容易将析出的硫颗粒带走，不易发生沉积。但是过快的速度也会导致温度和压力急剧下降，使元素硫加快沉积，导致地层和设备的堵塞。因此，在开采过程中，应针对气井自身情况，制订合理的开采计划，将开采速度控制在合理范围之内。

2. 做好硫沉积的预测工作

随着气井的生产，不可避免地要发生元素硫的析出、沉积，因此做好硫沉积的预测工作至关重要。通过比较不同产量下不同深度处高含硫天然气中的含硫量与天然气在某一压力、温度下的临界硫溶量，即可预测是否会有单质硫的析出及析出位置。

除此之外，应加强对硫沉积的研究，确定天然气中的含硫量，同时对发生硫沉积的气井，要做好取样化验工作，确定单质硫的密度、颗粒直径等参数，为其他生产井硫沉积的预测提供依据。

3. 生物竞争排出技术

这是 Hitzman 提出的一种新的生物技术。其原理是向地层中注入水溶性的低浓度营养液，该营养液会抑制地层中硫酸盐还原菌（SRB）的生长。从源头上减少或消除地层中因生物生成的 H_2S 气体，以达到减少硫沉积的目的。该方法环保、经济、高效。

（三）除　硫

目前，国内外解决硫沉积的方法可大致归纳为三个类型：发生化学反应、加热熔化及用溶剂（或溶液）溶解硫（表 7-15）。

某些地方的气矿定期停产，将发生硫堵塞严重的部分拆下来清洗，用乙二醇做载体加热溶硫，溶硫效果好，部件清洗得很干净。值得注意的是，清洗频率不宜过高。清管会使氧气进入到管道中，使烃类凝固的现象更加严重，为硫沉积提供条件。对于已发生堵塞的部位，可以尝试对设备局部进行加热，对堵塞部位沉积的硫溶解，达到解堵的效果。

硫溶剂解堵治理技术是目前国内外广泛应用的一套硫沉积治理方法。加注硫溶剂可降低元素硫与管道内壁的接触面，使元素硫呈气态与气流一起运动，防止硫沉积。硫溶剂主要分为物理溶剂和化学溶剂。化学溶剂主要是与硫化氢和单质硫发生化学反应，生成易流动的物质。常用的物理溶剂如甲苯、四氯化碳、二硫化碳等，只能处理中等程度的硫沉积。而常用的化学溶剂主要有二芳基二硫化物、二烷基二硫化物、二甲基二硫化物等，对处理严重的硫沉积十分有效。硫溶剂解堵本质上是一套事后处理技术，其特点是硫沉积已经在地层、井筒以及地面集输系统中发生，通过溶硫措施解堵使气井重新生产的工艺技术，这就要求我们早预防、早治理。

表 7-15　硫沉积解决方法

方法类型		技术措施名称/专利所有者				
溶剂溶解	名称	以苯为溶剂	以二硫化碳为溶剂	硫化物或二烷基二硫化物为溶剂	胺类或烷基醇胺为溶剂	无机盐溶液为溶剂
	专利	美国菲利浦斯石油公司	加拿大石油公司	美国莫比尔和菲利浦斯石油公司	加拿大联合碳化物公司	美国德士古石油公司
加热溶化	名称	蒸汽循环			热溶剂循环	
	专利	（私人申请的专利）			美国城市油品服务公司	

方法类型		技术措施名称/专利所有者	
化学反应	名称	用空气氧化	与烯烃反应
	专利	美国菲利浦斯石油公司	美国佩特罗莱脱公司

二、天然气水合物防治技术

形成水合物通常需要系统中存在游离水，水合物形成后首先悬浮在流体中，并聚集在一起，形成更大的固体，最终堵塞管线及计量、仪表等。一旦发生水合物堵塞，处理起来非常困难。为了移去水合物，必须首先发现形成水合物的位置，然后在水合物两端卸压，如果在一段管子中形成两个水合物堵塞段，由于气体在通过堵塞段时从高压变为低压时温度降低，导致形成新的水合物堵塞段，解决这种情况就需要花费更长的时间。防止水合物形成措施主要有：天然气集输管线加热、防冻剂防止水合物形成、脱水防止水合物形成等。

（一）天然气集输管线加热

1. 水套炉加热

寒冷地区的天然气集输管线可以采用水套炉间接加热保温的方法来防止水合物生成。通常管线5~8km需要设中间加热炉。天然气的场站管线应有从脱硫厂来的净化气管线作为加热和仪表用气。可以通过有关公式估算出管线经过一定输送距离后天然气的温度变化情况，确定中间加热点的位置，以保证天然气在输送过程中温度始终高于水合物形成温度。水套炉加热防止水合物方法的缺点是在没有净化气作热源时（如开工期间），只能采用加注防冻剂的办法防止水合物的生成。

2. 热水管线跟踪伴热

保持管线中天然气温度的另外一种加热方式是热水管线跟踪伴热。在天然气集输管线附近埋设低压热水管线，热水循环使用。与水套炉加热相比，热水管线跟踪伴热具有的优点有：①可以预热地层，避免了在开工期间注入大量化学药剂；②在延长停工期间天然气管线不需要卸压；③热量能够传递到上游位置；④由于系统在低压下循环热水，操作方便。热水管线跟踪伴热缺点是设备费和操作费比水套炉加热方法高20%~30%，再用泵循环热水，则更要耗电。为了保证循环水在短期停工期间不结冰，需要在循环水中加入约20%的乙二醇及适量缓蚀剂。为防止传热短路，热水管线与天然气管之间应该有3~7cm的距离，回程冷水管线埋在热水管线对面。

（二）防冻剂防止水合物形成

通过连续向天然气中加注甲醇和乙二醇等防冻剂也是有效防止水合物形成的方法，防冻剂作用是降低天然气水合物形成温度。连续加注防冻剂成本很高，通常只是在防冻剂能够回收的情况下才采用。在年平均气温低的地区（如加拿大），通常不在集输系统采用加注防冻剂的方法防止水合物，一般在开工或其他紧急情况下才使用加注防冻剂。但在四川地区已经开采的天然气田，由于冬季低温时间较短，天然气中硫化氢含量较低，天然气集输系统压力较低，一般采取在井口设分离器和冬季加注防冻剂（甲醇或乙二醇）的办法解决冬季管线堵塞问题。但对川西北气矿天然气集输管线，由于水合物形成温度比川东低含硫天然气水合物形成温度高，需要的甲醇加注量较大，在冬季甲醇加注量不足的情况下，川西北气矿天然气有可能发生水合物堵塞集输管线的情况。可以通过图 7-15 得到不同甲醇浓度下水合物形成温度降低值。

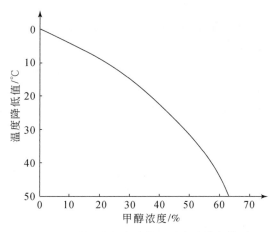

图 7-15　甲醇浓度与水合物形成温度降低值关系

也可以通过 Nielsen-Bucklin 方程估算甲醇防冻剂加注量：

$$d = -72\ln(X_{H_2O}) \tag{7-20}$$

式中，d 为水合物形成温度降低值，℃；X_{H_2O} 为加注甲醇后形成的防冻剂和水混合溶液中水的摩尔分数。

防冻剂加入量是通过天然气的温度、组成、压力等参数计算水合物形成温度后确定的，加入防冻剂后形成水合物的温度应低于最低环境温度 3℃，不加防冻剂的水合物形成温度减去加入防冻剂后水合物形成温度即得到 d 值（水合物形成温度降低值）。通过图表或计算得到甲醇与水混合物中水的摩尔分数，再计算地层（无井口分离器）或进入输气管线（有分离器）温度、压力条件下，天然气水蒸气含量，减去最低温度下天然气中的水蒸气含量乘以输气量，得到管线中因温度降低所析出的游离水量，通过总水量和甲醇与水混合物中水的摩尔分数，即可得到需要加入的防冻剂量。

假设川东北高含硫气田井底温度 120℃，压力 45MPa，H_2S 含量 15%，地面集输压力 9MPa，冬季最低温度 8℃。假设井口不设分离器，天然气中不含游离水，输气量为 $600×10^4$ m^3/d。估算水合物形成温度 26.5℃，$d = 26.5 - (8-3) = 21.5$℃；井底温度条件下饱和水含量 10.23g/m^3；冬季集输管线天然气中饱和水含量 0.16g/m^3；析出的游离水量 10.07g/m^3；从图或计算公式得到降低水合物形成温度 21.5℃需要加入的甲醇摩尔质量分数为甲醇与水混合物中的 38.5%；得到 1000m^3 天然气需要加入的甲醇量为 6.23kg；每天输送 $600×10^4$ m^3 需要加注的甲醇量为 37.8t。因此，在这种气质条件下，如果井口不设分离器，甲醇加量太大。如果采用加注防冻剂防止水合物，则井口应该设分离器，来自井底的天然气通过分离器后，温度明显降低，大部分游离水将在分离器中析出，集输管线中游离水析出量将明显降低，防冻剂加注量也将比没有分离器时大大减少。

（三）脱水防止水合物形成

当酸性天然气必须通过长距离输送到脱硫厂时，采用加热的方法存在建设费用及操作成本高的问题。这种情况下可以采用井场脱水的方法来防止水合物生成（即干气输送），经过井场脱水后可以保证在后续集输管线中不会析出游离水，也不会形成水合物。天然气经过脱水后输送不仅防止水合物堵塞问题，也大大减轻了管线腐蚀程度。脱水方法有采用硅胶或分子筛作脱水剂的固体吸附法，或采用三甘醇作脱水剂的三甘醇脱水法，井场三甘醇脱水工艺在川渝低含硫天然气开采中得到了越来越多的应用。脱除 1kg 水需要 20～30L 三甘醇，三甘醇纯度、循环量、吸收塔压力和温度、吸收塔板数等因素都影响到脱水的程度，由于存在三甘醇发泡和变质导致三甘醇损耗较大的可能性，甘醇脱水法运行费用较高。而且甘醇在脱水的同时，也吸收重烃、芳烃、硫化氢和二氧化碳，如何有效处理再生塔排出废气是一个问题，因此对高硫化氢含量天然气也不适宜采用井场脱水来防止水合物生成。

三、脱硫及硫磺回收技术

H_2S 是大气中的主要污染物之一，在《职业性接触毒物有害程度分级》中属高度危险性气体。在高含硫气田开发过程中，必须对生产出的高含硫天然气进行净化脱硫处理，使含硫量达到国家标准才能外输。国外高含硫天然气净化处理方法大致分为固体吸附法、可再生溶剂吸收法、直接转化法，以及膜分离法等，其中可再生溶剂吸收法应用最广泛。

（一）天然气的净化

罗家寨和渡口河两气田的天然气中 H_2S 含量分别为 9.5%、14.8%，CO_2 含量分别为 7.5%、6.5%。硫磺产量约为 1500t/d，年产 $45×10^4$t。对脱硫而言，需要研究的关键技术问题包括：脱硫工艺的选择，要选择能够全部脱除 H_2S 同时将 CO_2 脱至 3% 以下的最经济的方法；对高酸气含量所带来的脱硫部分的溶剂性能的要求和循环量的增加，要进行方案计算对比；关键部位的防腐蚀问题和材质选择等。对酸气处理而言，首先是酸气向何处去的问题，每天 $170×10^4m^3$ 酸气可以考虑的路线只有常规 Claus 硫回收和回注地层两种方案。常规 Claus 硫回收的总回收率为 95%～97%，必须后设尾气处理装置，而根据调查，只有 SCOT 类型的工艺过程才能满足要求，这样，需要的投资大约将是常规 Claus 硫回收装置的两倍。

（二）酸气回注

近 10 多年来，加拿大等国开发了脱硫后所产酸气直接回注入地层的技术，该项技术最早从小型脱硫装置开始，以后发展到 100～400t/d 的规模。由于环保要求日渐严格，原来可以排空的脱硫酸气不再被允许，客观上造成了该项技术被广泛采用的条件。一般说来，找到可供回注的受纳地层，并且可以保证连续稳定地进行回注，是回注方法被考虑的决定因素。第二个重要的因素是能量平衡问题也就是经济可行性问题，它决定了多大规模下的酸气回注经济上可行。因为，与脱硫装置相匹配的 Claus 硫回收过程是一个产生能量的装置，它可以基本满足脱硫装置的能量需求。相反的是，酸气回注过程是一个耗能大户，二者正负相加使这一块很大。第三个重要因素是我国是硫磺进口国，年产 $45×10^4$ t 硫磺的销售收入有 $2×10^8$ ~ $3×10^8$ 元。三部分合起来使酸气回注的经济性随着实际条件而成为一个变数，在一定条件下，Claus 硫回收过程在经济上更为划算。而且，由于酸气回注对气压和含水的要求，还带来了选择脱硫工艺的不同考虑，使问题比较复杂。由此看来，再加上中国国情和当地具体条件，在两气区考虑酸气回注的难度是很大的。

（三）硫 磺 出 路

针对 $45×10^4$ t/a 的销路问题，西南油气田分公司有关单位进行了调查研究，得出了以下基本认识：

（1）目前和今后相当长时期，国内硫磺市场是供小于求。在全国 $200×10^4$ t/a 的总用量中，国产只占约 1/4。

（2）天然气硫磺质量高，由于环保原因，今后硫磺生产和制硫酸工业中将有一大部分转向用天然气硫磺。

（3）在价差方面，同进口硫磺相比，国产硫磺有 3% 的关税和大约每吨 150 元的国际国内运费的优势，为了体现这一优势，新建脱硫厂的硫磺销售方向主要是周边地区。从长期发展考虑，进行硫磺化工产业的可行性研究已经提上议事日程，有计划地进行硫酸及其下游工业、掺硫建筑材料和有机硫化学品工业生产的前期研究是必要的。

四、高含硫气藏开发技术政策

（一）高含硫气藏开发技术政策优化

本节以普光气田为例，阐述高含硫气藏开发技术政策的优化。

1. 合理划分开发层系

普光气田储层为二叠系长兴组及三叠系飞仙关组。针对普光气田的地质特点，从两套气层的储量规模、储层物性、温-压系统、流体性质及开发经济界限等方面分析，飞仙关组-长兴组气藏虽然储层厚度大，但不满足划分多个层系的地质、开发要求，采用一套层系合层开采较为适宜。其主要原因在于：①飞仙关组气层岩性相近，纵向上没有明显的隔层，无法分开；长兴组气层埋藏较深、储量规模较小、气层产能较低，单独开发经济效益难以保障；纵向上飞仙关组和长兴组气层叠合程度高，一套井网可较好地控制地质储量；②飞仙关组、长兴组虽为两套压力系统，但压力系数接近（1.09 ~ 1.18），不会产生明显的倒流现象；③两套储层流体性质相近，都为高含 H_2S 和 CO_2 气藏，并且储层物性基本一致；④由于气田高含 H_2S，且气藏埋藏深，钻井费用、地面集输等投资高，分层系开发风险大。

2. 开发井型优选

不同井型有不同的开发特点和适用范围，对于一个具体气藏主要采用何种井型进行开发，需要从气藏地质特点和各种井型开发效果对比分析综合确定。普光气田气层有效厚度变化大，构造高部位有效厚度为 200～400m，低部位为 20m 至 100 多米；纵向上 I、II、III 类储层交互发育，非均质性很强，构造低部位有边底水。利用建立的各类井型的地质模型，模拟计算水平井、大斜度井与直井的产能比。研究结果表明，斜井与直井的产能比随着气藏厚度的增加而增大，气层厚度越大，采用斜井开发增产效果越好；但水平井与直井产能比随着气藏厚度的增加而减小。

根据国内外水平井开发经验，适合钻水平井的条件是油气层厚度 h 与气层各向异性系数 β（$\beta = \sqrt{K_h / K_v}$）的乘积小于 100m。这说明，水平井开发油气藏具有一定的适用条件：一是油气层不能太厚；二是垂向渗透率不能太低。普光气田构造高部位有效厚度为 200～400m，从地质认识看，长兴组和飞仙关组气层层间有泥晶灰岩隔层，飞三段至飞一段层段之间没有明显的隔层，根据 $\beta h < 100m$ 的限制条件，要求气层垂直渗透率是水平渗透率的 4 倍以上。普光气田气层裂缝不太发育，气层垂向渗透率与水平渗透率之比为 0.2～0.5，气藏高部位难以满足此条件。但对于气藏边部有效厚度小于 70m 的区域，则可以满足这个条件。

综合分析显示，普光气田主体部位（普光 2、普光 6 井区）储层有效厚度大，纵向非均质性较强，I、II、III 类储层和致密储层交互分布，水平井不能很好地兼顾纵向上储量的动用，而斜井在控制气藏储量、充分发挥纵向上气层产能、实施酸压等增产措施方面有其优势，能够满足开发的要求。因此，气藏主体部位主要选择斜井结合直井的方式开采，以大斜度井为主。而气藏边部储层逐渐变薄，有效厚度变小，有边底水，部署斜井和直井达不到经济界限产量，采用水平井开发则可以增加泄气面积、气井产能和减小生产压差，控制边底水推进，延长稳产期，提高气藏采收率。因此，在气藏边部储层较薄区域可以部署水平井。

3. 单井技术经济界限

单井技术经济界限指在现有气田开发技术和财税体制下，新钻井能收回新井增加的投资、采气操作费并获得最低收益率时所应达到的最低产量或储量值。普光是高含硫气田，开发投资高、成本大，必须研究气田经济有效开发的条件，这是指导气田开发部署的重要技术指标。根据普光高含硫气藏开发特征和经济运行规律，以气田有效开发必须满足基本投资回收期和收益率的要求等经济条件为约束，建立单井初始产气量界限、单井控制地质储量界限和单井钻遇有效厚度等技术经济界限模型。

单井初期产量界限模型：

$$Q_c \left\{ \sum_{t=1}^{t} \left[P_t n (1 - r_c) - T_{r4} - C_{\text{ovt}} \right] \eta_t (1 + i_c)^{-t} \right\} - \sum_{t=1}^{t} (I_t + S_{\text{oft}}) (1 + i_c)^{-t} \geqslant 0$$

$$(7\text{-}21)$$

$$Q_c \sum_{t=1}^{P_T} \left[P_t n (1 - r_c) - T_{r4} - C_{\text{ovt}} \right] \eta_t - \sum_{t=1}^{P_T} (1 + S_{\text{oft}}) \geqslant 0 \qquad (7\text{-}22)$$

单井控制地质储量界限：

$$N_c = \sum \frac{Q_t}{E_r} \qquad (7\text{-}23)$$

式中，C_{ovt} 为单位变动成本，元/10^3m^3；i_c 为基准收益率，小数；I_t 为单井新增投资，万元；

n 为商品率，小数；N_c 为单井控制地质储量界限，$10^7 m^3$；P_t 为油气价格，元/$10^3 m^3$；P_T 为投资回收期，a；Q_c 为新井初期产量界限，$10^7 m^3$；Q_t 为年产量，$10^7 m^3$；r_c 为税金及附加占收入的比率，无量纲；S_{oft} 为固定操作成本，万元/a；t 为经济评价期，a；T_{r4} 为资源税，元/$10^3 m^3$；E_r 为经济采收率，小数；η_t 为产量变化系数，无量纲。

　　根据普光高含硫气田单井开发投资、操作成本，以及生产动态特征（稳产期、递减率），按照天然气商品价格 0.98 元/m^3（2007 年）计算，测算出普光气藏不同稳产年限不同井型的单井技术经济界限值（图 7-16、图 7-17）。

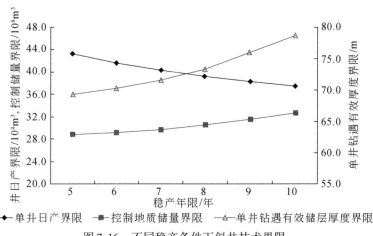

图 7-16　不同稳产条件下斜井技术界限

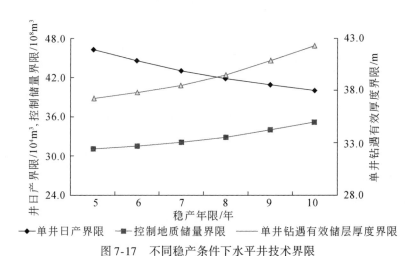

图 7-17　不同稳产条件下水平井技术界限

4. 井网部署

1）开发井网

　　普光气田为受断层及相变带控制的构造-岩性气藏，储层分布、岩性和物性变化大。综合分析认为，普光气田宜采用不规则开发井网，其原因在于：①普光气田储层展布形态南宽北窄，形态不规则，不规则井网有利于有效控制储层；②储层物性变化大，非均质性较强，飞仙关组不同井区孔隙度、渗透率差异较大，在构造高部位普光2井-普光6井一带孔、渗较好，周边构造低部位物性变差，而且有一定的边底水，不适于均匀部署井网；③储层厚度变化大，整体变化趋势是从普光2-普光6井区向周边低部位变薄，构造高部位普光2-普光6井区有效厚度达到400m以上，向周边有效厚度明显变薄，不规则井网部署方式有利于增加钻遇气层厚度、提高单井产量、延缓边底水推进。

因此，普光气田采用"顶密边稀"不规则井网形式，构造高部位储层厚度大、物性好，集中布井；构造低部位周边区域，储层厚度减小、物性变差，有边底水，尽量少布井，且布井应尽可能远离边水。

2）布井方式

普光气田地面属山地地形，沟深坎陡，地形条件复杂，交通不便，不适合选择一井一场的钻井、管理方式。同时，飞仙关组-长兴组气藏为典型的高含硫气藏，硫化氢是剧毒气体，在气藏开发的钻、采、集、输、处理整个流程中，必须重视安全，丛式井组布井可减少钻前工程量，同时便于集中管理，有利于安全生产。另外可减少地面集输管网，节约地面建设投资。因此，普光气田宜采用在地面集中的丛式井组布井系统。

5. 合理井距优选

根据普光气田储量丰度、储层厚度展布、非均质性、断层封隔状况，以及边底水分布的特点，考虑气藏的开发效果和经济效益，首先在单井经济极限控制储量的基础上确定经济极限井距，然后考虑单井控制储量、采气速度、稳产期、经济效益等与井距的关系，采用多种方法分别确定各种约束条件下的井距，综合对比分析，优选出合理井距。

1）经济极限井距

应用现金流法，测算基准收益率12%时的单井极限控制储量，通过极限控制储量和储量丰度的关系可以计算出不同区域的经济极限井距。根据普光气田不同井区的储量丰度，计算出构造高部位普光2-普光6井区经济极限井网密度为2口/km²，经济极限井距为700m；普光4-普光8-普光9井区经济极限井网密度为1.23口/km²，经济极限井距为900m；普光3块经济极限井网密度为0.64口/km²，经济极限井距为1250m。

2）合理采气速度法确定合理井距

合理采气速度法确定合理井距是在气藏地质储量和含气面积已知的情况下，根据确定的合理开发速度和单井产量，建立井网密度与地质储量、采气速度之间的关系，从而计算开发井井距。由采气速度论证结果，普光气田合理产气速度为4.0%~4.5%，由此确定气田开发合理井距平均为1050~1100m。

3）单井控制储量法确定合理井距

开发井距的确定应考虑合理的单井控制储量。单井控制储量法确定合理井距是根据单井配产，按稳产期末采出的可采储量计算出所要求的单井控制储量，然后依据储量丰度计算不同井区的合理井距。根据单井控制储量法研究了普光气田不同单井配产下不同储量丰度的合理井距图版（图7-18）。从图中可以看出，单井配产越高，所要求的井控储量越大；在气井产量相同的情况下，对应储层不同丰度区，井距都不相同，储量丰度越高，井距越小。

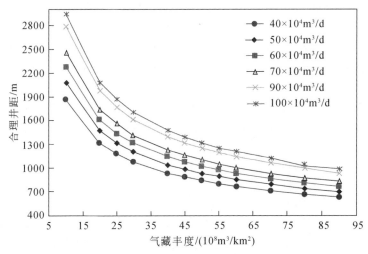

图 7-18　不同单井配产合理井距与储量丰度的关系

由普光气田不同井区的储量丰度，查图版确定出普光 2、普光 6 井区合理井距为 800 ~ 900m；普光 5 井区合理井距为 900 ~ 1000m；普光 4 井区和普光 8-普光 9 井区合理井距为 1050 ~ 1150m；普光 3 块合理井距为 1300 ~ 1350m。

4）经济评价方法确定合理井距

经济评价方法是通过评价气藏开发的经济效益确定气田开发合理的井网密度和合理井距。此方法确定合理井距需要和气田开发数值模拟技术相结合。首先建立普光气藏地质模型，设计 6 个不同井网密度的开发方案，进行开发指标预测；然后用经济评价方法计算不同开发方案的净现值，得出净现值与井网密度的关系曲线（图 7-19），净现值最大对应的即为气藏合理井网密度及井距。从图中可以看出，当井网密度为 1.04 口/km² 时，净现值最大。由此确定普光气田经济合理井距平均为 1000m 左右。

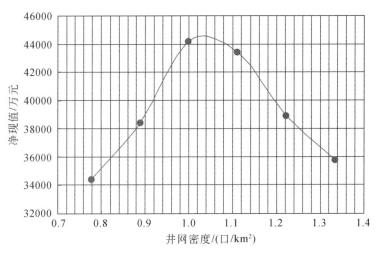

图 7-19　净现值与井网密度的关系

5）类比法确定合理井距

法国拉克气田为高含硫碳酸盐岩气藏，其地质特征和流体性质与普光气田相似。该气田平均储量丰度为 $27 \times 10^8 \text{m}^3/\text{km}^2$，生产井 36 口，平均单井日产 $50 \times 10^4 \sim 65 \times 10^4 \text{m}^3$，气田平均井距大约为 1500m，构造高部位井距较小、低部位井距较大。普光气田平均储量丰度为 $48.5 \times 10^8 \text{m}^3/\text{km}^2$，明显高于拉克气田，单井配产与拉克气田相近，因此普光气田的合理井距应小于拉克气田的实际井距。

综合分析，在目前的经济条件下，普光气田飞仙关组–长兴组气藏不同井区的合理井距为 $800 \sim 1300\text{m}$，平均井距在 1000m 左右。对于储层物性好、丰度高的普光 2–普光 6 井区，合理井距为 $800 \sim 1000\text{m}$；普光 4–普光 8–普光 9 井区合理井距为 $1050 \sim 1200\text{m}$，普光 3 块为 1300m。

6. 气井合理产量优化

普光气田储层厚度大、产量高，储层纵、横向非均质性强，高含硫化氢，开发投资大，并存在边底水，气井合理产量确定的原则是：①要能够充分利用地层能量，提高储量动用程度；②满足合理采气速度的要求；③控制气藏的边、底水推进；④确保气井稳产期和市场需求；⑤不造成油管的冲蚀损害；⑥满足一定的携液能力；⑦获得好的经济效益。根据上述原则，普光气田确定气井合理产量的方法是：①首先确定单井初期产量界限；②再根据评价的气井产能，采用经验法、采气指数曲线法、节点分析法、类比法等综合分析研究单井合理配产；③然后在建立气藏地质模型的基础上，用数值模拟方法优化确定全气藏各气井的合理产量。

1）确定单井初期产量界限

根据单井技术经济界限研究结果，普光气田直井、斜井、水平井要求的初始产量界限分别为 $36 \times 10^4 \text{m}^3/\text{d}$、$37.5 \times 10^4 \text{m}^3/\text{d}$、$40 \times 10^4 \text{m}^3/\text{d}$，气井配产应大于单井初期产量界限。

2）单井合理配产研究

在气田开发前期评价阶段，气井合理产量的确定主要是根据试气和试采资料评价的气井产能方程和无阻流量，采用经验法、采气曲线法、节点分析法和类比法等多种方法确定初步配产。普光气田为高含硫碳酸盐岩气藏，根据国外和四川碳酸盐岩气藏的开发经验，气井生产可按无阻流量的 $1/6 \sim 1/5$ 配产。根据采气指数曲线法，普光气井在不出现紊流的情况下的合理配产约为无阻流量的 $1/7 \sim 1/6$。根据节点分析法，绘制气井的流入井动态曲线和流出井动态曲线于同一坐标系中，取两条曲线交点处的产量作为单井的合理产气量，普光气井合理产量约为无阻流量的 $1/6 \sim 1/5$。

从与法国拉克气田类比来看，拉克气田储层有效厚度为 $350 \sim 500\text{m}$，略高于普光气田，压力系数（$1.57 \sim 1.67$）高于普光气田（$1.09 \sim 1.18$），储层类型为孔隙–裂缝型，单井配产 $33 \times 10^4 \sim 100 \times 10^4 \text{m}^3/\text{d}$。因此，普光气田气井合理产量可参考拉克气田。此外，普光气田气井产量较高，且有边底水，配产时还应考虑携液极限产量和油管冲蚀流量。气井的合理产量应大于产水时的最小携液量，同时小于使油管造成冲蚀损害的产气量。计算表明，普光气田在不造成油管冲蚀损害的情况下，外径 88.9mm 的油管要求气井产量低于 $100 \times 10^4 \text{m}^3/\text{d}$；另外，根据 Turner 携液极限产量计算，普光气田满足气井生产时连续排液的最低产量为

$10 \times 10^4 \mathrm{m}^3 / \mathrm{d}$。

综合分析，普光气田可选用各井初期产能评价无阻流量的 1/7～1/5 配产，单井配产大于 $30 \times 10^4 \mathrm{m}^3 / \mathrm{d}$、小于 $100 \times 10^4 \mathrm{m}^3 / \mathrm{d}$。

3）数值模拟法优化确定全气藏各气井合理产量

根据普光气田地质建模研究成果和流体高压物性等资料，建立气藏数值模型。在气井产能评价结果的基础上，先对各生产井按无阻流量的 1/7～1/5 进行初步配产；在初步配产的基础上进行数值模拟计算，预测开发指标。以给定的气井最小井口外输压力（9MPa）为限制条件，在采气速度 4.0%、各生产井稳产时间接近的条件下，同时考虑控制边水推进，对于靠近边水的气井生产压差控制在 3MPa 以内，确定气井合理产量为 30×10^4 ～ $100 \times 10^4 \mathrm{m}^3 / \mathrm{d}$，平均产量为 $60 \times 10^4 \mathrm{m}^3 / \mathrm{d}$；其中，气藏构造高部位普光 2-普光 6 井区合理产量为 70×10^4 ～ $100 \times 10^4 \mathrm{m}^3 / \mathrm{d}$，低部位靠近边底水区域合理产量为 30×10^4 ～ $50 \times 10^4 \mathrm{m}^3 / \mathrm{d}$。

7. 合理采气速度优化

气藏的合理采气速度优化应综合考虑气藏地质条件、储量规模、资源接替状况、稳产要求、企业经济效益和社会效益等多种因素。

1）采气速度对稳产年限、采出程度及经济效益的影响

为了确定普光气田的合理采气速度，在气藏三维地质模型的基础上，采用数值模拟技术，研究了气藏采气速度、稳产年限和稳产期采出程度的关系，预测了不同采气速度下的气藏开发指标，并进行了经济评价，结果见图 7-20 和图 7-21。

可以看出，普光气田开发采气速度越高，稳产期越短，稳产期末采出程度越低。不同采气速度下气藏经济效益有明显差异。若采气速度太低，则开发时间长，投资回收期长，经济效益差；若采气速度过高，则气藏稳产期短，采出程度低，效益差，甚至根本没有经济效益。气田开发是以获得最大经济效益为目的的，所以一个气田的开发从经济评价分析，净现值出现峰值时对应的采气速度即为合理的采气速度。因此，从经济效益考虑，普光气田合理采气速度为 4.5%。

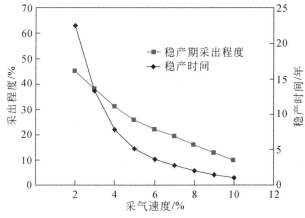

图 7-20　采气速度与稳产期、采出程度的关系

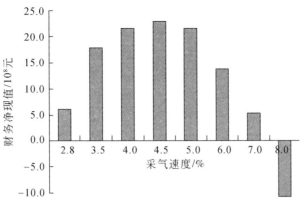

图 7-21 采气速度和净现值的关系

2）采气速度对边底水推进的影响

从普光气田边底水分布可知，气藏构造高部位没有底水，气藏边部有范围较大的边水。这里用普光 9 井和普光 202-1 井建立有边水的地质剖面模型。普光 202-1 井处在构造较高的部位，气层中部海拔为-4802m；普光 9 井位于气藏低部位，邻近边水，气层中部海拔为-5009m。以此模型为基础，设计了 7 套方案模拟计算不同采气速度对见水时间、稳产期、无水期采出程度等开发指标的影响。

方案 1、2、3、4 高、低部位气井采用相同的采气速度生产，采速分别为 2%、3%、4%、5%；方案 5、6、7 高、低部位气井采用不同的采气速度生产，高、低部位的采速分别为 6.2% 和 1%，5.5% 和 2%，4.7% 和 3%，整体采速为 4%。模拟结果表明，构造高部位气井采用不同速度（采气速度为 1%～6.2%）生产时始终不出水。

表 7-17 是不同采气速度情况下低部位气井的开发指标。从表 7-16 中可以看出，高、低部位气井采用相同采气速度生产的情况下，当采气速度从 2% 提高至 5% 时，低部位气井见水时间由 11.8 年提前到 5.2 年，见水时间提前近 7.0 年，稳产时间由 22.3 年缩短为 3.7年。可见，随着采气速度的增加，边水推进速度加快，邻近边水气井见水时间提前，稳产期缩短。因此，边底水气藏开发，采气速度不宜过高。从方案 2、方案 4、方案 5 和方案 6 的开发指标看，在全气藏整体采气速度相等的情况下，适当提高构造高部位区域的采气速度，减小低部位的采气速度，可以延缓边水的推进速度，提高无水期采出程度，延长稳产期。另外从市场需求看，普光气田是"川气东送"工程的主供气田，"川气东送"工程的目标市场是长江三角洲和川渝地区，这两个地区是目前我国天然气消费量最大的地区，天然气一直处于供不应求的状况，市场需求潜力巨大。因此，普光气田需要尽快建成规模产能，满足市场需求。另外，普光气田是高含硫化氢气田，从国内外高含硫气藏开发经验看，高含硫气藏采气速度普遍较高。从国内外高含硫化氢气藏开采数据统计结果可知，高含硫气藏采气速度一般都超过 4%。综合考虑普光气田的主体地质特征、流体性质、稳定供气和资源接替、川气东送工程市场的需求，气藏整体合理采气速度应为 4.0%～4.5%。气田不同区域采用不同采气速度进行开发。气藏构造高部位没有边底水影响，采用 4.5%～5.5% 速度开采；边低部气井受边底水影响，为延缓边底水推进，提高气藏采收率，宜采用 2%～

3% 的采气速度开采。

表 7-16　不同采气速度下开发指标对比

方案	低部位采气速度/%	高部位采气速度/%	全区采气速度/%	见水时间/年	无水期采出程度/%	稳产时间/年
1	2	2	2	11.8	23.6	22.3
2	3	3	3	8.3	24.9	13.3
3	4	4	4	6.0	25.2	6.4
4	5	5	5	5.2	25.4	5.2
5	1	6.2	4	7.6	27.1	3.7
6	2	5.5	4	7.0	26.8	5.0
7	3	4.7	4	6.6	26.5	7.9

8. 采收率的确定

1）用物质平衡法估算采收率

地质特征研究表明，普光气藏以中孔、中渗储层为主，构造高部位没有水，仅在低部位存在边底水。数值模拟计算显示，气藏整体表现为弱水驱，由垂直管流法和经验公式估算气田废弃地层压力为 14.0MPa。根据物质平衡方程，结合废弃地层压力，可以计算出衰竭式开采气藏采收率为 67.3%。

2）根据类比法估算采收率

在气田开发初期，可采用类比法或经验公式估算气藏采收率。四川中-低渗透碳酸盐岩气藏的采收率一般为 60% ~75%；法国拉克气田确定最终采收率为 80%，但是拉克气田的原始地层压力（67MPa）高于普光气田（55~57MPa），并且储层物性较普光气田好，因此普光气田采收率应低于拉克气田。对比国内外中低渗透率气藏的采收率，普光气田采收率约为 65% ~70%。

3）利用数值模拟法估算采收率

根据地质模型和开发井网部署，利用数值模拟计算，气藏废弃时采出程度为 67.7%。综合分析，初步估算普光气田最终采收率为 65% ~70%。

9. 防止或减小硫沉积

针对高含硫气藏开发过程中可能会出现硫沉积的情况，进行了硫沉积规律及对气井产能影响的理论研究。研究表明：①天然气达到含硫量饱和状态之后，降低压力或温度，元素硫将从气流中析出；②地层中硫沉积主要发生在距井筒较小的范围之内，距井筒越近，硫沉积量越大；③气流速度对硫沉积有重要影响，在气流速度高于临界携硫速度时，气流能将从含硫饱和天然气中析出的硫携带出地层，不会造成储层伤害，而当气流速度低于临界携硫速度时，气井产量越大，硫沉积越快，气井生产时间越短。国外实践也表明，发生硫堵塞的气井产量较低；而当气井产量超过 $42.3 \times 10^4 m^3/d$ 时，气井均未发生硫堵塞。

因此，高含硫气藏开发为防止或减小硫沉积，应采取以下对策：①气田投入开发时，气井初期配产必须大于气体携硫临界产量，以保证稳产阶段不出现硫沉积；②若气井初期配产小于气体携硫临界产量，在可能的情况下尽量采用小压差生产，以减小硫析出量，降低硫沉积速率；③硫沉积速度随时间呈加速变化，防止硫沉积造成储层完全堵塞的最佳时机应在储层含硫饱和度急剧增大之前。

（二）高含硫气藏开发经验

（1）在开发高含硫气田时，必须重视"HSE"，加强监测，防止硫化氢中毒等安全问题。

在含硫环境中操作时，需要首先解决的问题就是对 H_2S 进行监测，确定在工作区域内是否有 H_2S 存在，有多高浓度，使操作人员确定要采取什么样的防护措施。

（2）加强对硫化氢腐蚀防治的研究。

目前四川含硫气田均采用了耐腐蚀合金钢作为设备的基本材质，加注缓蚀剂、增加 pH、确定合理的采气速度、用电化学方法来防止硫化氢腐蚀。此外，还必须加强对高含硫化氢气井的监测。

（3）加强对硫沉积预测及防止技术的研究。

目前国内外对于防止硫沉积主要采取的是控制采气速度，减少硫沉积。但是对于硫沉积机理及根据机理研究防治的技术还处于起步阶段，因此应该加强这方面的工作。

（4）深化研究防治水合物方法。

目前国内外在处理和解决井下和井口附近高含硫气田水合物堵塞问题时主要有两种主要的处理方法：一种是将适量的溶剂（热油溶剂）连续泵入井内油管和环行空间，然后用井口双通节流加热器加热防止水合物生成。另外一种是下双油管，注热油循环防止水合物生成。对于集输管线内的水合物堵塞问题，在寒冷地区采用水套炉间接加热保温、热水管线跟踪伴热、连续向天然气中加注甲醇和乙二醇等防冻剂、脱水等方法来防止水合物形成。

（5）加强对脱硫回收硫磺技术的研究。

目前，国内外处理 H_2S 废气的方法很多，依其弱酸性和强还原性进行脱硫可分为干法和湿法。但具体的方法应根据废气的来源、性质及实际情况而定。总的来说我国采用的脱硫技术主要靠引进国外的先进技术，自主研发较少，脱硫成本高。因此应该加强对高含硫气体脱硫技术的研究，形成具有自主知识产权、国际领先的脱硫技术，减少脱硫成本，增加硫资源利用率。

第八章　火山岩气藏开发规律与技术政策

我国松辽盆地、准噶尔盆地发现了资源丰富的火山岩气藏，该类气藏是天然气勘探开发的又一种特殊类型，大部分火山岩气藏属于中低丰度天然气藏。由于火山岩气藏储层成因的特殊性，火山岩储层非均质性极强、渗流机理复杂，气藏规模效益开发难度大。开展火山岩气藏的开发规律与技术政策研究对于科学认识该类气藏，提高该类气藏规模开发效益意义重大。

第一节　火山岩气藏概述

一、火山岩气藏的概念

长期以来，火山活动一直作为一种灾难性的自然现象而被历史记载。例如，2011年4月14日的冰岛火山喷发和6月5日智利火山喷发，造成大量人员伤亡和巨额的经济财产损失。然而，火山资源的利用也可以带给我们生活的乐趣与便利，如火山地热利用、火山岩材料、火山地貌旅游及火山岩油气藏开发。提起火山岩油气藏，首先应明确火山岩的概念，岩浆沿着构造裂隙上升，经火山通道溢流或喷出地表，或在近地表处冷凝固结而形成岩石，它既包括熔岩和火山碎屑岩，又包括与火山作用紧密有关的次火山岩。那么，天然气在火山岩圈闭中聚集而形成的具有一定的面积和容积，以及具有相同压力系统和统一气水界面的天然气储集体就成为了火山岩气藏。火山岩油气藏分布及形成时间特殊，火山岩油气藏分布常与构造活动有关，火山岩体大都分布在区域性断裂活动带、基底隆起及构造活动带上。由于火山岩本身不能生油（气），所以其附近必然存在良好的烃源岩。在储层形成时间上大都与地质时代中的强烈构造活动期有关，国内外火山岩油气藏形成的地质时代大多数属于白垩纪—新近纪，也有少数形成于晚侏罗世等较老的地质时代。

火山岩气藏之所以能成为有工业开采价值的气藏，主要原因在于：①火山熔岩中常有发育的气孔；②火山熔岩中大量发育有收缩裂缝；③火山碎屑岩中大量发育有粒间孔隙；④火山岩喷出地表后物理化学条件发生巨大变化，其岩石组成和矿物成分极不稳定，易遭受风化、溶蚀、交代等改造而产生大量溶蚀孔、重结晶孔、风化剥蚀裂缝等储渗空间；⑤火山岩杨氏模量比砂岩高，其中酸性火成岩又比中性及基性火成岩高，表现为脆性强，容易在构造力作用下，碎裂形成构造裂缝。构造裂缝往往是微裂缝，或被后期次生矿物充填后残留的部分微裂缝。当充填的程度不均一时，再经溶蚀作用，可成为有效的储集空间和渗流通道。

二、火山岩气藏分布

火山岩作为沉积盆地早期充填的重要组成部分（占1/4），在全球20多个国家336个盆地见油气显示，资源及开发潜力巨大。全球火山岩气藏整体发现的多，投入开发的少。目前，仅有中国、日本投入了开发，以日本的火山岩气藏开发历史最长。

（一）国内火山岩气藏的分布

我国火山岩气藏天然气资源丰富，拥有目前世界上规模最大的火山岩气藏。主要分布在大庆徐家围子断陷、吉林长岭断陷、新疆陆梁隆起等区域，初步统计其有利勘探面积达20000km^{2}以上，天然气资源量超过3×10^{12}m^3。自1957年在准噶尔盆地西北缘首次发现火山岩油藏以来，我国火山岩油气勘探已经历了50多年历程。我国许多含油气盆地内部及其周边地区广泛分布着各种类型的火山岩，20世纪60～80年代，我国在大规模油气勘探开发中，先后在克拉玛依、四川、渤海湾、辽河和松辽等盆地中发现了一批火山岩油气藏；90年代，在我国东部盆地发现了储量达几千万吨的火山岩油气藏，引起了人们关注，这些油气藏多数已于80年代陆续投产。

1. 天然气资源与分布

火山岩气藏作为一种特殊的气藏类型，已逐渐成为重要的勘探目标和油气储量的增长点。2002年以来，我国在松辽盆地北部（大庆）、南部（吉林）和准噶尔盆地（新疆）先后发现了大量火山岩气藏（表8-1），截至2008年年底，三级储量已超过9000×10^{8}m^3，其中探明地质储量达4239×10^{8}m^3，控制地质储量达1508×10^{8}m^3，预测地质储量达3419×10^{8}m^3，是目前世界上规模最大的火山岩气藏。

表8-1　中国主要气田火山岩分布

气田	主要时代	火山岩分布情况及特征	典型火山岩气藏实例
大庆	早白垩世	早白垩世喷发岩，具有基性、中性、酸性的序列特征	徐深气田
吉林	早白垩世	以花岗岩和新生代玄武岩最发育，具有先喷发后侵入，从基性到酸性再到碱性的演化规律	长岭气田
新疆	石炭纪到三叠纪	石炭纪主要在盆地边缘发育基性性岩，二叠纪从基性到酸性的陆相喷发岩，三叠纪分布大量基性和碱性岩	克拉美丽气田

21世纪以来，我国火山岩天然气勘探取得重大突破，陆续发现数个储量规模达千亿立方米的大型气藏。其中，松辽盆地北部已发现多个大型火山岩天然气藏；松辽盆地南部火山岩天然气勘探开发取得新的突破；准噶尔盆地陆东-五彩湾地区展现出良好苗头；渤海湾盆地南堡、四川盆地周公山等地均有新发现。截至目前，我国累计已发现火山岩天然气资源量超过40000×10^{8}m^3，三级储量近10000×10^{8}m^3，探明4400×10^{8}m^3，为全球之最，具有规模开发的资源基础（邹才能等，2008）。我国火山岩气藏开发经历了一个艰苦探索和创新发展的

过程。在缺乏可借鉴经验、没有理论和技术指导的条件下，通过大庆徐深、吉林长岭和新疆克拉美丽气田开展理论、技术攻关和现场实践，初步解决了火山岩气藏的有效开发问题；且从无到有，在短短几年时间内，共建成数十亿立方米规模的天然气年生产能力。

2. 气藏类型

从我国已发现的变质岩火山岩油气藏基本地质情况看，我国变质岩火山岩油气藏可以划分为 4 种类型：基岩风化壳型油气藏、基岩断裂破碎带型油气藏、沉积岩中火山侵入岩型油气藏与沉积岩中火山喷发岩型油气藏（伍友佳等，2004）。从这 4 类油气藏分布状况来看，以第一类（基岩风化壳型）最多，其余 3 类均少。

1) 基岩风化壳型油气藏

这类油气藏主要由于地壳抬升、盆地基岩长时期出露地表遭受风化剥蚀，形成以风化溶蚀的孔、洞、缝为主的油气藏。该类油气藏数量最多，典型的如新疆的石西石炭系、一区石炭系、六中区石炭系、八区佳木河组等，胜利的王庄变质岩、滨南古近系火山岩，辽河的东胜堡潜山、齐家潜山、兴隆台潜山，内蒙古的哈南潜山，都属于基岩风化壳型油气藏。

2) 基岩断裂破碎带型油气藏

此类油气藏与基岩风化壳型油气藏不同，它是由于基岩受构造作用产生断裂破碎，形成发育的构造裂缝及次生溶蚀孔洞储油气，其油气分布主要受控于构造作用，而不像风化壳型油藏那样油气分布主要受风化作用的深度控制。属于此类油气藏的有克拉玛依的七中区佳木河组火山岩油气藏与九古 3 井区石炭系火山岩油气藏。七中区佳木河组油气藏为夹于克乌大断裂上、下盘之间的基岩断片，由于受构造作用产生裂缝及次生孔洞缝，油气主要分布在距顶部风化面 300 ~ 800m 深度范围，靠近顶部风化面以下的 200m 范围内基本无油气。

3) 沉积岩中火山侵入岩型油气藏

此类油气藏的典型实例为山东车镇凹陷义北油田中生代煌斑岩侵入体油气藏。储油气的煌斑岩埋深约 1700m，储集性能好，最大孔隙度为 25.2%，最高渗透率为 30mD，均高于相邻的砂岩储层，属孔隙型储集岩。辉石和角闪石晶溶孔是主要储集空间。溶解作用是在深埋期进行的，溶剂来自生油岩流体中的有机酸。由于遭受有机酸溶蚀，使原本不具备储集条件的浅层侵入岩成为有效储层。

4) 沉积岩中火山喷发岩型油气藏

该类油气藏是指在盆地盖层沉积时期，由于火山喷出活动所形成的火山岩体，在经历一系列后生改造作用（主要是火山热作用、风化溶蚀作用、构造作用），成为有一定连通的孔、洞、缝系统的火山岩储层所形成的油气藏，它也常常有风化壳存在，但非基岩风化壳型油气藏。内蒙古的阿北安山岩油藏即属此类。

（二）国外火山岩气藏的分布

自 1887 年在美国圣华金盆地首次发现火山岩油气藏以来，火山岩油气藏的勘探已有百余年历史，先后在全球发现了大量的火山岩油气藏。国外多个含油气盆地中广泛分布着火山岩，19 世纪末就有对火山岩类油气藏的报道，日本、印度尼西亚、加纳、苏联等地均有火山岩气藏（表 8-2）。截至 2003 年年底，全球共发现火山岩油气藏 169 个，见油气显示 65 处、油苗 102 个，探明油气储量 15×10^8 t 当量以上。从世界上发现的火山岩油气藏看，主要是基岩风化壳型油气藏居多，较著名的基岩风化壳型火山岩油藏有：委内瑞拉的拉帕斯和马拉油气田（变质岩及火成岩）、利比亚的奥季吉油田（花岗玢岩）、美国堪萨斯中央隆起上的一系列基岩油藏（石英岩及花岗岩）等。火山岩气藏主要有日本的南长冈-片贝气田（酸性火山岩）、美国的里奇兰气田（凝灰岩）、澳大利亚的斯科特气田（玄武岩）等（卫平生等，2015）。

表 8-2　国外主要火山岩气藏

国家	气藏名称		发现年份	气藏参数						单井日产 /10^4 m³	面积 /km²
				层位	岩类	深度/m	厚度/m	孔隙度 /%	渗透率 /10^{-3} μm²		
日本	富士川		1964	古近系	安山集块岩	2180~2310	57	15~18		8.9	2
	吉井-东柏崎		1968	古近系	斜长流纹熔岩凝灰角砾岩	2310~2720	111	9~32	150	50	28
	片贝		1960	古近系	安山集块岩	750~1200	139	17~25	1	50	2
	南长岗		1978	古近系	流纹角砾岩		几百	10~20	1~20	20	
印度尼西亚	贾蒂巴朗		1969	新近系	安山岩、凝灰角砾岩	2000	15~60	6~10	受裂缝控制		30
苏联	乌克兰	外喀尔巴阡	1982	古近系	流纹-英安凝灰岩	1980	300~500	6~13	0.01~3	13.75	
加纳	博森泰气田		1982	第四系	落块角砾岩	500	125	15~21			15

相对而言，目前日本发现的火山岩油气藏数量较多，且大都集中在东北方向日本海沿岸的新潟、山形、北海道、秋田等地，在这些地区覆盖着较厚的古近系和新近系沉积物，形成了从西南到东北分布的油气聚集。日本自 1908 年即在火山岩中采油，油区都分布在绿色凝灰岩地区北部的秋田盆地。1929 年在绿色凝灰岩区到长岗以北生产少量天然气，当时被认为是异常情况。

1958 年据地震资料发现了见附油田，绿色凝灰岩就变成了重要的勘探目标之一，因它具有极好的储量和产油能力。20 世纪 60 年代初期在长岗县附近的安山岩储层中发现了几个气田，60 年代末期在柏崎东面背斜核部发现了吉井-东柏崎气田。1978 年在绿色凝灰岩中发现了"南长岗-片贝"的构造气田，储集层主要为流纹岩，实测气柱 800m 以上，储量比吉井-东柏崎气田还要大，是日本目前发现的最大气田。

日本火山岩储层为喷发在由古近纪基岩组成的深海底上的中新世流纹岩。流纹岩分为熔岩、枕状角砾岩和玻璃质碎屑岩。前面两种具原生和次生孔隙空间，孔隙度 10%~30%，渗透率 $1 \times 10^{-3} \sim 150 \times 10^{-3}$ μm²。在同时出现的隆起和地垒构造中也已发现了大型油、气聚集伴随着同时期的或上覆的生油岩。这种火山岩中储层的特征是有效厚度大，生产能力高，储量大，并且有些油气柱大于 800m。储集的原始孔隙空间来源于岩浆喷发时在海底的急剧冷却、破碎剥落、角砾岩化和结晶作用。次生孔隙由热液作用伴随着后来的火山活动和构造运动而产生。大裂缝发育在熔岩或枕状角砾岩中，而大洞穴常出现在玻璃碎屑岩相、熔岩相和枕状角砾岩相之中。例如，在吉井-东柏崎各气田和见附油田的火山岩储层中常见到大型孔隙，而在南长岗气田则常见中小型孔隙，其总孔隙度和以上各油气田相等，微裂缝对渗透率起重要作用。

日本火山岩储层中具有以下孔隙类型及特征：①多孔型，是在熔岩和枕状角砾岩相中原生的；②晶间型，出现在熔岩和枕状角砾岩相，属原生孔隙，它由球粒状聚集体封闭起来而形成；③似浮石结构型，主要存在于玻璃质碎屑岩和枕状角砾岩相中，属次生孔隙，有时为后来的压应力所变形；④珍珠结构型，在玻璃质碎屑岩和枕状角砾岩的珍珠结构内部发育有此类孔隙，它是由于热溶液的溶蚀而形成的次生孔隙；⑤晶内型，多出现在熔岩和枕状角砾岩相，由斜长石斑晶中的解理和颗粒裂缝受到局部溶蚀后而形成，为次生孔隙，较少见，对储层影响不大；⑥微晶间型，这是一类由熔岩和枕状角砾岩相基质中的斜长石柱晶的微晶间玻璃受溶蚀后而形成的次生孔隙。孔隙极小，相互相通，在电镜照片中可观察到（10μm），但总孔隙空间对孔隙度有很大影响。

上述孔隙类型构成了日本火山岩油气中的潜在储集层，如吉井-东柏崎各气田孔、渗则分别为 7% ~ 32% 和 150×10^{-3}μm^2。东柏崎气田有 1 口井日产气 50×10^{4}m^3/d，南长岗气田有 1 口井日产气 20×10^{4}m^3/d。在南长岗气田所取 150m 岩心中分析了 380 块样品，已获每种岩相特征。孔隙度为 10% ~ 20%，各种岩相没有明显差异。至于渗透率，枕状角砾岩为 5×10^{-3} ~ 100×10^{-3}μm^2，熔岩相为 1×10^{-3} ~ 20×10^{-3}μm^2，而玻璃质碎屑岩相则普遍小于 1×10^{-3}μm^2，产能很低，这是由于玻璃碎屑高度绢云母化导致孔、渗减小而造成。

三、火山岩气藏开发现状

（一）国外火山岩气藏开发现状

火山岩气藏作为一种特殊类型气藏在国内外许多含油气盆地中被广泛发现，主要分布在中国、日本、美国、巴西、纳米比亚、刚果、印度尼西亚等国家。日本是较早进行火山岩气藏开发的国家，其吉井-东柏崎气田（1968 年）和南长冈气田（1978 年）规模较大、开发时间较长，积累了一定的开发经验。下面以日本南长冈气田为例简单介绍国外火山岩气藏的开发情况。

南长冈气田由 TEIKOKU（帝国石油公司）和 JAPEX（日本石油勘探公司）两家日本石油公司拥有，位于日本本州岛中北岸的新潟市，所产天然气通过管网直接供给东京和其他的市场，为日本国内天然气储量最大的气田。

南长冈气田发现于 1978 年，是日本国内天然气储量最大的气田。储层主要为中新统海底喷发的火山岩，埋深为 4200 ~ 5000m，岩性以流纹岩为主。构造形态整体上为南北向的背斜，长约 5km，东西两侧被两条大的断裂夹持，宽约 1.6km（图 8-1）。构造内存在不同的高点，气柱高度为 300 ~ 1000m。储层原始地层压力为 55.85MPa，地层温度为 175℃，平均孔隙度为 15% ，渗透率为 0.01～10mD。截至 2006 年年底，共完钻 31 口井，投产 19 口井日产规模为 $150\times10^4\sim320\times10^4 m^3$ ，平均单井日产气 $28.2\times10^4 m^3$ 。南长冈气田经过 6 年的开发前期评价研究，于 1984 年投入正式开发。开发初期，日产气在 $100\times10^4 m^3$ 以下，通过不断钻新井的方式来维持开发规模；1994 年以后，随着天然气处理净化厂的不断扩建，特别是随着适用于高温高压火山岩储层压裂技术的成功应用（2001 年），气田北部致密气田得以成功开发，气田开发规模逐步扩大，2005 年日产最高规模达到了 $320\times10^4 m^3$ 。截至 2006 年上半年，气田累计产期 $91.87\times10^8 m^3$ （张子枢和吴邦辉，1994）。

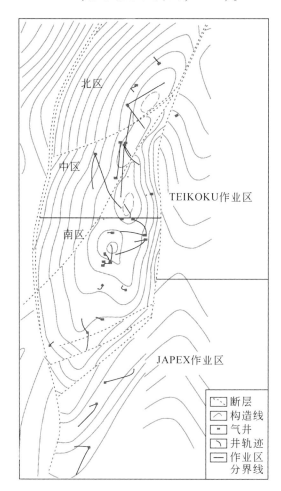

图 8-1　南长冈气田开发现状图

南长冈开发表现出如下特征。

1. 储层非均质性强，井间产量差异大

南区储层物性好、裂缝发育，北区储层物性差。渗透率差异较大，变化范围为 0.01～10mD。南区气井开发配产可达 $50\times10^4 m^3/d$ ，北区气井则需要压裂投产，日产约 $5\times10^4 m^3$ ，中区气井产量介于南、北部之间。

2. 火山岩储层平面连续性差，单个岩体横向展布范围有限

图 8-2 是南长冈气田主要开发井井底静压随时间变化曲线。图中北部和翼部气井的压力下降与南部井生产有关，中部区域的气井生产后压力急剧下降，表现出了近封闭边界的特征，这说明该气田储层具有部分分区的连通性。

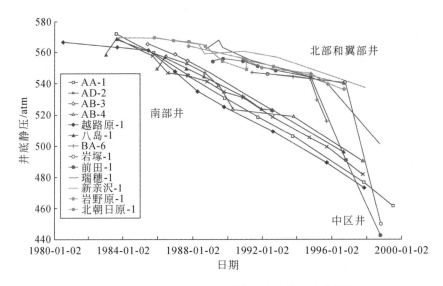

图 8-2　南长冈气田不同部位井的井底静压变化曲线

日本的研究人员采用产气剖面测试与试井分析模拟相结合的手段，对南长冈火山岩气藏储层中天然气的渗流机理进行了研究。所有井的压力恢复曲线都表现出上翘的特征，不同区域之间的非均质程度有差异（图 8-3），中部储层的非均质性更为严重。研究认为该气田单井钻遇的火山岩储层为不连续的岩体，单个岩体横向展布范围有限，5~150m，平均为 36m。从火山岩油气藏的生产动态可以看出，火山岩储层普遍具有较强的非均质性，单井钻遇的单个有效储层平面上展布范围有限。这也是气井产能高低悬殊、产量递减较快的根本原因。

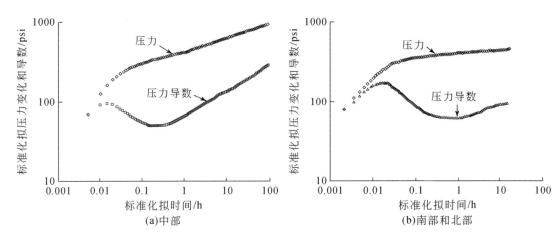

图 8-3　南长冈气田压力恢复双对数曲线

　　图8-4为南长冈气田一口气井开井生产与关井恢复期间井筒产气剖面测试图。从图中可以看出开井时，层间产量差异大；关井恢复期间，井筒中发生了明显的层间倒灌现象。反映出层间开采的不均衡，部分层压力衰竭快。

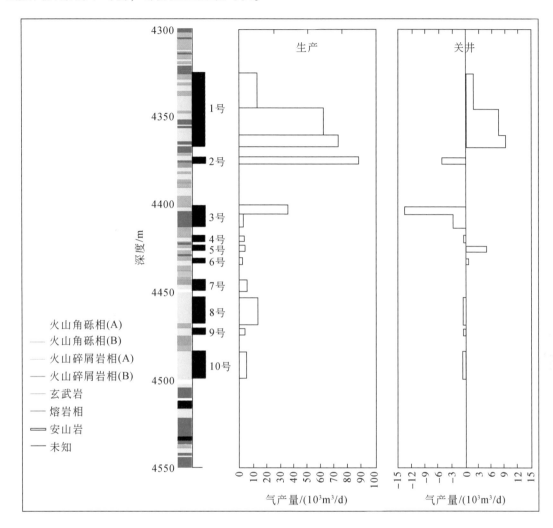

图8-4　南长冈气田气井开井生产与关井恢复期间井筒产气剖面测试图

　　图8-5为南长冈气田一口井生产历史拟合图。该井共射孔了16个层，26个层未射孔。依据投产初期开井4天时的产气剖面和随后的压力恢复试井数据，早期分析认为16个层中有7个层存在封闭边界，当时分析模型的曲线拟合非常完美。但采用此模型预测的压力动态明显高于后期实际压力（图中虚线）。重新历史拟合结果表明，16个层全部存在封闭边界（图中实线）。这说明早期短时开井生产未探测到边界，评价储层的平面连通性必须依据长时的生产动态。

　　由此可以得出，火山岩普遍具有较强的非均质性，单井钻遇的单个有效储层平面上展布范围有限。这也是气井产能高低悬殊、产量递减较快的根本原因所在。

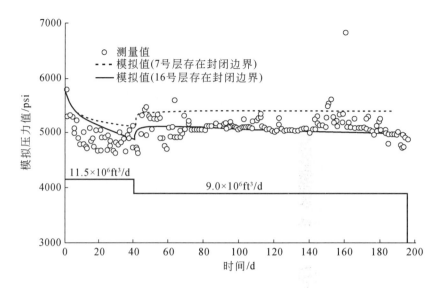

图 8-5　南长冈气田某口井不同的模型模拟压力与实际压力对比图

（二）国内火山岩气藏开发现状

近年来，我国在松辽盆地北部（大庆）、南部（吉林）和准噶尔盆地（新疆）先后发现了大量的火山岩气藏，资源量超过 $30000\times10^8m^3$，三级储量超过 $9000\times10^8m^3$，探明储量超过 $4000\times10^8m^3$，是目前世界上已发现的规模最大的火山岩气藏。其储量丰度平均为 $6.4\times10^8m^3/km^2$，70% 以上小于 $8\times10^8m^3/km^2$，整体属于大面积分布中低丰度气藏。

目前整体而言，火山岩气藏开发处于进步发展阶段。截至 2010 年年底，大庆、吉林、新疆累计动用地质储量近 $2000\times10^8m^3$，设计产能 $40\times10^8m^3/a$，目前已建成产能 $34\times10^8m^3/a$。

我国近年来火山岩气藏勘探大发现、开发快节奏，已成为中石油天然气业务重要的勘探开发领域。纵观火山岩气藏勘探开发历程，可大致划分为三个阶段。

第一阶段，2002 年以前，为准备或发现阶段：在前期应用重、磁、电、地震等手段进行预探的基础上，大庆油田 2001 年在徐家围子断陷上钻徐深 1 井，从而发现了徐深气田；吉林油田 2001 年在长岭断陷哈尔金构造上钻探长深 1 井，发现了长岭 1 号气田；新疆油田 1993 年在陆梁隆起上钻滴西 1 井，发现了滴西石炭系火山岩气藏。

第二阶段，2002～2006 年，为展开评价阶段：各个油田布置了大量的三维地震勘探，甩开部署了多口针对火山岩储层的预探井（如大庆的徐深 3、7、8、9 井），全面开展了取心、测试、测井、试气、试采等研究工作；同时加大评价力度，部署了多口火山岩评价井（如吉林的长深 102、103、104、105 等井），陆续提交了总量 $3000\times10^8m^3$ 的三级储量。

第三阶段，2006 年以后，为加快评价、前期开发阶段：在投入大量实物工作量加大勘探及前期评价工作力度的基础上，截至 2008 年年底，火山岩气藏已提交三级储量超过 9000 $\times10^8m^3$，其中探明达 $4239\times10^8m^3$。与此同时，火山岩气藏开发工作及时介入。大庆油田于 2004 年开发早期介入，2006 年全面完成了第一个 $1000\times10^8m^3$ 储量的前期评价工作，目前已建成升深 2-1 区块、徐深 1 区块，形成年配套生产能力 $11.6\times10^8m^3$。吉林油田在气藏描述的基础上，目前已建成产能 $10 \times 10^8 \text{m}^3$。新疆油田在取心、测试、测井、试气、试采等工作基础上编制了开发方案，目前也已建成年产能 $10 \times 10^8 \text{m}^3$。

火山岩气藏已成为中石油天然气勘探的重点领域之一，也是急需建产的重要产能建设目标之一，该类气藏勘探开发前景广阔、意义重大。

（三）火山岩气藏开发研究现状

大量调研表明，国外火山岩气藏开发相关文献较少，整体研究水平低，目前尚未形成火山岩气藏开发理论，开发技术研究仅能满足生产需求，缺乏系统研究，开发实例较少，没有可以借鉴的开发经验。

国内自 2004 年开发人员介入火山岩气藏开发工作至今，初步探索了形成了火山岩气藏开发规律，并针对该类气藏开发面临的问题，初步形成了相关开发技术对策，解决了部分生产实际问题。

四、火山岩气藏开发基本特征

（一）火山岩气藏类型

由于火山岩形成时代、构造背景、成因机制及演化的差异，中国东、西部地区火山内部结构、火山岩储集空间类型及储层连续性，以及形成气藏的基本特征都有较大不同（表 8-3），因此可分为松辽盆地火山岩气藏为代表的东部原位型火山岩气藏，以及以准噶尔盆地火山岩气藏为代表的西部原位-异位复合型火山岩气藏两种类型。

表 8-3　中国东、西部火山岩气藏特征对比表

对比内容	松辽盆地火山岩气藏	准噶尔盆地火山岩气藏
喷发时代	中、新生代	古生代
构造背景	陆内裂谷	陆缘岛谷、陆内裂谷
成因机制	火山喷发作用	火山喷发作用、侵入作用、沉积作用
喷发方式	中心式	中心式、裂隙式均有
喷发物质	酸性火山岩为主	基性、中性、酸性火山岩均发育，此外还有次火山岩、沉积岩
内幕结构	原地堆积、结构清晰	地层改造、结构模糊
储集空间	以原生孔隙为主	以溶蚀孔隙为主
气藏类型	岩性、构造-岩性气藏	地层不整合气藏
成藏特点	原位性明显	原位性和异位性兼有

（二）火山岩气藏形成的构造背景、内幕结构特点

1. 形成的构造背景

一般来讲，火山岩形成于陆内裂谷、岛弧与洋底扩张环境。从成因看，中国东部地区火

山岩气藏发育的火山岩时代新，以中、新生代陆内裂谷为主；而西部地区火山岩气藏发育的火山岩时代相对偏老，以古生代岛弧和碰撞后陆内裂谷为主，具有二元性（图 8-6）。

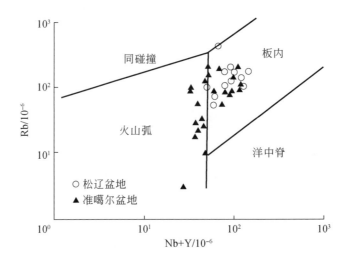

图 8-6　松辽–准噶尔盆地火山岩（Nb+Y）–Rb 构造环境地球化学判别

2. 内幕结构特点

火山岩内幕结构分为火山岩建造、火山岩体、火山岩相、储渗单元、储渗模式五个级次。中国东西部地区火山岩气藏内幕结构发育特征不同，后期改造程度存在差异，因此保存的完整性不同。

中国东部松辽深层火山岩气藏岩石类型以中酸性火山岩为主，主要沿深大断裂呈中心式喷发，喷发期次较单一，原位性保持好，地质单元较完整，因此以"岩浆源控"思想为指导，按照"定源—定面—定体"的步骤可有效识别和解剖内幕结构。

中国西部准噶尔盆地火山岩气藏岩石类型以中基性火山岩为主，具有裂隙式、中心式双重喷发特征，喷发期次多、规模较大，因后期构造环境变化较大，改造强烈，因此地质单元保存完整性差，火山通道不清晰、地质单元界面模糊，因此内幕结构解剖的重点是模糊界面的识别。

（三）火山岩气藏一般地质特征

1. 受基底深大断裂的控制

火山岩体大都分布在区域性断裂活动带，基底隆起及构造活动带上；基底深大断裂往往是火山活动的通道，因此火山岩的分布严格受深大断裂控制。以松辽盆地昌德气藏为例，晚侏罗世是松辽盆地断陷发育时期，松辽地区由于受到漫长的隆升、剥蚀，地壳受到强烈的拉张作用，形成了 NNE 和 NE、NW、NNW 和 EW 向断裂系统。NNE 和 NE 向断裂系统将松辽盆地分成西部断陷带、中部断陷带、中央隆起断陷带和东部断陷带。NW、NNW 和 EW 向断裂切割了 NE 向四个断陷带，使之具有南北分块的特点。晚侏罗世的营城期、火石岭期是松辽盆地火山活动最强烈、火山岩大面积分布的时期。火山岩空间分布主要受基底大断裂控制，基底断裂决定了火山喷发的强度、期次和火山岩的分布范围、展布特征和火山岩的成分特点。

2. 储层多为块状体

火山岩储层虽有成层性，但层间并无非渗透的隔层，虽然它们可能为多期多次形成，但火山岩岩体中发育的高角度裂缝足以连通同一套火山岩体。

3. 储层层位有深有浅，气藏面积有大有小

一般火山岩储层集中在白垩系到第四系，埋藏深度低于3000m；而松辽盆地侏罗系的火山岩储层大多数埋藏深度超过3000m。许多火山岩气藏面积较小，一般小于10km^2。但松辽盆地侏罗系的火山岩气藏面积较大，一般大于10km^2。

4. 气藏厚度差异大

应用Jason反演软件预测：升平气藏火山岩储层厚度自北向南有变薄的趋势，火山岩储层分布范围10～150m，平均厚度80m，最厚区位于SS2-1井东北3km处，次厚区位于SS2-1井处。火山岩有效储层厚度在40～80m，平均厚度50m，最厚区位于SS2-1井附近，次厚区位于SS2井处。一般火山岩气藏厚度小到4.5m，大到500m。

5. 储集层岩性复杂

火山岩储集层类型多，岩性比较复杂，一般可分为三类：熔岩类、火山碎屑岩类、火山碎屑-沉积混合型岩石类。

（1）熔岩类：按其化学成分可细分为四种类型，即玄武岩（$SiO_2<52\%$）、安山岩（$SiO_2=57\%～62\%$）、英安岩（$SiO_2=65\%～68\%$）、流纹岩（$SiO_2>78\%$）。

在日本，酸性火山岩中的气藏较多，如吉井-东柏崎气田、南长冈气田产层位于新近系的"绿色凝灰岩"的流纹岩中，片贝气田为安山集块岩，见附气田为英安岩、英安岩灰-角砾岩。四川盆地周公山构造1井位于上二叠统玄武岩组，升平气田为流纹岩（还含有流纹质熔结凝灰岩、凝灰岩、火山角砾岩），汪家屯气田为中性安山岩储层。

（2）火山碎屑岩类：系指由火山碎屑物组成的岩石。按其碎屑特性可划分为凝灰集块岩、火山角砾岩、凝灰砾岩、砂屑凝灰岩和粉砂屑凝灰岩，如古巴的古那包油气藏为火山角砾岩。

（3）火山碎屑-沉积混合型岩石类：火山碎屑是经过搬运与沉积的岩石。按其沉积的组分可分为沉积火山碎屑岩（火山碎屑组分大于50%）和火山碎屑沉积岩（火山碎屑组分小于50%）。

6. 储集空间复杂、类型多样

火山岩储层孔隙结构复杂，储集空间类型多样。其主要储集空间有原生气孔、杏仁体内孔、构造裂缝、斑晶溶蚀孔、基质内溶蚀孔、溶蚀裂缝、洞等基本类型。流纹岩中裂缝发育，并含有多种孔缝类型，如构造开启缝（包括树枝状裂缝、高角度缝和斜角缝）及成岩

缝。升平气田岩心观察表明：构造开启缝和成岩充填缝占比例大，高角度缝和斜交缝占比例也大；SS2-6 井裂缝最发育。火山口和断裂带附近裂缝发育程度较高。

7. 物性变化大、非均质性严重

SS2-1 井区营城组气层孔隙度统计资料表明：SS2O1 井区营城组气层总孔隙度分布为 3.6%～13.3%，基质孔隙度主要分布为 3.6%～13.18%，裂缝孔隙度分布为 0.01%～0.12%，显然孔隙度较低。一般火山岩气层孔隙度主要分布为 5%～15%，渗透率在平面上和纵向上差异大，一般为 0.006×10^{-3}～$18 \times 10^{-3}\,\mu m^2$，岩心分析有效孔隙度与渗透率往往很低，但测井解释的孔隙度时常较高，测井解释的有效渗透率常常高出岩心分析渗透率的数倍至数十倍，反映裂缝承担了主要的渗流作用。储层的非均质性严重，属双重孔隙介质储层。

（四）火山岩气藏一般开采特征

1. 产量稳定、地层压力下降少

升平气田的 SS2 井火山岩储层产气量高、稳产期长、开发潜力大。SS2 井于 1995 年 8 月对营城组 2880～2904m 井段试气，射开厚度 17.0m，日产天然气 $32.7 \times 10^4\,m^3$。1996 年 1 月投产，初期采用 6mm 油嘴生产，日产气 $17.7 \times 10^4\,m^3$，油、套压分别为 24.5MPa、24.8MPa。目前采用 11mm 油嘴生产，日产气 $33.3 \times 10^4\,m^3$，该井在累计生产 1431 天时，累计采气 $3.3 \times 10^8\,m^3$，地层压力由原始的 32.25MPa 降至 30.68MPa，仅下降 1.56MPa，用压力恢复法测算动态储量为 $9.2 \times 10^8\,m^3$。目前井口油、套压分别为 20.82MPa、21.49MPa，仅下降 3.68MPa 和 3.31MPa。用井口套压折算地层压力，采用压降法测算井控动态储量为 $22.23 \times 10^8\,m^3$，为目前深层气藏井控动态储量最高的一口开发井，具有较大的开发潜力。SS1 井自 1996 年 1 月试采以来，地层压力下降少，产量稳定，井控动态储量为大庆油区之最，SS1 井侏罗系火山岩产气层获日产气 100014m³，累计生产 1431 天，累计产气 $4017.46 \times 10^4\,m^3$，地层压力由原始的 26.25MPa 降至 21.19MPa，仅下降 5.06MPa，测算压降法动态储量为 $2.2 \times 10^8\,m^3$。

2. 气井初始产量低，经压裂后产量增大

汪家屯基岩凸起气藏，汪 902 井在基岩中有 5 层 49m 气层，测试自然产能 184m³/d，压后 $3 \times 10^4\,m^3$/d。昌德气田芳深 8 井在营城组二段的火山岩 3706.6～3723.6m 井段测试，压裂后日产气 77359m³。芳深 701 井在 134 号凝灰岩气层压前日产气 884m³，压后自喷产气 60682m³，产水 11.2m³，气层厚度 26.2m。升平气田向南的 SS7 井也钻遇火山岩层，压裂改造后日产气超过 4000m³。SS1 井对登娄库组的 2645.2～2824.2m 井段进行试气，至 2000 年 4 月油压为 10.69MPa，日产气 $2.46 \times 10^4\,m^3$，基本保持稳定；同年通过对登娄库组三、四段（2278.6～2872.0m）进行压裂改造，日产气量上升到 $4.55 \times 10^4\,m^3$，油压上升到 15.01MPa。该井压裂后，已稳产 32 个月，目前累计产气 $4031.73 \times 10^4\,m^3$，其中，压裂累计增产 $621.13 \times 10^4\,m^3$，占累计产气的 15.41%，压裂增产效果较好。

徐深 1 井是徐家围子断陷中部的 SP-XC 构造带南部的一口预探井，储层营城组为砂砾

岩和火山岩，2002 年 10 月对营城组 149 号层 3460～3470m 井段厚度 10m 进行压裂后获得 195698m³/d 工业气流。2002 年 11 月对井段 3592.0～3600.0 m、3620.0～3624.0m 压裂，厚度 12m，压裂后日产气 53.3×10⁴m³。

分析产能低与含气厚度大的矛盾原因，主要是火山岩储层岩性与孔隙结构比较特殊，其岩石骨架富含火山灰或凝灰质颗粒，这种物质遇水膨胀，阻塞孔隙和喉道。这是钻井过程中泥浆滤失污染导致产能低的原因，也是采用水基压裂液压裂改造增产幅度不大的原因之一。同时，火成岩储层一般为孔隙和裂缝双重介质储层，采用固井射孔求产方式，一些天然裂缝被水泥固结堵死，也是产能低的另一原因。

3. 气-水关系较为复杂

火山岩由于火山喷发的多期性、各喷发期岩性上的差异性及火山岩岩相（爆发相、火山通道相、喷溢相）在纵向和平面上变化快，导致了火山岩气藏的压力系统、气-水关系复杂，常有多个压力系统，无统一的气-水界面，使气藏的开发难度增大。例如，汪家屯东侏罗系营城组火山岩气藏无统一的气-水界面，气-水分布关系复杂，气-水分布不受构造控制，只受岩性控制。升平气田在构造高部位的 SS1 井获工业性气流，而位于低部位的 SS3 井气水同产，反映了构造对含气的控制作用，初步推断可形成统一气-水界面的构造气藏，气-水界面深度大约为 -2719m，有待于进一步认识。昌德气田气水分布复杂，登三、登四段气层受断层、岩性控制，构造对天然气的储集具有一定的控制作用，气层分布位于构造高部位，水层分布位于构造低部位。

4. 气井产量与裂缝密切相关

岩心观察可知：SS2-1 井营城组 93 号层Ⅲ段，2923.0～2945.0m，气孔特别发育，有裂缝。营城组 93 号层Ⅴ段，2953.0～2972.0m，气孔发育，局部见有网状裂缝，有效厚度 19m，孔隙度为 10.3%～17.8%，平均 13.2%，水平渗透率 0.055×10⁻³～5.643×10⁻³ μm²，平均为 0.736×10⁻³μm²。SS2-1 井区营城组气层总孔隙度 8.27%；基质孔隙度为 8.23%；裂缝孔隙度为 0.04%。SS2-1 井试采营城组，测试无阻流量 38.82×10⁴m³/d。试采时间是 2003 年 11 月至 2004 年 4 月，共计 6 月，累计采气 2939.6×10⁴m³，产水 130.48m³。试采初期，产量迅速由 7×10⁴m³/d（无阻流量的 1/6）上调至 26×10⁴m³/d（无阻流量的 1/2～1/1.5），产水量随即由 0.44m³/d 上升至 1.2m³/d，油套压下降较快，下降速度分别达到 0.86MPa/月和 1.97MPa/月，2004 年 2 月后，产气量有所下降，逐渐降低到了 19.2×10⁴m³/d（无阻流量的 1/3～1/2），产水量基本保持在 1.2m³/d 左右不变，油套压力有所回升后保持平稳，因此对 SS2-1 井，合理产量应为无阻流量的 1/3 配产 20×10⁴m³/d 以下适宜，同时也应注意该井的中后期隔水堵水工作及排水措施等。显然，裂缝对该井产量有一定影响。SS101 井营城组安山岩类的火山岩井段 2842～2954.4m 获日产气量 29361m³，储层渗透率为 0.352×10⁻³ μm²，有一条裂缝。宋深 1 井的裂缝发育在流纹岩和安山岩层，裂缝多为高角度缝，少数为网状缝，其渗透率为 0.703×10⁻³ μm²，该井在 3124～3134m 井段获日产 1310m³ 低产气流。汪 903 井在 3020.4～3037.0m 井段，岩性为棕红色含气酸性喷发岩，压前产气 4666m³/d，压后产气 50158m³/d。

5. 储层保护措施

根据国内外的情报调研及我国油田欠平衡钻井的实践，认为欠平衡钻井技术可以极大消除因钻井液侵入而对地层形成的伤害，最大限度地解放油气层。由于欠平衡钻进钻速快、建井周期短，这样就会有力地保护了储层。徐家围子断陷北部汪家屯东地区为欠平衡钻井，在宋深 101 井采用水包油钻井液，这种钻井液在大庆油田首次使用。建议采用欠平衡钻井技术来保护储层，同时进行应力敏感性实验和速敏、水敏，以及酸敏等实验研究，确定临界流速和合理酸液配方，推荐合理开发措施。

五、火山岩气藏开发面临的问题

火山岩气藏作为我国油气资源的重要组成部分，其有效开发不仅是应对能源需求快速增长、保障国家能源安全的显示要求，也是优化能源结构、发展低碳经济的历史使命。但是其有效开发是一个世界级难题，面临诸多挑战，主要体现在以下四个方面。

1. 气藏地质条件复杂

火山岩气藏属于复杂特殊类型的气藏。与其他常规气藏相比，火山岩气藏地质条件更加复杂，岩性复杂、种类多，岩性、岩相变化快，识别与描述难度大。研究统计表明，火山岩气藏岩性主要包括流纹岩、玄武岩、安山岩、英安岩和流纹质熔结凝灰岩等。其中，徐深气田南部徐深 1 等区块主要发育酸性流纹岩，而北部汪深 1 等区块除发育酸性流纹岩外，下部存在玄武岩、安山岩和英安岩等中基性火山岩类；长岭气田主要发育酸性流纹岩，有少量玄武岩类；克拉美丽气田岩石类型主要有酸性流纹岩、中基性玄武岩和花岗斑岩等。

火山岩气藏储层物性一般较差，通常孔隙度小于 10%，渗透率小于 1mD，如徐深气田徐深 1 块储层平均孔隙度 6.57%，渗透率 0.43mD，主要为低渗和特低渗储层。

受火山喷发期次和火山相带控制，火山岩气藏有效气层分布不连续，储层相互之间基本不连通，构成纵横向上的孤立储渗体，主要为岩性气藏；纵向上多套气层叠置，气水关系复杂。通过野外露头观察、密井网解剖、长井段取心、水平井段分析等证实，火山岩储层纵向和横向的非均质性极强。徐深气田徐深 1 井区 500m 井距密井网解剖表明，火山储层岩相变化快，岩相横向延伸距离在 200~800m，纵向在 6~60m。

2. 井间产能差异大，稳产能力与措施规模不存在必然的关系

由于火山岩气藏储层物性较差，多数情况下气井产能较低，需要经过压裂改造才能获得较高工业气流，如 2006 年徐深气田 13 口工业气流井中，除升深 2-1 块 4 口井外，其余 9 口井中有 8 口井进行了压裂改造，且气井产能平面分布变化快，相邻井间无可对比性。徐深气田某一个区块内气井无阻流量变化范围达到了 $3.0×10^4 ~ 120×10^4 m^3$，且在距一口射孔后即获工业气流井周围 0.9~1.2km 的其他井，必须经过压裂改造才能达到工业产量。

对于裂缝比较发育的火山岩气藏，气井无需改造也可获得很高的工业产量，吉林长岭凹

陷 1 号构造、日本南长冈气田南部的火山岩气藏就属此类型。长深 1 井裸眼中途测试即获 $46 \times 10^4 \mathrm{m}^3/\mathrm{d}$ 的高产气流，射孔完井后以 $25 \times 10^4 \mathrm{m}^3/\mathrm{d}$ 生产，井口油套压力保持稳定；南长冈气田南部气井最高配产达到了 $50 \times 10^4 \mathrm{m}^3/\mathrm{d}$。

复杂的地质条件及气井投产方式的不同，决定了气井初期短时测试产能具有较强的实效性，这表现出了两种截然相反的特征：一是对于通过压裂改造措施获取工业气流的井，虽然气井投产初期的测试无阻流量很大，但投产后常表现出较快速度的下降，且与压裂措施规模大小之间并无必然的联系；二是对于射孔后即获工业气流的井，投产初期测试估算的气井产能，常常会低于生产一段时间后的产能，其原因在于此类气井钻完井过程中地层（裂缝）污染比较严重，经过持续生产的清井作用后，污染得以部分解除。

3. 气井井控动态储量差异大，生产动态与稳产能力变化大

从目前徐深气田试采情况看，火山岩气井动态特征比较复杂，稳产条件变化较大。统计徐深 1 区块 23 口井试采初期估算的井控动态储量，变化范围在 $0.1 \times 10^8 \sim 12.0 \times 10^8 \mathrm{m}^3$，平均值 $2.25 \times 10^8 \mathrm{m}^3$，且低于此平均值的占了 73.9%，反映出多数井的井控储量小，单井供气范围有限。但由于气井试采初期供气区域主要为相对高渗区（裂缝系统），低渗区（基质系统）的贡献率较低，因此，随着地层压力的下降，在低渗区完全参与供气后，井控储量会有不同程度的增加。

徐深气田气井生产动态总体上有四种类型：Ⅰ类井，稳产能力最强，采气指数基本稳定，预计 $10.0 \times 10^4 \mathrm{m}^3/\mathrm{d}$ 以上的产量稳产期一般超过 10 年；Ⅱ类井，稳产能力略差，生产中采气指数略有下降，$10.0 \times 10^4 \mathrm{m}^3/\mathrm{d}$ 的产量一般可以稳产 8～10 年；Ⅲ类井，稳产能力较差，生产中采气指数下降较快，一般 $5.0 \times 10^4 \mathrm{m}^3/\mathrm{d}$ 的产量可以稳产 4～6 年；Ⅳ类井稳产能力最弱，一般 $5.0 \times 10^4 \mathrm{m}^3/\mathrm{d}$ 的产量稳产 1 年左右。

4. 受裂缝等因素的影响，部分井已产出地层水

火山岩气藏气水关系复杂，构造宏观上控制着气水的分布，局部多为上气下水，边底水普遍发育。徐深气田徐深 1 等区块及克拉美丽气田滴西 14 等区块均有部分气井产出地层水，主要是直井，同时部分水平井也都不同程度的见水。气井出水情况复杂多样，出水量大小、产气量、井口油压、套压、生产压差表现各异，初步分析表明，气井出水主要受开采速度过快以及裂缝水窜等因素的影响，给气田的合理、高效开发带来了极大的困难。

第二节　火山岩气藏地质特征

火山岩作为一种特殊的油气储层类型越来越受到人们的关注与重视，目前国内外发现并投入开发的火山岩气藏较少，整体研究程度较低。本节以松辽盆地北部徐深气藏为例，阐述火山岩气藏的基本地质特征。徐深气田位于黑龙江省大庆市与安达市境内，区域构造位于松辽盆地北部深层徐家围子断陷区，主要储层为下白垩统营城组一段和三段的酸性喷发岩。徐家围子是松辽盆地北部深层规模较大的断陷。

一、区域地质概况

（一）构造单元划分

松辽盆地发育一系列 NE 向、NW 向和近 SN 向的壳断裂和基底断裂，形成东西分带、南北分块的构造格局，整体上可划分为北部倾没区、西部斜坡区、西南隆起区、开鲁拗陷区、中央拗陷区、东北隆起区、东南隆起区 7 个一级构造单元，形成了 40 多个由断裂控制的断陷盆地（图 8-7）。

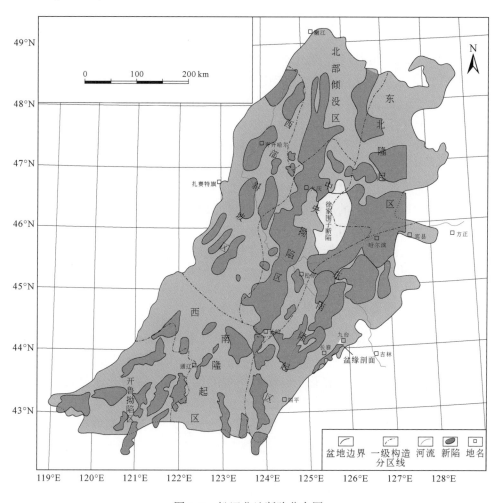

图 8-7　松辽盆地断陷分布图

徐家围子断陷位于松辽盆地北部，古中央隆起带东侧，是盆内面积较大的断陷之一，该区深层已完钻探井 100 余口，20 多口探井获得工业气流，其中分布在营城组中的火山岩气藏占主要比例。该断陷走向为 NNW 向，南北长为 90km，中部最宽处约为 55km，主体面积为 4300km^2，整体上为西断东超式箕状断陷。

　　徐家围子断陷深层现今构造格局受断裂和火山活动共同影响，整体上具有"两凹夹一隆、东西分带和南北分块"的构造格局，可划分为 6 个一级构造单元，分别为：中央古隆起带、徐西拗陷、徐东拗陷、安达–升平隆起带、徐东斜坡带、朝 59–万隆古隆起。其中徐西拗陷可划分为徐西凹陷、徐南凹陷 2 个二级构造单元；徐东拗陷可划分为安达凹陷、徐东凹陷 2 个二级构造单元；安达–升平隆起带包括安达凸起、升平凸起 2 个二级构造单元（图 8-8）。

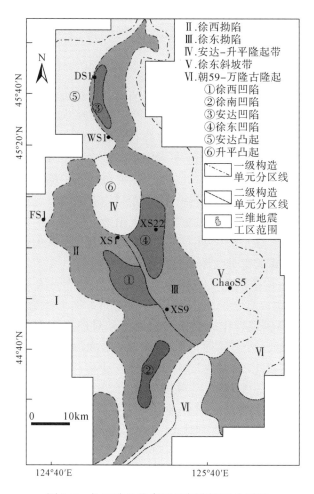

图 8-8　松辽盆地徐家围子断陷构造分区图

（二）徐家围子断陷构造演化特征

　　徐家围子断陷主要经过孕育、发展和萎缩三个构造演化阶段，断陷的孕育阶段为火石岭沉积时期、断陷的发展阶段为沙河子组沉积时期、断陷的萎缩阶段为营城组沉积时期。

　　火石岭组主要发育于区域性热隆作用背景下，断陷盆地特征不明显，建造面貌特征以火山岩系与正常碎屑岩交互为主。火一段具有物源供给充足的超补偿沉积特征，主要是分布局限的含煤粗碎屑沉积。火二段主要属于火山岩的强烈喷发期。

在沙河子组沉积时期，由于断裂发生了大规模的伸展作用，形成了两隆分割徐家围子大规模断陷的三凹夹两隆构造模式。

在沙河子组沉积之后，由于发生了区域性的挤压改造，从而形成了断弯褶皱和断展褶皱的雏形。

在营一段沉积时期，由于沉积断层对沉降格局的控制作用有所减弱，徐西、宋西断裂发育萎缩。

在此之后发生了较大规模的挤压作用，主要表现为背斜东翼发育很不完善的构造形迹；在营四段沉积时期，断裂对古地形的影响作用已经非常弱。

（三）徐家围子断陷构造-火山-盆地充填特征及其受控机制

地层序列的详细刻画揭示出各期次火山地层的时空演化规律：徐家围子断陷营城组火山地层整体展布与主干断裂走向一致，均为 NNW 向，其中营一段火山岩连片分布，主要分布在断陷东南部，营三段火山岩分块分布，主要分布在断陷的西部和北部；各段内火山喷发期次由早到晚表现出喷发规模逐步增大、分布范围不断扩大、厚度不断增加的特点。通过构造演化史剖面分析、判断各主干断裂的活动期次：营一段时期，徐中、徐东走滑断裂带活动明显；营三段时期徐西断裂南、北段，徐中、徐东断裂均有活动。各段、各期次火山地层分布与主干断裂位置叠合图清楚揭示，营一段各期次火山地层呈现由西南向东北迁移的特征，地层厚度中心位于徐中断裂和徐东断裂带南部分支附近；营三段火山地层厚度中心位于徐西断裂南、北两段和徐东断裂带北部分支附近。

综合控陷断裂性质、构造演化史分析、火山地层分布特征认为，火山地层的形成和分布明显受断裂和沙河子组末期受挤压构造作用形成的古地形控制。断裂对火山地层形成和分布的控制作用，主要表现为作为岩浆上涌通道和对地层分布具有走滑剪切改造作用，具体表现为：①断裂作为岩浆上涌通道，火山地层最大厚度中心常位于断裂附近；②断裂活动的时空变化控制了火山地层厚度中心的时空迁移；③断裂的产状控制了火山地层单元的产状，形成火山地层中特有的"喷发不整合"地层界面；④走滑断裂对火山地层的分布具有剪切改造作用，致使断裂两侧地层厚度存在差异，导致营二段地层追踪对比困难、营三段地层南北分块分布。古地形对火山地层分布的控制作用，表现为：①古凹陷区火山地层厚度大，古隆起区厚度薄；②古隆起区阻隔了其南、北两侧营一、三段火山岩的相向流动，致使其南、北两侧分别缺失营三段和营一段火山岩，而隆起区成为两段火山岩的"收敛、尖灭、交叠"区。

徐家围子断陷营城组大规模、厚层（最厚达 2400 多米）火山岩的形成并非受控于该时期盆地的持续张裂，而是受断裂与古地形的耦合关系控制，具体表现为：作为岩浆上涌通道的主要断裂位于紧邻凹陷区的隆起斜坡上，有利的地形使喷出的岩浆"顺势而下"，古凹陷为其汇集提供了广阔的空间，使岩浆不能原地堆积堵塞通道，从而形成大规模、厚层火山岩。

二、地　层　特　征

松辽盆地北部深层指泉头组二段以下地层，主要为古生界地层、上侏罗统—下白垩统断陷期地层和下白垩统坳陷期地层。自下而上分别为基底、火石岭组、沙河子组、营城组、登娄库组及泉头组一段、二段地层（图8-9、表8-4）。徐深气田营城组气藏下白垩统自下而上发育了沙河子组、营城组、登娄库组，以及之上的泉头组等地层。火山岩地层为营城组，营城组之下为沙河子组，二者之间为一区域性角度不整合面，营城组之上为登娄库组，二者间为平行不整合接触。

基底主要为泥板岩、千枚岩等变质岩和花岗岩等侵入岩，局部发育动力变质岩、砂砾岩等。

火石岭组处于断陷盆地形成初期，划分为火石岭组一、二段，底部沉积一套碎屑岩，中上部发育火山岩及喷发间歇期间的滨浅湖相沉积岩。火石岭组一段为杂色砾岩，黑色、灰黑色泥岩夹煤层，火石岭组二段为中性火山岩，为徐深气田的储层之一。

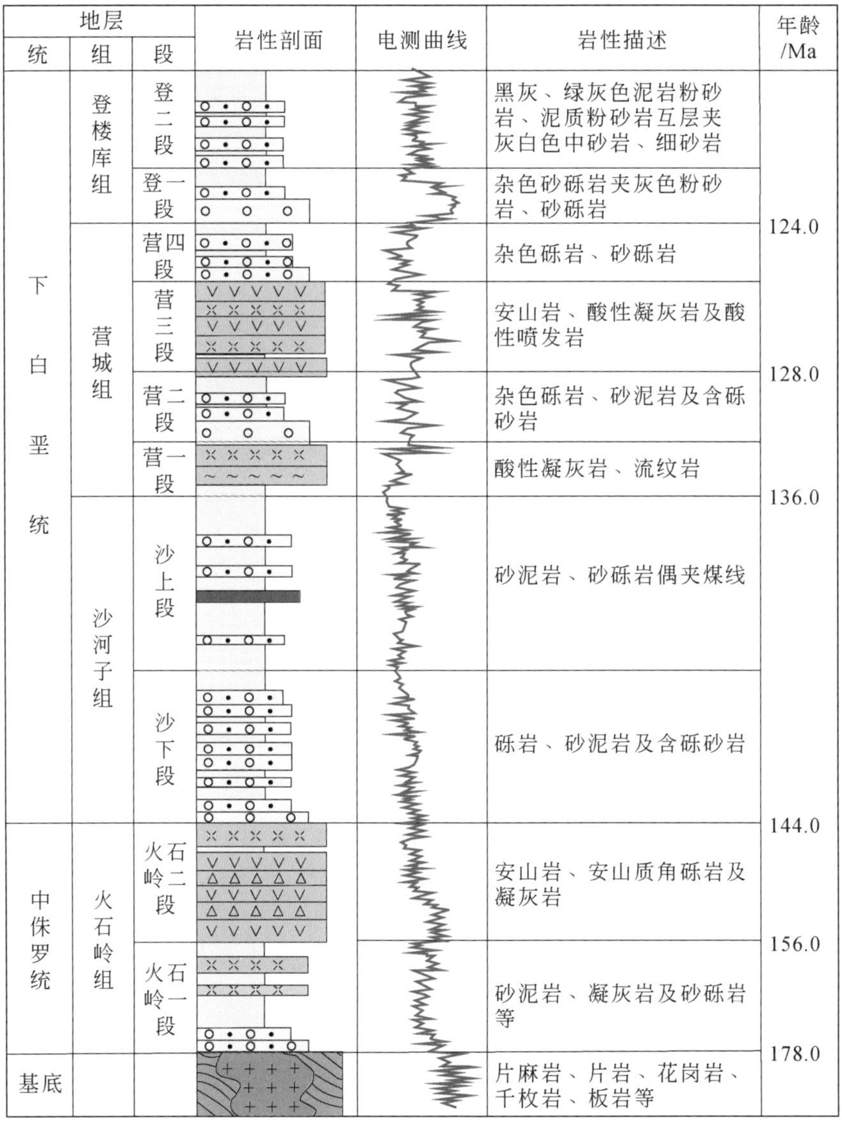

地层			岩性剖面	电测曲线	岩性描述	年龄/Ma
统	组	段				
下白垩统	登楼库组	登二段			黑灰、绿灰色泥岩粉砂岩、泥质粉砂岩互层夹灰白色中砂岩、细砂岩	
		登一段			杂色砂砾岩夹灰色粉砂岩、砂砾岩	124.0
	营城组	营四段			杂色砾岩、砂砾岩	
		营三段			安山岩、酸性凝灰岩及酸性喷发岩	128.0
		营二段			杂色砾岩、砂泥岩及含砾砂岩	
		营一段			酸性凝灰岩、流纹岩	136.0
	沙河子组	沙上段			砂泥岩、砂砾岩偶夹煤线	
		沙下段			砾岩、砂泥岩及含砾砂岩	144.0
中侏罗统	火石岭组	火石岭二段			安山岩、安山质角砾岩及凝灰岩	156.0
		火石岭一段			砂泥岩、凝灰岩及砂砾岩等	178.0
基底					片麻岩、片岩、花岗岩、千枚岩、板岩等	

图8-9　徐深气田地层层序图

表 8-4　徐深气田深层地层简表

系	统	组	段	代号	厚度/m	岩性描述
白垩系	下统	泉头组	泉二段	$K_1 q_2$	0~479	泥岩、泥粉、粉砂互层
			泉一段	$K_1 q_1$	0~1181	灰绿杂紫红色砂泥岩互层
		登娄库组	登四段	$K_1 d_4$	50~224	粉砂、紫红色泥岩、粉泥互层
			登三段	$K_1 d_3$	80~298	紫红色砂泥岩夹粉砂岩、中细砂岩
			登二段	$K_1 d_2$	100~271	泥岩、粉砂岩、泥质粉砂岩互层夹中细砂岩
		营城组	营四段	$K_1 yc_4$	10~367	杂色砾岩、砂砾岩等
			营三段	$K_1 yc_3$	200~780	以厚层中酸性火山岩为主，岩性有流纹岩、流纹质凝灰岩、安山岩、安山质凝灰岩、安山质玄武岩等
			营二段	$K_1 yc_2$		灰黑色砂泥岩、绿灰和杂色砂砾岩，有时夹数层煤（徐深气田缺失该层）
			营一段	$K_1 yc_1$	77~989	流纹岩、流纹质凝灰岩、火山角砾岩、集块岩、底部发育中基性火山岩
		沙河子组	沙上段	$K_1 sh$ 上	0~214	砂泥岩、砂砾岩，偶夹煤
			沙下段	$K_1 sh$ 下	0~204	砾岩、砂泥岩及含砾砂岩
侏罗系		火石岭组	火二段	$(K_1+J)h_2$	0~160	安山岩、安山质角砾岩集凝灰岩
			火一段	$(K_1+J)h_1$	0~266	砂泥岩、砂砾岩、凝灰岩等
石炭系—二叠系				C–P		泥岩、泥板岩、千枚岩等
前震旦系				AnZ		片麻岩、片岩、花岗岩、千枚岩、变质粉砂岩等

　　沙河子组为断陷盆地发育的鼎盛时期，主要形成断陷期烃源岩和局部盖层。沙河子组岩性为杂色砾岩，黑色、灰黑色泥岩夹煤层。

　　营城组沉积仍然受到边界断层的控制，沉积范围比沙河子组沉积范围扩大，此期内基底断裂活动频繁，火山活动强烈，在断陷内形成了大范围分布的火山岩。营城组分四段，总体上为 2 套火山岩、2 套碎屑岩互层。营一段为深灰色及黑灰色晶屑凝灰岩、灰色及灰白色流纹岩、杂色火山角砾岩；营二段为含凝灰质的砂、泥互层；营三段为流纹岩、流纹质凝灰岩、暗紫色及深灰色安山岩、紫红色及灰绿色安山质凝灰岩、安山质玄武岩和蚀变闪长玢岩；营四段为杂色砾岩及含凝灰质的砂、泥岩互层沉积。

　　登娄库组为由断陷向拗陷过渡期的沉积，与下部地层呈不整合接触。登一段和登三段、登四段主要发育扇三角洲、河流三角洲、滨浅湖沉积的碎屑岩储层。登二段为拗陷湖盆发育的鼎盛时期，泥岩等致密层发育，形成深层重要的盖层。

　　泉一段、泉二段沉积时期，为稳定的拗陷阶段，以滨浅湖、河流相的暗紫色泥岩夹泥质粉砂岩、粉砂岩为主，为 2 个向上变细的正旋回。地层总厚 300~500m，泉一段底部有一层 40~60m 厚的河流相砂岩储层，向山以滨浅湖泥岩、薄层砂岩为主，特别是泉二段泥岩占总地层厚度的 60% 以上，具有较好的封闭能力，分布稳定，形成深层天然气藏的区域盖层。

三、岩性、岩相和物性特征

徐深气田"三低"火山岩气藏储层为营城组营一段和营三段火山岩，火山岩岩性的分布，南北具有明显不同，其火山机构、相带展布和储层发育规律也不尽相同。

（一）火山岩岩性特征

在火山岩岩心系统观察、偏光显微镜薄片鉴定、火山岩成分分析的基础上，确定火山岩岩石类型。对非取心段应用岩心标定，利用 ECS、FMI 等先进测井技术建立岩性识别方法综合判别火山岩岩性。

徐深气田火山岩岩石类型有火山熔岩和火山碎屑岩两大类，火山熔岩主要岩石类型有球粒流纹岩、流纹岩、（粗面）英安岩、粗面岩、粗安岩、玄武粗安岩、安山岩、玄武岩等，从酸性岩、中酸性岩到中性岩、基性岩均有分布。火山碎屑岩主要有流纹质熔结凝灰岩、流纹质（晶屑）凝灰岩、流纹质角砾凝灰岩、流纹质火山角砾岩、火山角砾岩、集块岩和安山质凝灰角砾岩等。

徐深 9 区块以球粒流纹岩为主。徐深气田徐深 21 区块火山岩储层以球粒流纹岩为主，同时发育流纹质熔结凝灰岩和流纹质凝灰岩；汪深 1 区块营城组三段火山岩除发育流纹岩、流纹质集块岩、流纹质晶屑凝灰岩、英安岩等酸性火山岩类，还分布安山岩、安山质凝灰角砾岩和安山质玄武、玄武质安山岩、玄武岩等中基性火山岩类。安达次洼南部、东部主要发育酸性火山岩，北部以中基性为主。

1. 流纹岩、球粒流纹岩

分布于徐南、徐东地区及安达地区中南部，流纹岩具斑状结构、球粒结构，蚀变后具变晶结构，基质具粒隐晶微粒状、具重结晶，具定向。镜下见石英晶屑呈棱角状、尖角状，有的具港湾状熔蚀现象，另见少量岩屑。斑晶见熔蚀的石英和长石，石英颗粒之间粒间孔隙。长石被绢云母交代而呈镜像残留，局部见方解石交代。基质球粒流纹岩具球粒结构、流纹构造、气孔构造，多由硅质球粒组成，中夹少量石英颗粒及磁铁矿颗粒。球粒大小为 $0.1 \sim 0.5mm$。

2. 火山角砾岩

角砾状结构，岩石由火山角砾、晶屑、岩屑、玻屑及火山尘组成。火山角砾大小不等，为 $2.0 \sim 30.0mm$。成分主要为球粒流纹岩、熔结凝灰岩、流纹岩、英安岩、安山岩等，角砾之间充填火山尘、玻屑，具黏土化、火山尘已脱玻化。

3. 安山岩

见于安达地区达深 4 井、达深 2 井，斑状结构，基质具玻晶交织结构。斑晶占 20% 左右，主要为斜长石，多呈板柱状，大小一般 $0.5 \sim 2mm$，但都明显地绢云母化、碳酸盐化，有些几乎全被交代。基质占 80% 左右，主要为条状斜长石微晶和火山玻璃，长石微晶分布不定向，基质中有少量微粒状磁铁矿分布。

4. 安山质火山角砾岩

见于达深 3 井，由火山碎屑和陆源碎屑组成，碎屑成分多为粗安岩，少量为长英质晶屑，次棱角状，最大粒径 1.6 cm。填隙物为火山灰和钙泥质杂基。

5. 玄武岩

见于达深 3 井、达深 4 井、达深 X5 井，为本区的另一主要火山岩储层。岩心观察为褐灰绿色，块状，含白色杏仁体。显微镜下特征：斑晶由更钠长石和橄榄石组成，橄榄石 20%，更钠长石 76%，磁铁矿 4%。基质由杂乱分布的更钠长石微晶和充填于其间隙中的橄榄石、磁铁矿组成。岩石发生蚀变作用，橄榄石已变成伊利石、绿泥石并析出了铁质。原岩可能含辉石，已全部绿泥石化。常含圆形气孔，被浊沸石、绿泥石、方解石充填。岩石受钠质交代，使原基性斜长石变成更钠长石。

（二）岩 相 特 征

经过徐深气田几年来的勘探实践，通过大量的野外勘测和岩心观察，建立了火山岩相模式，徐家围子火山岩可划分为 5 个大相、15 个亚相。通过岩相、岩性与岩心分析资料的统计分析，认识到火山岩储层发育的 4 个有利相带，从而为火山岩勘探建立了新的模式。

钻井资料统计及野外露头观察表明，近火口带火山岩厚度大，储层发育。由于火山机构与构造活动的密切关系，近火口带一般也是构造有利部位，对天然气的富集成藏十分有利，已提交的探明储量和高产井均位于近火口相。因此，通过地震波形特征划分的近火口带火山岩岩性圈闭，是进行气藏分析和圈定含气面积的重要依据。

储层发育区以爆发相和喷溢相为主，喷溢相形成于火山作用旋回的中期，是含晶出物和同生角砾的熔浆在后续喷出物推动和自身重力的共同作用下，在沿着地表流动过程中，熔浆逐渐冷凝固结而形成。喷溢相在酸性、中性、基性火山岩中均可见到，一般可分为下部亚相、中部亚相和上部亚相。

喷溢相下部亚相，代表岩性为细晶流纹岩及含同生角砾的流纹岩，玻璃质结构、细晶结构、斑状结构、角砾结构，具块状或断续的流纹构造，位于流动单元的下部。喷溢相下部亚相岩石的原生孔隙不发育，但脆性强，裂隙容易形成和保存，所以是各种火山岩亚相中构造裂缝最发育的，如徐深 21 井的 223 号层。

中部亚相，代表岩性为流纹构造流纹岩，细晶结构、斑状结构，流纹构造，位于流动单元的中部。喷溢相中部亚相是唯一的原生孔隙、流纹理层间缝隙和构造裂缝都发育的亚相，也是孔隙分布较均匀的岩相带。中部亚相往往与原生气孔极发育的喷溢相上部亚相互层，构成孔-缝"双孔介质"极发育的有利储层。

上部亚相，代表岩性为气孔流纹岩或球粒流纹岩，气孔呈条带状分布，沿流动方向定向拉长，球粒结构、细晶结构，气孔构造、杏仁构造、石泡构造，位于流动单元的上部。上部亚相是原生气孔最发育的相带，原生气孔占岩石体积百分比可高达 25%～30%。由于气孔的影响，构造裂缝在上部亚相中主要表现为不规则的孔间裂缝。喷溢相上部亚相一般是储层物性最好的岩相带，如徐深 23 井的 215 号层。

应用岩心、录井和测井综合解释岩性的结果，综合确定了单井的火山岩岩性。在对岩性组合进行综合分析的基础上，建立了区域上的火山岩相模式，依据单井标定地震骨干剖面，经过三维组合划分了徐家围子营城组火山岩相。

构造与火山岩相关系非常密切，构造高部位多发育火山口相，低部位则以远火山口火山沉积相为主，而斜坡区多为过渡的近火山口相。

徐深9区块内徐深3、7、9井区为裂隙-中心式喷发，徐深9区块营一段总体而言以溢流相为主，徐深3井区处于宋西断裂下降盘，与宋西断裂相邻，火山岩相与徐深9井区相似，属于近源溢流相，徐深7井区紧邻宋西断裂，属中心式喷发，上部旋回火山头外形明显，丘状外形，内部杂乱反射，岩性以晶屑凝灰岩、熔结凝灰岩和火山角砾岩为主，火山岩相为爆发相，自下而上发育空落亚相、热基浪亚相和热碎屑流亚相。

徐深21区块营城组一段火山岩沿徐东断裂南北方向展布，火山口相与近火山口相面积大，错叠连片。远火山口相局部存在，面积较小。

汪深1区块营城组三段火山岩由多期火山喷发叠置而成，北部以基性火山岩喷发为主，而南部以酸性火山岩喷发为主，就火山岩相分布特征而言，西部以火山口相和近火山口相为主，东部以近火口相为主。

昌德气田营一段火山岩由多期火山喷发叠置而成，主要发育爆发相、溢流相和火山沉积相，近火山口相发育范围局限，远源相全区发育广泛。

（三）有效储层储集空间类型

通过岩心、岩屑观测和显微结构分析，本区火山岩储集空间类型可划分为三大类型，即原生孔隙和裂缝、次生孔隙和裂缝、复合孔隙和裂缝。原生指其形成的时间截止于火山岩固化成岩阶段，次生指形成于火山岩成岩之后。对于两者兼具的孔、缝采用前述碎屑岩储集空间的分类并为复合孔、缝。在各大类中依据其成因、分布和特征又可进一步细分，如孔隙划分为原生孔隙、次生孔隙和复合孔隙三种类型，按结构进一步划分为13种，最主要的孔隙为气孔、脱玻化微孔、杏仁体内残余孔、粒间孔和粒内溶孔；裂缝划分为原生缝、次生缝和复合缝三种类型，按结构进一步划分为12种，最主要的为构造裂缝和炸裂缝（图8-10、表8-5、表8-6）。

1. 原生孔隙和裂缝类型及特征

本区的原生孔隙以气孔、脱玻化微孔、杏仁体内残余孔和粒间孔最为发育，是本区火山岩储层中分布最广和最为重要的一类储集空间，由岩石的成岩阶段形成。

1）气孔

气孔指溢出地表的熔浆，其内挥发分逸散后留下的空洞。气孔是本区火山熔岩储层中常见的一类储集空间，主要见于流纹岩之中，特别是单层流纹岩的上部或下部更为发育，其次见于角砾熔岩、凝灰熔岩、熔结角砾岩、熔结凝灰岩之中。

气孔的重要意义还在于它常与原生成岩缝、后期次生风化缝、构造缝等相连通，形成了多种孔-缝组合类型，构成了本区火山岩中极为重要的储集空间，增强了储集性能。气孔呈串珠状发育，有的在流动过程中压扁拉长，顺流纹分布，显示出明显的流纹构造。孔隙壁一般较为光滑，但孔隙壁上有时沉淀有少量的次生矿物。

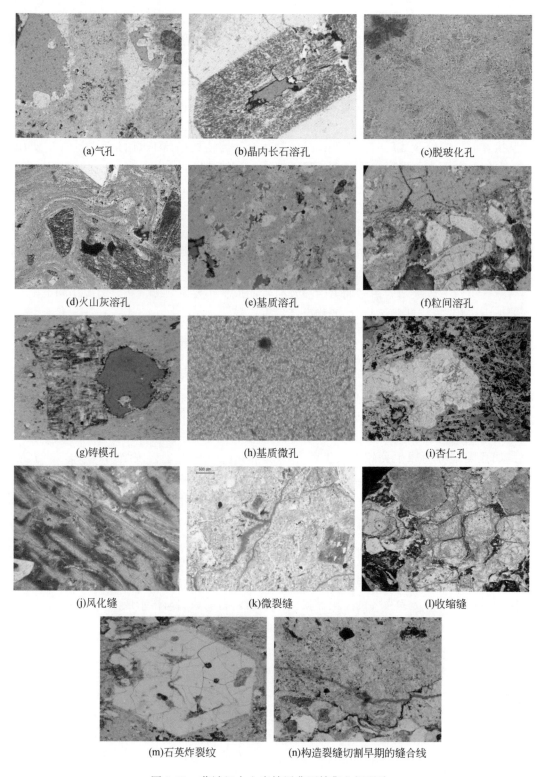

图8-10　营城组火山岩储层典型储集空间照片

表 8-5 营城组火山岩孔隙储集空间类型表

孔隙	储集空间类型	发育的岩石类型	成因	特征及识别标志	含气性
原生	气孔	流纹岩、安山岩、角砾熔岩、凝灰熔岩、熔结角砾岩	火山喷发时，冷凝作用使岩浆包裹气体逸出后形成气孔	圆形、压扁伸长性，孔壁可不规则但较圆滑；大多数呈孤立状，少数呈串状	含气性好
原生	杏仁体内残留孔	流纹岩、安山岩、角砾熔岩、凝灰熔岩、熔结角砾岩	充填气孔的矿物沿其孔隙壁生长，但未被填满而形成的孔隙	长形、多边形，边缘多为角状	含气性一般
原生	晶内熔孔	流纹岩、安山岩、角砾熔岩、熔结凝灰岩、凝灰岩	地下形成的晶体（斑晶、晶屑）喷至地表受高温熔浆和氧化作用而形成	圆形、椭圆形、不规则形，多发育于石英晶体内	含气性差
原生	粒内孔	集块岩、火山角砾岩、凝灰岩、角砾熔岩、沉火山碎屑岩	火山碎屑岩的刚性和塑性岩屑自身带来	主要发育于较粗粒的火山碎屑内	含气性好
原生	粒间孔	集块岩、火山角砾岩、凝灰岩、角砾熔岩、沉火山碎屑岩	较粗粒火山碎屑岩之间未被充填，受压实、压结作用而改造而缩小	形状不规则，多发育于火山碎屑组分之间	含气性好
原生	微孔	各类火山岩	熔岩基质的结晶作用未占满的空间，较细粒火山碎屑之间未被充填	发育于熔岩基质微晶矿物之间或较细粒火山灰（火山灰、火山尘）之间	含气性一般
次生	粒内溶孔	流纹岩、熔结角砾岩、角砾熔岩、火山角砾岩、凝灰岩	地表水淋滤或地下水溶蚀长石晶体（斑晶）及岩屑内的长石、火山尘、玻璃质等	分布于长石及岩屑的内部或边缘，在长石内多沿节理缝分布，形状多不规则	含气性好
次生	铸模孔	流纹岩、熔结角砾岩、角砾熔岩、火山角砾岩、凝灰岩	岩屑、单个或多个长石晶体被地表水淋滤或地下水溶蚀而成	保留长石斑晶或晶屑及刚性或塑性岩屑的外形	含气性好
次生	基质内溶孔	流纹岩、熔结角砾岩、角砾熔岩、火山角砾岩、凝灰岩	地表水淋滤或地下水溶蚀熔岩的基质和细粒火山灰、火山尘而形成	形状不规则，个体小，发育于熔岩基质和细粒火山碎屑中	含气性好
次生	杏仁体内溶孔	流纹岩、安山岩、浮岩、角砾熔岩、熔结角砾岩、熔结凝灰岩	地表水淋滤或地下水溶蚀杏仁体内的充填物质	发育于杏仁体内	含气性差
复合	粒间溶蚀扩大孔	流纹岩、角砾熔岩、集块岩、火山角砾岩、凝灰岩	沿粒间孔遭受地表水淋滤或地下水溶蚀而成	形状不规则，常与其他孔、个孔隙喉大	含气性好
复合	超大孔	流纹岩、凝灰熔岩、凝灰岩、火山角砾岩	地表水淋滤或地下水溶蚀颗粒和基质	孔径超过周边颗粒粒径，形状不规则，可见铸模孔，漂浮状颗粒	含气性好
复合	伸长状孔隙	角砾熔岩、凝灰熔岩、火山角砾岩、凝灰岩	地表水淋滤或地下水溶蚀基质和颗粒	孔隙形状不规则，伸长状	含气性好

表 8-6 营城组火山岩裂缝储集空间类型表

		岩性	成因	形态	含气性
裂缝	原生	收缩缝	各类火山岩	熔浆喷冷凝收缩作用、火山碎屑物成岩收缩作用	同心圆形、相平行的弧状	含气性好
		层间缝	各类火山岩	火山岩的压实、压结成岩作用	顺层分布、缝窄面大、延伸长	含气性一般
		炸裂缝	各种火山岩	由火山喷发时岩浆上拱力、岩浆爆发力引起的气液爆炸作用而形成	裂缝不定向、弯曲形	含气性一般
		贴粒缝	熔结角砾岩、角砾熔岩、集块岩、火山角砾岩	压实成岩作用	多贴近火山集块和火山角砾边缘	含气性好
		节理缝	各种火山岩	矿物受外力作用形成	相互平行成组出现	含气性一般
	次生	构造缝	各类火山岩	岩石受构造应力作用形成	常平行成组出现、具方向性、常连通其他孔隙	含气性好
		风化缝	各类火山岩	表生风化作用形成	不具方向性、错综交叉。弧形、同心弧形、马尾形、不规则形	含气性中等
		缝合缝	熔结角砾岩、角砾熔岩、集块岩、火山角砾岩	压实、压溶作用形成	呈锯齿状、缝合线形	含气性中等
	复合	溶扩构造缝	各类火山岩	地表水淋滤或地下水溶蚀颗粒和基质	不具方向性、缝壁形状不规则	含气性好
		溶扩缝合缝	各类火山岩	地表水淋滤或地下水溶蚀缝合缝	裂缝扩大、缝壁形状不规则	含气性好
		溶扩风化缝	各类火山岩	地表水淋滤或地下水溶蚀风化缝	裂缝扩大、缝壁形状不规则	含气性好

2）杏仁体内残余孔

杏仁体内残余孔指次生矿物充填气孔留下的空间或充填矿物被溶蚀形成的孔隙。其形态各异，边缘不甚规则，是次生矿物充填沿孔隙壁生长造成的。与气孔一样，杏仁体内残留孔也是本区火山熔岩储层中常见的一类储集空间，主要见于流纹岩、角砾熔岩中，在每层岩石的顶部或底部更为发育，其次见于凝灰熔岩、熔结角砾岩、熔结凝灰岩中。它常与原生成岩缝、后期次生风化缝、构造缝等相连通，形成了多种孔-缝组合类型，构成了本区火山岩中极为重要的储集空间，增强了储集性能。

3）斑晶内熔孔

斑晶内熔孔指随岩浆由地下深处升至地表构成熔岩斑晶的晶体，由于压力骤减而使其熔点降低，加之地表氧的参与使熔浆温度骤升，进而使其部分被熔透所形成的孔洞，亦可称熔蚀穿孔。穿孔常见于流纹岩石英斑晶内，在角砾熔岩、凝灰熔岩、熔结角砾岩、熔结凝灰岩中亦可见到。此类孔隙一般较小，而且多被熔浆基质充填，一般小于 0.1mm。总体发育极少。

4）砾（粒）内孔

砾（粒）内孔见于火山碎屑岩的刚性岩屑内，是随岩浆喷出地表的刚性岩屑自身带有的。在集块岩、火山角砾岩中发育，在凝灰岩、熔结角砾岩、角砾熔岩、沉火山碎屑岩亦可见到。本区的砾（粒）内孔有流纹岩岩屑砾（粒）内的气孔、杏仁孔、球粒间晶间孔。但多由于后期成岩作用的影响，经常产生溶蚀现象，形成次生砾（粒）内溶蚀缝和溶蚀（扩大）孔。原生粒内孔含量极少。

5）砾（粒）间孔

砾（粒）间孔指组成岩石的火山碎屑颗粒之间的孔隙，宽而短者称为粒间孔，细而长者称为粒间缝。火山碎屑岩中的砾（粒）间孔分布于火山碎屑颗粒之间，系火山碎屑岩成岩后保留下来的火山碎屑之间的孔隙，多由于后期成岩作用的影响，经常产生溶蚀现象，形成次生砾（粒）间溶蚀缝和溶蚀（扩大）孔。

6）微孔

微孔泛指火山熔岩基质的微晶之间、火山碎屑岩的火山灰或火山尘之间未被充填的孔隙。按此定义，微孔可分为晶间微孔和基质微孔两类。晶间微孔主要分布在流纹岩中；基质微孔主要分布在细粒火山碎屑物含量较高的岩石中，如凝灰岩、凝灰质火山角砾岩等。微孔所贡献的储集空间甚微，但分布较为普遍，在后期成岩作用的影响下，较多发生脱玻化作用和风化作用，形成次生脱玻化微孔和火山灰溶蚀微孔，进而形成较多的储集空间。

7）收缩缝

收缩缝是岩浆喷溢至地表后，在冷凝固化过程中体积收缩形成的一种成岩缝。主要见于熔岩和火山碎屑熔岩中，如流纹岩、角砾熔岩，其次见于普通火山碎屑岩中。一般在岩层的顶部较为发育。在镜下，本区典型的收缩缝主要见于珍珠岩内，由同心圆形收缩缝组成珍珠构造。球粒流纹岩中亦见有同心圆状或放射状收缩缝。由于冷凝收缩作用，火山岩中在镜下还见有马尾状、扫帚状、近于平行的收缩缝，在球粒流纹岩中球粒内还见有网状收缩微裂缝。部分收缩缝常被其他物质所充填，本区常见的有泥晶方解石充填收缩缝、泥质充填收缩缝。

8）层间缝

层间缝泛指火山岩中压结成因的和熔浆流动、火山碎屑流动成因的成岩缝，其典型特征是顺层分布。本区顺流纹分布的层间缝主要见于流纹岩中，压结作用形成的成岩缝主要见于火山碎屑岩。

9）炸裂缝

火山喷发爆炸时，岩浆携带的碎屑物质受其作用形成的裂缝称为炸裂缝，各种火山岩中都可发育此种裂缝。本区的炸裂缝主要见于火山碎屑岩中的石英晶屑、长石晶屑内。石英炸裂缝多不规则，有的部分分离较大；长石炸裂缝多沿解理缝、双晶缝形成。

10）砾间贴砾缝

砾间贴砾缝沿相邻火山碎屑物外缘分布，多贴近火山角砾边缘，主要见于火山碎屑物质粒径较粗的火山碎屑岩中。砾间贴粒缝可分为火山角砾与火山角砾之间的砾间贴砾缝和火山角砾与基质之间的砾间贴砾缝。同粒（砾）间孔相似，其也多由于后期成岩作用的影响，经常产生溶蚀现象，形成次生砾（粒）间溶蚀缝和溶蚀（扩大）孔。

2. 次生孔隙和裂缝类型及特征

本区的次生孔隙以溶蚀孔隙最为发育，亦是本区火山岩储层中分布最广和最为重要的一类储集空间，由岩石的成岩阶段和成岩后的溶解作用形成。

1）砾（粒）内溶孔

砾（粒）内溶孔泛指相对较大的熔岩斑晶、火山碎屑内的易溶组分遭受溶蚀后形成的孔隙。主要发育在流纹岩、熔结角砾岩、角砾熔岩、集块岩、火山角砾岩中，其次是在凝灰岩、沉火山碎屑岩之中。

A. 长石晶屑内溶孔

长石晶屑内溶孔是本区火山碎屑岩中最为发育的一种次生孔隙，该溶孔常沿长石晶屑边缘、解理缝形成，也见有长石中包含的早期结晶的偏基性长石被溶蚀形成的晶屑内粒内溶孔。由成岩阶段的溶解作用和成岩后的淋滤溶解作用形成，主要见于晶屑凝灰岩中。

B. 长石斑晶内溶孔

长石斑晶内溶孔指熔岩中长石斑晶被部分溶蚀后留下的孔隙空间，较常见，主要见于流纹岩中的长石斑晶内。该溶孔常沿长石斑晶边缘、解理缝形成。

C. 岩屑粒内溶孔

岩屑粒内溶孔见于火山角砾及以上的岩屑内，系火山碎屑岩中的岩屑内易溶组分如长石、火山玻璃等遭受溶蚀后留下的空间。

2）铸模孔

铸模孔专指岩石中的原来某种组分被全部溶蚀掉，但尚保留原组分外形的孔隙空间。本区所见的铸模孔主要是长石铸模孔。

3）基质内溶孔

基质内溶孔泛指熔岩基质部分、火山碎屑岩中粗碎屑间的细粒火山碎屑及火山碎屑间熔岩质部分的易溶组分被溶蚀形成的孔隙。据岩心、铸体薄片观察发现，基质内溶孔普遍发育，既见于流纹岩的玻璃基质中，又见于角砾熔岩和火山角砾岩的细火山碎屑物之中，还见于凝灰岩的火山灰中。

4）脱玻化作用形成的晶间孔隙

火山岩由于脱玻化作用体积缩小，在晶间留有孔隙即为脱玻化作用形成的晶间孔隙。此类孔隙在本区少见，主要是球粒流纹岩在脱玻化过程中形成晶粒间孔隙。此类孔隙边缘平直，呈三角形居多，也见有多角形的脱玻化作用形成的晶间孔隙。

5）斑基溶蚀孔

斑基溶蚀孔指具斑状结构的熔岩，斑晶及相邻基质成分均被溶蚀后留下的孔隙空间，此类孔隙见于流纹岩。

6）构造缝

构造缝指岩石形成后，在构造应力作用下形成的缝隙。多具方向性，成组出现，延伸较远、切割较深。自身储集空间不大，但可将其他孔隙连通起来，故常成为火山岩储层的渗流通道，大大地改善了岩石的储集性能。营城组一段火山岩中的构造缝较为发育，成组出现，且具方向性。

7）风化缝

风化缝指地表或地下浅处的岩石在风化作用下形成的缝隙。不具方向性，错综交叉而将岩石分割成大小不等的碎块。火山岩形成于地面以上环境中，长期遭受风化作用，故使风化缝成为本区较为发育的裂缝之一。火山岩中还发育有马尾状、雁行式、叶脉状风化缝。

8）缝合缝

缝合缝的突出特征是呈锯齿状，本区的缝合缝常切割熔岩的斑晶和基质，或切割火山碎屑岩的火山碎屑。缝间多为铁质、泥质全部充填或部分充填，未充填者较少。此种裂缝在凝灰岩和火山角砾岩中偶尔见到，其他类型的火山岩中尚未见到。

9）溶蚀缝

在原有裂缝基础上发生溶蚀而形成的裂缝。流纹质火山角砾岩中基质被溶蚀形成网状缝。另外，火山角砾粒间被溶蚀形成次生裂缝，火山角砾内发生溶蚀形成粒内溶蚀缝。

3. 复合孔隙和裂缝类型及特征

1）粒间溶蚀扩大孔隙

指粒间孔经溶蚀后孔隙扩大而形成的孔隙，孔隙中常见漂浮状颗粒和（或）铸模孔。镜下铸体薄片观察，此类孔隙主要发育于火山角砾岩的火山角砾之间，是本区一类重要的油气储集空间。

2）超大孔隙

体积超过周边颗粒体积的孔隙称为超大孔隙，也称为特大孔隙。由存在粒间孔隙的易溶组分被溶掉后形成。本区的特大孔隙系岩石富集长石部分被溶蚀后形成，其内隐约可见具长石外形的铸模孔。

3）伸长状溶蚀孔隙

是指由溶解作用形成的、伸长状的、孔隙壁跨越多个火山碎屑的大孔隙。此类孔隙发育较少，本区流纹质火山角砾岩中发育有伸长状溶蚀孔隙。

4）溶扩缝

溶扩缝指经溶蚀后拓宽的缝隙。本区所见的溶扩缝主要为溶扩构造缝、溶扩风化缝和溶扩缝合缝。

火山岩储层裂缝普遍发育，其分布受大量发育的节理控制，发育有构造缝和成岩缝两类，有"之"字形、"一"字形、放射状、不规则等四类。其中，延伸长度在几十到几百厘米的构造裂缝主要走向为南北向，延伸长度在几毫米到几十厘米的构造裂缝主要走向为近东西向。裂缝分布具有期次性、条带性。原生收缩缝方向多变，规律性差。

（四）不同井区火山岩物性特征

徐深9区块徐深3井区的岩心孔隙度为1.1%~8.2%，平均5.79%，测井孔隙度平均5.79%；岩心渗透率0.007~0.851mD，平均0.067mD，测井渗透率平均0.228。徐深7井区无取心井，测井孔隙度平均4.78%，测井渗透率平均0.124mD。

徐深21区块火山岩储层段岩性主要为流纹岩、凝灰岩，其次为火山角砾岩。据9口井55块岩心分析结果统计，孔隙度主要分布在3%~7%，频率达到83.6%；渗透率主要分布在0.08~0.2mD，频率达到45.8%。

汪深1区块营城组火山岩岩性分为两大类，酸性火山岩共完成全直径岩心分析86块，孔隙度为0.8%~19.3%，平均孔隙度为9.0%，渗透率为0.01~4.788mD，平均渗透率为0.389mD。中基性火山岩共完成全直径岩心分析45块，孔隙度为0.7%~20.1%，平均孔隙度为6.3%，渗透率为0.001~2.012mD，平均渗透率为0.34mD。研究和统计结果表明，汪深1区块火山岩储层的物性变化大，非均质性强。物性主要受原生构造和成岩作用影响，岩性与物性关系密切，裂缝发育情况对渗透率影响大。

昌德气田火山岩储层段岩性主要为晶屑凝灰岩、火山角砾岩和流纹岩，根据12口井岩心分析结果统计，孔隙度主要分布在3.2%~8.8%，频率达到50.0%，渗透率为<0.05mD，频率达到59.5%。

四、流　体　特　征

火山岩气藏普遍埋藏较深，埋深多数为3500~4000m，具有高温（110~170℃）、高压（30~40MPa）、高硬度的特点。火山岩气藏流体性质变化大，含有CO_2酸性气体。大庆徐深气田天然气组成中，甲烷含量74.14%~93.51%，平均88.39%，乙烷含量1.8%~2.33%，平均1.76%，丙烷含量0.16%~0.59%，平均0.42%，具有干气性质；二氧化碳含量变化较大，分布范围在1.78%~21.94%，平均6.97%，根据CO_2气藏分类标准，主要为中高含二氧化碳气藏，个别井区为二氧化碳气藏。吉林长岭凹陷火山岩气藏也具有类似的特征，其中，1号构造天然气组分中二氧化碳含量约在27%，而4号、6号等构造的二氧化碳含量在95%以上，为二氧化碳气藏；新疆滴西地区滴西14井区天然气组分中甲烷含量82.90%，二氧化碳含量0.34%，凝析油含量71.7g/m³，主要为低含二氧化碳的凝析气藏。

火山岩气藏气水分布受构造、内幕结构及多重介质控制，总体表现为"上气下水"的分布特征，但不同火山机构、不同火山岩体的气水界面不尽相同。同时，作为多重介质储层，火山岩基质和裂缝中的含气饱和度不同，气水分布特征存在差异。因此，火山岩气藏气水关系复杂（表8-7）。

表8-7　我国主要火山岩气藏性质参数统计表

气区	区块	层位	气藏埋深/m	储层物性/(%/mD)	地层温度/℃	地层压力/MPa	流体性质	气藏类型
大庆	升深2-1	K_1，营三	3200~3500	ϕ：10.5 k：11.9	130~140	31~33	含CO_2	岩性-构造气藏
	徐深1	K_1，营一	3500~4000	ϕ：7.8 k：1.89	135~145	32~34	含CO_2	岩性-构造气藏
	徐深8、9、21	K_1，营一	3670~4120	ϕ：5.76 k：0.96	138.9~175.6	37.5~41.2	含CO_2	构造-岩性气藏
吉林	长岭	K_1，营城组	3500~3800	ϕ：8.87 k：0.71	134.5~139	42.2~43.7	高含CO_2	构造气藏
	英台	K_1，营城组	3000~5000	ϕ：7 k：0.05	124~143.4	36.7~42.7	微含凝析油	致密火山岩气藏
	王府	J，火石岭	2250~3430	ϕ：6.4 k：0.05	106~123.6	24.4~30.1	常规干气	岩性-构造气藏
新疆	滴西18	C，巴山组	3455~3830	ϕ：9.11 k：1.21	90~110	37~42	微含凝析油	构造-岩性气藏
	滴西14	C，巴山组	3430~3860	ϕ：13.2 k：1.67	92~112	42~48.6	微含凝析油	岩性气藏
	滴西17	C，巴山组	3640~3750	ϕ：12.3 k：1.11	95~106	35~48.6	微含凝析油	岩性气藏
	滴西10	C，巴山组	2995~3100	ϕ：10.3 k：1.51	80~96	30~35	微含凝析油	构造-岩性气藏

第三节　火山岩气藏开发规律

一、气藏开发模式

火山岩气藏成因复杂，发育不同尺度孔洞缝介质，储层物性及连通性变化快，非均质性强，井控储量和单井产量差异大，品质差异大。根据储层类型、储层物性及连通性、井控动态储量、经济极限产量、累产量、开采技术等，火山岩气藏可划分为高效、低效、致密气藏。不同类型火山岩气藏，其品质和地质条件不同，导致气井生产动态和开发效果差异较大。因此，针对不同类型需采取不同的开发模式和开发技术对策，以实现高效气藏"有产变高产"、低效气藏"低产变高产"、致密气藏"无产变有产"的目的，从而实现火山岩气藏规模有效开发（袁士义等，2007）。

（一）高 效 气 藏

该类气藏储层物性好（一般孔隙度≥8%、渗透率≥2mD），储层连通性好，且展布面积大（一般大于35km²）。由于该类气藏为整装构造气藏，并且储层认识程度高，因此布井风险小。单井产气量高，采用直井可以进行有效开发，合理产量大于$8×10^4 m^3/d$。水平井产量为直井的4倍以上，合理产量大于$20×10^4 m^3/d$，采用水平井开发可以实现少井高产，所以以水平井为主体开发井型。井网井距在800~1200m，产能接替方式采取单井、区块稳产的方式，采气速度在2.5%~3.5%。但该类气藏底水活跃、水体倍数一般在18倍以上，且发育高角度裂缝，底水锥进发生的可能性较大。典型区块为长深1、升深2–1、滴西18、徐深8等。

高效气藏开发初期应充分利用地层能量，采用稀井网大井距、井网一次成型、水平井开发的"少井高产"开发模式快速建产，以实现少井高产、降低开发成本的目的。"少井高产"技术在吉林长岭气田得到广泛应用，水平井单井产量22.5×10⁴~38×10⁴ m³/d，井控动态储量$4×10^8 ~ 34×10^8 m^3$，年产气量超过$10×10^8 m^3/a$，取得了较好效果。例如，长深平1井，储层长度为500m，水平段长度468m，日产气量$38×10^4 m^3/d$；长深平7井，储层长度1084m，水平段长度1058m，日产气量$27×10^4 m^3/d$，见表8-8。

表8-8　长岭气田高产水平井数据表

储层类别	长深平1井		长深平2井		长深平3井		长深平4井		长深平5井		长深平6井		长深平7井	
	储层长度/m	占水平段比例/%	储层长度/m	占水平段比例/%	储层长度/m	占水平段比例/%	储层长度/m	占水平段比例/%	储层长度/m	占水平段比例/%	储层长度/m	占水平段比例/%	储层长度/m	占水平段比例/%
I	127	23.8	380	59.1	400	80.6	420	65.5	706	70.3	542	66.3	610	54.9
II	237	44.4	164	25.5	40	8.1	120	18.7	176	17.5	178	21.7	350	31.5
III	136	25.5	80	12.4	23	4.6	55	8.6	57	5.7	49	6	124	11.2
总计	500	93.6	624	97	463	93.4	595	92.8	939	93.5	769	94	1084	97.6
产量/(10⁴m³/d)	38		32		30.4		32.8		29.5		22.5		27	

高效火山岩气藏开发中后期面临气井产水、产量压力下降、稳产难度大的难题，通过开发技术政策调整、治水控水等实现稳产；采取局部井网加密进行平面调整，采用补射层位、压裂改造进行纵向调整，以提高气藏采收率。如图8-11所示，克拉美丽气田井区中部储量动用程度好于边部，对边部地区采取井网加密及老井侧钻以提高平面控制程度。对纵向储量动用程度较低的井可采用补射层位、压裂工艺以提高纵向动用程度。

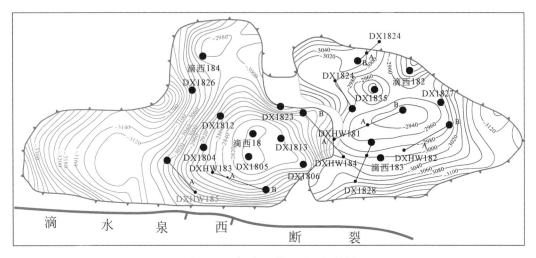

图 8-11　滴西 18 井区平面调整图

（二）低效气藏

该类气藏储层物性差，一般孔隙度为 5% ~ 8%，渗透率在 0.1 ~ 2mD。可发育多个岩体，但单个岩体规模较小，一般为 2.1 ~ 18km²，储层连续性较差。由于该类气藏地质条件复杂，储层认识程度较低，因此布井风险较大。单井自然产气量低于经济极限产量（<1×10⁴m³/d），因此无论采用直井还是水平井开发，均需进行压裂改造以提高单井产量，实现规模有效开发。改造后的直井合理产量可达 3×10⁴ ~ 8×10⁴m³/d，水平井合理产量可达 10×10⁴ ~ 20×10⁴m³/d。由于储层储量品质差，井网较高效气藏密集，同时井距也更小，一般在 600 ~ 1000m。由于单井产量不稳定，产能接替方式只能采取井间接替的方式，采气速度在 1% ~ 2.5%。低效气藏的典型区块主要有徐深 1、滴西 14、滴西 17、徐深 9 等。

低效气藏开发初期，采用小井距、井网多次成型及直井/水平井压裂投产的"密井网"开发模式，以提高低品位储量的动用程度，大幅度提高单井产量，减少低效井、降低开发风险，实现有效开发。例如，徐深 1 火山岩气藏，该气藏发育 5 个岩体，平均孔隙度为5.73%，平均渗透率 1.19mD，地质条件复杂，且动态特征差异较大，为了提高单井产能和储量动用程度，采用"边评价、边开发、井间逐次加密、井网多次成型"的井网部署模式，采用相对均匀的不规则井网，井距为 618 ~ 1248m，平均井距 949m。

低效气藏开发后期，会出现气井产量、压力下降等情况，储层动用程度低，因此，需要通过"动静结合，井震结合"对储层进行精细刻画，寻找剩余储量，平面上部署加密井或老井侧钻；纵向上采取补孔（压裂）等试验以提高储量的动用程度及最终采收率。如徐深 1-X202 井，为提高纵向储量动用程度，进行了补孔（压裂）作业，产量由措施前的 4.3×10⁴m³/d，增加到 8.2×10⁴m³/d，增幅高达 90.7%。徐深 6-2、徐深 6-210 在进行补孔措施后，日增气幅度达到了 260% 和 306%。

（三）致密气藏

致密火山岩气藏具有储层物性差、连通性差、自然产能低但连片性好、大面积分布的特点。由于储层储量品质差，采取常规技术很难进行有效开发，在甜点优选的基础上，采用非常规技术——"长水平井段+体积压裂"可实现致密火山岩气藏的规模有效开发。单井产量稳定性差，因此需要采用井组接替的方式稳定产能。致密火山岩气藏典型区块主要有汪深1、达深3、龙深1等。

致密火山岩气藏开发主要面临以下3个问题：①储层物性差、连通性差，单井产量低；②基质泄气半径小，储量动用程度低；③单井投资成本高，投资回收期长。那么，针对这些问题，形成了下列3项主要技术对策。

1. 提高单井产量技术

针对致密火山岩气藏单井产量低的难题，运用"水平井+体积压裂"技术，提高单井产量，努力实现单井产能突破。

一是运用水平井技术，优化水平井井位、长度、方向和轨迹，提高储层钻遇率，增加井筒与气藏的接触面积，有效提高单井产量。通过气藏精细描述，优选"甜点区"，优化水平井井位，钻遇含气富集区、高渗甜点条带；采用大长度水平井增大井筒与储层的接触面积，优化水平井井筒方向与轨迹，钻遇多条裂缝、含气性、物性甜点条带区，提高储层钻遇率。

二是根据水平段钻遇甜点类型，优选压裂段位置、压裂规模，增大储层的动用体积，提高裂缝导流能力，提高单井产量。优化压裂段位置，针对含气性、物性、脆性甜点划分压裂段，形成复杂缝网，增大接触面积；优化裂缝长度，增大接触面积，扩大控制体积；优化SRV规模，形成网状缝，增大接触面积，提高储层渗流能力，缩短基质向裂缝的流动距离，改善储层基质渗流能力，提高动用程度，增大泄气体积，提高单井产量；优化裂缝导流能力，增加储层流动能力，提高单井产量。

2. 提高储量动用程度及采收率技术

开展储量可动用评价，明确可动用储量规模及动用条件。在离心及驱替核磁、长岩心衰竭式开发模拟实验基础上，搞清不同生产压差控制的喉道大小及孔隙体积、渗流速度及单井产量，明确地质储量的微观可动用性。开展储量分类评价，揭示不同类型储层的储量规模及动用条件。

根据火山岩气藏非均质性强的特点，平面上主要通过优化井网井距来实现提高储量控制程度和储层平面动用程度。充分考虑储渗体、裂缝、地应力方向，对于非均质性弱、连片性好的区块，采用规则井网；对于非均质性强，连片性差的区块，采用不规则井网进行开发部署。根据基质泄气半径和裂缝半长确定井距。

提高SRV内缝网复杂程度，提升SRV内基质动用程度和采收率（图8-12、图8-13）。针对单井规模的非均质性，优选压裂段提高SRV内基质的控制程度；通过个性化的压裂设计，针对不同压裂段优选压裂方式和规模，提高SRV内缝网复杂程度、基质岩块动用程度和采收率。

3. 投资效益优化技术

在单井产量取得突破的基础上，针对水平井体积压裂投资成本高、开发效益差的问题，采用非常规开发理念，降低投资成本、提高资源利用效率；争取优惠政策以提高经济效益，实现经济可采。通过优化井身结构，缩短/减少技术套管、油层套管，缩短钻井周期；基于井身结构优化PDC钻头、钻井液、轨迹控制，提高机械钻速，缩短周期；最大限度地将钻井工具国产化，最终降低钻井成本。通过优化压裂工艺技术、针对不同储层类型、不同井段优化压裂规模、压裂工具及压裂支撑剂等国产化来降低压裂成本。

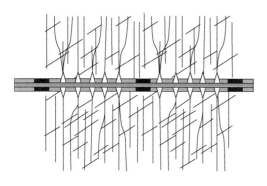

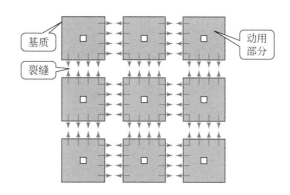

图 8-12　水平井 SRV 非均匀布缝　　　　　　图 8-13　SRV 形成复杂缝网结构

火山岩致密气藏高效开发必须采取非常规的理念、技术和管理模式，实现开发全过程的"简约化、工厂化、国产化、市场化、标准化、效益化"，尽快收回投资，获得最大累产和经济效益。

二、产能特征

（一）渗流机理与开发规律

通过物理模拟实验，揭示了火山岩气藏的渗流流态、滑脱效应、应力敏感、接力排供气等渗流作用机理。

火山岩气藏中滑脱效应具有正向作用机理。滑脱效应的强弱与渗透率密切相关，渗透率越低，滑脱效应越强；相同渗透率下，小喉道所占比例越大，滑脱效应越大；孔隙结构越差，滑脱效应较强，不同储渗模式和井区滑脱效应影响不同（表8-9）。渗透率小于0.1mD，孔隙压力小于10MPa，滑脱效应影响可达3%～7%。

表 8-9　克拉美丽气田储层滑脱效应分析结果

典型井区	储渗模式	典型岩性	孔喉半径特征	基质渗透率/mD	滑脱因子（b）	滑脱效应
滴西 14	裂缝-粒间孔型	火山角砾岩	孔径相对较大的粒间孔喉道以孔隙收缩型为主	0.04～4.56 平均1.08	0.1～0.59 平均0.35	弱
滴西 18、10	裂缝-气孔型	流纹岩	孔径较大的气孔呈串珠状分布，喉道以孔隙收缩成因的短粗喉道为主	0.04～2.15 平均0.62	0.17～0.97 平均0.48	较强
滴西 17	裂缝-微孔型	晶屑凝灰岩	孔径较小的微喉道以孔隙收缩成因的细短型喉道为主	0.02～0.44 平均0.14	0.23～1.28 平均0.7	强

火山岩气藏中应力敏感具有逆向作用机理。气藏衰竭式开发过程中，地层压力下降，在有效应力作用下储层岩石孔喉体积和裂缝的宽度必然会发生改变，岩石的孔隙度和渗透率也会随之变化。裂缝发育程度对火山岩气藏应力敏感影响较大，裂缝越发育，应力敏感性越强。对于裂缝型储层，开发过程中渗透率变化平均为42.6%；对于孔隙型储层，开发过程

中渗透率变化平均为 14.7% 。不同储渗模式下应力敏感差异较大：裂缝–粒间孔型，渗透率变化 45.3% ；裂缝–气孔型，渗透率变化 55.7% ；裂缝–溶蚀孔型，渗透率变化 66.2% 。例如，DX1813 井不同开采阶段试井解释结果，2009 年储层平均渗透率为 1.73mD，2010 年降低到了 1.16mD，至 2011 年储层平均渗透率降低到 0.92mD，反映出气藏衰竭式开发过程中，由于储层应力敏感性，渗透率发生了显著变化。

　　火山岩气藏开发过程中具有"接力"排供气机理。初期大孔大缝渗流、高产，逐步过渡为中孔小缝渗流接替，然后为小孔微缝渗流，达到动态平衡。基于火山岩气藏非线性渗流机理分析和生产动态研究，可总结出火山岩气藏气井不同生产阶段的生产动态规律。在气井生产初期的高产阶段，主要为大尺度的气孔、溶蚀孔及大缝中的渗流，主要动用大气孔、大粒间孔、大溶蚀孔中的气体，依靠压差驱动，气井产量较高、控制储量小。气井生产的递减阶段，为中小尺度的气孔、粒间孔等供给渗流，中小构造缝及粗喉道为主要渗流通道，依靠压差和压实作用共同驱动，此时气井产量有所降低、控制储量较大。当气井进入开发中后期，为小气孔、微孔及微缝供给渗流，依靠压差和渗吸/扩散作用驱动，产量长时间处于相对稳定的低产状态，如图 8-14 所示。

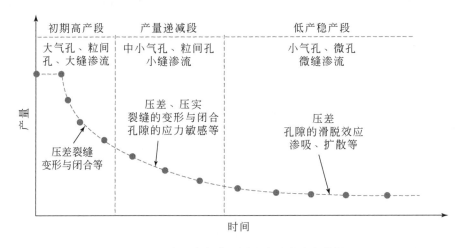

图 8-14　火山岩气藏不同生产阶段生产特征

　　由于裂缝发育水平不同，火山岩气藏储层连通性差异较大。徐深 9 区块受火山岩体、岩性岩相、构造等因素影响，储层连通程度较低、井控储量小，低于 $0.5 \times 10^{8} \mathrm{m}^{3}$ 。长深 1 区块储层孔、洞、缝发育，物性好，裂缝沟通了多个火山岩体及岩性、岩相带，连通性好，井控范围大，井控储量达到 $10 \times 10^{8} \mathrm{m}^{3}$ 。火山岩气藏的裂缝系统保证了储层具有较高的导流能力，使不同距离的生产井之间水动力关系密切，因此也极易造成井间干扰。另外，裂缝渗流带来的另外一个问题是初期产量高，产量递减快。我国火山岩气藏产量递减都很大，低年综合递减率可达 30%～40% ，高可到 50%～70% 。

（二）产能与动态特征

1. 井间产能差异大

　　由于火山岩储层具有低孔、低渗的特征，多数情况下气井产能较低，欲获得工业气流需进行压裂改造，我国火山岩气藏开发中85%以上的气井需要进行压裂改造。例如，2006年徐深气田13口中，除升深2–1块4口井外，其余9口井中有8口进行了压裂改造，且气井产能平面分布变化快、差异大，相邻井间无可对比性。徐深气田某一区块内气井无阻流量达$3\times10^4 \sim 120\times10^4 m^3/d$，平均为$33.1\times10^4 m^3/d$，低于平均值的占69.9%。试气阶段瞬时采气指数为$28 \sim 1090 m^3/(d \cdot MPa^2)$，平均为$281 m^3/(d \cdot MPa^2)$，低于平均值的占68.2%。并且，在距离一口射孔后即获得工业气流的井周围$0.9 \sim 1.2km$的其他气井，均需要压裂才能达到工业产量（毕晓明等，2013）。对于裂缝比较发育的火山岩气藏，气井无需改造也可获得很高的工业产量。吉林长岭气田长深1井裸眼中途测试即获$46\times10^4 m^3/d$的高产气流，射孔完井后以$25\times10^4 m^3/d$生产，井口油套压力保持稳定。

2. 井控储量差异大

统计徐深1区块30口井试采初期估算的井控动态储量，变化范围为$0.1\times10^8 \sim 19.2\times10^8 m^3$，平均为$3.58\times10^8 m^3$，低于平均值的占66.7%。分析部分井井控动态储量较低的原因：一是储层物性差，连通范围小；二是由于试采初期主要供气区域为相对高渗区域，低渗区域贡献率比较低或还未动用，随着地层压力的下降，低渗区域参与供气后，储量会有所增加。一般来讲，对于低渗致密气藏随着气井的持续生产，井控动态储量会出现不同程度的增加，但增加幅度与单井实际控制储量规模有关。流动区域较连续、储层物性较好的井，井控动态储量一般不会随着开发的延续而增加。流动区域存在明显低渗阻流边界影响的井，随着开发的延续，井控动态储量会有不同程度的增加（表8-10）。

表8-10　长期试采井井控储量变化对比表

井号	试采层位	短期试采动态储量 /$10^8 m^3$	长期试采动态储量 /$10^8 m^3$	增加幅度 /%	备注
A1	火山岩、砾岩	6.5	7.14	9.85	短期试采关井153天
A1–1	火山岩	1.8	2.1	16.67	短期试采井240天

3. 生产动态特征复杂

依据试采中获取的地层系数、初期稳定产量、单位压降采气量等数据，将徐深气田气井分为4类，各类气井产能及动态特征差异较大（表8-11）。

表8-11　火山岩气井产能分类评价表

气井类别	初期确定产量 /$(10^4 m^3/d)$	地层系数 /$(mD \cdot m)$	单位压降采气量 /$(10^4 m^3/MPa)$	井数 /口	比例 /%
Ⅰ类	>15	>100	>1000	6	9.84
Ⅱ类	>10 ~ 15	>50 ~ 100	>500 ~ 1000	15	24.59
Ⅲ类	5 ~ 10	10 ~ 50	100 ~ 500	18	29.51
Ⅳ类	<5	<10	<100	22	36.06

Ⅰ类井：一般地层系数大于等于 $100mD\cdot m$，单位压降采气量大于等于 $1000\times10^4m^3/$ MPa，初期稳定产量大于等于 $15\times10^4m^3/d$。Ⅰ类井以射孔完井后获得工业气流为主，试采期间产量、压力稳定，关井压力恢复程度高，具有较高的稳产能力。典型井如升深 2-21 井（图 8-15），该井在营城组三段火山岩储层射孔后即获工业气流。2007 年 8 月开始投入试采，以 $20.5\times10^4m^3/d$ 的产量试采 30 天，试采中产量、压力稳定。累计产天然气 $712.6\times10^4m^3$，关井 2 个月后压力很快恢复到较高水平，与试采前稳定的地层压力对比，恢复程度达 99.3%，计算单位压降采气量为 $1697\times10^4m^3/MPa$，试井解释可流动区域地层系数 $112mD\cdot m$，该井储层物性好，地层能量高。

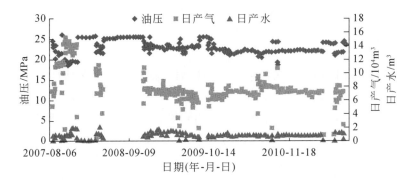

图 8-15　升深 2-21 井开采曲线

Ⅱ类井：一般地层系数为 $50\sim100mD\cdot m$，单位压降采气量为 $500\times10^4\sim1000\times10^4m^3/$ MPa，初期稳定产量为 $10\times10^4\sim15\times10^4m^3/d$。Ⅱ类井压裂后获得工业气流，短期试采期间产量稳定、压力略降，关井后压力恢复程度较高，具有一定的稳产能力。典型井如徐深 1-2 井（图 8-16），该井在营城组一段火山岩储层压裂后获得高产工业气流。2007 年 8 月投入生产，初期平均产量为 $14.6\times10^4m^3/d$，井口油压下降较小。计算单位压降采气量为 $897\times10^4m^3/MPa$，试井解释可流动区域地层系数 $72mD\cdot m$，该井储层物性较好，地层能量较高。

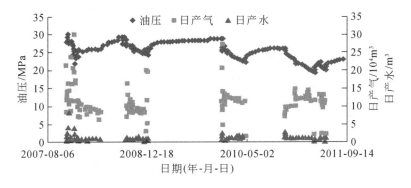

图 8-16　徐深 1-2 井开采曲线

Ⅲ类井：一般地层系数为 $10\sim50mD\cdot m$，单位压降采气量为 $100\times10^4\sim500\times10^4m^3/MPa$，初期稳定产量为 $5\times10^4\sim10\times10^4m^3/d$。Ⅲ类井以压裂后获得工业气流为主，短期试采期间产量、

压力都有所下降，关井后压力恢复程度较低。典型井如徐深6-202井（图8-17），该井在营城组一段火山岩储层压裂后获得高产工业气流。2008年9月投入生产，初期产量为$15.1\times10^4\mathrm{m}^3/\mathrm{d}$，但生产不稳定，需要间歇关井，平均产量为$9.4\times10^4\mathrm{m}^3/\mathrm{d}$，井口油压下降较大。计算单位压降采气量为$357\times10^4\mathrm{m}^3/\mathrm{MPa}$，试井解释可流动区域地层系数18.2mD·m，该井储层物性较差，供气能力不足，稳产能力较差。

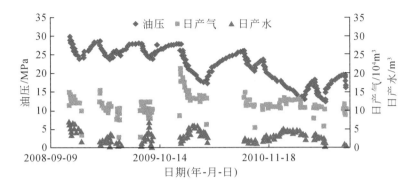

图8-17　徐深6-202井开采曲线

Ⅳ类井：一般地层系数小于10mD·m，单位压降采气量小于$100\times10^4\mathrm{m}^3/\mathrm{MPa}$，初期稳定产量小于$5\times10^4\mathrm{m}^3/\mathrm{d}$。Ⅳ类井以压裂后获得工业气流为主，试采期间压力下降快，关井后压力恢复程度低，稳产能力最差。典型井如徐深6-103井（图8-18），该井在营城组三段火山岩储层压裂后获得高产工业气流。2008年9月投入生产，初期产量为$14.8\times10^4\mathrm{m}^3/\mathrm{d}$，但生产很不稳定，产量、压力波动剧烈，需要间歇关井，初期平均产量为$2.4\times10^4\mathrm{m}^3/\mathrm{d}$，井口油压下降很快。计算单位压降采气量为$86\times10^4\mathrm{m}^3/\mathrm{MPa}$，试井解释可流动区域地层系数6.3mD·m，该井储层物性很差，地层能量有限，随着地层压力的不断降低，气井产气能力快速下降，基本不具备长期稳定生产的条件。

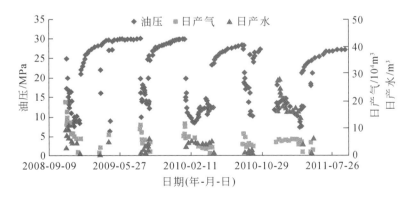

图8-18　徐深6-103井开采曲线

从稳产能力看，Ⅰ类井稳产能力最强，在一定的时间内采气指数基本稳定，$10\times10^4\mathrm{m}^3/\mathrm{d}$以上的产量稳产期一般超过10年，稳产期末动态储量采出程度在60%以上；Ⅱ类井稳产能力略差，生产中采气指数略有下降，$10\times10^4\mathrm{m}^3/\mathrm{d}$的产量一般可以稳产8～10年，稳产期末动态储量采出程度为 55% ~60% ；Ⅲ类井稳产能力较差，生产中采气指数下降较快，一般以 6.0×10^4 m^3/d 的产量可以稳产 5 ~10 年，稳产期末动态储量采出程度为 35% ~55% ；Ⅳ类井稳产能力最弱，一般以 4.0×10^4 m^3/d 的产量稳产期小于 5 年，且稳产期末动态储量采出程度小于 45% 。

4. 储层结构与流动特征复杂

火山岩储层储集空间复杂多样，物性变化大、非均质性严重。在火山喷发期和后喷发期的一系列成岩作用的影响下，发生了一系列孔隙演化，形成了既有孔隙，又有裂缝的储集空间类型。徐深气田火山岩气藏通过岩心观察、压汞、CT 扫描、长井段取心、水平井钻井及密井网解剖等研究表明，火山岩气藏储层具有典型的三元结构特点，即储层含有低孔渗体，又发育有高孔渗体和天然裂缝。低孔渗体的渗透率一般在 1mD 以下，孔隙度一般高于 8% ；高孔渗体除局部井区外，总体呈零散分布，空间上被低孔渗体阻隔；天然裂缝在储层中不同程度的发育，是天然气运移和富集的主要通道。

火山岩储层发育有低孔渗体、高孔渗体和天然裂缝，不同的储集空间类型具有不同的产能特征。

（1）高孔渗体。高孔渗发育层段射孔后可以获得较高的初期产能。以钻遇高孔渗体厚度为主的井，一般射孔后可以获得工业气流，而且随着钻遇高孔渗体厚度的增大，气井初期产能具有增大的趋势（图 8-19）。目前火山岩储层中许多以钻遇高孔渗体厚度为主的直井或者水平井都采用射孔完井的方式，如已开发的升深 2-1 区块中高孔渗体分布广泛，射孔完井的井较集中。高孔渗发育区压力补充迅速，气井的动态特征稳定。气井位于高孔渗分布范围广、连续性好的区域内，高孔渗既是渗流通道，又是物质基础。气井持续开井中产量稳定，压力下降缓慢，关井后压力迅速恢复到平稳，表现出很强的供气能力。反之，高孔渗仅在井附近发育，规模小，这类井射孔初期有较高的产能，但开井后产量与压力迅速下降，不能支持长期稳定生产。

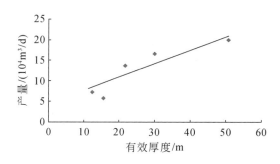

图 8-19　气井产量与有效厚度关系图

（2）低孔渗体。低孔渗体发育层段需要压裂改造。火山岩储层中以低孔渗体为主体的井（层）需要进行压裂改造。徐深气田的火山岩储层以低渗为主，因此 88.0% 的井需要压裂改造。一次施工压裂规模一般为压裂液 106 ~1063m^3，平均 600m^3 ；加砂量 10 ~122m^3，平均 66m^3 ；压开厚度一般 28 ~90m，平均 47m ；压裂裂缝半长一般 19 ~125m，平均 64.1m 。压裂井的初期产能受沟通高孔渗体的规模影响。由于低孔渗体中发育有零散分布的高孔渗体，因此压裂具有改造低孔渗体和沟通高孔渗体的双重作用。首先，火山岩气藏气井的压后产量与压裂规模之间表现出复杂的关系。一部分井表现出压裂规模越大，气井产量越高，但大部分井表现出气井产量与压裂规模无关，表明不是增大压裂规模就能增加气井的产量（图8-20）。此外，许多压后获得高产的井并不一定是射孔后产量高的井，说明压裂的增产机理不仅有改造作用，还有沟通作用，单纯采用压裂规模的大小难以准确衡量气井初期产能的高低。低孔渗体具有阻流与供给的双重作用。对于井控范围内以低孔渗连续分布为主体的气井来讲，低孔渗具有阻流与供给的双重作用，阻流与供给的特征主要表现在以下方面：

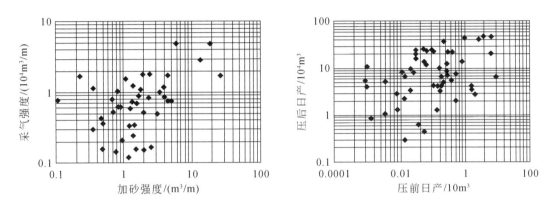

图8-20　压裂井加砂强度与采气强度、压前与压后产量关系

第一，低孔渗体具有阻流特性。低孔渗体渗透性低，受到启动压力梯度的影响，渗流阻力大，流体流动需要克服一定的阻力，流动缓慢。对于低孔渗体中已动用的部分来讲，未动用的部分就形成了持续存在的阻流边界。数值试井模拟研究表明：随着压裂井所处储层渗透率的降低，压降漏斗向外的扩散变慢，表明储层的供给能力减弱，为保持一定的产量，需要增大生产压差，气井井底压力下降加快，气井持续稳产时间变短。

第二，低孔渗体具有一定的供给能力。压裂井开采初期供气以压裂缝及与之连通的高孔渗体为主，压裂井长时间生产后，供气由初期的高孔渗体向广泛发育的低孔渗体过渡，储层的供气能力下降，气井的产量或压力降低，一般以低孔渗体供气为主的气井在定产生产条件下，压力下降较快。低孔渗体有供给能力的直接体现就是，以低孔渗体为供气主体的气井随着开发时间的延续，采出气量的增加，相同恢复时间内的恢复压力在下降，但单位压降采气量在增加，井控动态储量在增加，表明越来越多的低渗参与到供气中。

（3）天然裂缝。岩心观察、成像测井、地球物理研究等都已经表明，火山岩储层中分布着广泛的天然裂缝。这些裂缝彼此是连通的，还是孤立的，决定着天然裂缝自身能否在火山岩气藏开发中起到主体渗流通道的作用。火山岩气藏气井射孔后普遍低产，一般仅依靠火山岩储层中的天然裂缝，不能保证气井具有工业产出，如徐深1区块中，位于裂缝发育区的气井必须压裂改造，表明天然裂缝自身不能保证气井具有工业产出。但位于裂缝发育带附近气井压裂后高产量井较多，表明天然裂缝起到重要的辅助流动通道作用。

火山岩储层特殊的储、渗结构使得气井在完井方式、压裂增产机理、渗流特征等方面具有很大的差异，直接导致气井动态特征的差异，进而影响到开发指标的变化。因此，依据对

　　火山岩储层特征的认识，在不同储集空间类型产能特征分析的基础上，研究了火山岩气藏气井井控区域的储渗结构形式（图 8-21），同时分析了不同储渗结构对气井产能及动态的影响，为开发指标的预测奠定了基础。

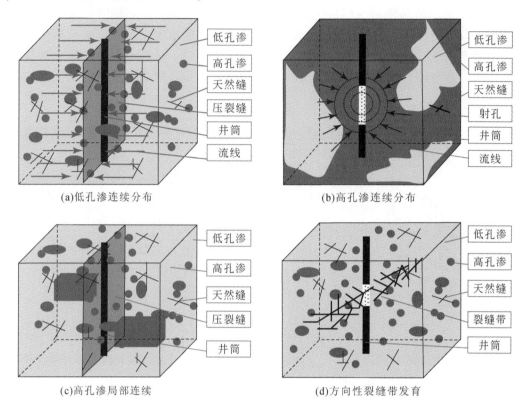

图 8-21　徐深气田火山岩储层不同储渗结构模式图

　　徐深气田火山岩储层中既发育有低孔渗，又发育高孔渗和天然裂缝，在井控流动区域内，三者因分布规模和组合方式的不同而形成了多种储渗结构形式。在对储层特征地质认识的基础上，通过不稳定试井结合生产动态分析等技术，研究气体在储层中的流动形态和气井的产量、压力变化特征，通过流动形态和产量、压力变化特征的结合，认识气井井控流动区域内火山岩储层储渗结构特征。

　　压力恢复试井研究表明，火山岩储层具有以下几种流动形态：径向流、球形及半球形流动、线性流、受阻或变畅流动、拟稳定流动等。气井的动态特征表现有：定产量生产中流压持续下降或流压缓慢下降，关井后压力迅速恢复或压力缓慢恢复。这些表现都反映出火山岩储层储渗结构的复杂。通过气井的渗流形态与动态特征的结合，识别出了四种类型的储渗结构形式（表 8-12）。

表 8-12　徐深气田火山岩储层不同储渗结构特征对比表

类型	储层特征	完井	开井动态	关井特征	流动形态	比例/%
低孔渗体连续分布	Ⅱ、Ⅲ类储层发育区，且天然裂缝一定程度发育	压裂	气井压力（或与产量）持续下降	井底压力长期缓慢恢复	压裂后线性流动特征	70

续表

类型	储层特征	完井	开井动态	关井特征	流动形态	比例/%
高孔渗体连续分布	Ⅰ类储层发育区，或者Ⅱ类储层中天然裂缝较发育	射孔	产量稳定，压力稳定（或下降缓慢）	关井后压力迅速恢复，短时间达到平衡	射孔后径向流动	12
高孔渗体局部连续	井点处以Ⅱ、Ⅲ类储层发育为主，距离井较远处Ⅰ类储层（或Ⅱ类储层中天然裂缝）发育	压裂	开井初期产量稳定，压力下降缓慢，一般持续时间短，然后压力（或产量）迅速下降	初期压力恢复迅速，后呈现长期恢复特点	压裂后径向流动-流动受阻	14
方向性裂缝带发育	Ⅱ、Ⅲ类储层发育为主，气井井点处及周围天然裂缝发育、连续性好	射孔	压力（或与产量）持续下降	压力缓慢恢复，长时间难以平稳	射孔后线性流动特征	4

（1）低孔渗体连续分布。气井井控流动区域的储层中以低孔渗体发育为主，低孔渗体在空间上连续分布；高孔渗体规模小，呈零散分布；天然裂缝不连续，零散分布于低孔渗体中［图 8-21（a）］。地质综合研究表明，气井一般多位于Ⅱ、Ⅲ类储层发育区，且天然裂缝一定程度发育。

这类气井射孔后普遍低产，需要压裂改造达到工业气流。压裂后气井采气指数下降快，30 天内下降幅度接近 70%（图 8-22）；开井生产中气井压力下降（或者产量与压力同时下降），关井后井底压力具有长期缓慢恢复特点。双对数试井曲线呈现典型的线性流动特征［图 8-23（a）］。

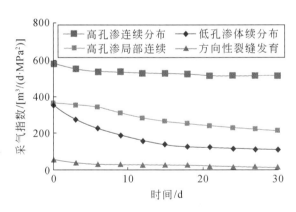

图 8-22　不同储渗结构储层中气井采气指数变化

气井虽然钻遇了高孔渗体和天然裂缝，但由于高孔渗体和天然裂缝规模小，彼此间连通性差，因此气井射孔后产能很低。大型压裂改造以后，压裂裂缝长度达到百米以上，压裂裂缝不但改善了近井周围的渗流条件，而且沟通了周围的高孔渗体和天然裂缝，因此大幅度提高了气井的早期产能。但气井长期的物质保障主要存在于广泛分布的低孔渗体之中，持续开井后，逐渐表现出低孔渗体供给特征。关井后，低孔渗体持续向井底补充，由于低孔渗体渗透性差，气井压力缓慢恢复。

不稳定试井测试中，压裂裂缝本身及与周围高孔渗体和天然裂缝的沟通作用影响，沿着压裂裂缝伸展方向形成了一定规模的高渗区，在初期，高渗区中的气体以线性流动的形式向井下迅速流动，高渗区中压力下降后，低孔渗体向高渗区补充，主流线垂直于高渗区，气体呈现线性流动特征，低孔渗体内压力向周围扩散缓慢，使得不稳定试井测试中拟径向流动不易出现，双对数试井曲线表现长期线性流动特征。

（2）高孔渗体连续分布。气井井控流动区域的储层中高孔渗体在空间上连续分布，规模大，连通性好；低孔渗体以不连续的形式分布在高孔渗体周围；天然裂缝有发育，但规模小，连续性差［图 8-21（b）］。地质综合研究气井一般多位于Ⅰ类储层发育区，或者Ⅱ类储层中天然裂缝较发育区域。

这类气井一般射孔后可以达到工业气流，生产中气井采气指数较稳定（图 8-22）。开井生产中一般产量稳定，气井压力下降缓慢，关井后压力迅速恢复，短时间达到平衡。试井曲线呈现典型的球形（或半球形）加拟径向流动特征［图 8-23（b）］。

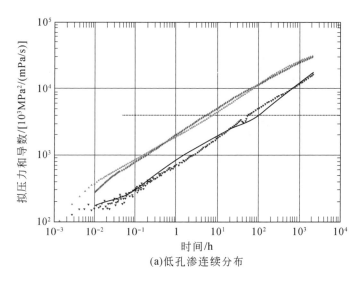

(a)低孔渗连续分布

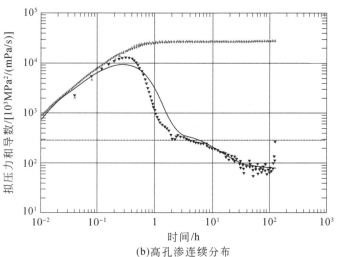

(b)高孔渗连续分布

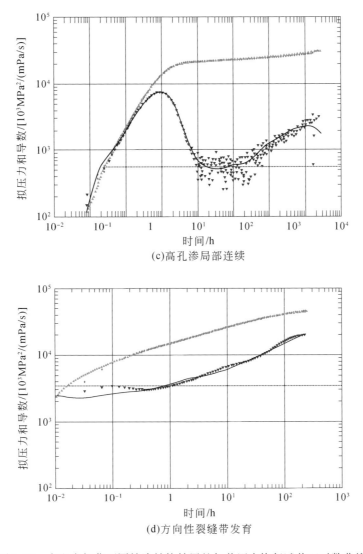

(c)高孔渗局部连续

(d)方向性裂缝带发育

图 8-23　火山岩气藏不同储渗结构储层的气井压力恢复试井双对数曲线

　　由于气井钻遇的高孔渗体规模大，连通性好，高孔渗体既是气体渗流通道，又是气体储集的空间。射孔后，由于高孔渗体中压力传导迅速，能量补充快，气井开井后井底压力迅速稳定，关井后压力迅速恢复平稳。

　　高孔渗体空间上分布规模广。由于纵向上厚度大（一般大于 50m），气井又多采用射孔完井，存在打开程度不完善的影响，气体从横、纵向向井底流动，近井附近双对数试井曲线出现球形（或半球形）流动特征。又由于高孔渗体平面分布范围广，随着测试时间的延续，气井呈现拟径向流动特征。

　　(3) 高孔渗体局部连续。气井井控流动区域的储层中低孔渗体广泛分布，连续性好；但高孔渗体在局部空间上连续分布，且有一定的规模；在整个井控流动区域中天然裂缝呈不连续分布 [图 8-21 (c)]。一般气井井点处以 II 、III 类储层发育为主，距离井较远处 I 类储层（或Ⅱ类储层中天然裂缝）发育。

气井钻遇低孔渗体发育区域后，射孔后不能获得工业气流，需要压裂改造。压裂后短期内气井采气指数稳定，持续生产后，采气指数下降（图8-22）。开井初期产量稳定，压力下降缓慢，但一般持续时间短，然后压力（或产量）迅速下降；关井初期压力恢复迅速，后井底压力呈现长期恢复特点。试井压力恢复双对数曲线不出现压裂裂缝线性流动特点，而是在井筒储存后出现似均质径向流动特征，流动性变好，但持续时间较短，随后气体流动受阻，压力导数曲线上翘，呈现阻流边界影响特征［图8-23（c）］。

气井钻遇低孔渗体发育区后，必须压裂改造，压裂裂缝沟通局部一定规模分布的高孔渗体，在短时间内，高孔渗体起到气井产能的主要支撑，气井采气指数稳定，低孔渗体供气后，气井采气指数下降。由于压裂裂缝沟通的高孔渗体中流动变畅，压力传导快，直接掩盖了压裂裂缝产生的线性流动特征，又由于高储渗体是有限规模的分布（试井解释延展在百米左右），因此压力很快传导到高储渗体边缘，由于低孔渗体的供给能力迅速降低，压力导数曲线上翘。

有些气井直接钻遇了一定规模的高孔渗体后，射孔后获得工业气流，双对数试井曲线出现径向流动特征，但径向流时间短，很快流动受阻，出现外围低渗边界反映，表明高孔渗体规模有限。

（4）方向性裂缝带发育。气井井控流动区域中某一方向上天然裂缝发育，连续性好，天然裂缝周围低孔渗体广泛分布，高孔渗体发育差［图8-21（d）］。一般地质综合研究气井井点处及周围天然裂缝发育好。

这类气井射孔后获得工业气流，但气井采气指数普遍较低，一般低于$50m^3/(d \cdot MPa^2)$（图8-22）。开井后，气井压力持续下降，关井后井底压力缓慢恢复，长时间难以平稳。压力恢复双对数试井曲线在续流段过后表现为线性流动特征［图8-23（d）］。

气井钻遇连续发育的方向性裂缝带后，由于方向性连通的裂缝中储集有一定量的气体，因此射开后气井瞬时获得工业气流。但裂缝的储集规模有限，持续开井后以低孔渗体供给为主。天然发育的方向性裂缝是气体向井筒流动的通道，连续发育的低孔渗体是气井长期生产的物质基础。气体的流动受到钻遇的连续发育的方向性天然裂缝影响，压力恢复双对数试井曲线表现出线性流动特征。

（三）产能影响因素

1. 储层物性的影响

宏观上储层的物性控制着气井产能分布，储层非均质性强，导致气井间产能变化快。构造宏观上控制着气水分布，低构造及气藏边部的气井易受到地层水的影响，且高部位一般具有相对较高的初期产能，但同构造位置气井产能差别依然很大。储层的物性影响着气井产能的分布，高孔渗处一般高产能井相对集中。但由于储层横向、纵向非均质性强，气井间产能变化快。通过密井网解剖、长井段取心、水平井段分析证实，火山岩储层横向和纵向的非均质性极强。500m井距密井网解剖表明：火山岩储层岩相变化快，岩相横向延伸距离为200～800m，纵向为6～60m。井间试井解释的地层系数相差达到10倍。

2. 流动区域的影响

试井解释表明，火山岩储层可流动区域具有以下基本类型：连续型、条带型、封闭型、半封闭型。一般Ⅰ类气井所处的流动区域多为连续分布，外围与近井处具有很好的沟通，能量补充迅速，试井解释流动区域地层系数多在100mD·m以上；Ⅱ、Ⅲ类井可流动区域存在明显的阻流边界影响，多为条带型或半封闭型，主要流动范围一般在100m左右，多数试井解释地层系数一般在10mD·m以下；Ⅳ类井可流动范围多封闭，范围小。从渗流条件来说，流动区的形态也影响着气井的动态稳定性。数值模拟研究表明：控制储量相同条件下，连续分布储层（径向为主）气井的稳定性要好于条带型，宽条带型要好于窄条带型。较低的地层系数加上较窄的流动范围，使得许多气井在试采中产量下降快、稳定性差。

3. 高渗带（体）的影响

火山岩储层是由高储渗体、基质及裂缝组成的三元结构，压裂井产能的高低与连通的高渗带（体）的规模有关。钻遇高渗区的井射孔完井可获工业气流，且初期产能的高低与高渗储层的有效厚度相关性好；钻遇低渗区的井压裂后，产能的高低与表征整个流动区域的测井解释地层系数具有较好的相关性，反映火山岩气藏压裂井产能的高低主要与连通的高渗带（体）的规模有关。

4. 渗流特性的影响

从室内渗流实验看，火山岩储层存在启动压力梯度与应力敏感性的影响。启动压力梯度影响着井控流动区域的变化，许多井早期试井解释出的边界可能就是这种由启动压力梯度现象导致的高低渗透层之间的不流动边界。随着时间的延续，以及流动区域地层压力的下降，原来未动用的低渗区域可以得到动用。压力敏感性导致产能损失。从全直径岩心实验看，地层压力从40MPa下降到10MPa时，渗透率相对值从1下降到0.28。应用实验数据，采用拟稳态气井产能公式，计算了气井产能变化情况，在考虑压敏影响下，随着地层压力的下降，气井产能与无压敏影响下的产能有较大的差距，最高损失达到60%。

三、产　水　规　律

火山岩储层气水分布受构造、内幕结、多重介质控制，气水关系复杂。气藏在开发过程中的气井产水现象是广泛存在的，如何搞清储层气水分布特征，认识气藏气水活动规律与气井产水模式，分析储层产水机理，对于确定合理的开发方式和应对措施以及提高开发效果具有重要的现实意义。

（一）气水分布规律

分析火山岩气藏气水分布特征的主要手段是气水识别技术。以气层、水层、干层的录井显示、地层测试和测井响应特征为基础，采用定性分析和定量解释相结合的方法，形成了基于岩性和蚀变特点的气水识别技术，使气水分布的符合率由 65% 提高至 80%。

1. 气水识别

火山岩储层基质物性差、裂缝发育，获取准确的地层测试数据难度大，压裂投产则导致难以准确判断出液位置，因此利用地质录井准确识别气水层存在一定难度。火山岩岩性复杂，岩石成分和结构特征变化大，且储集空间类型多、孔隙结构复杂，导致导电性、声波传播特性、中子减速特性不同，为利用测井资料识别气水层增加了不确定性。

为了有效解决火山岩气水层识别难题，针对火山岩气藏的复杂地质条件，建立了"地质理论指导、多种信息综合、多种方法验证"的指导思想，制订了综合研究的技术对策，形成了火山岩气水层综合识别技术。

1）综合利用单井信息，建立单井含气性特征剖面

综合利用录井显示、地层测试和测井等多种信息，寻找可靠的标志层，建立单井含气性特征剖面。

2）通过连井对比，进一步确定目的层含气性特征

针对火山岩气藏低阻气层识别的不确定性，在气水分布模式的指导下，以火山岩内幕结构为约束，建立连井对比剖面，通过储层对比分析，进一步论证目的层的含气性特征，从而减小气水层识别的不确定性。

3）通过地层测试证实解释结果，完善解释模型，为新井解释提供依据

以试气、试采资料为基础，综合考虑不同岩性火山岩气水层的声波、密度、电阻率及含气饱和度范围，完善解释模型，分岩石类型分别做了有效储层识别图版，确定了不同岩性有效储层孔隙度、电阻率等下限值，提高气水层识别精度（表 8-13）。

表 8-13　克拉美丽气田火山岩储层有效厚度电性及含气性下限标准

岩类	岩性	声波时差/(μs/ft)	岩石密度/(g/cm³)	孔隙度/%	电阻率/(Ω·m)	含气饱和度/%
酸性火山岩	流纹岩、英安岩、流纹质熔岩	≥59	<2.50	10.7	18.0	50
中性火山岩	火山角砾岩、熔结凝灰岩	≥60	<2.57	10.5	34.1	50
基性火山岩	玄武岩	≥64	<2.65	10.58	26.5	50
	安山岩			7.3	30	50
次火山岩	正长斑岩	≥57	<2.52	6	167.4	50
火山沉积岩	凝灰质砂砾岩	≥70	<2.53	9.5	38	50

2. 气水界面划分

火山岩气藏气水关系复杂、含气饱和度变化大，气水分布受构造、内幕结构、储层介质等多因素控制。因此，火山岩气藏气水界面划分应以单井气水层识别结果为基础，以多级次火山岩格架模型为约束，首先确定火山岩体的气水分布，揭示火山岩体控制的气水系统分布特征及水体规模；其次确定火山机构的气水分布，揭示火山机构控制的气藏分

布特征及规模；最后确定火山喷发旋回控制的气水分布，揭示火山岩气藏上气下水的气水分布特征。

综合火山岩气藏气水层识别、内幕结构解剖及试气、试采动态特征，对克拉美丽气田滴西 17、滴西 14、滴西 18 井区 45 口井进行了气、水界面划分，获得了各区块气水界面位置海拔分布参数，反映了克拉美丽气藏岩性-构造对气、水界面的控制特征，为气藏剖面绘制和气藏驱动类型分析提供了基本参数依据（表 8-14、图 8-24～图 8-26）。

表 8-14　克拉美丽气田石炭系各区块气-水界面测井识别参数表

区块	井号	层位	补心海拔 /m	试油井段 /m	试油结论	试油证实底界海拔 /m	有效厚度底界 /m	气藏底界取值 /m
滴西 17	滴西 171	$C_2b_3{}^2$	591.20	3670.0～3690.0	气层	-3098.80	-3187.0	-3204
	滴西 178		575.16	3716.0～3727.0		3782.3	-3204.1	
	DX1703		590.00	3671.5～3700.5	气层	-3110.50	-3153.3	
	滴西 176	$C_2b_2{}^2$	592.24	3794.0～3812.0	气层	-3219.76	-3277.9	-3278
	DX1705		581.69	3810.0～3820.0	气层	-3238.31	-3286.3	
滴西 14	滴 401	$C_2b_2{}^2$	616.35	3859.0～3870.0	气水同层	-3253.65	-3247.0	-3250
	滴 403		615.80	3824.0～3840.0	气水同层	-3224.20	-3250.0	
	DX1415		605.90	3796.0～3810.0	气层	-3204.10	-3241.0	
滴西 18	DX1826	$C_2b_3{}^2$	630.09	3636～3660	气水同层	-3029.91	-3090.1	-3090
	DX1805		642.9	3400.0～3674.0	气层	-3031.1	-3031.1	
	滴西 183		663.65	3830～3840	气水同层	-3176.35	-3100	

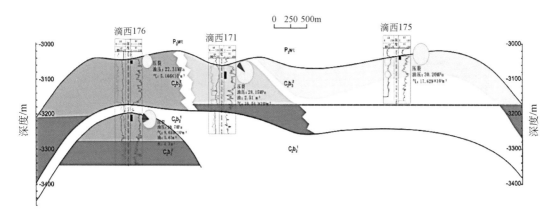

图 8-24　滴西 17 井区火山岩气藏剖面图

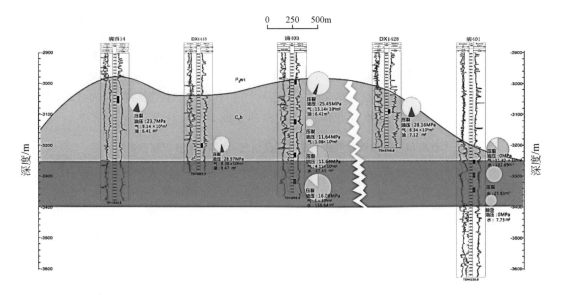

图 8-25　滴西 14 井区火山岩气藏剖面图

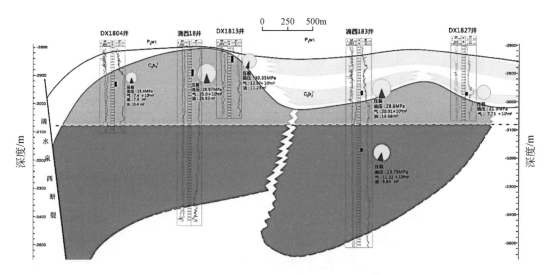

图 8-26　滴西 18 井区火山岩气藏剖面图

3. 气水分布规律

由于重力分异作用，气藏中天然气一般分布在构造高部位，地层水分布在构造低部位，并在气藏内部形成纯气、气水过渡和纯水三个区。火山岩气藏中，由于内幕结构复杂，储层岩性岩相变化快，非均质性强，形成形态、规模及连通关系不尽相同的储集单元，往往发育多个气水系统。克拉美丽气田火山岩气藏气水分布涵盖三种类型。

（1）边水：在含气构造中，天然气聚集高度超过气层厚度，且构造周边的天然气被水层所衬托，如滴西 17 井区上报玄武岩气层，储层主要由多期溢流形成的玄武岩构成，水体主要分布在气藏边部，各岩体具有相对独立气水界面（图 8-24）。

（2）底水：在含气构造中，天然气聚集高度小于气层厚度，且聚集在构造高部位的天然气全部被水层所衬托，如滴西 17 井区下部流纹岩气层，气层位于滴西 176 复合火山岩体顶部溢流相流纹岩储层，岩体上部基本不含水，下部发育底水（图 8-24）。

（3）不规则的气水分布

当储气层高度非均质时，就会形成不规则的气水分布。当气藏所处的储集体连通性差，就可以有不同的压力，从而导致气水界面在不同水平面上，如滴西 14 井区，气水分布主要受多期火山岩储集体控制，在气水界面附近，存在气水过渡带（图 8-25）。

（二）产水动态与模式

1. 产水动态

克拉美丽气田生产动态分析 45 口气井，产水气井共有 22 口，占总井数的 37.9%，其中滴西 18 气藏出水井比例为 52.3%，且产水量高。水气比由初期 0.15m³/10⁴m³ 上升到了 1.27m³/10⁴m³，日产水量由 10m³/d 增加到 254m³/d 。滴西 14 井区产水井数少，以夹层水为主，产水对开发影响小；滴西 17 井区气井普遍产水，产水量低，玄武岩气藏以边水为主，产水对开发影响小；下部流纹岩气藏以底水为主，产水对开发影响大；滴西 18 井区出水井多，达 12 口，且产水量高，以边底水为主，产水对开发影响大（图 8-27）。根据气井生产过程中水气比的变化及产出水来源，可将气田火山岩气藏产水动态归纳成 3 种类型：水气比平稳（目前 0.04 ～ 0.52m³/10⁴m³），产水量低，产出水为凝析水，对气井生产基本无影响（典型井：DX1829 等，共 20 口）；水气比居中（目前 0.25 ～ 1.50m³/10⁴m³），产水量上升，产出水为凝析水和气层内部夹层水，对气井生产影响不明显（典型井：DX1428 等，共 7 口）；水气比变化幅度大（目前 0.23 ～ 42.83m³/10⁴m³）及产水量上升，后期产出水主要为边底水，对气井生产影响明显（典型井：DX1805 等，共 18 口）。

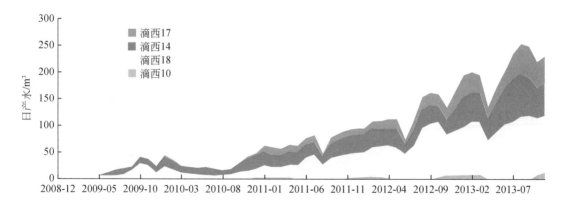

图 8-27　克拉美丽气田产水构成图

目前徐深气田已投产的 69 口井中，有 28 口出水井，包括：汪深 1 区块 4 口、徐深 1 区块 8 口、升深 2-1 区块 6 口、徐深 8、9、21 区块 10 口。其中，汪深 101、升深 2-7、达深 401 和达深 3-3 井出水最严重，平均水气比为 32m³/10⁴m³（图 8-28）。

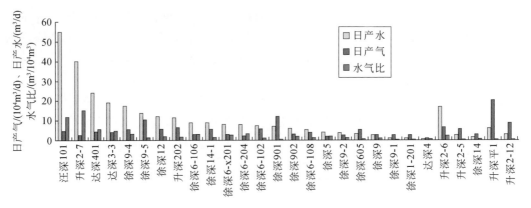

图 8-28　徐深气田 28 口出水日产水、日产气、水气比柱状分布图

2. 产水模式

分析火山岩储层产水特征和水气比变化规律，可将气井产水分为 3 种模式：裂缝型纵向强水窜、裂缝型纵向弱水窜、裂缝-孔隙型纵向水锥。

1）裂缝型纵向强水窜型

气、水层直接接触，在裂缝（人工压裂垂直缝或天然高角度缝）的沟通下气井迅速产水。气井投产初期产水量小、水气比保持稳定，生产过程中产水量、水气比突然升高，产气量迅速降低（图 8-29）。动态上主要表现为：生产初期产水量迅速上升或初期即产大量水（大于 $30m^3/d$），水气比迅速上升或初期具有较高水气比（大于 $4m^3/10^4m^3$），一般没有无水采气期或无水采气期较短，典型井有滴西 183（图 8-30）、DX1804、DX1806、DXHW182、DX1805、徐深 2-7 等井。

2）裂缝型纵向弱水窜型

气、水层间接接触，隔、夹层裂缝欠发育，气井无水采气期较长，前期产水量较小且保持稳定，后期随底水上升而产出水（图 8-31）。动态上表现为：生产初期产水量较小或产水量缓慢下降（小于 $30m^3/d$），初期水气比较低，或水气比缓慢上升（小于 $4m^3/10^4m^3$），一般没有无水采气期或无水采气期较短，典型井有 DX1424（图 8-32）、DX1428、DXHW171、DXHW173、DXHW172、滴西 17、滴西 171、滴西 177、DX1703、DX1704、DXHW181。

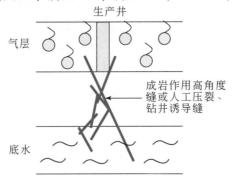

图 8-29　裂缝纵向强水窜模式图

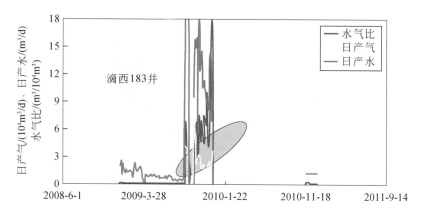

图 8-30　滴西 183 井生产曲线

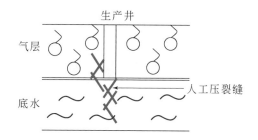

图 8-31　裂缝纵向弱水窜模式图

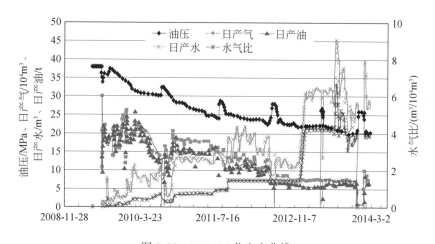

图 8-32　DX1424 井生产曲线

3）裂缝-孔隙型纵向水锥型

气、水层直接接触，气井投产初期产水量较小且保持稳定，生产过程产水量逐渐升高，水气比升高后保持平稳（图 8-33）。动态上表现为：生产初期产水量较小或产水量缓慢下降（小于 30m³/d），初期水气比较低，或水气比缓慢上升（小于 4m³/10⁴m³），没有无水采气期，典型井有 DX1415（图 8-34）、DX1416、DXHW141、滴西 10、DX1001 等。

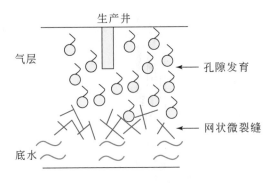

图 8-33　裂缝–孔隙纵向弱水锥模式图

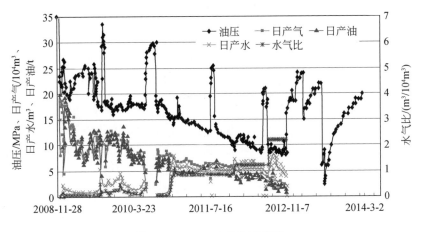

图 8-34　DX1415 井生产曲线

3. 产水机理

火山岩气藏在开发过程中，随着气层压力的下降，边底水侵入、气层内部束缚水膨胀等进入流动通道，在裂缝沟通作用下边底水甚至窜入井底，使气井产量急剧下降，严重影响了气井的生产效果，降低了气藏采收率，对生产危害很大。根据前述火山岩气田气井出水动态特征分析可以看出，人工裂缝或天然高角度缝是裂缝型纵向水窜底水活动的主要通道，水层裂缝发育程度和是否被人工裂缝改造对裂缝型纵向水窜强弱有重要影响，单井配产过高会导致气层和水层压差过大，是孔隙型水锥出水的主要原因。根据气藏产出水的成因、位置及工程施工，将产出水的来源总体划分为 3 部分：气层内部水（凝析水、封存水）、气层外部水（边、底水和上下层水）及工业用水。综合分析气藏特征、生产水气比、不稳定试井、测井等资料对克拉美丽气田气井产水的来源并进行判别，并对产水量进行计算。

1）根据气藏产水特征进行判别

产水气藏的开采经验表明，气井投产后一般都有无水采气阶段。只有当水体距离井很近或井钻遇水层时，才可能在投产期产水。克拉美丽气田储集层孔隙度平均 11.48%，渗透率平均 0.46mD，总体属于高孔、特低渗火山岩储集层，平均束缚水饱和度较高，为 48.39%。

同时，大部分气井均位于构造高部位，离边底水较远。气井无水采气期很短，大多数气井从投产开始就气水同产，投产前期产出的地层水以凝析水、束缚水及层间水为主。

2）根据生产水气比进行判别

气井见水一般可分为3个阶段：第一阶段为生产初期，产水量、水气比均小且稳定，产气量稳定，产出水为地层内部的凝析水；气井生产一段时间以后，产水量与水气比同时上升，便进入了第二个产水阶段，此时由于气井距离水体较远，且产气量仍然保持稳定，表明有地层内部束缚水或层间水产出，这是因为随着地层压力的降低，生产压差增大，岩石变形导致地层中的层间水、束缚水开始产出，此时气井产出水为凝析水、束缚水及层间水；随着气井的继续生产，如果出现水量急剧上升，同时产气量急剧下降，水气比明显上升，说明边底水可能已经侵入气藏，此时气井产出水为凝析水和边底水，可能含有少量的层间水和束缚水，这是产水第三阶段的特征。

对于压裂气井投产初期产水量较高，此时产出水主要为压裂液等工业用水，含有少量凝析水。随着压裂液的逐渐排出，气井产水量逐渐下降，而后保持稳定，产气量和水气比也趋于平稳，说明压裂液已排完，产出水为凝析水。随着气井的继续生产，出现生产水气比明显上升，产气量下降，产水量大幅增加的现象，说明边底水可能已经侵入气藏，气井产出水为凝析水、边底水和少量地层束缚水。这可能是由于压裂施工造成的裂缝沟通了气层与边底水层，导致边底水的上窜，而大量边底水的侵入导致气井压力降低，不能形成组构的压差供层间水及束缚水产出。

由于不同气井的完井方式、生产制度及储层地质情况不同，每口井出现的产水阶段可能不同。各个产水阶段出现的时间及持续时间也各不相同。

3）根据不稳定试井资料进行判别

不稳定试井后期压力导数曲线"下掉"，说明在气井周围很可能存在边水或者底水。克拉美丽气田气井不稳定试井资料表明，部分气井表现出明显的曲线"下掉"特征。可以确定该类气井产出水很可能是边水或者底水。

4）根据测井曲线进行判别

测井解释的气水层可用于判断气井在投产前的原始静态气水分布，可结合生产动态资料，综合判断气井的出水水源。例如，测井解释曲线表明生产层段距底水较远，且隔夹层发育，则产出水来自底水的可能性较小。

以上几种方法均可定性分析气井产出水的来源，但只用单一方法往往具有不确定性，应将多种方法综合应用，相互印证，最终确定气井产出水的来源。由于生产数据可以最真实地反映气井的生产动态情况，如若资料不完善，利用气井生产数据进行产水分析是最可靠的评价手段，最好结合地质认识加以验证。

那么，要定量计算各类水源的含量，则首先需要确定凝析水量，再根据不同产水阶段进一步确定出层间水、束缚水量，最后确定边底水量。根据 Mcketta-Wehe 图版法可计算凝析水量。天然气的含水量取决于其压力、温度和组分等条件，多年来很多研究者做了大量的工作，研制了多种图版和经验公式。目前，应用较多的是 Mcketta-Wehe 图版。图版中的曲线使用相对密度为 0.6 的天然气在纯水平衡的条件下试验测得。为了增加图版的适用性，需要进行相对密度的校正和含盐量校正。Mcketta-Wehe 图版适用于非酸性天然气（或酸性气体含量小于 5% 的天然气)，克拉美丽气田产出的天然气为非酸性天然气，符合图版的使用条件。当天然气从储集层流到井口时，由于体系压力、温度降低形成的凝析水可采用下式计算：

$$Q_w = 10(Q_{ws} - Q_{wh})Q_g \qquad (8-1)$$

式中，Q_w 为气井凝析液量，kg/d；Q_g 为气井产气量，$10^4 m^3/d$；Q_{ws}、Q_{wh} 分别为井底压力、温度条件下和井口压力、温度条件下天然气的饱和含水量，g/m^3。

根据前文的分析，克拉美丽气田的产出水由凝析水、层间水、束缚水、边底水和工业用水构成，其中工业用水只存在于投产初期。凝析水的产出贯穿气井的整个生产过程，其产量由 Mcketta-Wehe 图版计算得到。层间水、束缚水及边底水的产量可以通过日产水曲线的 3 个阶段计算求出。如图 8-35 所示，Q_{w1} 为凝析水量，在产水的第二阶段，产出水为凝析水、层间水和束缚水，产水量 Q_{w2} 减去凝析水量 Q_{w1} 即为层间水及束缚水产量。在产水的第三个阶段，产出水主要为凝析水和边底水，故产水量 Q_{w3} 减去凝析水量 Q_{w1} 即为边底水产量。利用上述方法，定量计算克拉美丽气田的 33 口气井的产水情况，得到每口井各种水源的产量，见表 8-15。

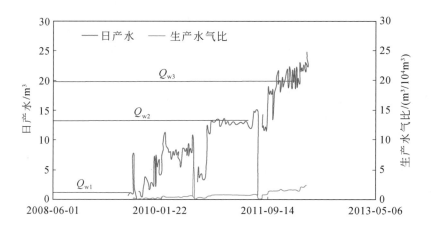

图 8-35　产出水量计算方法示意图

表 8-15　克拉美丽气田产出水构成

井名	总产水量/m³	凝析水量/m³	层间水及束缚水量/m³	边底水量/m³
XX1	0.204	0.204	0	0
XX2	0.158	0.158	0	0
XX3	5.512	0.301	5.211	0
XX4	5.863	0.168	5.695	0
XX5	11.739	0.142	0	11.597
XX6	32.475	0.668	0	31.807

对克拉美丽气田产水情况进行分析，将气田产水分为以凝析水为主，以层间水和束缚水为主，以及以边底水为主的 3 种类型（表 8-16）。其中，产出水以凝析水为主的气井有 11

口，占气井总数的 33.3%，产出水以层间水和束缚水为主的气井有 16 口，占气井总数的 48.5%，产出水以边底水为主的气井有 6 口，占气井总数的 18.2%。

表 8-16　克拉美丽气田火山岩气藏产出水类型划分

产水来源	凝析水	束缚水及层间水	边底水
产出机理	与天然气混合呈单一气相，随天然气生产而出	储层压力下降，束缚水通过膨胀作用而进入流动通道并随天然气产出	气层压力下降，导致与气层接触的边底水或过渡带的水体进入气层，逐渐形成气水两相流动
产出顺序	在天然气生产的整个过程均产出	当生产层远离边底水或过渡带时，主要产出束缚水及可动水	当生产层离边底水或过渡带较近时，边底水或过渡带的水更易产出，此时束缚水产出很少
水气比/（m³/10⁴m³）	0.04~0.30	0.11~2.21	0.58~42.83
储层条件下水的体积分数	0.12~0.87	0.35~4.81	2.05~56.88
对气井生产的影响	基本无影响	水量大时关井后可形成一定量的井底积液	产水量上升迅速，对气井产气量及井口压力影响大
生产中关井积液	无	水量大时存在积液	存在积液

第四节　火山岩气藏开发技术政策

针对火山岩气藏具有的岩性岩相变化快、厚度变化大、非均质性强、微裂缝发育、气水分布复杂、地层能量差异大、开发难度大的特点，为了降低方案的风险，应采取整体部署及分批实施、采用不规则的小井距井网、加强跟踪研究及时调整的高效开发策略。首先应采用多学科的方法开展火山岩气藏精细描述工作，包括：对火山岩储层的岩性岩相、裂缝发育情况、储集空间类型、孔缝组合、基质裂缝的有效性进行研究与评价。在此基础上，对火山岩的开发方式、层系划分、合理井距及井网部署、合理生产工作制度、采气速度和稳产年限等进行论证和优化，并制定合理的开发技术政策。

一、技术政策参数筛选

技术政策的制定，首先要结合火山岩气藏的地质特征及气藏特征，针对该类气藏在开发过程中面临的关键技术问题，筛选出影响该类气藏有效开发的关键技术政策参数，从而为火山岩气藏开发技术政策的制定指明方向。

首先，针对火山岩气藏气水分布复杂、开发难度大的特点，需要制定合理的开发方式，尽量降低地层水对气藏开发的不利影响，提高气藏稳产水平与气藏采收率。

同时，合理划分开发层系也是气田开发的主要内容之一，会直接影响气田的开发效果和经济效益。从经济效益角度出发，需要合理划分、组合开发层组。

气藏开发实践表明，不同的井网部署对气田开发和矿场建设的技术、经济指标有着重要影响，开发井网部署是一项重要而复杂的工作，应按开发层系部署井网进行开发。开发井网部署总的原则是：井网能有效地动用气藏储量，能获得尽可能高的采收率，能以最少的井数达到预定的开发产量规模。在总的井网部署原则下，具体井网设计可以采用气藏数值模拟方法，进行多方案计算、对比和优化。论证不同地质特点要求的井网和最大井距，论证单井最优排流面积和控制储量；论证获得最佳经济效益的井网密度，从而优选出最佳井网。

气田开发是以效益为中心而开展的各项经营管理活动，没有开发效益的气田，虽然具有一定的储量，但还是难以投产的，因此要达到有效益的目的，必须把储量变成产品，进而成为商品，供给用户，产生经济效益，企业才能生存和发展。把储量转变为效益的过程是由气田开发来完成的，而气田开发的众多环节和工作最终集中体现在产量上，衡量产量的指标之一是气藏采气速度，一个合理的采气速度既能充分利用储量，又能给企业带来巨大的经济效益，所以采气速度在气藏开发中占有重要的地位，它是气田开发的一项重要指标。在气田开发过程中要确定合理的产量和采气速度。

采收率是衡量一个气藏开发管理水平的综合指标。气藏采收率是指在某一经济极限内，在现代工程和技术条件下从气藏原始地质储量中可以采出气的比例。影响采收率的因素很多，采收率不但与气层岩性、气藏类型、驱动能量有关，而且与开发层系划分、井网部署、采气工艺、地面建设等都有关系，因此，确定某一气藏采收率时，往往需要用不同的方法进行估算和测定，然后综合分析加以确定。

废弃压力是关系到采收率的关键指标之一，在废弃压力前采出的气储量即为可采储量，相应的采出程度即为采收率。每一个可采储量的终点对应的压力，我们称它为气层废弃压力，当生产天然气的经营成本接近或等于销售年收入时的气藏产量，即为经济极限产量，废弃条件由经济极限产量和废弃压力两个参数来确定。当然开采技术的提高会使气藏的废弃压力降低，从而进一步提高气藏采收率，必须针对气藏的地质情况、气藏类型等多种因素来统一考虑可采储量及采收率问题。

综上所述，火山岩气藏主要从开发方式、开发层系划分、开发井网与井距、合理产量与合理采气速度，以及气藏废弃条件与采收率等指标来进行合理开发技术政策研究。

二、开发方式

气田开发实践表明，几乎所有的干气田开发方式都采用衰竭式开采。升深 2-1 和徐深 1 区块火山岩气藏产出的天然气以甲烷为主，不含凝析油，因此采用衰竭式开发方式，即在开发早期依靠气藏的弹性膨胀能自喷开采，在开发后期为了提高气藏采收率，可考虑进行压缩机增压开采。

采用衰竭式开采具有如下主要有利因素：一是升深 2-1 和徐深 1 区块的地层流体是干气，其主要成分是甲烷，烃类还含少量乙烷、丙烷等轻烃，基本上不含重烃组分（如 C_{5+}），因此衰竭式开采时，不会有重烃组分凝析在地下，影响天然气产量和采收率。二是根据气体取样分析，天然气中甲烷含量一般高于 90%，不含硫化氢，因而在开发过程中不会出现硫化氢腐蚀现象。三是干气的主要组分是甲烷，黏度很小，容易流动，两个区块地层压力较高，弹性能量大，采用衰竭式开采可以充分利用其自身的弹性能量。四是衰竭开采比其他任何开发方式都经济和简便易行。

三、开发层系划分

火山岩储层通常具有厚度大、裂缝发育的特征。若不同期次喷发的火山岩体间无较厚的稳定隔层，则无需划分开发层系，即一套开发层系开采。相反的，若存在稳定的隔层，驱动类型、流体性质不同，需考虑进一步划分开发层系。以徐深 1 区块为例，徐深 1 区块营城组储层从下往上有如下两套含气层系：第 1 套是营一段火山岩（Yc_1），从下往上又分为 3 个亚段（$Yc_1Ⅲ$、$Yc_1Ⅱ$、$Yc_1Ⅰ$）。第 2 套是营四段砂砾岩（Yc_4），从下往上又分为 2 个亚段（$Yc_4Ⅱ$、$Yc_4Ⅰ$）。综合研究表明两套层系不具备进一步划分开发层系的条件，其依据包括以下三个方面。

（一）两套含气层系的物性相近，都属于低孔低渗储层，且厚度、储量及储量丰度不足以进一步划分开发层系

营四段砂砾岩岩心分析孔隙度为 0.8% ~ 8.8%，平均为 3.34%，渗透率为 0.015 ~ 46.8mD，平均 0.384mD，储层物性总体表现为低孔、低渗的特点，储层非均质性强。

营一段火山岩岩心分析孔隙度 0.6% ~ 20.7%，平均 6.57%，渗透率 0.002 ~ 13.6mD，平均 0.43mD，储层低孔低渗、非均质性强。气层分布受构造控制为主，同时受岩性等因素的影响。

徐深 1 区块砂砾岩段和火山岩段的气层平均有效厚度分别为 63.74m 和 85.82m，储量分别为 $87.7×10^8m^3$、$223.64×10^8m^3$，分别占徐深 1 区块总储量的 28% 和 72%，火山岩天然气储量是砂砾岩天然气储量的 2.55 倍；砂砾岩储量丰度 $3.21×10^8m^3/km^2$，火山岩储量丰度 $6.85×10^8m^3/km^2$。由此可见，火山岩是区块的主力储层，砂砾岩储量相对较小，而且砂砾岩和火山岩的储量丰度均较低，不具备进一步划分层系的物质基础。

（二）压力系数接近，含气井段长度表明不需要划分层系

两套产气层都属于正常的温度和压力系统。砂砾岩地层压力范围为 36.55 ~ 38.48MPa，压力系数为 1.0667 ~ 1.1364，属于正常压力系统，地层温度范围为 128.51 ~ 141.45℃，地温梯度为 3.198℃/100m，属于正常温度系统。

火山岩地层压力范围为 37.858 ~ 38.85MPa，压力系数为 1.0378 ~ 1.1303，属于正常压力系统；地层温度范围为 133.48 ~ 147.43℃，地温梯度为 3.198℃/100m，属于正常温度系统。

徐深 1 区块两套层系合采的含气井段长 216.8 ~ 475m，平均 332.5m，则两套层系间产生的最大流压差异预计为 0.386 ~ 0.84MPa，平均 0.59MPa，差异不大，不会产生明显的回流现象。

（三）纵向上流体分布类似，基本上均需要压裂投产，纵向产能分布特点表明不存在划分层系的必要性

徐深 1 区块砾岩段和火山岩段不论是甲烷和其他烃类气含量，还是 CO_2 含量，均比较接近（表 8-17）。生产动态表明，气层产量、无阻流量、采气指数、生产压差、动态储量差异

均较小，所以从纵向产能分布和动态储量看，不需要进一步划分开发层系。而且合层开采可以提高单井控制储量和产能，延长稳产期。

表 8-17　徐深 1 区块流体组成统计表

井号	射孔井段/m	甲烷/%	乙烷/%	丙烷/%	丁烷/%	戊烷/%	己烷/%	H_e/%	H_2/%	N_2/%	CO_2/%
（砾岩段流体组成）											
徐深 5	3411.00~3422.00	92.06	1.87	0.38	—	—	—	—	—	1.96	3.54
徐深 601	3461.00~3471.50	96.12	2.33	0.22	—	—	—	—	—	0.81	0.19
徐深 602	3657.0~3685.5	91.64	2.94	0.83	—	—	—	—	—	2.56	1.30
徐深 6	3561.00~3570.00	94.95	2.46	0.41	0.18	0.03	—	0.03	0.01	1.25	0.49
（火山岩段流体组成）											
徐深 1-1	3416.00~3424.00	94.51	2.13	0.34	0.15	0.05	—	—	—	0.98	1.46
徐深 1	3470.00~3460.00	92.71	2.23	0.38	0.15	0.03	—	0.02	1.36	1.35	1.77
	3624.00~3592.00	92.67	2.30	0.42	0.16	0.03	—	0.02	0.44	1.84	2.12
徐深 5	3611.00~3629.00	91.91	2.37	0.49	0.16	0.03	—	0.02	0.02	1.15	3.70
徐深 601	3648~3641	89.97	2.06	0.19	—	—	—	—	—	2.75	3.92
	3551.0~3558.0	95.65	2.24	0.24	—	—	—	—	—	1.09	0.33
徐深 6	3629.00~3627.00	94.50	2.42	0.39	0.17	0.04	—	0.03	0.04	1.99	0.45

综上所述，为了充分利用徐深 1 区块天然能量，发挥气井潜能，以及便于施工作业，所有区块均采用一套开发层系衰竭式开采。

四、开 发 井 网

井网设计的依据需要考虑储层分布特征、单井控制储量和经济效益等因素，其目标是在最大限度动用储量的同时，又能实现开发效益最大化。影响井网部署的主要地质因素有储层的空间展布、裂缝分布特征、构造位置，以及边底水等。对于构造裂缝发育很强的非均质性断块火山岩气藏，应根据裂缝发育带分布情况及成藏方向确定布井区域，采用不规则井网以适应复杂的地质条件。

（一）井 型 确 定

根据理论分析，对于裂缝较少或主要为垂直裂缝的地层，宜钻斜井开采，并且应使井底倾向存在裂缝的地区。钻井时应保证井筒在水平方向的投影垂直于裂缝方向，以钻穿更多裂缝，沟通更大的泄流面积，这样比钻直井易获得更高产量。因此井型选择上应优先考虑水平井、大斜度井，这不但有利于提高单井产能，也对防水、控水非常有利。

（二）井 距 确 定

气藏的合理开发井距主要受气藏的储量丰度和投资成本等因素影响，通常在确定气藏合理井距时主要考虑两点：一是单井控制储量应高于经济极限储量；二是在气藏开发初期，在对储层连通情况认识程度较低的情况下，不宜采用过小的井距，以便为后期开发调整留有余地。确定合理的方法有很多，包括地质分析法、类比法、数值模拟法和经济极限法。一般采用多种确定方法，综合考虑气藏地质特点、产能规模及经济效应等各种因素，最终确定出合理的井距。

以长岭气田为例，解剖长岭气田储层内幕结构表明，火山岩体侧向展布范围 2.7 ~ 7.7km，火山岩相侧向展布范围 300 ~ 1800m。根据吉林九台营城组火山岩露头研究结果，同一岩性岩相带的厚度范围 10 ~ 50m，侧向分布 120 ~ 800m。因此，可初步确定气藏连通性好的部位，井距为 1000 ~ 1400m；连通性差的部位，井距为 700 ~ 900m。密井网解剖及井间地震表明，火山岩岩相横向变化大，有利相带延伸范围有限，横向范围在 200 ~ 800m。类比大庆火山岩气藏，井距不宜过大。从日本几个火山岩气藏开发井距看，井距小（500 ~ 1000m），主要是由于火山岩储层在横向上变化大。我国火山岩气藏整体上比日本要差，因此合理井距不宜大于日本火山岩气藏（表 8-18）。因此，综合考虑气藏地质特点及相同类型气藏对比，连通性好的部位，井距为 1000 ~ 1400m；连通性差的部位，井距为 700 ~ 900m。

表 8-18　日本火山岩气藏合理井距统计表

气田名称	面积/km²	层位	岩性	埋深/m	厚度/m	孔隙度/%	渗透率/mD	井距/m
Katagai	2	新近系	安山集块岩	800	139	17 ~ 25	1	700
Yoshii	28	新近系	英安岩，英安凝灰–角砾岩	2310	111	9 ~ 32	5 ~ 150	700 ~ 1000
Fujikaw	2	新近系	英安角砾岩	2180 ~ 2370	57	15 ~ 18	—	500

考虑钻井工程、地面工程投资、天然气操作成本、天然气销售价格和贷款利率等因素，利用经济极限法确定长岭气田极限井距为 533m（表 8-19）。建立地质模型，通过数值模拟方法根据产能规模、采气速度确定井距为 1000 ~ 1400m（表 8-20）。

表 8-19　极限井距评价表

天然气价格/（元/10³m³）		980	1080	1230
经济极限 （评价年限 15 年）	井数/口	131	151	180
	井网密度/（口/km²）	3.71	4.25	5.08
	井距/m	520	485	444

表 8-20　根据产能规模、采气速度确定的井距评价表

可动地质储量/10⁸m³	含气面积/km²	采气速度/%	年产气量/10⁸m³	单井经济产量 3.05×10⁴m³/d			单井产量 8×10⁴m/d		
				井网密度/（口/km²）	井数/口	井距/m	井网密度/（口/km²）	井数/口	井距/m
320.52	35.47	1.50	4.81	1.35	48	860	0.52	18	1392
		2.0	6.41	1.80	64	745	0.69	24	1206
		2.49	7.99	2.25	80	666	0.86	30	1079
		3.0	9.62	2.71	96	608	1.03	37	985

（三）井网部署模式

对于复杂类型的气藏，在认识程度比较低的条件下，采用"一次成型"的井网部署模式存在较大风险。为了降低开发风险，宜采取"边评价、边开发、井间逐次加密、井网多次成型"的井网部署模式，即在整体部署的原则下，根据目前的地质条件，先部署具有区块评价性质、较稀的基础井网。通过跟踪研究，逐次调整部署加密井，使井网多次成型。采用该模式既能降低开发风险，又能通过井间加密保持稳产。具体的井网部署依据主要考虑以下几点：①岩性岩相，火山岩储层中以爆发相物性最好，其次是溢流相；其中爆发相以熔结凝灰岩最好，其次是晶屑凝灰岩、角砾熔岩，而溢流相则以气孔流纹岩物性较好；②裂缝孔洞发育情况，储层孔、缝、洞发育，物性好，井应布在孔缝发育富集区；③地震反射特征，丘状、楔状外形，杂乱弱反射为火山口反射特征，多为爆发相，储层发育；外形近乎水平，连续性好、振幅强，多为溢流相，储层相对发育；④构造部位、气水关系，井应在构造高部位、远离气水界面位置多布井；构造位置低、气水关系复杂区域少布井；⑤地震属性特征，均方根振幅、平均反射能量较弱部位爆发相发育、储层好；均方根振幅、平均反射能量中等强度部位溢流相发育、储层较好；⑥储层预测厚度，储层预测厚度大，分类不同类型储层，井应布在储层发育好的区域；⑦产能及试采动态，结合邻井试气试采等动态资料。

解剖克拉美丽气田储层内幕结构发现，火山岩体侧向展布范围 2.3~4.5km，火山岩相侧向展布范围 300~1200m，根据克拉美丽火山岩露头研究结果，同一岩性岩相带的厚度范围 12~60m，侧向分布范围 120~800m，侧向分布平均 327m，因此初步确定克拉美丽气田滴西 14 区块合理井距为 500~842m，平均 601m。密井网解剖及井间地震表明，火山岩岩相横向变化大，有利相带延伸范围有限，横向范围在 200~800m。单井动态差异大，控制的范围较小（控制半径 72~418m），目前认为井间不连通，井距不宜过大。类比大庆火山岩气藏，井距不宜过大；类比日本火山岩气藏，合理井距在 500~1000m。建立地质模型，通过数值模拟方法根据产能规模、采气速度确定井距为 627~920m（表 8-21）。综合分析认为：滴西 14 火山岩气藏合理井距为 500~900m。

表 8-21　克拉美丽气田各区块井距评价表

井区	含气面积/km²	动用地质储量/10⁸m³	采气速度/%	年产气量/(10⁸m³/a)	井距
滴西 14	13.26	175.58	2	3.51	774
滴西 18	16.33	274.47	2	5.49	627
滴西 17	9.23	31.83	2	0.64	1080
滴西 10	13.61	65.74	2	1.31	920

长岭气田火山岩储层平面上由 6 个火山岩体组成，相互叠置连片；有效储层厚度及平面展布变化快，非均质强；裂缝多期次、多方向发育，平面发育程度差异大；具有统一的气水界面，海拔 -3627m。构造低部位井数少，生产井应部署在构造高部位，远离气水界面。有效储层分布在多个不同火山岩体中，储层规模、物性及裂缝变化快，非均质性

强，总体上采用不规则井网（图8-36）。克拉美丽气田滴西14区块火山岩储层平面上由多个火山岩体组成，相互叠置；有效储层分布变化大，非均质强，单井产量变化大。在较大产能规模下，采用稀井网、大井距方式，单井配产过高，其稳产时间很短，采出程度低，因此不宜采用常规"稀井高产"的井网部署模式。针对克拉美丽火山岩气藏的复杂地质条件，总体上采用不规则井网，开发井部署在构造高部位和Ⅰ、Ⅱ类储层发育区。

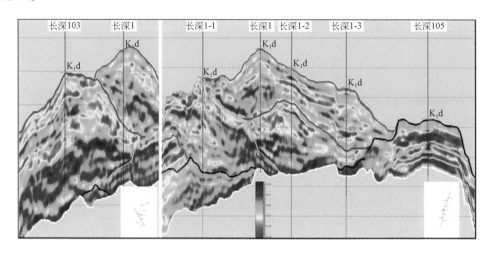

图8-36　长岭气田不规则井网部署图

五、合理采气速度

气藏采气速度为气藏年产气量与原始探明储量的比值，是气田开发的一项重要指标。气藏地质特征和驱动类型是影响采气速度的内在因素，其次受市场需求、地面建设和后备资源增长状况制约。储渗条件好的气藏，采气速度较高，稳产期较长，如克拉2气田储层物性好，平均单井产量高，采气速度为4.2%；储渗条件差的气藏，单井产量低，相应只能有较低的采气速度，若以较高的采气速度开采，需钻较多的开发井，对气田开发效益有一定的影响，如川中磨溪雷一气藏的储集层为低孔低渗，单井产量低，平均$1.5 \times 10^4 \mathrm{m}^3/\mathrm{d}$，采气速度只有1.5%。国外气田实际开发的采气速度不一致，主要取决于各国的能源政策、市场需求及经济技术等具体情况。例如，罗马尼亚，要求气田采气速度必须达到5%，不到4%的气田则要打加密井来提高采气速度；法国最大的拉克气田，为了保证长期稳定供气，一直保持在4%的采气速度开采；美国是气田数最多的国家，大约有6000个，但大多数为老气田，单井产量低，采出程度高，采气速度比较低。统计美国221个气田开发数据，平均年采气速度为可采储量的2.5%，新投入开发的气田采气速度稍高些，一般在5%左右；俄罗斯是采气量最多的国家，已投入开发的气田330多个，采气速度一般为5%～7%。从气田规模来看，一般情况下，大气田采气速度低一些，中小型气田采气速度高一些。从气藏驱动类型来看，水驱气田的采气速度比气驱气田低，一般小于4%。

事实上，合理产量、采气速度和稳产年限三者之间有着固定的联系。一旦合理产量确定，采气速度和稳产年限迎刃而解。下面以升深2-1区块为例进行论证。

升深2-1区块属于一个典型的边底水火山岩气藏，因此确定该区块单井合理产量时，必须要考虑边底水的影响，还要考虑气井具有足够的携液能力和一定的稳产年限，因此将全气藏气井分为两类：一类是已出水井；另一类为未出水井，针对已出水井，采用数值模拟方法确定其合理产量范围，针对未出水井，综合气井临界携液产量、临界水锥产量、稳定点二项式、改进一点法、生产指示曲线、实际稳产能力等多种气藏工程方法确定单井合理产量。

（一）已出水井合理产量范围确定

升深2-1区块目前总共有12口生产井，其中已出水井有6口，且均位于气藏边部和构造较低部位，考虑到目前气藏工程方法大多适用于单相气体流动，对于气水两相流动适应性较差，因此采用数值模拟方法来计算这6口井的合理产量范围，仅以升深202、升深平1井为例，通过建立这两口井的单井地质模型，并经过试井解释结果的参数校正后，分别用4个不同的产量进行模拟。升深202井4个不同产量分别为：$3 \times 10^4 \, m^3/d$、$5 \times 10^4 \, m^3/d$、$7 \times 10^4 \, m^3/d$、$9 \times 10^4 \, m^3/d$，模拟结果表明：该井在较低配产情况下，产量从$3 \times 10^4 \, m^3/d$上升至$5 \times 10^4 \, m^3/d$过程中，对应的累计产气量有较大的增加，当产量从$5 \times 10^4 \, m^3/d$上升至$7 \times 10^4 \, m^3/d$后，对应的累计产气量增幅开始减小，当产量从$7 \times 10^4 \, m^3/d$进一步增加至$9 \times 10^4 \, m^3/d$后，对应的累计产气量反而开始下降，表明当配产超过$7 \times 10^4 \, m^3/d$以后，底水水侵对该井影响增大，故该井的合理配产范围在$5 \times 10^4 \sim 7 \times 10^4 \, m^3/d$比较合理（图8-37）。升深平1井4个不同产量分别为$18 \times 10^4 \, m^3/d$、$22 \times 10^4 \, m^3/d$、$26 \times 10^4 \, m^3/d$、$30 \times 10^4 \, m^3/d$，模拟结果表明：该井产量从$18 \times 10^4 \, m^3/d$上升至$22 \times 10^4 \, m^3/d$过程中，对应的累计产气量有所增加，但当产量从$22 \times 10^4 \, m^3/d$进一步增加至$30 \times 10^4 \, m^3/d$的过程中，对应的累计产气量反而开始下降，表明当配产超过$22 \times 10^4 \, m^3/d$以后，底水水侵对该井影响增大，故该井的合理产量范围在$18 \times 10^4 \sim 22 \times 10^4 \, m^3/d$比较合理（图8-38）。

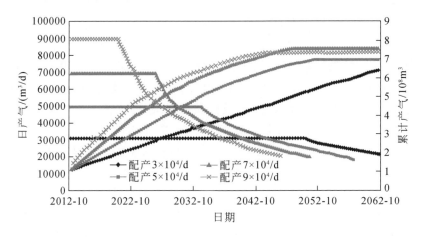

图8-37　升深202井合理产量范围确定

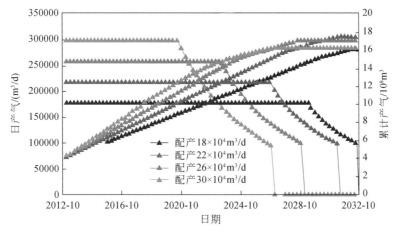

图 8-38　升深平 1 井合理产量范围确定

（二）未出水井合理产量范围确定

未出水井合理产量主要综合气井临界携液产量、临界水锥产量、稳定点二项式、改进一点法、生产指示曲线、实际稳产能力等多种气藏工程方法确定，下面分别予以阐述：

首先确定气井临界携液产量，直井临界携液产量计算公式为

$$q_{lim} = \frac{2.5 \times 10^4 APv}{ZT} \qquad (8-2)$$

$$v = 2.5 \times \frac{\left[(\rho_1 - \rho_g) \sigma \right]^{0.25}}{\rho_g^{0.5}} \qquad (8-3)$$

式中，q_{lim} 为临界流量，$10^4 m^3/d$；A 为油管横截面积，m^2；P 为压力，MPa；T 为温度，K；Z 为天然气偏差系数，无因次；v 为临界流速，m/s；ρ_1、ρ_g 为液相、气相的密度，kg/m^3；σ 为气液表面张力，N/m。

计算基础参数为：井口温度 20℃，气体相对密度 0.6。考虑两种不同的井口压力：2MPa（增压）和 6MPa（不增压）。对比 3 种不同尺寸油管内径：50mm（23/8″）、62mm（27/8″）、76mm（31/2″）。计算结果表明：升深 2-1 区块在油管内径为 62mm、井口压力最低为 6.4MPa 时，6 口未出水井的临界携液产量为 $1.83 \times 10^4 m^3/d$（图 8-39）。

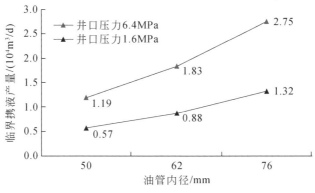

图 8-39　不同管径和压力下临界携液产量

其次确定气井临界水锥产量，直井临界水锥产量计算公式为

$$q_{sc} = \frac{0.0864\pi k_g \Delta\rho_{wg}g(h^2 - b^2)}{B_g\mu_g\ln(r_e/r_w)} \tag{8-4}$$

式中，q_{sc} 为气井的临界产量，m^3/d；k_g 为气层渗透率，μm^2；$\Delta\rho_{wg}$ 为气水密度差，g/cm^3；h 为气井射孔顶部至气水界面的距离，m；b 为气层射开厚度，m；g 为重力加速度，取 $g = 9.807m/s^2$；B_g 为气体体积系数；μ_g 为气层条件下的气体黏度，$mPa\cdot s$；r_e 为气井泄流半径，m；r_w 为气井井筒半径，m。

根据各井钻遇的储层条件，选取相关参数，确定 6 口未出水井的临界水锥产量为 $6\times10^4 \sim 15\times10^4 m^3/d$（图 8-40）。

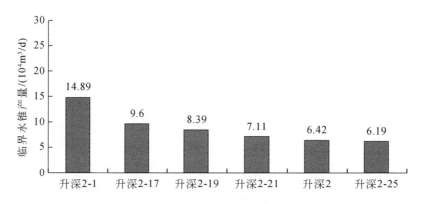

图 8-40　6 口未出水井临界水锥产量变化范围

再次确定各井稳定点二项式产能方程，对于具有边界限制的气藏，直井常用的拟稳态二项式产能方程为

$$P_r^2 - P_{wf}^2 = Aq_g + Bq_g^2 \tag{8-5}$$

$$A = \frac{29.22\,\overline{\mu_g}\,\overline{Z}\,\overline{T}}{KH}\left(\lg\frac{0.472r_e}{r_w} + \frac{S}{2.302}\right) \tag{8-6}$$

$$B = \frac{12.69\,\overline{\mu_g}\,\overline{Z}\,\overline{T}}{KH}\cdot D \tag{8-7}$$

式中，P_r、P_{wf} 分别为气井测试所得地层静压、流压，MPa；A、B 为二项式系数；K 为气层有效渗透率，mD；H 为地层有效厚度，m；$\overline{\mu_g}$ 为平均压力对应下的气体黏度，$mPa\cdot s$；$\overline{Z}$ 为平均压力对应下的气体偏差因子，无量纲；$\overline{T}$ 为平均地层温度，K；r_e 为泄流半径，m；r_w 为井筒半径，m；S 为表皮系数，无量纲；D 为非达西渗流系数，无量纲。

将 KH 作为待求参数，其他参数取值如下：天然气地下黏度（0.0219mPa·s）；天然气压缩因子（1.0222）；地层温度（394.43K）；气井的供气半径（800m）；井筒半径（0.06985m）；S、D 参数根据各井试井解释结果参考取值，没有试井解释结果的井，采用邻井结果类比取值。升深 2-1 区块 6 口未出水井稳定点参数取值见表 8-22。根据以上各井稳定点参数和其他基础参数，即可以反求出各井 KH 参数和稳定点产能方程（表 8-23）。根据求得的 6 口未出水气井的无阻流量，采用经验配产，取无阻流量的 $1/5 \sim 1/4$ 作为气井合理

产量，最终得到 6 口井的合理产量为 $3\times10^4 \sim 26\times10^4\,\mathrm{m^3/d}$。

表 8-22　升深 2-1 区块 6 口未出水井稳定点二项式产能方程法稳定点参数汇总表

井号	稳定井口产量 q_g/MPa	稳定井底流压/m	地层压力/m
升深 2-17	14.30	19.00	29.95
升深 2-19	11.51	27.19	30.48
升深 2-21	7.24	27.05	29.65
升深 2-25	7.11	21.47	29.93
升深更 2	8.56	21.62	30.60
升深更 2-1	16.20	28.38	30.62

表 8-23　升深 2-1 区块 6 口未出水井稳定点二项式产能方程、无阻流量及 *KH* 值

井号	稳定点二项式产能方程	无阻流量 AOF/($10^4\mathrm{m^3/d}$)	*KH* 值/(mD·m)
升深 2-17	$P_\mathrm{r}^2 - P_\mathrm{wf}^2 = 37.3560q_\mathrm{g} + 0.00886q_\mathrm{g}^2$	23.88	145.7938
升深 2-19	$P_\mathrm{r}^2 - P_\mathrm{wf}^2 = 16.3189q_\mathrm{g} + 0.0144q_\mathrm{g}^2$	54.33	89.9236
升深 2-21	$P_\mathrm{r}^2 - P_\mathrm{wf}^2 = 20.3026q_\mathrm{g} + 0.00818q_\mathrm{g}^2$	42.57	157.8459
升深 2-25	$P_\mathrm{r}^2 - P_\mathrm{wf}^2 = 60.8759q_\mathrm{g} + 0.0399q_\mathrm{g}^2$	14.58	32.3907
升深更 2	$P_\mathrm{r}^2 - P_\mathrm{wf}^2 = 54.6712q_\mathrm{g} + 0.0130q_\mathrm{g}^2$	17.06	99.6186
升深更 2-1	$P_\mathrm{r}^2 - P_\mathrm{wf}^2 = 8.0164q_\mathrm{g} + 0.0068q_\mathrm{g}^2$	107.21	190.0485

通过绘制气井的生产指示曲线（$\Delta P\text{-}q$）可以发现：在某一临界产量下，生产压差和产量近似于一条直线关系，即生产压差和产量呈比例增加，当产量超过此临界产量后，生产压差与产量增加不呈线性关系，生产压差的增加带来的产量增幅越来越小，使得紊流带来的能量损失越来越大，气层能量利用不合理，由此把该临界点产量确定为气井最大合理产量。通过绘制该区块 6 口未出水气井的生产指示曲线，即可确定各井的最大合理产量。采用该方法确定 6 口未出水井合理产量为 $4.5\times10^4 \sim 22\times10^4\,\mathrm{m^3/d}$（表 8-24）。

表 8-24　生产指示曲线法确定最大合理产量

井号	地层压力/MPa	最大合理产量/($10^4\mathrm{m^3/d}$)	井底流压/MPa	最大生产压差/MPa
升深 2-17	29.95	5.50	26.29	3.66
升深 2-19	30.48	13.00	26.73	3.75
升深 2-21	29.65	11.00	25.59	4.06
升深 2-25	29.93	4.50	24.92	5.01
升深更 2	30.60	4.50	26.27	4.33
升深更 2-1	30.62	22.00	27.53	3.09

在确定升深 2-1 区块单井合理产量基础上，即可确定出全气藏合理产量规模为 $90\times10^4 \sim 100\times10^4\,\mathrm{m^3/d}$。对应的合理采气速度为 2.3% ~ 2.5%。

六、气藏废弃条件与采收率

(一) 气井废弃产量

根据《石油天然气行业标准》中的定义，当天然气的生产经营成本大于等于销售净收入时的气藏产量即为废弃产量。气井废弃产量计算公式为

$$q_a = \frac{O_a}{0.0365\,\tau_g \cdot C(P_g - T_{ax}) \cdot 10} \tag{8-8}$$

式中，q_a 为气井废弃产量，$10^4 m^3/d$；O_a 为气井年操作费，10^4元/(井·a)；τ_g 为采气时间，f (年生产时间按 330 天计，取 0.90)；C 为天然气商品率；P_g 为天然气销售价格，元/$10^3 m^3$；T_{ax} 为天然气税费，元/$10^3 m^3$。

若天然气价格为 900 元/$10^3 m^3$，平均单井操作成本为 45.19×10^4元/井 (升平)、资源税为 12 元/$10^3 m^3$、增值税 13%、城建税 7%、教育附加费 3% 的条件下，则气井废弃产量为 0.19×$10^4 m^3/d$。

(二) 气井废弃地层压力

当气藏产量递减到废弃产量时地层的压力即为废弃压力。在确定废弃压力时，还要同时考虑气井的开采条件，即是否采取增压外输；对于不增压开采井，以井口压力等于输气压力为条件计算废弃地层压力；对于增压开采井，以井口压力等于增压机吸入口压力为条件计算废弃地层压力。首先根据气井废弃产量、经济极限产量和井口废弃压力，利用垂直管流压力计算公式计算两种外输方式下气井的井底废弃压力，计算公式如下：

$$P_{wf,a} = \sqrt{P_{tf,a}^2 e^{2s} + \frac{1.324 \times 10^{-18} f\,(q_{sc,a}\,\overline{T}\,\overline{Z})^2}{d^5}(e^{2S}-1)} \tag{8-9}$$

$$S = \frac{0.03415\gamma_g H}{\overline{T}\,\overline{Z}} \tag{8-10}$$

$$\frac{1}{\sqrt{f}} = 1.14 - 2\lg\left(\frac{e}{d} + \frac{21.25}{Re^{0.9}}\right) \tag{8-11}$$

式中，$P_{wf,a}$ 为废弃井底流动压力，MPa；$P_{tf,a}$ 为废弃井口流动压力，MPa；$q_{sc,a}$ 为废弃产量，m^3/d；$\overline{T}$ 为平均温度，K；$\overline{Z}$ 为平均温度压力对应的偏差系数；f 为 Moody 摩阻系数；d 为油管内径，m；e 为绝对粗糙度，无量纲；Re 为雷诺数，无量纲；S 为指数；γ_g 为气体相对密度；H 为气层中部深度，m。

其中，升深 2–1 区块平均气层中部深度取 2930m，井底平均地层温度取 121.28℃，徐深 1 区块平均气层中部深度取 3550m，井底平均地层温度取 139℃，两区块油管内径取 62mm，废弃产量均取 0.19×$10^4 m^3/d$。井口不增压条件下，井口废弃流动压力为 6.4MPa，则升深 2–1 区块废弃井底流动压力为 7.75MPa，徐深 1 区块废弃井底流动压力为 8.02MPa。井口增压条件下，井口废弃流动压力为 1.6MPa，则升深 2–1 区块废弃井底流动压力为 1.92MPa，徐深 1 区块废弃井底流动压力为 1.98MPa。

在得到两个区块井底废弃流动压力后，即可根据两个区块各自的产能方程，计算各自的废弃地层压力，全气藏产能方程建立关键是要求出两个区块各自的气藏无阻流量与地层系数的关系，通过多口井无阻流量与本井地层系数关系回归，可以分别建立升深 2-1 和徐深 1 区块的无阻流量与地层系数关系式：

$$Q_{AOF} = 1.1765 \times (KH)^{0.7374} \tag{8-12}$$

$$Q_{AOF} = 0.5254 \times (KH)^{0.9485} \tag{8-13}$$

式中，Q_{AOF} 为无阻流量，$10^4 m^3/d$；K 为渗透率，mD；H 为厚度，m。根据式（8-12）和式（8-13）即可分别建立两区块全气藏产能方程，其中升深 2-1 区块全气藏产能方程为

$$P_R^2 - P_f^2 = AQ + BQ^2 \tag{8-14}$$

$$A = \frac{P_R^2}{4 Q_{AOF}} = \frac{P_R^2}{4 \times [1.1765 \times (KH)^{0.7374}]} \tag{8-15}$$

$$B = \frac{3 P_R^2}{4 Q_{AOF}^2} = \frac{3 P_R^2}{4 \times [1.1765 \times (KH)^{0.7374}]^2} \tag{8-16}$$

升深 2-1 区块平均地层系数 KH 约为 120mD·m，则全气藏产能方程为

$$P_R^2 - P_f^2 = 0.006225Q + 0.000465Q^2 \tag{8-17}$$

徐深 1 区块全气藏产能方程为

$$A = \frac{P_R^2}{4 Q_{AOF}} = \frac{P_R^2}{4 \times [0.5254 \times (KH)^{0.9485}]} \tag{8-18}$$

$$B = \frac{3 P_R^2}{4 Q_{AOF}^2} = \frac{3 P_R^2}{4 \times [0.5254 \times (KH)^{0.9485}]^2} \tag{8-19}$$

徐深 1 区块平均地层系数 10.53mD·m，则全气藏产能方程为

$$P_R^2 - P_f^2 = 0.051Q + 0.0312Q^2 \tag{8-20}$$

若井口废弃压力取 6.4MPa，则升深 2-1 和徐深 1 区块废弃地层压力分别为 7.75MPa 和 8.02MPa。若井口废弃压力取 1.6MPa，则升深 2-1 和徐深 1 区块废弃地层压力分别为 1.92MPa 和 1.98MPa。

（三）气藏采收率

采收率是计算气藏可采储量的重要依据，也是衡量一个气藏开发管理水平的综合指标。确定采收率的方法较多，如室内岩心实验分析法、气藏工程计算法、经验类比法和数值模拟等。根据所拥有的资料，对升深 2-1 和徐深 1 区块火山岩气藏综合采用水驱气实验法、经验类比和数值模拟进行计算和评价。

极限水驱气效率采用如下公式进行计算：

$$E_d = 1 - \frac{S_{gr}}{1 - S_{wi}} \tag{8-21}$$

式中，E_d 为极限驱替效率，f；S_{gr}，S_{wi} 为残余气和束缚水饱和度，f。升深 2-1 区块共有 9 块全直径岩心进行了水驱气实验（表 8-24），束缚水饱和度为 29.63%～50.36%，平均 41.5%；残余气饱和度为 11.99%～21.24%，平均 16.20%。根据式（8-21）可以计算得到水驱气驱替效率为 69.33%～75.84%，平均 72.40%，再考虑该区块火山岩气藏内部非均质性，水驱波及系数按 80% 估算，则升深 2-1 区块采收率为 55.46%～60.67%，平均采收率

57. 82%（表 8-25）。

表 8-25　升深 2-1 区块水驱气实验效率汇总表

井号	样品编号	空气渗透率/mD	束缚水饱和度/%	残余气饱和度/%	水驱气驱替效率/%	水驱气采收率/%
升深更 2	52	0. 011	50. 36	11. 99	75. 84	60. 67
升深更 2	59	0. 123	47. 32	13. 88	73. 65	58. 92
升深更 2	117	8. 010	29. 63	20. 85	70. 37	56. 30
升深更 2	123	45. 590	29. 72	21. 24	69. 33	55. 46
升深更 2	131	0. 785	38. 29	17. 91	70. 97	56. 78
升深更 2	136	1. 070	31. 53	19. 02	72. 22	57. 78
升深 2-6	16	0. 030	49. 81	13. 01	74. 08	59. 26
升深 2-6	28	0. 175	47. 33	14. 03	73. 36	58. 69
升深 2-7	18	0. 102	48. 68	12. 99	74. 68	59. 74
升深 2-7	25	0. 482	40. 66	17. 8	70. 00	56. 00
升深 2-7	22	0. 351	42. 93	15. 87	72. 19	57. 75
平均	—	—	41. 50	16. 2	72. 40	57. 82

徐深 1 区块共进行了 10 块全直径岩心水驱气实验（表 8-26），束缚水饱和度为 34. 61% ~ 51. 33%，平均 48. 08%；残余气饱和度为 11. 84% ~ 18. 76%，平均 13. 26%。根据式（8-21）可以计算得到水驱气驱替效率为 71. 31% ~ 76. 13%，平均 74. 57%，考虑该区块火山岩非均质性较强，水驱波及系数按 70% 估算，则徐深 1 区块采收率为 49. 92% ~ 53. 29%，平均采收率 52. 20%（表 8-26）。

表 8-26　徐深 1 区块水驱气实验效率汇总表

井号	样品编号	空气渗透率/mD	束缚水饱和度/%	残余气饱和度/%	水驱气驱替效率/%	水驱气采收率/%
徐深 603	17	0. 0439	49. 57	12. 93	74. 36	52. 05
徐深 603	64	0. 0638	49. 2	13. 09	74. 23	51. 96
徐深 603	45	0. 0426	50. 01	12. 91	74. 17	51. 92
徐深 603	85	0. 0365	49. 98	12. 78	74. 45	52. 12
徐深 601	13	0. 0615	50. 14	11. 9	76. 13	53. 29
徐深 601	11	0. 0849	49. 89	12. 72	74. 62	52. 23
徐深 6	56	12. 75	34. 61	18. 76	71. 31	49. 92
徐深 1-3	15	0. 0197	50. 85	11. 84	75. 91	53. 14
徐深 1-3	2	0. 0259	51. 33	11. 86	75. 63	52. 94
徐深 1-3	38	0. 296	45. 21	13. 78	74. 85	52. 40
平均	—	—	48. 08	13. 26	74. 57	52. 20

此外，类比法确定气藏采收率也是一种常用方法，依据《天然气可采储量标定方法》（2000 年），不同类型气藏采收率差异很大，常规气驱气藏采收率可达 70%～90%；中、强能量水驱气藏采收率为 40%～80%；低渗透气藏采收率为 30%～50%；特低渗透气藏采收率小于 30%（表 8-27）。升深 2-1 区块属于边底水规模大，开采初期即大量出水的火山岩气藏，因此其采收率范围应为 40%～60%；徐深 1 区块边底水规模较小，储层渗透率为 0.1～1mD，因此其采收率范围应为 30%～50%。

表 8-27　天然气采收率推荐行业标准参考表

驱动类型	水侵替换系数	废弃相对压力	采收率范围	开采特征	资料来源
水驱	≥0.4	≥0.5	0.4～0.6	可动边水和底水的水体大，一般开采初期（$R<0.2$）部分气井开始大量出水或水淹，气藏稳产期短，水侵特征曲线呈直线上升	天然气可采储量计算方法（行业标准 SY/T 6098—2000）
	0.15～0.4	≥0.25	0.6～0.8	有较大的水体与气藏局部连通，能量相对较弱；一般在开采中后期才发生局部水窜，致使部分气井出水	
	0～0.15	≥0.05	0.7～0.9	多为封闭型，开采中后期偶有个别井出水，或气藏根本不产水，水侵能量极弱，开采过程表现为弹性气驱特征	
气驱	0	≥0.05	0.7～0.9	无边、底水存在，多为封闭型的多裂缝系统、断块、砂体或异常压力气藏，整个开采过程中无水侵影响，为弹性气驱特征	
低渗	0～<0.1	≥0.5	0.3～0.5	储层基质渗透率 $K≤1mD$，裂缝不太发育，横向连通较差、生产压差大、单井产量 $<3×10^4 m^3/d$，较少出现水侵	
特低渗	0～>0.1	≥0.7	<0.3	储层基质渗透率 $K≤0.1mD$，裂缝不发育，无增产措施一般无工业产能，横向连通非常差、生产压差大、单井产量 $<1×10^{-4} m^3/d$，极少出现水侵	

从国内外气田开发实践看，国外强水驱气藏采收率最低甚至达到 45%，国内强水驱气藏采收率最低达到 43%；国外致密气藏采收率甚至低于 30%（表 8-28）。

表 8-28　国内外不同类型气藏采收率范围统计

参考类别	气藏类型	采收率/%
国外	弹性气驱	70～95
	弹性水驱	45～70
	致密气藏	<30
	凝析气藏	65～80

参考类别	气藏类型	采收率/%
四川	封闭弹性气驱	90
	强水驱	43
	中等水驱	75
	弱水驱	90

最后还可以通过数值模拟方法确定气藏采收率，仅以升深 2-1 区块为例，应用前面计算得到升深 2-1 区块的废弃地层压力和经济极限产量，通过模拟预测升深 2-1 区块不同采气速度下气藏最终采收率。通过设置四种不同的配产规模，采气速度分别达到 2.02%、2.55%、3.02%、3.51%，四种不同的配产方案模拟结果表明：气藏采收率为 58.66% ~ 64.07%（表 8-29）。

表 8-29　全气藏不同排水规模开发指标对比表

配产规模 /$(10^4 m^3/d)$	采气速度 /%	稳产期 /年	稳产期末累计产气/$10^8 m^3$	稳产期末采出程度/%	总累计产气量 /$10^8 m^3$	累计产水量 /$10^4 m^3$	采收率 /%
79	2.02	10	42.49	32.95	94.92	273.14	64.07
100	2.55	8	41.87	32.46	97.44	305.96	63.92
118	3.02	6	39.4	30.55	94.13	310.63	60.73
137	3.51	4	34.76	26.95	90.27	324.97	58.66

综合水驱气实验法、经验类比法和数值模拟法分析可以看出：升深 2-1 区块边底水驱动能量较强，储层连通性较好，采收率值取 60% 为宜。而徐深 1 区块边底水驱动能量较弱，储层连通性较差，采收率值取 50% 为宜。

第九章　多层疏松砂岩气藏开发规律与技术政策

疏松砂岩是指处于早成岩阶段、岩石呈弱固结到半固结状态的砂岩。多层疏松砂岩气藏是指储层由疏松砂岩组成，纵向上由多个层状或透镜状气藏叠置而形成的气田。多层疏松砂岩气藏与常规砂岩气藏的差异主要体现在两个方面：一是多层疏松砂岩气藏储层为疏松砂岩，气藏埋藏深度浅，一般在 1500m 以内，储层成岩程度弱，处于早成岩阶段，岩石疏松；而常规砂岩气藏埋藏相对较深，胶结程度好，处于晚成岩阶段，岩石坚硬。二是多层疏松砂岩气藏在纵向上由多个气藏叠置而成，单个气藏可以是层状气藏，也可能是透镜状气藏；而常规砂岩气藏一般层数较少，或者为块状气藏。疏松砂岩气藏开发过程中主要工作就是防砂和治水。本章在气藏概况和地质特征基础之上，围绕防砂和治水研究疏松砂岩气藏的开发规律，指出合理的开发技术对策。

第一节　多层疏松砂岩气藏概况

一、疏松砂岩气藏分布

柴达木盆地三湖地区第四系的涩北气田属于典型的多层疏松砂岩气藏。浙江沿海第四系、滇黔桂粤地区的第四系和渤海湾盆地新近系浅层气藏也属于这一类型的气田。

（一）涩北气田

位于柴达木盆地中东部三湖地区，包括涩北一号、涩北二号和台南等三大气田，目的层位为第四系，气藏埋藏深度主要在 400～1800m，储层岩性疏松，含气井段超过千米，含气层数超过 50 层，属于典型的多层疏松砂岩气田。探明天然气地质储量共计 $2768.56×10^8 m^3$，占盆地总探明地质储量的 90.6%，探明可采储量 $1505.67×10^8 m^3$，占盆地总探明可采储量的 92.6%，是青海气区天然气开发的主战场。分别于 2003 年、2004 年、2007 年编制完成了开发实施方案，方案设计气田总体产能规模为 $65.5×10^8 m^3$，设计采气速度 2.37%（宗贻平等，2009）。

（二）浙江沿海第四系

浙江沿海杭州湾地区面积达 $12600km^2$，第四系厚度一般 70～100m，个别地区超过 200m。储集层为松散未胶结的砂层、贝壳砂层和贝壳层，单层厚度 1～10m。储层在平面上变化很大：有的含气砂体很小，仅几十米即尖灭，但也有的规模较大，单个砂体延伸可达数千米，特别是多个砂体在平面上错叠连片，可形成宽数千米、长十余千米的砂体群。砂层由于未胶结，平均孔隙度为 34.3%，平均渗透率为 603mD。目前勘探的主要对象是埋深 30～

50m 的气层。气藏主要分布在古河谷内，为透镜状的岩性气藏。一般气层的有效厚度由不足 1m 至超过 2m，个别地段达 3 ~ 5m。总体来看，该区气藏具有分布广、规模小、埋藏浅、气层薄、压力低、气水同层、储层松散等特点（蒋维三等，1997）。

（三）渤海湾盆地新近系浅层气

渤海湾盆地济阳拗陷的孤岛、孤东等新近系浅层气田，也属于透镜状多层疏松砂岩气田。目的层为新近系，埋藏较浅，也属于透镜状多层疏松砂岩气田。含气层段主要集中在明化镇组及馆陶组一段、二段，地层厚度 460m 左右；Nm_3 砂组至 Ng_{1+2} 砂组共在 45 个小层发现气砂体。砂体呈"条带状"和"透镜状"分布，平面不连续。

其中孤东油气田自 1986 年发现、1988 年年底正式投入开发以来，已探明含气面积 21.84km²，探明地质储量 38.47×10⁸ m³，可采储量 11.17×10⁸ m³。主要开发层系为明化镇组、馆陶组，开发层系内动用储量 37.73×10⁸ m³。该油气田先后共有 78 口井投入开发，目前有生产井 51 口，气井实际动用储量 14.74×10⁸ m³，占气井控制储量 16.94×10⁸ m³ 的 87.01%。

孤岛浅层气藏的埋藏深度为 470 ~ 1192.1m。原始地层压力为 6.5 ~ 12.1MPa，压力系数为 0.9 ~ 1.06，气藏含气饱和度为 55%，各层气藏平均富集系数为 6.7%，弹性产率为 1.9× 10⁸ m³/MPa，多气水界面，基本上每个砂体就是一个独立的气水系统（杨志伟，2008）。

（四）东方 1–1 气田

位于南海北部湾莺歌海海域，开发层段为莺歌海组二段，共划分 6 个气组，主要含气层段为 Ⅰ、Ⅱ、Ⅲ气组。气层岩性为疏松砂岩，以粉砂、泥质粉砂岩为主，低孔低渗，孔喉细小，储层黏土矿物含量平均 10% 左右，以高岭石和伊利石为主，其次为伊/蒙混层。

二、气藏开发面临的问题

以柴达木盆地涩北气田为例，该气田为典型的多层疏松砂岩气田，具有气水关系复杂、易出砂、易出水、储量动用程度不均衡等开发技术难题（马立宁，2009）。

（一）出　水

多层疏松砂岩气藏"水"的问题主要包括气水层的识别、出水机理与水源综合评价、出水气井产能评价，以及边水能量评价等问题（邓勇等，2008）。

1. 气水层的识别

涩北气田砂泥岩薄互层，目前技术水平下，气层、含水气层、水层等在测井曲线上很难准确识别，低阻气层和高阻水层的错误识别往往导致选择错误的射孔层位，造成气井早见水。低阻气层尽管其物性较差、产能小，但分布范围较广，是涩北气田产能的重要组成部分。由于低阻气层无明显的三孔隙度异常，自然电位与自然伽马一致性差，加上层薄，导致测井资料受围岩影响明显，储层参数的计算精度低。

解决这一技术难题的思路是综合各方面数据资料信息，运用产出剖面和生产动态资料对测井解释结果进行复核，加强涩北气田疏松砂岩多层气藏的流体识别方法、储层参数及储层解释模型研究，提高气层的发现率和解释符合率。

2. 出水机理与水源综合评价

涩北气田气井出水机理与构造部位、储层物性、水体大小、气层连通性及驱动能量等多种因素有关，不同的开采阶段出水机理也各不相同。目前主要根据产层段所在位置、产出剖面、水样分析、生产及出水动态等间接推测出水水源。为了达到控水稳气的目标，制订有效的防水治水策略，必须掌握出水机理，量化出水量，准确判断气井出水的水源及出水层位。

目前主要通过对层内水和层间水的出水机理进行物理模拟，对出水渗流过程进行量化分析，结合天然气产量、出水量、水气比、压力、累计产量等生产动态数据，建立气井出水的定量评价指标体系，判断水源，预测出水动态，为防水治水提供量化依据。

3. 出水气井产能评价

出水增大储层内渗流阻力和井筒压力损耗，影响气井的产能。在气井产能评价时，必须考虑出水对产能的影响。对一部分井进行了不同开采阶段的多次系统试井，产能方程研究表明气井的无阻流量随气井出水量的增加而降低。但同时由于地层能量下降、气井出砂等因素也会降低气井产能，仅根据目前系统试井测试数据还不能判断出水对气井产能的降低幅度。

目前研究进展是建立储层渗流与气井产能的耦合模型，将各种出水机理的定量关系引入地层渗流模型，计算不同开发阶段地层的出水范围和出水量；然后利用考虑含水饱和度变化的气井产能方程，适时地计算当前饱和度下近井地层气相渗透率与气井产能，同时通过气水渗流机理的物理模拟实验，验证理论模型的计算结果。

4. 边水能量评价

区域水动力学研究表明，由于涩北气田处于一个由南向北的水循环系统中，气水界面南高北低，持续低速供给的水体将造成开采中后期各个方向不均衡的边水水侵。涩北气田含气小层层数众多，各小层含气面积差异较大，气水边界不规则，很难通过构造地质和成藏地质的研究来确定边水的分布范围和水体能量，给涩北气田的防水治水工作带来较大的难度和风险。

解决这一技术难题的思路是对边水形成机理、气藏地质条件以及储层内气水运动规律的准确把握，根据构造边部和低部位气井产量与压力测试数据的统计分析，运用气藏工程方法和气藏数值模拟技术，定量估算各个方向上边水水体能量；此外，设计针对各个主力层组边水推进规律的动态监测方案以及发展各种生产测试技术和流体分析技术，适时、动态地监测边水推进，并以此作为抑制边水产量调控的依据。

（二）出　　砂

生产数据统计结果显示，涩北气田的气井普遍出砂，沉砂高度越大的井，对应的累计产气量越低，累计出水量也越大，表明出砂影响了气井的开采效益，出水将加剧出砂（顾端阳等，2013）。

1. 目前的防砂策略

通常利用工艺措施阻止地层砂进入井底，但产出砂会在防砂管外堆积，形成致密的砂桥，阻塞流通面积，降低气井的产能。此外，防砂措施也将显著增加完井成本，防砂一旦失败，将造成气井的报废。端部脱砂压裂和高压一次充填压裂技术可以达到增产防砂的效果，但有效期较短，如果压窜层或沟通了水层，将进一步恶化气井的开采状况。

合理的做法是控制生产压差，实施主动防砂策略抑制地层出砂。主动防砂的技术难点是准确计算出砂临界压差，合理选择生产压差，小压差同时也有利于抑制水窜。不管是被动防砂还是主动防砂，都是以牺牲气井产能为代价的。因此，需要在防砂和产能之间找到一个平衡点，既能有效地防止地层出砂，又能最大限度地发挥气井的产能（杨喜彦等，2012）。

2. 砂桥的形成与破坏

防砂管外形成砂桥的过程以及砂桥对气流的阻碍能力是与时间、流速、砂粒组成、流体携砂能力等因素有关的，需要利用物理模拟实验来研究这些参数间的相互关系。一旦致密砂桥形成，将会较大程度地降低气井产能，需要探索一些方法破坏砂桥，比如采用物理方法造成井底压力的激动，或采用化学方法溶解砂桥，这些策略具体实施时还有许多相关技术细节需要深入研究。

3. 主动防砂的压力控制设计

主动防砂根据岩石强度设计合理的生产压差，是成本最低的防砂策略。涩北气田储层岩石的泥质含量高，且各产层泥质含量的差异较大，并且出水将贯穿气田开发的始终，因此必须考虑泥质含量差异和出水对强度的影响。进一步的工作中，基于岩石强度的实验数据分析，引入与泥质含量和含水饱和度相关的强度计算模型，建立涩北气田不同开采阶段的出砂临界压差计算模型，设计各阶段主动防砂压差。

（三）储量动用不均衡

平面及层间的较强非均质性、出水水源和出水机理的复杂性等，使各个产层的储量动用程度存在差异。以提高单井产量和储量动用程度为目标，涩北气田试验了细分开发单元、多层合采、油套分采、水平井、产量调控均衡采气等措施，取得了一定的效果。但由于涩北气田储层地质条件的复杂性，提高储量动用仍存在较多的技术难题。

1. 资料仍相对不足

测井解释仅来源于孤立井点的测井剖面，由于涩北气田含气面积大，且平面具有较强的非均质性和薄互层性，测井解释成果推广到平面上精度较低；合采井的试井解释和开采动态是多层的综合反映，缺乏必要的分层测试资料。

2. 三类储层的解释精度不够

在面积和储量上，涩北气田的三类储层比例都接近一半，是涩北气田稳产的重要挖潜对象。由于其具有低阻特征，目前的测井解释技术还难以准确地将其与水层和泥岩层完全分辨出来。需要发展测井解释新技术，同时利用已投产气井的动态生产数据对其进行复核，以提高三类层的发现率和解释精度。

3. 水平井效果不理想

水平井是提高单储层储量动用程度和单井产量的最佳技术手段之一。然而，目前涩北气田的部分试验水平井具有出水上升快、产量和压力下降快的特点，水平井现场实施效果并不理想，原因分析如下：①对于薄层，水平井往往只能打开1、2个产层，控制的储量极为有限，过高的配产将出现供给不足、局部压降过大、层内出水加剧的现象，从而导致气井产量下降快、压力下降快；②水平井的生产段长，井筒内流动阻力极小，任一位置出水就会全井见水，因此涩北气田水平井的开采具有见水快的特点；③重力对水平段内气水分流影响不大，出水、出砂往往造成水平段流动的堵塞，致使远处水平段无法产气，这也是造成涩北气田水平井产量下降快的因素之一。涩北气田的储层物性、气水分布、边水能量及其推进动态均具有不确定性，加之水平井的成本费用高，固井难度大，动态监测困难，出水后调整余地小，这些因素都决定了水平井在涩北气田的应用风险较大。

三、多层疏松砂岩气藏的勘探开发历程

埋藏深度仅几十米至百余米的第四系浅层生物气广泛分布在我国东南沿海及长江流域各省（市）的冲积平原区，如江苏、浙江、安徽、上海、福建、广东、湖北、湖南等省市。从20世纪50年代起，人们就曾试图对其加以利用，总井数达万口以上，但大多数以失败而告终。主要原因是天然气资源分散、气层薄、压力低、产量小、气井易被水淹，而对这些问题也没有行之有效的对策。1992年起，浙江石油勘探处重新在杭州湾地区开展浅层天然气勘探开发工作。通过不断实践，摸索出了一套简便易行的找气、打井、成井方法，逐步形成了技术系列，并开辟了新的应用途径。至1997年，已发现了浅层气田及一些小块的含气面积，获控制储量 $3.43 \times 10^8 m^3$。用6mm油嘴测试，单井日产气量一般为 $1000 \sim 2000 m^3$。

1964年8月，通过地震勘探发现了一个完整的潜山披覆构造——孤岛构造，同年钻探渤2井在馆陶组发现气层2层5.2m；1969年3月对渤6井和渤19井试油，在馆陶组分别获日产气 $5.4 \times 10^4 m^3$ 和 $2.1 \times 10^4 m^3$ 工业气流，从而发现了孤岛浅层气藏。该气藏从1974年4月投入开发，1978年达到高峰年产气量 $1.77 \times 10^8 m^3$，由于单砂体规模小、井控地质储量有限，单井产量很快递减。由于部分气井出水出砂，更加剧了产量递减。通过加强气井管理和井下作业，1985年以后产量递减率减慢。1984年发现孤东油气田浅层气藏，1988年11月投入试采。依据储层岩性特征，气井全部采用绕丝管砾石充填先期防砂工艺，防砂效果良好，为浅层气藏低速稳定开发创造了基本条件。

涩北气田位于柴达木盆地三湖拗陷北斜坡台南–涩北斜坡构造带。台南气田位于东台吉乃尔湖西南，向东30km为涩北一号，涩北一号东部与涩北二号气田相连。涩北一号气田发现于1964年，为一完整的短轴背斜构造，长轴轴向NWW–SEE向，方位约为117°，长轴约10km，短轴约5km，长短轴比约2∶1，地层顶缓翼陡。涩北二号构造发现于1975年。1988年3月，首钻台南中1井发现台南气田。三大气田均属于第四系生物成因的疏松砂岩气藏，均为完整无断层背斜构造，滨、浅湖滩坝砂和泥滩沉积微相，含泥细砂岩、粉砂岩，成岩胶结松散，含气井段长，气层多而薄、气水层间互、气水界面复杂，在国内外类似气田罕见。

涩北一号气田 1995 年投入试采生产，2003 年规模建产；涩北二号气田 1998 年 4 月进入试采评价，2005 年规模建产；台南气田 2005 年正式试采开发。

从全国含油气盆地范围内多层疏松砂岩气田已探明天然气地质储量和产能规模分析，涩北气田地质储量和产能远大于其他气田。

第二节　多层疏松砂岩气藏地质特征

多层疏松砂岩气藏最显著的地质特征可以概括为：一是储层岩石松散，由于埋藏浅、压实作用弱，储层以发育原生孔隙为主，孔隙度高，颗粒胶结程度弱，岩石强度低；二是多层，气藏在纵向上含气小层多，含气井段长，无论是在层内还是层间，均表现为一定的非均质性；三是气水关系复杂，各小层均具有各自的气水界面，成为独立的气藏，且含气面积大小不一，表现为气田高部位气层集中分布，构造翼部气水层频繁交互。本节以涩北气田为例，阐述多层疏松砂岩气藏的地质特征。

一、地层特征

柴达木盆地位于青藏高原北部，被阿尔金山、祁连山和昆仑山环绕，盆地面积 12.1×10^4 km^2，是中国四大盆地之一。盆地西部以山区为主，东部地势平坦，为盐碱地和戈壁滩，盆地海拔 2400 ~ 3100m。涩北气田主要包括涩北一号、涩北二号和台南三个整装气田，位于柴达木盆地中东部的三湖地区。三湖地区自上而下，钻遇的煤层层序依次为第四系全新统盐桥组、上更新统达布逊组、中更新统察尔汗组、下更新统涩北组和新近系上新统狮子沟组（表 9-1）。

表 9-1　柴达木盆地三湖地区地层层序表

地层层序				视厚度/m	地质标准层	主要岩性特征
系	统	组	号			
第四系	全新统	盐桥组	Q_4	317（最大）	地面—K_1	上部多为盐岩覆盖层，水溶盐含量高达 5% ~ 9.38%，中下部以浅灰色和棕灰色泥岩为主，夹有少量粉砂层和未碳化的植物碎屑
	上更新统	达布逊组	Q_3			
	中更新统	察尔汗组	Q_2			
	下更新统	涩北组中上段	Q_1^2	1427	K_1—K_{10}	以灰色、深灰色泥岩为主，粉砂岩、泥质粉砂岩为次，呈频繁间互的不等厚互层，夹有细砂岩和钙质泥岩，偶见以石英、长石为核心的鲕粒砂岩
		涩北组下段	Q_1^1	225	K_{10}—K_{13}	以浅灰、棕灰色砂质泥岩、泥岩及浅灰色细砂岩、粉砂岩、泥质粉砂岩为主，中部夹有黑灰色、褐灰色碳质泥岩和含碳泥岩
新近系	上新统（上部）	狮子沟组	N_2^3	未见底	K_{13} 以下	以棕灰、浅灰、灰色泥质岩为主，夹有粉细砂层

狮子沟组：位于涩北气田典型标志层 K_{13} 以下，岩性以棕灰、浅灰、灰色泥质岩为主，夹有少量粉细砂层，未发现油气，目前钻井未见底。

涩北组：地层厚度约1700m，根据岩性、含气性特征和差异，可将其划分为中上段和下段两部分。下段相当于典型标志层 K_{10}—K_{13} 之间，以浅灰、棕灰色砂质泥岩、泥岩及浅灰色细砂岩、粉砂岩、泥质粉砂岩为主，中部夹有黑灰色、褐灰色碳质泥岩和含碳泥岩。中上段相当于典型标志层 K_1—K_{10} 之间，以灰色、深灰色泥岩为主，粉砂岩、泥质粉砂岩次之，呈频繁间互的不等厚互层，夹有细砂岩和钙质泥岩，偶见以石英、长石为核心的鲕粒砂岩。

察尔汗组—达布逊组—盐桥组：位于第四系上部，地层厚度约310m。其中下段以浅灰色、棕灰色淤泥沉积为主，夹少量粉砂层及未碳化的植物碎屑层，成岩性差，以高含盐为主要特征；上部的局部地区有盐岩覆盖。

第四系下更新统涩北组中上段是涩北气田的主力含气层段，气层多，含气井段长。如涩北一号气田，共划分为5个气层组19个砂层组93个小层。涩北一号气田共有气层79层，埋藏深度429~1599m。

二、构　造　特　征

（一）区域构造特征

柴达木盆地共划分为西部拗陷、北缘块断带和三湖拗陷三个一级构造单元。其中三湖拗陷又可细分为北斜坡、中央凹陷和南斜坡三个亚一级构造单元（图9-1）。

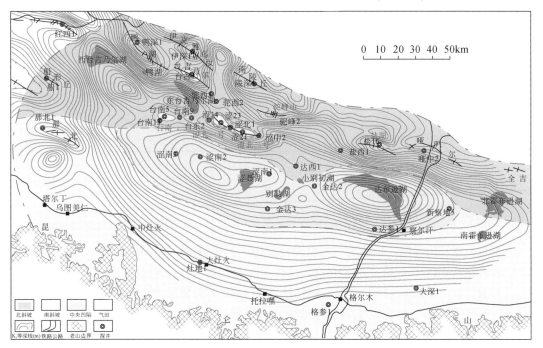

图9-1　三湖地区构造单元划分图

三湖拗陷北斜坡区：北斜坡区位于三湖拗陷北部，北以陵间断裂与柴达木北缘断块带分界，南以船东—台南—台东—涩北—涩东弧形隆起带南缘为界，西到落雁山、那北构造，东接霍布逊湖凹陷。

三湖拗陷中央凹陷区：中央凹陷区位于三湖拗陷中部，北以船东—台南—台东—涩北—涩东弧形隆起带南缘为界，南以那北、乌图美仁构造北缘为界，包含有涩聂湖和达布逊湖凹陷。为三湖拗陷区内新近系—第四系最大沉降、沉积中心，是三湖地区生物气源岩主要聚集区，也是生气强度最大的区域。

三湖拗陷南斜坡区：位于三湖拗陷南部，北以那北，乌图美仁构造北缘为界，南至东昆仑断褶带斜坡区，东西向展布，受刚性基底发育的影响及沉积体系岩性等因素制约，表现为较为稳定的构造斜坡，仅在边缘断裂带附近发育有个别鼻状构造。

三湖地区的第四系构造圈闭同时存在差异压实和挤压应力两大成因机制。目前发现的构造圈闭，凡是远离物源且靠近边界断层的，以构造挤压应力为主要成因机制；凡是靠近物源且远离边界断层的，应以差异压实为主要成因机制。

涩北三大气田中，台南潜伏构造的形成机制应该以差异压实作为为主导（靠近物源、远离边界断层且与断层方向不一致），涩北一号和涩北二号地面构造的形成可能以构造挤压应力为主要成因机制（远离物源、靠近边界断层且与断层方向一致）。

（二）气田构造特征

涩北一号、涩北二号、台南背斜构造位于柴达木盆地东部三湖拗陷北斜坡区，为第四纪形成的同沉积背斜，构造简单完整、隆起幅度小且两翼宽大平缓（构造要素见表9-2）。

表9-2　涩北气田构造要素表（K_7）

气田	长轴走向	长轴/km	短轴/km	两翼倾角/(°)		闭合面积/km²	闭合高度/m	高点埋深/m
				南	北			
涩北一号	近东西向	10	5	2	1.5	49.8	50	1170
涩北二号	近东西向	14.5	4.3	2.8	2.2	59.4	60	1177
台南	近东西向	11.4	4.9	1.8	1.4	33.6	49	1169

整体上来说，气田构造具有如下特征。

1. 气田构造为完整的短轴背斜构造

以涩北一号气田为例，构造为一完整的背斜构造，形状为一斜下放置的鸭蛋形（图9-2）。背斜长轴轴向 NWW–SEE 向，方位约117°，自下而上，轴向方位基本未发生变化。背斜长轴长度约为10.5km，短轴长约5km，长短轴比约为2：1，为短轴背斜。由深到浅，构造长轴和短轴长度逐渐减小，长短轴比有逐渐增加的特征。

2. 地层平缓，各翼倾角略有不同

从地层倾角来看，背斜属于平缓背斜。背斜具有顶部缓、翼部陡的特征。而从数值上来

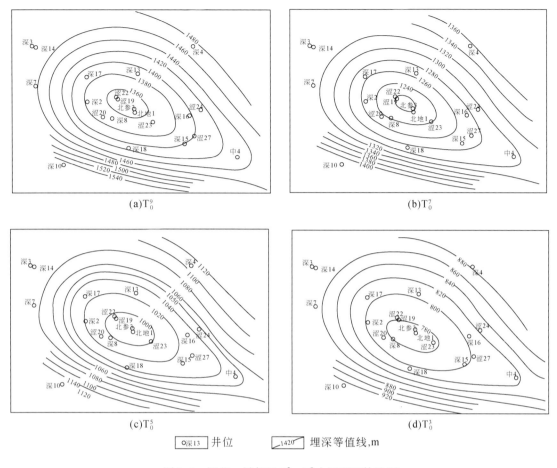

(a)T_0^9　　　　　　　　　　(b)T_0^7

(c)T_0^5　　　　　　　　　　(d)T_0^3

○深13　井位　　　　　1420　埋深等值线,m

图9-2　涩北一号气田 T_0^3—T_0^9 小层顶面构造图

看，背斜各翼的倾角均较小，并存在北翼缓、南翼陡的特点，北翼地层倾角 1.41°~2.05°，南翼地层倾角 1.79°~3.28°。从深到浅，背斜南翼和北翼的倾角逐渐减小，显示气田沉积的地层顶部薄、翼部加厚，呈现较为典型的同沉积背斜的构造特征。

3. 各小层的构造高点位置基本一致

背斜构造高点位于 S3-16 井—XS4-3 井附近，自下而上，各小层构造高点基本上没有发生变化，始终在该井区。

4. 自上而下，气田构造闭合高度逐渐增大

0（气层组）-1（砂层组）-1（小层）小层顶面构造，气田闭合高度 29m，闭合面积 25.09km²，随着层位变深，闭合高度逐渐增大，闭合面积也有逐渐增大的趋势，到 4-5-1 小层顶面，闭合高度达 98m，闭合幅度是 0-1-1 小层的 3.2 倍，闭合面积 47.26km²，是 0-1-1 小层的 1.9 倍。

三、沉积及成岩特征

（一）沉 积 特 征

三湖地区第四系沉积时始终处于湖泊沉积相带，主要沉积物为湖盆碎屑物质。沉积环境与沉积类型的变化决定了地层岩石组成、岩性特征在纵向分布的差异性和旋回性。古气候、古地理环境影响着水平面反复的沉降，形成规律性的水进水退，从而导致沉积亚相和微相的变化和多元化，以及砂泥岩交互多层的特点。

柴达木盆地东部三湖地区第四系湖盆演化经历了三个阶段：拗陷湖盆产生阶段（K_{13}—K_{10}）、湖盆扩张阶段（K_{10}—K_1）和湖盆收缩阶段（K_1—K_0）。在拗陷湖盆产生阶段，湖区水体相对较浅，物源供应相对充足，岩性较粗，多发育细砂岩，砂岩厚度较大，通常为泥岩厚度 2~3 倍；构造高点相对不稳定。在拗陷湖盆鼎盛期，水体逐步变深，物源供应相对均衡，但碎屑岩粒级相对变细，以粉砂岩为主，且砂岩厚度逐渐变薄、泥岩厚度逐步变厚，两者之比接近 1:1；水体较深；构造高点相对稳定。在拗陷湖盆稳定期，湖盆水体持续较深，物源供应相对较少，除总体岩性变细外，砂岩厚度小于泥岩厚度。在拗陷湖盆收缩期，水体变浅，并咸化，构造定型，并形成现今格局。

涩北气田含气层段位于涩北组中、上段（K_{10}—K_2），属于湖盆扩张阶段，表现为：

（1）湖泊边缘发育环状滨湖、水进退积；

（2）湖泊北缘主要为泥质湖岸和部分滨湖沼泽，而南缘以砂质湖为主，在昆仑山前和锡铁山、埃姆尼克山前发育冲积扇、辫状河及三角洲；

（3）昆仑山为湖泊水体和物源的主要供给区。

（二）成 岩 特 征

疏松砂岩储层是颗粒胶结松散的弱成岩储层，其形成的主要原因是埋藏浅、压实弱，颗粒胶结程度差、成岩性差，处于早成岩 A 期，还没有经过交代作用、重结晶作用、压溶作用等，具有松散易碎的特点。

1. 压实作用

压实作用是指碎屑沉积物在上覆沉积的重荷压力下，发生的水分排出、孔隙度降低和体积缩小的作用。在压实过程中，随着沉积物的被压缩和孔隙度的降低，将相应地引起沉积层渗透率的降低、沉积层强度的增加和抗侵蚀能力的增强。对于不同粒度的砂岩，压实作用存在明显的差异，一般而言，细砂较易被压实，其孔隙度有较大幅度的降低，而粗砂的孔隙度降低幅度则相对较少。压实作用在微观上表现为碎屑颗粒的转动、位移、重排等，其矿物颗粒在排列方式上，由分散状向半定向、定向、定向变形过渡。随着埋藏深度的增加，碎屑颗粒逐渐由点接触向点-线、线接触关系过渡。沉积物随埋藏深度的增加而增加，当上覆层的压应力超过孔隙水所能承受的静水压力时，将引起颗粒接触点位置上的晶格变形和溶解，砂质沉积物进入化学压实和压溶作用的阶段。疏松砂岩的形成主要是由于埋藏浅，地层的压实作用处于以机械压实为主的阶段，颗粒接触关系主要呈点接触或点-线接触，化学压实和压溶作用一般很弱。

以涩北一号气田为例，第四系沉积速度快，埋藏深度浅，地层压实作用主要为机械压实，宏观上表现为随埋藏深度的增加，其孔隙度略有减少的趋势。埋深小于1100m，砂、泥岩孔隙度差异很小，一般大于30%，颗粒接触关系以点接触为主，矿物排列方式呈分散状。1100m以下不同岩性的孔隙度具有一定的差异，泥岩孔隙度随地层埋深的增加，其孔隙度递减较快，下降到25%左右，而粉砂岩孔隙度仍然保持在25%～30%。颗粒接触关系以点-线、线接触关系为主，矿物排列方式出现定向排列，碎屑颗粒如长石，定向性趋于明显。

总体上，压实作用不强是疏松砂岩储层的主要成因之一。

2. 胶结作用

压实作用只能引起碎屑沉积物孔隙度的降低和岩石强度的增加，但不能使碎屑颗粒固结成岩，只有借助沉淀在孔隙内胶结物的胶结作用，才能使碎屑物质固结在一起。可以说，胶结作用是由碎屑沉积物转变为固结的碎屑岩的主要作用，是沉积物在沉积后由于自生矿物在孔隙中沉淀而导致沉积物固结，并使储层物性降低的作用。胶结物主要包含泥质胶结物和碳酸盐胶结物两种类型。

1）泥质胶结

第四系长期处于内陆封闭湖相沉积环境中，储层岩石颗粒细、黏土含量高。涩北一号气田黏土矿物成分有伊利石、绿泥石、高岭石、蒙皂石、伊/蒙混层矿物等5种黏土矿物类型。其中，伊利石为主要的黏土矿物，发丝状分布，其相对含量达36%～70%，平均为51%；其次为绿泥石，相对含量10%～31%，平均19%，呈片状或板状；高岭石相对含量6%～16%，平均10.3%，呈板状或块状；蒙皂石和伊/蒙混层含量变化大，分布范围2%～48%，呈絮状或片状分布。涩北一号气田黏土矿物成分及含量在各层系基本无明显的变化，不同层组间、同一层组的不同砂组之间各种黏土矿物成分、矿物含量的分布范围都基本相当。

2）碳酸盐胶结

碳酸盐胶结物主要成分为方解石和白云石，以方解石为主，方解石以泥晶分散状分布于泥质之中，形成碳酸盐泥，而纯的碳酸盐胶结物，多呈粒状星点状分散于颗粒之中。

涩北一号气田储层内自生胶结物主要为碳酸盐，即方解石、白云石、菱铁矿及少量黄铁矿（表9-3），其中方解石含量2%～15%；SS2井薄片中菱铁矿含量较高，达2%～9%；受弱还原沉积环境影响，黄铁矿分布较普遍，但含量很低，最高为2%；白云石主要发育在三、四气层组，含量为2%～8.7%。

表9-3　涩北一号气田粉砂岩中胶结物及胶结类型一览表

气组	井号	井深/m	样品数	杂基含量/%	胶结物含量/%				胶结类型	接触关系
零	S23	537～542.66	2	$\dfrac{26\sim28}{27}$	$\dfrac{2\sim4}{3}$	—	—	—	孔隙式	点
		558.86～567.85	2	$\dfrac{5\sim25}{15}$	4	—	—	—	孔隙式、接触式	点

续表

气组	井号	井深/m	样品数	杂基含量/%	胶结物含量/%				胶结类型	接触关系
三	SS2	1143.13~1154.45	2	$\frac{25\sim35}{30}$	$\frac{5\sim15}{10}$	—	$\frac{1\sim2}{1.5}$	$\frac{2\sim6}{4}$	孔隙式	点-线、点
		1165.95~1165.99	1	34	10	—	1	4	孔隙式	点
		1184.65~1185.60	3	$\frac{27\sim34}{31.7}$	$\frac{8\sim15}{11}$	$\frac{2\sim4}{3}$	—	$\frac{3\sim9}{6}$	孔隙式	点-线
		1123.79~1215.60	3	$\frac{31\sim38}{35.7}$	8	8.7	1	$\frac{2\sim8}{4.1}$	孔隙式	点-线、点
	S23	1225.22~1233.07	2	35*	5	—	少量	—	孔隙式	点
		1289.54~1298.74	3	$\frac{4\sim35^*}{16}$	$\frac{2\sim5}{3}$	—	2	—	孔隙式	点-线
	S4-15	1155.44	1	26	11	2	1	—	孔隙式	点
		1321.7	1	25	2	5	1	—	孔隙式	点
四	S23	1473.2~1490	2	$\frac{4\sim14}{9}$	$\frac{1\sim10}{5.5}$	$\frac{1\sim6}{3.5}$	—	—	孔隙式、接触式	点-线
平均值				25.9	6.6	4.4	1.3	4.5	—	—

＊表示碳酸盐泥，即碳酸盐胶结物与泥质混杂而无法分辨；一、二气层组无薄片资料。

其他胶结物主要有方沸石等，分布较为普遍，但含量较少，多呈零散状分布，部分呈草莓状集合体局部富集。

粉砂岩胶结类型有孔隙式、接触式及基底式三类，涩北气田储层以孔隙式为主，高达85%，接触式次之，占11%，基底式胶结类型很少。

3）溶蚀作用

溶蚀作用是胶结物中以碳酸盐溶蚀为主，这种溶蚀作用比较普遍，但溶蚀量较小，并且局限在胶结物中。

4）成岩阶段划分

涩北气田第四系总体属于早成岩A亚期，根据泥岩压实程度及碳酸盐矿物序列、矿物排列方式以及颗粒接触关系等，纵向上划分为两个阶段，即弱压实阶段和强压实阶段。

弱压实阶段：地层埋深在400~1100m，地层压实作用较弱，岩石固结程度极低，岩心松散易破碎。泥岩、砂岩孔隙度均较大，普遍高于30%。碎屑颗粒以点接触为主，矿物排列方式呈分散状，孔隙类型以原生孔为主，次生孔隙不发育，自生碳酸盐含量较低，植物根茎局部碳化。

强压实阶段：地层埋深在1100~1700m，地层压实作用较强，泥岩压实程度较高，孔隙度相对较低。而砂岩仍然比较疏松，孔隙度较高，碎屑颗粒以点-线接触为主，逐渐向线接触过渡，矿物排列方式出现半定向、半定向-定向，长石颗粒定向性趋于明显，自生碳酸盐含量相对较高，大于10%。有部分次生孔隙发育，植物根茎碳化明显。

四、储层特征

涩北气田疏松砂岩储层，岩石粒度细，泥质含量高，储集空间以原生孔隙为主，储层具有高孔隙度、中低渗透率、岩石强度低的特点。

（一）岩石特征

涩北气田储层岩性主要为浅灰色、灰色的泥质粉砂岩和粉砂岩。储层岩石粒度细，泥质含量高。砂岩类型主要为岩屑质长石砂岩和长石质岩屑砂岩，还存在长石岩屑质石英砂岩，黏土矿物成分中伊利石含量高。

1. 岩石矿物成分

粉砂成分以石英为主，绝对含量 21%～32%，相对含量 27.8%～57.1%，平均 46%；其次为长石，包含斜长石和钾长石，绝对含量 10%～28%，相对含量 18.1%～40%，平均 26.5%。其中，斜长石含量相对较多，绝对含量 7%～23%；钾长石含量相对较少，绝对含量仅 2%～6%（表 9-4）。从岩石成分看，长石等不稳定矿物含量较高，显示出岩石成分成熟度低。

表 9-4　涩北气田岩石矿物成分全分析结果表

序号	井深/m	岩性	非黏土矿物含量/%						黏土矿物总量/%
			石英	斜长石	钾长石	方解石	白云石	铁白云石	
1	777.77	浅灰色泥质粉砂岩	27	10	6	10	3	3	41
2	798.14	灰色泥质粉砂岩	32	7	5	12	—	—	44
3	823.48	浅灰色粉砂岩	31	23	5	5	6	—	30
4	828.58	浅灰色粉砂岩	32	15	3	7	3	—	40
5	1284.9	浅灰色泥质粉砂岩	20	9	4	2		37	28
6	1311.5	灰色泥质粉砂岩	21	8	2	13	—	—	56

碳酸盐岩成分主要为方解石及菱铁矿，含少量白云石（表 9-5）。方解石呈泥晶结构，含量一般为 5%～20%，最高为 32%；菱铁矿分布较广，大多沿微裂缝和砂质条带分布，呈花朵状，含量一般为 2%～10%，最高可达 30%。白云石含量 2%～50%，一般小于 15%，分布不均匀，部分样品未见。黄铁矿呈团块状分布，其含量比菱铁矿少得多，普遍为 0.5%～5.0%。此外，岩石中还含有少量碳屑，含量一般 0.5%～2%，最大可达 4%。

表 9-5　涩北气田岩石中碳酸盐岩成分统计结果表　　　　　　　（单位:%）

样号	方解石		白云石		菱铁矿		黄铁矿		碳屑	
	范围	平均	范围	平均	范围	平均	范围	平均	范围	平均
1-17	6～32	14	5～8	6.5	2～30	6.7	1	1	1	1
1-14	5～30	13.29	2～5	3.83	2～5	3.83	—	—	1	1

样号	方解石		白云石		菱铁矿		黄铁矿		碳屑	
	范围	平均	范围	平均	范围	平均	范围	平均	范围	平均
3-14	3~25	10.71	5~50	16.9	2.5~10	5.88	0.5~2	1	0.5~1	0.6
4-11	8~25	13.73	—	—	2~10	5.06	0.2~2	0.8	0.3~2	0.91
2-5	5~16	10.6	—	—	5~15	10.2	1~2	1.3	1	1
3-18	5~20	10.5	3~15	9	3~12	6.3	1~5	1.7	1~4	1.6
3-13	5~18	7.9	4~4	4	2~13	7.1	0.5~4	1.3	05~1	0.9
3-32	5~20	9.4	3~15	7.33	2~13	6.65	0.5~5	1.46	0.5~4	1.09
1-13	4~25	10.9	—	—	1~8	4	0.5~1	0.95	0.5~2	1.17
2-12	4~14	8.45	—	—	2~8	4.08	0.5~2	1.13	0.5~3	2.07

粉砂岩储层杂基主要为泥质，S23 井、SS2 井薄片资料分析表明，杂基含量较高，为 4%~38%。粉砂岩储层颗粒磨圆度均为次棱角-次圆状，分选系数普遍大于 1.5，其结构成熟度属次成熟至不成熟（表9-6）。

表9-6　涩北气田粉砂岩碎屑组分

井号	井深/m	样品数	碎屑颗粒/%			碎屑总量/%	成分成熟度
S23	537.00~542.66	2	—	—	—	70	—
	558.86~567.85	1	30	60	7	91	—
	1225.22~1233.77	2	—	—	—	60	—
	1289.54~1398.74	2	35	43.5	11.5	87	0.64
S4-15	1155.44	1	—	—	—	60	—
	1321.7	1	—	—	—	67	—
S23	1473.20~1490.00	3	39.3	40.6	14.6	94.5	0.71
平均值			34.8	48	11	75.6	0.6

2. 储层砂岩类型

砂岩类型主要为岩屑质长石砂岩和长石质岩屑砂岩（图 9-3），还存在长石岩屑质石英砂岩。

3. 粒度

砂岩粒度普遍很小，全部在粉砂粒级以下。粒度均值范围为 5.08~28.47μm，平均 11.32μm；粒度中值范围为 3.36~21.63μm，平均为 8.05μm；粒度峰值平均 13.36μm，分布于 2.78μm 和 61.33μm 左右。

综上所述，涩北气田储层岩石类型以长石细粉砂岩为主，杂基含量高，成分成熟度和结构成熟度均很低。

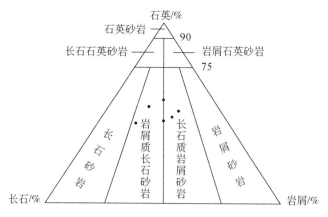

图9-3　涩北气田砂岩成分分类图

（二）岩石力学特征

为定量评价疏松砂岩的岩石力学特征，选取代表性的岩心进行应力–应变实验，实验结果详见表9-7。具体特征表现为：储层破坏为典型的塑性破坏，没有明显的塑性屈服破坏点，岩石屈服后仍能承受一定的载荷。产生剪切破坏主要是由于其应变量过大使颗粒之间的链接逐渐减弱，导致最终岩石颗粒产生分离而破坏。

表9-7　岩石力学参数测试结果统计表

序号	深度/m	岩性	围压/MPa	样式模量/MPa	泊松比	抗压强度/MPa	内聚力与内摩擦角
1	521.85	灰色泥质粉砂岩	单轴	330	0.25	2.95	
2	531.72~531.97	深灰色砂质泥岩	2	65	0.14	4.4	$C_0 = 1.25 \text{MPa}$
3			5	120	0.11	10.4	
4	554.88	深灰色泥岩	10	390	0.13	19.5	$\phi = 11.3°$
5	531.72~531.97	深灰色砂质泥岩	20	760	0.21	31	
6			30	1350	0.23	52.8	
7	1074.47~1074.55	深灰色泥质粉砂岩	单轴	440	0.19	5.4	
8			2	850	0.21	16.3	
9			5	1690	0.29	31.6	$C_0 = 8.3 \text{MPa}$
10			10	1620	0.28	38.65	$\phi = 16.9°$
11			20	2240	0.24	64.1	
12			30	2240	0.24	77.1	
13	1333.70~1333.75	灰褐色泥质粉砂岩	单轴	120	0.26	2.78	
14			2	450	0.3	13.7	
15			5	600	0.18	25	$C_0 = 5.3 \text{MPa}$
16			10	930	0.2	35	$\phi = 19.5°$
17			20	1490	0.19	48.8	
18			30	1910	0.17	75.2	

粉砂岩及泥质粉砂岩单轴抗压强度为 2.78 ~ 5.4MPa，杨氏模量为 120 ~ 440MPa，泊松比为 0.19 ~ 0.26，内聚力为 1.25 ~ 8.3MPa，内摩擦角为 11.30° ~ 19.50°。

不同类型储层岩石力学参数见表 9-8，对比疏松砂岩气藏储层岩样的岩石力学参数测试结果可以看出：涩北气田砂岩储层表现为软砂岩的基本特征，岩石强度低。

表 9-8 不同类型岩石的泊松比和弹性模量

岩石类型	泊松比	张性模量/MPa	岩石类型	泊松比	张性模量/MPa
硬砂岩	0.15	4.4×10^4	硬灰岩	0.25	7.4×10^4
中硬砂岩	0.17	2.1×10^4	中硬灰岩	0.27	—
软砂岩	0.20	0.3×10^4	软灰岩	0.3	0.8×10^4

总之，疏松砂岩杨氏模量和抗压强度都很低，极易遭到破坏，如果没有预先的防砂措施，当流体流动产生的拖曳力大于地层内聚力时，容易使地层产生张性破坏而引起储层出砂，且随着进一步出砂地层剪切破坏，进而造成地层大量出砂。

（三）储层孔隙结构特征

涩北气田主要孔隙类型有粒间孔、晶间孔、溶孔及微裂缝。原生粒间孔广泛分布，是最主要的有效孔隙。由于泥质含量高，晶间孔也十分发育，有效地提高了储层的孔隙度。溶蚀孔隙在气藏中深部较发育，扩大了原生储集空间。微裂缝和溶缝局部发育，与原生粒间孔、溶蚀孔等孔隙有效沟通，提高了储层的渗流能力。

1. 孔隙类型

通过岩心铸体薄片、图像和环境扫描电镜观察分析，涩北气田储层有效孔隙类型丰富，主要的孔隙类型有粒间孔、晶间孔、溶孔、溶缝及微裂缝。

（1）原生粒间孔。该类孔隙在疏松砂岩气田储层内非常发育，在孔隙结构分析样品中出现频率达 81.1%。由于储层机械压实作用较弱，原生粒间孔隙保存良好，主要存在于粉砂岩、泥质粉砂岩及砂质条带中，多为沉积过程的泄水通道，连通性好，大多被菱铁矿等化学沉积物支撑呈张开状态，孔隙直径 3 ~ 60μm，多处于 10 ~ 50μm 的分布范围内，岩样统计面孔率为 0.5% ~ 22%，平均 4.55%。这类孔隙由于孔径大、连通性好，在各小层内广泛分布，是最主要的有效孔隙。

（2）晶间孔。该类孔隙主要存在于泥质层中，常见的为伊/蒙混层内和伊利石晶体间孔隙，在白云石等碳酸盐晶体间也见此类孔隙。晶间孔隙直径一般较小，为 1 ~ 10μm，在气田储层中分布频率远低于粒间孔。

（3）溶孔、溶缝。溶孔和溶缝为不稳定矿物在成岩演化中被溶蚀而形成，孔隙直径普遍较大，但数量少于原生粒间孔隙。孔隙直径最大可达 1mm，多为 50 ~ 500μm，岩样统计表明溶孔面孔率最大 5%。溶孔、溶缝主要由后生的溶蚀作用形成，从电镜观察上看，这类孔隙主要在埋深大于 900m 的井段发育，小于 900m 的层组发育程度低。溶蚀孔隙尽管数量略少，但孔隙直径大，在这类孔隙发育区内极大地改善了多层疏松砂岩气田的储集空间。溶蚀成分主要为碳酸盐，出现溶孔的样品数仅占样品总数的13%。

（4）微裂缝。主要存在于一些粉砂质泥岩和具有砂质条带的泥岩中，微裂缝的最大可见缝宽为20~40μm，延伸长度可达1mm，与砂质条带沟通，提供了很好的渗流通道。这种缝多为成岩缝，其形成与沉积特征有关，由于沉积速度快，沉积物颗粒较细，压实过程中孔隙中的水排泄不畅，如果是大段的泥岩，就容易形成异常高压，而砂泥薄层交互或泥岩中存在一些砂质条带时，泥岩孔隙中的水就可通过砂层向外排泄，形成一些排水通道。水的流动产生一些碳酸盐、菱铁矿等化学沉淀物，对缝隙起支撑作用，在储层没有进一步压实的条件下，这些作为排水通道的裂缝大多呈张开状态，因此可以成为很好的渗流空间。约2/3的微裂缝发育在粉砂质泥岩层中，泥质粉砂岩中微裂缝不发育。

2. 孔隙结构特征

储层岩样毛细管压力与孔隙结构实验结果如下：排驱压力中等–较低，为0.07~7.6MPa，平均2.65MPa；中值压力为1.0~20.94MPa，平均为11.33MPa；孔喉半径为0.10~10.21μm，平均1.34μm；孔喉中值半径为0.03~0.72μm，平均中值半径0.11μm（图9-4）；分选系数为1.45~3.22，平均2.03；偏态为-0.41~-6.22，平均为-2.79，为负偏态；峰态为2.16~26.81，平均为12.95。

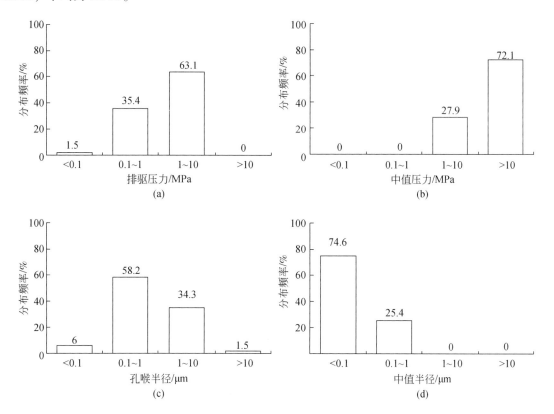

图9-4 岩心毛管力与孔隙结构参数分布直方图

（四）储层分布特征

涩北气田的储层岩性以粉砂岩和泥质粉砂岩为主，分布井段长、层数多，单层厚度小，平面分布稳定。

1. 纵向分布井段长、层数多

涩北气田埋藏深度在2000m以内，含气井段超过1000m，含气小层达50层以上（表9-9），属于典型的多层气田。

涩北一号气田，共划分为5个气层组19个砂层组93个小层，埋藏深度429.0~1599.0m。涩北二号气田纵向上共划分为4个气层组27个砂层组82个小层，埋藏深度408.0~1419.3m。台南气田共划分为5个气层组27个砂层组61个小层，埋藏深度833.0~1740.7m（表9-9）。

表9-9　涩北气田储层分布统计表

气田名称	小层数/个	含气小层/个	含气井段/m	跨度/m
涩北一号	93	79	429.0~1599.0	1170.0
涩北二号	82	64	408.0~1419.3	1011.3
台南	61	54	833.0~1740.7	907.7

2. 储层平面分布稳定

涩北气田纵向上储层发育稳定，各气层组之间及各井之间砂地比均变化不大，为32%~38%，全井段砂地比为34.9%。储层砂体平面发育也很稳定，连续性较好，横向变化较小，砂岩平面展布的非均质性不强。通过钻井证实，储层钻遇率高，横向连通性好。

统计涩北一号气田105口井的测井解释结果，各小层砂岩发育程度均较高，砂岩钻遇率绝大多数在90%以上，93个小层中有61个小层砂岩钻遇率为100%，占总小层数的65.6%，只有4个小层砂岩钻遇率小于50%，仅占小层总数的4.3%。

3. 有效储层单层厚度小

涩北气田储层单层平均厚度较薄。以涩北一号气田为例，气层的有效厚度范围为0.7~7m，多数为2~4m。对各小层有效厚度进行面积加权，各含气小层平均有效厚度为1.4~5.5m。其中平均有效厚度主要在2~4m的共51个小层，占含气小层总数的64.56%，厚度大于5m的仅有3个小层，占含气小层总数的3.80%，厚度小于2m的有12个小层，占含气小层总数的15.19%。

平面上砂层发育稳定，有效厚度高值区呈带状、土豆状分布，大体延展方向NWW-SEE，与构造长轴方向相近。构造中心厚度较大，往两翼逐渐减薄，但北翼有效厚度大于南翼（图9-5）。

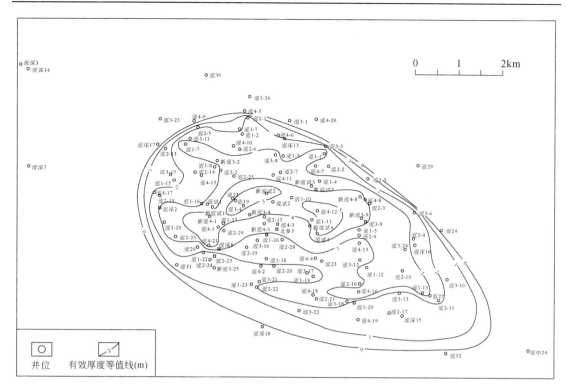

图9-5 涩北一号气田0-3-1小层有效厚度等值线图

（五）储层物性特征

1. 物性分布特征

统计取心井样品孔隙度、渗透率分析数据，孔隙度分布范围为 8.3% ~ 38.6%，平均为 30.95%；渗透率分布范围为 0.01 ~ 387mD，平均为 24.32mD。

粉砂岩和泥质粉砂岩中，孔隙度主要分布在 28% ~ 34%，占分析岩样的 72.2%，孔隙度小于 26% 的样品仅 5.0%。渗透率主要分布于 1.0 ~ 10mD，占 69.9%，其次分布于 10 ~ 100mD，占 26.8%，属于中、低渗透率（图9-6）。

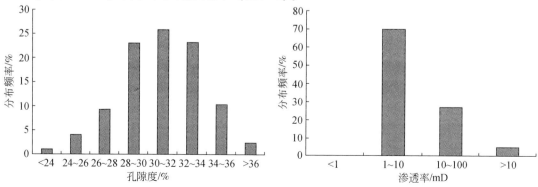

图9-6 涩北气田疏松砂岩气藏储层物性分布直方图

2. 物性与埋深关系

涩北气田为第四系滨、浅湖沉积，埋藏浅，储层胶结弱，粒度细。受压实作用的影响，孔隙度和渗透率随埋藏深度增大而减小。

以涩北二号气田为例，测井解释各层孔隙度为 24.3% ~ 37.3%，平均为 29.6%。零至三气层组平均孔隙度分别为 33%、30%、29% 和 26%，随深度增加孔隙度变小。测井解释各层渗透率为 2.87 ~ 55.5mD，平均为 16.0mD。零至三气层组平均渗透率分别为 29.39mD、14.95mD、8.87mD 和 5.47mD，随深度增加渗透率变小。

（六）非均质特征

1. 隔层分布特征

涩北气田隔层主要有泥岩、粉砂质泥岩、灰质泥岩和碳质泥岩等四种类型。纯泥岩是最好的隔层；由于涩北气田砂岩、泥岩频繁交互，以泥质粉砂岩、粉砂岩和粉砂质泥岩为绝对优势岩性，纵向上纯泥岩较少，纯泥岩往往是两个砂体间隔层的一部分，包围在粉砂质泥岩中间；粉砂质泥岩是涩北气田气层间隔层的主要岩石类型，多为含灰粉砂质泥岩和碳酸盐粉砂质泥岩；灰质泥岩与碳质泥岩含量较少。

涩北气田各小层间均有较为稳定的隔层分布。涩北一号气田各小层间平均隔层厚度 1.8 ~ 18.1m，多在 10m 以下。其中，隔层厚度小于 5m 的有 35 层，占总隔层数的 37.6%；厚度 5 ~ 10m 的隔层有 46 层，占总层数的 49.5%；厚度 10 ~ 15m 的隔层有 8 层，占总层数的 8.6%。厚度大于 15m 的隔层共有 4 层，占总层数的 4.3%；厚度大于 5m 的隔层 58 层，占总数的 62.4%，在气田各气层间能起到良好的遮挡作用。

2. 储层非均质特征

涩北气田总体表现为较强的储层非均质特征。层内非均质性较严重，部分小层岩心渗透率级差超过 1000；层间非均质程度总体呈中等水平，局部非均质性较强，且具有由浅至深渗透率非均质性逐渐增强的趋势；平面上，砂岩展布连续，有效储层连通性好，同一小层中各井的渗透率相差也较大，平面非均质程度为中等–强。

1）层内非均质性

层内非均质性主要指气层内部垂向上渗透率的差异，根据 SS2、S30、S3–15 等 3 口井 351 块岩心渗透率分析数据，采用渗透率级差、突进系数、变异系数对气田储层层内非均质性开展研究。从岩心分析统计结果（表 9-10）看，在有限分析样品的条件下，渗透率级差为 12.09 ~ 7740，变异系数为 0.87 ~ 4.35，突进系数为 2.01 ~ 28.1，说明小层层内非均质性较严重，这与岩心观察到的砂泥岩混杂、纯砂岩少、储层中水平–微波状层理十分发育是一致的。

表 9-10　涩北气田取心井层内渗透率非均质性参数计算结果表

井号	气层组	小层号	样品数	K_{max}/mD	K_{min}/mD	$K_{平均}$/mD	级差	变异系数	突进系数
SS2	二	2-4-4	8	13.3	1.10	6.63	12.09	0.88	2.01
	三	3-1-2	16	387.0	0.05	32.46	7740.0	2.86	11.92
		3-1-3	37	28.3	0.04	7.53	707.5	1.18	3.76
		3-1-4	23	46.8	0.02	9.62	2340.0	1.39	4.86
		3-2-1	48	65.90	0.22	7.54	299.55	1.73	8.74
		3-2-3	10	88.30	0.20	11.82	441.50	2.19	7.47
S30	一	2-1-7	30	8.85	0.24	3.16	37.66	0.87	2.80
	二	2-1-1	40	392.0	0.18	13.95	2202.25	4.35	28.10
		2-1-2	43	21.6	0.14	3.88	151.05	1.20	5.57
		2-1-4	8	142	1.11	20.71	127.93	2.22	6.86
		2-1-5	14	24.8	1.39	6.45	17.84	0.91	3.84
S3-15	一	1-3-3	16	229.0	6.08	51.24	37.65	1.18	4.47
		2-1-1	13	222.0	1.36	51.54	163.24	1.24	4.31
	三	3-3-2	12	246.0	0.03	46.2	7321.43	1.67	5.32
		3-3-4	4	209.0	7.22	64.04	28.95	1.45	3.26

2）层间非均质性

层间非均质性是指各小层之间渗透率的差异性，即各种沉积条件和环境下的储层在剖面上变化的规律性。

采用小层平均值进行层间渗透率统计表明：层间渗透率具有一定的非均质性，各层组内小层的渗透率级差最大可达 10.59，变异系数为 0.33～0.74，突进系数为 1.40～2.21，属于中等较强的层间非均质性（表 9-11）。

表 9-11　涩北一号气田取心井层间渗透率非均质性分析结果表

井号	气层组	砂层组	层序	K_{max}/mD	K_{min}/mD	级差	变异系数	突进系数
SS2	三	3-1	3	32.46	7.53	4.31	0.68	1.96
		3-2	3	11.82	4.92	2.4	0.60	1.46
S30	二	2-1	5	20.71	1.96	10.59	0.74	2.21
S3-15	一	1-3	3	51.24	17.99	2.85	0.40	1.50
	三	3-3	3	64.04	26.90	2.38	0.33	1.40

3）平面非均质性

各小层平面上渗透率级差最小为 6.17，最大达 348.22，突进系数分布范围为 2.19～22.98，变异系数分布范围为 0.40～10.37。从平面非均质性参数统计上看，平面非均质程度为中等-强。由于沉积时物源供给物质的差异及水动力条件的强弱差异，气田中各小层平面非均质程度也存在明显的差异。统计变异系数小于 0.5 的有 9 层，占总数的 9.6%，变异系数为 0.38 ~ 0.49，非均质程度弱；变异系数处于 0.5 ~ 0.7 的有 26 层，占总数的 27.7%，为中等非均质程度；变异系数大于 0.7 的有 59 层，处于强非均质程度，占总数的 62.7%。

统计渗透率级差、突进系数也有类似的分布特点，这说明平面渗透率非均质程度主要为中等–强，少数层为较均质。

五、气水分布特征

涩北气田属于自生自储的大型生物气田，其特殊的成藏地质条件与成藏过程，形成了涩北气田特殊的气水关系。气水分布主要受构造控制，高部位含气，低部位含水；同时还受岩性、物性以及水动力等因素的影响，部分小层气水界面具南高北低的现象。

（一）含气主要受构造控制

涩北气田气水分布主要受构造控制，在同沉积背斜中，天然气主要分布在背斜构造的高部位，边部被水体环绕，形成典型的层状边水气藏。由于构造幅度低、地层倾角小，含气外边界和含气内边界之间形成较宽的气水过渡带。纵向上受稳定分布的泥岩隔层的遮挡，每个小层形成各自独立的压力系统，各含气小层均有独立的气水界面（图9-7）。

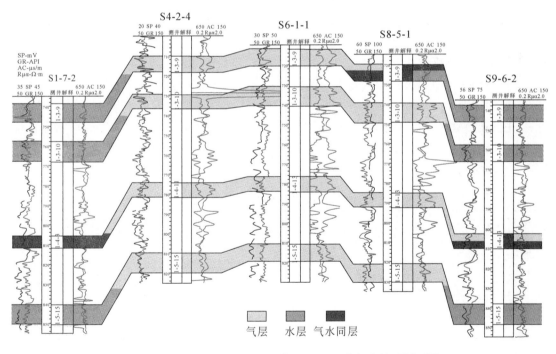

图 9-7　涩北二号气田 S1–7–2 井—S9–6–2 井气水关系剖面图

（二）气水界面南高北低

涩北气田气层分布不仅受构造控制，同时也受岩性、物性及区域水动力等因素的综合影响，导致南、北两翼含气边界高度不一致，气田构造南翼气水界面比北翼气水界面高，南翼含气范围小于构造北翼（图9-8）。

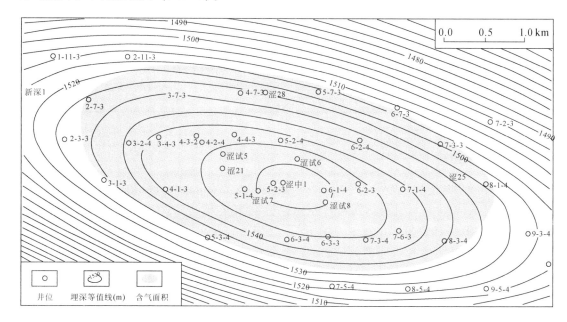

图9-8　涩北气田3-2-1小层含气面积与构造等值线叠合图

台南气田不存在"南高北低"现象，涩北一号和涩北二号气田均存在气水界面"南高北低"现象，但涩北二号气水界面倾斜程度比涩北一号小。涩北一号气田存在气水界面倾斜的气层有60个，占气总层数的75.9%，南翼气水界面比北翼高1.4～30.7m，多在10～25m，平均高差16.0m。超过30m的小层有2个，最大为3-3-1小层，南北翼气水界面差值达30.7m。南北气水界面基本一致的小层分布在二、四气层组，共有7个小层，占含气小层总数的8.9%。涩北二号气田在64个含气小层中，气水界面倾斜的有59个，占总层数的92.2%，均是南翼高于北翼，高度差为1.0～21.5m，平均为11.9m。气水界面倾斜的含气小层主要集中在零至二气层组，48个含气小层中有47个气水界面倾斜。其中，南北气水界面差别在3m以上的约有35个气层，南北气水界面相差10m以上的气层有15个。

（三）层间差异大

受生储盖等成藏条件差异的影响，纵向上各含气小层之间含气性差异较大，主要表现在含气面积、气柱高度、含气饱和度和叠合有效厚度分布等方面。

1. 含气面积差异大

涩北气田各含气小层含气面积相差很大（表9-12）。以涩北二号气田为例，含气面积最小为1.3km²，最大为35.8km²。气田构造高部位气层层数多，气层厚度大，构造翼部气水边界犬牙交错。S21井位于构造高点，有气层64层，气层累计厚度高达278.2m；S7-2-3井位于构造边部，有气层8层，累计厚度仅为17.6m。

表 9-12　涩北气田含气小层分布统计表

气田名称	含气小层/个	含气面积/km²	累计厚度/m	平均气层厚度/m
涩北一号	79	0.3～37.8	101.9	2.89
涩北二号	64	1.3～35.8	90.1	3.5
台南	54	1.2～33.3	94.4	4.2

2. 气柱高度相差较大

受含气面积和地层倾角差异的影响，各小层气柱高度相差较大。涩北一号气田最小含气高度仅为 3.0m，最大含气高度达到 87.1m，含气高度相差超过 20 倍。据统计分析，气柱高度小于 20m 的有 12 个小层，主要分布在浅部零气层组和深部第四气层组的下部；气柱高度在 20～40m 的有 25 个小层，主要分布在零、一、三、四气层组；气柱高度在 40～60m 的有 23 个小层，在各层组均有分布；气柱高度大于 60m 的有 7 个小层，主要分布在深部的二、三、四气层组。

从小层含气高度直方图（图 9-9）上可看出，由浅至深，从零气层组到三气层组，气柱高度逐渐增加，而从四气层组起，气柱高度逐渐减小。主要是受气源条件、圈闭幅度和盖层条件等成藏因素影响，纵向上含气性出现差异；中部气源丰富、圈闭幅度大而盖层条件优越，则含气范围广、气柱高度大。

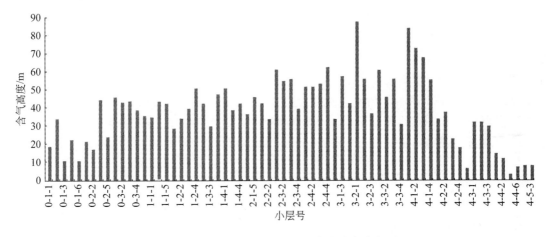

图 9-9　涩北一号气田小层含气高度分布直方图

3. 含气饱和度差异

含气饱和度有随气层埋藏深度的增加而递增的趋势。以涩北二号气田为例，各含气小层测井解释含气饱和度为 42.4%～68.1%，充满程度有较大差异。第二、三气层组含气饱和度明显高于第零、一气层组。一气层组内各含气小层含气饱和度差异最大。

第三节　多层疏松砂岩气藏开发规律

储层岩石疏松、纵向上多层和气水交互的地质特征，决定了多层疏松砂岩气田生产过程中的开发特征。一方面，受应力条件变化和流体拖曳作用的双重影响，近井地带的储层可能会遭受破坏，开采过程中地层易出砂。另一方面，由于含气层数多、气层四周被边水所包围、气水关系复杂，在渗流特征上表现为多层渗流和复杂的出水情况。多层疏松砂岩气藏开发特征主要围绕气井出水和出砂两个方面开展讨论。

一、出水特征

对于边水气藏，水侵是影响气藏开发效果的重要因素之一。对于涩北多层疏松砂岩气田，由于构造幅度低、边水范围大、纵向层数多、构造翼部气水层交互、气水边界难以准确识别等特殊的地质条件，气井具有潜在的出水风险，而防砂、冲砂和各种措施作业也会加剧气井出水的复杂性。因此，从地质条件与开发特征出发，分析了多层疏松砂岩气田气井的出水类型；依据气井出水类型的组合方式，总结出了气井出水模式；在此基础上，进一步分析了气井和气藏的出水规律，分析水侵影响因素；最后阐述了气井出水对于开发生产的影响。

（一）出水类型

疏松砂岩气藏多表现为含气层段多，气层多而且薄、储层岩性疏松、弱边水驱动的特点，并且纵向上表现为砂泥岩互层、气水层互层、高中低产层交互，致使层间差异大，单个地层容易出砂，特别是大压差高产井和产水井出砂现象较为普通。目前部分井在产气的过程中，已经出砂，而地层中产出的砂能够通过高速气体被带出地面，并未在井底发生堆积。多层疏松砂岩气藏多层合采过程中如何确定极限出砂条件下的最大产量，以及在部分出砂和产水时制定多大的产量能将地层中的水和砂粒带出地面等问题成为这类气藏开采中的难点。

疏松砂岩气藏产量递减严重的外因主要是出水影响。气井的出水特征表现各异且水源多样，使得出水对气井生产的影响也不同。因此需要了解气井的出水水源特征，掌握气井出水规律，有利于更好地做好气井出水的防治工作。疏松砂岩气藏内气井的出水水源很多，根据气田的出水特征，充分利用生产资料、测井资料、地质资料，采用动态和静态资料有机结合的方法，总结出疏松砂岩气藏产出水的水源主要有工作液、凝析水、层内原生可动水、层内次生可动水、层间水、水层水窜以及边水。

1. 凝析水

在地层或者井底温度压力条件下，气体中含有部分气态的地层水，其随着气体同时被采出到地面。随着井深的减小，温度、压力也会逐渐减小，气态的地层水会从气体中析出，从而使气井出水，这部分出水成为凝析水。在气藏的某个开采周期，凝析水气比基本恒定，可以依据产气量来计算凝析水量的大小。凝析水的矿化度一般都较低，凝析水量也较少，对气井生产的影响不大。其矿化度一般小于20g/L。凝析水的产量变化为出水量小于0.5m³/d，

水气比低于 $20m^3/10^6m^3$，出水量与产量同步变化。

2. 工作液

在钻井或者对气井进行作业时，压裂液、泥浆滤液、压井液会侵入到地层。在气井开井投产后，由于井底压力降低，受到压差的作用，这些工作液会随气体流出地层，进入到井筒，并返排到地面。气井一投产就见水，极有可能就是工作液返排，但进一步的确认还需要结合水质分析。工作液返排的产出特征表现为初期水量较大，随后逐渐减少，直至消失。

3. 层内原生可动水

由于气藏内充气不足或泥岩层的隔断，在气藏原始条件下，可动水聚集在储层构造低部位的原生层中，称作层内原生可动水。通常情况下，由于层内原生可动水不与井底相连通而不参与流动。但当层内压差达到某一临界值后，将形成一定的连通通道，层内原生可动水开始产出。其出水特征为气井逐渐见水，水量通常不大，出水量往往伴有一定的波动，随着生产的继续，出水量下降，表明层内原生可动水将被逐渐采完。层内可动水的产量变化出水量在 $0.2 \sim 0.8m^3/d$ 波动，水气比在 $50m^3/10^6m^3$ 波动。

4. 层内次生可动水

此类出水主要存在于含水饱和度比较高的砂岩或者碳酸盐岩气藏中。随着气藏开发的进行，气藏压力逐渐下降，此时疏松砂岩结构发生变形，束缚水发生膨胀。当气藏压力降到一定程度后，储层岩石中的部分束缚水便形成了层内次生可动水，并随气一同被产出。其出水特征为水量逐渐增加，但是水气比始终保持低值，水气比有轻微波动。

5. 层间水

层间水存在于气层之间的泥质夹层中，通常以束缚水的形式存在。当射开气层进行生产时，由于压差的存在，层间水也一同被采出。其出水特征为气井突然见水，水量急剧增加，并伴随着出水量的大幅度波动，但开采后期出水量往往会下降，表明层间水被采完或压差不足以继续维持出水。层间水的产量变化为水量在 $2m^3/d$ 以内波动，水气比在 $50m^3/10^6m^3$ 波动，出水量没有显著上升。

6. 边水

此类出水对气井的生产影响较大。该类气井出水一般都发生在气藏生产的中、后期，其出水也往往带有一定的区域性，通常伴随有临井的大量出水；由于边底水的水源一般较为充足，其出水量波动也不明显，水量稳定持续上升。边水的产量变化为早期无水，水量逐渐上升至 $10m^3/d$ 左右，水气比超过 $200m^3/10^6m^3$，并持续上升，上升幅度与到边水的距离以及与边水连通程度有关。

7. 水层水窜

疏松砂岩岩性疏松，纵向上气水层间互分布。气井生产一段时期后，临近水层往往会通过水泥第二胶结界面窜至气层，造成气井大量出水。其产量变化为水量逐渐上升到 $5m^3/d$

左右，水气比逐渐超过 $100m^3/10^6m^3$，由于流动通道有限，之后的出水及水气比大幅度波动，不再上升。

（二）出　水　模　式

气井出水类型分析表明：不同的出水类型具有不同的出水特征。对于单一的出水类型，依据出水特征就可以定性地确定其出水的来源；但在多层疏松砂岩气田开发过程中，由于在纵向上层间渗透性和含气性的差异很大，在平面上射孔层距气水边界的距离也不同，再加上各类措施的影响，气井的出水是极其复杂的。产出水是多种条件共同作用的结果，而在不同的生产阶段，表现为出水类型的不断变化。

按出水类型的组合关系划分，气井出水主要可以归结为三类模式：产凝析水模式、产可动水模式和边水侵入模式。

1. 产凝析水模式

气井产出水主要为凝析水。这类气井产水量低，一个月只产几立方米水，水气比基本稳定，一般在 $2m^3/10^6m^3$ 以内。产凝析水的气井，出水对气井生产基本没有影响，日产气相对稳定。

2. 产可动水模式

气井产出水以可动水为主。这类气井的特征是生产层位储层中含有一定可动水，或是生产过程中出现可动水。根据出水类型组合方式，又可分成两种情况。

1）初期产凝析水，随后可动水开始流动

气井投产初期水气比小于 $2m^3/10^6m^3$，主要为凝析水。生产一段时间后，出水逐渐上升，但水气比基本小于 $25m^3/10^6m^3$。这类气井，由于出水量相对较小，一般产出水对于日产气量影响较小。

如 S24 井（图 9-10），1996 年 11 月投产后，日产气 $3×10^4 \sim 6×10^4 m^3$，日产水小于 $0.1m^3$，水气比平均为 $1.74m^3/10^6m^3$，产出水主要为凝析水。2002 年 9 月以后，水气比上升，水气比达 $2 \sim 10m^3/10^6m^3$，平均水气比 $5.68 m^3/10^6m^3$，产出水属于可动水。

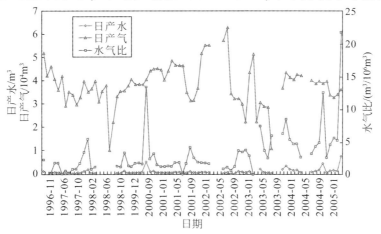

图 9-10　S24 井日产量和水气比随时间变化曲线

2）气井投产即产可动水

气井一投产水气比就大于$2m^3/10^6m^3$，一般日产水小于$1m^3$，水气比基本在$2\sim25~m^3/10^6m^3$范围内，属于可动水。此类气井生产过程中产水对生产影响不大，日产气相对稳定或稍有下降。

例如，XS3-9（o）井（图9-11），日产气$5\times10^4\sim6\times10^4m^3$，日产水小于$0.4m^3$，水气比为$2\sim12m^3/10^6m^3$，平均为$6.34m^3/10^6m^3$，产出水为可动水。

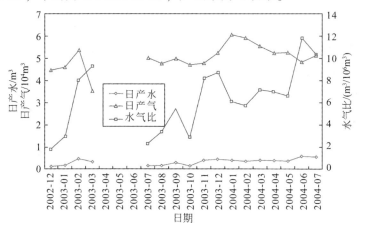

图9-11　XS3-9（o）井日产量和水气比随时间变化曲线

3. 边水侵入模式

这类气井的生产层位离气水边界相对较近，造成边水侵入，水气比上升较快。由于出水量相对较大，气井出水后，日产气量往往下降很快，影响气井生产，严重的甚至导致气井水淹关井。为保障该类气井的正常生产，需要采取有效的排水采气措施，降低出水对于气井开采的影响。

根据出水类型组合方式，边水侵入模式又可分成三种情况。

（1）初期主要为凝析水，随着气藏开采，边水侵入气井。气井投产初期水气比小于$2m^3/10^6m^3$，主要为凝析水。生产一段时间后水气比急剧上升，水气比一般大于$30m^3/10^6m^3$，日产水量大于$1m^3$，表明有边水侵入。

例如，S4-7（t）井（图9-12），2003年11月投产，日产气$7\times10^4m^3$，水气比较低，相对比较稳定，主要为凝析水。气井10个月后见水，日产水$8\sim11m^3$，2004年9月水气比快速上升到$100m^3/10^6m^3$以上，日产气明显下降，产出水为边水。

（2）投产初期即产可动水，随着气藏开采，边水逐步侵入。气井投产初期水气比大于$2m^3/10^6m^3$，生产一段时间后水气比逐渐上升，气井的生产层段含有可动水，水气比继续上升，大于$30m^3/10^6m^3$。

例如，S3-6（o）井（图9-13），2002年2月投产11月日产气约为$7\times10^4m^3$，水气比早期平均$4.3~m^3/10^6m^3$，随后上升到$20.3~m^3/10^6m^3$，主要为可动水。2004年3月，水气比快速上升，达到$50~m^3/10^6m^3$以上，平均水气比达到$100~m^3/10^6m^3$，日产气明显下降，由2003年12月的$7\times10^4m^3$降低到2005年2月的$2\times10^4m^3$，可见边水侵入严重影响气井产量。

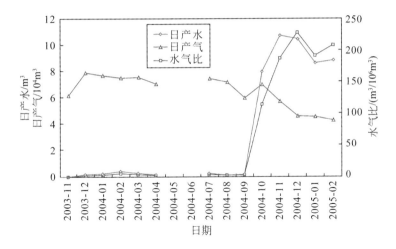

图 9-12　S4-7（t）井日产量和水气比随时间变化曲线

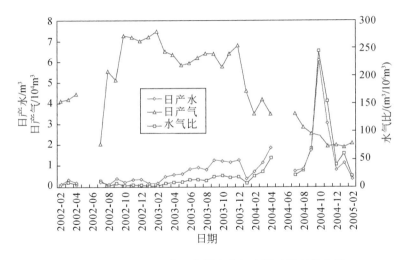

图 9-13　S3-6（o）井日产量和水气比随时间变化曲线

（3）初期主要为凝析水，然后可动水逐渐开始流动，随气藏开采，边水侵入。气井投产初期水气比小于 $2m^3/10^6m^3$，主要为凝析水，生产一段时间后水气比逐渐上升，出现可动水，最后边水侵入气井，水气比大于 $30m^3/10^6m^3$。

例如，S29 井（图 9-14），2001 年 7 月投产，日产气 $3.5×10^4m^3$，水气比平均 $1.23m^3/10^6m^3$，为凝析水。随后产出可动水，水气比达到 $14m^3/10^6m^3$。2003 年 10 月，边水侵入，导致水气比继续上升，平均水气比达到 $34m^3/10^6m^3$，日产气由 2003 年 1 月的 $3×10^4m^3$ 降低到 2005 年的 $2×10^4m^3$。

（三）出水规律

与层状气藏和块状气藏不同，多层气藏出水有其特殊的规律。为准确认识出水规律，采用逐步递进的原则，首先从单井出水分析开始，然后分析气藏的出水特征，总结出水规律。

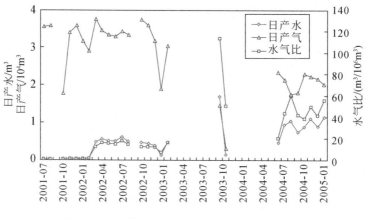

图 9-14　S29 井日产量和水气比随时间变化曲线

1. 气井出水特征

在进行多层合采时，气井出水规律从总体上遵循上述单井出水模式。此外，对于多层合采井，各射孔层储层物性的差异和含气饱和度的不同，以及距气水界面距离差异，导致气井出水的差异，应用产气剖面测试成果可以很清楚地直接观察到这些差异。对于受边水侵入影响的气井，主要表现为部分小层出水，当多层出水时又表现出具有一定的先后顺序。

1）部分产层出水

由于存在层间非均质性，纵向上层与层之间渗透率和饱和度存在差异，在相同的生产条件下，各个小层的产液量也差异很大。分层采气强度差异，以及距边水距离和边水能量的不同，也导致不同含气小层边水侵入的差异性。

因此，按单井水气比和单层水气比分析结果判识产出水类型会有明显的差异，仅仅依靠单井出水量和水气比等生产数据分析气井的出水特征往往具有一定的局限性。具体产出水类型应以单层分析成果更为可靠，因此在进行出水类型判识时应充分应用产气剖面测试成果，并结合测井成果与生产动态特征才能更加准确、可靠地做出正确的判断。

2）边水逐步侵入

层间非均质和开采强度差异，导致各射孔层边水侵入的差异，不同小层出水时间存在差异，当多个小层出水时，表现出边水逐层侵入的特征，出水量也随之变化。产出水既降低了出水层的产气量，也影响了全井的产气能力。

2. 气藏出水规律

在气井出水规律认识的基础上，对同一开发层系或射孔单元气井的出水情况进行系统分析，从而认识气藏的出水规律。

1）气井普遍产水，构造高部位以凝析水为主

涩北气田的气井普遍产水，即使是处于构造高点的气井，也产少量的水。在构造高部位，由于含气饱和度高，远离边水，因此气井产水量很低且较稳定，水气比一般低于 20m³/

$10^6 m^3$（图9-15），产出水主要为凝析水和可动水，出水对气井产量影响不大。

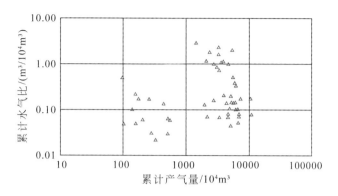

图9-15　涩北二号 B 层组水气比-累计产气量分布图

2）构造翼部边水侵入是气藏出水的主要原因

气藏翼部气井出水的类型包括边水侵入和层间水窜，其中边水侵入是出水类型和影响气井生产的主要因素。在气田开发过程中，依据气藏特点和储量分布特征，优化推荐"顶密边疏，远离气水边界"的布井方式。即使如此，也难以避免边水侵入的影响，主要原因包括以下三个方面：一是由于不同小层含气面积差异较大，在层系组合后仍有部分小层含气面积相对较小，部署在构造边部的气井客观上难免距离气水边界较近；二是向构造翼部含气饱和度小，并且气藏具有较宽的气水过渡带，且测井曲线中存在"低阻气层、高阻水层"的电性特征，导致准确确定气水边界的位置比较困难，即使采用距气水边界 500~800m 的方案进行井网部署，也难免由于认识问题导致部分气井距气水边界较近；三是层间非均质及平面非均质性均较强，部分井虽然远离气水边界，也可能由于储层物性好、采气强度高而边水侵入。

因此，在多层合采条件下，边水侵入难以避免。在开发过程中，需要认真考虑如何将其影响降低到最低程度，如涩北二号 B 层组，累计产水量高的气井主要分布在气藏边部，产出水主要为边部侵入的地层水。相对而言，南部比北部出水高，西部比东部出水高（图9-16）。

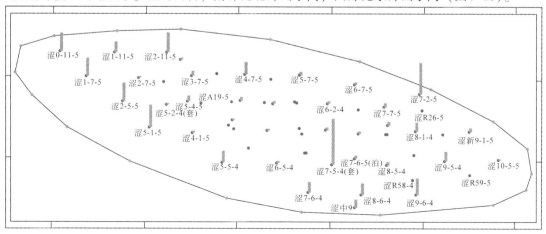

图9-16　涩北二号 B 层组累计产水量分布图（2010-11）

3）部分气层水侵是气藏水侵的主要特征

多层合采是多层气藏开发的主体技术之一。由于涩北气田含气层数多，在细分层系、优化层系组合后，采用气井多层合采是必然选择，即使应用油套分采或三层分采技术，只是在一定程度上减了射孔层数，仍然需要多层合采。

多层合采过程中，层间含气面积和储层物性的差异是导致不同小层水侵存在差异的主要原因，开采过程中并非所有的射孔层均产水，而只是部分层产水。主要的出水层可分为两类：一是含气面积小、距气水边界近的层易出水；二是储层物性好、局部开采强度高的井层易出水。

（四）水侵气藏影响因素

研究疏松砂岩气藏水侵影响因素，对于评价各种地质、工程等对气田水侵的影响，制定下部调整措施，具有重要的意义，一般而言，影响疏松砂岩气藏水侵的主要影响因素包括水体能量、采气速度、储层物性、采出程度、地层压力分布等。

1. 水体能量大小

理论上，水体越大，地层水的弹性能量就越大，在气藏衰竭式开发过程中，地层水的弹性膨胀体积随水体规模的增大而增强，使得气藏边水的推进距离增大。边水的推进距离取决于地层水弹性能量的释放程度，当地层水的能量能够充分发挥时，边水的推进距离随着水体的增大而上升。而地层水弹性能量的推进，则需要从气区到水域的外边界有一定的压力梯度。随着水体规模的增大，由于存在沿程的压力损耗，气区与水域之间的相对压力梯度逐渐减小，使得地层水的弹性能量不能进一步发挥，因而当水体增大到一定程度后，随着水体的增大，边水推进距离的增大幅度很小。

不同大小的水体将导致稳产年限不同，水体越大，边水能量越充足，相同开采强度下见水越快，产量递减越快，稳产期也越短；水体能量越小，相同开采强度下见水越慢，产量递减越慢，稳产期也就越长。

对于具有边水的气藏，水体越大，水侵越显著，则气藏采收率越低，模拟开采 25 年，具有 1PV 水体的气藏采收率达到 47.9%，而 10PV 水体气藏的采收率只有 43.7%。由此可见，水体能量的评价与核实对于提高疏松砂岩气藏的开发效果非常重要。

2. 采气速度

尽管整个气田的采气速度已经按照产能建设的任务规划好了，为了均衡开采、一致边水的推进，各个层组及井间的相对采气速度仍然具有较大的调整空间。从气藏工程的角度研究了气井的合理配产，在不超过合理配产上限的前提下，通过调整井数和单井配产，以达到控制各个层组边水推进状态的目的。

运用气藏数值模拟技术，在三维气藏地质模型建立的基础上，以涩北二号气田 XX 层组为对象，研究采气速度对开发指标的影响，设计采气速度分别为 1.5%、2.0%、2.5%、3.0% 和 3.5%。采气速度代表了气田的开采强度，直接决定了气田的稳产年限和出水动态。采气速度越低，稳产时间越长，递减速度越慢，气藏产水量就越低；相反，采气速度越高，稳产期越短，递减速度也就越快，气藏产水量就越高。

为评价涩北二号气田采气速度实际变化对气藏动态带来的影响，以涩北二号XX层组为例，进行不同开发时间的采气速度与年产水量的统计分析。整体趋势是2008年以前，随着采气速度的增加，年产水量增加，2008～2010年，采气速度恒定，年产水量保持不变，2010年后，采气速度进一步增加，产水量随着进一步增加。

3. 储层物性

储层物性特别是渗透率对气藏水侵同样带来较大的影响，应对渗透率的大小进行敏感性评价。随着储层渗透率的增大，不同开发时期地层中边水的推进距离也在增加，渗透率增大10倍，开发30年时边水的推进距离由660m增大到1530m。

渗透率对边水的影响相对较大，这是由于随着渗透率的增大，储层的导流能力增强，边水的弹性能量能够得到充分的发挥，边水的推进距离随渗透率的增大而增大。

当渗透率增大到一定程度后，边水推进距离增加幅度减小，这主要是因为储层渗透率增大到一定程度后，地层水的弹性能量已经能够得到最大程度的发挥了。

涩北二号气田在制定开发井的射孔方案时，对于储层非均质性较强的开发层系，应充分考虑储层渗透性的影响。物性好的储层应尽量远离边水，以防止高渗透层过早见水，从而影响整个生产井的使用效率。

为评价涩北二号气田实际开发过程中储层物性对水侵动态带来的影响，分别对水侵明显的44口气井的水侵速度进行了统计，一类砂体14口井的平均水侵速度为0.92m/d，二类砂体23口井的平均水侵速度为0.76m/d，三类砂体7口井的平均水侵速度为0.66m/d，可见储层物性越好的砂体，水侵速度越快。

4. 采出程度

采出程度受到气藏采气速度和开采时间的影响，开采时间越长，采气速度越大，则采出程度就越大。涩北二号气田各小层，各气井开采时间不一样，气井的配产不一样，对局部采出程度都有较大的影响，从而影响边水的推进速度。分别统计了3-6和3-5小层采出程度与边水推进速度之间的关系，两个小层的动态储量采出程度与边水推进速度呈指数递增关系，即随着采出程度的增加，边水推进速度越快。

5. 地层压力分布

涩北二号气田开发过程中地层压力的分布主要是两方面的因素引起的：一方面是气藏局部的采出，直接导致采出区周围的地层压力降低；另一方面，由于边水能量强，气水区形成压差后，边水又会补充气区的地层压力。

从3-5小层地层压力与水侵区的分布关系来看，构造中部井网较密，采出强度大，已经形成明显的压降漏斗，构造东南端早前井网不完善，后期完善后采出程度低，地层压力较高，对边水的侵入起到一定阻挡作用；构造西北端及北部压力相对较低，同时边水较强，导致边水更容易侵入。例如，构造东北的涩9-1-3井，水侵后的地层压力高于无水侵时压力0.65MPa，而构造西北端涩1-11-3井，水侵后的地层压力高于无水侵时压力0.92MPa，涩1-11-3井高于涩9-1-3井。3-5层西部水侵和未水侵的地层压差总体高于东部，在距气水边界较近、物性相近的条件下，较早发生了水侵。

（五）气井出水对生产的影响

1. 降低气井产能

出水气井由于增加了水相流动，提高了气体的流动阻力，降低了气相的有效渗透率，从而降低了采气指数和气井的绝对无阻流量（表9-13）。

表9-13　涩北一号气田气井出水前后无阻流量对比

序号	低产水阶段		高产水阶段		产能降幅/%
	无阻流量 /($10^4 m^3/d$)	出水量 /(m^3/d)	无阻流量 /($10^4 m^3/d$)	出水量 /(m^3/d)	
1	84. 94	0. 11	25. 19	2. 1	70. 3
2	24. 42	0. 34	20. 51	1. 63	16. 0
3	70. 33	0. 16	24. 16	2. 58	65. 6
4	118. 3	0. 03	29. 64	0. 64	74. 9
5	63. 46	0. 12	48. 64	0. 84	23. 4
6	38. 95	0. 07	16. 42	1. 12	57. 8
7	29. 27	0. 18	19. 98	1. 82	31. 7
平均	61. 38	0. 14	26. 36	1. 53	48. 6

2. 降低气井产量

涩北气田的气井通常是多层合采，如果出水层是主力气层，出水对产量降低幅度影响大；只要主力气层没有大量出水，尽管气井产水量增大，气井的整体产量也不会出现大幅递减。

3. 加剧气井出砂

对于疏松砂岩气藏，气井出水除了影响天然气的产出以外，还加剧了气井出砂。室内岩心出砂试验，特别是水驱出砂试验表明：水驱气时出砂量较单相气体流动时高得多，且水的流量越大，岩心出砂越严重。结合矿场实践，当气井的水气比大于$30m^3/10^6 m^3$时，气井的临界出砂压差会明显降低，一般要降低80%~90%，这也证明了实验室岩心实验结果的正确性。

从涩北二号气田出砂气井的砂面上升速度与日产水量关系（图9-17）可以看出：气井出水量越大，砂面上升速度越快，两者呈正相关关系。统计表明：当日产水量小于$1m^3$时，气井砂面平均年上升速度为31.4m/a；而当日产水量大于$1m^3$时，气井砂面上升速度明显增大，平均年上升速度为87.5m/a；说明气井出水加剧了气井出砂。

4. 降低气藏的采收率

随着水量不断增多，井筒内流体密度不断增大，井筒内耗增加，回压上升，生产压差

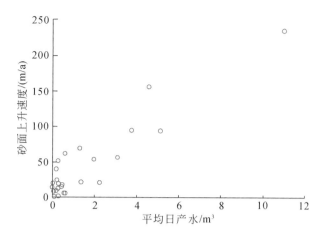

图 9-17 出砂气井平均日产水与砂面上升速度关系

变小。当井筒回压上升至与地层压力相平衡时，气井水淹而停产，虽然气井仍有较高的地层压力，但气井控制范围的剩余储量靠自然能量已不能采出，而被井筒及井筒周围的水封隔在地下，通常称为"水淹"，这也是天然气产出过程中的一种水封形式，将降低气藏的采收率。

资料统计表明：弹性气驱气藏采收率为 70% ~ 95%，而水驱气藏采收率一般为 45% ~ 70%。涩北气田由于埋藏浅，原始地层压力相对较低；含气层数多，气水关系复杂，气井出水会影响气田采收率。

但是，涩北气田储层以原生孔隙为主，裂缝不发育，属于均质、孔隙型储层，虽然层间及平面渗透率差异导致边水侵入，水侵类型主要为均匀推进，对于采收率的影响有限。

二、出 砂 特 征

涩北气田储层为第四系疏松砂岩地层，由储层胶结程度弱、岩石强度低，疏松砂岩气藏在开发过程中地层出砂是一种普遍现象。地层出砂或被带出地面，或沉到井底，都会不同程度地影响气井生产。带出地面者对井筒造成损害，同时还影响地面集输系统；沉到井底者埋没气层，直接影响生产。

（一）出 砂 类 型

油气井出砂通常是由井底附近地带的岩层结构遭受破坏引起的，其中弱胶结或者中等胶结地层的出砂现象较为严重。由于这类岩石胶结性差、强度低，一般在较大的生产压差时，井底周围地层就容易发生破坏而出砂。地层中出的砂包括地层砂和骨架砂两种。地层砂指充填于颗粒孔隙间的黏土矿物或者岩屑，这些颗粒由于胶结弱，当地层孔隙中存在流体流动时，由于流体的拖拽作用很容易从地层中脱落随流体一起产出。不少人认为地层砂的适当产出，有利于疏通地层中的渗流通道，起到提高地层渗透率的效果。骨架砂是指砂岩中的骨架颗粒，这种颗粒只有在地层遭到剪切破坏之后，骨架颗粒之间失去岩石的内聚力，颗粒很容易在流体的冲蚀作用下脱离骨架表面。骨架砂的产出对地层有很多不利的影响，由于骨架颗粒较大，在随流体运移的过程中容易引起喉道的堵塞，其次大量的骨架砂出来之后将会引起地层的坍塌，从而破坏地层的生产能力。

总的来说，气井出砂一般是由井底附近地带的岩层结构遭受破坏所引起的，其中出砂现象比较严重的多为弱胶结或者中等胶结地层。这主要是因为这类地层岩石胶结强度较差，受到大的生产压差作用时，极易造成地层破坏从而导致出砂。骨架砂和地层砂是出砂的两个主要来源。岩石中的骨架颗粒，当其在遭受到拉伸破坏和剪切破坏作用时，由于颗粒相互之间内聚力的减小，在流体的冲蚀作用下颗粒比较容易从骨架表面脱离。

（二）出砂影响因素分析

地层出砂受多种因素影响，通过对岩石破坏的力学机制分析可知，主要影响因素包括地层应力条件、地层岩石强度、生产压差和地层出水等四个方面。

1. 地层应力条件

地应力是决定岩石原始应力状态及变形破坏的重要因素之一。钻井前，岩石在四周地应力作用下处于应力平衡状态。钻井过程中，靠近井壁的岩石其原有应力平衡状态首先被破坏，井壁岩石将首先发生变形破坏。

开采过程中随着地层孔隙压力的不断下降，孔隙流体压力降低，导致储层有效应力增大，引起井壁处的应力集中和射孔孔眼的破坏包络线的平移。地层压力的下降虽然可以减轻拉伸破坏对出砂的影响，但在疏松地层中剪切破坏的影响却变得更加严重。因此，气藏的原始地应力状态及孔隙压力状态是影响岩石是否存在剪切破坏而出砂的重要因素。

剪切破坏主要与储层所承受的有效应力有关，在气藏开采过程中，地应力一般保持不变，随着天然气的不断采出，地层压力不断下降，从而导致净上覆有效应力增加，当其超过岩石的抗剪切强度时，就会形成剪切破坏而导致地层出砂。

涩北气田储层埋藏浅，压实作用弱，岩石密度相对低，平均为 $1.8\mathrm{g/cm^3}$，则上覆地层应力相对同深度正常压实地层要低。而气藏压力稍高于正常静水压力，气藏压力系数约 1.14，孔隙流体压力相对较高。因此，净有效上覆应力（上覆地层应力相与孔隙流体压力差）较小，变化范围也相对较小，由此影响相对较小。

2. 地层岩石强度

一般来说，地层埋藏越浅，压实作用越差，地层胶结就越弱，则岩石强度就越低。从胶结物类型看，以泥质胶结的砂岩较疏松，强度较低，碳酸盐岩胶结的砂岩强度相对较好。此外，泥质胶结物的性能不稳定，易于受外界条件干扰而破坏其胶结程度。伊利石吸水后膨胀、分散，速敏和水敏性强，易产生微粒运移；伊/蒙混层属于蒙皂石向伊利石转变的中间产物，极易分散；高岭石晶格结合力较弱，易发生颗粒迁移而产生速敏。因此，主要由泥质胶结的疏松砂岩储层更易于出砂，碳酸盐岩胶结出砂临界条件要相对高些。

涩北气田储层以泥质胶结为主，泥质含量高，伊利石、蒙皂石等易分散型黏土矿物多，岩石强度低，粉砂岩单轴抗压强度为 1.7 ~ 2.9MPa，杨氏模量为 21 ~ 79MPa，内聚力为 0.54 ~ 0.86MPa。岩石强度很低，易于出砂。

3. 生产压差

在其他条件相同的情况下，生产压差越大，则气体流速越大，在井壁附近流体对岩石的拖拽力就越大，当超过地层的抗张强度时就会形成黏结破坏或拉伸破坏而导致地层出砂。由于流体渗流而产生的对储层岩石的冲刷力和对颗粒的拖拽力是气层出砂的重要原因。

因此，生产压差越大，出砂风险越大。另外，在较大的生产压差条件下，还将导致地层出水的加剧，进一步增加气井出砂的风险。为避免或降低地层出砂，对于疏松砂岩气藏的生产井应适当限制生产压差，降低单井配产。

在同样的生产压差下，地层是否出砂还取决于建立压差的方式：快速建立压差时，压力未能迅速传播出去，井壁附近的压力梯度较大，易破坏岩石结构而引起出砂；缓慢建立压差时，压力可以逐渐地传播出去，井壁附近压力梯度比较小，不至影响岩石结构。因此，气井工作制度的突然变化，将使储层岩石的受力状况发生变化，导致或加剧气井出砂。另外，关井阶段井底积水浸泡气层，会降低岩石强度，也会增加出砂的风险；为降低出砂危害，应减少开关井次数，尽可能保持气井平稳生产。

涩北气田在试气或者生产过程中，若放大气嘴，降低井口压力，则相应地增大了井底的生产压差，将导致气井出砂加剧。从出砂气井平均生产压差与砂面上升速度的关系可以看出，生产压差越大，砂面上升速度就越快。

4. 地层出水

出水是加剧气井出砂的另一个最主要的因素。出水使得地层中由单相气流动变为气水两相流动。出水后渗流阻力的增大，导致了气水两相流动的携砂能力比单相气流的携砂能力更强，地层的临界出砂速度将会降低，地层将更容易出砂。

岩心速敏实验表明，水的临界流速基本都在 $0.50cm^3/min$ 以下，在实验过程中，随着流速的增大出砂增强，说明涩北气田储层在有水流动的情况下，更容易出砂。

（三）出　砂　特　征

气井维护作业及探砂面资料显示，涩北气田的所有气井都或多或少地存在出砂和砂面上升的现象。由于天然气的携砂能力很差，只有极少部分的砂能够被带出到地面，因而大部分产出砂都沉在井底，造成砂面上升。

1. 出砂特征

根据对涩北气田气井出砂特征分析，出砂有以下 5 种情况。

（1）仅在试气过程中出砂，在生产过程中不出砂，如涩北一号气田的 SS4 井、S4-7 井，主要原因是试气过程中工作制度频繁改变、激动过大，使储层岩石的受力状况发生变化，导致气井出砂。

（2）试采投产初期出砂，在生产过程中不出砂，如涩北一号气田的 SS2 井 S4-1 井、S4-6 等井，主要是钻井过程中破坏了近井区域的应力状态，导致储层变形而出砂，当重新建立平衡后，即停止出砂。

（3）在生产过程中开关井频繁，关井一段时间后再开井生产后气井出砂，出砂原因：一是停产后导致井底积液，降低了地层的临界出砂压差；二是由于开井激动造成的，如涩北二号气田 SZ9 井、S28 井等。

（4）在生产过程中改变工作制度，提高产量后气井出砂，包括放大压差提高单井产量的先导试验，以及稳定试井放大工作制度增加产量，如涩北二号气田 S26 井，生产气嘴由 4mm 换到 6mm 后气井出砂，出砂原因主要是生产压差超过了临界出砂压差。

（5）在生产过程中气井产水量增大时出砂，如涩北二号气田 SZ1 井在产水量增大时出砂。

生产过程中气井出砂对于开发影响较大，因此需要合理控制生产制度，条件适宜的气井实施防砂工艺措施，并保持气井稳定生产，以便降低气井的出砂风险。

2. 生产压差对于出砂的影响

由于流体渗流而产生的对储层岩石的冲刷力和对颗粒的拖拽力是气层出砂的重要原因，因此，生产压差越大，出砂风险越大。

现场观测到，在试气或者生产过程中，若放大气嘴，降低井口压力，则相应增大了井底生产压差，将会导致气井出砂加剧。从出砂井平均生产压差与砂面上升速度的关系图中可以看出，生产压差越大，砂面上升速度就越快（图9-18）。控制生产压差在地层压力的 10% 以内时，砂面上升速度较慢，平均为 14.5m/a；当生产压差超过地层压力的 10% 以后，砂面上升速度将急剧上升，平均达到 34.2m/a；现场还观测到，防砂作业显著降低了气井砂面的上升速度，起到较好的防砂、控砂效果。

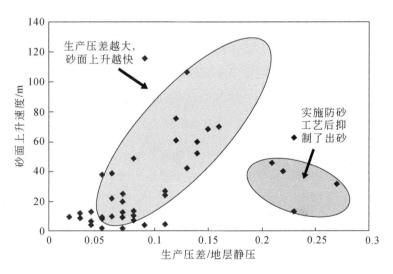

图9-18　2007～2008 年砂面上升速度与生产压差/地层静压（小数）关系统计数据

3. 出水的影响

出水是加剧气井出砂的最主要因素之一。对于黏土矿物含量高的疏松砂岩，水侵后将打破原有平衡，加剧水化膨胀，砂粒间的附着力减小，地层的强度被大大降低，导致胶结砂变成松散砂；另外，气水两相流对孔隙喉道的剪切应力增加，使得砂岩的胶结更容易遭到破坏；气水两相流动的携砂能力比单相气流的携砂能力强，也使地层更容易出砂。

三、整体开发特征

概括起来疏松砂岩气藏的开发具有以下三点特征。

（一）气 井 出 水

（1）气井普遍出水，部分出水井影响了气井正常生产。

（2）具有多种出水类型，包括凝析水、可动水、边水、层间水等。其中产凝析水或可动水日产水量非常小且稳定；产边水表现为水量明显上升，长期来说产气量呈下降趋势；产层间水表现为含水上升出现突变，产水量大，产水对产层产气影响较大；产工作液表现为部分时段含水较高但很快递减，并逐渐趋于平稳。

（3）出水井以边水为主，表现为局部水侵特征。以涩北一号气田为例，背斜长轴方向累计产量大，但水量很小，南北两翼是主要产水区。

（4）部分层段出水，主要为靠近气水边界较近的层。深度产层水淹致不产气，单井日产随着日产水的加剧下降明显。

（5）多层合采气井出水模式复杂：①构造高部位的气井，以稳定产气为主，一般始终处于稳定低产水阶段，稳定产水阶段和产水变化阶段可能不出现或出现极晚；②构造翼部，距最近气水界面均有一定距离时，稳定低产水阶段和稳定产水阶段依次出现，稳定产水阶段出现时间取决于射孔距最近的气水界面距离及其储层物性条件；③在气水边界附近射孔的气井，或射开层即为气水同层，则无稳定低产水阶段，直接进入气水同产的稳定产水阶段；④出水层为复合地层条件，或有新的出水层时，出水气井可能进入产水变化阶段。

（二）气 井 出 砂

（1）气井普遍出砂，给安全生产带来隐患；出砂量大小难以计量，只有极少部分砂被带出地面，大部分沉到井底，且所有井都存在出砂现象。

（2）气井出水在某种程度上加剧了地层出砂。

（3）水力冲砂在一定程度上加剧了地层出砂，但对于长期产能影响不大。

（三）储量非均匀动用

（1）储层非均质性及部分产层出水，纵向及平面储量动用差异大。

（2）在目前生产条件下，部分气层尚未动用。主要是因为储层非均质性严重影响低渗层的储量动用。具体表现为：渗透率级差越大，动态储量越小，表明低渗层动用越差。①气藏工程研究结果表明，级差为10时，动态储量仅为仅为地质储量的73%（图9-19）。②物理模拟实验成果证实，低渗层产量贡献率随级差增加而降低（图9-20）。③数值模拟描述分层的储量动用情况与前两者一致：采气速度相同时，随渗透率级差的增大，高渗层的储量动用程度增加，而低渗层的减少（图9-21）；通过对分层采出程度的无因次化可以看出，随级差的增大，低渗层贡献减少；高渗层与低渗层无因次曲线相交点应为极限极差点（3~4），即高渗和低渗都得到合理动用的渗透率级差限。

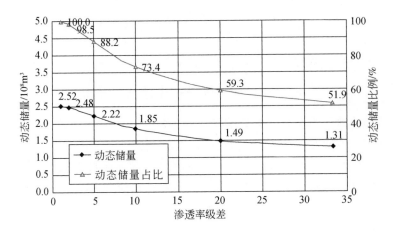

图9-19　渗透率级差与动态储量关系图

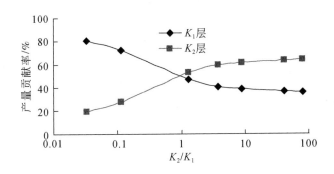

图9-20　渗透率级差与产量贡献率关系图

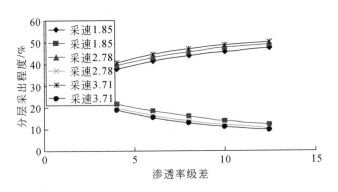

图9-21　渗透率级差与分层采出速度关系图

第四节　多层疏松砂岩气藏开发技术对策

涩北气田开发面临三大技术难点：出水、出砂和多层。针对三大技术难点，应合理制订相应的开发技术对策，遵循"整体优化、降低风险、高效开发"的技术思路。针对出水：一是准确识别气水层，搞清气水分布；二是采取综合防治措施，排除隐患。针对出砂：一是控制生产压差；二是加强防砂、控砂技术；针对多层的问题，首先要开展精细气藏描述，在此基础上合理细分开发层系，最后有效应用水平井，提供更多可动用的储量（万玉金等，2016）。

一、整　体　治　水

（一）出水措施研究

由于地质特征、气水地下分布，以及井位部署等因素的不同，不同气田或者区块上的气井都有各自的出水特征及规律，出水对气井的生产造成的影响也不同。有些气井出水较少，对气井的产量影响不大；但有些气井出水严重，大大影响了气井的生产。如何做好气井出水的防治是气井生产的主要工作之一。

目前国内外气田所采取的治水措施及工艺繁杂，出水的形式不同，其相应的治水措施也不相同，归纳起来可以分为三种措施：一是控水采气；二是堵水；三是排水采气。

1. 控水采气

气井在出水前和出水后，为了使气井更好地产气，都存在控制出水问题。对水的控制是通过控制气流带水的最小流量或控制临界压差来实现，一般通过井口角式节流阀控制井口生产压力来实现。

以边水推进方式活动的出水气井，可通过分析氯离子，利用单井系统分析曲线，确定临界产气量（压差），控制气井，使气井产气量在小于此临界值条件下生产，保持无水采气。

2. 堵水

利用堵水控制生产井出水的方法大致分为两类：第一类，如果气层与水层能明显分开，可在水层选择性地放置一种非渗透性的永久性阻挡物，包括水泥浆、固体颗粒、树脂、高强度有机或无机凝胶。第二类，如果气层与水层不易分开，用水溶性聚合物，不需要隔离气和水。这种情况下，聚合物分子吸附在气藏岩石表面，形成选择性的阻挡层，只阻止水的流动。

对水窜型气层出水，应以堵为主，通过生产测井搞清出水层段，把出水层段封堵死。对水锥型出水气井，先控制压差，延长出水显示阶段。在气层钻开程度较大时，可封堵井底，使人工井底适当提高，把水堵在井底以下。

3. 排水采气

所谓排水采气是指开发的中、后期，根据不同类型的气水井特点，采用相适应的人工或机械的助喷工艺，排出井筒积液，降低井底回压，增大井下压差，提高气井带水能力和自喷能力，确保气水井的正常生产。

针对疏松砂岩气藏出砂严重的特点，有井下原件的排水采气工艺（如机抽泵、电潜泵、柱塞气举、球塞气举等）受到限制，不能够采用；无井下原件但对地层造成冲击的排水采气工艺（如气体加速泵、水力喷射泵等）会造成地层出砂加剧，不推荐采用。因此，疏松砂岩气藏推荐采用的排水采气工艺为优选管柱和泡沫排水采气工艺技术，可以考虑采用的排水采气工艺为小直径管泡沫排水和常规气举排水采气工艺。

（二）气井出水对策研究

1. 根据出水变化规律提出对策

（1）低产水稳定型，水源多是凝析水，对气井生产的影响很小，治水措施以防为主，应加强对出水的监测，及时消除和防止井筒积液。

（2）低产水缓慢增长型，水源多是稳定的层间水或层内可动水，治水措施以层系稳定为主，包括调整配产，避免层系生产激动。

（3）中产水快速增长型，水源主要是水层水窜。水层水窜的井，应通过优化射孔层系，平衡层间压差，来降低水窜趋势；如果是由固井质量差导致的层间水窜，应有针对性地提高固井质量。

（4）高产水急剧增长型，水源主要是边水和水层水窜，并且连通性好，其治水措施以封堵水层和水窜通道为主，通过调整配产、关闭出水井来控制整体含水上升。

2. 根据气井部位提出防水策略

（1）对构造边部的井，主要出水水源是边水。防水策略应该是适当控制采气速度，避免或减缓边水沿高渗带突进。对于边水水侵井，应首先落实出水层位，然后针对不同的出水情况采取不同的措施。少数处于构造边部但产水相对较少的井，可以适当提高采气速度，调整水侵前沿，防止边水沿单一方向突进或区域突进，避免造成气田局部水淹；稳定产水井采取排水采气工艺；持续增长产水井采取堵水措施；对于全面出水，难以正常生产的气井可以考虑调层处理。

（2）对位于构造低部位的井，出水水源主要是底水、层内可动水和层间水在压差作用下的窜进，防水策略应该是降低采气速度，控制生产压差，保持平稳的气井工作制度，尽量延长低水气比开采阶段。

（3）对于构造高部位的井，产出水水源主要是层间水的窜进。控制层间压差和完井固井工艺是主要防水策略。在气井管理上，对可能存在层间水水窜的产层尽量在小生产压差下生产，还要避免频繁开关井引起地层激动，促使水层过早水窜。在工艺措施上，可以对水层水窜气井进行排水采气以及堵水。

3. 依据气井生产情况提出防水治水措施

1）正常生产井

采取严格的控水采气措施。控制生产压差，控制水侵速度，达到减少水侵量，提高采收率的目的。在生产过程中，尽量减少开关井次数，密切注意生产动态，加强氯根分析，一旦发现氯根含量有升高趋势，迅速降低气井产量，减缓水侵速度，以延长无水采气期。

2）积液井

对于产气量小，携液能量不足的井，井筒积液，产气量逐渐下降，应采用有效的排水采气工艺措施，增强气井的携液能力，避免气井被水淹。疏松气田推荐采用的排水采气工艺为优选管柱和泡沫排水采气工艺技术，可以考虑采用的排水采气工艺为小直径管泡沫排水和常规气举排水采气工艺。

3）停产井

气藏地层出水、作业压井，都可能造成气井的井筒积液停产，而长时间的积液浸泡往往会对气层造成极大的污染和伤害。因此，快速有效地排液复产，是保持气井产能、高效开发气田的关键。针对疏松砂岩气藏，对于还有商业价值的气井，疏松砂岩气藏推荐使用化排和气举工艺进行复产。可以考虑采用多种复产工艺相结合的复合复产工艺，如氮气气举+小直径管+泡排。对不能复产的停产井，可以改成排水井，减少水相主力气井流动的能力，加强排水工作。

（三）整体治水对策

1. 发展低阻气层与高阻水层识别技术，提高气层的解释精度

针对测井解释存在的难题，在低阻气层成因、储层"四性关系"的研究基础上，利用先进的测井解释技术，采用常规与特殊项目相结合、定性与定量解释相结合，并分析目前国内外气层解释的先进方法，开展解释方法和标准研究。通过试气资料验证，确定采用曲线定性识别、构造控制原则、孔隙度差比值法和核磁共振difference谱法四种方法进行低阻气层综合解释方法研究，提高气水层解释精度。同时精细刻画气水内、外边界，有利于优化布井与优化射孔。

2. 通过开发方案系统优化设计，实施整体防水

主要优化以下几方面从而达到整体防水的目的。一是优化层系，将含气面积相近、物性差异不大、跨度适度的层组合在一起；二是优化布井，在构造高部位集中布井，遵循顶密边疏的原则；三是优化射孔，射孔位置通常距边水 500 ~ 1000m；四是优化配产，构造边部的气井应降低配产 25% ~ 35%。

3. 实施综合防水治水措施

以降低对生产影响、提高开发效果为目标，依据构造位置、出水量大小和水类型等综合制定防水治水开发技术政策。低产水井及新井以"防"为主，稳定出水井以"排"为主，

出水量高的井以"堵"为主。

二、系 统 防 砂

（一）控制压差生产，降低气井出砂风险

涩北气田 2007 年研究表明，当生产压差/地层压力小于 10% 时，砂面上升速度平均为 16.3m/a；当生产压差/地层压力大于 10% 时，砂面上升速度平均为 75.4m/a，即生产压差越大，砂面上升速度就越快。

（二）重视早期防砂

防砂工艺主要包括高压充填防砂和纤维复合压裂防砂。而水平井由于管外充填技术难度较大、费用高，一般采用滤砂管或进行套管内充填防砂工艺。这种防砂工艺对涩北气田粉细砂岩存在局限性，可试验防砂筛管完井或滤砂管加连续油管冲砂技术，避免后期大型防砂作业。

值得注意的是，"适度出砂"技术应在建立精细出砂预测模型和先进的工艺配套措施的基础上，允许地层一定限度的出砂。

三、整 体 优 化

（一）精细化气藏描述，为开发技术政策制定提供准确的三维地质模型

在精细化气藏描述的过程中，应重点描述储层非均质性，包括层间、层内和平面的非均质特征，并进行储量分类评价，为细分开发单元、水平井选层提供依据。

（二）细分开发单元突出了主力气层的重要作用

多层合采是涩北气田的主要开发技术，而层间干扰、差气层难以动用则是多层气藏开发的主要矛盾。因此，细分射孔单元能够有效减少层间干扰，提高储量动用程度。

研究表明，当合采层数为 3~4 层时，各气层潜力能够得到充分发挥，分层产量贡献分布均衡；当合采层数为 5~10 层时，各层潜力不能得到充分发挥，分层产量贡献主要集中在低产层，占 55%~60%（图 9-22）。

（三）择优选层，优化设计，大力应用水平井技术

水平井技术的发展有利于提高产气量，但水平井目标层位的选取也应遵循以下基本原则：

（1）泥质含量较低，小于 30%；
（2）含气饱和度较高，大于 50%；
（3）厚度大于 2m；
（4）层间隔层厚度大于 5m；

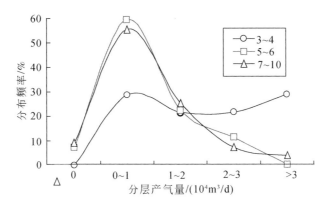

图 9-22 合采层数与分层产气量关系图

（5）目的层面积大于 $10km^2$;

（6）具有一定的储量规模，含气量大于 $15×10^8m^3$;

（7）上下没有明显的水层;

（8）夹层发育程度较低，能够减少可动水影响，保持较好的垂向连通性和垂向渗透率。

同时，在水平井钻井过程中，应保持同一方位角和井斜角钻进，防止积液。对于非均质性较强的目的层，应严格设计水平井目标靶区，并做好钻进跟踪，使水平段钻达优质储层。

（四）井位部署优化降低边水侵入风险

勘探开发实践经验表明，70% ~78% 的储量都分布在 $15km^2$ 之内（图 9-23），因此采用顶密边疏的方式布井气藏具有较好的开发效果。高部位井增多，井距越小，一方面，减少了边部低效井的比例，使储量控制趋于合理，有利于稳产;另一方面，降低边部采速，有利于防止出水。

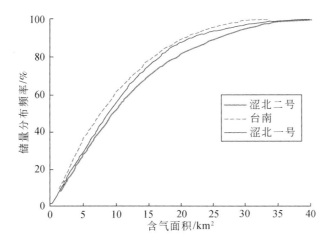

图 9-23 含气面积与储量分布频率关系图

（五）优化射孔

俄罗斯已开发的 36 个边水气田表明，布井面积/含气面积为 0.1～0.3，采收率高达 95% 以上。而俄罗斯某气田，距边水 200m 布井，布井面积/含气面积为 0.5，导致过早水淹，采收率仅为 46%。基于此，考虑到涩北气田边水驱动能量较弱，选定布井面积/含气面积为 0.4，距边水距离 800m 左右。

参 考 文 献

白国平 . 2006. 世界碳酸盐岩大油气田分布特征 [J]. 古地理学报, 8 (2): 242-250.

毕晓明, 陆长东, 姜晓伟, 唐亚会, 邵锐, 高涛 . 2013. 徐深气田 A 区块火山岩气藏开发动态特征 [J]. 大庆石油地质与开发, 32 (4): 62-66.

边云燕, 向波, 彭磊, 郭成华 . 2007. 高含硫气田开发现状及面临的挑战 [J]. 天然气与石油, 25 (5): 3-7.

操应长, 姜在兴, 邱隆伟 . 1999. 山东惠民凹陷 741 块火成岩油藏储集空间类型及形成机理探讨 [J]. 岩石学报, 15 (1): 12-136.

曹宝军, 高涛 . 2016. 徐深气田 D 区块火山岩气藏合理开发对策 [J]. 大庆石油地质与开发, 35 (3): 54-57.

岑芳, 赖枫鹏, 罗明高, 姚鹏翔 . 2007. 高含硫气田开发难点及对策 [J]. 内蒙古石油化工, 28 (3): 173-176.

初广震, 石石, 邵龙义, 王海应, 郭振华 . 2014. 库车拗陷克深 2 气藏与克拉 2 气田白垩系巴什基奇克组储层地质特征对比研究 [J]. 现代地质, 28 (3): 604-610.

戴金星 . 1997. 中国气藏 (田) 的若干特征 . 石油勘探与开发, 24 (2): 6-9.

戴金星, 黄士鹏, 刘岩, 廖凤蓉 . 2010. 中国天然气勘探开发 60 年的重大进展 [J]. 石油天然气与地质, 31 (6): 681-698.

邓勇, 杜志敏, 陈朝晖 . 2008. 涩北气田疏松砂岩气藏出水规律研究 [J]. 石油天然气学报, 30 (2): 336-338.

丁健, 石在虹, 牛骏, 韩冬深, 张磊, 顾庆东 . 2014. 高含硫气井中的硫沉积规律 [J]. 石油钻采工艺, 36 (4): 79-83.

董家辛, 童敏, 王彬, 等 . 2013. 克拉美丽火山岩气田产水来源综合分析 [J]. 新疆石油地质, 34 (2): 202-204.

窦立荣, 王一刚 . 2003. 中国古生界海相碳酸盐岩油气藏的形成与分布 . 石油实验地质, 25 (5): 419-425.

窦之林 . 2012. 塔河油田碳酸盐岩缝洞型油藏开发技术 [M]. 北京: 石油工业出版社 .

冈秦麟 . 1995. 中国五类气藏开发模式 [M]. 北京: 石油工业出版社 .

冈秦麟 . 1997a. 气藏开发模式丛书总论 [M]. 北京: 石油工业出版社 .

冈秦麟 . 1997b. 气藏开发应用基础技术方法 [M]. 北京: 石油工业出版社 .

高知云, 章谦澄 . 1999. 黄骅盆地新生代火山岩与油气 [M]. 北京: 石油工业出版社 .

顾端阳, 连运晓, 毛凤华, 修艳敏 . 2013. 疏松砂岩气藏出砂机理及影响因素分析 [J]. 青海石油, 31 (3): 46-53.

郭肖 . 2014a. 高含硫气藏水平井产能评价 [M]. 武汉: 中国地质大学出版社 .

郭肖 . 2014b. 高含硫气井井筒硫沉积预测与防治 [M]. 武汉: 中国地质大学出版社 .

郭肖 . 2014c. 异常高压底水气藏水侵规律研究 [M]. 北京: 科学出版社 .

郭新江 . 2015. 元坝超深高含硫生物礁大气田安全有效开发技术 [J]. 中外能源, 20 (11): 41-52.

郭智, 孙龙德, 贾爱林, 卢涛 . 2015. 辫状河相致密砂岩气藏三维地质建模 [J]. 石油勘探与开发, 42 (1): 76-83.

郭智, 贾爱林, 何东博, 唐海发, 刘群明. 2016. 鄂尔多斯盆地苏里格气田辫状河体系特征 [J]. 石油与天然气地质, 37 (2): 197-204.

郝玉鸿, 杜孝华. 2007. 低渗透气田加密调整技术研究 [J]. 低渗透油气田, 12 (3): 77-80.

何东博, 王丽娟, 冀光, 位云生, 贾成业. 2012. 苏里格致密砂岩气田开发井距优化 [J]. 石油勘探与开发, 39 (4): 458-464.

何东博, 贾爱林, 冀光, 位云生, 唐海发. 2013. 苏里格大型致密砂岩气田开发井型井网技术 [J]. 石油勘探与开发, 40 (1): 79-89.

何君, 江同文, 肖香娇, 王洪峰. 2012. 迪那 2 异常高压气藏开发 [M]. 北京: 石油工业出版社.

何生厚. 2008. 高含硫化氢和二氧化碳天然气田开发工程技术 [M]. 北京: 中国石化出版社.

何琰, 伍友佳, 吴念胜. 1998. 火山岩油气藏研究 [J]. 大庆石油地质与开发, 18 (4): 6-14.

侯启军, 赵志魁, 王立武. 2009. 火山岩气藏——松辽盆地南部大型火山岩气藏勘探理论与实践 [M]. 北京: 科学出版社.

胡见义. 1986. 非构造油气藏 [M]. 北京: 石油工业出版社.

胡景宏, 梁涛, 李永平. 2012. 高含硫气藏工程理论与方法 [M]. 北京: 地质出版社.

胡俊坤, 李晓平, 李琰, 叶亮, 任科. 2009. 异常高压气藏有效封闭水体能量评价 [J]. 石油与天然气地质, 30 (6): 689-691.

胡书勇, 张烈辉. 2009. 高含硫气藏硫沉积的研究进展 [J]. 钻采工艺, 32 (1) 71-74.

黄士鹏, 廖凤蓉, 吴小奇, 陶小晚. 2010. 四川盆地含硫化氢气藏分布特征及硫化氢成因探讨 [J]. 天然气地球科学, 21 (5): 705-714.

季丽丹, 贾爱林, 何东博, 位云生, 邵辉. 2009. 川中广安地区上三叠统须六段储层特征及控制因素分析 [J]. 现代地质, 23 (6): 1100-1106.

季丽丹, 赵亮, 何东博, 王军磊, 郭建林. 2013. 气藏开发阶段划分新方法 [J]. 断块油气田, 20 (4): 454-457.

贾爱林. 2011. 中国储层地质模型 20 年 [J]. 石油学报, 32 (1): 181-188.

贾爱林, 闫海军. 2014. 不同类型典型碳酸盐岩气藏开发面临问题与对策 [J]. 石油学报, 35 (3): 519-527.

贾爱林, 郭建林, 何东博. 2007. 精细油藏描述技术与发展方向 [J]. 石油勘探与开发, 34 (6): 691-695.

贾爱林, 付宁海, 程立华, 郭建林, 闫海军. 2012. 靖边气田低效储量评级与可动用性分析 [J]. 石油学报, 33 (2): 160-165.

贾爱林, 闫海军, 郭建林, 何东博, 魏铁军. 2014a. 全球不同类型大型气藏的开发特征及经验 [J]. 天然气工业, 34 (10): 33-46.

贾承造, 张永峰, 赵霞. 2014b. 中国天然气工业发展前景与挑战. 天然气工业, 34 (2): 1-11.

贾承造, 周新源, 王招明, 李启明, 皮学军, 蔡振忠, 胡晓勇. 2002. 克拉 2 气田石油地质特征 [J]. 科学通报, 47: 91-96.

江怀友, 宋新民. 2008. 世界海相碳酸盐岩油气勘探开发现状与展望 [J]. 海洋地质, 28 (4): 6-13.

江同文, 唐明龙, 王洪峰. 2008. 克拉 2 气田稀井网储层精细三维地质建模 [J]. 天然气工业, 28 (10): 11-14.

蒋维三, 叶舟, 郑华平. 1997. 杭州湾地区第四系浅层天然气的特征及勘探方法 [J]. 天然气工业, 17 (3): 20-22.

焦方正, 窦之林. 2008. 塔河碳酸盐岩缝洞型油藏开发研究与实践 [M]. 北京: 石油工业出版社.

金海英. 2010. 油气井生产动态分析 [M]. 北京: 石油工业出版社.

黎洪珍, 刘萍, 刘畅, 吴禄兰, 程娇. 2015. 川东地区高含硫气田安全高效开发技术瓶颈与措施效果分析

［J］. 天然气勘探与开发, 38 (3)：43-47.

李波, 贾爱林, 何东博, 李学营. 2015. 低渗致密气藏压裂水平井产能预测新方法 ［J］. 天然气地球科学, 26 (9)：1793-1802.

李传亮. 2004. 地层异常压力原因分析 ［J］. 新疆石油地质, 25 (4)：439-445.

李传亮. 2007. 异常高压气藏开发上的错误认识 ［J］. 西南石油大学学报, 29 (2)：166-169.

李凤颖, 尹向艺, 卢渊, 邓元洲, 龚伟. 2011. 异常高压有水气藏水侵特征 ［J］. 特种油气藏, 18 (5)：89-92.

李海平, 贾爱林, 何东博, 冀光, 郭建林. 2010. 中国石油的天然气开发技术进展及展望 ［J］. 天然气工业, 30 (1)：5-7.

李继强, 戚志林, 胡世莱, 袁迎中, 严文德, 向祖平. 2015. 析出硫为液态的高含硫气藏数值模拟方法 ［J］. 天然气工业, 35 (11)：40-44.

李建中, 郑民, 张国生, 杨涛, 王社教, 董大忠. 2012. 中国常规与非常规天然气资源潜力及发展前景 ［J］. 石油学报, 33 (1)：89-98.

李江涛, 李清, 王小鲁, 严焕德, 奎明清. 2013. 疏松砂岩气藏水平井开发难点及对策——以柴达木盆地台南气田为例 ［J］. 天然气工业, 33 (1)：65-69.

李鹭光. 2013. 高含硫气藏开发技术进展与发展方向. 天然气工业, 33 (1)：18-24.

李明诚. 1992. 川西凹陷侏罗系致密红层天然气富集机制探讨. 天然气工业, 12 (3)：7-13.

李培廉, 张希明, 陈志海. 2003. 塔河油田奥陶系缝洞型碳酸盐岩油藏开发 ［M］. 北京：石油工业出版社.

李世临, 党录瑞, 郑超, 张文济, 王林军. 2011. 异常高压气藏生产特征及后期开采措施探讨 ［J］. 特种油气藏, 18 (1)：32-35.

李士伦. 2004. 气田开发方案设计 ［M］. 北京：石油工业出版社.

李士伦. 2008. 天然气工程 (第二版) ［M］. 北京：石油工业出版社.

李晓平, 刘启国, 孙万里, 等. 2001. 气井凝析液量研究 ［J］. 钻采工艺, 24 (6)：30-32.

李学田, 张文达. 1990. 孤岛浅层气藏的盖层评价与成因机制 ［J］. 石油实验地质, 12 (3)：307-315.

李彦飞, 郭肖, 董瑞. 2011. 异常高压气藏地质成因及其识别. 科技信息, 11：558-559.

李易隆, 贾爱林, 何东博. 2013. 致密砂岩有效储层形成的控制因素 ［J］. 石油学报, 34 (1)：71-82.

李治平. 2002. 气藏动态分析与预测方法 ［M］. 北京：石油工业出版社.

刘小平, 吴欣松, 王志章, 熊琦华, 杨晓兰. 2002. 我国大中型气田主要气藏类型与分布. 天然气工业, 22 (1)：1-5.

刘言. 2015. 元坝超深高含硫气田开发关键技术 ［J］. 特种油气藏, 22 (4)：94-97.

刘月田, 蔡晖, 丁燕飞. 2004. 不同类型气藏生产效果评价指标及评价标准研究. 天然气工业, 24 (3)：102-104.

刘占良. 2014. 苏里格气田储层动态评价与开发技术 ［M］. 北京：石油工业出版社.

卢涛, 刘艳侠, 武立超, 王宪文. 2015. 鄂尔多斯盆地苏里格气田致密砂岩气藏稳产难点与对策 ［J］. 天然气工业, 35 (6)：43-52.

陆家亮, 赵素平. 2013. 中国能源消费结构调整与天然气产业发展前景. 天然气工业, 33 (11)：9-15.

路琳琳, 孙贺东, 杨作明, 等. 2013. 克拉美丽气田产能影响因素分析 ［J］. 石油天然气学报, 35 (3)：134-137.

吕炳全, 张彦全, 王红罡, 张玉兰. 2003. 中国东部中、新生代火山岩油气藏的现状与展望 ［J］. 海洋石油, 23 (4)：18-20.

罗静兰, 曲志浩, 孙卫, 石发展. 1996. 风化店火山岩成因, 储集孔隙类型及其火山岩相与油气的关系 ［J］. 石油学报, 17 (1)：32-39.

罗平，张静，刘伟 . 2008. 中国海相碳酸盐岩油气储层基本特征 [J]. 地学前缘，15（1）：36-50.

罗启源，李晓平，耿天鹏，宋代诗雨 . 2010. 含硫气藏硫沉积机理及其对气井产能的影响 . 石油石化节能，26（12）：50-52.

马力宁 . 2009. 涩北气田开发中存在的技术难题及其解决途径 [J]. 天然气工业，29（7）：55-57.

马新华，贾爱林，谭健，何东博 . 2012. 中国致密砂岩气开发技术与实践 [J]. 石油勘探与开发，39（5）：572-579.

马永生 . 1999. 碳酸盐岩储层沉积学 [M]. 北京：地质出版社 .

孟德伟，贾爱林，冀光，何东博 . 2016. 大型致密砂岩气田气水分布规律及控制因素——以鄂尔多斯盆地苏里格气田西区为例 [J]. 石油勘探与开发，43（4）：1-9.

潘钟祥 . 1986. 石油地质学 [M]. 北京：地质出版社 .

戚斌 . 2009. 含硫气藏天然气水合物生成预测及防治 [J]. 天然气工业，29（6）：89-90.

强子同 . 2007. 碳酸盐岩储层地质学 [M]. 山东：中国石油大学出版社 .

冉启全，王拥军，孙圆辉，等 . 2011. 火山岩气藏储层表征技术 [M]. 北京：石油工业出版社 .

冉新权，李安琪 . 2013. 苏里格气田开发论（第二版）[M]. 北京：石油工业出版社 .

任作伟，金春爽 . 1994. 辽河拗陷洼 609 井区火山岩储集层的储集空间特征 [J]. 石油勘探与开发，26（4）：54-56.

邵锐 . 2014. 徐深气田火山岩气藏水侵识别与预测方法 [J]. 大庆石油地质与开发，33（1）：81-85.

邵锐，孙彦彬，曹宝军，于士泉 . 2011. 徐深气田火山岩气藏水平井开发实践 [J]. 科学技术与工程，11（20）：4741-4745.

石兴春，曾大乾，张数球 . 2014. 普光高含硫气田高效开发技术与实践 [M]. 北京：中国石化出版社 .

史蒂文 W. 波斯顿，罗伯特 R. 伯格 . 2003. 异常高压气藏 [M]. 冉新权，李汝勇译 . 北京：石油工业出版社 .

史海东，王晖，郭春秋，张宇，成友友 . 2015. 异常高压气藏采气速度与稳产期定量关系——以阿姆河右岸 B-P 气田为例 [J]. 石油学报，36（5）：600-605.

孙来喜，李允，陈明强 . 2006. 靖边气藏开发特征及中后期稳产技术对策研究 [J]. 天然气工业，26（7）：82-84.

孙龙德，方朝亮，李峰，朱如凯，何东博 . 2010. 中国沉积盆地油气勘探开发实践与沉积学研究进展 [J]. 石油勘探与开发，37（4）：385-396.

孙龙德，宋文杰，何君 . 2011. 塔里木盆地克拉 2 异常高压气田开发 [M]. 北京：石油工业出版社 .

孙彦彬，邵锐 . 2011. 火山岩气藏开发早期产能特征及其影响因素分析 [J]. 科学技术与工程，11（18）：4166-4169.

唐广荣，赵峰，李跃林 . 2015. 东方 1-1 气田低渗透疏松砂岩气藏伤害机理研究 [J]. 西南石油大学学报（自然科学版），37（3）：103-108.

唐玉渤 . 2010. 异常高压气藏储量计算的一种新方法 [J]. 石油天然气学报（江海石油学院学报），32（2）：364-366.

唐玉林，唐光平 . 2001. 川东石炭系气藏合理井网密度的探讨 [J]. 天然气工业，20（5）：57-60.

藤赛男，梁景伟，李元生，张庆辉 . 2011. 异常高压气藏常规产能方程评价方法研究 [J]. 油气井测试，20（6）：15-19.

万玉金，李江涛，杨炳秀，等 . 2016. 多层疏松砂岩气田开发 [M]. 北京：石油工业出版社 .

王国亭，何东博，李易隆，蒋平，张喜，程立华，王丽娟 . 2012. 吐哈盆地巴喀气田八道湾组致密砂岩储层分析及孔隙度演化定量模拟 [J]. 地质学报，86（11）：1847-1856.

王国亭，何东博，王少飞，程立华 . 2013. 苏里格致密砂岩气田储层岩石孔隙结构及储集性能特征 [J]. 石油学报，34（4）：660-666.

王国亭，李易隆，何东博，蒋平，程立华 . 2014. "改造型"致密砂岩气藏特征：以吐哈盆地巴喀气田下侏罗统八道湾组为例［J］. 地质科技情报，33（3）：118-125.

王红军，胡见义 . 2002. 库车拗陷白垩系含油气系统与高压气藏的形成［J］. 天然气工业，22（1）：5-8.

王丽娟，何东博，冀光，贾成业，刘群明 . 2013. 阻流带对子洲气田低渗透砂岩气藏开发的影响［J］. 天然气工业，33（5）：56-60.

王怒涛 . 2011. 实用气藏动态分析方法［M］. 北京：石油工业出版社 .

王怒涛，黄炳光 . 2011. 实用气藏动态分析方法［M］. 北京：石油工业出版社 .

王少飞，安文宏，陈鹏，刘道天，梁鸿军 . 2013. 苏里格气田致密气藏特征与开发技术［J］. 天然气地球科学，24（1）：138-145.

王天祥，朱忠谦，李汝勇，陈明晖，吴震 . 2006. 大型整装异常高压气田开发初期开采技术研究——以克拉2气田为例［J］. 天然气地球科学，17（4）：439-444.

王卫红，刘传喜，穆林，王秀芝，孙兵 . 2011. 高含硫碳酸盐岩气藏开发技术政策优化［J］. 石油与天然气地质，32（2）：302-310.

王阳，华桦，钟孚勋 . 1995. 气藏开发阶段划分及最佳开发指标确定的研究 . 天然气工业，15（5）：25-27.

卫平生，潘建国，谭开俊，张虎权，曲永强 . 2015. 世界典型火山岩油气藏储层［M］. 北京：石油工业出版社 .

位云生，邵辉，贾爱林，何东博，季丽丹，樊茹 . 2009. 低渗透高含水饱和度砂岩气藏气水分布模式及主控因素研究［J］. 天然气地球科学，20（5）：822-826.

位云生，闫存章，贾爱林，何东博，王慧 . 2011. 低渗透高含水砂岩气藏产能评价［J］. 天然气工业，31（2）：66-69.

位云生，何东博，冀光，唐海发，张军祥 . 2012a. 苏里格致密砂岩气藏水平井长度优化［J］. 天然气地球科学，775-779.

位云生，贾爱林，何东博，冀光 . 2012b. 致密气藏分段压裂水平井产能评价新思路［J］. 钻采工艺，35（1）：32-34.

位云生，贾爱林，何东博，刘月萍，冀光，崔帮英，任丽霞 . 2013. 苏里格气田致密气藏水平井指标分类评价及思考［J］. 天然气工业，33（7）：47-51.

伍友佳，刘达林 . 2004. 中国变质岩火山岩油气藏类型及特征［J］. 西南石油学院学报，26（4）：1-4.

武楗棠 . 2005. 碳酸盐岩有水气藏稳产对策研究——以靖边古生界气藏为例［D］. 成都：西南石油大学博士学位论文 .

谢锦龙，黄冲，王晓星 . 2009. 中国碳酸盐岩油气藏探明储量分布特征［J］. 海相油气地质，14（2）：24-30.

徐文，郝玉鸿 . 1999. 低渗透非均质气藏布井方式及井网密度研究［J］. 低渗透油气田，4（3）：42-46.

徐艳梅，郭平，黄伟岗 . 2004. 高含硫气藏元素硫沉积研究［J］. 天然气勘探与开发，27（4）：52-59.

徐正顺，房宝财 . 2010. 徐深气田火山岩气藏特征与开发对策［J］. 天然气工业，30（12）：1-4.

徐正顺，庞彦明，王渝明，等 . 2010. 火山岩气藏开发技术［M］. 北京：石油工业出版社 .

闫海军，贾爱林，何东博，郭建林，杨学锋，朱占美 . 2012. 龙岗礁滩型碳酸盐岩气藏气水控制因素及分布模式［J］. 天然气工业，32（1）：67-70.

闫利恒，王彬，何晶 . 2014. 克拉美丽气田火山岩气藏无阻流量法配产研究［J］. 石油天然气学报，36（3）：151-153.

杨超，陈清华，任来义，张鸿超，史海军 . 2012. 柴达木盆地构造单元划分［J］. 西南石油大学学报（自然科学版），34（1）：25-32.

杨川东 . 2000. 天然气开采工程丛书——采气工程 [M]. 北京：石油工业出版社 .

杨胜来, 肖香娇, 王小强, 杨清立 . 2005. 异常高压气藏岩石应力敏感性及其对产能的影响 [J]. 天然气工业, 25 (5)：94-95.

杨喜彦, 严成云, 李福年 . 2012. 疏松砂岩气藏气井出砂的管理 [J]. 生产管理, 31 (10)：86-87.

杨晓萍, 裘亦楠 . 2002. 鄂尔多斯盆地上三叠统延长组浊沸石的形成机理、分布规律与油气关系 . 沉积学报, 20 (4)：628-632.

杨学峰 . 2006. 高含硫气藏特殊流体相态及硫沉积对气藏储层伤害研究 . 西南石油大学博士论文 .

杨学锋, 黄先平, 杜志敏, 李传亮 . 2007. 考虑非平衡过程元素硫沉积对高含硫气藏储层伤害研究 [J]. 大庆石油地质与开发, 26 (6)：67-70.

杨志伟 . 2008. 孤东油气田三、四区浅层气藏精细地质描述研究 [D]. 山东：中国石油大学（华东）硕士学位论文 .

易晓忠, 张河, 胥青, 等 . 2010. 克拉美丽气田火山岩气藏试井分析及应用 [J]. 新疆石油天然气, 6 (3)：37-42.

俞凯, 刘伟, 沈阿平, 秦学成 . 2014. 松辽盆地长岭断陷火山岩气藏勘探开发实践 [M]. 北京：中国石化出版社 .

袁琳, 李晓平, 张良军 . 2016. 异常高压气藏产水水平井产能影响因素分析 [J]. 天然气与石油, 34 (2)：53-57.

袁士义, 冉启全, 徐正顺, 胡永乐, 庞彦明, 童敏 . 2007. 火山岩气藏高效开发策略研究 [J]. 石油学报, 28 (1)：73-77.

张宝民 . 2009. 礁滩体与建设性成岩作用 [J]. 地学前缘, 16 (1)：270-289.

张厚福, 等 . 1989. 石油地质学 [M]. 北京：石油工业出版社 .

张厚福, 张万选 . 1999. 石油地质学（第三版）[M]. 北京：石油工业出版社 .

张抗 . 2014. 中国天然气供需形势与展望 . 天然气工业, 34 (1)：10-17.

张丽囡, 李笑萍, 赵春林, 等 . 1993. 气井产出水的来源及地下相态的判断 [J]. 大庆石油学院学报, 17 (2)：107-111.

张舒琴, 李海涛, 杨时杰, 栗超 . 2009. 高含硫气藏硫沉积预测模型 [J]. 断块油气田, 16 (6)：73-75.

张希明, 朱建国, 李宗宇, 杨坚 . 2007. 塔河油田碳酸盐岩缝洞型油气藏的特征及缝洞单元划分 [J]. 海相油气地质, 12 (1)：21-24.

张晓峰, 侯明才, 陈安清 . 2010. 鄂尔多斯盆地东北部下石盒子组致密砂岩储层特征及控制因素 [J]. 天然气工业, 30 (11)：34-38.

张啸楠 . 2008. 致密天然气砂岩储层：成因和探讨 [J]. 石油与天然气地质, 29 (1)：1-10.

张延晨, 刘竞成, 毛宾 . 2010. 异常高压气藏储量和水侵量计算新方法 [J]. 油气田地面工程, 29 (2)：25-27.

张子枢, 吴邦辉 . 1994. 国内外火山岩油气藏研究现状及勘探开发技术调研 . 天然气勘探与开发, 16 (1)：1-26.

赵澄林, 孟卫工, 金春爽, 等 . 1999. 辽河盆地火山岩与油气 [M]. 北京：石油工业出版社 .

赵文智, 邹才能, 冯志强, 胡素云, 张研, 李明, 王玉华, 杨涛, 杨辉 . 2008. 松辽盆地火山岩气藏地质特征及评价技术 [J]. 石油勘探与开发, 35 (2)：129-142.

赵文智, 王红军, 曹宏, 何东博 . 2013. 中国中低丰度天然气资源大型化成藏理论与勘探开发技术 [M]. 北京：科学出版社 .

郑荣臣, 魏俊之 . 2002. 异常高压气藏岩石压缩系数对开采特征的影响 [J]. 大庆石油地质与开发, 21 (4)：39-40.

郑蜀民，刘忠群，周涌沂，陈奎．2015．大牛地致密低渗气田水平井整体开发技术［M］．北京：石油工业出版社．

中国石油天然气集团公司．2012．中国石油员工基本知识读本（五）［M］．北京：石油工业出版社．

周学民，舒萍，王国军，杨双玲，纪学雁，丁日新，曲延明．2006．升平深层火山岩气藏描述［J］．石油学报，27（S）：57-61．

庄惠农．2009．气藏动态描述和试井（第二版）［M］．北京：石油工业出版社．

宗贻平，马力宁，贾英兰．2009．涩北气田100亿立方米天然气产能主体开发技术［J］．天然气工业，29（7）：1-3．

邹才能，赵文智，贾承造，朱如凯，张光亚，赵霞，袁选俊．2008．中国沉积盆地火山岩油气藏形成与分布［J］．石油勘探与开发，35（3）：257-271．

邹才能，陶士振，张响响，何东博，周川闽，高晓辉．2009．中国低渗透大气区地质特征、控制因素和成藏机制［J］．中国科学D辑：地球科学，39（11）：1607-1624．

Bachu S. 1995. Flow of variable-density formation water in deep sloping aquifers: Review of methods of representation with case studies [J]. Journal of Hydrology, 164 (1-4): 19-38.

Beaumont C. 1981. Foreland basins [J]. Geophysical Journal International, 65 (2): 291-329.

Berg P R, Habeck M F. 1982. Abnormal pressure in the lower vicksburg, mcallen ranch field, south Texas [J]. Gulf Coast Association of Geological Societies Transactions, 32: 247-253.

Bruuner E, Woll W H. 1998. Sulfur solubility in sour gas [J]. Journal of Petroleum Technology, 40 (12): 1587-1592.

Chilingarian G V. 1983. Compation diagenesis [A] //Parker A, Sellwood B W. Sediment diagenesis, Nato ASI Series C, Vol 115 [C]. Dordrecht Holland D Reidel Publishing Company, 57-168.

Chrastil J. 1982. Solubility of solids and liquids in supercritical gases [J]. Journal of Physical Chemistry, 86 (15): 3016-3021.

Clapp F G. 1929. Role of geologic structure in the accumulation of petroleum [C]. Structure of Typical American Oil Fields, Volume II, AAPG Special Volumes, SP 4: 667-716.

Dickinson W R. 1974. Plate tectonics and sedimentation [M]. Society of Economic Paleontologists and Minlogists. Special Publication, 22: 1-27.

Fatt I. 1958. Pore volume compressibilities of sandstone reservoir rocks [J]. Trans, AIME: 213-362.

Fetkovich M J, Reese D E, Whitson C H. 1991. Application of a general material balance for high- pressure gas reservoirs [J]. SPE Journal, 3 (1): 3-13.

Forchheimer P. 1901. Wasserbewegung durch boden. Zeit Ver Deutsch Ing, 45: 1781-1788.

Frederic L, Park W C. 1986. Porosity reduction in sandstone by quartz overgrowth [J]. AAPG Bulletin- American Association of Petrolem, 70 (11): 1713-1728.

Galushkin Y L. 1997. Thermal effects of igneous intrusions on ma-turity of organic matter: A possible mechanism of intrusion [J]. Org Geochemistry, 26 (11-12): 645-658.

Geertsma J. 1957. The effect of fluid pressure decline on volumetric changes of porous rocks [J]. Petroleum Transactions, AIME, 210: 331-340.

Hawlander H M. 1990. Diagenesis and reservoir potential of vol-canogenic sandstones-Cretaceous of the Surat Basin, Australia [J]. Sedimentary Geology, 66 (3/4): 181-195.

Hitzman D O, Dennis D M. 1997. A new solution to sour gas wells [C]. 76. annual meeting of the Gas Processors Association (GPA), San Antonio, TX (United States).

Hunter B E, Davies D K. 1979. Distribution of volcanic sediments in the Golf coastal province—significance to petroleum geology [J]. Transactions, Golf Coast Association of Geological Socities, 29 (1): 147-155.

Hurst W. 1951. The Determination of Performance Curve in Five-Spot Water Flood [C]. SPE Paper 127-G.

Hyne J B, Derdal G D I. 1980. How to handle sulfur deposited by sour gas [J]. World Oil, 191 (5): 111-120.

Levorsen A I. 1967. Geology of Petroleum [M], second edition. San Francisco: W. H. Freeman and Company.

Lundegard P D. 1992. Sandstone porosity loss—a "big picture" view of the importance of compaction [J]. Journal of Sedimentary Petrology, 62 (2): 250-260.

Luo J L, Zhang C L, Qu Z H. 1999. Volcanic Reservoir rocks: A case Study of the Cretaceous Fenghuadian Suite, Huanghua Basin, Eastern China [J]. Journal of Petroleum Geology, 22 (4): 397-415.

Mark E M, John G M. 1991. Volcaniclastic deposits: implications for hydrocarbon exploration [J]. Sedimentation in Volcanic Settings, 45: 20-27.

Mcketta J J, Wehe A H. 1958. Chart for the water content of natural gases [J]. Petroleum Refiner, 37 (8): 153-154.

Muskat M. 1949. Physical Principles of Oil Production [G]. Mc Graw Hill Book Company, Inc.

Petford N, Mccaffrey K J W. 2003. Hydrocarbons in Crystalline Rocks [M]. London: The Geological Society of London.

Pierce H R, Rawlins E L. 1929. The study of a fundamental basis for controlling and gauging natural-gas wells [J]. US Dept of Commerce-Bureau of Mines, Serial 2929.

Pittman E D, Larese R E. 1991. Compaction of lithic sands: Experimental results and application [J]. AAPG Bulletin, 75 (8): 1279-1299.

Pittman E D, Larese R E, Heald M T. 1992. Clay coats: Occurrence and relevance to preservation of porosity in sandstones [A] //Houseknecht D W, Pittman E D. Oirgin, Diagenesis and petrophysics of clay minerals in sandstones [C]. SEPM, Special Publication, 47: 241-255.

Rawlins E L, Schellhardt M A. 1936. Backpressure data on Natural Gas Wells and Their Application to Production Practices [J]. US Bureau of Mines, Monograph 7.

Roberts B E. 1997. The effect of sulfur deposition on gas well inflow performance [J]. SPE Reservoir Engineering, 12 (2): 118-123.

Scherer M. 1987. Parameters influencing porosity in sand stone: A model for sandstone porosity prediction [J]. AAPG Bulletin, 71 (5): 485-491.

Seemann U, Schere M. 1984. Volcaniclastics as potential hydrocarbon reservoirs [J]. Clay Minerals, 19 (9): 457-470.

Snarsky A N. 1962. Primary migration of oil [J]. Leprosy Review, 53 (30): 165-173.

Thomas R D, Ward D C. 1972. Effect of overburden pressure and water saturation on gas permeability of tight sandstone cores [J]. Journal of Petroleum Technology, 24 (2): 120-124.

Vairogs J, Hearn C L, Dareing D W, et al. 1971. Effect of rock stress on gas production from low-permeability reservoirs [J]. Journal of Petroleum Technology, 23 (9): 1161-1167.

Wilson W B. 1934. Proposed classification of oil and gas reservoirs: Part IV relations of petroleum accumulation to structure [C]. AAPG Special Volumes, 6: 433-445.